Bioquímica Clínica para o Laboratório

Princípios e Interpretações

5ª Edição

Bioquímica Clínica para o Laboratório

Princípios e Interpretações

5ª Edição

VALTER T. MOTTA

Ex-Professor Titular de Bioquímica
Centro de Ciências da Saúde
Universidade de Caxias do Sul

Bioquímica Clínica para o Laboratório – Princípios e Interpretações
Direitos exclusivos para a língua portuguesa
Copyright © 2009 by
MEDBOOK – Editora Científica Ltda.

NOTA DA EDITORA: Os autores desta obra verificaram cuidadosamente os nomes genéricos e comerciais dos medicamentos mencionados; também conferiram os dados referentes à posologia, objetivando informações acuradas e de acordo com os padrões atualmente aceitos. Entretanto, em função do dinamismo da área de saúde, os leitores devem prestar atenção às informações fornecidas pelos fabricantes, a fim de se certificarem de que as doses preconizadas ou as contra-indicações não sofreram modificações, principalmente em relação a substâncias novas ou prescritas com pouca freqüência. Os autores e a editora não podem ser responsabilizados pelo uso impróprio nem pela aplicação incorreta de produto apresentado nesta obra.

Apesar de terem envidados o máximo de esforço para localizar os detentores dos direitos autorais de qualquer material utilizado, o autor e editores desta obra estão dispostos a acertos posteriores caso, inadvertidamente, a identificação de algum deles tenha sido omitida.

CIP-BRASIL. CATALOGAÇÃO-NA-FONTE
SINDICATO NACIONAL DOS EDITORES DE LIVROS, RJ

M875b
5. ed.

Motta, Valter T. (Valter Teixeira), 1943-
Bioquímica clínica para o laboratório – princípios e interpretações / Valter T. Motta. - 5.ed. –
Rio de Janeiro : MedBook, 2009.
 400p.: il.

Inclui bibliografia
ISBN 978-85-99977-35-4

1. Bioquímica clínica. 2. Diagnóstico de laboratório. I. Título.

09-2560.   CDD: 612.0158
                                  CDU: 612.015

28.05.09 01.06.09   012904

Editoração Eletrônica e Capa:
REDB – Produções Gráficas e Editorial Ltda.

Reservados todos os direitos. É proibida a duplicação ou reprodução deste volume, no todo ou em parte, sob quaisquer formas ou por quaisquer meios (eletrônico, mecânico, gravação, fotocópia, distribuição na Web, ou outros), sem permissão expressa da Editora.

MEDBOOK – Editora Científica Ltda.
Avenida Treze de Maio 41/salas 803 e 804 – Cep 20.031-007 – Rio de Janeiro – RJ
Telefones: (21) 2502-4438 e 2569-2524 – **www.medbookeditora.com.br**
contato@medbookeditora.com.br – vendasrj@medbookeditora.com.br

Apresentação

Aquinta edição de *Bioquímica Clínica para o Laboratório — Princípios e Interpretações* continua voltada para os princípios básicos da bioquímica e a interpretação dos resultados obtidos no laboratório clínico. O texto está baseado na experiência do autor em mais de 40 anos de experiência em laboratório clínico. Destina-se a profissionais que não se dedicam exclusivamente a esta área, principalmente aos que exercem atividades em laboratórios pequenos e médios. Destina-se também aos estudantes da área biomédica (Enfermagem, Educação Física, Farmácia, Fisioterapia, Medicina, Odontologia etc.) e aos professores envolvidos no ensino e no aprendizado dessas disciplinas ou correlatas.

A maioria dos testes recomendados foi testada por anos seguidos em nosso laboratório. A opção por determinados métodos, em detrimento de outros, foi orientada por vários fatores: (a) a qualidade dos resultados obtidos; (b) a facilidade na padronização e execução do procedimento técnico; (c) a disponibilidade de reagentes e equipamentos em nosso meio; (d) a manutenção da exatidão e da precisão por longos períodos.

Como nas edições anteriores, os testes foram agrupados de acordo com a classe química do componente analisado ou o sistema funcional do órgão a ser investigado. Para melhor compreensão, o texto descreve os aspectos fisiológicos, a correlação clínica e a escolha do método. Assim, apresentamos uma visão geral do campo da bioquímica clínica, que envolve a química analítica, a bioquímica, a patofisiologia e outras disciplinas. A maior ênfase nas correlações clínicas de cada constituinte tem como finalidades: (a) desenvolver uma atitude crítica e responsável no uso de testes laboratoriais; (b) ampliar a habilidade em selecionar o teste apropriado para o diagnóstico correto e o acompanhamento de doenças; (c) conhecer e compreender o valor potencial e as limitações dos testes; (d) assegurar o desempenho e a interpretação apropriada de cada teste.

Este trabalho não pretende ser um estudo exaustivo sobre bioquímica clínica, mas uma reunião de conhecimentos básicos para a melhor compreensão desta importante área do laboratório. No final de cada capítulo/subcapítulo são citadas as bibliografias consultadas para posterior complementação do assunto descrito.

Agradeço aos colegas que incentivaram a elaboração desta obra, assim como aos meus familiares pela paciência e boa vontade. Em particular, gostaria de agradecer ao farmacologista Leonardo Rapone da Motta, pela elaboração das fórmulas químicas, e ao técnico em informática Ricardo Guerra, pelas ilustrações.

Valter T. Motta

Dedicado

*Pessoalmente, a Cenira,
minha esposa, e
a Leonardo, Lucio e Ricardo,
meus filhos*

Profissionalmente, ao Prof. Gunter Hoxter (1914-1999)

Sumário

1 Unidades de medida......................1
Unidades de base..........................1
Prefixos do Sistema Internacional
de Unidades..............................1
Unidades de comprimento...............2
Unidades de massa........................2
Quantidade de substância................2
Unidades fora do SI.......................3
Unidades de volume.......................3
Concentração dos gases..................3
Números exponenciais....................4

2 Soluções 5
Concentração das soluções..............5
Soluções percentuais..................5
Molaridade.............................6
Normalidade............................7
Molalidade 8
Partes por milhão 8
Diluições....................................8
Água reagente 9
Processos de purificação da água 10
Recipientes para depositar água
reagente 11
Controle da qualidade da água reagente....11
Determinação da resistividade da água
reagente 11
Determinação do pH da água reagente......11
Determinação da sílica solúvel, como SiO_2..12
Determinação da contaminação bacteriana ..12
Determinação das substâncias orgânicas ...12
Escala de pH 12
Equação de Henderson-Hasselbalch..............13
Tampões e tamponamento 13

3 Fotometria.................................15
Transmitância 16
Absorvância.................................16
Lei de Bouguer-Lambert...................16
Lei de Beer-Lambert 16
Medida da transmitância e da absorvância ..17

4 Gestão da qualidade.....................19
Controle das variáveis analíticas................20
Controle interno da qualidade.......................20
Gráficos de controle de Levey-Jennings.........22
Elaboração dos gráficos de controle...............22
Interpretação dos gráficos de
Levey-Jennings............................24
Resultados "fora de controle" 24
Perda de exatidão 24
Perda de precisão 25
Tendências..............................25
Regras múltiplas de Westgard................25
Delta cheque 26
Controle externo da qualidade 26
Acreditação de laboratórios 27

5 Amostras de sangue e de urina...29
Coleta de sangue............................29
Material para coleta de sangue 30
Sistema de coleta com vácuo 30
Soro sanguíneo 31
Sangue total e plasma 32
Microcoleta de sangue capilar e venoso
para neonatos e bebês............................32
Dificuldades com a coleta em crianças........32
Gasometria arterial 33
Processo de coleta 33

Cuidados subsequentes 33
Fatores que afetam os resultados 33
Coleta de urina 33
Coleta para o exame de urina 33
Coleta de urina em crianças/lactentes 34
Coleta de urina com cateter ou
com aspiração suprapúbica 34
Armazenamento, conservação e
transporte da amostra de urina 35
Urina de 24 horas 35

6 Variáveis pré-analíticas 37
Padronização dos processos pré-analíticos ... 37
Fontes de variações nos resultados 38
Preparação do paciente 38
Outras causas de variação 40
Variáveis na coleta da amostra 40

7 Diabetes e outras desordens dos carboidratos 43

7.1 Glicose, lactato e cetonas 45
Diabetes melito 45
Métodos e critérios para o diagnóstico
de DM 47
Diagnóstico do diabetes gestacional 48
Determinação de glicose 49
Glicosúria 50
Consequências metabólicas do diebetes
melito 51
Complicações do diabetes melito 52
Cetoacidose diabética (CAD) 52
Estado hiperglicêmico hiperosmolar 54
Hipoglicemia 54
Lactato 56
Doença renal 57
Microalbuminúria 58
Hemoglobina glicada 58
Frutosamina 60
Erros inatos do metabolismo 60

8 Aminoácidos e proteínas 63

8.1 Proteínas totais 64
Metabolismo das proteínas plasmáticas 65
Hiperproteinemia 65
Hipoproteinemia 65
Determinação das proteínas totais séricas 65
Proteinúria 66
Determinação das proteínas totais na urina ... 67
Proteínas marcadoras da disfunção renal 68
Proteinúria pré-renal, pós-renal e não renal ... 68

8.2 Albumina 69
Hiperalbuminemia 69
Hipoalbuminemia 70
Determinação da albumina sérica 71
Albuminúria 72

8.3 Proteínas plasmáticas específicas 73
Proteínas específicas 73
Hipogamaglobulinemia 79
Gamopatias policlonais 80
Gamopatias monoclonais (paraproteinemia). 80
Resposta de fase aguda 82

8.4 Aminoacidopatias 83
Hiperfenilalaninemias 83
Tirosinemia e desordens relacionadas 84
Cistinúria 84
Cistinose 84
Síndrome de Hartnup 85
Alcaptonúria (acidúria homogentísica) 85
Doença urinária em xarope de bordo 85
Homocistinúria 85
Albinismo 86

8.5 Mucoproteínas (seromucoides) 86
Significação clínica das mucoproteínas 87
Determinação das mucoproteínas 87

9 Enzimas 89

9.1 Amilase 91
Hiperamilasemia 91
Amilase urinária 92
Determinação da amilase 93

9.2 Lipase e tripsina 94
Hiperlipasemia 94
Determinação da lipase 94
Tripsinas 95

9.3 Fosfatase alcalina 96
Hiperfosfatasemia alcalina 96
Isoenzimas da fosfatase alcalina 97
Determinação da fosfatase alcalina 97

9.4 Fosfatase ácida total e fração prostática 98
Hiperfosfatasemia ácida 98
Determinação da fosfatase ácida 98

9.5 Aminotransferases (transaminases) 100
Aumentos das aminotransferases 100
Determinação das transaminases 101

9.6 Gama-Glutamiltranspeptidase 102
Aumentos na atividade da γ-GT 102
Determinação da γ-GT 103

9.7 Lactato-desidrogenase 104
Isoenzimas da LD 104
Aumentos na atividade da LD 104
Correlação clínica das isoenzimas da LD 105
Lactato-desidrogenase na urina 105
Lactato-desidrogenase no LCR 105
Determinação da LD 106

9.8 Creatinoquinase 106
Isoenzimas da creatinoquinase 107
Correlação clínica da creatinoquinase 107
Determinação da creatinoquinase 108

Determinação das isoenzimas da creatinoquinase 109

9.9 Outras enzimas 110
Aldolase 110
Isocitrato-desidrogenase 110
5'-Nucleotidase 110
Colinesterase 110

9.10 Marcadores bioquímicos da lesão miocárdica 111
CK-MB 111
Mioglobina 112
Troponinas 113
Novos marcadores para o IAM 113

10 Lipídios, lipoproteínas e apolipoproteínas 115

10.1 Colesterol total 116
Hipercolesterolemia 117
Hipocolesterolemia 118
Determinação do colesterol total 118

10.2 Triglicerídeos 120
Hipertrigliceridemia 120
Determinação dos triglicerídeos 122

10.3 Colesterol HDL e colesterol LDL 124
Colesterol não HDL 124
Colesterol ligado à LDL (LDL-C) 124
Relação colesterol total/HDL-C 125
Relação colesterol LDL-C/HDL-C 125

10.4 Lipoproteínas plasmáticas 126
Apolipoproteínas 127
Enzimas envolvidas no transporte lipídico 127
Metabolismo das lipoproteínas plasmáticas 127
Subfrações de lipoproteínas 128
Classificação das hiperlipoproteinemias 129
Classificação de Fredrickson-Levy 129
Classificação laboratorial 129
Classificação etiológica 130
Aterogênese 130
Fatores de risco para doença arterial coronária 131
Fatores de risco múltiplos 132
Hiperlipidemias e testes laboratoriais 132
Hiperlipidemia exógena (tipo I) 132
Hiperlipemia endógena (tipo IV) 133
Hiperlipemia mista (tipo V) 133
Hipercolesterolemia (tipo IIa) 133
Hiperlipidemia combinada (tipo IIb) 133
Hiperlipidemia remanescente (tipo III) .. 134
Avaliação das apolipoproteínas 134
Lipoproteína (a) – Lp(a) 135
Hipoproteinemias primárias 135
Hipolipidemias secundárias 135
Fosfolipídios oxidados 136

Novos marcadores laboratoriais do risco cardiovascular 136
Lipoproteína (a)-Lp(a) 136
Homocisteína (HCY) 136
Proteína C reativa de alta sensibilidade (PCR-as) 136
Fatores hemostáticos 136

11 Metabolismo mineral e ósseo ... 139

11.1 Cálcio 140
Controle do metabolismo do cálcio 141
Hipercalcemia 143
Hipocalcemia 145
Cálcio urinário 149
Determinação do cálcio total 149

11.2 Fosfato 150
Homeostase do fósforo 151
Hiperfosfatemia 151
Hipofosfatemia 152
Fosfato urinário 153
Determinação do fósforo 153

11.3 Magnésio 154
Balanço do magnésio 155
Hipomagnesemia 155
Hipermagnesemia 155
Determinação do magnésio 156

11.4 Enfermidade metabólica óssea 157
Osteoporose 157
Osteomalacia e raquitismo 158
Doença óssea de Paget 159
Osteodistrofia renal 159
Marcadores de formação óssea 160

12 Eletrólitos, água e equilíbrio ácido-base 161

12.1 Sódio 162
Hiponatremia 163
Hipernatremia 165
Sódio na urina (natriúria) 166
Determinação do sódio 166

12.2 Potássio 168
Controle do potássio 168
Hipopotassemia 168
Hiperpotassemia 170
Hiperpotassiúria 172
Determinação do potássio 172

12.3 Cloretos 172
Hipocloremia 173
Hipercloremia 173
Cloreto urinário 174
Cloretos no suor 174
Determinação de cloretos 174
Ânions indeterminados 175

12.4 Água **176**
Distribuição interna de água e sódio 176
Osmolalidade 176
Pressão osmótica coloidal (pressão
   oncótica) 177
Ingestão de água 177
Excreção... 177
Excreção renal de água................................. 177
Distribuição intracelular-extracelular 178
Deficiência de água 178
Consequências da deficiência de água......... 179
Excesso de água... 180

12.5 Distúrbios do equilíbrio ácido-base **181**
Homeostase dos íons hidrogênio 181
Equação de Henderson-Hasselbalch........... 181
Tamponamento dos íons hidrogênio 182
Ânions indeterminados (AI) 182
Transtornos do equilíbrio ácido-base 183
   Compensação dos distúrbios
      ácidos-bases... 184
Acidose metabólica (déficit primário de
   bicarbonato) 184
   Compensação da acidose metabólica........ 185
   Diagnóstico laboratorial............................ 186
   Consequências da acidose metabólica 186
Alcalose metabólica (excesso primário de
   bicarbonato) 186
   Compensação da alcalose metabólica 188
   Diagnóstico laboratorial............................ 188
   Consequências da alcalose metabólica 189
Acidose respiratória 189
   Compensação da acidose respiratória....... 189
   Diagnóstico laboratorial............................ 190
   Consequências da acidose respiratória 190
Alcalose respiratória 190
   Compensação na alcalose respiratória 191
   Diagnóstico laboratorial............................ 191
   Consequências da alcalose respiratória 191
Transtornos mistos do equilíbrio
   ácido-base... 191
Avaliação das desordens ácidos-bases 192
Interpretação dos resultados da análise
   dos gases e do pH 192
Avaliação da ventilação e do estado
   ácido-base 192
Anormalidades da PaO_2 193
Avaliação da oxigenação tissular 194
Determinação do pH e dos gases
   no sangue 194

**13 Aspectos bioquímicos da
hematologia** **195**
Anemias.. 195
   Anemias associadas com produção
      deficiente de hemácias............................ 196

Eritrocitoses 197
Policitemia vera... 198
Determinação da hemoglobina 198

13.1 Ferro sérico **199**
Ingestão e absorção do ferro........................ 199
Redução do ferro sérico 200
Aumento do ferro sérico 200
Determinação do ferro sérico 201
Capacidade de ligação de ferro à
   transferrina (TIBC).................................. 201
Ferritina sérica 202
Receptor solúvel de transferrina (sTfR)....... 203
Eritropoetina... 203

13.2 Hemoglobinopatias **204**
Eletroforese de hemoglobinas 204
Cromatografia líquida de alta resolução
   (HPLC) 205
Hemoglobina fetal (HbF).............................. 205
Hemoglobina A_2.. 205
Oxi-hemoglobina (HbO_2)........................... 205
Carbóxi-hemoglobina (HbCO)..................... 206
Metemoglobina (MetHb) 206
Desóxi-hemoglobina (HHb) 206
Sulfemoglobina (SulHb) 206
Hemoglobinas instáveis 206
Hemoglobina S (HbS)................................... 207

14 Sistema hepatobiliar **209**
Fisiologia hepática... 209
Testes de função hepática 210
Desordens metabólicas das doenças
   hepáticas 211

14.1 Bilirrubina **212**
Hiperbilirrubinemia 213
Laboratório na icterícia 215
Determinação da bilirrubina 216
Urobilinogênio na urina e nas fezes............. 217

14.2 Amônia **218**
Hiperamonemia... 218
Enfermidade hepática severa 218
Determinação da amônia 219

14.3 Doenças hepáticas **220**
Hepatites 220
   Hepatite por vírus A (HAV)....................... 221
   Hepatite por vírus B (HBV) 221
   Hepatite por vírus delta (HDV) 222
   Hepatite por vírus C (HCV) 223
   Hepatite por vírus E (HEV) 223
   Hepatite tóxica ou induzida por fármacos 223
   Hepatites crônicas 224
Infiltrações hepáticas 225
Cirrose hepática 225
Cobre e doença hepática 225
Hemocromatose 226
Deficiência de α-1-antitripsina (AAT) 226

15 Nitrogênio não proteico 227

15.1 Ureia 228
Hiperuremia 228
Hipouremia 229
Determinação da ureia 229

15.2 Creatinina 231
Hipercreatinemia 231
Determinação da creatinina 232
Depuração da creatinina endógena
(DCE) 233
Correlação clínica da DCE 233
Procedimento para a DCE 233

15.3 Ácido úrico 234
Síntese das purinas 234
Metabolismo do urato 236
Hiperuricemia 236
Hipouricemia 238
Uricosúria 239
Determinação do ácido úrico 239

16 Rim e função renal 241

Funções dos néfrons 242
Urina 242
Perfil da função renal 243

16.1 Exame de urina 243
Coleta da urina 244
Tiras reagentes 244
Cor 244
Aspecto 245
Densidade 245
Urodensímetro 246
Refractômetro 246
Tiras reagentes 246
Osmometria 246
pH 246
Proteínas 247
Proteinúria de Bence Jones 248
Glicose 248
Cetonas 249
Urobilinogênio 249
Bilirrubina 249
Hematúria, hemoglobinúria e
mioglobinúria 250
Nitrito 251
Leucócito-esterase 251
Sedimentoscopia 252
Obtenção do sedimento 252
Exame microscópico do sedimento 252
Critérios para as quantidades
arbitradas 253
Células epiteliais 253
Leucocitúria 253
Hematúria 254
Cilindrúria 254

Muco 256
Cristalúria 256

16.2 Cálculos urinários 257
Testes laboratoriais na investigação
de formadores de cálculos 258

16.3 Doenças renais 258
Vasculopatia renal 258
Doenças glomerulares 259
Glomerulonefrites 259
Síndrome nefrótica 260
Síndrome nefrítica 261
Insuficiência renal aguda 261
Insuficiência pré-renal 261
Insuficiência renal intrínseca 261
Insuficiência pós-renal 262
Doenças tubulointersticiais 262
Doença renal crônica 263
Cistite 264
Síndrome urêmica 264

17 Hormônios 267

17.1 Hipófise anterior 268
Hormônio de crescimento (GH) 269
Somatomedina C (IGF-1) 270
Determinação da somatomedina C
(IGF-1) 271
Proteína ligadora dos fatores de
crescimento insulino-símiles (IGFBP-3) ... 271
Prolactina (PRL) 271
Determinação da prolactina 272
Hormônio folículo-estimulante (FSH) 272
Determinação do FSH 273
Hormônio luteinizante (LH) 273
Determinação do LH 273
Hormônio estimulante da tireoide (TSH) ... 274
Hormônio adrenocorticotrófico (ACTH) 274
Determinação do ACTH 275
Hipopituitarismo 275

17.2 Hipófise posterior 276
Hormônio antidiurético (HAD)
(vasopressina) 276
Determinação do HAD 276
Teste de restrição hídrica 277
Oxitocina 277

17.3 Glândula tireoide 278
Transporte plasmático e mecanismo
de ação 278
Regulação da função tireoidiana 279
Disfunções da tireoide 279
Hipertireoidismo (tireotoxicose) 279
Hipotireoidismo 281
Tiroxina (T_4) 282
Tiroxina livre (T_4L) 282
Tri-iodotironina (T_3) 283

Tri-iodotironina livre (T₃L) 283
T₃ reverso (rT₃) 283
Anticorpos antitireoidianos 284
Calcitonina 284

17.4 Medula suprarrenal **285**
Metanefrina e normetanefrina 286
Catecolaminas 286
Teste de supressão com clonidina 287
Ácido vanilmandélico (VMA) 287
Ácido homovanílico 287

17.5 Córtex suprarrenal **288**
Cortisol 288
Hipocortisolismo 289
Hipercortisolismo 290
Determinação do cortisol plasmático 290
Cortisol livre urinário (CLU) 290
Determinação do cortisol urinário 290
Teste de supressão com dexametasona 291
Aldosterona 291
Hiperaldosteronismo 291
Hipoaldostironismo 292
Determinação da aldosterona 292
Renina 292
Determinação da renina 293

17.6 Hormônios sexuais **294**
Androgênios 294
Determinação da testosterona total 295
Testosterona livre 296
Determinação da testosterona livre 296
Sulfato de deidroepiandrosterona 296
Androstenediona 297
Determinação de androstenediona 297
Estrogênios 297
Estradiol (E₂) 297
Estriol (E₃) 298
Determinação do estriol 298
Progesterona 298
Determinação da progesterona 299

17.7 Hormônios da gravidez **299**
Gonadotrofina coriônica humana (hCG) 300
Determinação da hCG 300
Lactogênio placentário humano (hPL) 300
Esteroides na gravidez 301

17.8 Paratireoide e metabolismo ósseo **301**
Paratormônio 301
Determinação do PTH 302
Paratormônio relacionado à proteína
(PTH-rP) 302
Determin ação de PTH-rP 302
Osteocalcina (BGP) 303
AMP-cíclico 303
Determinação do AMP-cíclico 303

17.9 Hormônios pancreáticos **304**
Insulina 304

Determinação da insulina 304
Proinsulina 304
Determinação da proinsulina 305
Peptídeo C 305
Determinação do peptídeo C 305

18 Doenças do tubo digestório 307
Hormônios do tubo digestório 307
Gastrina 307
Carcinoides e síndrome carcinoide 308
Serotonina 308
Ácido 5-hidróxi-indolacético (5-HIAA) 309
Intestino delgado 309
Investigação da má absorção 309

19 Marcadores tumorais bioquímicos 311
Antígeno prostático específico (PSA) 312
Incremento da acurácia do PSA 312
α-Fetoproteína (AFP) 313
Enolase neurônio-específica (NSE) 313
Fosfatase ácida prostática (FAP) 314
Lactato-desidrogenase (LDH) 314
Calcitonina 314
Hormônio coriônico gonadotrófico
(hCG) 314
Antígeno carcinoembrionário (CEA) 315
Antígeno tumoral da bexiga (BTA) 315
CA15.3 (antígeno do câncer 15.3) 315
CA-125 (antígeno do câncer 125) 316
CA19.9 (antígeno do câncer 19.9) 316
CA72.4 (TAG 72) 316
CA27.29 (antígeno do câncer 27.29) 316
CA50 (antígeno do câncer 50) 316
MCA (antígeno mucoide associado
ao carcinoma) 317
Cromogranina A 317
NMP 22 (proteína da matriz nuclear) 317
Cyfra 21.1 317
Catepsina D 317
C-erbB-2 317
K-ras 318
P53 318
β-2-microglobulina A 318

20 Monitoração farmacológica 319
Anticonvulsivantes 319
Fenobarbital 320
Primidona 320
Fenitoína 320
Carbamazepina 321
Etossuximida (Zarontina) 321
Ácido valproico 322
Broncodilatadores 322
Teofilina 322

Antidepressivos 323
  Carbonato de lítio 323
  Antidepressivos tricíclicos 323
Fármacos cardiotônicos 324
  Digoxina 324
Fármacos antiarrítmicos 325
  Procainamida 325
  Lidocaína 325
  Quinidina 325
  Propranolol 325

21 Toxicologia 327
Substâncias com potencial de abuso 328
Etanol (álcool etílico) 328
Cocaína 329
Opiáceos 329
Benzodiazepínicos 330
Maconha (canabinoides) 330
Solventes 331
  Metanol 331
  Isopropanol 331
  Etilenoglicol 331
Monóxido de carbono (CO) 332
Salicilatos 332
Cianeto 333
Estimulantes do SNC 333
Aminas simpatomiméticas 333
Sedativo-hipnóticos 333
  Barbitúricos 334
  Metadona (Dolofina) 334
  Metaqualona (Quaalude, Sopor) 334
Propoxifeno (Darvon) 334
Alucinógenos 334
  Fenciclidina (PCP) 334
Drogas específicas e agentes tóxicos ... 335
  Paracetamol (acetaminofeno) 335
Metais e oligoelementos 335
  Alumínio 335
  Arsênico 335
  Boro 336
  Cádmio 336
  Chumbo 336
  Cobalto 336
  Cobre 336
  Cromo 337
  Fluoreto 338
  Manganês 338
  Mercúrio 338
  Molibdênio 338
  Níquel 339
  Selênio 339
  Silício 339
  Tálio 339
  Vanádio 339
  Zinco 339

Inalantes 340
  Benzeno 340
  Tolueno 340
  Xileno 341
  Hidrocarbonetos alifáticos clorados 341

22 Vitaminas 343
Vitamina A (retinol) 343
Vitamina D_3 (calcitriol) 344
Vitamina E (α-tocoferol) 345
Vitamina K 346
Tiamina (vitamina B_1) 346
Riboflavina (vitamina B_2) 347
Piridoxina (vitamina B_6) 347
Niacina e niacinamida (vitamina B_3) 348
Ácido fólico 349
Vitamina B_{12} (cianocobalamina) 349
Biotina (vitamina H) 350
Ácido pantotênico (vitamina B_3) 350
Ácido ascórbico (vitamina C) 350

23 Porfirias 353
Biossíntese de porfirinas e heme 354
Porfirias 354
  Porfirias primárias (inerentes) 355
  Porfirias secundárias (adquiridas) 356
Determinação do ácido δ-aminolevulínico
  e do porfobilinogênio 357

24 Líquidos orgânicos 359
Liquor 359
  Exame físico 360
  Bioquímica 360
  Citologia 361
Líquido pleural 362
  Exame físico 362
  Bioquímica 362
  Citologia 362
Líquido ascítico 363
  Exame físico 363
  Bioquímica 363
Líquido sinovial 363
  Exame físico 364
  Bioquímica 364
  Citologia 364

Anexos 365
Anexo 1: Massas atômicas 365

Anexo 2: Quantidades e fatores de conversão de alguns analitos recomendados pela IFCC e IUPAC e aprovados pela OMS 367

Índice Remissivo 371

Capítulo 1

Unidades de Medida

Unidades de base 1
Prefixos do Sistema Internacional de Unidades 1
Unidades de comprimento 2
Unidades de massa 2
Quantidade de substância 2

Unidades fora do SI 3
Unidades de volume 3
Concentração dos gases 3
Números exponenciais 4

O Sistema Internacional de Unidades (SI – *Système international d'unités*) é empregado em laboratórios clínicos para expressar as concentrações de soluções e dos componentes analisados, além de outras medidas. Recomendado pela Comissão para Quantidades e Unidades em Química Clínica da União Internacional de Química Pura e Aplicada (IUPAC) e pela Mesa Redonda de Especialistas sobre Quantidades e Unidades da Federação Internacional de Química Clínica (IFCC), o SI foi aprovado na Trigésima Assembléia (1977) da Organização Mundial de Saúde (OMS).

UNIDADES DE BASE

As sete *unidades de base* do SI fornecem as referências que possibilitam definir todas as unidades de medida do Sistema Internacional. As unidades estão listadas na Tabela 1.1, juntamente com os respectivos símbolos.

PREFIXOS DO SISTEMA INTERNACIONAL DE UNIDADES

Todas as outras grandezas são descritas como *grandezas derivadas* e são medidas utilizando *unidades derivadas*, que são definidas como produtos de po-

Tabela 1.1 Unidades de base do SI

Grandeza	Unidade	Símbolo
Comprimento	metro	m
Massa	quilograma	kg
Tempo	segundo	s
Corrente elétrica	ampere	A
Temperatura termodinâmica	kelvin	K
Intensidade luminosa	candela	cd
Quantidade de substância	mol	mol

tências de *unidades de base*. As unidades de base do SI e as unidades derivadas muitas vezes são inconvenientemente grandes ou pequenas para o uso rotineiro em laboratório clínico. Para contornar esta dificuldade, o SI incorpora uma série de *prefixos* para denotar múltiplos ou submúltiplos, tornando possível a apresentação padronizada dos dados laboratoriais (Tabela 1.2).

Os prefixos e símbolos são adicionados ao nome das unidades de base. (p. ex., 1 *centí*metro = 0,01 metro).

Com frequência é necessário transformar uma unidade em outra. Desse modo, é conveniente a familiarização com os prefixos mais comuns e suas correspondentes frações decimais para facilitar essas conversões.

Tabela 1.2 Prefixos e símbolos representando fatores decimais

Fator pelo qual a unidade é multiplicada		Prefixo	Símbolo
10^{18}	1.000.000.000.000.000	exa	E
10^{12}	1.000.000.000.000	tera	T
10^{9}	1.000.000.000	giga	G
10^{6}	1.000.000	mega	M
10^{3}	1.000	quilo	K
10^{2}	100	hecto	H
10^{1}	10	deca	da
10^{0}	1	unidade de base	
10^{-1}	0,1	deci	d
10^{-2}	0,01	centi	c
10^{-3}	0,001	mili	m
10^{-6}	0,000.001	micro	µ
10^{-9}	0,000.000.001	nano	n
10^{-12}	0,000.000.000.001	pico	p
10^{-15}	0,000.000.000.000.001	femto	f
10^{-18}	0,000.000.000.000.000.001	atto	a

Exemplo:

Converter 80 µL em mL:

$$mL = 80\ mL \times \frac{1\ mL}{1.000\ \mu L} = 8 \times 10^{-2}$$

Converter 0,4 mg em µg:

$$\mu g = 0,4\ mg \times \frac{10^{3}\ \mu g}{1\ mg} = 400$$

Converter 320 mL em L:

$$L = 320\ mL \times \frac{1\ L}{1.000\ mL} = 0,32$$

Converter 0,08 mg em ng:

$$ng = 0,08\ mg \times \frac{10^{6}\ ng}{1\ mg} = 8 \times 10^{4}$$

Converter 20 cm em mm:

$$mm = 20\ cm \times \frac{20\ mm}{1\ cm} = 200$$

A seguir, são descritas as unidades do SI empregadas no laboratório clínico.

UNIDADES DE COMPRIMENTO

O *metro* é a unidade básica de comprimento no SI. Desta unidade derivam:

Unidades	Símbolo	Definição	Símbolos não recomendados
Metro	m	–	–
Milímetro	mm	1×10^{-3} m	–
Micrômetro	µm	1×10^{-6} m	µ, u
Nanômetro	nm	1×10^{-9} m	mµ, mu
Picômetro	pm	1×10^{-12} m	µµ

UNIDADES DE MASSA

A massa de um objeto é a medida de sua quantidade de matéria. A unidade básica de massa no SI é o *quilograma*, de onde derivam:

Unidades	Símbolo	Definição	Símbolos não recomendados
Quilograma	kg	–	kg
Grama	g	1×10^{-3} kg	gr, gm, gms, GRM
Miligrama	mg	1×10^{-6} kg	mgm, mgms
Micrograma	µg	1×10^{-9} kg	γ, µg
Nanograma	ng	1×10^{-12} kg	mµg
Picograma	pg	1×10^{-15} kg	µµg, uug

QUANTIDADE DE SUBSTÂNCIA

A unidade para a quantidade (química) de substância no SI é o mol. A partir do mol são derivadas as seguintes unidades:

Unidades	Símbolo	Definição	Símbolos não recomendados
Mol	mol	–	M
Milimol	mmol	1×10^{-3} mol	mM
Micromol	μmol	1×10^{-6} mol	μM
Nanomol	nmol	1×10^{-9} mol	nM

UNIDADES FORA DO SI

O SI é o único sistema de unidades que é reconhecido universalmente, de modo que ele tem uma vantagem distinta quando se estabelece um diálogo internacional. Outras unidades, isto é, unidades não SI, são geralmente definidas em termos de unidades SI.

Embora algumas unidades não SI ainda sejam amplamente usadas, outras, a exemplo do minuto, da hora e do dia, como unidades de tempo, serão sempre usadas porque estão arraigadas profundamente na nossa cultura. Outras são usadas, por motivos históricos, para atender às necessidades de grupos com interesses especiais, ou porque não existe alternativa do SI conveniente.

Quando unidades não SI são utilizadas, o fator de conversão para o SI deve ser sempre incluído. Algumas unidades não SI estão listadas na Tabela 1.3, com o seu fator de conversão para o SI.

UNIDADES DE VOLUME

Para o símbolo do litro pode-se usar uma letra minúscula (l) ou uma letra maiúscula (L). Neste caso, a letra maiúscula é usada para evitar confu-

são entre a letra minúscula l e o número um (1). Atualmente, vários organismos de padronização recomendam o uso da letra maiúscula, inclusive para os múltiplos e submúltiplos do litro. O litro é igual a 1 dm^3. As unidades derivadas do litro são:

Unidades	Símbolo	Definição	Símbolos não recomendados
Litro	L ou l	–	–
Decilitro	dL	1×10^{-1} L	–
Mililitro	mL	1×10^{-3} L	cc
Microlitro	μL	1×10^{-6} L	–
Nanolitro	nL	1×10^{-9} L	–
Picolitro	pL	1×10^{-12} L	μμL

A expressão das concentrações de certos constituintes nos líquidos biológicos em percentagem (%) empregando frações do grama (mg, μg, ng) deve ser substituída por decilitro (dL) (p. ex., 100 mg% de glicose por 100 mg/dL de glicose – ver Capítulo 2).

CONCENTRAÇÃO DOS GASES

Antigamente, o resultado da determinação dos gases era dado em termos de volumes por cento. Nestes casos, os resultados não podiam ser relacionados diretamente com os valores encontrados para íons, geralmente em mmol/L ou mEq/L.

Atualmente, os resultados da pressão parcial de um gás são fornecidos em mm de Hg (milíme-

Tabela 1.3 Algumas unidades não SI

Grandeza	Unidade	Símbolo	Relação com o SI
	min	min	1 min = 60 s
Tempo	hora	h	1 h = 3.600 s
	dia	d	1 d = 86.400 s
Volume	litro	L ou l	1 L = 1 dm^3
Massa	tonelada	t	1 t = 1.000 kg
Energia	eletronvolt	eV	1 eV ≈ $1,602 \times 10^{-19}$ J
Pressão	bar		1 bar = 100 kPa
	milímetro de mercúrio		1 mmHg ≈133,3 Pa
Comprimento	angstrom	Å	1 Å = 10^{-10} m
Força	dina	dyn	1 dyn = 10^{-5} N
Energia	erg	erg	1 erg = 10^{-7} J

tros de mercúrio). A unidade recomendada, mas ainda não plenamente adotada, é o Pa (Pascal), que é igual a um Newton por metro quadrado, cuja relação com o mm de Hg é 1 mm de Hg = 133,3224 Pa.

A concentração do bicarbonato, a relação da $PaCO_2$ e a concentração de íons hidrogênio:

$$[HCO_3^-] \text{ em mmol/L} = 180 \times \frac{PaCO_2 \text{ em kPa}}{[H^+] \text{ em nmol/L}}$$

NÚMEROS EXPONENCIAIS

Os números exponenciais são usados para expressar de maneira abreviada números muito grandes ou muito pequenos. O método emprega uma base numérica (10) elevada a uma potência. Uma potência (ou expoente) exprime quantas vezes a base numérica 10 é repetida como um fator. Desse modo,

$$1 \times 10^3 = 1 \times 10 \times 10 \times 10 = 1.000$$
$$7,3 \times 10^3 = 7.300$$

Expoentes negativos são empregados para indicar números <1. Um expoente negativo exprime o valor recíproco do mesmo número com o expoente positivo:

$$1 \times 10^{-2} = 1 \times \frac{1}{10^2} = 0,01$$
$$2,34 \times 10^{-3} = 0,0234$$

Bibliografia consultada

CARREIRO-LEWANDOWSKI, E. Basic principles and practices of clinical chemistry. *In:* BISHOP, M.L.; DUBEN-ENGELKIRK; FODY, E.P. **Clinical chemistry: principles, procedures, correlations.** 3. ed. Philadelphia: Lippincott, 1996:3-38.

DYBKAER, R.; JORGENSEN, K. **Quantities and units in clinical chemistry.** Baltimore: Williams & Wilkins, 1967.

LEHMANN, H.P.; FUENTES-ARDERIU, F.; BERTELLO, L.F. Glossary of terms in quantities and units in clinical chemistry. **IUPAC-IFCC/C-NPU, 1996.**

Resumo do Sistema Internacional de Unidades – SI. Disponível em: http://www.inmetro.gov.br/consumidor/Resumo_SI.pdf. Acesso em: 25 jan. 2008.

SACKHEIM, G.I.; LEHMAN, D.D. **Química e bioquímica para ciências biomédicas.** 8 ed. São Paulo: Manole, 2001.

The SI for the health professions. Genebra: WHO, 1977.

Capítulo 2

Soluções

Concentração das soluções	5	Controle da qualidade da água reagente	11
Soluções percentuais	5	Determinação da resistividade da água reagente	11
Molaridade	6	Determinação do pH da água reagente	11
Normalidade	7	Determinação da sílica solúvel, SiO_2	12
Molalidade	8	Determinação da contaminação bacteriana	12
Partes por milhão	8	Determinação das substâncias orgânicas	12
Diluições	8	Escala de pH	12
Água reagente	9	Equação de Henderson-Hasselbalch	13
Processos de purificação da água	10	Tampões e tamponamento	13
Recipientes para depositar água reagente	11		

As misturas líquidas podem dividir-se em quatro tipos: soluções, suspensões, coloides e emulsões. Cada mistura apresenta seu conjunto específico de propriedades e aplicações:

Solução. É uma mistura homogênea constituída de duas ou mais substâncias uniformemente distribuídas uma(s) na(s) outra(s). A substância que se dissolve (sólido, líquido ou gasoso) é o *soluto*, e a que dissolve, o *solvente*. Os fatores que afetam a solubilidade de um soluto são temperatura, pressão, área superficial, agitação e natureza do solvente.

Suspensão. Consiste em um sólido insolúvel suspenso em meio líquido. As suspensões não são límpidas; elas sedimentam; são heterogêneas; não atravessam um papel de filtro ou uma membrana.

Coloide. Consiste em minúsculas partículas suspensas em um líquido. Os coloides não sedimentam; eles atravessam um papel de filtro, mas não atravessam membranas; adsorvem (retêm) partículas em sua superfície; possuem carga elétrica, devido à adsorção de partículas carregadas (íons); apresentam efeito Tyndall e o movimento browniano. A diálise consiste na separação entre um soluto e um coloide mediante o uso de uma membrana semipermeável.

Emulsão. Consiste em um líquido suspenso em meio líquido. Uma emulsão que sedimenta é denominada uma emulsão temporária. Quando um agente emulsificante é adicionado a uma emulsão temporária, ela se torna uma emulsão permanente.

CONCENTRAÇÃO DAS SOLUÇÕES

A quantidade de soluto que se encontra dissolvido em determinada quantidade de solvente denomina-se *concentração* (alguns autores empregam a palavra título como sinônimo de concentração). A concentração pode ser expressa de vários modos.

Soluções percentuais

O modo mais comum de expressar a concentração é pelo emprego do peso de soluto em determinado volume de solvente. A Comissão sobre Química Clínica da IUPAC recomenda o uso de 1.000 mL como unidade básica de volume de solvente. Entretanto, no decorrer dos anos tornou-se comum o uso de percentagem para caracterizar as concentrações das soluções. Percentagem é a relação entre o peso ou volume do soluto e 100 mL ou 100 g de solução final. Consideram-se quatro casos:

Peso em peso (p/p). Refere-se ao número de gramas de substância ativa em 100 g da solução final (p. ex., uma solução a 25% [p/p] contém 25 g de soluto e 75 g de solvente).

Peso em volume (p/v). Expressa o número de gramas da substância ativa contida em 100 mL da solução final (p. ex., uma solução a 25% [p/v] contém 25 g de soluto em 100 mL de volume final).

A concentração do peso em volume para as frações do grama, utilizando o volume de 100 mL da solução (mg%, µg% e ng%), deve ser evitada. A forma "mg" seria correta na relação mg por 100 µL de solução (pois o mL é o volume correspondente ao miligrama). No entanto, ao empregar-se "mg%", deseja-se exprimir a quantidade de mg de soluto em 100 mL de solução. Para corrigir essas expressões foi proposto o termo mg/dL. O dL (decilitro) é igual a 100 mL e, assim, miligrama por decilitro é o modo correto para o pretendido com o "mg%". O mesmo raciocínio aplica-se para o micrograma por decilitro e "µg%" e para o nanograma por decilitro e "ng%".

Volume em volume (v/v). Expressa o número de mL de substância ativa contida em 100 mL da solução final (p. ex., uma solução a 25% [v/v] contém: 25 mL do soluto em um volume final de 100 mL).

Volume em peso (v/p). Expressa o número de mL de substância ativa contida em 100 g da solução final (p. ex., uma solução a 25% contém 25 mL de soluto em 100 g de solução final).

Molaridade

Átomo-grama (atg) de um elemento químico é a massa de $6,02 \times 10^{-23}$ (número de Avogrado) átomos deste elemento (p. ex., $6,02 \times 10^{-23}$ átomos de hidrogênio pesam um grama).

Mol ou molécula-grama de uma substância é a massa de $6,02 \times 10^{-23}$ moléculas desta substância, ou a soma de todos os atg dos átomos que formam sua molécula. A palavra mol não pode ser abreviada. O *mol* não deve ser confundido com a unidade de concentração *molar*.

Fórmula-grama é o termo que substitui molécula-grama ou mol para os compostos iônicos.

A *molaridade* de uma solução é o número de mol existentes em um litro de solução. Portanto, em uma solução molar tem-se um mol de soluto em 1.000 mL de volume final.

O mol é frequentemente descrito em termos de massa molecular, isto é, a massa de um mol expressa em gramas. A massa molecular é calculada pela soma das massas atômicas de todos os elementos que compõem a molécula (muitos autores empregam indistintamente massa molecular e peso molecular). Exemplo: massa molecular do cloreto de sódio (NaCl):

$$\text{Massa atômica do Na} = 23,0 \text{ g}$$

$$\text{Massa atômica do Cl} = 35,5 \text{ g}$$

$$23,0 \text{ g} + 35,5 \text{ g} = 58,5 \text{ g}$$

Tem-se uma solução molar de NaCl quando 58,5 g deste sal são dissolvidos em 1.000 mL de volume final.

Os valores maiores que 1 mol de soluto por litro são denominados múltiplos de molar (p. ex., 2 mol/L, 2,5 mol/L etc.). Os valores menores que um mol de soluto por litro são denominados submúltiplos (p. ex., 0,1 mol/L, 0,05 mol/L etc.).

Para se obter uma solução de qualquer molaridade, multiplica-se a massa molecular do soluto pela molaridade desejada. Obtém-se o número de gramas necessário para fazer 1.000 mL de solução.

Exemplos:

- Solução de NaCl 2,5 mol/L
  58,5 g × 2,5 = 146,25 g de NaCl em 1.000 mL de solução

- Solução de NaCl 0,2 mol/L
  58,5 × 0,2 = 11,7 g de NaCl em 1.000 mL de solução

- Para volumes diferentes de 1.000 mL faz-se o seguinte cálculo:
  200 mL de NaCl 0,2 mol/L

Se para 1.000 mL de NaCl 0,2 mol/L, necessita-se 11,7 g de sal, para 200 mL tem-se que:

$$x = \frac{200 \text{ mL} \times 11,7 \text{ g}}{1.000 \text{ mL}} = 2,34 \text{ g}$$

CAPÍTULO 2 • Soluções

Empregam-se 2,34 g de sal para elaborar 200 mL de NaCl 0,2 mol/L.

• Para converter g% a mol/L, emprega-se a fórmula:

$$mol/L = \frac{\text{gramas por cento} \times 10}{\text{massa molecular}}$$

• Para converter NaCl a 20% (p/v) a mol/L:

$$\frac{20 \times 10}{58,5} = 3,42 \ mol/L$$

Normalidade

Normalidade de uma solução é o número de equivalentes-grama de soluto existente em um litro de solução. Por conseguinte, em uma solução normal (N), tem-se um equivalente-grama de soluto em 1.000 mL de volume final.

• **Equivalente-grama** é a massa de uma substância capaz de reagir com um átomo-grama de hidrogênio. Pode ser um elemento ou um composto.

• **Equivalente-grama de um elemento** é a relação entre a massa atômica e sua valência normal:

$$\text{Equivalente-grama de um elemento} = \frac{\text{massa atômica}}{\text{valência}}$$

Exemplo: equivalente-grama do oxigênio: $16/2 = 8$ g.

• **Equivalente-grama dos ácidos** é a relação entre a massa molecular do ácido e o número de hidrogênios ionizáveis:

$$\text{Equivalente-grama dos ácidos} = \frac{\text{massa molecular}}{\text{número de H}^+ \text{ ionizáveis}}$$

Exemplo: equivalente-grama do $H_3PO_4 = 98/3 = 37,7$ g.

• **Equivalente-grama das bases** é a relação entre a massa molecular da base e o número de hidroxilas da mesma, ou melhor, o número de ânions hidróxidos:

$$\text{Equivalente-grama das bases} = \frac{\text{massa molecular}}{\text{número de OH}^-}$$

Exemplo: equivalente-grama do $NaOH = 40/1 = 40$ g; equivalente-grama do $Ca(OH)_2 = 74/2 = 37$ g.

• Equivalente-grama dos sais: consideram-se dois casos:

– *Reações sem oxidorredução,* ou seja, quando os elementos não apresentam variação do número de oxidação. Neste caso, o equivalente é a relação entre a massa molecular do sal e as cargas do cátion (ou do ânion, pois pode-se dividir o mol do sal pelo número de hidrogênios substituídos no ácido):

$$\text{Equivalente-grama dos sais} = \frac{\text{massa molecular}}{\text{cargas de cátion}}$$

Exemplo: equivalente-grama do NaCl = $58,5/1 = 58,5$ g; equivalente-grama do $CaCO_3 = 100/2 = 50$ g.

Para os compostos hidratados, leva-se em conta a água de cristalização. Exemplo: $MgSO_4.7H_2O$:

$$\text{Mol do } MgSO_4 = 120 \text{ g}$$

$$\text{Mol da } H_2O \times 7 = 126 \text{ g}$$

$$120 + 126 = 246 \text{ g}$$

Equivalente-grama de $MgSO_4.7H_2O = 246/2 = 123$ g.

– *Reações de oxidorredução:* quando os elementos apresentam variação no número de oxidação (p. ex., sais oxidantes e redutores).

O equivalente-grama, nesses casos, é a relação entre a massa molecular do sal e a variação do número de oxidação, ou seja, o mol dividido pelo número de elétrons ganhos ou perdidos. Exemplo: permanganato de potássio:

Em meio ácido:

$$2 \ KMnO_4 \rightarrow 2 \ Mn^{2+} + 50$$

A variação no número de oxidação é 5. Portanto, $158/5 = 31,6$ g.

Em meio básico:

$$2 \ KMnO_4 \rightarrow K_2O + 2 \ MnO_2 + 30$$

A variação do número de oxidação é 3. Portanto, $158/3 = 52,6$ g.

O número dos equivalentes-grama em 1.000 mL de solução é denominado *normalidade*. Exemplo: NaCl 1 N = 58,5 g de NaCl contidos em 1.000 mL de solução.

Para o cálculo dos múltiplos e submúltiplos, multiplica-se o equivalente-grama do soluto pela normalidade desejada. O produto será o número de gramas necessários para fazer 1.000 mL de solução.

Exemplo:

NaOH 2 N = 2 × 40 g = 80 g/1.000 mL
Na_2SO_4 0,02 N = 0,02 × 71 = 1,42 g/1.000 mL

Para a obtenção de volumes diferentes de 1.000 mL, devem ser feitos os mesmos cálculos descritos para as soluções molares, substituindo-se apenas a massa molecular pelo equivalente-grama.

Para o conhecimento da normalidade de uma solução, cuja concentração é expressa em gramas por cento, aplica-se a seguinte fórmula:

$$Normalidade = \frac{g\% \times 10}{equivalente\text{-}grama}$$

Exemplo: qual a normalidade de uma solução a 12% (p/v)?

$$Normalidade = \frac{12 \times 10}{40} = 3$$

A normalidade é igual a 3.
A conversão da molaridade em normalidade, e vice-versa, é conseguida pelas fórmulas:

$$Normalidade = molaridade \times valência$$

$$Molaridade = \frac{normalidade}{valência}$$

Exemplos:

- Expressar em normalidade uma solução de H_2SO_4 6 mol/L:

$$Normalidade: 6 \times 2 = 12$$

$$H_2SO_4 \text{ 6 mol/L} = H_2SO_4 \text{ 12 N}$$

- Converter em molaridade uma solução de H_2SO_4 0,66 N.

$$\frac{0,66}{2} = 0,33 \text{ (molaridade)}$$

$$H_2SO_4 \text{ 0,66 N} = H_2SO_4 \text{ 0,33 mol/L}$$

- **Miliequivalentes:** as concentrações iônicas nos fluidos corporais são frequentemente expressas em unidades de miliequivalentes por litro (mEq/L). É a milésima parte do equivalente, isto é, 1.000 mEq/L = 1 Eq. Uma solução contendo 1 mEq/L = solução 0,001 N. A conversão de mg/dL em mEq/L faz-se aplicando a fórmula:

$$mEq/L = \frac{mg/dL \times 10}{equivalente\text{-}grama}$$

Molalidade

Molalidade é o número de mol de soluto por kg do solvente. A concentração molal independe da variação da temperatura. É um modo mais exato de expressar a concentração do que a molaridade.

Partes por milhão

Baixas concentrações podem ser expressas em partes por milhão (ppm). Uma parte por milhão é equivalente a 1 mg/L. Desse modo, se uma solução tem concentração de 55 mg/L, sua concentração pode ser expressa também como 55 ppm.

DILUIÇÕES

No laboratório clínico é bastante frequente o emprego de diluições de reagentes e amostras. Para se fazer uma solução diluída a partir de uma solução concentrada, aplica-se a fórmula:

$$C_2 \times V_1 = C_1 \times V_2$$

Onde:

- C_1 = concentração da solução diluída (solução desejada).
- C_2 = concentração da solução concentrada (a ser diluída).
- V_1 = volume da solução concentrada (a ser diluída).
- V_2 = volume necessário de solução diluída.

Para a aplicação desta fórmula, atente-se para o fato de que os volumes inicial e final devem ser expressos nas mesmas unidades (p. ex., mililitros). Isto se aplica também às concentrações que devem ser descritas nas mesmas unidades (p. ex., gramas, miligramas, molaridade ou normalidade).

Exemplo: fazer 500 mL de uma solução de carbonato de sódio a 4% (p/v) a partir de uma solução de carbonato de sódio a 20% (p/v):

$$4 \times 500 = 20 \times V_1$$

$$\frac{4 \times 500}{20} = 100$$

Diluir 100 mL da solução de carbonato de sódio a 20% (p/v) a 500 mL com água.

CAPÍTULO 2 ▪ Soluções

Muitas vezes, as diluições são expressas como uma parte da solução original em um determinado número de partes de volume final. Por isso, uma diluição em 1:5 representa uma parte da solução original em um volume final de 5 partes, ou seja, *1 parte da solução concentrada + 4 partes do solvente.*

Para o cálculo da concentração de uma solução diluída multiplica-se a diluição pela concentração inicial.

Exemplo: uma solução a 25% foi diluída em 1:5. Determinar a concentração da solução diluída:

$$1/5 \times 25 = 5\%$$

Quando uma solução for diluída mais de uma vez (diluições seriadas), a concentração final será calculada multiplicando-se as diluições entre si e pela concentração inicial.

Exemplo: uma solução a 20% foi diluída em 1:5 e esta, por sua vez, foi diluída em 3:10. Determinar a concentração final:

$$1/5 \times 3/10 \times 20 = 1,2\%$$

ÁGUA REAGENTE

De acordo com as especificações publicadas pela ACS – American Chemical Society –, ASTM – American Society for Testing and Materials –, USP – United States Pharmacopeia –, NCCLS – National Committee for Clinical Laboratory Standards – e CAP – College of American Pathologists –, existem os seguintes tipos de água reagente (Tabela 2.1):

Água reagente tipo I. Esta água é a ideal para a utilização geral em laboratórios clínicos. Quando obtida por processos adequados e estocada corretamente, produz mínima interferência na preparação dos reagentes ou na execução das metodologias mais sofisticadas (HPLC, cultura de tecidos/células, análise microssomal, fertilização *in vitro*/transferência de gametas e avaliação de HLA). Sua resistência específica deve ser = 10 megohm/cm.

Água reagente tipo II. Água com tolerância para a presença de bactérias, como nos testes de rotina que não necessitam água reagente do tipo I ou água reagente especial. É a água reagente existente nos laboratórios e pode ser usada para dissolver as amostras-controle, preparar os reagentes e corantes e diluir as amostras de pacientes. Sua resistência específica deve ser >2,0 megohm/cm.

Água reagente tipo III. Pode ser usada para lavagem e enxágue preliminar de recipientes que necessitem, no final, tratamento com água tipo I ou II. Também pode ser utilizada como água original para obtenção de água de alto grau de pureza. Sua resistência específica deve ser >0,1 megohm/cm.

Água reagente especial. Deve ser preparada e utilizada quando há necessidade de remoção de determinados contaminantes, de acordo com a utilização proposta (p. ex., água para preparar soluções injetáveis, exames microssomais, HPLC etc.). Esse tipo de água é obtido com a utilização de dois ou mais processos de purificação que permitam a eliminação de todo e qualquer contaminante da água. Ela não deve conter íons, substâncias orgânicas, silicatos, bactérias ou substâncias em suspensão.

Tabela 2.1 Especificações da água reagente

	Tipo I	*Tipo II*	*Tipo III*
Bactéria – UFC/mL (a)	10	10.000	N.E.
pH	N.E.	N.E.	5,8/8,0
Resistência específica, megohm/cm a 25°C (b)	= 10	>2,0	>0,1
Condutividade, microohm/cm (a)	= 0,1	<0,5	<10,0
Máximo de silicatos $(Si)O_2$ – mg/L	0,05	0,1	1,0
Metais pesados – mg/L	0,01	0,01	0,01
Substâncias orgânicas – $KMnO_4$ – minutos	60	60	60
CO_2 – mg/L	3	3	3

N.E. = não especificado; (a) Máximo; (b) Mínimo; UFC= unidade formadora de colônias.

Processos de purificação da água

A água de torneira não é adequada para o emprego como reagente no laboratório clínico. Ela deve ser purificada com os processos adequados para tornar-se água reagente. Esta purificação consiste na eliminação de todas as substâncias dissolvidas e suspensas na água:

Destilação. É o processo de purificação da água pela mudança dos seus estados físicos. A água em estado líquido é levada ao estado gasoso (vapor) e condensada novamente ao estado líquido. Em cada uma dessas mudanças de estado há uma possibilidade de purificação da água. Esse processo não elimina gases e alguns vestígios de sais inorgânicos, além de haver o perigo de contaminação na campânula do destilador, por transbordamento.

Deionização. É um processo de troca de íons para obter água reagente de alta resistividade. Consta da utilização de colunas contendo resinas de trocas iônicas que retêm as impurezas existentes na água. Não elimina substâncias não ionizadas, como silicatos, algumas substâncias orgânicas e algumas impurezas em suspensão. A resistividade da água purificada por destilação é menor que a da água obtida por deionização, devido, principalmente, à presença de CO_2, H_2S, NH_3 e outros gases ionizados na água original. A melhor coluna de deionização é a chamada de leito misto, que absorve os aniontes e cationtes. A coluna, depois de saturada, pode ser regenerada e reaproveitada.

Osmose reversa (OR). É o processo pelo qual a água é forçada sob pressão através de uma membrana semipermeável que retém uma percentagem das substâncias orgânicas e inorgânicas dissolvidas, íons e impurezas em suspensão. A OR pode efetivamente remover mais de 97% dos íons monovalentes e ainda grande parte de íons bivalentes. Entretanto, substâncias voláteis e algumas substâncias orgânicas de baixo peso molecular passam através da membrana.

Adsorção e absorção pelo carvão. É um processo utilizado como uma fase de pré-tratamento e que, em combinação com outro processo de purificação da água, possibilita a obtenção de água reagente. Pode ser usado o carvão ativado ou outro adsorvente que seja capaz de remover contaminantes orgânicos. Este processo tem as seguintes limitações:

- O carvão é mecanicamente degradado e produz pó, que deve ser retido à frente.
- Solta resíduos minerais na água obtida.
- Realiza somente pequena adsorção de contaminantes, em função do tempo de contato.

Na prática, o carvão ativado é usado para remover o cloro da água que será utilizada para deionização, ou outro processo de purificação.

Filtração e ultrafiltração. A filtração é um processo mecânico de retenção de partículas, incluindo micro-organismos, naturalmente dependendo do tamanho dos poros do filtro utilizado. A ultrafiltração é o processo mecânico ou eletromecânico destinado a remover pequenas impurezas dissolvidas ou suspensas na água. A filtração retém partículas na dependência do diâmetro dos poros do filtro, e a ultrafiltração as retém com base no seu tamanho, forma e carga elétrica. Esses processos são também usados em combinações com outros processos de purificação da água. Os ultrafiltros que empregam filtros moleculares têm demonstrado utilidade para reduzir os contaminantes orgânicos da água, baseados no princípio de membranas retentoras de substâncias de acordo com seus pesos moleculares.

Nanofiltração. Este processo usa uma membrana destinada à purificação da água. É um processo que utiliza, em combinação, as características dos ultrafiltros e da osmose reversa. São empregados cartuchos que realizam concomitantemente os dois processos de purificação. Nesse processo há a passagem de grandes quantidades de íons bivalentes, como cálcio, magnésio e sulfato. Tem ainda uma baixa resistência para o cloro existente na água.

Oxidação química. Este processo ainda não é utilizado largamente em laboratório clínico. Consiste no sistema de purificação da água pelo ozônio, que é cinco a 10 vezes mais efetivo como bactericida que o cloro. A ação bactericida do ozônio pode ser aumentada pela ação da luz ultravioleta. Por ser um oxidante, o ozônio degrada as membranas de osmose reversa e os plásticos originários de polímeros, incluindo resinas de troca iônica dos deionizadores. Entretanto, tem se mostrado efetivo para oxidação de bactérias, vírus ou seus metabólitos.

Oxidação e esterilização por ultravioleta. A oxidação por luz ultravioleta resulta da absorção da luz a 185 nm, produzindo radicais de hidroxil, que por sua vez oxidam os materiais orgânicos ionizáveis. É usada por recirculação da água sob o foco da luz ultravioleta. O processo isolado não garante a remoção das substâncias orgânicas da água. A esterilização por ultravioleta é realizada por absorção da luz de 254 nm, que destrói o DNA e o RNA dos micro-organismos, causando a morte de sua célula. A eficiência de ambos os processos depende da quantidade de luz que penetra na água e também do tempo de exposição.

Recipientes para depositar água reagente

Metálicos. São fabricados em aço, titânio ou pintura metálica. Entretanto, deve-se tomar cuidado para que não haja transferência de traços de metal para a água.

Não metálicos. Estão disponíveis em diferentes materiais, como polipropileno, polietileno, fluoropolímeros (Teflon®) e, mais comumente, no PVC®. O NCCLS não recomenda o depósito de água reagente tipo I ou II em frascos de PVC. Traços de contaminantes orgânicos e metálicos são extraídos pela água do PVC. Recomenda-se a utilização de frascos de fluoropolímeros para eliminar todos os problemas existentes com outros produtos não metálicos.

Vidros. Recipientes de vidro são inaceitáveis para estocar água reagente. Apesar da alta qualidade dos vidros de borossilicatos, eles transferem traços de chumbo, boro, sódio, arsênico e sílica para a água reagente depositada.

Nota: nenhuma água reagente deve permanecer muito tempo estocada, pois todos os recipientes tendem a transferir algo para a mesma, motivo pelo qual, em princípio, ela deve ser utilizada de imediato, o que, além de evitar a contaminação por outras substâncias, diminui a incidência de contaminação bacteriana.

Controle de qualidade da água reagente

São necessários os seguintes testes e periodicidades para determinação da qualidade da água reagente:

- Determinação da resistividade ou condutância, diariamente.
- Teste de esterilidade, com contagem de colônias, semanalmente.
- Determinação do pH a 25°C, diária.
- Determinação da contaminação por substâncias orgânicas, quando necessária.
- Determinação da sílica solúvel, como SiO_2, diária.

Todos os valores aceitáveis destas determinações estão contidos na Tabela 2.1.

A seguir, são transcritas algumas metodologias; entretanto, cabe ao laboratório clínico a escolha daquela que melhor lhe convém para o controle da qualidade de sua água reagente.

Determinação da resistividade da água reagente

Emprega-se o condutivímetro ou o resistivímetro, que servem para medir, através da resistividade, a quantidade de íons dissolvidos na água, cujo resultado é expresso em megohm. A determinação deve ser realizada a 25°C.

- Em água reagente tipo I, a quantidade mínima de megohm é de 10 megohm/cm.
- Em água reagente tipo II, a quantidade mínima de megohm é de 2 megohm/cm.
- Em água reagente tipo III, a quantidade mínima de megohm é de 0,1 megohm/cm.
- Existem vários modelos de condutivímetro, com escalas de zero a 100 megohm/cm, e outros somente com luzes verdes e vermelhas, indicativas de boa e má qualidade da água reagente. Existe ainda um mais simples, somente com uma luz vermelha indicativa, quando acende, de que a água está com menos de 10 megohm/cm (pouca resistência), portanto, não indicada para ser usada nos laboratórios clínicos.

Determinação do pH da água reagente

Serve para verificar a alcalinidade da água reagente, quando esta sofre deterioração por contaminação bacteriana ou substâncias orgânicas, após estocagem.

O processo consiste em adicionar uma gota de solução alcoólica de fenolftaleína a 1% em 10 mL da água a examinar. O aparecimento de coloração avermelhada indica perda de qualidade da água. Um potenciômetro também pode ser utilizado para verificar a alcalinidade.

Determinação da sílica solúvel, como SiO_2

O processo consiste em utilizar os reagentes empregados para a dosagem do fósforo inorgânico:

- Preparar uma reação do branco do fósforo e fazer a leitura espectrofotométrica do mesmo contra a água. Esta absorbância do branco do fósforo, lida em 650 nm ou filtro vermelho, não poderá ultrapassar 0,010, e também não pode ocorrer formação de cor azul visível, o que corresponderia a uma concentração de silicatos superior a 0,10 mg/L. Com esses parâmetros, a água reagente estará imprópria para ser utilizada em laboratório clínico. Essa ocorrência mostra que o deionizador deve ser regenerado ou que a resina deve ser trocada ou, se a água está sendo obtida por outro processo, que o mesmo deverá sofrer uma avaliação para descobrir-se a razão da impureza.

Determinação da contaminação bacteriana

Empregam-se métodos tradicionais, com contagem de colônias, pois em princípio a água reagente tipo I não deve conter bactérias, apesar de as normas internacionais admitirem a presença de até 10 UFC/L.

Determinação das substâncias orgânicas

É realizada pela redução do permanganato de potássio:

- Adicionar 0,20 mL de uma solução de $KMnO_4$ 0,01 N em 500 mL de água e agitar. Dentro de 1 hora, ainda deve persistir a coloração violeta, o que comprova a não existência de substâncias orgânicas. A presença de substâncias orgânicas provoca a redução do permanganato, tornando o líquido incolor.

ESCALA DE pH

A escala de pH é um modo conveniente para expressar a concentração real de íons hidrogênio em uma solução. Matematicamente, o pH de uma solução é definido como o valor negativo do logaritmo base 10 da concentração de íons hidrogênio:

$$pH = -\log[H^+]$$

Em uma solução aquosa neutra a 25°C, a concentração do íon hidrogênio (como também a $[OH^-]$) é $1,0 \times 10^{-7}$ M ou pH = 7,0:

$$[H^+] = 0,000.000.1 \text{ M} = 1,0 \times 10^{-7} \text{ M}$$

$$\log[H^+] = -7$$

$$pH = -\log[H^+] = 7$$

O pH 7 indica uma solução neutra. Soluções com pH abaixo de 7 são *ácidas*, enquanto aquelas com pH acima de 7 são *alcalinas*. A Tabela 2.2 mostra a relação entre $[H^+]$, $[OH^-]$, pH e pOH.

É importante frisar que o pH varia na razão inversa da concentração de H^+. Desse modo, o aumento de $[H^+]$ reduz o pH, enquanto a diminuição o eleva. Notar também que o pH é uma função logarítmica, portanto, quando o pH de uma solução aumenta de 3 para 4, a concentração de H^+ diminui 10 vezes de 10^{-3} M a 10^{-4} M.

Os pH de diferentes líquidos biológicos são mostrados na Tabela 2.3. Em pH 7, o íon H^+ está na concentração 0,000.000.1 M (1×10^{-7}), enquanto a concentração de outros cátions está entre 0,001 e 0,10 M. Um aumento no teor de íon H^+ de somente 0,000.001 (1×10^{-6}) tem um grande efeito deletério sobre as atividades celulares.

Para medição do pH em um laboratório, é usado um equipamento denominado pHmetro (lê-se "peagâmetro").

Tabela 2.2 Relação entre a $[H^+]$, $[OH^-]$, pH e pOH.

[H+] (M)	pH	[OH−] (M)	pOH
1,0	0	1×10^{-14}	14
0,1(1×10^{-1})	1	1×10^{-13}	13
1×10^{-2}	2	1×10^{-12}	12
1×10^{-3}	3	1×10^{-11}	11
1×10^{-4}	4	1×10^{-10}	10
1×10^{-5}	5	1×10^{-9}	9
1×10^{-6}	6	1×10^{-8}	8
1×10^{-7}	7	1×10^{-7}	7
1×10^{-8}	8	1×10^{-6}	6
1×10^{-9}	9	1×10^{-5}	5
1×10^{-10}	10	1×10^{-4}	4
1×10^{-11}	11	1×10^{-3}	3
1×10^{-12}	12	1×10^{-2}	2
1×10^{-13}	13	0,1(1×10^{-1})	1
1×10^{-14}	14	1,0	0

CAPÍTULO 2 • Soluções

Tabela 2.3 Valores de pH em alguns líquidos biológicos

Líquido	pH
Plasma sanguíneo	7,4
Líquido intersticial	7,4
Líquido intracelular (citosol hepático)	6,9
Suco gástrico	1,5 a 3,0
Suco pancreático	7,8 a 8,0
Leite humano	7,4
Saliva	6,4 a 7,4
Urina	5,0 a 8,0

EQUAÇÃO DE HENDERSON-HASSELBALCH

A concentração do íon hidrogênio de uma solução contendo uma mistura de um ácido e sua base conjugada pode ser calculada pela equação de Henderson-Hasselbalch:

$$pH = pK_a' + \log_{10} \frac{[Base\ conjugada]}{[Ácido\ conjugado]}$$

Esta equação representa um modo conveniente para o estudo do relacionamento entre o pH de uma solução e as quantidades relativas de ácido conjugado e base conjugada presentes. Nos casos em que a concentração molar de ácido conjugado é igual à da base conjugada, a relação é 1. Como o logaritmo de 1 é zero, o $pH = pK_a'$.

TAMPÕES E TAMPONAMENTO

Os tampões são soluções que resistem a alterações bruscas de pH quando são adicionadas pequenas quantidades de H^+ ou OH^-. Os tampões simples são formados por um ácido conjugado e uma base conjugada. Os líquidos intracelulares e extracelulares dos organismos são dependentes dos sistemas tampões para a manutenção da vida.

Quando um ácido fraco, como o ácido acético, é dissolvido em água, obtém-se uma dissociação parcial, estabelecendo um equilíbrio entre o ácido, o acetato e o íon hidrogênio (próton):

$$CH_3\text{-}COOH + H_2O \leftrightarrows CH_3\text{-}COO^- + H_3O^+$$

O ácido acético é um *ácido conjugado* (doador de prótons). A forma ionizada do ácido acético, o íon acetato ($CH_3\text{-}COO^-$) é denominado *base conjugada* (aceptor de prótons) ou "sal". Em reações desse tipo, típicas de equilíbrios ácido-base, o ácido fraco ($CH_3\text{-}COOH$) e a base formada na sua dissociação ($CH_3\text{-}COO^-$) constituem um *par ácido-base conjugado*.

A resistência a mudanças no pH de um tampão depende de dois fatores: a concentração do tampão (a molaridade total do par conjugado) e a relação molar entre a base conjugada e o ácido conjugado.

A capacidade máxima de tamponamento de uma solução tampão é quando o $pH = pK_a'$ do ácido fraco, ou seja, quando a solução tampão consiste em iguais quantidades de um ácido fraco (HA) e sua base conjugada (A^-). Na realidade, o efeito tamponante é considerável mesmo dentro de uma faixa de uma unidade de pH acima e abaixo do valor do pK_a'. Fora desses limites, a ação tamponante é mínima. Então, uma mistura de ácido acético e acetato de sódio ($pK_a' = 4,75$) é um tampão efetivo entre pH 3,75 e 5,75.

Pode-se apreciar a eficiência do tamponamento do par conjugado – ácido acético e acetato de sódio – pela adição de íons H^+ ou OH^-. Na adição de ácido (H^+):

$$H^+ + CH_3\text{-}COO^- \leftrightarrows CH_3\text{-}COOH$$

e da base (OH^-):

$$OH^- + CH_3\text{-}COOH \leftrightarrows CH_3\text{-}COO^- + H_2O$$

Como o pH final é dado por

$$pH = pK_a' + \log_{10} \frac{[CH_3 - COO^-]}{[CH_3 - COOH]}$$

é determinado pela relação [base conjugada]/[ácido conjugado]. Em geral, um sistema tampão é mais efetivo quando o pH da solução está entre + e – 1,0 unidade de pH do valor de seu pK_{eq}'. Dentro desses limites, aproximadamente 82% de um ácido fraco em solução está dissociado.

Um caso especial de sistema tampão de grande importância nos mamíferos é o bicarbonato/ácido carbônico. O dióxido de carbono, quando dissolvido na água, está envolvido nas seguintes reações de equilíbrio:

$$CO_2 + H_2O \leftrightarrows H_2CO_3 \leftrightarrows H^+ + HCO_3^-$$

O H_2CO_3 é um ácido relativamente fraco ($pK_{eq}' = 3,7$) e, consequentemente, um tampão ineficaz no organismo. No entanto, o H_2CO_3 forma-se pela hidratação do CO_2. O dióxido de carbono fisicamente dissolvido está em constante equilíbrio com o ácido carbônico e também com o CO_2 alveolar. Alterações em qualquer dos componentes na fase aquosa provocam modificações nos dois equilíbrios; por exemplo, o aumento do CO_2 eleva o H_2CO_3, que desvia o equilíbrio da reação de dissociação, aumentando o H^+. Assim, o CO_2 é considerado parte do ácido conjugado e participa do componente ácido da equação:

$$K'_{eq} = \frac{[H^+][HCO_3^-]}{[H_2CO_3][CO_2]}$$

Com a inclusão do CO_2 o valor de pK'_{eq} é 6,1. A quantidade de H_2CO_3 não dissociado é menor que 1/700 do conteúdo de CO_2 e, normalmente, é desprezada. É uma prática comum referir-se ao CO_2 dissolvido como o ácido conjugado.

Embora o pK'_{eq} para o sistema HCO_3^-/CO_2 seja 1,3 unidade de pH menor que o pH extracelular normal de 7,40, este sistema tampona extremamente bem, porque o CO_2 pode ser regulado por alterações da ventilação alveolar.

Bibliografia consultada

Água reagente no laboratório clínico. PNCQ, 2001. Disponível em: **http://www.pncq.org.br**. Acessado: 3 out 2002.

ARNESON, W.; BRICKELL, J. **Clinical chemistry: a laboratory perspective.** Philadelphia: F. A. Davis, 2007:79-146.

BLANKENSHIP, J.; CAMPBELL, J.B. **Laboratory mathemathics, medical and biological applications.** St. Louis: Mosby, 1976.

DYBKAER, R.; JORGENSEN, K. **Quantities and units in clinical chemistry.** Baltimore: Williams & Wilkins, 1967.

LEHMANN, H. P.; FUENTES-ARDERIU, F.; BERTELLO, L. F. Glossary of terms in quantities and units in clinical chemistry. **IUPAC-IFCC/C-NPU, 1996.**

MOTTA, V. T. **Bioquímica.** Caxias do Sul: EDUCS, 2005: 332.

SACKHEIM, G. I.; LEHMAN, D.D. **Química e bioquímica para ciências biomédicas.** 8 ed. São Paulo: Manole, 2001.

The SI for the health professions. Genebra, WHO, 1977.

Capítulo 3

Fotometria

Transmitância 16
Absorvância 16
Lei de Bouguer-Lambert 16

Lei de Beer-Lambert 16
Medida da transmitância e absorvância 17

A fotometria estuda a medição das grandezas relativas à emissão, à recepção e à absorção da luz. Muitos métodos utilizados em bioquímica clínica estão baseados na medida quantitativa da absorção da luz pelas soluções. A concentração na solução da substância absorvente é proporcional à quantidade de luz absorvida. Essas medidas são efetuadas por instrumentos fotocolorímetros ou espectrofotômetros. Os princípios básicos desses instrumentos e os detalhes operacionais são descritos em várias publicações.

As radiações eletromagnéticas com comprimento de onda entre 380 e 750 nm são visíveis ao olho humano. A luz visível constitui uma parcela muito pequena no espectro eletromagnético. A zona do espectro cujas radiações possuem um comprimento de onda abaixo de 380 nm é denominada ultravioleta (UV). Comprimentos de onda acima de 750 nm correspondem à zona infravermelha. A visão humana detecta somente a parte visível do espectro, enquanto filmes fotográficos e fotocélulas são sensíveis a outras porções do espectro.

Quando a luz branca (luz solar) passa através de um prisma (ou retículo de difração), ela se decompõe em raios de luz e em distintos comprimentos de onda. A projeção desses raios emitidos em um anteparo produz uma faixa de cores que vai desde o vermelho até o violeta, denominada espectro de emissão. A cor da luz é função do seu comprimento de onda. Na Tabela 3.1 são mostrados os diferentes comprimentos de onda com as respectivas características do espectro de luz visível, ultravioleta e infravermelho.

As soluções são coloridas para o olho humano quando absorvem toda a luz incidente, com exceção do intervalo de comprimento de onda observado pela visão. Desse modo, uma solução azul apresenta esta cor em virtude de as demais cores que constituem o espectro terem sido absorvidas. Assim, a cor de uma solução é complementar à luz absorvida.

Tabela 3.1 Intervalos de comprimento de onda no espectro eletromagnético

Cores	Intervalos de comprimento de onda (nm)
Ultravioleta (não visível)	<380
Violeta	380 a 450
Azul	450 a 500
Verde	500 a 570
Amarela	570 a 590
Alaranjada	590 a 620
Vermelha	620 a 750
Infravermelha curta	750 a 2.000

Segundo a natureza da solução examinada, obtêm-se os espectros de absorção da luz de tal modo que a imagem espectral pode servir para a identificação de uma determinada substância.

TRANSMITÂNCIA

Quando um raio de luz monocromática de intensidade inicial definida (I_0) incide sobre uma solução colorida, a intensidade da luz emergente (I_1) é menor que a luz incidente (I_0), ou seja, parte da luz foi absorvida:

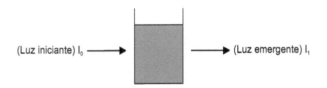

O quociente I_1/I_0 é denominado transmitância (T). Se I_0 for igual a 100%, a intensidade de luz emergente poderá ser medida como percentagem de transmitância (%T):

$$\%T = T \times 100$$

ABSORVÂNCIA

Mede-se a intensidade de luz absorvida por uma solução corada pela redução da medida da intensidade de luz transmitida. A medida de absorção é a absorvância (A). Tem-se que A = quantidade de luz absorvida e T = fração total da luz transmitida; desse modo, A e T estão inversamente relacionadas. Como a absorção da luz é uma função logarítmica, a relação básica entre A e T é a seguinte:

$$A = -\log \%T/100$$
$$A = -(\log \%T - \log 100)$$
$$A = -(\log \%T + 2)$$
$$A = -\log \%T + 2$$
$$A = 2 - \log \%T$$

Note que a absorvância não é uma quantidade medida diretamente, mas é obtida por meio do cálculo matemático a partir dos valores da transmitância.

LEI DE BOUGUER-LAMBERT

Bouguer e, em seguida, Lambert investigaram a relação entre a diminuição da intensidade de luz e a espessura do meio absorvente. Ao incidir-se um raio de luz sobre diversas camadas opticamente homogêneas e de espessuras conhecidas, observa-se uma proporção direta entre a espessura das camadas e o logaritmo da transmissão:

$$-\log T = b \times k$$

b = espessura da camada

k = constante

ou a transmissão da luz decresce logaritmicamente com o aumento linear da espessura da camada.

Tem-se, então, uma relação direta entre a absorvância e a espessura da camada. Quanto maior a espessura da camada (b), maior a absorvância. De acordo com a lei de Bouguer-Lambert, pode-se escrever:

$$A = b \times k$$

A lei de Bouguer-Lambert é mostrada esquematicamente na Figura 3.1. Quando a luz incidente (I_0) atravessa três camadas opticamente homogêneas de mesma espessura, a primeira camada absorve 25% da luz incidente e transmite 75%. A camada 2 absorve 25% da luz incidente sobre a mesma (ou seja, 25% de 75%) e, consequentemente, transmite 56,2%. A terceira camada absorve 25% dos 56,2% restantes e, então, somente 42,2% da intensidade de luz original emerge. As percentagens de transmissão são: 75% após a camada 1, 56,2 após a camada 2 e 42,2 após a camada 3. Na Figura 3.1 são mostradas as relações entre a percentagem de transmissão e a absorvância do experimento descrito acima.

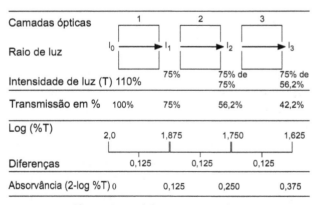

Figura 3.1 Lei de Bouguer-Lambert.

LEI DE BEER-LAMBERT

A lei de Beer-Lambert (ou simplesmente *Lei de Beer*) afirma que a concentração de uma substância é diretamente proporcional à quantidade de luz absorvida ou inversamente proporcional ao logaritmo da luz transmitida.

A relação matemática entre a absorção de energia radiante, a concentração de uma solução e o percurso da luz na solução é mostrada pela lei de Beer:

$$A = abc$$

onde A é a absorvância; a, a absortividade; b, o percurso da luz em solução em cm; e c, a concentração da substância de interesse.

Quando c é expresso em mol por litro e b em cm, o símbolo ε, chamado absortividade molar (a fração de um comprimento de onda específico de luz absorvida por um dado tipo de molécula sob condições específicas de pH e temperatura), é usado em lugar de a.

Na prática laboratorial, a aplicação quantitativa da lei de Beer é realizada pelo emprego de espectrofotômetros, onde são lidas as absorvâncias de uma solução-teste e de uma solução-padrão de concentração conhecida (após submetida a reações apropriadas), e é aplicada a seguinte relação:

$$\frac{\text{Concentração do padrão}}{\text{Absorvância do padrão}} = \frac{\text{Concentração do teste}}{\text{Absorvância do teste}}$$

A concentração do teste é então calculada:

$$\text{Concentração do teste} = \frac{\text{Conc. do padrão} \times \text{Abs. do teste}}{\text{Absorvância do teste}}$$

Nota: neste cálculo, considera-se que a espessura das cubetas que contêm as soluções lidas é constante.

Esta relação só é aplicada quando a reação colorimétrica segue a lei de Beer e tanto o desconhecido como o padrão são lidos na mesma célula.

MEDIDA DA TRANSMITÂNCIA E DA ABSORVÂNCIA

A transmitância e a absorvância das soluções coloridas são medidas por meio de instrumentos denominados fotômetros. Estes instrumentos empregam como fonte luminosa uma lâmpada incandescente produtora de luz branca. Potencialmente, pode-se empregar qualquer comprimento de onda da região visível. Para a resolução da luz em determinado comprimento de onda desejado, são utilizados monocromadores que consistem em filtros interferentes ou de absorção (fotômetros de filtro), prismas ou retículos de difração (espectrofotômetros).

A luz atravessa uma solução colorida presente em uma cubeta; parte é absorvida (esta absorção depende da intensidade de cor da solução). A luz transmitida (detectada por uma fotocélula) tem intensidade menor que a luz incidente. A fotocélula converte a energia elétrica, emitindo um sinal que pode ser lido na escala de um galvanômetro, em percentagem de transmitância ou em absorvância.

A determinação da absorvância ou transmitância de uma solução torna indispensável o conhecimento da intensidade da luz incidente e emergente. São várias as dificuldades de ordem técnica para a medida absoluta da luz incidente. Considera-se então, por aproximação, a luz incidente igual em intensidade àquela emergente de uma cubeta do fotômetro contendo somente a solvente (branco).

Desse modo, são superadas as dificuldades da determinação direta da luz incidente, assim como ficam eliminadas a absorção e a dispersão de luz introduzidas pelas paredes das cubetas, pelo solvente e algumas impurezas.

Portanto, para proceder à medida da absorvância, introduz-se uma cubeta na câmara de leitura contendo o solvente (branco) e acerta-se o aparelho para que a absorvância seja zero (ou 100% de transmitância). Substitui-se o "branco" pela cubeta contendo a solução teste (ou padrão) e lê-se a absorvância da mesma.

Bibliografia consultada

ELICKER, K.; MONTE DA ROCHA, R. **Introdução à análise espectral.** Porto Alegre: EMMA, 1973.

RICHETERICH, R. **Clinical chemistry, teory and practice.** 2 ed. New York: Academic Press, 1969.

Capítulo 4

Gestão da Qualidade

Controle das variáveis analíticas	20	Perda de precisão	25
Controle interno da qualidade	20	Tendências	25
Gráficos de controle de Levey-Jennings	22	Regras múltiplas de Westgard	25
Elaboração dos gráficos de controle	22	Delta cheque	26
Interpretação dos gráficos de Levey-Jennings	24	Controle externo da qualidade	26
Resultados "fora de controle"	24	Acreditação de laboratórios	27
Perda de exatidâo	24		

A imperiosa necessidade de segurança nos resultados obtidos para a determinação de constituintes biológicos no laboratório clínico determinou a adoção e o desenvolvimento de sistemas eficientes de controle que proporcionem a confiabilidade das avaliações realizadas. Isso é particularmente importante, já que o médico deverá reconhecer os resultados "clinicamente significantes" e estabelecer o diagnóstico e o tratamento para cada paciente. Como o médico toma decisões cruciais, algumas urgentes e irreversíveis, baseadas nos exames laboratoriais, resultados errôneos podem custar vidas. Sendo assim, é fundamental que o laboratório esteja preparado para aceitar esse tipo de responsabilidade e produza resultados de boa qualidade.

O laboratório clínico deve estabelecer e manter um sistema de qualidade adequado ao tipo, à diversidade e ao volume de trabalho executado. Os elementos desse sistema devem ser documentados, e a documentação deve estar disponível para ser usada pela equipe. Deve ser designada uma pessoa para assumir a responsabilidade pelo sistema da qualidade e pela manutenção da documentação da qualidade. O manual da qualidade e a respectiva documentação da qualidade devem declarar a política do laboratório e os procedimentos operacionais estabelecidos para satisfazer os requisitos da qualidade.

Tradicionalmente, define-se o Controle da Qualidade como um *sistema dinâmico e complexo, sistema este que envolve – direta ou indiretamente – todos os setores da empresa, com o intuito de melhorar e assegurar economicamente a qualidade do produto final* (Paladini, 1995). A função básica do Controle da Qualidade é analisar, pesquisar e prevenir a ocorrência de defeitos. A análise e a pesquisa são atividades-meio; a prevenção é a atividade-fim do Controle da Qualidade. Ao prevenir, o Controle da Qualidade passa a atuar com a visão do futuro, própria da definição básica da qualidade (adequação ao uso). O controle envolve todos os produtos do laboratório, tanto aqueles que se destinam ao consumo interno (como um memorando, por exemplo) quanto os que serão colocados no mercado (incluindo serviços ou informações). O enfoque básico é controlar a qualidade em todas as suas manifestações.

O sistema dinâmico e complexo do Controle da Qualidade identifica e elimina os erros laboratoriais por meio de programas padronizados e completos. A monitoração da variação abrange sistemas de controles internos para verificar a dispersão dos resultados internos e externos ao laboratório para comparação dos resultados obtidos com os outros laboratórios. A rigorosa execução do sistema de Controle da Qualidade fornece resultados confiáveis e de alta utilidade. Um afrouxamento na abordagem do programa, com um equivalente abrandamento no manuseio e na avaliação das amostras, provoca redução na confiabilidade dos resultados.

Os sistemas de controle auxiliam a seleção de métodos, equipamentos, reagentes e pessoal, além de promover a inspeção constante de todas as atividades, desde a coleta das amostras até a saída dos resultados "seguros". É inevitável que o controle se inicie na esfera da direção, passando por todas as seções até chegar ao atendimento do paciente. As técnicas de controle devem estar orientadas para o aumento da segurança dos resultados por meio do aperfeiçoamento da exatidão, precisão, sensibilidade e especificidade de cada método. O Controle da Qualidade enfatiza o processo – única forma de efetivamente garantir o produto final com boa qualidade. A otimização do processo engloba os esforços destinados a minimizar custos, reduzir defeitos, eliminar perdas ou falhas e, enfim, racionalizar as atividades produtivas. É evidente que o reflexo dessas melhorias pode migrar diretamente para os serviços que, afinal, resultam dos processos que foram otimizados. Lembre-se sempre: *quem avalia melhorias no processo é o cliente.*

A experiência industrial tem mostrado que 85% de todos os problemas de qualidade são devidos a dificuldades nos processos, e somente 15% exigem a ação e/ou melhoria do desempenho de funcionários. Assim, os problemas de qualidade são, fundamentalmente, problemas de gerenciamento, pois só os administradores têm o poder de modificar o processo de trabalho.

O Controle da Qualidade no laboratório tem papel preponderante desde a preparação do paciente e continua com a coleta das amostras e a execução dos exames, até a liberação dos resultados. *Exame é o conjunto de procedimentos pré-analíticos, analíticos e pós-analíticos realizados nos pacientes e/ou em suas amostras e aplicados à saúde humana.*

CONTROLE DAS VARIÁVEIS ANALÍTICAS

Os sistemas de controle das variáveis analíticas fornecem, tanto ao analista como aos clientes, critérios objetivos para avaliação do desempenho laboratorial. Com a finalidade de atingir esse intento, está estabelecido, nacional e internacionalmente, o imperativo de implantação de um *Sistema da Qualidade* que prevê estrutura organizacional, procedimentos, processos e recursos necessários para implementação da gestão da qualidade. Os pré-requisitos da qualidade são cumpridos por meio de técnicas e atividades operacionais que compõem o *Controle da Qualidade.* Dois métodos de controle são essenciais aos laboratórios clínicos:

Controle interno da qualidade. Controle intralaboratório – são procedimentos conduzidos em associação com o exame das amostras do paciente para avaliar se o sistema analítico está operando dentro dos limites de tolerância pré-definidos. Objetiva assegurar um funcionamento confiável e eficiente dos procedimentos laboratoriais, a fim de fornecer resultados válidos, em tempo útil, para influenciar as decisões médicas.

Controle externo da qualidade (teste de proficiência). Controle interlaboratório – é a determinação do desempenho dos exames laboratoriais mediante comparações interlaboratoriais. Tem por objetivo assegurar que os resultados laboratoriais se situem o mais próximo possível do valor real dos analitos analisados. Avalia somente o processo analítico e não inclui as atividades pré ou pós-analíticas dos laboratórios clínicos. Possibilita a geração de resultados exatos dentro da variável analítica do laboratório. A exatidão é comparada com a média de consenso, calculada a partir de resultados obtidos de outros laboratórios participantes, que utilizam a mesma metodologia, em um Programa Externo de Controle da Qualidade.

Ao adotarem programas internos e externos de controle, os laboratórios clínicos buscam a melhoria contínua da qualidade, com monitoração frequente de seus ensaios, e a garantia de resultados confiáveis aos clientes.

CONTROLE INTERNO DA QUALIDADE

O laboratório clínico deve realizar controle interno da qualidade adequado ao tipo, à abrangência e ao volume das atividades de ensaios que ele desempenha. Deve contemplar:

- Monitoramento do processo analítico pela análise das amostras-controle, com registro dos resultados obtidos e análise dos dados.

CAPÍTULO 4 • Gestão da Qualidade

- Definição dos critérios de aceitação dos resultados por tipo de analito e de acordo com a metodologia utilizada.
- Liberação ou rejeição das análises após avaliação dos resultados das amostras-controle.

As atividades devem ser planejadas, sistematizadas e implementadas com o objetivo de cumprir os requisitos da qualidade especificados. A documentação da qualidade deve estar disponível para o uso do pessoal do laboratório. O laboratório deve definir e documentar suas políticas, seus objetivos e seus compromissos, de acordo com as premissas das boas práticas de laboratório e da qualidade dos serviços de análises.

Esse controle é de responsabilidade do diretor do laboratório, a quem compete a implantação, a fiscalização, a avaliação e as decisões para eliminação das causas que provocam o aparecimento de falhas e não conformidades.

A monitoração da estabilidade e da reprodutibilidade de sistemas analíticos nas condições de rotina é realizada pela análise de amostras-controle da mesma forma que as amostras dos pacientes. Os dados obtidos são plotados em um gráfico de controle e comparados com os *Limites de Controle* (LC) – calculados a partir da média e do desvio-padrão. Quando os valores observados estão dentro dos LC, isso é um indício de que o método analítico está funcionando apropriadamente. Quando os valores caem fora dos LC, a equipe é alertada para a possibilidade de problemas no processo. Os LC possibilitam que a equipe de melhoria da qualidade agrupe e classifique as causas de variação nos dados, o que facilita a investigação subsequente.

O estabelecimento de Controle Interno da Qualidade deve contar com:

- Manual da qualidade e a respectiva documentação da qualidade completos e atualizados.
- Pessoal técnico suficiente, devidamente selecionado e treinado, com participação de reciclagens periódicas nas várias seções do laboratório.
- Instalações, equipamentos e instrumentos de medição de boa qualidade e calibrados, além das manutenções periódicas (lubrificação, ajustes menores e recalibrações), realizadas conforme as recomendações dos fabricantes.

- Reagentes elaborados com produtos químicos de boa procedência e segundo todos os pré-requisitos da qualidade.
- Processos analíticos adequados e bem padronizados.
- Coleta, manipulação e conservação das amostras dos pacientes de acordo com a metodologia empregada.
- Limpeza da vidraria com substâncias especiais recomendadas para esse fim, evitando contaminações.
- Existência de boas condições de trabalho.

Um programa de Controle Interno da Qualidade implica a adaptação da metodologia para testar e implantar o sistema escolhido na rotina laboratorial.

O programa deve ser um sistema ajustável a qualquer momento em que houver modificações provocadas por alterações das condições laboratoriais. Os eventos do programa vão desde a instituição do processo até a aceitação ou rejeição dos resultados. Quando são aceitos, os resultados de testes em amostras dos pacientes são enviados ao médico; caso contrário, todas as amostras são retestadas. Nos casos da não aceitação dos resultados do controle, modifica-se o método analítico ou o sistema de controle, ou o critério de controle.

Nas últimas cinco décadas foram propostos vários sistemas de controle das variáveis analíticas. Em maior ou menor escala, esses trabalhos apresentam soluções para inúmeros problemas laboratoriais no intento de conseguir um programa abrangente e seguro. As características de um bom sistema de controle são as seguintes:

- Fornecer informações sobre a exatidão e a precisão de cada processo analítico.
- Sensibilidade para detectar variações nas diversas fases de cada processo analítico.
- Simples de implantar, manter e interpretar.
- Revelar qualquer tipo de falha.
- Comparar a *performance* de métodos, técnicas, equipamentos etc.

O sistema de controle adotado para satisfazer as exigências da política da qualidade estabelecida deve ser analisado de forma crítica e periodicamente pela gerência para garantia de sua contínua adequação e eficácia e para introdução das mudanças ou melhorias necessárias.

GRÁFICOS DE CONTROLE DE LEVEY-JENNINGS

Os gráficos de controle foram introduzidos no laboratório clínico por Levey-Jennings em 1950, a partir de técnicas de controle desenvolvidas para a indústria por Walter A. Shewhart (estatístico dos Bell Telephone Laboratories). Em 1952, Henry e Segalove popularizaram os princípios de controle e simplificaram a utilização de gráficos com o emprego de amostras-controle estáveis e comparadas simultaneamente com as amostras dos pacientes. Esse sistema é conhecido como Gráficos de Levey-Jennings. São gráficos de linhas usados para identificar e exibir as tendências dos dados ao longo do tempo. A experiência sugere que, não obstante essas ferramentas tenham sido desenvolvidas especificamente para o controle da qualidade industrial, elas: (a) são prontamente transferíveis para os serviços laboratoriais; (b) são de fácil compreensão/aprendizado; (c) são de grande utilidade na prática laboratorial. Resumidamente, são descritas a seguir as fases do emprego dos gráficos de controle de Levey-Jennings:

1. Preparar amostras-controle no próprio laboratório ou adquiri-las no comércio.

2. Analisar a amostra-controle para o analito a ser controlado no mínimo 20 vezes e em 20 dias diferentes.

3. Calcular a média e o desvio-padrão a partir dos resultados obtidos. Estabelecer os LC.

4. Preparar, para cada analito, um gráfico de controle baseado nos LC.

5. Diariamente, colocar no gráfico de controle os resultados obtidos pela análise do analito na amostra-controle.

6. Examinar, diariamente, cada gráfico de controle, detectando os resultados "dentro" e "fora" de controle.

7. Quando os resultados do controle estiverem "dentro" dos LC, liberar o resultado.

8. Quando os resultados do controle estiverem "fora" dos LC, suspender a análise e cancelar os resultados dos pacientes. Inspecionar o processo analítico e descobrir a causa do problema. Resolvido o problema, repetir os testes. Se os resultados do controle estiverem "dentro" dos LC, liberar os resultados dos pacientes; caso contrário, inspecionar novamente todas as variáveis.

Vantagens dos gráficos de controle de Levey-Jennings

- São simples, baratos, confiáveis e efetivos.
- Apresentam informações rápidas expressas graficamente.
- Informam sobre a deterioração de reagentes e/ou o desempenho dos equipamentos.

Desvantagens dos gráficos de controle de Levey-Jennings

- Alguns analitos podem apresentar instabilidade nas amostras-controle, especialmente enzimas com concentrações elevadas.
- Às vezes, os LC são muito amplos e podem mascarar erros sistemáticos.
- Podem predispor o analista quando ele conhece o resultado do analito na amostra-controle.

ELABORAÇÃO DOS GRÁFICOS DE CONTROLE

O emprego de gráficos de controle permite a rápida visualização das variações diárias, semanais e mensais existentes nos diferentes processos analíticos da rotina laboratorial. Os gráficos de controle são confeccionados com base nos LC de cada método, calculados a partir dos valores da média e desvio-padrão de análises realizadas em amostras-controle.

Um gráfico de controle é preparado para cada material de controle. O gráfico exibe a concentração na ordenada (eixo Y) *versus* o tempo na abcissa (eixo X). Linhas horizontais são desenhadas para a média e para os LC superior e inferior; estes limites são calculados a partir do desvio-padrão. Vários pares de limites de controle são incluídos nesse gráfico de controle para permitir o uso das diversas regras de controle.

As etapas para a confecção de gráficos de controle de Levey-Jennings, que também serão úteis para a interpretação do sistema de multirregra de Westgard (ver adiante), são descritas a seguir:

Determinar o analito na amostra-controle. Determinar no mínimo 20 vezes cada analito na amostra-controle (comercial ou preparada no laboratório), empregando processos analíticos rotineiros bem padronizados. Quanto às preparações co-

CAPÍTULO 4 ▪ Gestão da Qualidade

Tabela 4.1 Cálculo da média ($\bar{x}$) e do desvio-padrão (s) de uma série de 20 determinações de glicose em uma amostra-controle preparada no laboratório. Os valores são em mg/dL

n	X	$(X - \bar{x})$	$(X - \bar{x})^2$
1	101	2	4
2	98	−1	1
3	104	5	25
4	94	−5	25
5	102	3	9
6	96	−3	9
7	97	−2	4
8	101	2	4
9	99	0	0
10	104	5	25
11	99	0	0
12	96	−3	9
13	99	0	0
14	102	3	9
15	95	−4	16
16	101	2	4
17	102	3	9
18	98	−1	1
19	98	−1	1
20	94	−5	25
Σ	1.980	–	180

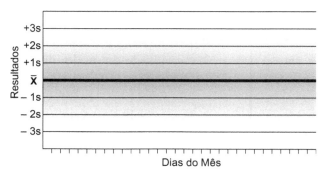

Figura 4.1 Exemplo de gráfico de Levey-Jennings.

merciais, cujos constituintes muitas vezes já estão determinados, checam-se os valores apresentados para cada partida ou comparam-se os produtos de fabricantes diferentes.

Calcular a média e o desvio-padrão. Os valores obtidos para cada constituinte são utilizados para o cálculo da média e do desvio-padrão. Exemplo ilustrativo para a glicose (Tabela 4.1):

Cálculo da média:

$$\bar{x} = \frac{\Sigma X}{n} = \frac{1.980}{20} = 99 \text{ mg/dL}$$

Cálculo do desvio-padrão:

$$s = \sqrt{\frac{\Sigma(X - \bar{x})^2}{n - 1}} = \sqrt{\frac{180}{19}} = 3,08 \quad (\cong 3)$$

Estabelecer os LC. Os LC para cada método são calculados a partir da média e do desvio-padrão, o que permite colocar os valores obtidos em termos de concentração diretamente sobre os gráficos de controle. Dois são os limites calculados: a média mais dois desvios-padrão e a média mais três desvios-padrão. Para o exemplo ilustrativo da glicose, em que a média é = 99 mg/dL e o desvio-padrão = 3 mg/dL, os LC são 93 a 105 mg/dL (99 ± 2 × 3) e 90 a 108 mg/dL (93 ± 3 × 3), respectivamente.

Confeccionar gráfico de controle para cada analito. Emprega-se papel milimetrado, marcando na abcissa (eixo horizontal) os dias do mês (ou número da determinação) e na ordenada (eixo vertical) os valores da média mais um, mais dois e mais três desvios-padrão calculados (Figura 4.1).

Utilização do cartão. Correr diariamente uma amostra-controle com cada ensaio realizado, junto aos desconhecidos, usando os mesmos processos analíticos e os mesmos padrões. A concentração obtida pela análise de cada constituinte no controle é colocada em forma de ponto no respectivo gráfico. Para facilitar a interpretação, os pontos são unidos entre si. Para o exemplo hipotético da glicose, ver Figura 4.2.

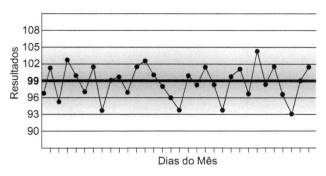

Figura 4.2 Exemplo de gráfico de Levey-Jennings. Média: 99 mg/dL; desvio-padrão: 3. Limites de controle: 93 a 105 mg/dL e 90 a 108 mg/dL.

INTERPRETAÇÃO DOS GRÁFICOS DE LEVEY-JENNINGS

A amostra-controle é analisada de modo idêntico ao procedimento realizado para o analito nas amostras dos pacientes. Nos métodos com boas precisão e exatidão, os teores encontrados para cada analito na amostra-controle apresentam quase todos os pontos plotados no gráfico de controle entre os limites da média ± 2 desvios-padrão. Os pontos ficam distribuídos, aproximadamente, metade em cada lado da média, com dois terços deles ficando entre a média ± um desvio padrão. É comum que um resultado em cada 20 possa ficar fora dos limites da média ± desvios-padrão (pois os limites de confiança são de 95%). Os critérios de decisão para julgar se o método está "dentro do controle" ou "fora de controle" são os seguintes:

1_{3s} – uma observação exceder à média ± 3s – rejeitar os resultados e buscar algum erro ao acaso. Diagnosticar, resolver o problema e repetir as análises dos testes e das amostras-controle. Fazer nova interpretação.

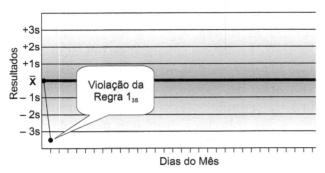

1_{2s} – uma observação exceder à média ± 2s – buscar algum erro ao acaso e repetir a bateria de análises (esses resultados muitas vezes são interpretados como um alerta para possíveis problemas existentes na metodologia, sem a necessidade de repetição da bateria de exames). Lembrar que normalmente um resultado em cada 20 pode ficar "fora de controle" quando se emprega a média ± dois desvios-padrão.

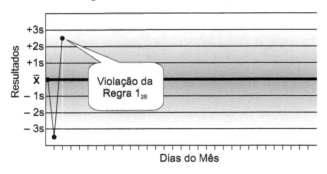

A regra 1_{2s} é bastante empregada no laboratório clínico e permite detectar uma grande quantidade de erros, apesar de algumas vezes produzir um elevado número de falsas rejeições. A regra 1_{3s} tem baixo número de falsas rejeições, mas também detecta um reduzido número de erros.

RESULTADOS "FORA DE CONTROLE"

Quando um resultado da análise de um analito na amostra-controle está "fora" dos LC (1_{3s} ou 1_{2s}, ver acima), deve-se repetir toda a bateria de análise. Caso a segunda avaliação esteja "dentro" dos LC, isto indica que a reconstituição das amostras-controle congeladas ou liofilizadas não foi completa no primeiro ensaio ou houve alguma não conformidade na manipulação.

Se o valor da segunda análise na amostra-controle permanecer "fora de controle", todos os resultados serão retidos até a identificação da não conformidade e a sua correção. As não conformidades mais comuns são:

- padrões novos diferentes dos empregados anteriormente;
- novos reagentes fora das especificações;
- deterioração de reagentes, em particular os substratos enzimáticos;
- equipamento desajustado ou com defeitos.

Perda de exatidão

Quando mais de cinco pontos se aproximam dos limites de +2 desvios-padrão ou –2 desvios-padrão, mesmo sem violar a regra 1_{2s}, configura-se a perda de exatidão. Geralmente, a perda de exatidão é provocada por:

- Troca de amostra-controle.
- Valor incorreto do controle.
- Reagentes mal preparados.
- Variação na temperatura dos banhos-maria.
- Alteração no tempo das fases dos processos analíticos.
- Leituras em comprimento de onda diferentes dos recomendados.
- Modificação dos reagentes instáveis.

Nesses casos, as análises são suspensas e nenhum resultado deve ser liberado até correção da não conformidade:

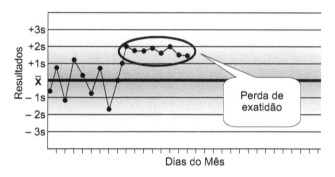

Perda de precisão

Se a maioria dos pontos está alternadamente próxima dos limites +2s e –2s e poucos se encontram ao redor da média, houve perda de precisão. Mesmo quando os pontos estejam dentro dos limites da regra 1_{2s}, devem ser tomadas as providências para a correção. A pouca precisão acontece nas seguintes situações:

- Pipetagem inexata das amostras-controle e padrões.
- Agitação imprópria dos tubos.
- Material sujo.
- Emprego de método de pouca sensibilidade.
- Controle incorreto da temperatura.
- Falhas na operação dos aparelhos.
- Variação da voltagem etc.

Se, depois de revistos todos os itens, o problema continuar, o técnico e/ou o método deverão ser trocados.

Tendências

Denomina-se tendência (*trend*) a situação em que mais de seis pontos, em um só lado da média, encaminham-se progressivamente para "fora de controle". Logo após o diagnóstico da "tendência", procura-se eliminar a causa, que pode ser:

- modificação dos reagentes;
- defeitos nos aparelhos;
- padrões deteriorados;

- troca frequente da amostra-controle;
- precipitação incompleta das proteínas etc.

REGRAS MÚLTIPLAS DE WESTGARD

O sistema emprega, também, amostras-controle e gráficos de controle de Levey-Jennings de modo semelhante ao utilizado na descrição anterior. O método de regras múltiplas desenvolvido por Westgard ajuda a descobrir e interpretar alterações discretas que ocorrem nos dados-controle. Os dados do controle são traçados do mesmo modo que no gráfico de Levey-Jennings; entretanto, os gráficos têm várias linhas de limites especificadas com média ± 1 desvio-padrão, média ± 2 desvios-padrão e média ± 3 desvios-padrão para permitir a aplicação de normas adicionais de controle.

O Controle de Qualidade de Regras Múltiplas utiliza uma combinação de critérios de decisão, ou regras de controle, para decidir quando uma corrida analítica está "sob controle" ou "fora de controle". O Procedimento de CQ de Regras Múltiplas de Westgard, como é mais conhecido, utiliza cinco regras de controle diferentes para julgar a aceitabilidade de uma corrida analítica:

1_{3s} – uma observação excede à média ± 3 desvios-padrão – a corrida é rejeitada e busca-se um erro ao acaso. Inspecionar, resolver o problema e repetir as análises dos testes e das amostras-controle. Fazer nova interpretação (ver Interpretação dos gráficos de Levey-Jennings).

1_{2s} – uma observação excede à média ± 2 desvios-padrão – buscam-se erros ao acaso e repete-se a bateria de análises (às vezes, este caso é interpretado como alerta para possíveis problemas sem a necessidade de repetição da bateria de exames) (ver Interpretação dos gráficos de Levey-Jennings).

2_{2s} – duas observações consecutivas do controle excedem à média + 2 desvios-padrão ou à média – 2 desvios-padrão – rejeitam-se os resultados e buscam-se erros sistemáticos.

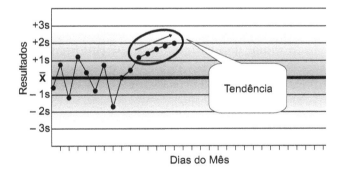

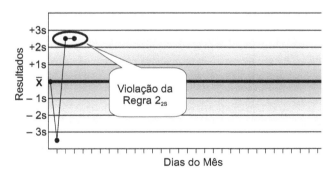

R_{4s} – **quando uma observação do controle excede à média + 2 desvios-padrão e o seguinte excede à média – 2 desvios-padrão** – rejeitar os resultados e buscar erros ao acaso.

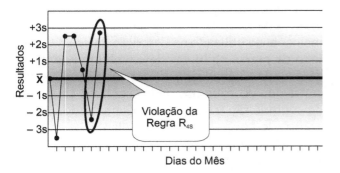

4_{1s} – **quatro observações consecutivas do controle excedem à média + 1 desvio-padrão ou à média – 1 desvio-padrão** – rejeitar os resultados dos testes e buscar erros sistemáticos.

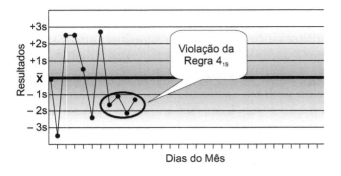

$10_{\bar{x}}$ – **quando 10 observações consecutivas do controle estão no mesmo lado da média (acima ou abaixo)** – rejeitar os resultados dos testes e buscar erros sistemáticos.

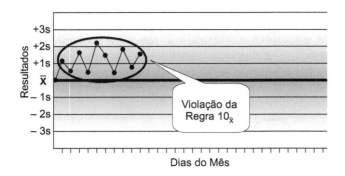

A comparação entre as regras múltiplas de Westgard e a interpretação empregando os LC ilustra modos de decisão diferentes, mas compatíveis. A utilização das regras múltiplas aumenta consideravelmente a sensibilidade dos controles nos processos analíticos. A regra R_{4s} melhora a detecção de erros ao acaso e as regras 2_{2s}, 4_{1s} e 10 incrementam a detecção de erros sistemáticos.

DELTA CHEQUE

O sistema delta cheque no laboratório clínico compreende métodos para a detecção de erros que podem ocorrer desde a solicitação do exame até sua interpretação com a emissão do laudo. O delta cheque envolve a análise crítica dos resultados atuais do paciente com os resultados anteriores e os controles da qualidade realizados com esta análise, além da correlação da informação com resultados de outros exames. O sistema detecta erros que ultrapassam valores preestabelecidos. A representação gráfica dos dados do delta cheque permite o fácil julgamento se a diferença observada é devida a erros na análise ou a alterações na condição do paciente, ou se está associada a alguma patologia com modificações também em outros exames. Em caso de inconformidades, as informações fornecidas são avaliadas para determinar em qual processo da análise ocorreu o erro.

CONTROLE EXTERNO DA QUALIDADE

Consiste na atividade de avaliação do desempenho de sistemas analíticos por meio de ensaios de proficiência, análise de padrões certificados e comparações interlaboratoriais, sendo também denominado Avaliação Externa da Qualidade. O ensaio de proficiência determina o desempenho analítico por meio de comparações interlaboratoriais (comparação com seus pares) conduzidas por provedores de ensaio de proficiência (PNCQ e PELM). Emprega amostras-controle com concentrações desconhecidas, que são analisadas pelos laboratórios participantes. Os resultados obtidos recebem tratamento estatístico para determinação de uma média de consenso e desvio-padrão de cada analito avaliado.

De acordo com normas da OMS (Organização Mundial de Saúde) e da IFCC (International Federation of Clinical Chemistry), esses dados são utilizados para avaliar os resultados laboratoriais nas seguintes categorias:

- **Bom.** Quando os resultados obtidos pelo laboratório estão dentro da média mais ou menos *um* desvio-padrão.

CAPÍTULO 4 ▪ Gestão da Qualidade

- **Aceitável.** Quando a variabilidade laboratorial está dentro da média mais ou menos *dois* desvios-padrão.
- **Inaceitável.** Quando a variabilidade está *fora* da média mais ou menos dois desvios-padrão.

O laboratório clínico participante de ensaios de proficiência deve registrar os resultados do controle externo da qualidade, inadequações, investigação de causas e ações tomadas para os resultados rejeitados ou nos quais a proficiência não foi obtida.

Para os exames não contemplados por programas de ensaios de proficiência, o laboratório clínico deve adotar formas alternativas de controle externo da qualidade, descritas em literatura científica. Algumas metodologias para Controle Externo alternativo são:

- Participação em programas interlaboratoriais de fabricantes.
- Comparações interlaboratoriais.
- Análise de amostras conhecidas (padrões, cepas-controle, sorotecas).

ACREDITAÇÃO DE LABORATÓRIOS

Acreditação é um processo periódico e voluntário, outorgado por entidades científicas com a finalidade de comprovar a implementação do sistema da qualidade, tanto em relação à capacidade organizacional como técnica. Tem como objetivo criar (ou melhorar) os padrões da prática laboratorial, de modo a reduzir os riscos de danos na prestação de serviços e aumentar as probabilidades de bons resultados.

A atividade conta com cinco mecanismos principais, selecionados em função das especificidades de cada objeto em avaliação e que são utilizados para avaliar a conformidade de um produto. São eles: a certificação, a declaração da conformidade pelo fornecedor, a etiquetagem, a inspeção e o ensaio. Dentre as especificidades que determinam a seleção de um mecanismo em detrimento de outro, podemos citar: o grau de risco que o produto oferece; a velocidade de sua obsolescência tecnológica, ou seja, a rapidez com que novos produtos são colocados no mercado; o número de empresas que compõem o setor, dentre outros. Entretanto, o que é importante destacar é que, independente do mecanismo utilizado, a confiança na conformidade à base normativa é preservada.

Para receber a acreditação, o laboratório clínico deve estar em conformidade com todos os requisitos exigidos, apresentar um plano satisfatório para corrigir as não conformidades, caso sejam identificadas, e obter aproveitamento satisfatório em *programas de controle externo da qualidade*. No Brasil estão disponíveis dois programas de acreditação de laboratórios clínicos: o *Programa de Inspeção e de Credenciamento da Qualidade* (DICQ), patrocinado pela Sociedade Brasileira de Análises Clínicas (SBAC), e o *Programa de Acreditação de Laboratórios Clínicos* (PALC), de responsabilidade da Sociedade Brasileira de Patologia Clínica/Medicina Laboratorial (SBPC/ML).

Mesmo após acreditação, o laboratório será submetido a auditorias periódicas para verificar se continua mantendo os padrões determinados.

A acreditação significa o reconhecimento do compromisso com a qualidade, a capacitação e a competência dos serviços. O laboratório acreditado prova, perante o mercado, os órgãos públicos e a sociedade, que é uma organização em que se pode confiar.

Bibliografia consultada

ASSOCIAÇÃO BRASILEIRA DE NORMAS TÉCNICAS. Comitê Brasileiro de Análises Clínicas e Diagnóstico *in vitro*. Subcomitê Brasileiro de Gestão da Qualidade no Laboratório Clínico. **Gestão da Qualidade no Laboratório Clínico.** NBR 14500. Rio de Janeiro, 2000.

ASSOCIAÇÃO BRASILEIRA DE NORMAS E TÉCNICAS. ABNT NBR ISO/IEC 17025:2005: **Requisitos gerais para a competência de laboratórios de ensaio e calibração.** Rio de Janeiro, 2005.

BRASIL. Ministério da Saúde. Agência Nacional de Vigilância Sanitária. Resolução RDC nº 302, de 14 de outubro de 2005. **Dispõe sobre Regulamento Técnico para funcionamento de Laboratórios Clínicos.** Diário Oficial da União da República Federativa do Brasil, Brasília, 14 out. 2005.

HENRY, R.J.; SEGALOVE, M. The running of standards in clinical chemistry and the use of the control chart. **J. Clin. Pathol., 5:**305-11, 1952.

LEVEY, S.; JENNINGS, E.R. The use of control charts in the clinical laboratories. **Am. J. Clin. Path., 20:**1059-66, 1950.

MOTTA, V.T.; CORRÊA, J.A.; MOTTA, L.R. **Gestão da qualidade no laboratório clínico.** 2 ed. Porto Alegre: Ed. Médica Misssau, 2001.

SHEWHART, W.A. **Economic control of quality of the manufactured product.** New York: Van Nostrand, 1931.

SHELNER, L.B.; WHEELER, L.A.; MOOR J.K. The performance of delta check methods. **Clin. Chem., 25:**2034-7, 1979.

SMITH, B.J.; MCNEELY, M.D.D. The influence of an expert system for test ordering and interpretation on laboratory investigations. *Clin. Chem.*, **45:**1168-75, 1999.

WESTGARD, J.O. **Points of care in using statistics in method comparison studies.** Clin. Chem., 44:2240-2, 1998.

WESTGARD, J.O.; BARRY, P.L.; HUNT, M.R.; GROTH, T. A multi-rule Shewhart chart for quality control in clinical chemistry. **Clin. Chem., 27:**493-501, 1981.

Capítulo 5

Amostras de Sangue e de Urina

Coleta de sangue	29	Cuidados subsequentes	33
Material para coleta de sangue	30	Fatores que afetam os resultados	33
Sistema de coleta com vácuo	30	Coleta de urina	33
Soro sanguíneo	31	Coleta para o exame de urina	33
Sangue total e plasma	32	Coleta de urina em crianças/lactentes	34
Microcoleta de sangue capilar e venoso para neonatos e bebês	32	Coleta de urina com cateter ou com aspiração suprapúbica	34
Dificuldades com a coleta em crianças	32	Armazenamento, conservação e transporte da amostra de urina	35
Gasometria arterial	33	Urina de 24 horas	35
Processo de coleta	33		

Amostra do paciente é parte do material biológico de origem humana utilizada para análises laboratoriais. São líquidos, secreções, excreções, fragmentos de tecido obtidos do corpo humano e que possam ser analisados, sendo o sangue o mais utilizado. As amostras destinadas à análise devem ser obtidas e preservadas com o maior cuidado possível, garantindo, assim, a exatidão dos resultados. Como não existe um sistema único de coleta que englobe as necessidades de todas as variáveis analíticas, esta fase apresenta dificuldades nem sempre resolvidas adequadamente. Isto ocorre, muitas vezes, por falta de atenção aos corretos procedimentos de obtenção de amostras. Por isso, são feitas aqui algumas considerações de ordem geral sobre a preparação de pacientes e a coleta de amostras.

COLETA DE SANGUE

Do ponto de vista da sua constituição, o sangue é considerado um sistema complexo e relativamente constante, constituído de elementos sólidos (células sanguíneas), substância líquida (soro ou plasma) e elementos gasosos (O_2 e CO_2). O procedimento para sua obtenção é conhecido como punção venosa, venipunção ou flebotomia. Em geral, o sangue é obtido por três processos diferentes: punção venosa, punção arterial e punção de pele. Para a maioria das análises a amostra de escolha é o sangue venoso, por sua facilidade de obtenção. O sangue arterial é coletado somente para um limitado número de provas, entre as quais a análise dos gases sanguíneos. Em crianças pequenas, pode-se coletar sangue por punção da pele na região plantar lateral do pé. Em crianças maiores, emprega-se também a ponta dos dedos. Essas punções apresentam maior perigo de infecções que a coleta por via venosa.

Sangue venoso. As veias são tubos nos quais o sangue circula da periferia para o centro do sistema circulatório, que é o coração. As veias podem ser classificadas em veias de grande, médio e pequeno calibre e vênulas. De acordo com a sua localização, as veias podem ser superficiais ou profundas.

As veias superficiais são subcutâneas e, com frequência, visíveis por transparência da pele, sendo mais calibrosas nos membros. Embora qualquer veia do membro superior que apresente condições para coleta possa ser puncionada, as veias basílica mediana e cefálica são as mais frequentemente utilizadas. A veia basílica mediana costuma ser a melhor opção, pois a cefálica é mais propensa à formação de hematomas. No dorso da mão, o arco venoso dorsal é o mais recomendado, por ser mais calibroso.

Sangue arterial. É o sangue oxigenado pelos pulmões e bombeado do coração para todos os tecidos. Sua composição é essencialmente uniforme em todo o corpo. Em geral, é coletado da artéria radial no pulso. O sangue arterial é utilizado na avaliação do equilíbrio ácido-base.

Sangue obtido por punção de pele. É uma mistura de sangue das arteríolas, veias e capilares. É, portanto, uma mistura de sangue arterial e sangue venoso. Este sangue também contém fluidos intersticiais e intracelulares.

Na maioria das determinações bioquímicas emprega-se, de preferência, o soro ou plasma sanguíneo em lugar de sangue total. Grande parte dos analitos apresenta concentrações diferentes nesses compartimentos. Isto se deve aos conteúdos de água existentes no sangue total e no plasma ou soro. O plasma contém aproximadamente 93% de água, enquanto o sangue total tem 81%. Portanto, vários constituintes no mesmo paciente, usando plasma (ou soro), serão aproximadamente 12% mais elevados que os obtidos com o sangue total.

O uso de soro ou plasma na realização dos testes laboratoriais exige a coleta de um volume de sangue suficiente para a separação da quantidade necessária para as análises. Devido ao reduzido volume sanguíneo dos pacientes pediátricos e recém-nascidos, é recomendável coletar o mínimo possível, evitando uma retirada de sangue significativa, principalmente em pacientes hospitalizados. Na Tabela 5.1 são mostradas as quantidades de sangue que podem ser retiradas de crianças em relação ao peso.

Material para coleta de sangue

O sangue, uma suspensão de células em um líquido rico em proteínas e sais, é a amostra mais frequentemente utilizada nas análises laboratoriais. O flebotomista é a pessoa que obtém a amostra sanguínea; o termo vem do grego para "veia" (*phlebos*) e "cortar" (*tome*), que significa, literal-

mente, "aquele que corta a veia". O flebotomista pode coletar sangue venoso (punção venosa), ou sangue arterial (punção arterial), ou sangue obtido por punção da pele (sangue arterial + sangue venoso).

Sistema de coleta com vácuo

O sistema de coleta com vácuo consiste em uma agulha, um adaptador tubo-agulha e um tubo de coleta.

Os tubos de coleta com vácuo são produzidos para determinados volumes de sangue, os quais são determinados pelo tamanho do tubo e seu vácuo. Tubos com várias capacidades estão disponíveis: desde 2 mL até acima de 20 mL. Os tamanhos mais comuns são 5, 7 e 10 mL.

Muitos tubos de coleta com vácuo contêm aditivos ou anticoagulantes utilizados para coletar amostras para diferentes análises. A cor da tampa do tubo de coleta é codificada para definir se existe algum aditivo ou anticoagulante ou não.

Tabela 5.1 Quantidades máximas de sangue a serem coletadas de pacientes com menos de 14 anos

Peso do paciente(kg)	Quantidade máxima de sangue a ser retirada de uma só vez	Quantidade máxima de sangue (acumulada) durante 1 mês
2,7 a 3,6	2,5 mL	23 mL
3,6 a 4,5	3,5 mL	30 mL
4,5 a 6,8	5 mL	40 mL
7,3 a 9,1	10 mL	60 mL
9,5 a 11,4	10 mL	70 mL
11,8 a 13,6	10 mL	80 mL
14,1 a 15,6	10 mL	100 mL
16,4 a 18,2	10 mL	130 mL
18,6 a 20,5	20 mL	140 mL
20,9 a 22,7	20 mL	160 mL
23,2 a 25,0	20 mL	180 mL
25,5 a 27,3	20 mL	200 mL
27,7 a 29,5	25 mL	220 mL
30,0 a 31,8	30 mL	240 mL
32,3 a 34,1	30 mL	250 mL
34,5 a 36,4	30 mL	270 mL
36,8 a 38,6	30 mL	290 mL
39,1 a 40,9	30 mL	310 mL
41,4 a 43,2	30 mL	330 mL
43,6 a 45,5	30 mL	350 mL

CAPÍTULO 5 ▪ Amostras de Sangue e de Urina

As cores usadas em geral são:

Tampa amarela. Tubos para soro com ativador de coágulo com gel separador.

Tampa azul-clara. Tubos com citrato para obtenção de plasma para provas de coagulação.

Tampa roxa. Tubos com EDTA.

Tampa verde. Tubos com heparina com ou sem gel separador de plasma.

Tampa vermelha. Tubos para soro de vidro siliconizados.

Tubo cinza. Tubos com fluoreto para determinação de glicose.

Soro sanguíneo

Algumas análises bioquímicas podem ser realizadas a partir de sangue total; no entanto, o soro e o plasma são as amostras preferenciais para a maioria das mensurações. O plasma é uma solução aquosa na qual os elementos formados do sangue estão suspensos. Quando o sangue coletado não é tratado com anticoagulante, ocorre a coagulação e, então, o material é centrifugado e o sobrenadante é conhecido como soro. Durante a coagulação, o fibrinogênio é convertido em fibrina pela clivagem proteolítica pela trombina e, assim, o soro é o plasma sem o fibrinogênio. O soro é obtido da seguinte maneira:

- O sangue recém-extraído é colocado em um tubo de ensaio sem anticoagulantes ou coletado em tubo com vácuo com tampa vermelha e deixado à temperatura ambiente para coagular espontaneamente, o que demora em torno de 15 minutos. Após a formação de coágulo, este fica aderido às paredes do tubo e deve ser desprendido por meio de um bastão de vidro, o qual é passado pela periferia do tubo com cuidado, para não produzir hemólise. Centrifugar a 2.000 r.p.m. durante 5 minutos. Após centrifugação, separar o soro do coágulo por meio de uma pipeta, evitando a aspiração de hemácias.

Coleta do sangue para separação de soro sanguíneo

- O paciente necessita permanecer em jejum durante 8 a 12 horas (dependendo do tipo de análise a ser realizada). Pode ingerir água.
- Material necessário: álcool, algodão, torniquete, agulha, seringa e tubo de ensaio *sem* anticoagulante.

Seleção de uma veia para coleta

- Selecionar uma veia que seja facilmente palpável.
- Não selecionar o braço do lado em que se realizou mastectomia, cateterismo ou qualquer outro procedimento cirúrgico.
- Não selecionar um local no braço onde o paciente foi submetido a uma infusão intravenosa.
- Não selecionar um local com hematoma, edema ou contusão.
- Não selecionar um local com múltiplas punções.
- Se houver dificuldade em localizar uma veia, recomenda-se utilizar uma bolsa de água quente por mais ou menos 5 minutos sobre o local da punção e, em seguida, garrotear.
- Nunca aplicar tapinhas no local a ser puncionado, principalmente em idosos, pois, se forem portadores de ateroma, poderão ocorrer deslocamentos das placas, acarretando sérias consequências.

Processo de coleta

- Coletar 5 a 10 mL de sangue (a quantidade dependerá do número de provas a que o soro se destina).
- Colocar um curativo no local da punção venosa.

Fatores que afetam os resultados

- Interferência de fármacos e outras substâncias é descrita junto a cada determinação.

Cuidados subsequentes

- Pacientes idosos ou em uso de anticoagulantes devem manter pressão sobre o local de punção por cerca de 3 minutos ou até parar o sangramento.
- Orientar o paciente para não carregar peso imediatamente após a coleta.
- Observar se o paciente não está usando relógio, pulseira ou mesmo vestimenta que possa estar garroteando o braço puncionado.
- Orientar o paciente para não massagear o local da punção enquanto pressiona o local.

- A compressão do local de punção é de responsabilidade do coletor. Se não puder executá-lo, deverá estar atento à maneira de o paciente fazê-lo.

Sangue total e plasma

Algumas análises necessitam de sangue total para a sua execução. Os procedimentos para a seleção da veia foram apresentados anteriormente:

- O paciente precisa permanecer em jejum durante 8 a 12 horas. Pode ingerir água.
- Material necessário: álcool, algodão, torniquete, agulha, seringa e tubo de ensaio *com* anticoagulante. Anticoagulantes são substâncias que inibem a formação de coágulos por meio de vários mecanismos. *A escolha do anticoagulante dependerá do tipo de análise a ser realizada.*

Processo de coleta

- Coletar 5 a 10 mL de sangue (a quantidade dependerá do número de provas a que o sangue total ou o plasma se destina).
- Colocar um curativo no local da punção venosa.

Fatores que afetam os resultados

- Interferência de fármacos e outras substâncias é descrita junto a cada determinação.

Cuidados subsequentes

Os mesmos descritos para a coleta de soro.

Microcoleta de sangue capilar e venoso para neonatos e bebês

A microcoleta é um processo de escolha para obtenção de sangue venoso ou periférico, especialmente em pacientes pediátricos, quando o volume a ser coletado é menor que o obtido através de tubos a vácuo convencionais.

O sangue obtido por punção capilar é composto por uma mistura de sangue de arteríola e vênulas, além de fluidos intercelulares e intersticiais.

O sangue capilar pode ser assim obtido:

- **Punção digital.** Mediante perfuração com lanceta na face palmar interna da falange distal do dedo médio.

- **Punção de calcanhar.** Mediante perfuração com lanceta na face lateral plantar do calcanhar.

Há uma relação linear entre o volume de sangue coletado e a profundidade da perfuração no local da punção. Portanto, a lanceta deverá ser selecionada de acordo com o local a ser puncionado e a quantidade de sangue necessária.

Em neonatos e bebês, a profundidade da incisão é crítica, não devendo ultrapassar 2,4 mm; caso contrário, haverá a possibilidade de causar sérias lesões no osso calcâneo e na falange. Isso pode ser evitado usando-se lancetas com aproximadamente 2 a 2,25 mm de profundidade, com disparo semiautomático.

Dificuldades com a coleta em crianças

A coleta de sangue em crianças e neonatos é frequentemente problemática e difícil para o coletador, o acompanhante e a criança.

No momento em que a criança é convocada para o procedimento de coleta, deve-se orientar o acompanhante quanto às possíveis ocorrências:

- A criança pode se debater e necessitar de contenção.
- A maioria das crianças chora muito.
- Em casos de crianças rebeldes e/ou com veias difíceis, é provável a necessidade de mais de uma punção.
- Probabilidade de retorno para uma segunda coleta por necessidade técnica ou diagnóstica.

A criança deve ser preparada psicologicamente para a coleta, cabendo ao coletador obter a sua confiança. Isto pode ser obtido observando-se o comportamento da criança na sala de espera e verificando se ela traz algum brinquedo ou livro de história e qual o nível de relacionamento com o acompanhante.

Caso a criança traga algum brinquedo, este deve ser mantido com ela sempre que possível, mas sem que haja comprometimento da coleta.

O posicionamento de coleta para crianças com mais de 1 ano dependerá muito do nível de entendimento que elas possam ter. Como regra básica sugere-se que:

- Neonatos e bebês sejam colocados deitados em maca própria, solicitando a ajuda de outro profissional para garantir que a coleta aconte-

CAPÍTULO 5 ▪ Amostras de Sangue e de Urina

ça sem dificuldades. Não é aconselhável que o acompanhante participe da coleta, por estar envolvido psicologicamente com a criança.

- O auxiliar deve posicionar-se na cabeceira da maca, no mesmo lado que o coletador, ficando um de frente para o outro.
- Com uma das mãos, o coletador deve conter o braço da criança, segurando-a próximo ao pulso e, com a outra mão, próximo ao garrote, apoiando o antebraço no peito ou no ombro da criança.
- O coletador, de frente para o auxiliar, faz a venipunção, seguindo os mesmos passos utilizados para a punção em adultos.

GASOMETRIA ARTERIAL

- Obter seringa para a coleta de gases sanguíneos, agulha de calibre 23, *swab* com iodo-povidona, compressas de algodão embebidas em álcool, luvas estéreis, gaze estéril e recipiente com gelo.
- O paciente deve repousar durante 30 minutos antes da coleta da amostra.

Processo de coleta

- O local da punção arterial pode ser anestesiado com xilocaína a 1-2%.
- Acoplar uma agulha de calibre 23, com comprimento de 2,5 cm, a uma seringa para gasometria, heparinizada, de plástico ou vidro. Rodar a seringa para revestir a superfície interna com heparina (1.000 U/mL) e ejetar a heparina através da agulha na gaze estéril.
- Limpar o local da punção com iodo-povidona, e depois com álcool, e deixar que seque.
- Usando luva estéril, palpar a artéria e puncionar em um ângulo de 30 a 45 graus (para a artéria radial), 45 a 60 graus (para a artéria braquial), ou 45 a 90 graus (para a artéria femoral), com o bisel da agulha voltado para cima.
- Introduzir a agulha até que a artéria seja puncionada e permitir que a seringa se encha com 2 mL de sangue arterial.
- Remover a seringa e a agulha e aplicar pressão à gaze estéril sobre o local, enquanto descarta a agulha, expele o ar da seringa e veda a seringa com uma tampa de borracha, e agita delicadamente a amostra.

- Colocar imediatamente a amostra imersa em gelo.

Cuidados subsequentes

- Informar a temperatura do paciente e o modo e a quantidade de oferta de oxigênio na requisição laboratorial.
- Transportar a amostra para o laboratório, a fim de processá-la dentro de 15 minutos.
- Se a amostra foi obtida por punção arterial direta, pressionar o local durante 5 a 10 minutos.

Fatores que afetam os resultados

- Rejeitar amostra coagulada.
- Se o paciente está sendo submetido à aspiração endotraqueal ou à terapia respiratória, a amostra deve ser coletada pelo menos 20 minutos após o procedimento.
- A não expulsão do ar da seringa de gasometria resultará em falsa elevação da PaO_2 ou falsa redução da $PaCO_2$.
- A não imersão da amostra em gelo pode resultar em redução do pH e da PaO_2.
- A não expulsão da heparina da seringa antes da coleta da amostra pode resultar em redução do pH, da $PaCO_2$ e da PaO_2.
- O armazenamento da amostra à temperatura ambiente acelera a queda do pH.
- A elevação do número de leucócitos causa rápida redução do pH.
- Um período de tempo prolongado entre a coleta e o exame pode resultar em redução do pH.

COLETA DE URINA

As recomendações para realização de coleta de urina no laboratório clínico, abrangendo as especificações de cada coleta, o preparo do paciente, a obtenção do material, o armazenamento e o transporte, são as seguintes:

Coleta para o exame de urina

- O laboratório deve fornecer as instruções por escrito e/ou verbalmente para o preparo do paciente e a coleta do material.
- As instruções devem conter as informações necessárias para o entendimento do paciente ou

de seu responsável, de modo a assegurar a preparação do paciente para que a coleta da urina ocorra em conformidade com o requisito de qualidade do laboratório clínico para o exame.

- A coleta da urina deve ser realizada, preferencialmente, no laboratório.
- A urina de jato médio é o material de escolha para realizar o exame, exceto quando for necessária a coleta com o auxílio do coletor autoaderente.

Coleta masculina

Obedecer às seguintes instruções:

- Expor a glande e lavá-la com água e sabão (não usar antisséptico).
- Enxugar com toalha de pano limpa ou de papel descartável, ou com uma gaze.
- Com uma das mãos, expor e manter retraído o prepúcio.
- Com a outra mão, segurar o frasco de coleta destampado e identificado.
- Desprezar no vaso sanitário o primeiro jato urinário.
- Sem interromper a micção, urinar diretamente no frasco de coleta até completar 20 a 50 mL.
- Desprezar o restante da urina existente na bexiga no vaso sanitário e fechar o frasco de urina.

Coleta feminina

Obedecer às seguintes instruções:

- Lavar a região vaginal, de frente para trás, com água e sabão (não usar antisséptico).
- Enxugar com toalha de pano limpa ou de papel descartável, ou com uma gaze.
- Sentar no vaso sanitário e abrir as pernas.
- Com uma das mãos, afastar os grandes lábios.
- Com a outra mão, segurar o frasco de coleta destampado e identificado.
- Desprezar no vaso sanitário o primeiro jato urinário.
- Sem interromper a micção, urinar diretamente no frasco de coleta até completar 20 a 50 mL.
- Desprezar no vaso sanitário o restante da urina existente na bexiga e fechar o frasco de coleta.
- Excetuando os casos de urgência, a urina deve ser coletada 3 a 5 dias após o término do sangramento menstrual.

Fatores que afetam os resultados

- Amostras da primeira urina da manhã fornecem o reflexo mais preciso da presença de bactérias e de elementos formados, tais como cilindros e cristais.
- Um retardo no exame após a coleta pode levar a valores falsamente reduzidos de glicose, cetona, bilirrubina e urobilinogênio. O exame tardio com a amostra permanecendo à temperatura ambiente pode causar níveis falsamente elevados de bactérias, em virtude do hipercrescimento bacteriano. Retardos também perturbam a nitidez microscópica, em virtude da dissolução de uratos e fosfatos.

Coleta de urina em crianças/lactentes

- Em crianças muito jovens e neonatos, o laboratório clínico pode empregar coletor autoaderente hipoalergênico.
- Fazer a higiene da criança seguindo as instruções descritas anteriormente. Não aplicar pós, óleos ou loções sobre a pele das regiões púbica e perineal.
- Identificar o coletor autoaderente.
- Separar as pernas da criança.
- Certificar-se de que as regiões púbica e perineal estão limpas, secas e isentas de muco.
- *Meninas:* retirar o papel protetor do coletor autoaderente. Esticar o períneo para remover as dobras da pele. Colocar o adesivo na pele em volta dos genitais externos, de modo que a vagina e o reto fiquem isolados e evitando a contaminação. Caso não ocorra emissão de urina até 30 minutos após a colocação do coletor, ele deve ser retirado.
- *Meninos:* retirar o papel protetor do coletor autoaderente. Colocar o coletor autoaderente de maneira que o pênis fique no seu interior. Caso não ocorra emissão de urina até 30 minutos após a colocação do coletor, este deve ser retirado.

Coleta de urina com cateter ou com aspiração suprapúbica

A urina é obtida com cateter inserido na bexiga através da uretra com o uso de técnica estéril.

A urina é obtida por aspiração da bexiga distendida com uma seringa e agulha acima da sínfise pubiana, através da parede abdominal, adentrando a bexiga cheia. As complicações são raras. Este método é usado para *culturas anaeróbicas,* para culturas problemáticas (em que a contaminação não pode ser eliminada) e em crianças.

Os dois tipos de coleta devem ser supervisionados por pessoal capacitado e treinado.

Armazenamento, conservação e transporte da amostra de urina

O paciente deve receber instruções claras sobre armazenamento, conservação e transporte do material coletado. As condições para conservação do material devem possibilitar a manutenção da integridade dos elementos e contribuir para a estabilidade das substâncias químicas. O tempo entre a coleta e a entrega no laboratório não deve passar de 1 hora. Caso seja ultrapassado esse tempo, a urina deve ser conservada em refrigerador (2 a 10ºC).

O laboratório deve recusar amostras de urina em frascos danificados ou impróprios.

Urina de 24 horas

A urina deve ser coletada de acordo com os testes a que se destina.

Instruções para coleta

- Material necessário: frasco de 3 L, no qual são adicionados conservantes, quando necessários.
- Fornecer as seguintes instruções ao paciente: recolher toda a urina eliminada durante o período de coleta, urinar antes de defecar e evitar a contaminação da urina com papel higiênico ou fezes.
- Na folha de requisição do laboratório, escrever a hora de início da coleta.

Processo de coleta

- Desprezar a primeira micção da manhã.
- Recolher todas as micções, durante 24 horas, em frasco de 3 L, ao qual foram adicionados conservantes, quando necessários. Para amostras coletadas com cateter urinário de demora, verter a urina no coletor a cada hora. Registrar o volume de urina eliminada durante o período de coleta. Manter a amostra na geladeira durante a coleta.
- Enviar imediatamente ao laboratório.

Fatores que afetam os resultados

- Os erros nos resultados de testes urinários quantitativos são geralmente relacionados a problemas de coleta:
  - Perder uma (ou mais) micção.
  - Esquecer de descartar a primeira amostra.
  - Preservar de modo inadequado (falta de refrigeração ou adição de conservantes quando necessário).

Bibliografia consultada

ASSOCIAÇÃO BRASILEIRA DE NORMAS TÉCNICAS. Comitê Brasileiro de Análises Clínicas e Diagnóstico *in vitro*. **Laboratório clínico – Requisitos e recomendações para o exame de urina.** Versão 3.4. ABNT/CB 36, Rio de Janeiro, 2002.

CHERNECKY, C.C.; KRECH, R.L.; BERGER, B.J. **Métodos de laboratório: procedimentos diagnósticos.** Rio de Janeiro: Guanabara, 1995.

Guia prático para a coleta de sangue. Vacuette do Brasil, 2002.

HOELTKE, L.B. **Phlebotomy: the clinical laboratory manual series.** Delmr: Albany, 1995.

Recomendações da Sociedade Brasileira de Patologia Clínica/Medicina Laboratorial para Coleta de Sangue Venoso. São Paulo: SBPC, 2007.

Capítulo 6

Variáveis Pré-analíticas

Padronização dos processos pré-analíticos	37	Outras causas de variação	40
Fontes de variações nos resultados	38	Variáveis na coleta da amostra	40
Preparação do paciente	38	Interpretação dos resultados	41

As informações relativas à influência dos fatores promotores de interferências não analíticas incluem as condições que podem alterar os resultados dos testes, mas que não estão relacionadas com o problema pelo qual o exame foi solicitado. As variações pré-analíticas não fisiológicas estão relacionadas com a orientação do cliente para a realização do exame, dietas, jejum, coleta do material, uso de conservantes e anticoagulantes, uso de medicamentos, transporte, conservação e manipulação das amostras. Para evitar a interferência dessas variáveis na exatidão das análises, deve-se conhecer, controlar e evitar as condições que afetam os resultados dos exames laboratoriais.

PADRONIZAÇÃO DOS PROCESSOS PRÉ-ANALÍTICOS

São as etapas que se iniciam em ordem cronológica, a partir da solicitação médica, e que incluem a requisição do exame, a orientação sobre a coleta, a preparação e coleta do material ou amostra do paciente, o transporte para o laboratório e o cadastramento.

A ocorrência de enganos ou a introdução de variáveis não controladas que poderão comprometer a exatidão dos resultados são minimizadas pela elaboração de instruções específicas para coleta e manipulação de material ou amostras de pacientes. O documento (*Instrução de Trabalho*) deve conter procedimentos e instruções para:

- os pacientes ou clientes, necessárias à sua preparação antes da coleta, quando exigido (p. ex., coleta de urina de 24 horas, restrição alimentar, jejum);
- a coleta de material ou amostra do paciente (p. ex., flebotomia, sangue capilar, urina etc.), com descrições sobre a quantidade necessária e os frascos de coleta e quaisquer acessórios necessários;
- o modelo do cadastro do paciente;
- o horário específico de coleta, se aplicável;
- os cuidados especiais de manipulação, armazenamento e tempo entre o momento da coleta e o do recebimento no laboratório clínico (p. ex., cuidados no transporte, refrigeração, aquecimento, entrega imediata etc.);
- as exigências de identificação de material ou amostra do paciente, bem como de informações clínicas;
- a identificação efetiva do paciente ou cliente de quem é coletado o material ou amostra;
- o registro da identidade da pessoa que coleta o material ou amostra do paciente;

- o descarte seguro dos materiais utilizados na coleta;
- o preenchimento do cadastro do paciente.

Os materiais ou amostras dos pacientes devem ser identificados individualmente, de modo a permitir sua rastreabilidade. Os materiais ou amostras dos pacientes sem identificação adequada ou sem requisição não devem ser aceitos ou processados. Essas informações devem constar de procedimentos escritos para o recebimento, a identificação, o processamento e o relatório dos materiais recebidos.

FONTES DE VARIAÇÕES NOS RESULTADOS

Antes da análise propriamente dita, vários problemas podem afetar as amostras. No intuito de monitorar e controlar essas interferências é essencial compreender o sistema como vários processos, cada um como uma fonte de erros em potencial. Os processos pré-analíticos em que é maior o risco de enganos são:

Requisição médica

- Teste inapropriado.
- Solicitação não legível.
- Identificação errada do paciente.
- Recomendações não especificadas.
- Perda da requisição médica e/ou registro.
- Informações incorretas sobre o paciente (idade, sexo, doenças, tratamentos etc.).

Coleta da amostra

- Tubo incorreto.
- Identificação incorreta da amostra.
- Volume da amostra inadequado.
- Amostra inválida (p. ex., hemolisado).
- Coleta em momento errado (p. ex., teste oral de tolerância à glicose).
- Condições inapropriadas de transporte e armazenamento.
- Amostra enviada para a seção errada.
- Solicitação médica perdida ou mal manejada pelo técnico.

A maioria dessas situações é comum a todos os laboratórios; entretanto, parte dessas causas de erro é específica de cada laboratório. O desenvolvimento de sistemas próprios para identificar as áreas onde os erros são mais frequentes torna o trabalho mais seguro e eficiente.

É importante documentar os processos em que a possibilidade de erro é maior, pois necessitam mais atenção. Muitas vezes, os erros estão situados na coleta de amostras ou no atraso dos resultados, e são julgados como os mais importantes, mas deve-se ter em mente que outras fases, como a seleção de testes e a aceitabilidade das amostras, podem ter importância maior para a atividade analítica.

PREPARAÇÃO DO PACIENTE

A avaliação do significado clínico de resultados obtidos nas análises depende da soma de muitas variáveis. Entre as mais relevantes estão as variações intraindividuais e as variações interindividuais:

Variações intraindividuais. Referem-se a modificações no valor verdadeiro de um analito de um mesmo indivíduo em momentos diferentes. Esta variação temporal ocorre por alterações no clima, nas atividades, no estado emocional e no estado de saúde no momento da coleta. As mais importantes são:

- *Dieta.* Variações na dieta nos dias que precedem a coleta podem interferir nas concentrações de alguns componentes (p. ex., os triglicerídeos plasmáticos, a resposta ao teste oral de tolerância à glicose e a excreção urinária do cálcio). Além destes, o ferro sérico, o ácido úrico e a lactato-desidrogenase aumentam após as refeições. Alterações bruscas na dieta (p. ex., hospitalização) podem exigir alguns dias para que alguns parâmetros retornem aos níveis basais.
- *Cronobiológica.* São alterações cíclicas da concentração de um determinado constituinte em função do tempo. O ciclo de variação pode ser diário, mensal, sazonal, anual etc. Variação circadiana acontece, por exemplo, nas concentrações do ferro e do cortisol no soro, com as coletas realizadas à tarde fornecendo resultados até 50% mais baixos do que os obtidos nas amostras coletadas pela manhã. As alterações hormonais típicas do ciclo menstrual também podem ser acompanhadas de variações em ou-

tras substâncias. Por exemplo, a concentração de aldosterona é cerca de 100% mais elevada na fase pré-ovulatória do que na fase folicular. Outros constituintes do plasma que modificam seus teores no decorrer das 24 horas do dia incluem renina, testosterona, prolactina, TSH, tiroxina, hormônio de crescimento e insulina. O teste oral de tolerância à glicose apresenta valores menores quando realizado durante a tarde.

- *Postura corporal*. A concentração de vários constituintes sanguíneos está relacionada com a posição do indivíduo no momento da coleta da amostra. O volume sanguíneo de um adulto que se move rapidamente da posição supina para a posição ereta é 600 a 700 mL menor. Ocorre um afluxo de água e substâncias filtráveis do espaço intravascular para o espaço intersticial. A redução do volume promove o aumento dos teores das proteínas plasmáticas (enzimas, hormônios e compostos ligados às proteínas, como drogas, cálcio e bilirrubinas). Alterações são ainda encontradas nos níveis de ferro, triglicerídeos e colesterol. Os valores reais são restaurados quando o equilíbrio hídrico é restabelecido. Por conseguinte, em pacientes ambulatoriais, esses efeitos são reduzidos pela extração de sangue em condições padronizadas.

- *Atividade física*. A duração e a intensidade dos exercícios físicos afetam a composição dos líquidos biológicos. O efeito, em geral, é transitório e decorre da mobilização da água e de outros constituintes entre os diferentes compartimentos corporais. Logo após o exercício, o plasma mostra teores aumentados de ácidos graxos livres, alanina (+180%) e lactato (+300%). Os valores de pH arterial e pCO_2 apresentam-se reduzidos. No período de algumas horas após o exercício (muitas até 24 após), encontram-se no plasma elevações na atividade das enzimas originárias do músculo esquelético, como a aspartato-aminotransferase (GOT), a lactato-desidrogenase (LDH), a creatinoquinase (CK) e a aldolase. O ácido úrico, o potássio, o fósforo, a creatinina e as proteínas totais também estão aumentados. Nos indivíduos que fazem exercícios regularmente (atletas), a concentração sérica de ureia, ácido úrico, creatinina e tiroxina é maior que em não atletas. Além disso, o colesterol total pode estar reduzido em até 25%, enquanto o colesterol ligado à HDL aumenta.

A internação hospitalar e a imobilização do indivíduo também devem ser consideradas por modificarem a concentração de alguns constituintes.

- *Fármacos e drogas de abuso*. Muitos medicamentos apresentam marcado efeito sobre os resultados das análises, provocando sérias consequências na conduta do analista e do clínico, que operam com resultados laboratoriais que estão em desacordo com as condições clínicas do paciente. O analista deve estar preparado para identificar essas reações adversas ao medicamento, identificando a sintomatologia do paciente, o princípio ativo, a dose prescrita e a via de eliminação do medicamento, entre outros fatores. Os medicamentos que mais provocam reações adversas estão os psicotrópicos (meprobamato, fenitoína, carbamazepina, fluoxetina), anti-inflamatórios (diclofenacos, dipirona, paracetamol) e antibióticos.

Variações interindividuais. Referem-se às diferenças nos teores verdadeiros de um analito entre indivíduos causadas por:

- *Idade.* Vários constituintes apresentam concentrações séricas dependentes da idade do indivíduo. Esta dependência é resultante de diversos fatores, como maturidade funcional dos órgãos e sistemas, conteúdo hídrico e massa corporal. Em algumas situações, os valores de referência devem considerar essas diferenças. É importante lembrar que as mesmas causas de variações pré-analíticas que afetam os resultados laboratoriais em indivíduos jovens interferem nos resultados dos exames realizados em indivíduos idosos (p. ex., a atividade da fosfatase alcalina plasmática entre crianças e adultos, além das concentrações urinárias das gonadotrofinas e dos hormônios sexuais em mulheres em diferentes idades).

- *Sexo.* Além das diferenças hormonais específicas e características de cada sexo, alguns outros constituintes sanguíneos e urinários se apresentam em concentrações significativamente distintas entre homens e mulheres, em decorrência das diferenças metabólicas e da massa muscular, entre outros fatores. Em geral, os intervalos de referência para esses parâmetros são específicos para cada sexo. Os testes mais comumente afetados quando avaliados em homens e mulheres são: creatinina, ureia, ácido úrico, ferro, γ-GT e hormônios sexuais.

- *Raça*. Diferenças raciais foram descritas nos níveis plasmáticos do colesterol e das proteínas. Entretanto, é difícil distinguir os fatores raciais dos fatores ambientais.

OUTRAS CAUSAS DE VARIAÇÃO

Alterações fisiológicas não analíticas são introduzidas quando o paciente não é convenientemente preparado antes da coleta de amostras. Além das variações intra e interindividuais citadas, encontram-se gravidez, tabagismo, cafeína, álcool, medicamentos e estresse fisiológico. Outros fatores também devem ser levados em conta.

Hospitalização e imobilização. Em pacientes imobilizados por longos períodos, ocorrem retenções de líquidos com a consequente redução dos teores de proteínas e albumina no soro, assim como de compostos ligados a elas. Em geral, são encontradas elevações no nitrogênio urinário e na excreção de cálcio. Este último volta ao normal após 3 semanas de atividades.

VARIÁVEIS NA COLETA DA AMOSTRA

A padronização da coleta das amostras minimiza alguns dos fatores que afetam os resultados. Cuidados específicos são recomendados em relação aos seguintes itens:

Aplicação do torniquete. A utilização incorreta do torniquete, assim como o exercício com os dedos das mãos durante a coleta, provoca erros nos resultados de algumas provas. A aplicação prolongada do torniquete (por mais de 1 ou 2 minutos) antes da coleta modifica os níveis de vários componentes, como enzimas, proteínas, substâncias ligadas às proteínas (colesterol, triglicerídeos, cálcio e ferro) e lactato.

Jejum e ingestão de certos alimentos. O sangue para as determinações laboratoriais de rotina deve ser coletado com o indivíduo em jejum de 8 horas, podendo ser reduzido para 4 horas, para a maioria dos exames e em situações especiais. A não observância desta recomendação provoca alterações na concentração de vários constituintes, como glicose, triglicerídeos, colesterol, ferro, lipídios, fosfatase alcalina (principalmente a iso-

enzima intestinal), amilase, creatinoquinase, bilirrubina e proteínas totais. Por outro lado, a lipemia que promove a turbidez do soro interfere em alguns métodos analíticos, como albumina pelo verde de bromocresol, cálcio pela cresolftaleína e fósforo pelo molibdato de amônio.

A ingestão de certos alimentos altera os teores de alguns parâmetros, mesmo quando o paciente permanece em jejum por 12 horas antes do teste. É o caso de uma refeição rica em proteínas, que aumenta os níveis de ureia, amônia, fósforo e ácido úrico por mais de 12 horas.

O jejum prolongado, além de 48 horas, promove elevação da bilirrubina sérica em até 240%. Jejum por períodos acima de 72 horas reduzem a glicose plasmática e aumentam os triglicerídeos, o glicerol e os ácidos graxos livres, sem alterações significativas do colesterol plasmático.

Bebidas contendo cafeína estimulam a medula suprarrenal, causando aumentos na excreção de catecolaminas e seus metabólitos, incremento nos níveis de ácidos graxos livres no plasma e um pequeno aumento na glicemia, além de alterações no teste oral de tolerância à glicose.

Modificações imediatas nos teores de lactato, ácido úrico e metabólitos do etanol (acetaldeído e acetato) são frequentes após a ingestão de bebidas alcoólicas. O etanol também eleva os triglicerídeos e o colesterol ligado à HDL séricos. Os indivíduos alcoolistas apresentam valores aumentados de ácido úrico e γ-glutamil-transferase (γ-GT) no soro.

Efeito de fármacos. Muitos fármacos exercem efeitos *in vivo* ou *in vitro*, ou em ambos, simultaneamente sobre os testes laboratoriais. Quando um medicamento induz mudança de um parâmetro biológico mediante um efeito fisiológico ou farmacológico, tem-se a interferência *in vivo*. Dentre os efeitos fisiológicos, devem ser citadas a indução e a inibição enzimáticas, a competição metabólica e a ação farmacológica. O consumo de etanol pode causar alterações significativas e quase imediatas na concentração plasmática de glicose, de ácido lático e de triglicerídeos, por exemplo.

Quando a interferência do fármaco ou de seu catabólito é analítica, ela pode, em alguma etapa analítica, interagir com as substâncias constituintes dos reagentes químicos utilizados, causando falsos resultados da análise. Essa reação indesejada é conhecida como interferência *in vitro* ou analítica. As reações adversas do organismo a medicamentos ou sua interferência nos processos analíticos são descritas junto a cada análise.

Bibliografia consultada

CAPANEMA, J.S.; CAPANEMA, M.L.F. Efeito postural sobre os valores de referência. **LAES & HAES, 119:**106-23, 1999.

DUFOUR, D. R. Sources and control of preanalytical variation. In: KAPLAN, L.A.; PESCE, A.J. **Clinical chemistry: theory, analysis, correlation.** St. Louis : Mosby, 1996:65-82.

FRASER, C.G. Biological variation in clinical chemistry – an update: collated data, 1988-1991. **Arch. Pathol. Lab. Med., 116:**916-23, 1992.

FRASER, C.G.; PETERSEN, P.H. Analytical performance characteristics should be judged against objective Quality Specifications. **Clin Chem, 45:**321-23, 1999.

LISKOWSKY, D.R. Biological rhythms and shift work. **JAMA, 268:**3047, 1992.

MOTTA, V.T.; CORRÊA, J.A.; MOTTA, L.R. **Gestão da qualidade no laboratório clínico.** 2 ed. Porto Alegre: Editora Médica Missau, 2001.

PEDRAZZI, A.H. Interferência de medicamentos nos resultados das análises clínico-laboratoriais – I. **SBAC Jornal, 12:**4-5, 2002.

Recomendações da Sociedade Brasileira de Patologia Clínica/Medicina Laboratorial para Coleta de Sangue Venoso. São Paulo: SBPC. 2007.

STANSBIE, D.; BEDLEY, J.P. Biochemical consequences of exercise. **JIFCC, 3:**87-91, 1991.

Capítulo 7

Diabetes e Outras Desordens dos Carboidratos

7.1	Glicose, lactato e cetonas	45
	Diabetes melito	45
	Métodos e critérios para o diagnóstico de DM	47
	Diagnóstico do diabetes gestacional	48
	Determinação de glicose	49
	Glicosúria	50
	Consequências metabólicas do diabetes melito	51
	Complicações do diabetes melito	52
	Cetoacidose diabética (CAD)	52

Estado hiperglicêmico hiperosmolar	54
Hipoglicemia	54
Lactato	56
Doença renal	57
Microalbuminúria	58
Hemoglobina glicada	58
Frutosamina	60
Erros inatos do metabolismo	60

Os carboidratos são a fonte mais importante de energia do organismo. São classificados de acordo com a natureza química de seu grupo carbonila e pelo número de seus átomos de carbono. Se o grupo carbonila for um aldeído, o açúcar será uma aldose. Se o grupo carbonila for uma cetona, o açúcar será uma cetose. São poli-hidroxialdeídos ou poli-hidroxicetonas ou, ainda, substâncias que por hidrólise formam aqueles compostos. Quanto ao número de unidades básicas, são classificados como monossacarídeos, oligossacarídeos e polissacarídeos.

Os monossacarídeos são açúcares simples constituídos por uma única unidade poli-hidroxialdeídica ou cetônica contendo 3 a 9 átomos de carbono, sendo o principal combustível para a maioria dos seres vivos. Existem muitos tipos diferentes de monossacarídeos. Os mais frequentes no homem são a *glicose,* a *frutose* e a *galactose*, todos com seis átomos de carbono.

Os oligossacarídeos são ligados por pontes glicosídicas de dois ou mais (até 10) monossacarídeos. Apesar da grande variedade de combinações possíveis, os oligossacarídeos mais simples são os dissacarídeos. São três os mais frequentes: *maltose,* composta de duas moléculas de glicose; *sacarose* (açúcar de mesa), formada por uma molécula de glicose e uma de frutose; e *lactose,* constituída por uma molécula de glicose e uma de galactose e encontrada naturalmente no leite.

Os polissacarídeos são carboidratos de elevada massa molecular formados por mais de 10 unidades monossacarídicas ligadas entre si por pontes glicosídicas. São classificados como homopolissacarídeos ou heteropolissacarídeos, se formados por um ou mais tipos de monossacarídeos. Os polissacarídeos formam polímeros lineares e ramificados. O *amido* (forma de armazenamento para a glicose nos vegetais), o principal polissacarídeo da dieta, é constituído por uma mistura de dois polissacarídeos: *amilose* e *amilopectina*. A amilose é um polímero linear composto por milhares de unidades de resíduos de glicose, unidas por ligações $\alpha(1\rightarrow4)$. A amilopectina é uma estrutura ramificada que, além dos laços $\alpha(1\rightarrow4)$, têm ramificações $\alpha(1\rightarrow6)$ a cada 25 a 30 resíduos de glicose. O *glicogênio* é o polissacarídeo de armazenamento dos animais, estando presente de forma mais abundante nos músculos e no fígado. Sua estrutura primária assemelha-se à da amilopectina, mas com pontos de ramificação existentes a cada oito a 12 resíduos de glicose.

Os carboidratos da dieta fornecem a maior parte das necessidades calóricas do organismo. A dieta média é composta, principalmente, de amido, sacarose e lactose. O glicogênio, a maltose, a glicose e a frutose, presentes em certos alimentos, constituem uma fração menor dos carboidratos ingeridos.

Antes da absorção dos carboidratos pelas células do intestino delgado, é essencial que os polissacarídeos e os oligossacarídeos sejam hidrolisados em seus componentes monossacarídicos. Esse desdobramento ocorre sequencialmente em diferentes locais do sistema digestório por uma série de enzimas.

O amido e o glicogênio são degradados pela enzima α-*amilase* (salivar e pancreática), formando maltose e isomaltose. Os dois produtos são hidrolisados em glicose por enzimas ligadas à membrana da borda em escova intestinal: *maltase* e *isomaltase*. Portanto, a hidrólise ocorre na superfície das células da mucosa intestinal. Outras enzimas, que atuam na interface da luz e da célula, são a *sacarase*, que hidrolisa a sacarose em glicose e frutose, e a *lactase*, que fornece glicose e galactose a partir da lactose.

Os principais monossacarídeos obtidos por hidrólise (glicose, frutose e galactose) são absorvidos do lúmem para as células e levados ao fígado pelo sistema porta. A glicose no fígado é metabolizada ou armazenada como glicogênio. O fígado também libera glicose para a circulação sistêmica, tornando-a disponível a todas as células do organismo. A frutose e a galactose são transformadas em outros compostos de acordo com as necessidades homeostáticas, ou convertidas em glicose, a forma usual de açúcar circulante.

A concentração de glicose no sangue é regulada por uma complexa inter-relação de muitas vias e modulada por vários hormônios. A *glicogênese* é a conversão de glicose a glicogênio, enquanto a *glicogenólise* é o desdobramento do glicogênio em glicose. A formação de glicose a partir de outras fontes não carboidratos, como aminoácidos, glicerol ou lactato, é chamada *gliconeogênese*. A conversão da glicose ou outras hexoses em lactato ou piruvato é denominada *glicólise*. A oxidação total do piruvato em dióxido de carbono e água ocorre no ciclo de Krebs (ciclo do ácido cítrico), e a cadeia mitocondrial de transporte de elétrons, acoplada à fosforilação oxidativa, gera energia para formar ATP (adenosina-trifosfato). A glicose também é oxidada em dióxido de carbono e água pela via *pentose-fosfato*, com a produção de NADPH, necessário para as reações anabólicas do organismo.

O metabolismo dos carboidratos é regulado pela disponibilidade de substratos, modificação enzimática e controle hormonal. Dois hormônios, insulina e glucagon, regulam o metabolismo dos carboidratos. A insulina é liberada normalmente quando os níveis de glicose sanguínea estão elevados. É o único hormônio que reduz a glicemia. A redução do teor de glicose sanguínea ocorre por:

- Aumento da glicogênese.
- Aumento da glicólise.
- Aumento da entrada de glicose nas células musculares e adiposas via receptores não específicos.
- Inibição da glicogenólise.

O glucagon é liberado em situação de estresse e em jejum. O aumento do teor de glicose sanguínea ocorre por:

- Aumento da glicogenólise hepática.
- Aumento da gliconeogênese.

Dois hormônios produzidos pela glândula adrenal também afetam o metabolismo dos carboidratos. A adrenalina (epinefrina) é liberada por estímulos físicos ou estresse emocional. O aumento da glicemia se dá por:

- Inibição da secreção da insulina.
- Aumento da glicogenólise.

O cortisol, outro hormônio produzido pela glândula adrenal, também eleva a glicemia por:

- Aumento da gliconeogênese.
- Aumento de absorção intestinal de glicose.
- Aumento da entrada de glicose nas células.

A tiroxina, hormônio da tireoide, eleva os níveis de glicose por:

- Aumento da glicogenólise.
- Aumento da gliconeogênese.
- Aumento da absorção intestinal da glicose.

Bibliografia consultada

MOTTA, V.T. **Bioquímica.** Caxias do Sul: Educs, 2005:103-20.

NELSON, D.L.; COX, M.M. **Lehninger: principles of biochemistry.** 4 ed. New York: Freeman, 2005:560-600.

7.1 GLICOSE, LACTATO E CETONAS

A glicose é a aldo-hexose mais importante para a manutenção energética do organismo:

CH₂OH / Glicose

Em condições normais, a glicose sanguínea (glicemia) é mantida em teores apropriados por meio de vários mecanismos regulatórios. Após uma refeição contendo carboidratos, a elevação da glicose circulante provoca:

- Remoção pelo fígado de 70% da glicose transportada via circulação porta. Parte da glicose é oxidada e parte é convertida em glicogênio para ser utilizada como combustível no jejum. O excesso de glicose é parcialmente convertido em ácidos graxos e triglicerídeos incorporados às VLDL (lipoproteínas de densidade muito baixa) e transportado para os estoques do tecido adiposo.
- Secreção de insulina pelas células β do pâncreas. Entre os tecidos insulinodependentes estão os tecidos muscular e adiposo, o diafragma, a aorta, a hipófise anterior, as glândulas mamárias e a lente dos olhos. Outras células, como aquelas do fígado, cérebro, eritrócitos e nervos, *não* necessitam insulina para a captação de glicose (insulinoindependentes).
- Aumento da captação da glicose pelos tecidos periféricos.
- Inibição da liberação do glucagon.
- Outros hormônios (adrenalina, hormônio de crescimento, glicocorticoides, hormônios da tireoide) e enzimas, além de vários mecanismos de controle, também atuam na regulação da glicemia.

Essas atividades metabólicas levam a redução da glicemia em direção aos teores encontrados em jejum. Quando os níveis de glicose no sangue em jejum estão acima dos valores de referência, denomina-se *hiperglicemia;* quando abaixo desses valores, *hipoglicemia*.

A glicose é normalmente filtrada pelos glomérulos e quase totalmente reabsorvida pelos túbulos renais. Entretanto, quando os teores sanguíneos atingem a faixa de 160 a 180 mg/dL, a glicose aparece na urina, com o surgimento de *glicosúria*.

Em todas as células, a glicose é metabolizada para produzir ATP e fornecer intermediários metabólicos necessários em vários processos biossintéticos.

DIABETES MELITO

O diabetes melito (DM) não é uma doença única, mas um grupo heterogêneo de distúrbios metabólicos que apresentam em comum a hiperglicemia. Esta hiperglicemia é o resultado de defeitos na ação da insulina ou na secreção de insulina, ou em ambas. Sob condições fisiológicas, as concentrações sanguíneas da glicose oscilam em uma faixa estreita. Tal fenômeno, que garante simultaneamente oferta adequada de nutrientes aos tecidos e proteção contra a neuroglicopenia, só é possível graças a um sistema hormonal integrado e eficiente, composto por um hormônio hipoglicemiante, a insulina, e alguns hormônios hiperglicemiantes, como o glucagon, o cortisol, a adrenalina e o hormônio de crescimento. Por se tratar do único hormônio hipoglicemiante, a insulina dispõe de um eficiente e finamente regulado sistema de controle de secreção.

Pacientes portadores de episódios hiperglicêmicos, quando não tratados, desenvolvem cetoacidose ou coma hiperosmolar. Com o progresso da doença, aumenta o risco de complicações crônicas características, como *retinopatia, macroangiopatia* (doença macrovascular do diabetes), *nefropatia e neuropatia*.

Diabetes melito tipo 1 (DM1)

O DM tipo 1 (DM1), forma presente em 5% a 10% dos casos, é o resultado de uma destruição das células β pancreáticas com consequente deficiência de insulina. Na maioria dos casos, essa destruição das células β é mediada por autoimunidade, porém existem casos em que não há evidências de processo autoimune, sendo, portanto, referidos como forma idiopática do DM1.

Os marcadores de autoimunidade são os autoanticorpos anti-insulina, antidescarboxilase do ácido glutâmico (GAD 65) e antitirosina--fosfatases (IA2 e IA2B). Esses anticorpos podem estar presentes meses ou anos antes do diagnóstico clínico, ou seja, na fase pré-clínica da doença, e em até 90% dos indivíduos quando a hiperglicemia é detectada. Além do componente autoimune, o DM1 apresenta forte associação com determinados genes do sistema antígeno leucocitário humano (HLA), alelos estes que podem ser predisponentes ou protetores contra o desenvolvimento da doença. A taxa de destruição das células β é variável, sendo em geral mais rápida entre as crianças. A forma lentamente progressiva ocorre, em geral, em adultos e é referida como *latent autoimmune diabetes in adults* (LADA).

O DM1 idiopático corresponde a uma minoria dos casos. Caracteriza-se pela ausência de marcadores de autoimunidade contra as células β e não associação com haplótipos do sistema HLA. Os indivíduos com essa forma de DM podem desenvolver cetoacidose e apresentam graus variáveis de deficiência de insulina.

Diabetes melito tipo 2 (DM2)

A incapacidade da célula β em responder à crescente demanda periférica de insulina, observada durante a evolução progressiva da insulinorresistência em indivíduos intolerantes à glicose, é aceita hoje como o fenômeno determinante no desenvolvimento do diabetes melito tipo 2. A hiperglicemia do diabetes melito tipo 2 resulta de dois mecanismos básicos: a resistência periférica à ação da insulina e a deficiência da produção deste hormônio pelas células β do pâncreas. Tais mecanismos podem ser precipitados pela presença de certos fatores, como uma predisposição genética, o sobrepeso e a obesidade, a inatividade física e o envelhecimento, que interferem na reserva funcional das células β ou na sensibilidade tecidual à insulina, ou em ambos os defeitos. Os fatores de risco para o diabetes melito tipo 2 são descritos na Tabela 7.1. Cerca de 90% a 95% de todos os casos de diabetes correspondem a esse tipo.

A perda de função da célula β é um fator que aparece precocemente no desenvolvimento do diabetes melito tipo 2. Em condições normais, a secreção insulínica ocorre em dois picos ao se iniciar uma refeição: o primeiro pico é necessário para a utilização da glicose proveniente dos alimentos e também para sinalizar o fígado e inibir a produção endógena de glicose logo após a refeição. No segundo pico, a insulina atua na captação da glicose pelas células. No indivíduo sadio, as duas fases de secreção de insulina estão preservadas, enquanto no portador de diabetes melito há perda da primeira fase e atraso na segunda fase desse processo.

Tabela 7.1 Fatores de risco para o diabetes melito tipo 2

Idade ≥ 45 anos
História familiar de DM (pais, filhos e irmãos)
Excesso de peso (IMC ≥ 27 kg/m²)
Sedentarismo
HDL-C baixo (<35 mg/dL) e/ou triglicerídeos elevados (>250 mg/dL)
Hipertensão arterial (>140/90 mm de Hg)
Doença coronariana
DM gestacional prévio
Macrossomia ou história de abortos de repetição ou mortalidade perinatal
Uso de medicação hiperglicemiante (p. ex., corticosteroides, tiazídicos, β-bloqueadores)

Outros tipos específicos de diabetes

São formas menos comuns de DM, cujos defeitos ou processos causadores podem ser identificados. A apresentação clínica desse grupo é bastante variada e depende da alteração de base. Estão incluídos nessa categoria defeitos genéticos na função das células β, defeitos genéticos na ação da insulina, doenças do pâncreas exócrino e outras condições, como as listadas a seguir:

- **Defeitos genéticos na função das células β.** MODY* 1 (defeitos no gene HNF-4α); MODY 2 (defeitos no gene da glicoquinase); MODY 3 (defeitos no gene HNF-1α); MODY 4 (defeitos no gene IPF-1); MODY 5 (defeitos no gene HNF-1β); MODY 6 (defeitos no gene Neuro D1); DM mitocondrial; outros.

- **Defeitos genéticos na ação da insulina.** Resistência à insulina tipo A, leprechauismo, síndrome de Rabson-Mendenhall, DM lipoatrófico e outros.

- **Doenças do pâncreas exócrino.** Pancreatite, trauma, infecção, pancreatectomia, neoplasia, fibrose cística, pancreatopatia fibrocalculosa e outros.

- **Endocrinopatias associadas com a produção excessiva de antagonistas da insulina.** Acromegalia, síndrome de Cushing, glucagonoma, feocromocitoma, somatostatinoma, aldosteronoma e outras.

- **Induzido por fármacos ou agentes químicos.** Pentamidina, determinadas toxinas, ácido nicotínico, glicocorticoides, tiazídicos, diazóxido, agonistas β-adrenérgicos, hormônio tireoidiano, interferon-α, vacor (veneno de rato), entre outros.

- **Infecções.** Rubéola congênita, citomegalovírus, coxsackievírus B, caxumba, adenovírus e outras.

- **Formas incomuns de diabetes autoimune.** Síndrome de *stiff-man*, anticorpos antirreceptores de insulina e outros.

- **Outras síndromes genéticas por vezes associadas ao DM.** Síndrome de Down, síndrome de Klinefelter, síndrome de Turner, síndrome de Laurence-Moon-Biedl, síndrome de Wolfram, ataxia de Friedreich, coreia de Huntington, síndrome de Prader-Willi e outras.

Diabetes melito gestacional (DMG)

Consiste em qualquer intolerância a carboidratos, resultando em hiperglicemia de magnitude variável, com início ou diagnóstico durante a gestação.

_____
*MODY = *maturity onset diabetes of the young.*

Similar ao DM2, o DM gestacional é associado tanto à resistência à insulina quanto à diminuição da função das células β. Sua fisiopatologia é explicada pela elevação de hormônios contrarreguladores da insulina, pelo estresse fisiológico imposto pela gravidez e por fatores predeterminantes (genéticos ou ambientais). O principal hormônio relacionado com a resistência à insulina durante a gravidez é o hormônio lactogênico placentário; contudo, sabe-se hoje que outros hormônios hiperglicemiantes, como cortisol, estrogênio, progesterona e prolactina, também estão envolvidos. O DM gestacional ocorre em 1% a 14% de todas as gestações, dependendo da população estudada, e é associado a aumento de morbidade e mortalidade perinatais.

Os fatores de risco são parecidos com aqueles do diabetes tipo 2 e incluem:

- Idade acima de 25 anos.

- Obesidade ou ganho excessivo de peso na gravidez atual.

- Deposição central excessiva de gordura corporal (gordura em excesso no tronco).

- História familiar de diabetes em parentes de primeiro grau.

- Baixa estatura (1,50 cm).

- Tabagismo.

- Síndrome do ovário policístico.

- Crescimento fetal excessivo, poli-hidrâmnio, hipertensão ou pré-eclâmpsia na gravidez atual.

- Antecedentes obstétricos de morte fetal ou neonatal, de macrossomia (peso excessivo do bebê) ou de diabetes gestacional.

A gestante portadora de DMG não tratada tem maior risco de rotura prematura de membranas, parto pré-termo, feto com apresentação pélvica e feto macrossômico. Há também risco elevado de pré-eclâmpsia nessas pacientes.

Na maioria dos casos de DMG há reversão do quadro após a gravidez, porém existe um risco de 17% a 63% de desenvolvimento de DM2 dentro de 5 a 16 anos após o parto.

MÉTODOS E CRITÉRIOS PARA O DIAGNÓSTICO DE DM

O diagnóstico dos distúrbios no metabolismo da glicose depende da demonstração de alterações na concentração de glicose no sangue. As várias desordens do metabolismo dos carboidratos podem estar associadas com: (a) aumento da glicose plasmática (hiperglicemia), (b) redução da glicose plasmática (hipoglicemia) e (c) concentração normal ou diminuída da glicose plasmática, acompanhada de excreção urinária de açúcares redutores diferentes da glicose (erros inatos do metabolismo da glicose).

O diagnóstico do diabetes melito depende da demonstração de hiperglicemia. Para o DM1, a hiperglicemia aparece subitamente, é severa e está acompanhada de distúrbios metabólicos. No DM2, o diagnóstico deve ser cuidadoso, pois as alterações da glicose podem ser moderadas. Os critérios laboratoriais aceitos para o diagnóstico de DM são:

Glicemia casual

Sintomas de poliúria, polidipsia e perda ponderal, acrescidos de glicemia casual ≥200 mg/dL. Compreende-se por glicemia casual aquela realizada a qualquer hora do dia, independentemente do horário das refeições.

Glicemia de jejum

Glicemia de jejum ≥126 mg/dL. A determinação da glicemia é realizada com o paciente em jejum (8 horas sem ingestão calórica). Resultados normais não devem excluir o diagnóstico de distúrbios metabólicos dos carboidratos.

Glicemia de 2 horas após sobrecarga

Glicemia >200 mg/dL 2 horas após a ingestão de 75 g de glicose. Normalmente, após a sobrecarga de glicose, a glicemia tende a retornar ao normal dentro de 2 horas. Valor de referência: <140 mg/dL.

Para a realização do teste de glicemia de 2 horas após sobrecarga, algumas considerações devem ser levadas em conta:

- Período de jejum de 8 horas.
- Ingestão de pelo menos 150 g de carboidratos nos 3 dias que antecedem a realização do teste.
- Atividade física normal.
- Não fumar ou caminhar durante o teste.
- Medicações e intercorrências que podem alterar o teste devem ser cuidadosamente anotadas.

- Ingerir 75 g de glicose anidra (ou 82,5 g de glicose monoidratada), dissolvidos em 250 a 300 mL de água, em no máximo 5 minutos.
- O sangue coletado deve ser centrifugado imediatamente, para separação do plasma e medição da glicemia. Caso não seja possível, coletar o sangue em tubos fluoretados e mantê-los resfriados (4°C) até a centrifugação, que deve ser feita rapidamente.
- O teste consta de uma coleta de sangue venoso em jejum e outra amostra 2 horas após a ingestão de 75 g de glicose.

Glicemia de jejum alterada

Glicemia de jejum >100 mg/dL a <126 mg/dL. Essa categoria não é uma entidade clínica, mas fator de risco para o desenvolvimento do DM e de doenças cardiovasculares (DCV).

Tolerância à glicose diminuída

Quando, após uma sobrecarga de 75 g de glicose, o valor de glicemia de 2 horas se situa entre ≥140 e <200 mg/dL. Representa uma anormalidade na regulação da glicose no estado pós-sobrecarga.

DIAGNÓSTICO DO DIABETES GESTACIONAL

O teste inicial recomendado para a triagem de DMG é a dosagem da glicemia plasmática 1 hora após teste oral com 50 g de dextrosol, devendo ser realizado entre a 24ª e a 28ª semana de gestação. São aceitos como valores de corte tanto 140 mg/dL como 130 mg/dL, com cerca de 80% e 90% de sensibilidade, respectivamente.

A dosagem da glicemia plasmática em jejum também pode ser utilizada para rastreamento e diagnóstico de DMG. A associação de glicemia de jejum com a presença de fator de risco é um método alternativo de rastreamento. A partir da 24ª semana de gestação, a glicemia de jejum com valores >85 mg/dL pode ser considerada como rastreamento positivo.

O teste oral de tolerância à glicose após ingestão 100 g de dextrosol com medições ao longo de 3 horas (jejum e após 1 h, 2 h e 3 h) é bastante utilizado. Existem dois critérios para a interpretação do teste: o do National Diabetes Data Group (NDDG) e o da Associação Americana de Diabetes (ADA), descritos a seguir (em mg/dL):

Critério	NDDG	ADA
Jejum	105	95
1 hora	190	180
2 horas	165	155
3 horas	145	140

O diagnóstico de diabetes gestacional ocorre quando pelo menos dois valores são atingidos ou ultrapassados.

No Brasil, a Sociedade Brasileira de Diabetes recomenda o uso de TOTG de 75 g, realizado entre a 24ª e a 28ª semana de gestação, seguindo a padronização da Organização Mundial de Saúde (OMS), fazendo-se medida em jejum e após 2 horas. Os valores de corte para o diagnóstico para glicemia de jejum são de 110 mg/dL e, após 2 horas, de 140 mg/dL. O documento salienta, entretanto, que também pode ser utilizado o critério da ADA, com uso de teste de 100 g e os valores citados acima.

DETERMINAÇÃO DA GLICOSE

Paciente. Deve permanecer 8 horas sem ingestão calórica. Caso seja diabético, não deve usar insulina ou hipoglicemiantes orais antes da coleta.

Amostra. *Soro, plasma e LCR.* Quando o sangue é coletado sem conservantes e deixado à temperatura ambiente, as enzimas glicolíticas dos eritrócitos, leucócitos, plaquetas e de alguns contaminantes bacterianos reduzem os níveis de glicose na amostra em, aproximadamente, 5% a 7% por hora (5 a 10 mg/dL). Esta redução torna-se negligenciável quando:

- O plasma ou soro for separado em menos de 30 minutos após a coleta.

- Sangue coletado em tubos contendo *fluoreto de sódio* (2 mg/mL de sangue) – inibidor da enzima enolase da glicólise – ou *iodoacetato de sódio* (2 mg/mL de sangue) – inibidor da gliceraldeído-3-fosfato-desidrogenase da glicólise.

- Por refrigeração da amostra. Em soro ou plasma refrigerado, a glicose permanece estável por 3 dias.

As amostras de LCR estão muitas vezes contaminadas com bactérias ou outros constituintes celulares e devem ser analisadas imediatamente após a coleta ou centrifugadas e refrigeradas.

Em urinas de 24 horas, a glicose é preservada pela adição de 5 mL de ácido acético glacial ao frasco coletor, antes do início da coleta. O pH final da urina permanece entre 4 e 5, o que inibe a atividade bacteriana. Mesmo com o uso de conservante, a urina também deve ser armazenada em refrigerador durante o período de coleta. Amostras de urina mantidas em temperatura ambiente podem perder até 40% de seu conteúdo de glicose após 24 horas.

Interferências. *Resultados falsamente elevados:* paracetamol, ácido acetilsalicílico, ácido ascórbico, ácido etacrínico, ácido nalidíxico, ácido nicotínico, adrenalina, benzodiazepínicos, cafeína, carbonato de lítio, cimetidina, clonidina, corticosteroides, dopamina, esteroides anabólicos, estrogênios, etanol, fenitoína, furosemida, levodopa, tiazídicos. *Resultados falsamente reduzidos:* álcool, alopurinol, anfetaminas, bloqueadores β-adrenérgicos, clofibrato, fenacitina, fenazopiridina, fenformina, inibidores da ECA, haloperidol, hipoglicemiantes orais, insulina, isoniazida, maconha, nitrazepan, pentamida, propranolol (em diabéticos), quinidina, salicilatos, sulfonamidas, sulfonilureias.

Métodos. No passado, os métodos empregados para determinação da glicose baseavam-se em sua capacidade redutora. Os oxidantes utilizados eram o cobre ou o íon ferricianeto em meio alcalino, reduzidos pela glicose a íon cuproso e íon ferrocianeto, respectivamente. Os métodos mais populares transformavam os íons cuprosos em óxido cuproso na presença de calor. O desenvolvimento de cor era conseguido pela redução do fosfomolibdato (Folin-Wu) ou arsenomolibdato (Somogyi-Nelson) para formar azul de molibdênio. Esses métodos foram abandonados por sua complexidade e por sofrerem ação de fatores interferentes.

- *o-Toluidina.* A determinação da glicose pela *o*-toluidina é a mais específica entre os métodos químicos; entretanto, o seu emprego tornou-se muito restrito depois que esta substância foi classificada como carcinogênica.

- *Métodos enzimáticos.* Empregam enzimas como reativos e são os mais utilizados, atualmente, em razão da grande especificidade pela glicose. Eles medem a glicose verdadeira, e não os compostos redutores. São simples e rápidos de executar, além de necessitar pequenos volumes de amostra. Os mais empregados são os que utilizam as enzimas: glicose-oxidase, hexoquinase e glicose-desidrogenase.

- *Glicose-oxidase.* É específica para a β-glicose. Em presença de oxigênio, a enzima glicose-oxidase converte a β-glicose a ácido glicônico e peróxido de oxigênio (H_2O_2):

$$Glicose + O_2 \xrightarrow{Glicose-oxidase} \text{ácido glicônico} + H_2O_2$$

Em uma segunda reação, a enzima peroxidase decompõe o peróxido de hidrogênio em água e oxigênio:

$$H_2O_2 + \text{cromogênio reduzido} \xrightarrow{Peroxidase} \text{cromogênio oxidado} + H_2O$$

Um aceptor de oxigênio (como a 4-aminofenazona) forma um produto colorido lido fotometricamente. O consumo de oxigênio na reação pode também ser medido por eletrodo de O_2. Alguns constituintes podem interferir na reação, como ácido úrico, bilirrubina, ácido ascórbico, hemoglobina, tetraciclina, glutatião, galactose e D-xilose, produzindo resultados abaixo do valor real. Muitas dessas interferências são eliminadas pelo uso de 4-aminofenazona (método de Trinder).

A concentração de glicose também é determinada por *polarografia*. Este método emprega um eletrodo de O_2 e glicose-oxidase, produzindo ácido glicônico e peróxido de hidrogênio a partir da glicose. A catalase desdobra o peróxido de hidrogênio. A quantidade de O_2 consumido é medida pelo eletrodo de O_2 e está diretamente relacionada aos teores de glicose nas amostras. O método de glicose-oxidase foi adaptado para uma grande gama de instrumentos automatizados.

- *Hexoquinase.* É o método de referência para a determinação de glicose. Esse método consiste em duas reações acopladas: (a) a glicose é fosforilada pelo ATP pela ação da hexoquinase e Mg^{2+}; (b) a glicose-6-fosfato resultante é convertida pela glicose-6-fosfato-desidrogenase (G6PD), na presença de $NADP^+$, em 6-fosfogliconolactona e NADPH.

$$Glicose + ATP \xrightarrow{Hexoquinase} \text{glicose-6-fosfato} + ADP$$

$$\text{Glicose-6-fosfato} + NADP^+ \xrightarrow{G6PD}$$

$$\text{6-fosfogluconato} + NADPH + H^+$$

O aumento da absorvância do NADPH em 340 nm é medido e é diretamente proporcional à quantidade de glicose. A reação pode também ser acoplada a um indicador e medida pelo desenvolvimento de produto colorido.

As reações sofrem interferências analíticas de ésteres fosfato dos eritrócitos, bilirrubina, triglicerídeos (>500 mg/dL), fármacos e frutose.

- *Glicose-desidrogenase.* A glicose-desidrogenase catalisa a redução de NAD^+ com a produção de gliconolactona e NADH, que pode ser monitorado em 340 nm:

$$Glicose + NAD \xrightarrow{Glicose-desidrogenase} \text{D-gliconolactona} + NADH + H^+$$

Sofre interferências da D-xilose e da manose, que raramente são encontradas em teores significativos.

- *POCT (point-of-care testing).* Também conhecido como teste rápido, teste à beira do leito, teste ao lado do paciente, entre outros. Esses testes fornecem resultado em poucos minutos, pois a etapa analítica é simplificada. O glicosímetro específico para uso em hospitais ou ambulatórios está em sua terceira geração e deve, ao contrário do que se apregoa, ser operacionalizado pelo laboratório clínico, onde é possível validar o método e submeter o teste ao controle de qualidade interno e externo. O POCT apresenta um custo várias vezes maior do que os testes realizados por tecnologias convencionais.

GLICOSÚRIA

Glicosúria é a presença de glicose na urina. Em geral, o organismo excreta glicose na urina apenas quando ela existe em excesso no sangue. A glicosúria decorre mais comumente do diabetes melito. Entretanto, outras condições podem determinar glicosúria: dietas ricas em glicose antes da coleta, uso de glicose parenteral, glicosúria renal, diabetes insípido nefrogênico, feocromocitoma, pancreatite aguda, hipertireoidismo, acromegalia e síndrome de Cushing.

Não existe, necessariamente, uma correlação definida entre níveis de glicemia e glicosúria. A glicose só é detectada na urina quando os níveis de glicemia atingem 180 a 200 mg/dL ou mais. Na glicosúria renal, a glicose pode ser excretada na urina, apesar da concentração normal de glicose no sangue. Isto ocorre devido a uma disfunção dos túbulos renais. A glicosúria pode ser um distúrbio hereditário. O diabetes insípido nefrogênico é um distúrbio no qual os rins produzem grande volume de urina diluída, pois eles não respondem ao hormônio antidiurético e são incapazes de concentrar a urina.

Tanto o diabetes insípido nefrogênico como o diabetes melito acarretam excreção de grandes volumes de urina. Sob outros aspectos, os dois tipos de diabetes são muito diferentes.

A glicose é medida na urina de modo qualitativo ou quantitativo.

Medida qualitativa. A glicose pode ser medida como uma substância redutora por meio do emprego do reagente de Benedict. A glicose reduz os íons cúpricos para produzir um composto cuproso amarelo ou vermelho. Todos os açúcares redutores fornecem resultados positivos. Outras substâncias redutoras, como o ácido ascórbico, podem também positivar a reação.

As tiras reagentes para a medida de glicosúria empregam a reação da glicose-oxidase. A fita reagente é impregnada com glicose-oxidase, peroxidase e um cromogênio. A reação é específica para a glicose. O ácido ascórbico e uratos podem inibir a reação e causar resultados falso-negativos. A contaminação da urina com peróxido de hidrogênio ou algum agente oxidante, como alvejantes, promove resultados falso-positivos.

Medida quantitativa. A glicose na urina é medida quantitativamente por métodos que empregam as enzimas hexoquinase ou glicose-oxidase. O ácido úrico na urina pode produzir resultados reduzidos no método da glicose-oxidase, que utiliza o peróxido de hidrogênio. A presença de alvejantes (oxidante) causa resultados falso-positivos.

Amostra. Amostra coletada ao acaso ou em período de 24 horas. A glicose na urina não medida prontamente deve ser preservada com ácido acético glacial ou benzoato de sódio.

Valores de referência. Urina coletada ao acaso (aleatória): <30 mg/dL.

CONSEQUÊNCIAS METABÓLICAS DO DIABETES MELITO

O defeito básico no diabetes melito é a deficiência insulínica (absoluta ou relativa) que afeta o metabolismo da glicose, dos lipídios, das proteínas, do potássio e do fosfato. Além disso, influencia indiretamente a homeostase do sódio e da água. Nos casos graves de diabetes tipo 1 não tratados, en-

contram-se ainda cetoacidose, distúrbios ácidos-bases e hipertrigliceridemia.

Fatores hiperglicemiantes. Dois são os fatores hiperglicemiantes aqui descritos:

- *Glicotoxicidade.* Caracteriza-se por efeitos adversos da hiperglicemia crônica sobre a função das células β e inclui três consequências distintas: diminuição da tolerância à glicose, exaustão das células β e redução da massa de células β por apoptose.

- *Lipotoxicidade.* A lipotoxicidade geralmente ocorre em portadores de diabetes melito tipo 2 e obesidade, com adiposidade visceral. Neste caso, são os níveis elevados de ácidos graxos, por períodos prolongados, que resultam em resposta diminuída das células β aos níveis de glicose sanguínea. Em condições normais, os ácidos graxos são uma forma de energia para as células β, mas se tornam tóxicos quando em concentrações cronicamente elevadas e em indivíduos geneticamente predispostos ao DM2.

Distúrbios do metabolismo proteico. O diabetes é um estado catabólico associado com perda proteica, principalmente pela elevação da gliconeogênese – para cada 100 g de glicose formada, são destruídos cerca de 175 g de proteínas.

Distúrbios do metabolismo lipídico. A deficiência insulínica e a ação oposta do glucagon e da adrenalina estimulam a lipólise e a liberação de ácidos graxos para a circulação. São captados para serem convertidos em energia (β-oxidação), cetonas e triglicerídeos, que são liberados pelo fígado na forma de VLDL (lipoproteínas de densidade muito baixa). A deficiência insulínica inibe a atividade da lipase lipoproteica, que reduz o desdobramento tanto das VLDL como dos quilomícrons, elevando os níveis de trigliceridemia.

Hiperpotassemia. Uma das ações da insulina é a captação de íons potássio pelas células. Com a redução da insulina, o potássio deixa as células, provocando hiperpotassemia. Parte desse potássio é perdida na urina como consequência da diurese osmótica, causando depleção de potássio na ordem de 200 a 400 mmol. Quando a insulina é administrada, o potássio extracelular retorna às células, o que pode resultar em hipopotassemia severa, a menos que suplementos de potássio sejam administrados.

Hiperfosfatemia. A insulina, ao estimular a glicólise, utiliza fosfato inorgânico (produção de ATP etc.), o que eleva a captação celular de fosfato. Na falta de insulina, o íon é liberado das células, promovendo hiperfosfatemia. Parte do mesmo é perdida na urina, causando déficit no organismo. Quando a insulina é administrada, ele volta para as células, produzindo hipofosfatemia severa.

Distúrbios ácidos-bases. No diabetes tipo 1, é frequente a acidose metabólica em decorrência da cetoacidose diabética. Os níveis de bicarbonato plasmático podem atingir valores <5 mmol/L com pH de até 6,8. Pode existir também uma acidose lática moderada associada.

Distúrbios do sódio e da água. A hiponatremia pode ocorrer como consequência da hiperglicemia extracelular. Além disso, devido à hiperlipidemia, pode existir pseudo-hiponatremia. Também ocorre a depleção do sódio total do corpo devido à perda renal como consequência da diurese osmótica.

Em pacientes conscientes, a perda de água é compensada pela ingestão oral. Pacientes graves podem desidratar-se e, dependendo do grau de desidratação, o sódio plasmático aumenta, levando a uma hipernatremia.

COMPLICAÇÕES DO DIABETES MELITO

Do ponto de vista bioquímico, as principais complicações são:

- Cetoacidose diabética (CAD).
- Estado hiperglicêmico hiperosmolar (EHH).
- Hipoglicemia.
- Acidose lática.
- Doença renal.
- Hiperlipidemia.
- Complicações microvasculares: retinopatia e nefropatia.
- Complicações macrovasculares: hipertensão, doença arterial coronária, doença vascular periférica, doença cerebrovascular, hiperlipidemia, neuropatia e lesões nas extremidades dos membros inferiores.

Cetoacidose diabética (CAD)

A cetoacidose diabética é a principal complicação do diabetes e ocorre em pacientes com diabetes tipo 1 e, ocasionalmente, em pacientes com diabetes tipo 2. Entre as infecções, as mais frequentes são as do trato respiratório alto, as pneumonias e as infecções de vias urinárias. Além disso, existem outros fatores importantes, como acidente vascular encefálico (AVE), ingestão excessiva de álcool, pancreatites, infarto agudo do miocárdio (IAM), traumatismos e uso de drogas lícitas e ilícitas. Em jovens, distúrbios psiquiátricos, acompanhados de irregularidades na condução da dieta ou no uso diário de insulina, podem contribuir para episódios recorrentes de CAD.

O uso crescente de compostos denominados antipsicóticos atípicos, entre os quais a clozapina, a olanzapina e a risperidona, pode desencadear quadros de DM, inclusive com CAD. Atualmente, com o uso mais frequente de bombas de infusão contínua subcutânea de insulina ultrarrápida, tem-se observado uma incidência significativa de CAD. Isso pode ocorrer devido à obstrução parcial ou total do cateter, provocando redução aguda de infusão de insulina.

A CAD é um estado de desordem metabólica complexo, caracterizado por glicemia >250 mg/dL, pH arterial <7,3, bicarbonato sérico <15 mmol/L e graus variáveis de cetonemia e cetonúria. É uma disfunção metabólica grave, causada pela deficiência absoluta ou relativa de insulina, associada ou não a aumento da atividade dos hormônios contrarregulatórios (glucagon, cortisol, hormônio de crescimento e catecolaminas). A disfunção acarreta aumento da produção hepática e renal de glicose, diminuição da utilização periférica da mesma, hiperglicemia e hiperosmolaridade. Paralelamente, ocorrem lipólise, com liberação de corpos cetônicos (acetoacetato, β-hidroxibutirato e acetona), cetonemia e acidose metabólica. A associação entre hiperglicemia e acidose causa diurese osmótica, com consequentes desidratação e desequilíbrio eletrolítico. O estágio mais avançado é de extrema desidratação celular, contração do volume plasmático, hipoperfusão cerebral e alteração progressiva do estado de consciência. A consequência mais temida da cetoacidose diabética é o edema cerebral, que pode levar à morte (cerca de 30% dos casos) ou deixar sequelas profundas.

O aumento progressivo nos níveis de corpos cetônicos sanguíneos produz *cetonemia*. Devido a seu caráter ácido, a cetonemia consome os tampões intracelulares e extracelulares. Quando o acúmulo de corpos cetônicos excede a capacidade dos tampões, ocorre *cetonúria*. Se não tratado prontamente, a maior quantidade de corpos cetônicos leva à acidose metabólica.

A compensação respiratória da acidose metabólica resulta em taquipneia. Os corpos cetônicos, em particular o β-hidroxibutirato, induzem náuseas e vômitos, os quais agravam a cetoacidose devido à perda de líquidos (cerca de 100 mL/kg de peso) e eletrólitos. A hiperglicemia, muitas vezes, excede o umbral renal para absorção de glicose e provoca glicosúria significativa.

A perda de água pelo rim aumenta em decorrência da diurese osmótica induzida pela glicosúria. Isso provoca desidratação severa, sede, hipoperfusão tecidual e, ocasionalmente, acidose lática. A hiperglicemia, a diurese osmótica, a hiperosmolaridade sérica e a acidose metabólica produzem distúrbios eletrolíticos severos. O mais característico é a perda de potássio do organismo.

A redução de potássio é causada, também, pelo seu deslocamento do espaço intracelular para o espaço extracelular devido à troca com íons hidrogênio, que se acumulam extracelularmente na acidose. Grande parte do potássio deslocado para o espaço extracelular é excretada pela urina por diurese osmótica. A elevada osmolaridade sérica também desloca água do espaço intracelular para o espaço extracelular, provocando hiponatremia dilucional. O sódio também é perdido na urina durante a diurese osmótica.

As causas da formação excessiva de corpos cetônicos são:

Diabetes tipo 1

- Em 25% dos pacientes no momento do diagnóstico, por deficiência aguda de insulina.
- Falta da injeção de insulina por esquecimento ou como resultado do estresse psicológico, principalmente em adolescentes.
- Doença subjacente: vômito e infecção urinária.
- Estresse cirúrgico ou emocional.
- Bloqueio do cateter de infusão de insulina.
- Falha mecânica na bomba de infusão de insulina.
- Idiopática.

Diabetes tipo 2

- Doença subjacente: infarto do miocárdio, pneumonia, prostatites e infecção urinária.

- Fármacos (p. ex., corticosteroides, pentamidina e clozapina).

Laboratório na cetoacidose diabética

- *Glicemia.* Em geral, >300 mg/dL.
- *Corpos cetônicos.* Presentes no sangue e na urina. Nenhum dos métodos laboratoriais detecta simultaneamente os três corpos cetônicos no sangue ou na urina. Alguns detectam somente o acetoacetato não reagindo com o β-hidroxibutirato. Esse fato pode produzir uma situação paradoxal. Quando um paciente apresenta inicialmente cetoacidose, o teste para cetonas pode estar levemente positivo. Com a terapia, o β-hidroxibutirato é convertido em acetoacetato, parecendo que a cetose está *mais intensa*.
- *Gasometria arterial.* Apresenta resultados típicos de acidose metabólica: bicarbonato <15 mmol/L e pH arterial <7,3.
- *Sódio sérico.* Reduzido devido à transferência osmótica de líquidos do espaço intracelular para o extracelular, aos vômitos e à perda renal associada aos corpos cetônicos.
- *Potássio sérico.* Pode estar elevado (acidose), normal ou baixo. Há sempre depleção do potássio total, mesmo que a medida inicial seja normal ou elevada. A acidose causa saída do potássio do intracelular para o extracelular, levando a perdas por diurese osmótica.
- *Déficit de ânions.* ([Na + K] – [Cl + HCO$_3$] >13 mmol/L).
- *Contagem de leucócitos.* A maioria dos pacientes com crises hiperglicêmicas agudas apresenta leucocitose (>20.000 células/mm^3) devido à intensa atividade cortical.
- *Exame de urina.* Presença de glicosúria e cetonúria. Pode haver piúria e proteinúria, que não devem ser valorizadas como sinais de infecção.
- *Osmolalidade sérica.* Em geral, está aumentada. Pacientes com cetoacidose diabética em coma têm osmolalidade >290 mOsm/kg.
- *Cloro.* Está falsamente reduzido por hiperglicemia e hiperlipidemia.
- *Fósforo.* Pode estar normal ou elevado, apesar da deficiência corporal total.
- *Amilase.* Muitas vezes, está falsamente elevada (amilase salivar); no entanto, quando acompa-

nhada de dor abdominal, pode sugerir o diagnóstico de pancreatite aguda.

- *Creatinina.* Pode estar falsamente elevada por depleção de volume intravascular. A presença de acetoacetato interfere na dosagem. Não deve ser usada como parâmetro para avaliação da função renal.

- *Hemocultura e urocultura.* Pode identificar infecções.

Alguns exames devem ser repetidos a cada hora até a estabilização do paciente, como glicose e eletrólitos. Quando o fósforo estiver baixo, deverá ser monitorado a cada 4 horas durante a terapia.

A hiperglicemia pode provocar hiponatremia dilucional; triglicerídeos elevados baixam a glicose; corpos cetônicos provocam a alta fictícia da creatinina.

Determinação de cetonas

Paciente. Deve permanecer 8 horas sem ingestão calórica.

Métodos. As reações usadas para a determinação de cetonas são de dois tipos: químicas e enzimáticas:

- *Nitroprussiato de sódio.* O reagente do nitroprussiato de sódio também contém glicerina, fosfato dissódico e lactose.

Nitroprussiato de sódio + ácido acetoacético + acetona → composto de cor lavanda

Reações falso-positivas são devidas a fármacos como L-dopa, metildopa, 8-hidroxiquinolina e fenolftaleínas. Reações falso-negativas ocorrem devido à ultrapassagem da linearidade da reação. Diluições de amostras com resultados muito elevados podem ser necessárias para verificar o valor real. Outra causa dos resultados falso-negativos é o emprego de soro ou urina mal conservados ou velhos. Soro fresco ou urina são necessários, já que o componente acetona é volátil e pode evaporar, além de ocorrer a conversão de parte do acetoacetato em acetona.

- *β-hidroxibutirato-desidrogenase [BHDH] – diaforase.*

$$\beta\text{-hidroxibutirato} + NAD^+ \xrightarrow{BHDH} \text{acetoacetato} + NADH + H^+$$

Nitro blue tetrazolium (NBT) + NADH $\xrightarrow{Diaforase}$ NBT (colorido) + NAD^+

A interferência negativa (acima de 60%) é devida ao excesso de acetoacetato, que reverte a reação química; sendo assim, é necessária a diluição da amostra para a obtenção de níveis de ácido β-hidroxibutirato mais exatos nesses casos.

Estado hiperglicêmico hiperosmolar

O estado hiperglicêmico hiperosmolar (EHH), uma complicação metabólica aguda do diabetes melito, caracteriza-se por distúrbio neurológico, hiperglicemia, hiperosmolaridade, desidratação profunda e cetose mínima. Ocorre em pacientes com diabetes melito tipo 2. O quadro clínico do EHH representa evolução lenta e progressiva dos sinais e sintomas de diabetes descompensado. Inclui poliúria, polidipsia, polifagia, perda de peso, vômitos, dor abdominal, fraqueza e alteração sensorial, coma, diminuição do turgor da pele, respiração profunda e frequente (respiração de Kussmaul), taquicardia e hipotensão.

Os critérios diagnósticos para o EHH são:

- Glicemia >600 mg/dL.
- Osmolalidade sérica >330 mOsm/kg.
- Acidemia mínima ou ausente: pH arterial ≥7,30 e bicarbonato plasmático >18 mmol/L.
- Discreta cetonemia e cetonúria.
- Distúrbio neurológico.

Os fatores precipitantes do estado hiperglicêmico hiperosmolar são: infecção, AVE, uso abusivo de álcool, pancreatite, infarto do miocárdio, fármacos, acromegalia, anestesia, queimaduras, síndrome de Cushing (endógena, exógena ou ectópica), diálise (hemo e peritoneal), hemorragia gastrointestinal, hiperalimentação/nutrição parenteral total, hipotermia, obstrução intestinal, trombose mesentérica, síndrome neuroléptica maligna, pancreatite, pneumonia, embolia pulmonar, insuficiência renal crônica, rabdomiólise, sepse, hematoma subdural, cirurgia (especialmente cardíaca), tireotoxicose e traumatismo.

Medicamentos que afetam o metabolismo dos carboidratos, como tiazídicos, corticoides e agentes simpatomiméticos (dobutamina, terbutalina), podem precipitar a DDH.

Hipoglicemia

A hipoglicemia é uma condição aguda caracterizada pela concentração da glicose sanguínea abai-

CAPÍTULO 7 ▪ Diabetes e Outras Desordens dos Carboidratos

xo dos limites encontrados no jejum. São suspeitos os pacientes com:

- Sintomas ou sinais sugestivos de hipoglicemia e reversíveis após alimentação ou administração de glicose.
- Glicemia de jejum <50 mg/dL.
- Pacientes com suspeita de neoplasia endócrina múltipla (NEM) do tipo 1.
- Recém-nascido de gestante diabética ou com sinais de hipoglicemia.

Investigação laboratorial

Hipoglicemia pós-absortiva (até 5 horas após as refeições). Determinar a glicemia na vigência dos sintomas ou, se não for possível, após refeição mista semelhante àquela que provoca os sintomas:

- Se a glicemia plasmática for >50 mg/dL na vigência de sintomas, considerar esses sintomas independentes da glicemia.
- Se a glicemia plasmática for <50 mg/dL, prosseguir a investigação com o teste de jejum prolongado.

O teste oral de tolerância à glicose (TOTG) de 2 ou 3 horas não é útil na investigação de hipoglicemia pós-absortiva.

Hipoglicemia não relacionada à alimentação. A determinação de glicemia na vigência de sinais e sintomas de hipoglicemia tem o objetivo de confirmar hipoglicemia, que pode ser definida como níveis <45 mg/dL no soro ou no plasma. Uma vez confirmada a existência de hipoglicemia, procede-se à investigação descrita a seguir, que, além de confirmar a hipoglicemia, tem o objetivo de esclarecer a etiologia.

Determinação de glicose no soro ou no plasma e de insulina e peptídeo C no soro: coletar sangue em jejum de 12 horas ou na vigência de sintomas e sinais sugestivos de hipoglicemia. Se glicemia <40 mg/dL e insulinemia <6 µUI/mL (radioimunoensaio [RIE]) ou <3 µUI/mL (imunofluorimetria [IFMA]), está confirmada a ocorrência de hipoglicemia por hiperinsulinemia.

Nesta situação, existem as seguintes possibilidades:

- *Hiperinsulinemia endógena:* tumor de pâncreas produtor de insulina (insulinoma); nesidioblastose; hiperplasia de células β; administração de sulfonilureia (hipoglicemia factícia).

- *Hipersinulinemia exógena:*
  - Administração de insulina (hipoglicemia factícia). Nesta circunstância, analisar o valor do peptídeo C: se >0,7 ng/mL, há hiperinsulinemia endógena (pancreatopatia ou administração de sulfonilureia).
  - Presença de anticorpos anti-insulina ou seu receptor: se glicemia <40 mg/dL e insulinemia >100 µUI/mL com peptídeo C não suprimido, investigar anticorpos anti-insulina; se glicemia <40 mg/dL e insulinemia >6 µUI/mL com peptídeo C suprimido, investigar hipoglicemia induzida por administração de insulina exógena ou devido à presença de anticorpos antirreceptor de insulina (em geral, o paciente apresenta acantose nigricante ou outra doença imunológica associada).
  - Hipoglicemia não dependente de insulina: se glicemia <40 mg/dL e insulina <6 µUI/mL (RIE) ou <3 µUI/mL (IFMA), hipoglicemia com hipoinsulinemia. Nesta situação, consideram-se as seguintes possibilidades:
    a insuficiência renal ou hepática grave;
    b deficiência de hormônio do crescimento (GH), hormônio adrenocorticotrófico (ACTH) ou cortisol, isolados ou em associação (determinar a concentração plasmática de cortisol, GH e fator de crescimento semelhante à insulina [IGF-I]);
    c tumores extrapancreáticos produtores de IGF-II (em geral, são tumores grandes, mesenquimais, mais frequentemente retroperitoneais, mas também podem estar presentes em fígado, pleura, pericárdio etc.). Determinar a concentração plasmática de GH, IGF-I, IGF-II e suas proteínas transportadoras (IGFBP).

Se, após jejum de 12 horas, a glicemia estiver >40 mg/dL, deve-se realizar o teste de jejum prolongado.

Teste de jejum prolongado. É indicado quando o paciente não apresenta hipoglicemia espontânea. O teste do jejum prolongado, com duração de até 72 horas, pode desencadear resposta hipoglicêmica.

Procedimento

- Anotar o momento da última refeição.
- Permitir a ingestão de líquidos não calóricos, sem cafeína.

- No início do teste, coletar sangue para determinação de glicemia, insulina e peptídeo C. Determinar a cetonúria.
- Fazer a determinação de glicemia capilar a cada 6 horas, até que os níveis glicêmicos sejam <60 mg/dL. A partir de então, inicia-se a determinação de glicemia capilar com coleta de sangue para determinação de glicemia sérica a cada hora:
  - Quando a glicemia capilar for <40 mg/dL ou, também, se o paciente estiver com sintomas de hipoglicemia, interromper o teste após coleta de duas amostras, ainda que em intervalo de minutos.
  - Administrar glucagon (1 mg por via intravenosa [IV]) e coletar amostras para dosagem de glicemia nos tempos de 10, 20 e 30 minutos.
- Ao interromper o teste, alimentar o paciente.

Interpretação

Mesmos valores de insulinemia (RIE: <6 µUI/mL ou IFMA <3 µU/mL). Se a dosagem de insulina não for elevada, a pró-insulina também deverá ser dosada.

A maior parte dos pacientes com insulinoma tem hipoglicemia nas primeiras 24 horas com cetonúria negativa. É necessária a dosagem de peptídeo C simultaneamente com a insulinemia, em caso de suspeita de hipoglicemia induzida por insulina exógena. Durante a hipoglicemia, o peptídeo C deve estar <0,7 ng/dL.

No teste do glucagon, pacientes com insulinoma têm elevação glicêmica >25 mg/dL. Em se tratando de pacientes com hipoglicemia após refeição mista e teste de jejum prolongado normal (72 horas), considerar o diagnóstico de síndrome de hipoglicemia pancreatogênica não insulinoma (nesidioblastose) e proceder ao teste de estímulo de insulina por meio da injeção arterial de cálcio.

Outras causas de hipoglicemia. Mais de 100 causas de hipoglicemia foram descritas. Os fármacos são as mais prevalentes causas de hipoglicemia, incluindo propranolol, salicilatos e disopiramida. Agentes hipoglicemiantes são as mais frequentes causas de hipoglicemia.

O etanol produz hipoglicemia devido à inibição da gliconeogênese, que é agravada pelo jejum prolongado ou desnutrição (baixos estoques de glicogênio) em caso de ingestão crônica de álcool. Indivíduos com insuficiência hepática (disfunção de mais de 80% do fígado) apresentam comprometimento da gliconeogênese ou dos estoques de glicogênio. Deficiências de hormônio do crescimento (especialmente quando associadas com redução de ACTH), glicocorticoides, hormônio tireoidiano ou glucagon podem produzir hipoglicemia.

Hipoglicemia em decorrência de septicemia é promovida por mecanismos não bem definidos, mas reduz os estoques de glicogênio, compromete a gliconeogênese e aumenta a utilização periférica da glicose.

Manifestações clínicas da hipoglicemia. Não existem sintomas específicos para a hipoglicemia. Uma redução rápida da glicose plasmática a teores hipoglicêmicos geralmente desencadeia uma resposta simpática com liberação de adrenalina, que produz os sintomas clássicos da hipoglicemia: confusão mental, alterações de personalidade, taquicardia, convulsão, estupor, coma, alterações visuais e sinais neurológicos locais. Esses sinais também são encontrados em outras condições, como no hipertireoidismo, no feocromocitoma e na ansiedade.

Lactato

O lactato é um produto final da glicólise anaeróbica que ocorre em tecidos hipóxicos. Contudo, tecidos bem oxigenados podem, em certas condições, gerar lactato através da glicólise aeróbica.

A produção normal de lactato é de 1 mmol/kg/h. Ocorre, principalmente, no músculo esquelético, no intestino, no cérebro e nos glóbulos vermelhos; estudos em animais e humanos mostraram que o pulmão pode ser uma fonte importante de lactato no contexto de lesão pulmonar aguda.

O lactato formado pode ser captado pelo fígado e ser convertido em glicose (neoglicogênese) ou ser utilizado como combustível (fonte de energia).

Aumentos moderados na formação de lactato resultam no incremento da depuração do lactato hepático; no entanto, a captação fica saturada quando as concentrações excedem 2 mmol/L; por exemplo, durante o exercício intenso, as concentrações de lactato podem aumentar significativamente – de uma média de 0,9 mmol/L para mais de 20 mmol/L em apenas 10 segundos. Não existe uniformidade quanto aos teores de lactato que caracterizam a acidose lática. Níveis de lactato exce-

CAPÍTULO 7 ▪ Diabetes e Outras Desordens dos Carboidratos

dendo 5 mmol/L e pH sanguíneo <7,25 indicam acidose lática.

A acidose lática se apresenta em duas condições clínicas diversas:

Tipo A (hipóxica). Este é o tipo mais comum, associado com a *redução de oxigenação tecidual (hipoxia/hipoperfusão)* encontrada em exercícios severos, convulsões, pobre perfusão tecidual (hipotensão, insuficiência cardíaca, parada cardíaca) e conteúdo de oxigênio arterial reduzido (asfixia, hipoxemia, toxicidade pelo monóxido de carbono e anemia por deficiência de ferro severa). Nesses doentes, a severidade da hiperlacticidemia está relacionada com o prognóstico. Quando superior a 10 mmol/L, são escassas as possibilidades de sobrevivência.

Tipo B (metabólica). Associada com doença subjacente: diabetes melito, malignidade (leucemias, linfomas e câncer de pulmão), hepatopatia, acidose respiratória, cetoacidose alcoólica, infecções (malária e cólera), insuficiência renal, feocromocitoma, deficiência de tiamina, intolerância às proteínas do leite, pancreatite e sepse. *Fármacos/toxinas/infusões:* antirretrovirais, ácido valproico, agentes β-adrenérgicos, cocaína, etanol, metanol, salicilatos, nitroprussiato, fenformina, catecolaminas, frutose e sorbitol. *Acidose lática congênita:* defeitos na gliconeogênese (deficiência de glicose-6-fosfatase ou piruvato-carboxilase), no metabolismo do piruvato (deficiência da piruvato-desidrogenase ou piruvato-carboxilase), deficiência da fosforilação oxidativa mitocondrial e acidúria metilmalônica. O tipo B pode ser dividido em três subtipos:

Tipo B1: ocorre em associação com a doença subjacente

Tipo B2: promovida por fármacos e toxinas

Tipo B3: devida a erros inatos do metabolismo

O mecanismo da acidose lática tipo B não é conhecido, mas acredita-se que o defeito primário seja o impedimento mitocondrial na utilização do oxigênio que reduz os estoques de ATP e NAD^+, com acúmulo de NADH e H^+. Em presença de perfusão hepática reduzida ou enfermidade hepática, a remoção do lactato é diminuída, provocando o agravamento da acidose lática.

O teor de lactato no LCR normalmente varia de forma paralela aos encontrados no sangue. Em alterações bioquímicas no LCR, entretanto, o lactato se altera independentemente dos valores sanguíneos. Níveis aumentados no LCR são encontra-

dos em acidentes cerebrovasculares, hemorragia intracraniana, meningite bacteriana, epilepsia e outras desordens do SNC. Na meningite asséptica (viral), os níveis de lactato no LCR não se elevam.

Laboratório na acidose lática

- *Lactato no soro.* Teores >2 mmol/L.
- *Eletrólitos (ionograma).* Com o cálculo de ânions indeterminados, AI = $Na^+ - (Cl^- + HCO_3^-)$ >15 mmol/L.
- *Gasometria arterial.* Bicarbonato plasmático <20 mmol/L (pode chegar a 5 mmol/L), sugerindo acidose metabólica. A correlação entre pH e os teores de lactato sérico é pobre.

Determinação de lactato

Paciente. Deve estar em repouso. Caso tenha realizado algum exercício físico, repouso de 30 minutos antes da coleta. Evitar movimentos de abrir e fechar a mão durante a coleta do sangue.

Amostra. Plasma venoso heparinizado/fluoretado e LCR. Não é recomendado o garroteamento. A amostra deve ser mantida em gelo e o soro separado rapidamente.

Métodos. Para medir o lactato são utilizados métodos espectrofotométricos enzimáticos, nos quais o peróxido de hidrogênio, gerado pela conversão do lactato a piruvato em presença de lactato-oxidase, reage com um cromogênio para formar um produto colorido.

$$\text{L-Lactato} + O_2 \xrightarrow{\text{Lactato-oxidase}} \text{piruvato} + H_2O_2$$

$$H_2O_2 + \text{cromogênio incolor} \xrightarrow{\text{Peroxidase}} \text{composto colorido}$$

A leitura do composto colorido em 540 nm é proporcional ao lactato na amostra.

Doença renal

A microalbuminúria é tipicamente o achado clínico mais precoce na nefropatia diabética. Isto é provocado, basicamente, por doença dos pequenos vasos sanguíneos associada ao diabetes, que se manifesta inicialmente por meio de proteinúria e síndrome nefrótica. Subsequentemente, a função renal declina com elevação da ureia e da creatinina plasmática, eventualmente levando à insuficiência renal. A avaliação da concentração da microalbuminúria é útil para detectar essa desordem precocemente.

Microalbuminúria

Microalbuminúria (pequenas quantidades de albumina e não pequenas moléculas) designa a excreção aumentada de albumina urinária não detectável pelas tiras reagentes empregadas rotineiramente. A presença de pequenas quantidades de albumina na urina representa o estágio inicial da nefropatia diabética: microalbuminúria ou nefropatia incipiente. O estágio mais avançado da nefropatia diabética é denominado macroalbuminúria, proteinúria ou nefropatia clínica. O diagnóstico de nefropatia diabética pode ser feito utilizando-se diferentes tipos de coleta de urina:

- Urina de 24 horas.
- Urina coletada durante a noite com tempo especificado (8 a 12 horas).
- Urina com tempo marcado de 1 a 2 horas.
- Primeira urina da manhã para medida simultânea da albumina e da creatinina.

As amostras de urina de 24 horas ou durante a noite são as mais sensíveis, mas a razão albumina/creatinina é mais prática e conveniente para o paciente, sendo o método de escolha.

Os valores de referência adotados para caracterizar os estágios da nefropatia diabética de acordo com o tipo de coleta de urina são mostrados na Tabela 7.2.

Tabela 7.2 Estágios da nefropatia diabética: valores de albuminúria utilizados para o diagnóstico de acordo com o tipo de coleta de urina

	Albuminúria		
	mg/24 h	µg/min	µg/mg de creatinina
Normoalbuminúria	<30	<20	<30
Microalbuminúria	30 a 299	20 a 199	30 a 300
Macroalbuminúria	≥300	≥200	≥300

A presença de microalbuminúria em diabéticos tipo 1 sugere maior risco de contrair nefropatia diabética. Nos diabéticos tipo 2, um teor de albumina >0,02 g/dia é um fator de risco para acidentes cardiovasculares e infarto do miocárdio. A determinação da microalbuminúria é recomendada nos seguintes casos:

- Detecção precoce de nefropatia diabética.
- Monitoração do diabetes gestacional.
- Monitoração de gravidez de risco.
- Rastreamento de nefrosclerose hipertensiva.

Os ensaios de maiores sensibilidade e especificidade para determinação de albumina na urina empregam métodos imunoquímicos com anticorpos para a albumina humana. Os métodos disponíveis incluem: radioimunoensaio (RIA), ELISA, imunoturbidimétricos e imunodifusão radial.

Resultados falso-positivos são encontrados em caso de hiperglicemia, exercício físico, infecções do trato urinário, hipertensão arterial sistêmica não controlada, insuficiência renal e estados febris agudos.

Hemoglobina glicada

O termo genérico *hemoglobina glicada* (também conhecida como hemoglobina glicosilada, glico-hemoglobina, HbA_{1c} ou A_{1c}) refere-se a um conjunto de substâncias formadas com base em reações entre a hemoglobina normal do adulto, a hemoglobina A (HbA) e alguns açúcares. Em termos de avaliação do controle do diabetes, a fração HbA_{1c} é a mais importante e a mais estudada. A fração HbA_{1c} constitui, aproximadamente, 80% da HbA. A hemoglobina glicada é formada por uma reação irreversível entre a glicose sanguínea e o grupo amino livre (resíduo da valina) da hemoglobina por reações não enzimáticas. A quantidade de glicose ligada à hemoglobina é diretamente proporcional à concentração média de glicose no sangue.

A hemoglobina glicada (HbA_{1c}) deve ser medida rotineiramente em todos os pacientes com diabetes melito, para documentação do grau de controle glicêmico. Os testes de HbA_{1c} devem ser realizados pelo menos duas vezes ao ano para todos os pacientes diabéticos e quatro vezes ao ano (a cada 3 meses) para pacientes que se submeterem a alterações do esquema terapêutico ou que não estejam atingindo os objetivos recomendados com o tratamento vigente. Níveis de HbA_{1c} acima de 7% estão associados a um risco progressivamente maior de complicações crônicas. Por isso, o conceito atual de tratamento do diabetes por objetivos define 7% como o limite superior acima do qual está indicada a revisão do esquema terapêutico em vigor.

Gestantes com diabetes apresentam um risco aumentado de aborto espontâneo e de malformação congênita fetal quando engravidam. A magnitude desses riscos depende, principalmente, do grau de controle metabólico do diabetes no período pré-concepcional e no primeiro trimestre da gestação. Os níveis de HbA_{1c} recomendados para minimizar esses riscos também são os menores possíveis, não devendo ultrapassar o limite de 1% acima do valor normal do método. Durante a gravidez, é muito mais importante o controle rígido dos níveis de glicemias de jejum e pós-prandiais do que o dos níveis de HbA_{1c}.

Nos pacientes idosos, o alvo da HbA_{1c} deve ser individualizado. Os idosos que estão em boas condições clínicas e que apresentam complicações microvasculares são os que, provavelmente, mais se beneficiariam de um controle glicêmico intensivo. No entanto, os riscos de um controle glicêmico intensivo, incluindo hipoglicemia, tratamentos concomitantes múltiplos, interações entre as drogas e os seus efeitos colaterais, devem ser considerados na equação risco-benefício. Nos idosos já fragilizados, indivíduos com esperança de vida limitada e outros nos quais os riscos do controle glicêmico intensivo são maiores do que os benefícios potenciais, um nível de HbA_{1c} de 8% (superior aos 7% geralmente preconizados) pode ser mais apropriado.

Determinação da hemoglobina glicada

Paciente. O paciente não precisa estar em jejum; entretanto, resultados mais acurados são obtidos em amostras sem quilomícrons.

Amostra. Sangue total. *Coleta:* o sangue pode ser obtido por punção venosa ou por punção capilar. Os tubos devem conter o anticoagulante especificado pelo fabricante (o EDTA é o mais usado). Em alguns sistemas, a heparina e o fluoreto são aceitáveis. O sangue capilar pode ser usado em alguns métodos, como o imunoensaio:

* *Estabilidade:* a estabilidade da amostra é específica para o método. Em geral, o sangue total é estável por 1 semana sob refrigeração (de 2 a 8°C). Para a maior parte dos métodos, o sangue total armazenado a –70°C ou mais frio é estável por 30 dias. O armazenamento a –20°C não é recomendável.

* *Processamento das amostras:* instruções detalhadas para o processamento da amostra devem ser fornecidas nas instruções de uso, por fa-

bricante. A formação da HbA_{1c} é precedida da formação de uma base de Schiff intermediária chamada pré-HbA_{1c} ou HbA_{1c} lábil. Esta base é formada rapidamente no evento de uma hiperglicemia aguda e interfere com alguns ensaios, principalmente aqueles baseados em carga. Para os métodos afetados pelos intermediários lábeis, as instruções do fabricante para sua remoção devem ser cuidadosamente seguidas.

Interferências. *Resultados falsamente elevados:* anemia por carência de ferro, vitamina B_{12} ou ácido fólico, aumento de triglicerídeos, bilirrubinas e ureia e presença de hemoglobinas anormais ou variantes (hemoglobinas S, C etc.). *Resultados falsamente reduzidos:* anemia hemolítica ou estados hemorrágicos, presença de grandes quantidades de vitaminas C e E no sangue e presença de hemoglobinas anormais ou variantes (hemoglobinas S, C etc.).

Métodos. A hemoglobina glicada é determinada por três categorias de métodos baseados no modo como os componentes glicados e não glicados são separados. São separados de acordo com: (a) diferenças de carga (cromatografia de troca iônica, cromatografia líquida de alto desempenho, eletroforese, focalização isoelétrica), (b) reatividade química (colorimetria e espectrofotometria) e (c) diferenças estruturais (cromatografia por afinidade e imunoensaio). Alguns deles são descritos:

* *Cromatografia de troca iônica.* A hemoglobina não glicada apresenta uma carga positiva, ajustando-se o pH do meio reacional, quando comparada à hemoglobina glicada, o que a faz interagir mais com uma coluna catiônica (carga negativa). O fluxo de um tampão adequado na resina permite eluir a fração glicada, separando-a portanto da não glicada pela carga da molécula de hemoglobina.

* *Cromatografia de afinidade.* A cromatografia de afinidade utiliza derivados do ácido borônico, como o ácido *m*-aminofenilborônico, imobilizados em uma resina. O ácido borônico reage com *cis* dióis (compostos que apresentam duas hidroxilas no mesmo lado, como a molécula de glicose); portanto, a separação das frações glicada e não glicada se dá pela porção açúcar, ficando a hemoglobina glicada retida na coluna, enquanto a não glicada é eluída da mesma pelo fluxo de um tampão. Este princípio metodológico quantifica primariamente a hemoglobina glicada total.

- *Eletroforese em gel de agarose.* A separação eletroforética da hemoglobina A_1 está baseada na capacidade do N-terminal livre da hemoglobina não glicada de interagir com grupos carregados negativamente. O método não é específico para HbA_{1c}.
- *Cromatografia líquida de alto desempenho.* A hemoglobina não glicada apresenta carga positiva, ajustando-se ao pH do meio reacional, quando comparada à hemoglobina glicada, o que a faz interagir mais intensamente com uma coluna de carga negativa. O uso de um tampão adequado na resina permite separar a fração glicada da não glicada e, desse modo, quantificá-la.

Valores de referência: abaixo de 7% da HbA total em indivíduos normais e variando entre 8% e 30% em pacientes com diabetes, dependendo do grau de controle de glicemia.

Frutosamina

Frutosamina é o nome genérico das proteínas cetoaminas. Este exame é capaz de apresentar o controle glicêmico das últimas 4 a 6 semanas. Pode ser útil para avaliação de alterações do controle de diabetes em intervalos menores e para julgar a eficácia de mudança terapêutica, assim como no acompanhamento de gestantes com diabetes.

A dosagem da frutosamina também pode ser indicada quando, por razões técnicas, a HbA_{1c} não é considerada um bom parâmetro de seguimento (hemoglobinopatias e na presença de anemia).

A frutosamina é formada pela união não enzimática de glicose a grupos amino de proteínas diferentes da hemoglobina (p. ex., proteínas séricas, proteínas de membranas e cristalino de lentes).

O teste é sensível a variações nos teores das proteínas séricas, isto é, pacientes exclusivamente nutridos por via parenteral apresentam nítidas variações na concentração da frutosamina, apesar de glicemia normal estável. Há aumento de 1,3% da frutosamina plasmática para cada 0,3 g/dL de aumento nos teores de proteinemia. Estados hipoproteinêmicos (albumina sérica <3,0 g/dL) podem produzir resultados falsamente baixos para os níveis de frutosamina sérica.

Valores de referência: 1,8 a 2,8 mmol/L.

Erros inatos do metabolismo

Os erros inatos do metabolismo envolvem defeitos enzimáticos no metabolismo dos carboidratos que interrompem vias fisiológicas.

Doenças de armazenamento de glicogênio

Algumas síndromes genéticas resultam de algum defeito metabólico na síntese ou no catabolismo de glicogênio. A categoria mais bem compreendida e a mais importante inclui as *doenças de armazenamento de glicogênio,* resultantes de deficiência hereditária de uma das enzimas envolvidas na síntese ou degradação sequencial de glicogênio. Dependendo da distribuição no tecido ou órgão da enzima específica em seu estado normal, o armazenamento de glicogênio nesses distúrbios pode ser limitado a poucos tecidos, ser mais difundido, embora não afete todos os tecidos, ou ser sistêmico na sua distribuição.

As doenças de armazenamento de glicogênio mais frequentes são:
- *Tipo I (Von Gierke).* A deficiência de glicose-6-fosfatase causa glicogenólise deficiente, hipoglicemia durante o jejum, retardo no crescimento, cetose, acidose lática e pronunciada hepatomegalia devido ao acúmulo de glicogênio no fígado. Esse distúrbio costuma manifestar-se já nos primeiros 12 meses de vida mediante hipoglicemia sintomática ou pela detecção de hepatomegalia. A determinação de insulina e glucagon, assim como a medida de glicose após a administração de adrenalina, permite o diagnóstico.
- *Tipos II (Pompe), V (McArdle) e VII (Hers).* São causados por outros defeitos enzimáticos e tendem a provocar sintomas moderados e acúmulo de glicogênio, principalmente no músculo esquelético.
- *Tipos III (Cori) e VI (Hers).* De modo semelhante ao tipo I, também promovem armazenamento de glicogênio hepático, mas sua ocorrência é muito rara.
- *Tipo IV (Andersen).* É uma forma severa de doença de armazenamento com doença cardíaca, hepatosplenomegalia e miopatia (hipotonia e atrofia muscular).

Galactosemia

A galactosemia é um erro inato do metabolismo caracterizado por uma inabilidade em converter galactose em glicose da maneira normal. O resultado imediato é o acúmulo de metabólitos da galactose no organismo.

CAPÍTULO 7 ▪ Diabetes e Outras Desordens dos Carboidratos

O fígado é o principal local de conversão da galactose em glicose. Os três defeitos genéticos que alteram o metabolismo da galactose são: (a) deficiência das enzimas UDP-glicose:galactose-1-fosfato-uridiltransferase (GALT), (b) galactoquinase (GALK) e (c) UDP-galactose 4-epimerase (GALE). Esses defeitos causam galactosemia e galactosúria.

A galactosemia é uma doença rara (um em cada 23.000 nascimentos), cujo defeito mais comum e mais severo é motivado pela deficiência de UDP-glicose:galactose-1-fosfato-uridiltransferase, também conhecida como "galactosemia clássica", o que ocasiona um acúmulo de galactose e de galactose-1-fosfato no sangue e nos tecidos.

Manifesta-se, usualmente, nos primeiros dias ou semanas de vida, e pode incluir: anorexia, perda de peso, icterícia, hepatosplenomegalia, ascite, vômitos, diarreia, distensão abdominal, catarata, hemorragia, letargia, septicemia e atraso no desenvolvimento psicomotor.

Na deficiência de GALT, há anormalidades na córnea, no fígado, no cérebro e nos ovários, além de grande incidência de septicemia por *E. coli*. Há aumento de galactose-1-fosfato, diminuição de UDP-galactose nas hemácias e aumento da excreção renal de galactitol. Por outro lado, a deficiência de GALK tem como principal achado a catarata, sem disfunção hepática, renal ou ovariana, e sem predisposição à septicemia. Ao contrário dos pacientes com deficiência de GALT, aqueles com deficiência de GALK formam grandes quantidades de galactitol e não apresentam níveis altos de galactose-1-fosfato nas células. Isto sugere que os pacientes com deficiência de GALT sofrem as consequências do acúmulo celular de galactose-1-fosfato.

Crianças com testes positivos para substâncias redutoras na urina devem ser submetidas à análise desses compostos na urina por cromatografia. Caso sejam detectadas na urina, a galactose e a galactose-1-fosfato devem ser medidas no soro. A confirmação do diagnóstico é obtida pela medida da atividade da enzima nos eritrócitos. Também é possível o diagnóstico pré-natal, mediante dosagem da enzima em células cultivadas no líquido amniótico ou em sangue fetal.

Frutosúria

A frutosúria, uma condição inofensiva na qual ocorre a excreção de frutose na urina, é provocada por defeitos enzimáticos da frutoquinase, frutose-1-fosfato-aldolase ou frutose-1,6-difosfatase. Estes defeitos são doenças autossômicas recessivas raras, mas somente a deficiência de frutoquinase causa frutosúria. Consequências mais sérias ocorrem quando a frutose é fornecida pela ingestão excessiva de frutas, mel e xaropes (como o de milho), que podem resultar em cetose, acidose lática e insuficiência hepática. Métodos cromatográficos são usados para separar e medir os carboidratos individuais.

Bibliografia consultada

BEM, A.F.; KUNDE, J. A importância da determinação da hemoglobina glicada no monitoramento das complicações crônicas do diabetes *mellitus*. **J. Bras. Patol. Med. Lab.,** Rio de Janeiro, v. 42, n. 3, 2006 . Disponível em: <http://www.scielo.br/scielo.php?script=sci_arttext&pid =S1676-244420 06000300007&lng=en&nrm=iso>. Acesso em: 24 July 2008. doi: 10.1590/S1676-24442006000300007.

CHAN, A.Y.W.; SWAMINATHAN, R.; COCKRAM, C.S. Effectiveness of sodium fluoride as a preservative of glucose blood. **Clin. Chem.,** 35:315-7, 1989.

COHEN, M.P.; COHEN, J. **Diabetes and protein glication: clinical and pathophysioloic relevance.** New York: P. C. Press, 1996.

CURME, H.G.; COLUMBUS, R.L.; DAPPEN, G.M. et al. Multilayer film elements for clinical analysis: general concepts. **Clin. Chem.,** 24:1335-42, 1978.

DUBOWSKI, K.M. An o-toluidine method for body-fluid glucose determination. **Clin. Chem.,** 8:215-35, 1962.

Executive Summary: Standards of Medical Care in Diabetes – 2008. **Diabetes Care, 31 (1):** 3-11, 2008.

FOLIN, O.; WU, H. A system of blood analysis. A simplified and improved method for determination of sugar. **J. Biol. Chem.,** 41:367-74, 1920.

FORSYTH, S.M.; SCHMIDT, G.A. Sodium bicarbonate for the treatment of lactic acidosis. **Chest, 117:**260-267, 2000

GENUTH, S.; ALBERTI, K.G.M.M.; BENNETT P. et al. Follow-up report on the diagnosis of diabetes mellitus. **Diabetes Care, 26:**3160-7, 2003.

GOLDSTEIN, D.E.; LITTLE, R.R.; WIEDMEYER, H.M. et al. Glycated hemoglobin: Methodologies and clinical applications. **Clin. Chem., 32:**B64-B70, 1986.

HANEFELD, M.; TEMELKOVA-KURKTSCHIEV, T.; SCHAPER, F. Impaired fasting glucose is not a risk factor for atherosclerosis. **Diabet. Med.,** 16(3):212-8, 1999.

KITABCHI, A.E.; WALL, B.M. Diabetic ketoacidosis. **Med. Clinics North Am., 79:**9-37, 1995.

LIM, Y.S.; STALEY, M.J. Measurement of plasma fructosamine evalueted for monitoring diabetes. **Clin. Chem., 31:**731-3, 1985.

LORBER, D. Nonketonic hypertonicity. **Med. Clinics North Am., 79:**39-52, 1995.

MOTTA, V.T. **Bioquímica.** Caxias do Sul: EDUCS, 2005. 332p.

NELSON, N. Photometric adaptation of the Somogyi method for he determination of glucose. **J. Biol. Chem., 153:**375-80, 1944.

SACKS, D.B. et al. Guidelines and recommendations for laboratory analysis in the diagnosis and management of diabetes mellitus. **Clin. Chem., 48:**436-72, 2002.

SANNAZZARO, C.A.C.; COELHO, L.T. Nefropatia diabética e proteinúria. **LAES & HAES, 120:**146-52, 1999.

SERVICE, F.J. Hipoglycemia. **Med. Clinics North Am., 79:**1-8, 1995.

SOMOGYI, M. A new reagent for the determination of sugars. **J. Biol. Chem., 160:**19-23, 1952.

STERN, H.J. Lactic acidosis in paediatrics: clinical and laboratory evaluation. **Ann. Clin. Biochem., 31:**410-9, 1994.

Tratamento e acompanhamento do *diabetes mellitus*. Diretrizes da Sociedade Brasileira de Diabetes. 2007. 168p.

TRINDER, P. Determination of glucose in blood using glucose oxidase with na alternative oxygen acceptor. **Ann. Clin. Biochem., 6:**24-7, 1969.

YAN S.H.; SHEU W.H.; SONG Y.M. The occurrence of diabetic ketoacidosis in adults. **Intern. Méd., 39:**10-4, 2000.

Capítulo 8

Aminoácidos e Proteínas

8.1	Proteínas totais	64
	Metabolismo das proteínas plasmáticas	65
	Hiperproteinemia	65
	Hipoproteinemia	65
	Determinação das proteínas totais séricas	65
	Proteinúria	66
	Determinação das proteínas totais na urina	67
	Proteínas marcadoras da disfunção renal	68
	Proteinúria pré-renal, pós-renal e não renal	68
8.2	Albumina	69
	Hiperalbuminemia	69
	Hipoalbuminemia	70
	Determinação da albumina sérica	71
	Albuminúria	72
8.3	Proteínas plasmáticas específicas	73
	Proteínas específicas	73
	Hipogamaglobulinemia	79

	Gamopatias policlonais	80
	Gamopatias monoclonais (paraproteinemia)	80
	Resposta de fase aguda	82
8.4	Aminoacilopatias	83
	Hiperfenilalaninemias	83
	Tirosinemia e desordens relacionadas	84
	Cistinúria	84
	Cistinose	84
	Síndrome de Hartnup	85
	Alcaptonúria (acidúria homogentísica)	85
	Doença urinária em xarope de bordo	85
	Homocistinúria	85
	Albinismo	86
8.5	Mucoproteínas (seromucoides)	86
	Significação clínica das mucoproteínas	87
	Determinação das mucoproteínas	87

As proteínas são as biomoléculas mais abundantes nos seres vivos e exercem funções fundamentais em todos os processos biológicos. São produzidas pelas células vivas de todas as formas de vida. São polímeros complexos de α-aminoácidos, unidos entre si por um tipo específico de ligação covalente – a ligação peptídica. As proteínas são constituídas por 20 aminoácidos diferentes, reunidos em combinações praticamente infinitas, possibilitando a formação de milhões de estruturas diversas. As combinações permitem às células a produção de proteínas de diferentes tamanhos, formas, estruturas, propriedades e funções.

A sequência de aminoácidos, que define as características das proteínas, é determinada pelas informações genéticas contidas no núcleo da célula.

Por hidrólise, as proteínas fornecem somente aminoácidos (proteínas simples) ou, além dos aminoácidos, outros compostos orgânicos ou inorgânicos (proteínas conjugadas). A porção não proteica é denominada grupo prostético.

As funções biológicas atribuídas às proteínas são variadas e importantes. Atuam como:

Enzimas. São proteínas altamente especializadas com atividade catalítica; praticamente todas as reações químicas celulares de que participam biomoléculas orgânicas são catalisadas por enzimas. Existem milhares de enzimas, cada uma capaz de catalisar um tipo de reação química diferente.

Proteínas transportadoras. São proteínas que se ligam a íons ou moléculas específicos, as quais são transportadas de um órgão para outro. Transportam hormônios, vitaminas, metais, drogas e oxigênio (hemoglobina), e solubilizam os lipídios (apoproteínas). Muitas proteínas estão presentes nas membranas plasmáticas e nas membranas intracelulares de todos os organismos; elas transportam, por exemplo, glicose, aminoácidos e outras substâncias através das membranas.

Proteínas de armazenamento. Atuam no armazenamento de certas substâncias, como a ferritina, que armazena átomos de ferro.

Proteínas contráteis ou de motilidade. Proteínas que modificam sua forma ou se contraem: actina e miosina.

Proteínas estruturais. São proteínas que servem como filamentos de suporte, cabos ou lâminas para fornecer proteção ou resistência a estruturas biológicas: queratinas, colágeno e elastina.

Proteínas de defesa. Um grande número de proteínas defende o organismo contra a invasão de outras espécies ou o protege em caso de ferimentos. As imunoglobulinas ou anticorpos – proteínas especializadas sintetizadas pelos linfócitos – podem reconhecer e precipitar, ou neutralizar, invasores, como bactérias, vírus ou proteínas estranhas oriundas de outras espécies. O fibrinogênio e a trombina são proteínas que participam da coagulação sanguínea e que previnem a perda de sangue quando o sistema vascular é lesado. Algumas dessas proteínas, incluindo o fibrinogênio e a trombina, também são enzimas.

Proteínas reguladoras. Várias proteínas atuam na regulação da atividade celular ou fisiológica: hormônios e proteína G.

Outras proteínas. Existem numerosas proteínas com funções ditas exóticas ou de difícil classificação.

São milhares as funções das proteínas. Além das resumidas aqui, citam-se algumas de grande importância clínica: manutenção da distribuição de água entre o compartimento intersticial e o sistema vascular do organismo, participação na homeostase e na coagulação sanguínea, nutrição de tecidos e formação de tampões para a manutenção do pH.

Bibliografia consultada

BERG, J.M.; TYMOCZKO, J.L.; STRYER, L. **Bioquímica.** 6 ed. Rio de Janeiro: Guanabara-Koogan, 2008.

NELSON, D.L.; COX, M.M. **Lehninger: principles of biochemistry.** 4 ed. New York: Freeman, 2005.

MOTTA, V.T. **Bioquímica.** Caxias do Sul: EDUCS, 2005. 332p.

8.1 PROTEÍNAS TOTAIS

Centenas de proteínas distintas estão presentes no plasma sanguíneo e são conhecidas coletivamente como proteínas plasmáticas. A maioria delas é sintetizada no fígado e circula no sangue e entre este e o espaço extracelular. Apresentam papéis bioquímicos específicos, e suas concentrações podem ser afetadas por processos patológicos; portanto, são determinadas na investigação de várias doenças. Apesar do grande número de proteínas presentes no plasma sanguíneo, somente algumas são avaliadas rotineiramente. As mais medidas estão presentes no sangue, na urina, no líquido cefalorraquidiano (LCR), no líquido amniótico, peritoneal ou pleural, na saliva e nas fezes.

As funções das proteínas plasmáticas incluem transporte, manutenção da pressão oncótica, tamponamento de alterações do pH, imunidade humoral, atividade enzimática, coagulação e resposta de fase aguda.

CAPÍTULO 8 ▪ Aminoácidos e Proteínas

METABOLISMO DAS PROTEÍNAS PLASMÁTICAS

A concentração das proteínas plasmáticas é determinada por três fatores principais: velocidade de síntese, velocidade do catabolismo e volume de líquido no qual as proteínas estão distribuídas.

Síntese. A maioria das proteínas plasmáticas é sintetizada no fígado, enquanto algumas são produzidas em outros locais, como imunoglobulinas, pelos linfócitos, apolipoproteínas, pelos enterócitos, e β_2-microglobulina (proteína da superfície celular), em vários locais do corpo. Aproximadamente 25 g das proteínas plasmáticas são sintetizadas e secretadas a cada dia, pois não há armazenamento intracelular.

Distribuição. Normalmente, a concentração de proteínas totais no plasma está ao redor de 7 g/dL e, aproximadamente, 250 g de proteínas são encontrados no compartimento vascular de um homem adulto de 70 kg. A água atravessa mais livremente as paredes capilares que as proteínas e, portanto, a concentração das proteínas no espaço vascular é afetada pela distribuição líquida.

Catabolismo. As proteínas plasmáticas são degradadas através do corpo. Os aminoácidos liberados ficam disponíveis para síntese de proteínas celulares.

HIPERPROTEINEMIA

Desidratação. A desidratação causa o aumento de todas as frações proteicas na mesma proporção. Pode ser promovida pela inadequada ingestão de líquidos ou pela perda excessiva de água (vômito, diarreia intensa, enfermidade de Addison ou acidose diabética).

Enfermidades monoclonais. Mieloma múltiplo, macroglobulinemia de Waldenström e doença da cadeia pesada. Estas condições promovem a elevação de imunoglobulinas, causando o aumento nos níveis das proteínas totais séricas (ver adiante).

Enfermidades policlonais crônicas. Cirrose hepática, hepatite ativa crônica, sarcoidose, lúpus eritematoso sistêmico e infecção bacteriana crônica.

HIPOPROTEINEMIA

Aumento do volume plasmático. Hemodiluição por intoxicação hídrica, assim como na cirrose, quando a ascite está presente.

Perda renal. A presença excessiva de proteínas na urina (proteinúria) é encontrada em diferentes doenças renais (ver adiante).

Perda de proteínas pela pele. Queimaduras graves.

Gota. Aumento da uricemia.

Distúrbios da síntese proteica. A síntese é sensível ao suprimento de aminoácidos e, assim, desnutrição, má absorção, dietas pobres em proteínas e enfermidade hepática não virótica grave promovem hipoproteinemia. A insuficiência da função hepatocelular reduz a síntese na enfermidade hepática crônica.

Outras causas. Analbuminemia, colite ulcerativa, dermatite esfoliativa, doença de Crohn, doença de Hodgkin, edema, enteropatia perdedora de proteínas, hemorragia grave, hepatite infecciosa, hipertensão essencial, hipertireoidismo, hipogamaglobulinemia, insuficiência cardíaca congestiva, kwashiorkor, leucemia, má absorção e úlcera péptica.

DETERMINAÇÃO DAS PROTEÍNAS TOTAIS SÉRICAS

Paciente. Não deve ingerir dieta rica em gorduras durante 8 horas antes do teste. Suspender as medicações que interferem nos níveis das proteínas séricas.

Amostra. *Soro* sem hemólise e não lipêmico. A amostra pode ser refrigerada por até 1 semana.

Interferentes. *Resultados falsamente elevados:* bromossulfaleína, clofibrato, contrastes radiológicos, corticosteroides, corticotropina, dextrano, heparina, insulina, somatotropina, tireotropina e tolbutamida. *Resultados falsamente reduzidos:* anticoncepcionais orais, dextrano, íon amônio, líquidos intravenosos excessivos contendo glicose, pirazinamida e salicilatos.

Métodos. Historicamente, o método de referência para determinação das proteínas totais no soro sanguíneo é o método de Kjeldahl. Este método não é empregado rotineiramente no laboratório clínico devido à sua complexidade.

- *Refractometria.* Os métodos que empregam a medida do índice de refração avaliam as proteínas totais no soro, no plasma, na urina e no LCR. Baseiam-se na determinação refratométrica dos sólidos totais nos líquidos antes e depois da remoção das proteínas. Esses métodos são influenciados por variações da temperatura, relação albumina/globulinas, azotemia, hiperglicemia, hiperbilirrubinemia e, particularmente, hiperlipemia.

- *Biureto*. É o mais usado atualmente pois, além de preciso e exato, é de fácil execução, sendo, portanto, bastante empregado para automação. Biureto é o nome dado ao produto de decomposição da ureia pelo calor. Quando o biureto é tratado com íons cúpricos em solução alcalina, desenvolve cor violeta. As proteínas são determinadas por reação idêntica à do biureto. O complexo colorido é de composição desconhecida, sendo formado entre os íons cúpricos e duas ou mais ligações peptídicas. A intensidade do produto colorido é proporcional ao número de ligações peptídicas presentes nas proteínas.

- *Outros métodos*. Os menos usados são: (1) métodos diretos que empregam luz ultravioleta (200 a 225 nm e 270 a 290 nm); (2) ligação das proteínas com corantes (Amido Black 10B, coomassie brilliant blue); (3) Folin-Ciocalteau (Lowry); (4) turbimétricos; e (5) nefelométricos.

Valores de referência para proteínas totais no soro sanguíneo	
Adultos ambulatoriais	6 a 7,8 g/dL

PROTEINÚRIA

Proteinúria é a presença de quantidades excessivas de proteínas na urina. Como resultado da pressão hidrostática, as proteínas de baixa massa molecular rotineiramente são filtradas através da membrana basal glomerular. O grau pelo qual as proteínas individuais atravessam a membrana está relacionado com o tamanho molecular, a carga iônica líquida e a concentração das proteínas plasmáticas. As proteínas de pequeno tamanho molecular são conduzidas para dentro do túbulo renal, onde são quase totalmente reabsorvidas; no entanto, uma pequena fração é conduzida através dos túbulos e aparece na urina. Em condições normais, entre 20% e 50% da proteína urinária é albumina. O restante consiste de uromucoide, mucoproteína de Tamm-Horsfall proveniente das células tubulares renais, pequenas quantidades de microglobulinas séricas e tubulares e proteínas de secreções vaginais, prostática e seminal.

As causas de proteinúria são:

Proteinúria benigna ou funcional. Sem indicação de presença de doença renal subjacente, sedimento urinário sem alterações, pressão sanguínea normal, ausência de edema significativo e excreção de proteínas até 1 g/d. Provavelmente é devida a alterações do fluxo sanguíneo através do glomérulo. É encontrada em exercício vigoroso, febre, exposição ao frio, insuficiência cardíaca congestiva, hipertensão e aterosclerose. A proteinúria desaparece em poucos dias.

Proteinúria ortostática (postural). Comum em adolescentes altos e magros ou adultos com menos de 30 anos; pode estar associada com lordose severa. Função renal normal e proteinúria frequentemente até 1 g/d.

Proteinúria persistente devida a doença extrarrenal. Função renal normal, sedimento urinário sem alterações, pressão sanguínea normal, ausência de edema significativo e excreção de proteínas até 500 mg/d. Não é indicativa de doença renal subjacente progressiva.

Proteinúria glomerular. Pode ser classificada em primária (sem evidências de doença extrarrenal) ou secundária (envolvimento renal em uma doença sistêmica), e então subdividida em dois grupos, com base na presença ou ausência de sedimento urinário com alterações (nefrítico).

- *Doença glomerular primária.* Associada com sedimento urinário alterado (glomerulonefrite proliferativa):
  - Nefropatia por imunoglobulina A.
  - Glomerulonefrite membranoproliferativa.
  - Glomerulonefrite mesangial proliferativa.
- *Doença glomerular primária.* Associada com sedimento urinário sem alterações (glomerulonefrite não proliferativa):
  - Glomerulonefrite membranosa.
  - Doença de alterações mínimas glomerulares.
  - Glomerulosclerose segmentar e focal.
  - Glomerulonefrite fibrilar.
  - Glomerulonefrite imunotactoide.
- *Doença glomerular secundária.* Associada com sedimento urinário *com* alterações (glomerulonefrite proliferativa, incluindo glomerulonefrite rapidamente progressiva):
  - Doença antiparede glomerular capilar.
  - Vasculite renal, incluindo doença associada com anticorpos antineutrófilos citoplasmáticos (p. ex., granulomatose de Wegener).

CAPÍTULO 8 • Aminoácidos e Proteínas

- Lúpus eritematoso sistêmico.
- Crioglobulinemia associada com glomerulonefrite.
- Endocardite bacteriana.
- Púrpura de Henoch-Schönlein.
- Glomerulonefrite pós-infeciosa.
- Hepatite C: a lesão renal pode ser idêntica à glomerulonefrite membranoproliferativa primária ou semelhante às encontradas em pacientes com crioglobulinemia.

- *Doença glomerular secundária.* Associada com sedimento urinário *sem* alterações (glomerulonefrite não proliferativa):
  - Nefropatia diabética.
  - Amiloidose.
  - Nefrosclerose hipertensiva.
  - Cadeia leve do mieloma múltiplo.

- *Glomerulosclerose focal secundária.* É resultante de:
  - Fase de tratamento de outras glomerulonefrites.
  - Como resultado não específico da redução da massa do néfron de qualquer causa, incluindo doenças não glomerular, como nefropatia por refluxo.
  - Hiperfiltração glomerular, como nefrosclerose hipertensiva e obesidade.

Proteinúria tubular. Está associada com a presença de proteínas de baixo peso molecular na urina, como resultado da redução da reabsorção pelos túbulos proximais. Quando a proteinúria tubular ocorre isoladamente, a excreção da albumina está levemente aumentada e, muitas vezes, não positiva a área de detecção de proteínas de fitas reagentes (ver Rim e Função Renal). Testes mais específicos são necessários, como a eletroforese em agarose, como a β_2-microglobulina, cadeia leve das imunoglobulinas, aminoácidos e proteínas ligadoras de retinol. São normalmente filtradas pelo glomérulo e quase completamente reabsorvidas pelo túbulo proximal. Doenças que interferem na função tubular proximal, como a nefrite intersticial, reduzem a reabsorção dessas proteínas e produzem proteinúria tubular.

Proteinúria por excesso de proteínas circulantes. Ocorre quando as proteínas de baixo peso molecular são filtradas normalmente pelo glomérulo e reabsorvidas pelo túbulo proximal. No entanto, em algumas condições, a quantidade produzida é maior que a capacidade reabsortiva do túbulo proximal. A proteinúria por excesso de proteínas circulantes quase sempre é causada pela produção aumentada de cadeias leves de imunoglobulinas, associada com mieloma múltiplo ou gamopatia monoclonal de significação incerta.

DETERMINAÇÃO DAS PROTEÍNAS TOTAIS NA URINA

Amostra. São utilizadas amostras de 24 ou 12 horas sem preservativos e mantidas em refrigerador. Não sendo possível a determinação nas primeiras 48 horas após a coleta, deve-se misturar bem e separar uma alíquota. Amostras congeladas são estáveis por 1 ano.

Interferências. *Resultados falsamente elevados:* urinas alcalinas, após administração de radiocontrastes, fenacetina, aminoglicosídeos, lítio, meticilina, chumbo, mercúrio e cádmio.

Métodos. A determinação quantitativa das proteínas na urina é realizada por um dos seguintes métodos:

- *Turbidimetria.* Os métodos turbidimétricos são tecnicamente simples, rápidos e suficientemente exatos. Os reagentes comumente usados são: *ácido tricloroacético, ácido sulfossalicílico* ou *cloreto de benzetônio* (BZC) em meio alcalino. Nesses métodos, o reagente precipitante é adicionado à urina e a proteína desnaturada se precipita em uma suspensão fina que é quantificada turbidimetricamente. Nessa categoria, o método mais empregado é o do cloreto de benzetônio, por ser o mais sensível dos métodos turbidimétricos.

- *Corantes.* Essas técnicas estão baseadas no desvio da absorvância máxima do corante quando ligado a proteínas. Os corantes frequentemente empregados são: *azul brilhante de Comassie* (G-250), que se liga aos resíduos NH_3 das proteínas, e o *molibdato vermelho de pirogalol*, que reage com grupos amino básicos tanto da albumina como das γ-globulinas para formar um complexo azul.

- *Biureto.* Os métodos que empregam o reagente do biureto são pouco utilizados por serem mais complexos e sofrerem a interferência de certos metabólitos, como a bilirrubina. As proteínas são concentradas pela precipitação com ácido tricloroacético ou ácido fosfotúngstico-HCl-etanólico (reagente de Tsuchya) e redissolvidas no reagente do biureto, onde o Cu^{2+} forma um complexo colorido com as ligações peptídicas.

O precipitante de Tsuchya melhora a sensibilidade e a linearidade do método.

- *Indicador de pH*. É um método semiquantitativo em que a proteína (principalmente a albumina) se liga ao indicador, provocando alterações na cor. Apresenta falso-positivos em urinas pH >8,0.

Valores de referência para as proteínas na urina	
Adultos	40 a 100 mg/d
Mulheres grávidas	Até 150 mg/d
Após exercícios (adultos)	Até 300 mg/d

PROTEÍNAS MARCADORAS DA DISFUNÇÃO RENAL

Pode-se, também, classificar as proteínas como *proteínas marcadoras da disfunção renal*. Desse modo, três grupos são identificados, os quais correspondem a três tipos de defeitos renais:

Proteínas com massa molecular de ≥100.000 dáltons. Aparecem na urina somente quando há um avançado comprometimento da membrana, envolvendo a perda da função de permeabilidade glomerular; a proteinúria é não seletiva. Uma proteína típica desse grupo é a *IgG*.

Proteínas com massa molecular entre 50.000 e 80.000 dáltons. O aumento da secreção urinária dessas proteínas, em razão da baixa filtragem de íons, representa um possível defeito reversível no glomérulo, sendo uma proteinúria glomérulo-seletiva. Proteínas típicas desse grupo são a *albumina* e a *transferrina*.

Proteínas com massa molecular <50.000 dáltons. As proteínas de baixa massa molecular estão normalmente presentes na urina nos casos de um defeito renal intersticial. Assim, a função de reabsorção fica diminuída, resultando em uma proteinúria tubular. As proteínas marcadoras desse grupo são: α_1-*microglobulina*, β_2-*microglobulina* e *proteína ligadora de retinol*.

PROTEINÚRIA PRÉ-RENAL, PÓS-RENAL E NÃO RENAL

Além das causas renais, existem condições pré-renais, pós-renais e não-renais que também acarretam aumentos da proteinúria.

A *proteinúria pré-renal* é causada por uma permeabilidade excessiva de proteínas de baixo peso molecular. O filtrado contém altos teores de proteínas na primeira urina. Isto se deve a uma interrupção da reabsorção tubular por sobrecarga no sistema. As proteínas típicas de uma proteinúria pré-renal são: mioglobina, imunoglobulinas de cadeias leves kappa e lambda (gamopatias monoclonais) e proteínas de Bence Jones.

A *proteinúria pós-renal* ocorre pela adição de proteínas à urina na bexiga ou nos ureteres e assemelha-se a uma doença renal. As proteínas adicionadas na urina são linfáticas ou plasmáticas. Entram na urina pela bexiga, por exsudação ou transudação do epitélio do ureter. Isto acontece devido à alta densidade das proteínas envolvidas, que não conseguem atravessar a membrana do glomérulo. Sua passagem para a urina se deve a uma sobrecarga plasmática pós-renal. A α_2-*macroglobulina* é um excelente marcador proteico da proteinúria pós-renal.

As *proteinúrias não renais* ocorrem em casos de anemia grave, ascite, cardiopatia, distúrbios convulsivos, endocardite bacteriana subaguda, febre, hepatopatia, hipertireoidismo, idade avançada, infecção aguda, ingestão ou superexposição a certas substâncias (ácido sulfossalicílico, arsênico, chumbo, éter, fenol, mercúrio, mostarda, opiáceos, propilenoglicol, turpentina), obstrução intestinal, reação de hipersensibilidade, toxemia, toxinas bacterianas (difteria, escarlatina, estreptocócica aguda, febre tifoide e pneumonia), traumatismo e tumor abdominal.

Bibliografia consultada

BEETHAM, R.; CATTEL, W.R. Proteinuria: pathophysiology, significance and recommendations for measurement in clinical practice. **Ann. Clin. Biochem.,** 30:425-34, 1993.

CHERNECKY, Cyntia C.; KRECH, R.L.; BERGER, B.J. **Métodos de laboratório: procedimentos diagnósticos.** Rio de Janeiro: Guanabara, 1995. 613p.

HARALDSSON, B.; NYSTRÖM, J.; DEEN, W.M. Properties of the glomerular barrier and mechanisms of proteinuria. **Physiol. Rev.,** 88:451-87, 2008.

JOHNSON, A.M. Amino acids and proteins. In: BURTIS, C.A.; ASHWOOD, E.R.; BRUNS, D.E. **Tietz: Fundamentals of clinical chemistry.** 6 ed. Philadelphia: Saunders, 2008:286-316.

SOARES, J.L.M.F.; PASQUALOTTO, A.C.; ROSA, D.D.; LEITE, V.R.S. **Métodos diagnósticos.** Porto Alegre: Artmed, 2002.

TRYGGVASON, K.; JAAKKO PATRAKKA, P.; JORMA WARTIOVAARA, J. Hereditary proteinuria syndromes and mechanisms of proteinuria. **N. Engl. J. Med.,** 354:1387-1401, 2006.

8.2 ALBUMINA

A albumina representa cerca de 60% das proteínas presentes no plasma humano. É sintetizada, fundamentalmente, pelas células do parênquima hepático (cerca de 15 g/dia) em velocidade dependente da pressão osmótica coloidal, e pela ingestão proteica. A velocidade de síntese aumenta em até 300% quando ocorre perda, como na síndrome nefrótica. Tem meia-vida de 15 a 19 dias. Por outro lado, a síntese é reduzida por citocinas inflamatórias.

A albumina exerce importantes funções:

- *Regulação osmótica.* A presença de grandes quantidades de albumina no organismo (4 a 5 g/kg de peso corporal), com boa parte presente no espaço intravascular, explica o papel crítico que esta proteína exerce na pressão coloidosmótica. A albumina contribui com 75% a 80% do efeito osmótico do plasma, um dos fatores que regulam a distribuição apropriada de água entre os compartimentos intra e extracelulares. Em certas enfermidades, os teores de albumina anormalmente baixos movem a água do leito vascular para os tecidos (edema).

- *Transporte e armazenamento.* Em razão de sua natureza altamente polar (em pH 7,4 a albumina apresenta 200 cargas negativas por molécula), a albumina apresenta uma capacidade de ligação não seletiva a muitos compostos pouco solúveis em água. Por exemplo:
  - Transporte de ácidos graxos livres, fosfolipídios, íons metálicos, aminoácidos e hormônios.
  - Transporte da bilirrubina do sistema reticuloendotelial para o fígado, tornando-a hidrossolúvel e atóxica.
  - Transporte de fármacos: salicilatos, barbitúricos, dicumarol, clofibrato, sulfonamidas, penicilina e warfarina. Além da função de transporte, a albumina pode determinar a proporção de um fármaco livre, farmacologicamente ativo, disponível no plasma.

Os níveis séricos de albumina são dependentes da velocidade de síntese, da secreção pela célula hepática, da distribuição pelos líquidos corporais e da degradação.

Síntese da albumina. A síntese inicia no núcleo celular, onde os genes são transcritos para o ácido ribonucleico (mRNA). O mRNA é secretado para o citoplasma, onde se liga aos ribossomos, formando polissomos que sintetizam a pré-pró-albumina, uma molécula de albumina com uma extensão de 24 aminoácidos no N terminal. A extensão de aminoácidos sinaliza a inserção da pré-pró-albumina na membrana do retículo endoplasmático. Uma vez dentro do lúmem do retículo endoplasmático, 18 aminoácidos da extensão são clivados, formando a pró-albumina (albumina com uma extensão de seis aminoácidos remanescentes). A pró-albumina é a principal forma intracelular da albumina. A pró-albumina é exportada para o aparelho de Golgi, onde a extensão de seis aminoácidos é removida antes da secreção da albumina pelo hepatócito. A albumina não é armazenada no fígado.

A albumina entra no espaço intravascular de dois modos: (1) atinge o espaço via sistema linfático hepático, movendo-se para os ductos torácicos; (2) passa diretamente dos hepatócitos para os sinusoides, após atravessar o espaço de Disse.

Degradação. A degradação da albumina ainda é pouco compreendida. Após secreção no plasma, as moléculas de albumina passam para o espaço tissular e retornam ao plasma via ducto torácico. Não são conhecidas quantas vezes cada molécula exerce suas funções antes de ser degradada, 20 dias após sua excreção. Vários estudos sugerem que a albumina é degradada no endotélio dos capilares, na medula óssea e nos sinusoides hepáticos. As moléculas de albumina aparentemente são degradadas aleatoriamente, sem diferenciação entre moléculas novas e velhas.

HIPERALBUMINEMIA

É encontrada raramente, como nos casos de carcinomatose metastática, desidratação aguda, diarreia, esclerodermia, esteatorreia, estresse, febre reumática, gravidez, intoxicação hídrica, lúpus eritematoso sistêmico, meningite, miastenia, mieloma múltiplo, nefrose, neoplasias, osteomielite, pneumonia, poliartrite nodosa, sarcoidose, traumatismo, tuberculose, úlcera péptica, uremia, vômito e hemoconcentração.

HIPOALBUMINEMIA

A hipoalbuminemia é promovida pela diminuição ou defeito da síntese devido a dano hepatocelular, deficiência na ingestão de aminoácidos, aumento de perdas de albumina por doença e catabolismo induzido pelo estresse fisiológico.

Redução da síntese. Na cirrose, a síntese é reduzida por perda do conteúdo da célula hepática. Além disso, o fluxo do sangue portal muitas vezes está diminuído, provocando a má distribuição de nutrientes e oxigênio, o que pode afetar certas funções hepáticas, incluindo a síntese proteica, que está reduzida em pacientes cirróticos com ascite. O sequestro de grandes quantidades de albumina do compartimento extracelular, em elevada pressão na circulação portal, dirige a albumina para o líquido peritoneal. Algumas vezes, a síntese de albumina aumenta nesses pacientes. Apesar do aumento da produção de albumina, os teores séricos permanecem diminuídos devido à diluição.

Ingestão inadequada de proteínas. Promove a rápida perda do ácido ribonucleico (RNA) celular e a desagregação do retículo endoplasmático ligado aos polissomos e, com isso, diminui a síntese da albumina. A síntese é reduzida em mais de um terço durante um jejum de 24 horas. A síntese da albumina é estimulada pelos aminoácidos formados no ciclo da ureia, como a ornitina. A ornitina forma espermina, que promove a agregação dos polissomos e o aumento da síntese. Os níveis desses aminoácidos estão reduzidos no jejum.

Perda proteica extravascular. Na síndrome nefrótica ocorre proteinúria maciça, com >3,5 g/d. A albumina é filtrada pelo glomérulo e sofre catabolismo nos túbulos renais com reciclagem dos aminoácidos. Na doença renal crônica, com patologia glomerular ou tubular, a filtração excessiva aumenta a perda e a degradação das proteínas.

- *Enteropatia perdedora de proteínas.* Em condições normais, menos de 10% da albumina total é perdida pelo intestino. Quando associada a infecções intestinais, a hipoalbuminemia aumenta devido a fatores periféricos que inibem a síntese da albumina por mecanismos similares aos encontrados nas queimaduras, nos traumatismos, nas infecções e nos neoplasias. São de dois tipos:
  - Bloqueio linfático provocado por pericardite constritiva, ataxia-telangiectasia ou bloqueio mesentérico devido a tumor.
  - Doença da mucosa intestinal com perda direta de proteínas encontrada na doença inflamatória, na psilose (sapinho), na infecção bacteriana ou após cirurgia de *bypass* intestinal.

Queimaduras extensas. A pele é o principal local de armazenamento de albumina extravascular. Constitui um *pool* para manter os teores de albumina plasmática. As queimaduras resultam na perda direta de albumina, comprometendo o fluxo sanguíneo hepático por redução do volume e por fatores inibidores liberados nos locais das lesões. Três desses inibidores são: fator de necrose tumoral, interleucina-1 e interleucina-6.

Hemodiluição

- *Ascites.* Em presença de ascite de qualquer causa, a albumina sérica não é um bom índice da capacidade sintética hepática. Na ascite, a síntese pode estar normal ou mesmo aumentada; no entanto, os teores séricos estão baixos devido ao grande volume de distribuição. Isso é verdadeiro mesmo em ascites por cirrose.
- *Insuficiência cardíaca congestiva.* A síntese de albumina é normal. A hipoalbuminemia resulta do aumento no volume de distribuição.
- *Pressão oncótica aumentada.* A síntese de albumina é regulada em parte pela pressão oncótica do plasma. A regulação pode ser obtida pelo conteúdo proteico no volume intersticial hepático, pois a síntese de albumina é inversamente proporcional ao conteúdo nesse volume. As condições que aumentam as substâncias osmoticamente ativas no soro tendem a reduzir a concentração da albumina sérica pela diminuição da síntese. Exemplos:
  - Globulinas séricas elevadas, como na hepatite.
  - Hipergamaglobulinemia.
  - Infusão de coloides (dextran e gamaglobulinas).

Estresse. Estresse fisiológico de qualquer tipo, como dano tecidual (queimaduras graves), infecção ou carcinoma, pode provocar hipoalbuminemia. Isso ocorre devido à liberação de substâncias mensageiras no local da lesão, como fator de necrose tumoral, interleucina-1 e interleucina-6. Estes reduzem a síntese de albumina por alterações da disponibilidade do mRNA. Além disso, graus mais severos de hipoalbuminemia podem ocorrer devido à perda maciça de proteínas nas queimaduras graves.

CAPÍTULO 8 · Aminoácidos e Proteínas

Outras anormalidades. A *analbuminemia*, uma rara doença genética caracterizada pela ausência congênita de albumina, tem como principal manifestação clínica o transporte lipídico anormal. A *bisalbuminemia* é detectada na eletroforese devido ao aparecimento de duas bandas ou uma banda mais larga no lugar da banda normal de albumina. Nenhum sintoma clínico está associado à bisalbuminemia.

O termo "microalbuminemia" é empregado para descrever aumentos na excreção de albumina sem evidências de enfermidade renal. Essa condição é encontrada em certas populações de diabéticos que desenvolvem enfermidade renal. Entretanto, a presença de albumina na urina é um achado inespecífico. Hipertensão, infecção do trato urinário, exercícios e enfermidade cardíaca congestiva também podem aumentar a excreção da albumina na urina.

Avaliação laboratorial da hipoalbuminemia. As etiologias potenciais para a hipoalbuminemia são numerosas. A suspeita clínica de doença subjacente deve orientar os estudos laboratoriais.

- *Redução na contagem dos linfócitos e no teor de ureia sérica.* É encontrada na desnutrição. Transferrina, pré-albumina e proteína ligada ao retinol têm meias-vidas menores e refletem melhor que a albumina as modificações no estado nutricional. A pré-albumina, diferente da pré--pró-albumina, não é precursora da albumina. A pré-albumina é uma proteína inteiramente diferente que migra antes da albumina na eletroforese.
- *Elevações da proteína C reativa.* Sugerem processos inflamatórios que contribuem para a hipoalbuminemia.
- *Proteinúria >3 g/d.* É consistente com síndrome nefrótica.
- *Provas de função hepática.* Podem estar elevadas em pacientes cirróticos. Como existem diferentes etiologias para a cirrose, outros estudos, mais específicos, devem ser realizados.
- *Provas qualitativas e quantitativas de gordura fecal.*
- *Depuração da alfa-1-antitripsina fecal.* Pode estabelecer o diagnóstico de má absorção perdedora de proteínas.
- *Eletroforese sérica.* Para detectar hipergamaglobulinemia.

Consequências da hipoalbuminemia

Exame físico. Achados físicos anormais são encontrados em múltiplos órgãos, dependendo da doença subjacente.

- Edema facial, macroglossia, tumefação das parótidas, icterícia conjuntival.
- Revestimentos – perda da gordura subcutânea, pele áspera e seca, dermatoses doloridas, edema periférico, cabelo fino, angiomas, eritema palmar, alterações promovidas por cirurgia e queimaduras, icterícia.
- Cardiovasculares – bradicardia, hipotensão, cardiomegalia.
- Respiratórios – diminuição da expansão respiratória devido a infusão pleural e debilidade dos músculos intercostais.
- Gastrointestinais – hepatosplenomegalia, ascites.
- Musculoesqueléticos – perda muscular, retardo de crescimento em crianças, atrofia dos músculos interósseos das mãos.
- Neurológicos – encefalopatia, asterixe.
- Geniturinário – atrofia testicular.
- Endócrinos – ginecomastia, hipotermia, tiromegalia.
- Outros – vários sinais relacionados a deficiências nutricionais específicas.

DETERMINAÇÃO DA ALBUMINA SÉRICA

Paciente. Não deve consumir dieta rica em gordura por 48 horas antes da prova.

Amostra. *Soro.* Evitar estase prolongada na coleta de sangue, pois a hemoconcentração aumenta os níveis de proteínas plasmáticas; além disso, a postura do paciente deve ser observada, já que o teor de albumina é, aproximadamente, 0,3 g/dL maior em pacientes ambulatoriais, quando comparados aos hospitalizados. Em frascos bem fechados, o soro límpido é estável por 1 semana em temperatura ambiente ou 1 mês no refrigerador.

Interferências. *Resultados falsamente elevados:* agentes citotóxicos, anticoncepcionais orais e bromossulfaleína. *Resultados falsamente reduzidos:* paracetamol, aspirina, estrogênios, anticoncepcionais orais, ampicilina, asparaginase e fluorouracil.

Métodos. Os primeiros métodos utilizados para separar a albumina das globulinas empregavam o fracionamento salino. Os mais populares usavam o sulfato de sódio com a medida da albumina pelo método de Kjeldahl, ou pelo desenvolvimento de cor devido à reação do biureto.

- *Verde de bromocresol.* Atualmente, os métodos mais amplamente empregados para análise da albumina são os de fixação de corantes (baseados no chamado "erro proteico dos indicadores"). A albumina tem a capacidade de fixar seletivamente vários ânions orgânicos, entre os quais moléculas de corantes complexos, como o verde de bromocresol (BCG), o azul de bromofenol (BPB) ou o púrpura de bromocresol (BCP). Ao se ligarem à albumina, esses corantes sofrem um desvio nas suas absorções máximas. A quantidade de albumina ligada ao corante é proporcional ao teor de albumina na amostra. O método do BCG é recomendado por apresentar boa especificidade e não sofrer interferências de bilirrubina, salicilatos, hemoglobina ou lipemia, quando em níveis moderados.

- *Eletroforese.* O emprego da eletroforese das proteínas para separação da albumina fornece, também, informações adicionais sobre as globulinas.

- *Outros métodos.* A albumina também pode ser avaliada pela determinação das globulinas com base no conteúdo de triptofano das globulinas. Vários métodos, como eletroimunoensaio, imunoquímico, nefelométrico, imunodifusão radial, eletroimunodifusão, turbidimetria, radioimunoensaio e enzimaimunoensaio, também são empregados para determinação da albumina sérica:

Valores de referência para albumina sérica	
Homens adultos	3,5 a 4,5 g/dL
Mulheres adultas	3,7 a 5,3 g/dL
Recém-nascidos	2,8 a 5,0 g/dL
Acima de 60 anos	3,4 a 4,8 g/dL

ALBUMINÚRIA

O aumento da excreção de albumina urinária é indicativo da elevação da permeabilidade glomerular. A excreção urinária normal de albumina é <30 mg/d.

A albuminúria normalmente refere-se à excreção >300 mg/d. O termo microalbuminúria é usado para descrever pequenos graus de albuminúria (entre 30 e 300 mg/d). Como a albuminúria geralmente é detectada de modo semiquantitativo por fitas reagentes, os teores positivos estão entre >300 e 500 mg/d.

Bibliografia consultada

JOHNSON, A.M. Amino acids and proteins. In: BURTIS, C.A.; ASHWOOD, E.R.; BRUNS, D.E. **Tietz: Fundamentals of clinical chemistry.** 6 ed. Philadelphia: Saunders, 2008:286-316.

KAPLAN, A.; JACK, R.; OPHEIM, K.E.; TOIVOLA, B.; LYON, A.W. **Clinical chemistry: interpretation and techniques.** Baltimore: Williams & Wilkins, 1995. 514 p.

KOAY, E.S.C.; WALMSLEY, N. **A primer of chemical pathology.** Singapore: World Scientific, 1996:162-76.

LAKER, M.F. **Clinical biochemistry for medical students.** Philadelphia: Saunders, 1996:43-56.

MARSHALL, W.J. **Clinical chemistry: an ilustrated outline.** New York: Gower-Mosb, 1991.

OFFRINGA, M. Excess mortality after human albumin administration in critically ill patients. Clinical and pathophysiological evidence suggests albumin is harmful. **BMJ,** **317(7153):** 223-4, 1998.

PETERS Jr., T.; BIAMONTE, G.T.; DOUMAS, B.T. Protein (total protein) in serum urine and cerebrospinal fluid; albumin in serum. In: FAULKNER, W.R.; MEITES, S. **Selected methods of clinical chemistry.** Washington: AACC, 1982. Vol. 9, p. 317-25.

ROTHSCHILD, M.A.; ORATZ, M.; SCHREIBER, S.S. Serum albumin. **Hepatology,** 8(2): 385-401, 1988.

SOARES, J.L.M.F.; PASQUALOTTO, A.C.; ROSA, D.D.; LEITE, V.R.S. **Métodos diagnósticos.** Porto Alegre: Artmed, 2002.

VERMEULEN, L.C.; RATKO, T.A.; ERSTAD, B.L. A paradigm for consensus. The University Hospital Consortium guidelines for the use of albumin, nonprotein colloid, and crystalloid solutions. **Arch. Intern. Méd.,** **155(4):**373-9, 1995.

CAPÍTULO 8 ▪ Aminoácidos e Proteínas

8.3 PROTEÍNAS PLASMÁTICAS ESPECÍFICAS

As proteínas nos líquidos biológicos são moléculas anfóteras que podem ser separadas em frações quando aplicadas sobre um suporte poroso e submetidas a um campo elétrico em processo denominado eletroforese. A migração ocorre de acordo com o grau de ionização, o tamanho e a forma da molécula proteica, e segundo as características da solução tampão (pH, composição qualitativa, força iônica) do meio onde se realiza o processo, a força do campo elétrico e a porosidade, a viscosidade e a temperatura do suporte.

O fracionamento proteico pela eletroforese é realizado em soro para evitar interferências da banda do fibrinogênio.

Em pH 8,6, empregando os métodos eletroforéticos correntes, as proteínas no soro sanguíneo são divididas nas seguintes frações: pré-albumina, albumina e frações α_1, α_2, β_1, β_2 e γ. A migração dessas macromoléculas é realizada em suportes como o acetato de celulose, o gel de agarose, o gel de poliacrilamida e o gel de amido, em resposta a um campo elétrico.

As frações obtidas no soro por eletroforese têm os seguintes valores de referência:

Proteínas	Valores de referência (g/dL)
Pré-albumina	0,02 a 0,04
Albumina	3,50 a 5,00
Região α_1	0,10 a 0,40
Região α_2	0,50 a 1,00
Região β_1	0,32 a 0,66
Região β_2	0,27 a 0,55
Região γ	0,59 a 2,35

Cada fração proteica obtida por eletroforese é constituída de proteínas individuais que podem ser determinadas por vários métodos, como nefelometria, imunodifusão radial, imunoeletroforese etc.

PROTEÍNAS ESPECÍFICAS

As mais importantes proteínas plasmáticas são descritas a seguir.

Transtirretina (pré-albumina) e proteína ligadora de retinol

Ambas são proteínas transportadoras. A transtirretina é uma proteína não glicada composta de quatro subunidades idênticas, não covalentemente ligadas, que formam os sítios de ligação da T_3 e T_4. A transtirretina é sintetizada no fígado e, em menor extensão, no plexo coroide do SNC.

A transtirretina transporta a tiroxina (T_4) e a triiodotironina (T_3). Os níveis séricos da transtirretina diminuem na inflamação, em doenças malignas, na cirrose hepática e nas enfermidades renais perdedoras de proteínas. Na doença de Hodgkin, os níveis aumentam.

A proteína ligadora de retinol (RBP), uma proteína monomérica que transporta a vitamina A (retinol), é sintetizada no fígado. A RBP sérica eleva-se em doenças renais crônicas, incluindo nefropatia diabética. Sua redução está associada com doenças hepáticas, má nutrição proteica e reação de fase aguda. Como o zinco é necessário para a síntese de RBP, os estados de deficiência desse metal são caracterizados por baixos níveis de RBP e vitamina A.

Albumina

Variações na concentração de albumina sérica em vários estados foram descritas na seção 8.2.

Alfa-1-antitripsina (AAT, alfa-1-antiprotease)

A alfa-1-antitripsina (AAT) é uma serpin (*serina proteinase inhibitor*) que inativa as serinas proteases, especialmente aquelas estruturalmente relacionadas à tripsina. Sua manifestação primária é o enfisema panacinar. Alguns pacientes desenvolvem cirrose hepática. O primeiro sintoma é a dispneia lenta e progressiva, apesar de muitos pacientes inicialmente apresentarem tosse, produção de escarro ou dificuldade de respirar.

O defeito genético na deficiência de AAT impede a excreção da molécula do local de produção, o hepatócito. Teores baixos da proteína resultam em reduzidas concentrações alveolares, com a molécula de AAT normalmente servindo como proteção antiproteases. As proteases em excesso destroem as paredes alveolares e causam enfisema. O defeito genético atinge 1 em cada 3.000 a 5.000 indivíduos. Nem todos os indivíduos com deficiência de AAT desenvolvem a doença clínica.

- A principal atividade bioquímica da molécula de AAT é a inibição de várias proteases provenientes dos neutrófilos, como tripsina, leucócito-elastase, proteinase 3 e catepsina G.

- A AAT é sintetizada, predominantemente, nos hepatócitos. Após liberação pelo fígado, ela circula na forma livre e se difunde para os líquidos intersticiais e de revestimento alveolar. Sua principal função no pulmão é inativar a elastase dos neutrófilos, uma enzima liberada durante a fagocitose normal de organismos ou partículas no alvéolo. A alfa-1-antiprotease constitui cerca de 95% de toda a atividade antiprotease no alvéolo humano. A elastase do neutrófilo é a principal protease responsável pela destruição alveolar.

- Em pessoas saudáveis, a AAT atua como protetor contra a destruição da parede alveolar. Indivíduos com redução de AAT não exercem a atividade protetora no alvéolo. O desequilíbrio proteases-antiproteases no alvéolo não impede a digestão da elastina e do colágeno pela elastase do neutrófilo nas paredes com o aparecimento do enfisema progressivo.

- O tabagismo acelera o desenvolvimento dos sintomas em, aproximadamente, 10 anos. Aumenta o número de neutrófilos nos alvéolos, inativando as pequenas quantidades de antiprotease.

- A produção de alfa-1-antiprotease é controlada por um par de genes no *locus* do inibidor da protease (Pi). Cerca de 24 variantes da molécula de AAT foram identificadas. A mais comum (90%) é o alelo M (PiM), e indivíduos homozigóticos (MM) produzem quantidades normais de AAT (20 a 53 μmol/L). Teores deficientes de AAT estão associados com o alelo Z (homozigótico PiZ) (3,5 a 7 μmol/L). Níveis maiores que 11 μmol/L parecem exercer proteção. Na maioria dos pacientes, o enfisema se desenvolve quando os teores séricos estão <9 μmol/L.

- *Desordens hepáticas.* A icterícia neonatal geralmente se apresenta como um quadro colestático na redução da AAT. Apesar da resolução da icterícia, pode ocorrer o desenvolvimento de cirrose. Em cerca de 20% das crianças com cir-

rose, a desordem hepática pode ser atribuída à deficiência de AAT. Em adultos, a cirrose e o hepatoma estão associados com o fenótipo PiZ.

Valores de referência	
Adultos	20 a 60 μmol/L

Valores aumentados. Síndrome do descorforto respiratório neonatal, pancreatite grave, desordens perdedoras de proteínas, doença pulmonar crônica, doenças hepáticas, diabetes melito, doenças reumáticas, doenças gástricas, doenças renais, carcinoma, edema angioneurótico, cirrose, hepatoma, estrogênios (gravidez, anticoncepcionais orais) e esteroides.

Valores reduzidos. Deficiência congênita e perdas intensas de proteínas.

Alfa-1-glicoproteína ácida (AGPA)

Também conhecida como *orosomucoide*, a AGPA é uma proteína de fase aguda não específica sintetizada nos hepatócitos. Composta por 45% de carboidratos, com hexose, hexosamina e ácido siálico em iguais proporções, sua função primária é inativar a progesterona, mas também ligar e afetar a farmacocinética de alguns fármacos. Apesar de o papel exato da AGPA ser desconhecido, ela está aumentada, principalmente, em doenças inflamatórias do trato gastrointestinal e neoplasias malignas. Encontra-se elevada também na artrite reumatoide, no lúpus eritematoso sistêmico, em queimaduras, no infarto do miocárdio e em terapias com corticosteroides e com alguns anti-inflamatórios não esteroides (AINE). Sua redução ocorre em casos de má nutrição, enfermidade hepática grave, síndrome nefrótica, uso de estrogênios (anticoncepcionais orais, gravidez) e gastroenterites perdedoras de proteínas. Os valores de referência para a AAG são 50 a 120 mg/dL.

A determinação de AAG substitui com vantagens o teste de mucoproteínas (seromucoides), descrito na seção 8.5.

Alfa-1-fetoproteína (AFP)

A AFP é uma glicoproteína sintetizada nas células imaturas do feto, no sistema digestório e no saco vitelino humano. O nível máximo é atingido na 30ª semana de gestação. A AFP reaparece no soro de adultos durante certos estados patológicos. Em obstetrícia, a determinação de AFP é realizada no líquido amniótico ou no soro materno para detectar *defeito do tubo neural* (anencefalia, espinha bífida) do feto. A utilização de ácido fólico antes da gravidez reduz o risco de defeito do tubo neural.

Valores moderadamente elevados da AFP estão presentes em doenças hepáticas agudas e crônicas, como cirrose, hepatite alcoólica, hepatite crônica ativa, e em doenças inflamatórias intestinais e na colite ulcerativa.

Em adultos, a elevação da AFP é observada no carcinoma hepatocecular, em tumores de células germinativas (neoplasias localizadas nos testículos e nos ovários) e em tumores com metástases para o fígado (com origem em outros órgãos). Embora seja útil no diagnóstico, sua principal aplicação é na indicação em resposta ao tratamento. Em pacientes submetidos à ressecção cirúrgica do tumor, por exemplo, espera-se que os níveis de AFP diminuam progressivamente. Em geral, a AFP é dosada por métodos de imunofluorometria.

Valores de referência para AFP	
Adultos	Até 10,5 ng/mL

Alfa-1-lipoproteína

Transportadora de lipídios (ver Capítulo 10).

Haptoglobina (HAP)

A HAP é uma glicoproteína sintetizada nos hepatócitos e, em pequenas quantidades, nas células do sistema reticuloendotelial, e é destinada ao transporte da hemoglobina livre no plasma para o sistema reticuloendotelial, onde é degradada. A hemoglobina não ligada à haptoglobina é filtrada pelos glomérulos e precipita nos túbulos, causando enfermidade renal grave. Isto normalmente não ocorre com o complexo haptoglobina--hemoglobina, que é muito grande para ser filtrado, prevenindo, assim, lesões renais e a perda de ferro. O complexo é degradado no fígado ou no sistema reticuloendotelial, o que explica o teor reduzido de haptoglobina após episódios hemolíticos. Determinações isoladas dessa fração são de pouca utilidade; determinações seriadas, entretanto, são empregadas para monitorar estados hemolíticos.

Valores de referência. Recém-nascidos: 5 a 48 mg/dL; adultos: 34 a 215 mg/dL.

Valores aumentados. Queimaduras, infecções agudas, terapia com corticoide, androgênios, doenças do colágeno, neoplasias e síndrome nefrótica – em que é perdida grande quantidade de proteínas de baixa massa molecular.

Valores reduzidos. Hemólise intravascular, doenças graves do fígado, estrogênios, anemia megaloblástica, hematomas, gravidez, mononucleose infecciosa, reações de transfusão e malária. Nestes dois últimos casos, são frequentes as solicitações de haptoglobina acompanhada de lactato desidrogenase e hemoglobina.

Alfa-2-macroglobulina (AMG)

A AMG é inibidora das proteases de modo diferente do descrito para a AAT. Inibe a atividade da tripsina, quimiotripsina, trombina, elastase, calicreína e plasmina. Está diminuída em pacientes com artrite reumatoide, mieloma múltiplo, e naqueles submetidos a terapia com estreptoquinase. Pode estar elevada durante a gravidez e em caso de terapia com estrogênios, algumas doenças hepáticas, diabetes melito e sindrome nefrótica. A avaliação da AMG raramente tem valor clínico.

Valores de referência. Homens: 150 a 350 mg/dL; mulheres: 175 a 420 mg/dL.

Valores aumentados. Síndrome nefrótica, gravidez, hemólise, infância, diabetes melito, inflamações agudas e crônicas, neoplasias, cirrose, deficiência de α_1-antitripsina e terapia com estrogênio.

Valores reduzidos. Pancreatite aguda grave e úlcera péptica.

Ceruloplasmina (CER)

A ceruloplasmina é sintetizada no fígado e contém cerca de 95% do cobre no plasma. Os 5% de cobre restantes são transportados pela albumina e pela transcupreína. A CER é uma proteína de resposta de fase aguda. O cobre é essencial para o enovelamento normal das cadeias polipeptídicas. O principal papel fisiológico da ceruloplasmina envolve reações de oxidação-redução (reações redox). Seis átomos de cobre estão ligados em cada molécula de ceruloplasmina. A CER está aumentada em infecções, doenças malignas e traumatismos.

Os aumentos são particularmente notáveis em enfermidades do sistema reticuloendotelial, como a doença de Hodgkin. O nível está também elevado nas infecções ou na obstrução do trato biliar. A aplicação mais importante da avaliação da ceruloplasmina é no diagnóstico da doença de Wilson (defeito autossômico recessivo raro, com incidência de 1:50.000 a 1:100.000). As anormalidades nesse distúrbio são: diminuição da CER, com redução da incorporação do cobre na apoproteína, e redução drástica da excreção biliar do cobre. O cobre se deposita nos rins, no fígado, onde causa cirrose, e no cérebro, onde lesa o gânglio basal. Essa enfermidade também é chamada de *degeneração hepatolenticular*. Os teores de CER são afetados por idade, exercício, gravidez e administração de estrogênios. Na ausência de enfermidade hepática grave, níveis <10 mg/dL são sugestivos de enfermidade de Wilson.

Valores de referência para ceruloplasmina (nefelometria)
20 a 58 mg/dL

Valores aumentados. Artrite, doença de Hodgkin, estados neoplásicos e inflamatórios, gravidez, estrogênios, como na gravidez ou contraceptivos orais, e antiepilépticos.

Valores reduzidos. Má nutrição, ingestão insuficiente de cobre (incluindo má absorção) incapacidade de transportar Cu^{2+} do epitélio gastrointestinal para a circulação (doença de Menkes), incapacidade de inserir o Cu^{2+} na molécula de ceruloplasmina (como na doença de Wilson), perda renal ou gastrointestinal de proteínas e enfermidade hepática grave, particularmente a cirrose biliar primária. A deficiência de cobre na dieta está associada com neutropenia, trombocitopenia, ferro sérico reduzido e anemia hipocrômica, normocítica ou microcítica que não responde à terapia por ferro.

Transferrina (TRF/Tf)

A transferrina (TRF/Tf), ou siderofilina, é a principal proteína plasmática transportadora de ferro. Os íons férricos provenientes da degradação do heme no fígado e aqueles absorvidos a partir da dieta são transportados pela transferrina para os locais de produção dos eritrócitos na medula óssea. Sua concentração está relacionada com a capacidade total de ligação de ferro (TIBC). A avaliação da TRF é útil no diagnóstico diferencial da anemia ferropênica e no acompanhamento do seu tratamento. Na deficiência de ferro ou anemia hipocrômica, o teor de TRF está elevado em virtude do aumento da síntese; entretanto, a proteína está menos saturada com o ferro, pois os níveis de ferro plasmático estão baixos. Por outro lado, se a anemia é causada por impedimento da incorporação do ferro nos eritrócitos, a concentração de TRF está normal ou baixa, mas saturada de ferro. Na sobrecarga de ferro, a TRF está normal, enquanto a saturação (normalmente entre 30% e 38%) excede os 55% e pode chegar a 90%.

Valores de referência. Recém-nascidos: 130 a 275 mg/dL; adultos: 220 a 400 mg/dL, acima de 60 anos: 180 a 380 mg/dL.

Valores aumentados. Anemias por deficiência de ferro, gravidez e durante a terapia com estrogênio.

Valores reduzidos. Ocorrem, juntamente com baixos teores de albumina, pré-albumina e β-lipoproteína, em inflamações e doenças malignas. A causa da redução na síntese ainda é desconhecida. Outras causas de diminuição da TRF são: enfermidade hepática (redução da síntese), má nutrição, síndrome nefrótica, neoplasias, hemólise, enteropatias perdedoras de proteínas, transferrinemia hereditária, em que os níveis bastante reduzidos de TRF são acompanhados de sobrecarga de ferro, e anemia hipocrômica resistente à terapia pelo ferro.

Hemopexina (Hx, Hpx)

Atua no transporte do heme livre após catabolismo da hemoglobina em seus componentes. O complexo heme-hemopexina atinge o fígado, onde a porção heme é convertida em bilirrubina. Essa fração dificilmente é quantificada no laboratório clínico.

Betalipoproteína

Transportadora de lipídios (ver Capítulo 10).

Complemento fração C4

A fração C4 participa da via clássica de ativação do complemento e atua na resposta imunológica

C A P Í T U L O 8 ▪ Aminoácidos e Proteínas

humoral. Sua deficiência tem caráter autossômico recessivo e resulta em redução da resposta à infecções.

Valores de referência: 15 a 45 mg/dL.

Fibrinogênio

O fibrinogênio, uma glicoproteína sintetizada pelo fígado, atua como substrato para a ação da enzima trombina, sendo composto por três diferentes pares de cadeias polipeptídicas ligadas por pontes dissulfeto que, sob a ação da trombina, formam fibrinopeptídeos A e B. A deficiência de fibrinogênio pode resultar da falta de produção da molécula normal (afibrinogenia ou hipofibrogenia) ou da produção de uma proteína estruturalmente anormal (disfibrinogenia).

Valores de referência: 200 a 450 mg/dL.

Valores aumentados. Doenças inflamatórias agudas e crônicas, síndrome nefrótica, doenças hepáticas/cirrose, gravidez, estrogenioterapia e coagulação intravascular compensada.

Valores reduzidos. Coagulação intravascular aguda ou descompensada, doença hepática avançada, terapia com L-asparaginase, terapia com agentes fibrinolíticos (estreptoquinase, uroquinase e ativadores de plasminogênio tissular), disfibrinogenemia congênita – cujos indivíduos afetados podem ser assintomáticos ou apresentar episódios esporádicos de sangramento.

Complemento fração C3

A fração C3 é um dos nove componentes principais do complemento total; atua na resposta imunológica humoral.

Valores de referência: 80 a 170 mg/dL.

Beta-2-microglobulina (BMG)

A BMG é uma proteína de baixa massa molecular (11.800) facilmente filtrada pelo glomérulo e quase totalmente reabsorvida pelos túbulos renais. Níveis elevados no plasma ocorrem na insuficiência renal, na inflamação e em neoplasias, especialmente aquelas associadas com os linfócitos B. O principal valor da determinação da BMG está em testar a função tubular renal, particularmente nos receptores de transplantes renais, nos quais a rejeição se manifesta pela redução da função tubular.

Valores de referência	
Soro	0,10 a 0,26 mg/dL
Urina	0,03 a 0,37 mg/d
LCR	0,30 mg/L

Proteína C reativa (PCR)

A PCR é sintetizada no fígado – presente no plasma de pacientes com doenças agudas – e capaz de se ligar ao polissacarídeo-C da parede celular do *Streptococcus pneumoniae*. A PCR é um marcador não específico que se eleva *em resposta de fase aguda* quando há estímulo de lesão tecidual, infecção ou necrose celular associada com infarto ou malignidade. Medidas repetidas são úteis no estudo do curso de doenças (como acompanhar a terapia durante a inflamação ou processo necrótico). A PCR está envolvida com o sistema autoimune e atua na ativação do complemento, fagocitose e liberação das linfocinas. A PCR é sintetizada no fígado e constituída de cinco unidades polipeptídicas.

Valores de referência: 80 a 800 µg/dL.

Valores aumentados. Infarto do miocárdio, estresse, traumatismo, infecções (p. ex., recorrentes no lúpus eritematoso sistêmico), inflamação (p. ex., fase aguda da artrite reumatoide), cirurgia ou proliferação neoplásica, espondilite anquilosante e necrose tecidual. O aumento pode chegar até 2.000 vezes o valor de referência. Entretanto, como o aumento é inespecífico, ele não pode ser interpretado sem uma história clínica completa ou sem a comparação com outros exames.

Imunoglobulinas (anticorpos humorais)

As imunoglobulinas são glicoproteínas especializadas sintetizadas pelo sistema imune em resposta a uma partícula estranha (imunógeno). As substâncias estranhas que induzem a resposta imune são denominadas imunógenos, enquanto as moléculas que somente se ligam aos anticorpos são denominadas antígenos.

As imunoglobulinas podem reconhecer e reagir ou neutralizar invasores como bactérias, vírus ou proteínas estranhas oriundas de outras espécies ou outras substâncias. Cada proteína estranha estimula a formação de um conjunto de diferentes anticorpos, os quais podem combinar-se com o antígeno para formar um complexo antígeno-anticorpo. A produção de anticorpos é parte de um mecanismo geral de defesa denominado *resposta imunitária* ou *imunológica*.

As imunoglobulinas são constituídas por proteínas com estruturas em forma de Y, consistindo em quatro cadeias polipeptídicas: duas unidades idênticas, denominadas *cadeias pesadas* (H), e duas unidades idênticas de menor tamanho, denominadas *cadeias leves* (L). Os domínios N-terminais das cadeias H e L contêm uma região de variabilidade na sequência de aminoácidos (Figura 8.1). As sequências de aminoácidos das regiões variáveis das quatro cadeias determinam a especificidade antigênica de um anticorpo em particular, cujos sítios de ligação, que são complementares a características estruturais específicas da molécula de antígeno, tornam possível a formação do complexo antígeno-anticorpo.

O sistema imune humano é capaz de produzir acima de 10^9 diferentes espécies de anticorpos que interagem com uma grande variedade de antígenos. As nove isoformas conhecidas são: IgG_1, IgG_2, IgG_3, IgG_4, IgM, IgA_1, IgA_2, IgD e IgE.

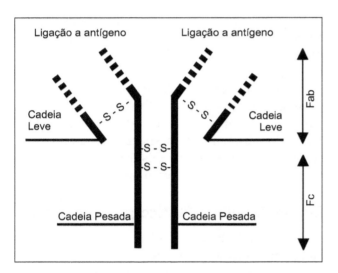

Figura 8.1 Representação de uma molécula de imunoglobulina. A molécula consiste em duas cadeias pesadas e duas cadeias leves ligadas por ligações dissulfeto (-S-S-). Tanto a cadeia pesada como a cadeia leve apresentam uma região variável e uma região constante.

IgG. Corresponde a 85% das imunoglobulinas totais. A IgG difunde-se para o espaço extravascular devido ao seu pequeno tamanho, sendo também capaz de atravessar a placenta, fornecendo, assim, imunidade humoral para o feto e o recém--nascido, antes da maturação do sistema imune. Sua principal função parece ser a neutralização de toxinas nos espaços teciduais. Anticorpos da classe IgG são produzidos em resposta à maioria das bactérias e vírus; agregam e envolvem pequenas proteínas estranhas, como as toxinas bacterianas. Informações mais precisas sobre as imunidades são obtidas pela avaliação das quatro subclasses da IgG: IgG_1, IgG_2, IgG_3 e IgG_4.

- *Valores de referência.* População adulta:
  IgG_1: 500 a 1.200 mg/dL
  IgG_2: 200 a 600 mg/dL
  IgG_3: 50 a 100 mg/dL
  IgG_4: 20 a 100 mg/dL

- *Valores aumentados.* Doença hepática crônica, doenças autoimunes, doenças parasitárias, infecção crônica, mieloma por IgG, sarcoidose.

- *Valores reduzidos.* Deficiências hereditárias, gestação, imunodeficiência adquirida, síndromes perdedoras de proteínas, macroglobulinemia de Waldenström, mieloma não secretor de IgG.

IgA. Aproximadamente 10% a 15% das imunoglobulinas séricas são IgA. Existe outra forma de IgA, chamada *IgA secretora*, encontrada particularmente na forma dimérica, nas lágrimas, no suor, na saliva, no leite, no colostro, nas secreções das parótidas, nos brônquios e no sistema gastrointestinal. A IgA fornece proteção antisséptica às superfícies externas contra micro-organismos. A IgA pode promover a fagocitose, induzir a degradação eosinófila e ativar o complemento através de via alternativa.

- *Valores de referência.* População adulta:
  IgA_1: 50 a 200 mg/dL
  IgA_2: 0 a 20 mg/dL

- *Valores aumentados.* Artrite reumatoide, cirrose hepática, infecções crônicas, lúpus eritematoso sistêmico, mieloma γ-A, nefropatia por IgA e sarcoidose.

- *Valores reduzidos.* Agamaglobulinemia, imunodeficiência adquirida, macroglobulinemia de Waldenström, disgamaglobulinemia tipo III, cirrose hepática, mieloma não IgA, telangiectasia hereditária, hipoplasia tímica.

IgM. Um pentâmero produzido como primeira resposta imune ao estímulo antigênico, a IgM é a primeira imunoglobulina produzida pelo feto durante o desenvolvimento. Ela está confinada ao espaço intravascular em razão de sua elevada massa molecular, o que impede sua passagem para o espaço extravascular. A IgM não atravessa a barreira placentária, e níveis elevados em recém-nascidos durante a primeira semana de vida sugerem infecção pré-natal (rubéola, citomegalovírus, toxoplasmose etc.). O aumento policlonal é encontrado em casos de cirrose, escleroderma, endocardite bacteriana, tripanossomíase, malária, mononucleose infecciosa, actinomicose e leucemia monocítica. Também é empregada na avaliação da imunidade humoral, no diagnóstico e no monitoramento da terapia da macroglobulinemia de Waldenström (aumento monoclonal da classe IgM). No adulto, compreende de 5% a 10% das imunoglobulinas circulantes totais.

- *Valores de referência.* População adulta: 50 a 150 mg/dL.
- *Valores aumentados.* São as primeiras imunoglobulinas a serem produzidas na resposta imune, nas doenças hepáticas, nas infecções crônicas e na macroglobulinemia de Waldenström.
- *Valores reduzidos.* Deficiências hereditárias, síndromes perdedoras de proteínas, imunodeficiência adquirida, mieloma não secretor de IgM.

IgD. Constitui menos de 1% das imunoglobulinas totais. Sua estrutura é similar à da IgG. Muitas vezes, está associada ao monômero IgM, na superfície dos linfócitos B. Seu papel ainda é desconhecido. Pode estar relacionada com o receptor de antígenos na superfície dos linfócitos B.

- *Valores de referência.* População adulta: 0 a 40 mg/dL.
- *Valores aumentados.* Doença autoimune, infecção crônica, mieloma secretor de IgD.
- *Valores reduzidos.* Deficiências hereditárias, imunodeficiência adquirida, mieloma não secretor de IgD.

IgE. Encontrada no plasma somente em pequenas quantidades, inclui as reaginas que se ligam às células. Em presença de antígeno (alérgeno), e como um dos resultados da reação antígeno-anticorpo, ocorre a liberação de aminas vasoativas pelos mastócitos, produzindo reações de hipersensibilidade local. A IgE exerce importante papel na alergia/atopia e na imunidade antiparasitária.

- *Valores de referência.* População adulta: 0 a 0,2 mg/dL.

- *Valores aumentados.* Doenças atópicas, doenças parasitárias.

HIPOGAMAGLOBULINEMIA

A resposta imune específica do organismo é baseada em dois componentes principais, (1) imunidade humoral mediada pelos linfócitos B (células B) e (2) imunidade celular mediada pelos linfócitos T (células T). A deficiência das imunoglobulinas (Ig) produzidas pelas células B resulta em consequências dramáticas na defesa do organismo contra infecções. As desordens do sistema imune que levam à hipogamaglobulinemia podem envolver os linfócitos B ou os linfócitos T, ou ambos.

As deficiências de imunoglobulinas são detectadas pela medida das Ig séricas. Pacientes com valores normais, porém ainda com suspeitas de hipogamaglobulinemia, devem ser submetidos a testes de resposta imune a antígenos específicos (antígenos polissacarídicos e proteicos).

A pesquisa deve iniciar-se com uma eletroforese das proteínas séricas para estabelecer o diagnóstico da provável hipogamaglobulinemia. Métodos quantitativos que usam imunodifusão ou nefelometria são empregados para medir precisamente cada isoforma de Ig. Na quantificação da IgE são usados testes *enzyme-linked immunosorbent*.

A hipogamaglobulinemia pode ser causada por desordens primárias (congênitas) ou secundárias (adquiridas):

Imunodeficiências hereditárias

- *Desordens das células B:*
  - Agamaglobulinemia ligado ao X (doença de Bruton).
  - Síndrome da hiperimunoglobulina não ligada ao X.
  - Deficiência isolada de imunoglobulina (IgM, IgA).
  - Deficiência da subclasse IgG.
  - Imunodeficiência variável comum.
  - Hipogamaglobulinemia transitória da infância.
  - Síndrome de Good (imunodeficiência com timoma).
  - Hipogamaglobulinemia IgE.
- *Desordens das células T e das células B combinadas:*
  - Imunodeficiência combinada grave ligada ao X.

- Deficiência Janus tirosinoquinase-3.
- Deficiência de adenosina-desaminase.
- Deficiência das proteínas 1 e 2 do gene de ativação da recombinase.
- Imunodeficiência ligada ao X com hiperimunoglobulina M.
- Disgênese reticular.
- Síndrome de Wiskott-Aldrich.

Imunodeficiências adquiridas

- *Defeitos na síntese.* A IgM reduz primeiro, seguida pela IgA e, finalmente, pela IgG:
  - Neoplasia linfoide: leucemia linfocítica crônica, doença de Hodgkin e mieloma múltiplo.
  - Reação tóxica, insuficiência renal (perdedora de proteínas) e diabetes melito.
  - Infecções virais.
  - Terapia imunossupressiva.
  - Desnutrição grave.
- *Perda anormal de proteínas.* Síndrome nefrótica, queimaduras, lesões exsudativas e síndromes perdedoras de proteínas.
- *Desordens catabólicas:*
  - Distrofia miotônica.
  - Síndrome nefrótica.
  - Enteropatia perdedora de proteínas.
  - Síndrome de hiperestimulação ovariana grave.
  - Tireotoxicose.
- *Malignidades linfoproliferativas:*
  - Mieloma múltiplo.
  - Leucemia linfocítica crônica.
  - Linfomas, especialmente os não Hodgkin.
- *Crianças prematuras.*
- *Fármacos.* Clorpromazina, fenitoína, carbamazepina, ácido valproico, D-penicilamina, sulfassalazina e hidroxicloroquina (relacionada com a deficiência de IgA).

GAMOPATIAS POLICLONAIS

As gamopatias policlonais são caracterizadas por aumentos difusos das gamaglobulinemias. São induzidas por estímulo imune de muitos clones celulares, produzindo várias imunoglobulinas. Representam a resposta das células β ao estímulo antigênico e indicam a presença de infecção crônica ou processo autoimune. As principais causas são:

Infecções crônicas. Brucelose, tuberculose, parasitoses (malária), lepra e bronquiectasia. Nesses casos, as estimativas das imunoglobulinas específicas raramente fornecem mais informações que a eletroforese proteica. No entanto, as suas determinações são de grande valor em alguns diagnósticos diferenciais.

Hepatopatias crônicas. Cirrose biliar primária, cirrose portal e hepatite crônica ativa.

Infecções intrauterinas. A produção de IgM no feto aumenta e, ao nascer, o teor de IgM no sangue do cordão está elevado.

Doença inflamatória intestinal. Doença de Crohn e colite ulcerativa.

Desordens autoimunes. Artrite reumatoide e lúpus eritematoso sistêmico.

Granulomas. Sarcoidose.

Em alguns casos, as classes imunoglobulínicas fornecem a indicação da etiologia:

- *Predomínio de IgG.* Hepatite crônica ativa e lúpus eritematoso sistêmico.
- *Predomínio de IgA.* Cirrose criptogência, doença de Crohn, tuberculose e sarcoidose.
- *Predomínio de IgM.* Cirrose biliar primária e doenças parasitárias.
- *Aumentos equivalentes de IgA, IgG e IgM.* Infecções crônicas prolongadas.

GAMOPATIAS MONOCLONAIS (PARAPROTEINEMIA)

As bandas de imunoglobulinas monoclonais visíveis na eletroforese do soro sanguíneo como picos estreitos e pontiagudos são denominadas *paraproteínas* ou componentes monoclonais. São produtos de uma única célula B e surgem de transformações malignas ou benignas das células B. Podem ser polímeros, monômeros ou fragmentos de moléculas de imunoglobulinas, como cadeias leves (proteínas de Bence Jones) ou, raramente, cadeias pesadas ou meias moléculas; tanto os monômeros como os fragmentos podem ser polimerizados. A detecção de uma paraproteína no sangue ou na urina necessita outras investigações para que seja determinado se ela é benigna ou maligna. Paraproteinemias malignas ocorrem no mieloma múltiplo (e no plasmacitoma), na macroglobulinemia e em outros tumores linfoides. A prevalência de paraproteinemia

CAPÍTULO 8 ▪ Aminoácidos e Proteínas

aumenta com a idade e está ao redor de 3% na população geriátrica. Muitas vezes, as imunoglobulinas monoclonais são benignas e denominadas gamopatias monoclonais de significado incerto. As gamopatias monoclonais são encontradas em um grande número de situações, entre as quais se destacam:

Mieloma múltiplo. Cerca de 60% das paraproteínas são devidas ao *mieloma múltiplo* (neoplasia plasmocítica disseminada na medula óssea), que está associado com várias classes de imunoglobulinas, principalmente a IgG. A maioria dos mielomas produz moléculas de Ig completas – geralmente IgA ou IgG – sendo a quantidade produzida muitas vezes proporcional à massa do tumor. Quantidades excessivas de fragmentos de Ig (cadeias leves ou partes de cadeias pesadas) são também produzidas em 85% dos casos, aproximadamente. Dímeros de cadeias leves (44 kDa) estão, muitas vezes, presentes na urina, sendo denominados *proteínas de Bence Jones*.

O mieloma múltiplo causa diferentes tipos de problemas. A proliferação de células plasmáticas interfere na produção normal de células sanguíneas, resultando em leucopenia, anemia e trombocitopenia. As células podem causar lesões líticas no esqueleto ou nos tecidos moles. Outras complicações são: dor óssea, hipercalcemia e compressão do cordão espinhal. Anticorpos aberrantes são produzidos, reduzindo a imunidade humoral com elevada incidência de infecção, especialmente por organismos encapsulados. A produção aumentada desses anticorpos promove hiperviscosidade, amiloidose e insuficiência renal.

No mieloma múltiplo são encontrados:

- *Sinais clínicos.* Dor óssea, fadiga, anemia, infecção, insuficiência renal, hiperviscosidade e uma velocidade de hemossedimentação elevada.

- *Diagnóstico.* Banda de paraproteínas na eletroforese no soro e na urina; lesões líticas difusas no raio-X ósseo; biópsia da medula óssea com presença de células plasmáticas anormais.

- *Acompanhamento. Hipercalcemia* (envolvimento ósseo); *creatinina e ureia elevadas* (disfunções tubular e glomerular); β-2-microglobulina (níveis elevados indicam um mau prognóstico – dependem da renovação das células tumorais e da função renal); *proteína C reativa* é útil no prognóstico; pesquisa de *proteína de Bence Jones* na urina; *hemoglobina reduzida* (depressão da medula); *redução das imunoglobulinas "normais"* – não paraproteína – o que predispõe à infecção.

Macroglobulinemia de Waldenström. É uma proliferação monoclonal de linfócitos plasmocitoides secretores de IgM. Em geral, apresenta um curso mais prolongado que o mieloma múltiplo. Há uma proliferação de células que lembram os linfócitos em lugar de células plasmáticas. Elas produzem moléculas completas de IgM e, muitas vezes, excesso de cadeias leves. A elevação do teor de IgM promove o aumento da viscosidade plasmática com tendência à trombose. Epistaxe, hemorragias retinianas, confusão mental e insuficiência cardíaca congestiva são manifestações típicas da síndrome de hiperviscosidade. O diagnóstico e o acompanhamento da macroglobulinemia são realizados por meio dos seguintes testes:

- *Eletroforese das proteínas no soro e na urina.* Devem ser usadas amostras recém-coletadas para evitar erros resultantes da deterioração. Uma urina ao acaso é adequada para demonstração da proteinúria de Bence Jones.

- *Determinação quantitativa das paraproteínas e de outras imunoglobulinas no soro.* A análise desses resultados permite a diferenciação entre a hipergamaglobulinemia benigna e a maligna.

- *Imunoeletroforese ou imunofixação de proteínas séricas e urinárias.* Para determinar o tipo de paraproteína.

- β-2-microglobulina sérica. Para monitorar o progresso da doença; níveis elevados dessas proteínas indicam um mau prognóstico.

- *Ureia e creatinina séricas.* Para avaliar a função renal.

- *Cálcio, fosfatase alcalina e ácido úrico no soro.* Medidos como índices da extensão do envolvimento ósseo e da renovação celular, respectivamente.

- *Hemograma.* Com anemia normocítica ou microcítica e trombocitopenia leve.

Doença da cadeia pesada (doença de Franklin). Compreende um grupo de condições raras nas quais os fragmentos de cadeia pesada correspondem à porção Fc das imunoglobulinas que são sintetizadas e excretadas na urina. A produção anormal de cadeias pesadas α e γ é a desordem mais comum.

Paraproteinemia benigna. Pode ser transitória ou persistente. As paraproteínas ocorrem transitoriamente durante infecções agudas em doença autoimune devido à estimulação de antígeno. Paraproteinemia benigna estável ou persistente pode ocorrer em tumores benignos das células B. São encontradas no diabetes melito, suas infecções crônicas, na cirrose e nas desordens do tecido conjuntivo. São características dessa condição:

- Concentração de paraproteínas <2 g/dL (<1 g/dL se a paraproteína for IgA).
- Teores normais de albumina sérica e outras imunoglobulinas.
- Período maior que 5 anos sem elevação nas concentrações das paraproteínas.
- Mais comum em idades avançadas, isto é, a prevalência é de 2% entre 60 e 80 anos, de 10% entre 80 e 90 anos e de 20% em >90 anos.

RESPOSTA DE FASE AGUDA

Estímulos inflamatórios virais, parasitários e bacterianos, traumatismos e destruições celulares neoplásicas ou hipersensíveis podem ser responsáveis pelo aparecimento local e sistêmico da *resposta de fase aguda*. É uma resposta inespecífica ao estímulo de lesão tecidual ou infecção e acomete vários órgãos e tecidos.

Na resposta de fase aguda há o envolvimento dos fatores tumorais necrosantes, interleucinas 1, 6 e 8, dos lipopolissacarídeos, das seletinas, dos glicocorticoides e do ACTH, entre outros fatores. Vários efeitos sistêmicos acompanham a inflamação, como febre, calor, inchaço, vermilhidão, granulocitose, alterações endócrinas, modificações no equilíbrio líquido e eletrolítico e proteólise muscular.

Proteínas de fase aguda. São proteínas plasmáticas específicas, cuja síntese é estimulada poucas horas após o evento, permanecendo alteradas enquanto houver o processo de fase aguda. Entre elas estão: proteína C reativa, α-1-antitripsina, α-1-glicoproteína, α-2-glicoproteína, α-2-macroglobulina, amiloide sérica A (SAA), haptoglobina, fatores do complemento e fibrinogênio. Duas medidas complementares são empregadas para avaliar o estado de fase aguda:

- *Velocidade de sedimentação globular.* Modificações na VSG abrangem alterações em várias proteínas (fibrinogênio, α-2-macroglobulinas, imunoglobulinas e albumina), assim como a contagem dos eritrócitos e as características de suas membranas.
- *Medidas das citocinas.* Com o estabelecimento do papel das citocinas (interleucina 1 e interleucina 6) e dos fatores de necrose tumoral, estimulantes da resposta de fase aguda, foram sugeridas as suas avaliações em condições inflamatórias.

Bibliografia consultada

ANDERSON, S.C.; COCKAYNE, S. **Clinical chemistry: concepts and applications.** Philadelphia: Saunders, 1993. 748p.

CANDLISH, J.K.; CROOK, M.J. **Notes on clinical biochemistry.** New York: Word Scientific, 1993. 272p.

JAMES, K. Alpha$_2$-macroglobulin and its possible importance in the immune system. **Trends in biochemical sciences. 1980:**43-7.

JOHNSON, A.M. Amino acids and proteins. In: BURTIS, C.A.; ASHWOOD, E.R.; BRUNS, D.E. **Tietz: Fundamentals of clinical chemistry.** 6 ed. Philadelphia: Saunders, 2008:286-316.

LUZIO, J.P.; THOMPSON, R.J. **Macromolecular aspects of medical biochemistry.** Cambridge: Cambridge University Press, 1990. 278p.

PEDRAZZI, A. H. Aspectos clínicos de proteínas de fase aguda. **SBAC Jornal, 14:**7, 2002.

SILVERMAN, L.M.; CHRISTENSON, R.H. Amino acids and proteins. In: BURTIS, C.A.; ASHWOOD, E.R. **Tietz textbook of clinical cheistry.** 2 ed. Philadelphia: Saunders, 1994:625-734.

SMITH, A.F.; BECKETT, G.J.; WALKER, S.W.; ERA, P.W.H. **Clinical biochemistry.** 6 ed. London: Blackwell Science, 1998:86-100.

SNELLER M.C. Common variable immunodeficiency. **Am. J. Med. Sci. 321(1):** 42-8, 2001.

SOARES, J.L.M.F.; PASQUALOTTO, A.C.; ROSA, D.D.; LEITE, V.R.S. **Métodos diagnósticos.** Porto Alegre: Artmed, 2002.

THOMPSON, D.; MILFORD-WARD, A.; WHICHER, J.T. The value of acute phase proteins in clinical practice. **Ann. Clin. Biochem., 29:**123-31, 1992.

WHICCHER, J.T. The laboratory investigation of paraproteinaemia. **Ann. Clin. Biochem., 24:**119-39, 1987.

8.4 AMINOACIDOPATIAS

Os *erros inatos do metabolismo* envolvem defeitos enzimáticos que interrompem vias fisiológicas. As principais categorias são:

- Desordens do metabolismo proteico: aminoacidopatias, acidopatias orgânicas e defeitos no ciclo da uréia.
- Desordens no metabolismo dos carboidratos: intolerância aos carboidratos, doenças do armazenamento do glicogênio, desordens na gliconeogênese e na glicogenólise.
- Desordens no armazenamento lisossomal.
- Defeitos na oxidação dos ácidos graxos.
- Desordens mitocondriais.
- Desordens peroxissomais.

Nesse contexto, serão examinadas as aminoacidopatias mais importantes.

Em condições normais, o rim reabsorve mais de 95% dos aminoácidos filtrados, mas alguma modificação do transportador ou a saturação dos mecanismos de reabsorção por níveis elevados plasmáticos pode provocar aminoacidúrias. Muitos distúrbios do metabolismo dos aminoácidos são benignos, enquanto outros estão associados a retardamento mental, restrição do crescimento, convulsões, nefropatia, cirrose hepática e disfunção de outros órgãos. As aminoacidúrias são de dois tipos principais: excesso de fluxo e renal.

Excesso de fluxo. São as que acompanham os teores plasmáticos elevados de aminoácidos quando os túbulos renais são incapazes de reabsorver as concentrações elevadas dos aminoácidos no filtrado glomerular, ou seja, a capacidade de reabsorção máxima tubular renal é excedida.

Renais. São condições associadas à excreção urinária aumentada de um ou mais aminoácidos, enquanto a concentração dos aminoácidos plasmáticos nos mesmos é normal. Essas condições têm em comum um defeito no mecanismo de transporte tubular renal de um ou mais aminoácidos.

HIPERFENILALANINEMIAS

As hiperfenilalaninemias são um grupo de desordens resultantes do impedimento da conversão de fenilalanina em tirosina. Essa via é catalisada pela enzima *fenilalanina-hidroxilase*, encontrada em quantidades apreciáveis somente no fígado e nos rins.

A *fenilcetonúria* (PKU) é um erro inato do metabolismo causado pela ausência (PKU clássica, tipo I) ou deficiência parcial (tipo II) da enzima fenilalanina-hidroxilase, que converte a fenilalanina em tirosina. Na falta dessa enzima, a fenilalanina acumula-se no sangue, sendo metabolizada por outra via e produzindo catabólitos alternativos, como ácido fenilpirúvico, ácido fenilático, ácido fenilacético e o seu conjugado com a glutamina, a fenacetilglutamina. Esses metabólitos são rapidamente excretados na urina, resultando em fenilcetonúria. Esse distúrbio ocorre com uma frequência de 1 para 10.000 nascimentos, apresentando sinais clínicos nas primeiras semanas de vida; crianças não tratadas podem desenvolver retardamento mental e redução na expectativa de vida.

Crianças afetadas apresentam-se normais ao nascimento, e os primeiros sintomas são geralmente inespecíficos: desenvolvimento retardado, dificuldades na alimentação e vômitos, às vezes suficientemente graves para sugerir estenose pilórica. Os pacientes também tendem a demonstrar uma hipopigmentação. Isto ocorre porque a fenilalanina é um inibidor competitivo da tirosinase, a enzima que inicia a via de produção da melanina. Níveis aumentados de fenilalanina também reduzem os teores de noradrenalina, mielina e serotonina. Essa condição pode contribuir para os sintomas neurológicos.

A pesquisa dessa enfermidade é, geralmente, realizada na segunda semana de vida do paciente, quando os níveis de fenilalanina estão aumentados, mas ainda não iniciou o processo de retardamento mental. O aumento do ácido fenilacético encontrado no suor e na urina causa um odor murídio (semelhante ao do rato).

Outra forma de hiperfenilalaninemia é conhecida como *hiperfenilalaninemia neonatal transitória*. Esta desordem é causada pelo retardo na maturação hepática do sistema enzimático da fenilalanina-hidroxilase. Esta condição não é um defeito inerente; os níveis de fenilalanina podem atingir 12 mg/dL inicialmente, mas progressivamente vão declinando até alcançar os valores normais.

TIROSINEMIA E DESORDENS RELACIONADAS

A tirosinemia tem várias formas, todas acompanhadas por tirosinúria e acidúria fenólica. A tirosina é essencial para a síntese proteica e serve como precursora da tiroxina, da melanina e das catecolaminas. A tirosina é proveniente da dieta proteica, assim como da hidroxilação da fenilalanina.

Tirosinemia I (tirosinose)

A tirosinemia I (tirosinose, tirosinemia hepatorrenal) é uma desordem rara (1 para 100.000 nascimentos) caracterizada pela excreção do ácido *p*-hidroxifenilpirúvico, quando o paciente está sob dieta normal, com excreção de metabólitos da tirosina e pequenas quantidades de ácido *p*-hidroxifenilacético, quando a dieta inclui excesso de tirosina. Acredita-se que essa desordem seja causada pela atividade reduzida das enzimas *ácido fumarilacetoacetato-hidroxilase* e *ácido p-hidroxifenilpirúvico-oxidase (PHPPA oxidase)*. A perda da atividade enzimática provoca níveis elevados de tirosina no sangue e na urina e da metionina no sangue. Aumentos nos níveis séricos de α-fetoproteína estão também associados com essa desordem. O dano hepático resulta em insuficiência aguda e, em alguns casos mais graves, em cirrose. A lesão renal leva à síndrome de Fanconi.

Tirosinemia II

A tirosinemia II é uma deficiência da enzima hepática *tirosina-aminotransferase*, que catalisa o primeiro estágio do catabolismo da tirosina. As características clínicas são: lesões oculares (erosão da córnea), da pele, das palmas das mãos e das solas dos pés. As lesões oculares e na pele são provavelmente secundárias à formação intracelular de cristais de tirosina, o que induz a inflamação. Observa-se, ocasionalmente, retardamento mental. Níveis elevados de tirosina são encontrados no sangue e na urina, e também são encontrados valores aumentados de ácidos fenólicos e tiramina na urina. Diferente do que ocorre na tirosinemia I, a metionina plasmática não está elevada. No sedimento urinário são encontrados cristais em forma de agulha.

Tirosinemia neonatal transitória

Nesse distúrbio, os teores de tirosinemia estão elevados em crianças prematuras e nascidas a termo, mas com baixo peso, as quais apresentam imaturidade hepática e limitada capacidade de sintetizar as enzimas apropriadas. Com o fígado maduro, a tirosina acumulada volta ao normal em 48 semanas.

CISTINÚRIA

Essa desordem não provém do metabolismo dos aminoácidos, mas de defeito no transporte de cistina pelas células dos túbulos renais e do intestino, sendo transmitida como uma característica autossômica recessiva. Nessa desordem também são excretados outros aminoácidos, como lisina, arginina e ornitina, mas o único que cristaliza é a cistina. A incidência desse destúrbio está entre 1 para 10.000 (homozigóticos) e 1 para 20.000 (heterozigóticos) nascimentos.

A única manifestação clínica da doença – a formação de cálculo urinário – inicia-se quando as concentrações urinárias de cistina excedem 30 mg/dL, o que ocorre durante a infância, com incidência máxima na terceira década de vida. Com frequência, são formados cálculos múltiplos que tendem à recorrência depois de removidos.

Os cálculos de cistina são branco-amarelados e, muitas vezes, moles, mas também podem ser densamente granulares. A detecção de cristais de cistina (hexagonais) no sedimento urinário pode ser indicativa de formação de cálculo de cistina.

CISTINOSE

A cistinose é uma doença de causa desconhecida caracterizada por defeito no processo de transporte através das membranas lisossomais com deposição de cristais de cistina. Manifestações sistêmicas sérias resultam dessa deposição. Os cristais se acumulam no fígado, nos rins, no baço, na medula óssea, nos nódulos linfáticos e nas córneas. A cistinose ocorre em cerca de 1 para 40.000 nascimentos.

O tipo nefropático da cistinose surge durante a infância. Essas crianças demonstram deficiência no crescimento, raquitismo, acidose e aumento da excreção renal de potássio, glicose, fosfato e aminoácidos. Essa aminoacidúria renal é, muitas ve-

C A P Í T U L O 8 ▪ Aminoácidos e Proteínas

zes, designada como aminoacidúria generalizada em razão da perda paralela de outros aminoácidos na urina. Quando existe defeito nos túbulos proximais renais com glicosúria, aminoacidúria, fosfatúria, proteinúria e, às vezes, acidose, a cistinose é conhecida como *síndrome de Fanconi*. A forma grave exibe fotofobia e pode resultar em morte como resultado da insuficiência renal.

Outra forma de cistinose – de início tardio, intermediária ou adolescente – não manifesta sintomas até a idade de 18 meses a 17 anos. A lesão é menos grave, e os pacientes não apresentam síndrome de Fanconi. A progressão do dano glomerular é mais lenta que nos casos típicos nefropáticos.

Existe também uma forma benigna ou adulta de cistinose, na qual se encontram cristais de cistina na córnea, nos leucócitos e na medula óssea. Os pacientes acometidos por essa forma da doença não apresentam disfunção renal ou retinopatia.

SÍNDROME DE HARTNUP

Nessa condição há aumento na excreção urinária de alanina, treonina, glutamina, serina, asparagina, valina, leucina, isoleucina, fenilalanina, tirosina, triptofano, histidina e citrulina, resultando em aminoacidúria renal. A incidência é de 1 para 18.000 nascimentos.

Muitos pacientes com síndrome de Hartnup apresentam deficiência de nicotinamida, pois o triptofano é convertido em ácido nicotínico e nicotinamida em humanos. O triptofano é pobremente absorvido nesses pacientes e, devido à má absorção, a deficiência de nicotinamida torna-se manifesta pelo exantema da pelagra, que aparece no primeira década de vida. Ocorrem manifestações neurológicas, dor de cabeça, dificuldades em concentrar-se, fraqueza dos membros e ataxia.

A cistinúria e a síndrome de Hartnup produzem aminoacidúria por defeitos no transporte tubular renal e, portanto, são às vezes designadas como *aminoacidúrias secundárias*. Essas aminoacidúrias também podem ser devidas a doenças dos rins (cistinose), em que há disfunção tubular renal generalizada, doença hepática ou desnutrição. Se, por outro lado, as aminoacidúrias são resultantes de defeitos enzimáticos das vias onde os aminoácidos são metabolizados, elas são designadas como *aminoacidúrias primárias*.

ALCAPTONÚRIA (ACIDÚRIA HOMOGENTÍSICA)

Caracteriza-se pela excreção urinária do ácido homogentísico (ácido di-hidroxifenilacético) por deficiência da enzima *homogentisato-dioxidase*, que catalisa a transformação do ácido homogentísico em ácido maleil acetoacético. É uma desordem rara, com incidência de 1 para 250.000 nascimentos.

Em crianças, ocorre o escurecimento da urina após exposição ao ar ou à luz do sol, ou pela adição de álcali. A alcaptonúria persiste durante a vida, geralmente sem consequências graves, podendo não ser diagnosticada até a idade madura. O acúmulo de polímeros de ácido homogentísico nas células causa pigmentação escura nas cartilagens e no tecido conjuntivo, além de alterações artríticas.

DOENÇA URINÁRIA EM XAROPE DE BORDO

Denomina-se assim devido ao odor característico comunicado à urina dessas pessoas pelos α-cetoácidos. Está associada com anormalidades no metabolismo de aminoácidos de cadeias ramificadas, como a leucina, a isoleucina e a valina, nos líquidos biológicos. Esta desordem hereditária autossômica recessiva envolve defeito da enzima *lipoato-oxidorredutase dos α-cetoácidos de cadeia ramificada*, que catalisa a descaboxilação oxidativa de cada um dos três α-cetoácidos, liberando o grupo carboxila como CO_2 e produzindo o derivado acil-CoA. A incidência dessa desordem é de 1 para 200.000 nascimentos.

A doença é tratada com dieta. Quando não detectada ou não tratada rapidamente, a desordem resulta em lesão cerebral grave e morte, que ocorre, em geral, no primeiro ano de vida. Os sintomas incluem vômitos, convulsões, letargia, acidose, falta de apetite e hipoglicemia.

HOMOCISTINÚRIA

As homocistinúrias são desordens caracterizadas pela aumento na concentração da homocisteína nos tecidos do corpo. A incidência é de 1 para 200.000 nascimentos.

A *homocistinúria* clássica é a deficiência ou ausência da enzima hepática de *cistationina-β-sintase*, que catalisa a formação de cistationina a partir da homocistina e da serina no metabolismo da metionina. O bloqueio causa o acúmulo sanguíneo e urinário de metionina, homocisteína e homocistina. Além da metionina, a urina pode apresentar níveis aumentados de outros aminoácidos contendo enxofre.

Os sintomas não se manifestam logo após o nascimento, mas se desenvolvem com a idade. Uma das manifestações mais comuns é o ectopia do cristalino. Ocorrem, também, anormalidades esqueléticas, como a osteoporose intensa. O retardamento mental não é um achado consistente. As complicações que podem levar à morte são cardiovasculares. Os pacientes têm alterações nas plaquetas e tendência para eventos tromboembólicos.

ALBINISMO

O albinismo é o resultado da ausência ou deficiência da enzima *tirosinase*, que converte a tirosina em melanina. Foram identificados dois tipos de albinismo (defeitos genéticos autossômicos recessivos), dependendo da quantidade de melanina produzida. O albinismo do tipo I ocorre com a frequência de 1 para 10.000 nascimentos. Nenhuma melanina é produzida nesses pacientes, e os olhos, os cabelos e a pele são afetados. A visão fica bastante comprometida.

No tipo II, uma pequena quantidade de melanina é produzida, e a visão não é tão afetada quanto no tipo I. Os tipos I e II são defeitos genéticos recessivos diferentes. A frequência de ocorrência do tipo II é de 1 para 60.000 nascimentos.

Bibliografia consultada

EDWARDS, M.A.; GRANT, S.; GREEN, A. A practical approach to the investigation of amino acid disorders. **Ann. Clin. Biochem., 25:**129-41, 1988.

JAGENBURG, R.; RODJER, S. Detection of heterozygotes for phenilketonuria by constant intravenous infusion of L-phenylalanine. **Clin. Chem., 23:**1661-5, 1977.

MARSHALL, W.J. **Clinical biochemistry: metabolic and clinical aspects.** London: Churchill Livingstone, 1995. 854p.

REMALEY, A.T. Phenylketonuria: Biochemical basis of a clinically heterogeneous disorder. In: GLEW, R.H.; NINOMIYA, Y. **Clinical studies in medical biochemistry.** 2 ed. New York: Oxford University Press, 1997:302-9.

SAIFER, A. Rapid screening methods for the detection of inherited and acquired aminoacidopathies. **Adv. Clin. Chem., 14:**145-218, 1971.

SIVERMAN, L.M. Amino acids and proteins. In: BURTIS, C.A.; ASHWOOD, E.R. **Tietz: Textbook of clinical chemistry.** 2 ed., Philadelphia: Saunders, 1994:625-734.

WALMSLEY, R.N.; WHITE, G.H. **Guide to diagnostic clinical chemistry.** Oxford: Blackwell, 1994. 672p.

8.5 MUCOPROTEÍNAS (SEROMUCOIDES)

As proteínas plasmáticas, à exceção das imunoglobulinas e dos hormônios proteicos, são sintetizadas no fígado e chegam à corrente sanguínea, circulando entre o sangue e os espaços extracelulares. Esse movimento ocorre não apenas pela difusão passiva por meio das interfaces entre células endoteliais, mas também por causa dos mecanismos ativos de transporte. Em face desse movimento, a maioria dos fluidos extravasculares normalmente contém pequenas quantidades de proteínas plasmáticas que se ligam a carboidratos.

Compostos formados por proteínas e carboidratos são classificados em dois grupos: glicoproteínas e mucoproteínas. Estão presentes nos seguintes compostos: hexoses (galactose ou manose), hexosaminas (glicosamina ou galactosamina), metilpentose (fucose) e ácido siálico (ácido N-acetilneuramínico). A fração proteica é composta de transferrina, ceruloplasmina e haptoglobina.

As glicoproteínas são aquelas proteínas unidas a carboidratos com menos de 4% de hexosamina (e até 15% de carboidratos).

As mucoproteínas, por sua vez, contêm mais de 4% de hexosamina (e 10% a 75% de carboidratos).

Em quantidades variáveis, as mucoproteínas estão presentes em todas as frações globulínicas, sendo de interesse clínico a α-1-glicoproteína ácida. As mucoproteínas do soro normal migram, principalmente, junto à α-1-globulina, enquanto as de um soro patológico correm com a fração α-2-globulina.

SIGNIFICAÇÃO CLÍNICA DAS MUCOPROTEÍNAS

Apesar de ser desconhecido o papel exato das mucoproteínas, elas estão associadas com a inflamação – níveis elevados são encontrados após episódios de inflamação aguda.

Valores aumentados (em geral, 8 a 12 mg/dL em tirosina) são encontrados na febre reumática, na qual, além de orientarem o diagnóstico, permitem a avaliação da atividade inflamatória, pois permanecem elevados enquanto persistir o surto.

Na fase aguda da artrite reumatoide infanto-juvenil, as mucoproteínas apresentam os teores mais elevados, enquanto no adulto aumentam somente em 40% dos casos, sem apresentar correlação com a duração, o grau de atividade e o tratamento da doença.

As mucoproteínas estão também elevadas no lúpus eritematoso disseminado, na dermatomiosite, nas neoplasias malignas (especialmente naquelas com metástases e grande massa tumoral), no infarto do miocárdio, na esclerodermia e nos reumatismos metabólicos ou infecciosos.

Redução das mucoproteínas ocorre na desnutrição, na enfermidade hepática grave e nas gastroenteropatias perdedoras de proteínas.

Atualmente, o teste de mucoproteínas está sendo substituído com vantagens pela determinação da *α-1-glicoproteína ácida* (AAG). Essa avaliação apresenta melhores especificidade, sensibilidade e adequação ao laboratório, por ser menos trabalhosa.

DETERMINAÇÃO DAS MUCOPROTEÍNAS

Paciente. Não é necessário jejum para a coleta de sangue.

Amostra. *Soro* ou *plasma heparinizado*. Separar a amostra logo que possível. Armazenado em refrigerador, o soro mantém-se inalterado por 1 semana.

Métodos. Em anos recentes, a utilidade clínica da avaliação das mucoproteínas foi suplantada pela determinação da α-1-glicoproteína ácida. Consequentemente, existe pouco incentivo para o desenvolvimento e o aperfeiçoamento desse ensaio. Como em nosso meio esse teste ainda é utilizado, algumas considerações quanto à sua determinação são feitas a seguir.

Vários métodos foram descritos para determinação das proteínas presentes nas mucoproteínas, como químicos, eletroforéticos ou por imunodifusão. O mais popular utiliza métodos químicos.

* *Método químico.* É o método mais usado. Baseia-se na propriedade apresentada pelas mucoproteínas de serem solúveis em ácido perclórico diluído, mas precipitarem com ácido fosfotúngstico. Este último é lavado, e a quantidade de mucoproteínas é determinada colorimetricamente através do reagente de Folin-Ciocalteau. Os métodos químicos pecam pela falta de exatidão.

Valores de referência para as mucoproteínas	
Adultos	2 a 4,5 mg/dL (em tirosina)

Bibliografia consultada

CLAYTON, B.E.; ROUND, J.M. **Clinical biochemistry and the sick child.** London : Blackwell Science, 1994. 555p.

TORO, G; ACKERMANN, P.G. **Practical clinical chemistry.** Boston: Little Brown, 1975. 779p.

WALMSLEY, R.N.; WATKINSON, L.R. **Cases in chemical pathology.** New York: World Scientific, 1992.

WINZLER, R.J. Determination on serum glycoprotein. In: GLICK, D. **Methods of biochemical analysis.** New York: Interscience, 1955, V. 2.

Capítulo 9

Enzimas

9.1	Amilase	91
	Hiperamilasemia	91
	Amilase urinária	92
	Determinação da amilase	93
9.2	Lipase e tripsina	94
	Hiperlipasemia	94
	Determinação da lipase	94
	Tripsinas	95
9.3	Fosfatase alcalina	96
	Hiperfosfatasemia alcalina	96
	Isoenzimas da fosfatase alcalina	97
	Determinação da fosfatase alcalina	97
9.4	Fosfatase ácida total e fração prostática	98
	Hiperfosfatasemia ácida	98
	Determinação da fosfatase ácida	98
9.5	Aminotransferases (transaminases)	100
	Aumentos das aminotransferases	100
	Determinação das transaminases	101
9.6	Gama-Glutamiltranseptidase	102
	Aumentos na atividade da γ-GT	102
	Determinação da γ-GT	103

9.7	Lactato-desidrogenase	104
	Isoenzimas da LD	104
	Aumentos na atividade da LD	104
	Correlação clínica das isoenzimas da LD	105
	Lactato-desidrogenase na urina	105
	Lactato-desidrogenase no LCR	105
	Determinação da LD	106
9.8	Creatinoquinase	106
	Isoenzimas da creatinoquinase	107
	Correlação clínica da creatinoquinase	107
	Determinação da creatinoquinase	108
	Determinação das isoenzimas da creatinoquinase	109
9.9	Outras enzimas	110
	Aldolase	110
	Isocitrato-desidrogenase	110
	5'-Nucleotidase	110
	Colinesterase	110
9.10	Marcadores bioquímicos da lesão miocárdica	111
	CK-MB	111
	Mioglobina	112
	Troponinas	113
	Novos marcadores para o IAM	113

As enzimas são proteínas com propriedades catalisadoras sobre as reações que ocorrem nos sistemas biológicos. Elas têm um elevado grau de especificidade sobre seus substratos, acelerando reações específicas sem que sejam alteradas ou consumidas durante o processo. O estudo das enzimas tem imensa importância clínica. Em algumas doenças, as atividades de certas enzimas são medidas, principalmente, no plasma sanguíneo, nos eritrócitos ou nos tecidos. Todas as enzimas presentes no corpo humano são sintetizadas intracelularmente. Três casos se destacam:

Enzimas plasma-específicas. Enzimas ativas no plasma utilizadas no mecanismo de coagulação sanguínea e fibrinólise (p. ex., pró-coagulantes: trombina, fator XII, fator X e outros).

Enzimas secretadas. São secretadas, geralmente, na forma inativa e, após ativação, atuam extracelularmente. Os exemplos mais óbvios são as proteases ou hidrolases produzidas no sistema digestório (p. ex., lipase, α-amilase, tripsinogênio, fosfatase ácida prostática e antígeno prostático específico). Muitas são encontradas no sangue.

Enzimas celulares. Normalmente, apresentam baixos teores séricos, os quais aumentam quando as enzimas são liberadas a partir de tecidos lesados por alguma doença, o que torna possível inferir a localização e a natureza das variações patológicas em alguns órgãos, como fígado, pâncreas e miocárdio. A elevação da atividade sérica depende do conteúdo de enzima do tecido envolvido, da extensão e do tipo de necrose. São exemplos de enzimas celulares as transaminases, as lactato-desidrogenases etc.

As meias-vidas das enzimas teciduais após liberação no plasma apresentam grande variabilidade – nos casos de enzimas medidas com propósitos diagnósticos e prognósticos, podem variar desde algumas horas até semanas. Em condições normais, as atividades enzimáticas permanecem constantes, refletindo o equilíbrio entre esses processos. Modificações nos níveis de atividade enzimática ocorrem em situações nas quais esse balanço é alterado.

As elevações na atividade enzimática são devidas a:

Aumento na liberação de enzimas para o plasma. Em conseqüência de:

- *Lesão celular extensa.* As lesões celulares são geralmente causadas por isquemia ou toxinas celulares (p. ex., na elevação da atividade da isoenzima CK-MB após infarto do miocárdio).

- *Proliferação celular e aumento na renovação celular.* Aumentos na fosfatase alcalina devidos à elevação da atividade osteoblástica durante o crescimento ou à restauração óssea após fraturas.

- *Aumento na síntese enzimática.* Elevação na atividade da γ-glutamiltransferase após a ingestão de álcool.

- *Obstrução de ductos.* Afeta as enzimas normalmente encontradas nas secreções exócrinas (p. ex., a amilase e a lipase no suco pancreático). As enzimas podem regurgitar para a corrente circulatória, se o ducto pancreatobiliar estiver bloqueado.

Redução da remoção de enzimas do plasma na insuficiência renal. Afeta as enzimas excretadas na urina (p. ex., a amilase pode estar elevada na insuficiência renal).

A redução nos níveis de atividade enzimática são raras e ocorrem na:

- *Síntese enzimática reduzida.* Colinesterase baixa na insuficiência hepática grave devido à redução do número de hepatócitos.

- *Deficiência congênita de enzimas.* Baixa atividade da enzima fosfatase alcalina plasmática na hipofosfatasemia congênita.

- *Variantes enzimáticas inerentes com baixa atividade biológica.* Variantes anormais da colinesterase.

A utilidade diagnóstica da medida das enzimas plasmáticas reside no fato de que as alterações em suas atividades fornecem indicadores sensíveis de lesão ou proliferação celular. Essas modificações ajudam a detectar e, em alguns casos, localizar a lesão tecidual e monitorar o tratamento e a progressão da doença. No entanto, muitas vezes falta especificidade, isto é, existem dificuldades em relacionar a atividade enzimática aumentada com os tecidos lesados. Isso porque as enzimas não estão confinadas a tecidos ou órgãos específicos, pois estão grandemente distribuídas, e suas atividades podem refletir desordens envolvendo vários tecidos.

Na prática, a falta de especificidade é parcialmente superada pela medida de vários parâmetros (que incluem várias enzimas). Como as concentrações relativas das enzimas variam consideravelmente em diferentes tecidos, é possível, pelo menos em parte, identificar a origem de algumas enzimas. Por exemplo, apesar de as enzimas transaminases ALT (GTP) e AST (GOT) serem igualmente abundantes no tecido hepático, a AST (GOT) apresenta concentração 20 vezes maior que a ALT (GTP) no músculo cardíaco. A determinação simultânea das duas enzimas fornece uma indicação clara da provável localização da lesão tecidual. A especificidade enzimática pode também ser aumentada pela análise das formas isoenzimáticas de algumas enzimas, como na lactato-desidrogenase.

A seleção de quais enzimas medir com propósitos diagnósticos e prognósticos depende de vários fatores. As principais enzimas de uso clínico, juntamente com seus tecidos de origem e aplicações clínicas, são listadas na Tabela 9.1.

CAPÍTULO 9 ▪ Enzimas

Tabela 9.1 Distribuição de algumas enzimas de importância diagnóstica

Enzima	Principal fonte	Principais aplicações clínicas
Amilase	Glândulas salivares, pâncreas, ovários	Enfermidade pancreática
Aminotransferases (transaminases)	Fígado, músculo esquelético, coração, rim, eritrócitos	Doenças do parênquima hepático, infarto do miocárdio, doença muscular
Antígeno prostático específico	Próstata	Carcinoma de próstata
Creatinoquinase	Músculo esquelético, cérebro, coração, músculo liso	Infarto do miocárdio, enfermidades musculares
Fosfatase ácida	Próstata, eritrócitos	Carcinoma da próstata
Fosfatase alcalina	Fígado, osso, mucosa intestinal, placenta, rim	Doenças ósseas, enfermidades hepáticas
γ-Glutamiltranspeptidase	Fígado, rim	Enfermidade hepatobiliar, alcoolismo
Lactato-desidrogenase	Coração, fígado, músculo esquelético, eritrócitos, plaquetas, nódulos linfáticos	Infarto do miocárdio, hemólise, doenças do parênquima hepático
Lipase	Pâncreas	Enfermidade pancreática

9.1 AMILASE

A amilase é uma enzima da classe das hidrolases que atua extracelularmente para clivar o amido e o glicogênio ingeridos na dieta. O amido é a forma de armazenamento para a glicose nos vegetais, sendo constituído por uma mistura de amilose (amido não ramificado) e amilopectina (amido ramificado). A estrutura do glicogênio é similar à da amilopectina, com maior número de ramificações. A α-amilase catalisa a hidrólise das ligações α-1→4 da amilose, amilopectina e glicogênio, liberando maltose e isomaltose. Não hidrolisa as ligações α-1→6.

A amilase sérica é secretada, fundamentalmente, pelas glândulas salivares (forma S) e pelas células acinares do pâncreas (forma P) e é secretada no trato intestinal por meio do ducto pancreático. As glândulas salivares secretam a amilase que inicia a hidrólise do amido presente nos alimentos na boca e no esôfago. Essa ação é desativada pelo conteúdo ácido do estômago. No intestino, a ação da amilase pancreática é favorecida pelo meio alcalino presente no duodeno. A atividade amilásica é também encontrada no sêmen, nos testículos, nos ovários, nas tubas uterinas, no músculo estriado, nos pulmões, na tireoide, na amígdala, no leite, no colostro, no suor, nas lágrimas e no tecido adiposo. A amilase tem massa molecular entre 54 e 62 kDa, sendo facilmente filtrada pelo glomérulo renal. É a única enzima plasmática encontrada normalmente na urina. Os líquidos ascítico e pleural podem conter amilase como resultado da presença de tumor ou pancreatite. Alguns tumores de ovário e pulmão podem também conter considerável quantidade de atividade amilásica.

HIPERAMILASEMIA

Pancreatite aguda. Constitui um distúrbio inflamatório agudo do pâncreas associado a edema, intumescência e quantidades variadas de autodigestão, necrose e, em alguns casos, hemorragia. Os níveis da amilase forma P aumentam 5 a 8 horas após o início do episódio de dor abdominal, que é constante, intensa e de localização epigástrica, com irradiação posterior para o dorso. A atividade amilásica retorna ao normal entre o terceiro e o quarto dia. Os valores máximos são quatro a seis vezes maiores do que os valores de referência, e são atingidos entre 12 e 72 horas. A magnitude da elevação *não* se correlaciona com a gravidade do envolvimento pancreático. Por outro lado, 20% de todos os casos de pancreatite apresentam amilase normal (p. ex., muitas pancreatites associadas com hiperlipemia). Outros testes laboratoriais, como a medida da amilase urinária, depuração da amilase, avaliação das isoenzimas da amilase e a medida da lipase sérica, quando empregados em conjunto com a avaliação da amilasemia, aumentam consideravelmente a especificidade no diagnóstico da pancreatite aguda. Apesar de menor utilidade no diagnóstico da pancreatite, a amilase urinária está frequentemente aumentada, atingindo valores mais elevados e que persistem por períodos maiores. Além da determinação da amilasemia, outros sinais frequentes são utilizados para avaliar a pancreatite aguda:

- *No momento do diagnóstico:* contagem de leucócitos >16.000/mm^3; glicemia >200 mg/dL; lactato-desidrogenase >2 × normal; ALT (GTP) >6 × normal.

- *Durante as primeiras 48 horas:* diminuição do hematócrito >10%; cálcio sérico <8 mg/dL; pO_2 arterial <60 mm/Hg.

Outras causas de hiperamilasemia pancreática:

- *Complicações da pancreatite aguda.* Pseudocisto complicado por hemorragia, ascites e efusão pleural.

- *Lesões traumáticas do pâncreas.* Trauma cirúrgico e investigações radiográficas.

- *Cálculo ou carcinoma de pâncreas.* Obstrução dos ductos pancreáticos.

- *Abscesso pancreático.* A amilasemia aumenta ocasionalmente.

Hiperamilasemia não pancreática:

- *Insuficiência renal.* Por declínio da depuração. Os aumentos são proporcionais à extensão do comprometimento renal.

- Neoplasias de pulmão, ovário, mama e cólon.

- *Síndrome de Meigs.* Associação de ascite, efusão pleural e fibroma de ovário.

- *Lesões das glândulas salivares.* Infecção, irradiação, obstrução, cirurgia maxilofacial e tumores.

- *Macroamilasemia.* Encontrada em 1% a 2% da população como resultado da combinação da molécula de amilase (geralmente o tipo S) com imunoglobulinas (IgA e IgG) ou outras proteínas plasmáticas normais ou anormais para formar um complexo muito grande para ser filtrado pelo glomérulo; nesse evento, não ocorre amilasúria aumentada e não há indicação de doença.

Hiperamilasemia por distúrbios de origem complexa. Com mecanismos desconhecidos ou incertos:

- *Doença do trato biliar.* A colecistite aguda causa aumentos de até quatro vezes em relação aos valores de referência como resultado do envolvimento direto ou indireto do pâncreas.

- *Eventos intra-abdominais (não pancreáticos).* Úlcera péptica perfurada, obstrução intestinal, infarto mesentérico, peritonite, apendicite aguda, gravidez ectópica rompida, aneurismas aórticos e oclusão mesentérica.

- *Traumatismo cerebral.* A causa da elevação é incerta, mas pode estar associada com traumatismo das glândulas salivares e/ou abdominais; isto é, depende de outros órgãos atingidos.

- *Queimaduras e choques traumáticos.* Elevam a amilase pancreática.

- *Hipermilasemia pós-operatória.* Ocorre em 20% dos pacientes submetidos a intervenções cirúrgicas, incluindo procedimentos extra-abdominais.

- *Cetoacidose diabética.* A hiperamilasemia está presente em 80% desses pacientes, sendo mais frequente quando os teores de glicemia são >500 mg/dL (aumento das isoformas S e P).

- *Transplante renal.* Alguns transplantados renais apresentam hiperamilasemia.

- *Alcoolismo agudo.*

- *Pneumonia e enfermidades não neoplásicas.* Aumentam a isoforma S.

- *Fármacos.* Opiáceos e heroína por constrição do esfíncter de Oddi e dos ductos pancreáticos, com a consequente elevação da pressão intraductal, provocando regurgitação da amilase para o soro.

AMILASE URINÁRIA

A hiperamilasúria reflete as elevações séricas da amilase. A atividade da amilase urinária é determinada em amostras de urina de 1 hora (nesses casos, o paciente deve esvaziar completamente a

CAPÍTULO 9 • Enzimas

bexiga e desprezar essa urina; todas as urinas coletadas na hora seguinte são reservadas) ou de 24 horas. Na pancreatite aguda, a reabsorção tubular da amilase está reduzida, provavelmente secundária à competição com outras proteínas de baixa massa molecular. A *hiperamilasúria* ocorre também em quase todas as situações que elevam a amilase sérica.

DETERMINAÇÃO DA AMILASE

Paciente. Não é exigida preparação especial.

Amostra. *Soro ou plasma heparinizado* sem hemólise e não lipêmico. A atividade amilásica necessita de cálcio e cloretos como cofatores. Assim, anticoagulantes quelantes, como o citrato, o oxalato e o EDTA, são impróprios para essas amostras. *Urina* coletada no período de 1 hora ou no período de 24 horas sem conservantes. Durante a coleta, deve-se manter o pH = 7. No soro e na urina (livre de contaminação bacteriana), a amilase é estável por 1 semana em temperatura ambiente ou por vários meses sob refrigeração.

Interferentes. *Resultados falsamente aumentados:* ácido aminossalicílico, ácido etacrínico, grandes quantidades de etanol, aspirina, analgésicos narcóticos, anticoncepcionais orais, colinérgicos, contrastes radiográficos, corticosteroides, pancreozimina, furosemida, rifampina e tiazídicos. *Resultados falsamente reduzidos:* glicose e fluoretos.

Métodos. A amilase é determinada por diferentes métodos. Os principais são: sacarogênicos, amiloclásticos, cromolíticos e técnicas de monitoração contínua.

- *Amiloclásticos (iodométricos).* A avaliação amiloclástica (iodométrica) está baseada na capacidade do iodo de formar cor azul intensa com o amido. Após a ação da amilase sobre um substrato de amido em tempo determinado, a cor azul é medida, fornecendo-se a quantidade de polissacarídeo remanescente. O método de van Loon modificado por Caraway, além de empregar um substrato relativamente estável, é eficiente e rápido.

- *Sacarogênicos.* Nesses métodos, o substrato de polissacarídeo é hidrolisado pela ação da amilase com formação de monossacarídeos e dissacarídeos. O dissacarídeo (maltose) forma glicose pela ação de uma maltase. A quantidade de glicose produzida indica a atividade amilásica.

As unidades Somogyi obtidas nesse método expressam o número de miligramas de glicose liberados após incubação.

- *Ensaios cromolíticos.* Utilizam um substrato de amido ligado a um corante, formando um complexo insolúvel. Após a ação da amilase, são produzidos pequenos fragmentos de corante-substrato solúveis em água, medidos fotometricamente. Esse método é facilmente automatizado.

- *Cadeias glicosil curtas.* O uso de substratos bem definidos, auxiliado por enzimas indicadoras, na determinação da amilase tem melhorado a estequiometria da reação, tornando a reação de hidrólise mais consistente e controlada. Os substratos empregados incluem pequenos oligossacarídeos, como a maltopentose e maltotetrose. Esses métodos têm se firmado atualmente como mais propriados para o ensaio da amilase. A reação com a maltopentose é mostrada a seguir:

$$\text{Maltopentose} \xrightarrow{\alpha\text{-amilase}} \text{maltotriose +maltose}$$

$$\text{Maltotriose + maltose} \xrightarrow{\alpha\text{-glicosidase}} \text{5 glicose}$$

$$\text{Glicose +ATP} \xrightarrow{\text{Hexoquinase}} \text{G-6-P +ADP}$$

$$\text{G-6-P +NAD}^+ \xrightarrow{\text{G-6-P-desidrogenase}} \text{6-P-gliconolactona + NADH + H}^+$$

A atividade enzimática é medida pela modificação na absorvância do NAD^+ medida em 340 nm.

- *Outros métodos.* Raramente são empregados para esse propósito os métodos turbidimétricos, nefelométricos e de polarização fluorescente.

Valores de referência para a amilase	
Soro	28 a 100 U/L
Urina	1 a 17 U/L

Bibliografia consultada

CARAWAY, W.T. A stable starch substrate for the determination of amylase in serum and other body fluids. **Am. J. Clin. Pathol., 32**:97-9, 1959.

SCHUMANN, G.; AOKI, R.; FERRERO, C.A.; AHLERS, G. et al. IFCC primary reference procedures for the measurement of catalytic activity concentrations of enzymes at 37ºC: Part 8. References procedures for the measurement of catalytic concentration of α-amylase [α-amylase: 1,4-α-

D-glucan 4-glucanohydrolase (AMY), EC 3.2.1.1]. **Clin. Chem. Lab. Med. 44:**1146-55, 2006.

PANTHEGHINI, M.; BAIS, R. Enzymes. In: BURTIS, C.A.; ASHWOOD, E.R.; BRUNS, D.E. **Tietz fundamentals of clinical chemistry.** 6 ed. Philadelphia: Saunders, 2008:317-36.

VAN LOON, E.J.; LIKINS, M.R.; SEGER, A.J. Photometric method for blood amylase by use of starch-iodine color. **Am. J. Clin. Path., 22:**1134-6, 1952.

WONG, E.C.C.; BUTCH, A.W.; ROSENBLUM, J.L. et al. The clinical chemistry laboratory and acute pancreatitis. **Clin. Chem., 39:**234-43, 1993.

9.2 LIPASE E TRIPSINA

A lipase é uma enzima que catalisa a hidrólise dos ésteres de glicerol de ácidos graxos de cadeia longa (triglicerídeos) em presença de sais biliares e um cofator chamado *colipase*. As ligações éster nos átomos de carbono 1 e 3 são preferentemente rompidas, produzindo 2 mol de ácidos graxos de cadeia longa e 1 mol de 2-acilmonoglicerídeo por mol de triglicerídeo hidrolisado. Tanto a lipase como a colipase são sintetizadas pelas células acinares do pâncreas. A lipase também é encontrada na mucosa intestinal, nos leucócitos, nas células do tecido adiposo, na língua e no leite.

HIPERLIPASEMIA

A medida da atividade da lipase no soro, no plasma e nos líquidos ascítico e pleural é usada para o diagnóstico de distúrbios pancreáticos, geralmente pancreatite aguda. Os níveis de lipase são normais nos casos de envolvimento de glândulas salivares.

Pancreatite aguda. A atividade da lipase aumenta entre 4 e 8 horas após o início do quadro, atingindo o pico máximo em 24 horas. Os valores voltam ao normal entre 8 e 14 dias. Os aumentos da lipase geralmente são paralelos àqueles da amilase, entretanto, tais aumentos podem ocorrer antes ou após as elevações da amilase. Na pancreatite aguda, pode-se encontrar normoamilasemia em 20% dos pacientes (em casos de hiperlipemia), mas com hiperlipasemia. A atividade lipásica não é necessariamente proporcional à intensidade do ataque.

Complicações da pancreatite aguda. A pancreatite aguda pode produzir *líquido ascítico* ou *líquido pleural*, ou ambos. Mais de 50% dos pacientes com pancreatite aguda grave desenvolvem *pseudocisto*, cuja presença é supeitada quando não há melhora clínica em 1 semana após o ataque. Metade dos pacientes com pseudocisto mostra elevações na lipase sérica.

Pancreatite crônica. A lipase sérica também é utilizada no diagnóstico da pancreatite crônica, apesar de a destruição das células acinares nos últimos estágios da enfermidade resultar em diminuição na quantidade da enzima na circulação.

Distúrbios intra-abdominais agudos. Às vezes, o diagnóstico da pancreatite é dificultado por outros distúrbios intra-abdominais com achados clínicos similares: *úlceras duodenais* ou *gástricas perfuradas, obstrução intestinal, obstrução vascular mesentérica* e *colecistite aguda*.

Obstrução do ducto pancreático. A obstrução do ducto pancreático por cálculo ou carcinoma de pâncreas pode elevar a atividade da lipase sérica, dependendo da localização da obstrução e da quantidade de tecido lesado.

Redução da filtração glomerular. Nesses pacientes, a atividade da lipase sérica está aumentada.

DETERMINAÇÃO DA LIPASE

Paciente. Não são exigidos cuidados especiais.

Amostra. *Soro* isento de hemólise. É estável por 1 semana no refrigerador ou por vários meses a –20ºC.

Interferentes. *Resultados falsamente aumentados:* codeína, heparina, morfina, betanecol, colangiopancreatografia endoscópica retrógrada.

Métodos. Essencial para a compreensão da metodologia usada na avaliação da lipase é o fato de essa enzima atuar na interface éster-água. Desse modo, os substratos para o ensaio devem ser

CAPÍTULO 9 · Enzimas

emulsões. A velocidade de reação aumenta com a dispersão da emulsão. O emprego de substratos cuja interface éster-água é inapropriada permite a ação de outras enzimas, como éster carboxílico hidrolase, aril-éster hidrolase e lipase lipoprotéica. Substratos que empregam triglicerídeos de ácidos graxos de cadeia curta também levam a falsas reações lipásicas.

- *Titulometria.* Os primeiros métodos práticos para a medida da lipase empregavam uma emulsão tamponada de azeite de oliva ou ácido oleico como substrato. O soro a ser testado era incubado por 24 horas com o substrato, e os ácidos graxos liberados eram titulados com álcali.

$$\text{Triglicerídeos} + H_2O \xrightarrow{\text{Lipase}} 2\text{-monoglicerídeo} + \text{ácidos graxos}$$

- *Turbidimetria ou nefelometria.* Esses métodos simples e rápidos monitoram a redução da turvação de uma emulsão de azeite de oliva como resultado da ação da lipase sobre o substrato.

- *Enzimáticos.* A lipase hidrolisa o substrato que contém triglicerídeos, produzindo glicerol livre, que é quantificado por diferentes métodos.

Valores de referência para lipase	
Adultos	<38 U/L

TRIPSINAS

As tripsinas 1 e 2 são enzimas proteolíticas produzidas nas células acinares do pâncreas, na forma precursora de tripsinogênio 1 e 2 inativo. Esses zimogênios são armazenados em grânulos e secretados no duodeno sob o estímulo do nervo vago ou do hormônio colescistoquinina-pancreozimina. Os tripsinogênios são convertidos em tripsinas 1 e 2 no duodeno pela enteroquinase ou por autocatálise. Quando os tripsinogênios são convertidos em tripsinas, um pequeno peptídeo é clivado da região *N*-terminal do tripsinogênio.

A ativação do tripsinogênio no duodeno, em lugar de intrapancreática, evita a autodigestão proteolítica do pâncreas. A tripsina está presente nas fezes de crianças pequenas, com redução dos teores em crianças maiores e em adultos, em virtude da destruição da tripsina por bactérias intestinais. A ausência de tripsina nas fezes é verificada em pacientes com insuficiência pancreática, fibrose cística (avançada), má-absorção em crianças e pancreatite (crônica).

As tripsinas são serina-proteinases que hidrolisam ligações peptídicas formadas por grupos carboxílicos da lisina ou arginina com outros aminoácidos.

Na pancreatite aguda, a tripsina-1 aumenta paralelamente com a amilase. O ensaio da tripsina-1 no soro apresenta dificuldades maiores que as determinações de amilase e lipase séricas. Na insuficiência renal crônica, a tripsina-1 também está elevada. A tripsina-1 é analisada por métodos de imunoensaios. Os valores de referência são dependentes do método usado.

Bibliografia consultada

CHERRY, I.S.; CRANDALL Jr., L.A. The specificity of pancreatic lipase: Its appearance in the blood after pancreatic injury. **Am. J. Physiol., 100:**266-73, 1932.

CLAVIEN, P.A.; BURGAN, S.; MOOSSA, A.R. Serum enzymes and other laboratory tests in acute pancreatitis. **Br. J. Surg., 76:**1234-43, 1989.

FASSATI, P.; PONTI, M.; PARIS, P. et al. Kinetic colorimetric assay of lipase in serum. **Clin. Chem, 38:**211-5, 1992.

KAPLAN, A.; JACK, R.; OPHEIM, K.E.; TOIVOLA, B.; LYON, A.W. **Clinical chemistry: interpretation and technoques.** Baltimore: Williams & Wilkins, 1995. 514p.

KUROOKA, S.; KITAMURA, T. Properties of serum lipase in patients with various pancreatic diseases. **J. Biochem., 84:**1459-66, 1978.

PANTHEGHINI, M.; BAIS, R. Enzymes. In: BURTIS, C.A.; ASHWOOD, E.R.; BRUNS, D.E. **Tietz: Fundamentals of clinical chemistry.** 6 ed. Philadelphia: Saunders, 2008:317-36.

REITZ, B.; GUIBAULT, G.G. Fluorometric method for measuring serum lipase activity. **Clin. Chem., 21:**1788-90, 1975.

TIETZ, N.W.; ASTLES, J.R.; SHUEY, D.F. Lipase activity measurement in serum by a continuos-monitoring pH-stat technique – an update. **Clin. Chem., 35:**1688-93, 1989.

9.3 FOSFATASE ALCALINA

A fosfatase alcalina (FA) pertence a um grupo de enzimas relativamente inespecíficas, que catalisam a hidrólise de vários fosfomonoésteres em pH alcalino. O pH ótimo da reação *in vitro* está ao redor de 10, mas depende da natureza e da concentração do substrato empregado.

A fosfatase alcalina está amplamente distribuída nos tecidos humanos, notadamente associada com membranas e superfícies celulares localizadas na mucosa do intestino delgado, no fígado (canalículos biliares), nos túbulos renais, no baço, nos ossos (osteoblastos), nos leucócitos e na placenta. A forma predominante no soro em adultos normais origina-se, principalmente, do fígado e do esqueleto. Apesar de ser desconhecida a exata função metabólica da enzima, ela parece estar associada com o transporte lipídico no intestino e com processos de calcificação óssea.

No fígado, a fosfatase alcalina está localizada na membrana celular que une a borda sinusoidal das células parenquimais aos canalículos biliares. Nos ossos, a atividade da fosfatase alcalina está confinada aos osteoblastos, onde ocorre a formação óssea.

HIPERFOSFATASEMIA ALCALINA

Elevações na atividade da fosfatse alcalina sérica são comumentente originárias do fígado e do osso.

Doença hepatobiliar. Qualquer forma de obstrução da árvore biliar induz a síntese de fosfatase alcalina pelos hepatócitos. Devido ao impedimento do fluxo biliar, a FA sérica atinge duas a três vezes os valores de referência superiores (podendo chegar a 10 a 12 vezes), dependendo do grau de estase biliar. Esses aumentos são devidos, fundamentalmente, a: (a) incremento na síntese da enzima; (b) retenção de ácidos biliares no fígado, que solubilizam a fosfatase alcalina e a removem da membrana plasmática dos hepatócitos; e (c) regurgitação da enzima para a circulação devido ao impedimento da excreção. As elevações ocorrem em:

- *Obstrução extra-hepática das vias biliares.* A atividade eleva em três a 10 vezes os limites superiores dos valores de referência na obstrução parcial ou total do colédoco. É encontrada nos *cálculos biliares* e no *câncer de cabeça de pâncreas*.

- *Lesões expansivas.* Carcinoma hepatocelular primário, metástases, abscessos e granuloma.

- *Hepatite viral e cirrose.* Os níveis séricos da FA apresentam elevações menores que três vezes em relação aos limites superiores dos valores de referência.

- *Fármacos.* Amoxicilina, antifúngicos, benzodiazepínicos, eritromicina, esteroides anabolizantes, estrogênios, inibidores da ECA, sulfonilureias e anti-inflamatórios não esteroides.

- *Outras desordens.* Mononucleose infecciosa, colangite e cirrose biliar primária.

Doenças ósseas. Aumentos na atividade da FA ocorrem em pacientes com doenças ósseas caracterizadas pela hiperatividade osteoblástica. A enzima é, portanto, um excelente indicador da atividade de formação óssea.

- *Doença de Paget (osteíte deformante).* Resultante da ação das células osteoblásticas na tentativa de reconstrução óssea que está sendo reabsorvida pela atividade não controlada dos osteoclastos. A FA atinge 10 a 25 vezes os limites superiores dos valores de referência.

- *Osteomalacia e raquitismo.* Na deficiência de vitamina D ocorrem valores duas a quatro vezes maiores que os limites superiores dos valores de referência de FA.

- *Hiperparatireoidismos primário e secundário.* Pequenos incrementos de FA refletem a presença e a extensão do envolvimento ósseo.

- *Câncer ósseo osteogênico.* Valores bastante elevados de FA.

- *Fraturas ósseas.* Pequenos aumentos transitórios de FA.

- *Osteoporose.* Observam-se pequenos aumentos da FA.

Gravidez. Aumentos de duas a três vezes na FA são observados no terceiro trimestre de gravidez; a enzima adicional é de origem placentária. Aumentos ou reduções inexplicáveis da FA predi-

CAPÍTULO 9 • Enzimas

zem complicações na gravidez, como *pré-eclâmpsia* e *eclâmpsia*. Foi descoberta uma isoenzima idêntica à isoforma placentária no soro de indivíduos com doenças malignas (isoenzima de Regan).

Outras causas. Pancreatites aguda e crônica, insuficiência renal crônica, neoplasias, hipertireoidismo, infarto, septicemia extra-hepática, infecções bacterianas intra-abdominais, síndrome de Fanconi, tireotoxicose e hiperfosfatemia transitória benigna em crianças. Alguns tumores produzem formas modificadas de isoenzima de FA não placentária (isoenzima de Kasahara).

ISOENZIMAS DA FOSFATASE ALCALINA

As principais isoenzimas da fosfatase alcalina encontradas no soro são provenientes do *fígado,* dos *ossos,* do *intestino* e da *placenta.* Apresentam considerável heterogeneidade inter e intratecidual, sendo seu estudo um indicativo da origem da elevação. Podem também ser encontradas outras isoenzimas, como as de Regan, Nagao e Kasahara, presentes no soro de pacientes com processos neoplásicos. Os métodos empregados na separação estão baseados nas propriedades físicas e químicas das isoenzimas: inibição química, técnicas imunológicas, eletroforese e inativação térmica.

DETERMINAÇÃO DA FOSFATASE ALCALINA

Paciente. Deve permanecer em jejum por 8 horas antes da coleta.

Amostra. Soro ou plasma heparinizado. Evitar hemólise, pois os eritrócitos contêm, aproximadamente, seis vezes mais fosfatase alcalina que o soro. O ensaio deve ser realizado logo que possível após a coleta (até 3 horas); em algumas horas a fosfatase aumenta de 3% a 10% a 25°C. Os valores podem estar 25% mais elevados após a ingestão de refeição rica em gorduras.

Interferências. *Resultados falsamente elevados:* são encontrados em pacientes submetidos a tratamento com paracetamol, aspirina, agentes antifúngicos, barbitúricos, difenil-hidantoína, morfina, anticoncepcionais orais e tiazidas.

Métodos. Como o substrato natural da fosfatase alcalina é desconhecido, foram propostas várias substâncias que o substituem na avaliação da atividade dessa enzima. Desse modo, várias metodologias foram propostas com o emprego de diferentes substratos.

β-Glicerofosfato. Os primeiros ensaios publicados quantificavam a liberação do fosfato inorgânico do substrato β-glicerolfosfato após a ação da enzima presente na amostra. Esses métodos foram abandonados devido à pouca sensibilidade e ao prolongado período de incubação.

P-Nitrofenilfosfato. A atividade da enzima é medida pela quantidade de fenol liberado do *p*-nitrofenilfosfato após incubação com o soro, posteriormente avaliado por diferentes métodos.

α-Naftolmonofosfato. Mede a velocidade de formação de α-naftol a 340 nm após incubação.

4-Nitrofenilfosfato. É o substrato mais usado atualmente na avaliação da fosfatase alcalina. É medido o produto liberado após a hidrólise, o 4-nitrofenóxido, que é proporcional à atividade da fosfatase alcalina. A modificação proposta por Bowers e McComb é a mais empregada. A reação necessita pH 10,3.

$$\text{4-nitrofenilfosfato} \xrightarrow{\text{FA, Mg}^{2+}} \text{4-nitrofenóxido}$$

O aumento da absorvância em 405 nm a 37°C é medido no ponto final da reação ou por monitoração contínua.

Valores de referência para fosfatase alcalina	
Homens adultos	53 a 128 U/L
Mulheres adultas	42 a 98 U/L

Bibliografia consultada

BELFIELD, A.; GOLDBERG, D.M. Inhibition of the nucleotidase effect os alkaline phosphatase by β-glycerophosphate. **Nature, 291:**73-5, 1968.

BOWERS Jr., G.N.; McCOMB, R.B. Measurement of total alkaline phosphatase activity in human serum. **Clin. Chem., 26:**1988-95, 1975.

PANTHEGHINI, M.; BAIS, R. Enzymes. In: BURTIS, C. A., ASHWOOD, E. R., BRUNS, D. E. **Tietz: Fundamentals of clinical chemistry.** 6 ed. Philadelphia: Saunders, 2008:317-36.

POSEN, S.; DOHERTY, E. Serum alkaline phosphatase in clinical medicine. **Adv. Clin. Chem., 22:**163-245, 1981.

PRICE, C. P. Multiple forms of human serum alkaline phosphatase: detection and quantitation. **Ann. Clin. Biochem., 30:**355-72, 1993.

9.4 FOSFATASE ÁCIDA TOTAL E FRAÇÃO PROSTÁTICA

O termo fosfatase ácida (FAC) designa um grupo heterogêneo não específico de fosfatases que exibem pH ótimo abaixo de 7 e catalisam a hidrólise de monoéster ortofosfórico, produzindo um álcool e um grupo fosfato. A fosfatase ácida é amplamente distribuída nos tecidos. A maior atividade é encontrada na glândula prostática (cerca de 1.000 vezes maior que em outros tecidos), nas células ósseas (osteoclastos), no fígado, no baço, nos eritrócitos e nas plaquetas. Em homens adultos, a próstata contribui com quase a metade da enzima presente no soro.

Em indivíduos do sexo masculino, a fração prostática representa em torno de 50% da fosfatase ácida total, sendo o restante proveniente do fígado e de desintegração das plaquetas e eritrócitos. Para o sexo feminino é proveniente do fígado, dos eritrócitos e das plaquetas. Os níveis de fosfatase ácida no soro apresentam importância clínica no diagnóstico e na monitoração do câncer prostático, em especial pelo emprego da *fração prostática da fosfatase* (FACP).

HIPERFOSFATASEMIA ÁCIDA

Neoplasia de próstata. As principais finalidades da determinação da fosfatase ácida prostática são o estadiamento e o seguimento de neoplasia de próstata, particularmente da forma metastatizada. A neoplasia de próstata atinge, principalmente, homens com mais de 50 anos e é classificada em quatro estágios – A, B, C e D (Tabela 9.2) – com relação também às elevações do *antígeno prostático específico* – PSA (ver Capítulo 19). As elevações da FAC prostática são encontradas em cerca de 60% dos homens com câncer metastático da próstata (estágio D). No entanto, enquanto o câncer permanece localizado na glândula, são encontrados valores normais ou levemente aumentados da atividade da enzima.

Hipertrofia prostática benigna (HPB). É uma ocorrência relativamente comum em homens com mais de 40 anos. O aumento da atividade é possível devido à regurgitação da enzima no soro por compressão ou obstrução do sistema ductal prostático, como resultado da hipertrofia glandular. O diagnóstico é realizado por meio de questionários de sintomas, toque retal, dosagem de PSA, fluxometria e estudo de fluxo de pressão. A etiopatogenia da HPB ainda não está adequadamente esclarecida.

Após cirurgia ou terapia antiandrogênica. Os níveis vagarosamente retornam ao normal ou com aumento subsequente, caso o tratamento não tenha obtido sucesso.

Palpação retal. A fosfatase ácida prostática (FACP) no soro raramente se eleva após a palpação. Entretanto, elevações transitórias podem ocorrer após biópsia da próstata, cistoscopia, infarto prostático (causado por cateterismo) e a bastante rara ruptura de cisto prostático.

Outros aumentos da fosfatase ácida total. Pequenas a moderadas elevações são encontradas, frequentemente, nas enfermidades ósseas associadas a osteólise e remodelação óssea: enfermidade de Paget (avançada), hiperparatireoidismo com envolvimento esquelético, invasão maligna óssea, anemia hemolítica, anemia megaloblástica, mononucleose, prostatite, policitemia vera, leucemia mielocítica (e outras enfermidades hematológicas), mieloma múltiplo, enfermidade de Niemann-Pick e enfermidade de Gaucher (deficiência da enzima glicerocerebrosidase).

DETERMINAÇÃO DA FOSFATASE ÁCIDA

Paciente. Não é exigido preparo especial.

Amostra. *Soro* ou *plasma heparinizado* isento de hemólise e não lipêmico. Separar o soro ou plasma dos eritrócitos logo que possível. A enzima é estabilizada na amostra por acidificação (pH ao redor de 5,4). Isso é conseguido mediante a adição de 50 µL de ácido acético 5 mol/L (alternativamente, juntar 10 mg de citrato dissódico monoidrato por mL de soro). Nessas condições, a atividade enzimática é mantida por várias horas em temperatura ambiente ou por 1 semana no refrigerador.

Interferentes. *Resultados falsamente aumentados:* clofibrato. *Resultados falsamente reduzidos:* etanol e estrogenoterapia para o carcinoma de próstata.

Métodos. Vários métodos foram desenvolvidos para avaliar a atividade da fosfatase ácida. Devido à importância da detecção do carcinoma prostático antes de metastatizar, esforços têm sido realizados para o aumento da sensibilidade e da especificidade das medidas da enzima.

- *Primeiros métodos.* Historicamente, muitos dos ensaios desenvolvidos para medir a atividade da fosfatase alcalina foram adaptados para a fosfatase ácida, utilizando-se os mesmos substratos, mas com um tampão ácido.

  O emprego do fenilfosfato em pH = 4,9 é uma modificação do método de King-Armstrong para a fosfatase alcalina. Outras adaptações foram realizadas com o β-glicerolfosfato ou o 4-nitrofenilfosfato.

- *Timolftaleína-monofosfato.* É um substrato autoindicador com alto grau de especificidade para FACP. A timolftaleína liberada após a ação da fosfatase desenvolve cor em meio alcalino. Fosfatases ácidas provenientes de outros tecidos reagem em grau bem menor com esse substrato. Esse método é usado frequentemente.

- *Inibição pelo L-tartarato.* A fosfatase ácida lisossômica e a prostática são fortemente inibidas pelos íons tartarato, enquanto as isoenzimas eritrocitárias e ósseas não o são. A inibição química diferencia a fração prostática pelo uso de L-tartarato. A fosfatase ácida total é determinada por métodos correntes (utiliza-se como substrato o 4-nitrofosfato ou o α-naftilfosfato) e, em seguida, a fração prostática é inibida pelo L-tartarato com nova determinação da fosfatase ácida. A fração prostática é calculada pela diferença entre as duas determinações. Essa medida não é totalmente específica para a FACP, já que outras isoenzimas mostram diferentes graus de inibição pelo L-tartarato.

- *α-Naftolfosfato.* Os métodos que empregam o α-naftolfosfato como substrato liberam o naftol – devido à ação da fosfastase ácida – que reage com o Fast Red TR para formar um produto colorido. Pouco usado atualmente.

- *Enzima imunoensaio.* Os métodos imunológicos estão ganhando força, principalmente na automação, por sua especificidade para a FACP. Um anticorpo monoclonal ligado a um suporte sólido une-se à FACP. Um segundo anticorpo conjugado a uma enzima (ALP ou peroxidase) liga-se à FACP; a atividade da enzima ligada é proporcional aos teores de FACP.

- *Outros métodos.* Radioimunoensaio, cinético fluoremétrico.

Valores de referência para fosfastase ácida tartarato-resistente	
Adultos	1,5 a 4,5 U/L
Crianças	3,4 a 9,0 U/L

Bibliografia consultada

BODANSKY, O. Acid phosphatase. **Adv. Clin. Chem., 15:**44-136, 1972.

CATALONA, W.J.; SMITH, D.S.; RATLIFF, T.L. et al. Measurement of prostate-specific antigen in serum as a screening test for prostate cancer. **N. Engl. J. Med., 324:**1156-61, 1991.

CHAN, D.W.; SOKOLL L.J. Prostate-specific antigen: advances and challenges. **Clin Chem.,** 45:755-6, 1999.

EWEN, L.M.; SPITZER, R.W. Improved determination of prostatic acid phosphatase (sodium thymolphthalein monophsopahte substrate). **Clin. Chem., 22:**627-32, 1976.

MAYNE, P.D.; DAY, A.P. **Workbook of clinical chemistry: case presentation and data interpretation.** New York: Oxford University Press, 1994. 208p.

PANTHEGHINI, M.; BAIS, R. Enzymes. In: BURTIS, C.A.; ASHWOOD, E.R.; BRUNS, D.E. **Tietz: Fundamentals of clinical chemistry.** 6 ed. Philadelphia: Saunders, 2008:317-36.

ROY, A.V.; BROWER, M.E.; HAYDEN, J.E. Sodium thymolphthalein monophosphato: A new acid phosphatase substrate with greater specificity for the prostatic anzyme in serum. **Clin. Chem., 17:**1093-102, 1971.

TOWNSEND, R.M. Enzyme tests in disease of the prostate. **Ann. Clin. Lab. Sci., 7:**254-61, 1977

9.5 AMINOTRANSFERASES (TRANSAMINASES)

As enzimas aspartato-aminotransferase – AST, (transaminase glutâmico-oxalacética – GOT) – e alanina-aminotransferase – ALT (transaminase glutâmico-pirúvica – GPT) – catalisam a transferência reversível dos grupos amino de um aminoácido para o 2-oxoglutarato, formando cetoácido e ácido glutâmico. O piridoxal 5′-fosfato e seu análogo amino, a piridoxamina 5′-fosfato, atuam como coenzimas nas reações de transferência de grupos amino.

Aspartato + α-oxoglutarato $\leftrightarrows$ oxalacetato + ácido glutâmico

Alanina + α-oxoglutarato $\leftrightarrows$ piruvato + ácido glutâmico

As reações catalisadas pelas aminotransferases (transaminases) exercem papéis centrais tanto na síntese como na degradação de aminoácidos. Além disso, como essas reações envolvem a interconversão dos aminoácidos a piruvato ou ácidos dicarboxílicos, elas atuam como uma ponte entre o metabolismo dos aminoácidos e o dos carboidratos.

As aminotransferases estão amplamente distribuídas nos tecidos. As atividades mais elevadas de AST (GOT) encontram-se no miocárdio, no fígado e no músculo esquelético, com pequenas quantidades nos rins, no pâncreas, no baço, no cérebro, nos pulmões e nos eritrócitos.

AUMENTOS DAS AMINOTRANSFERASES

Doenças hepatobiliares. A AST (GOT) e a ALT (TGP) são enzimas intracelulares presentes em grandes quantidades no citoplasma dos hepatócitos. Lesões ou destruição das células hepáticas liberam essas enzimas para a circulação. A ALT (GPT) é encontrada, principalmente, no citoplasma do hepatócito, enquanto 80% da AST (GOT) está presente na mitocôndria. Essa diferença tem auxiliado o diagnóstico e o prognóstico de doenças hepáticas. Em caso de dano hepatocelular leve, a forma predominante no soro é citoplasmática, enquanto em lesões graves há liberação da enzima mitocondrial, elevando a relação AST/ALT. Exceções são encontradas na hepatite alcoólica, na cirrose hepática e na neoplasia hepática.

- *Hepatite viral aguda.* Os níveis de aminotransferases séricas encontram-se elevados mesmo antes do início dos sintomas da doença (p. ex., icterícia). O aumento das duas enzimas pode atingir até 100 vezes os limites superiores dos valores de referência, apesar de níveis entre 10 e 40 vezes, serem os mais encontrados. As atividades máximas ocorrem entre o sétimo e o 12º dia, declinando entre a terceira e a quinta semana, logo após o desaparecimento dos sintomas. Na fase aguda da hepatite viral ou tóxica, a ALT (GPT), geralmente, apresenta atividade maior que a AST (GOT). A relação AST/ALT é menor que 1. Na fase de cura, a relação se inverte. Na hepatite viral aguda são encontradas hiperbilirrubinemia e bilirrubinúria com pequena elevação da atividade da fosfatase alcalina. Aumentos persistentes da ALT (GPT) por mais de 6 meses indicam hepatite crônica.

- *Outras hepatites.* Em pacientes com aumento de transaminases, mas com marcadores negativos para a hepatite, sem uso de medicamentos ou ingestão de álcool, deve-se incluir as causas menos comuns de hepatites crônicas, como hemocromatose, doença de Wilson, hepatite autoimune, cirrose biliar primária, colangite esclerosante e deficiência de α-1-antitripsina

- *Cirrose de qualquer etiologia.* São detectados níveis até cinco vezes maiores que o limite superior dos valores de referência, dependendo das condições do progresso da destruição celular; nesses casos, a atividade da AST (GOT) é maior que a da ALT (GTP). A elevação da razão AST/ALT pode refletir o grau de fibrose desses pacientes. A disfunção hepatocelular provoca a síntese prejudicada da albumina, além do prolongamento do tempo de protrombina, hiperbilirrubinemia, teores de amônia elevados e de uremia baixos. Aumentos das aminotransferases semelhantes aos encontrados na cirrose são frequentes na colestase extra-hepática, no carcinoma hepático, após ingestão de álcool, durante o *delirium tremens* e após administração de certos fármacos, como opiáceos, salicilatos ou ampicilina. A relação AST/ALT frequentemente é maior que 1.

CAPÍTULO 9 • Enzimas

- *Mononucleose infecciosa.* Ocorrem elevações de até 20 vezes em relação aos limites superiores dos valores de referência, com o envolvimento hepático.
- *Colestase extra-hepática aguda.* Entre as várias causas estão: retenção de cálculos biliares, carcinoma de cabeça de pâncreas e tumor dos ductos biliares.

Infarto do miocárdio. Ao redor de 6 a 8 horas após o infarto do miocárdio, a atividade sérica da AST (GOT) começa a elevar-se, atingindo o pico máximo (20 a 200 U/mL) entre 18 e 24 horas e progressivamente retornando aos valores de referência ao redor do quinto dia. A AST (GOT) *não* se altera na angina de peito, na pericardite e na enfermidade vascular miocárdica.

Distrofia muscular progressiva e dermatomiosite. Elevações de quatro e oito vezes da AST (GOT) e, ocasionalmente, da ALT (GPT) são encontradas. Em geral, estão normais em outras enfermidades musculares, especialmente nas de origem neurogênica.

Embolia pulmonar. Aumento de duas a três vezes o normal.

Pancreatite aguda. Provoca aumentos moderados de duas a cinco vezes o normal.

Insuficiência cardíaca congestiva. Os níveis de AST podem estar aumentados em graus de leves a moderados, provavelmente refletindo a necrose hepática secundária ao suprimento sanguíneo inadequado do fígado.

Outras desordens. A AST (GOT) apresenta pequenos aumentos em caso de gangrena, esmagamento muscular, enfermidades hemolíticas, distrofia muscular progressiva, dermatomiosite, colangite (inflamação dos ductos biliares) e infecção por parasitas.

DETERMINAÇÃO DAS TRANSAMINASES

Paciente: Não necessita cuidados especiais.

Amostra. *Soro* isento de hemólise, pois a atividade das aminotransferases é maior nos eritrócitos. A atividade da enzima permanece inalterada por 48 horas sob refrigeração.

Interferentes. *Valores falsamente aumentados:* paracetamol (acetoaminofeno), antiepilépticos, anti-inflamatórios não esteroides, antibióticos, estati-

nas, agentes anestésicos, cloranfenicol, opiáceos, cumarínicos, difenil-hidantoína, etanol, isoniazida, morfina, anticoncepcionais orais, sulfonamidas e tiazidas.

Métodos. Alguns métodos utilizados para determinação da atividade das aminotransferases baseiam-se na formação de cor entre o piruvato ou oxaloacetato e a dinitrofenil-hidrazina para formar as hidrazonas correspondentes. A alcalinização da mistura desenvolve cor proporcional à conversão dos cetoácidos em hidroxiácidos. A dinitrofenil-hidrazina também reage com o α-cetoglutarato, provocando interferências. Esses métodos são obsoletos.

- *Monitoração contínua.* O piruvato ou oxaloacetato formados pela ação das aminotransferases são acoplados a uma segunda reação, onde são reduzidos pela NADH em reação catalisada pela lactato-desidrogenase (LD) para a ALT ou malato-desidrogenase (MDH) para a AST. A transformação da NADH por oxidação em NAD^+ é monitorada em 340 nm. É adicionado piridoxal 5'-fosfato para suplementar o teor de coenzima no soro e, assim, desenvolver atividade máxima.

Para a aspartato-transaminase:

$$\text{Aspartato} + \alpha\text{-oxoglutarato} \xrightarrow{\text{AST}} \text{oxaloacetato} + \text{glutamato}$$

$$\text{Oxaloacetato} + \text{NADH} + \text{H}^+ \xrightarrow{\text{MDM}} \text{malato} + \text{NAD}^+$$

Para a alanina-transaminase:

$$\text{Alanina} + \alpha\text{-oxoglutarato} \xrightarrow{\text{ALT}} \text{piruvato} + \text{glutamato}$$

$$\text{Piruvato} + \text{NADH} + \text{H}^+ \xrightarrow{\text{LD}} \text{lactato} + \text{NAD}^+$$

A redução da absorvância em 340 nm nas duas reações é medida por monitoração contínua.

Valores de referência a 37°C (U/L)	
AST (GOT)	5 a 34
ALT (GTP)	6 a 37

Bibliografia consultada

BRUNS, D.; SAVORY, J.; TITHERADGE, A. et al. Evaluation of the IFCC-recommended procedure for serum aspartate aminotransferase as modified for use with the centrifugal analyzer. **Clin. Chem., 27:**156-9, 1981.

COHEN, J.A.; KAPLAN, M.M. The SGOT/SGPT ratio na indicator of alcoholic liver disease. **Dig. Dis. Sci., 24:**835-8, 1979.

KARMEN, S. A note on the spectrophotometric assay of glutamic-oxalacetic transaminase in human bloodserum. **J. Clin. Invest., 34:**131-3, 1955.

REITMAN, S.; FRANKEL, S.A. A colorimetric method for the determination of serum glutamic oxalacetic and glutamic piruvic transaminases. **Am. J. Clin. Path., 28:**57-63, 1957.

SCHUMANN, G.; BONORA, R.; CERIOTTI, F. et al. IFCC primary reference procedures for the measurement of catalytic activity concentrations of enzymes at 37ºC: Part 4. Reference procedure for the measurement of catalytic concentration of alanine aminotransferase. **Clin. Chem. Lab. Med. 40:**718-24, 2002.

SCHUMANN, G.; BONORA, R.; CERIOTTI, F. et al. IFCC primary reference procedures for the measurement of catalytic activity concentrations of enzymes at 37ºC: Part 5. Reference procedure for the measurement of catalytic concentration of aspartate aminotransferase. **Clin. Chem. Lab. Med. 40:**725-33, 2002.

9.6 GAMA-GLUTAMILTRANSPEPTIDASE

A γ-glutamiltranspeptidase (γ-GT) catalisa a transferência de um grupo γ-glutamil de um peptídeo para outro peptídeo ou para um aminoácido, produzindo aminoácidos γ-glutamil e cistenil-glicina. Está envolvida no transporte de aminoácidos e peptídeos através das membranas celulares, na síntese proteica e na regulação dos níveis de glutationa tecidual. A γ-GT é encontrada no fígado, nas vias biliares, nos rins, nos intestinos, na próstata, no pâncreas, nos pulmões, no cérebro e no coração.

AUMENTOS NA ATIVIDADE DA γ-GT

Apesar de a atividade enzimática ser maior no rim, a enzima presente no soro tem origem, principalmente, no sistema hepatobiliar. No fígado, a γ-GT está localizada nos canalículos das células hepáticas e, particularmente, nas células epiteliais que revestem os ductos biliares. Desse modo, o principal valor clínico da avaliação da γ-GT é no estudo das desordens hepatobiliares. O grau de elevação é útil no diagnóstico diferencial entre as desordens hepáticas e as do trato biliar.

Obstrução intra-hepática e extra-hepática. São observados os maiores aumentos (cinco a 30 vezes os limites superiores dos valores de referência) nas colestases do trato biliar – processo patológico primário da cirrose biliar primária, colestase intra-hepática e obstrução biliar extra-hepática. A γ-GT é mais sensível e duradoura que a fosfatase alcalina, as transaminases e a nucleotidase na detectação de *icterícia obstrutiva*, *colangite* e *colecistite*. Além disso, a γ-GT é útil na diferenciação da fonte de elevação da fosfatase alcalina – a γ-GT apresenta valores normais nas desordens ósseas e durante a gravidez. A γ-GT é particularmente importante na avaliação do envolvimento hepatobiliar em adolescentes, pois a atividade da fosfatase alcalina está elevada durante o crescimento ósseo.

As doenças hepatocelulares incluem também elevação das transaminases e das bilirrubinas, tempo de protrombina prolongado e hipoalbuminemia.

Doenças hepáticas relacionadas ao álcool. A liberação da γ-GT no soro reflete os efeitos tóxicos do álcool e de fármacos (p. ex., fenitoína) sobre as estruturas microssomais das células hepáticas. A γ-GT é um indicador do alcoolismo, particularmente da forma oculta. Em geral, as elevações enzimáticas nos alcoolistas variam entre duas e três vezes os valores de referência. Por outro lado, a ingestão de álcool em ocasiões sociais não aumenta significativamente a γ-GT. Esses ensaios são úteis no acompanhamento dos efeitos da abstenção do álcool. Nesses casos, os níveis voltam aos valores de referência em 2 ou 3 semanas, mas podem elevar-se novamente se o uso do álcool é retomado. Em vista da suscetibilidade da indução enzimática, a interpretação da γ-GT em qualquer caso deve ser realizada à luz dos efeitos de fármacos e álcool. Cerca de 30% dos consumidores habituais de álcool têm γ-GT normal. O diagnóstico do uso de álcool pode ser complementado pelos seguintes testes:

- *Volume celular médio (VCM) dos eritrócitos*. O valor diagnóstico da γ-GT é aumentado quando a macrocitose é encontrada pela medida do VCM.

CAPÍTULO 9 • Enzimas

- *Transferrina deficiente em carboidratos (CDT)*. Em pacientes com doença induzida pelo álcool, a transferrina plasmática tem um reduzido conteúdo de carboidratos (ácido siálico). O teor de CDT plasmático está aumentado em, aproximadamente, 90% dos pacientes que ingerem mais de 60 g de álcool por dia.

- *Etanol sanguíneo.*

Hepatite infeciosa. Aumentos de duas a cinco vezes em relação aos valores de referência; a determinação das aminotransferases (transaminases) é de maior utilidade.

Neoplasias. Neoplasias primárias ou secundárias apresentam atividade da γ-GT mais intensa e mais precoce que outras enzimas hepáticas.

Esteatose hepática (fígado gorduroso). É a mais comum das hepatopatias alcoólicas, mas também é descrita em outros quadros, como em hepatites medicamentosas, gestação, nutrição parenteral, corticoterapia, diabetes e nas desnutrições proteicas. Pequenos aumentos (duas a cinco vezes o valor superior de referência) ocorrem devido à indução das enzimas microssomais pelo álcool. Nas outras condições, os aumentos são menores.

Fármacos. A γ-GT está presente em grandes quantidades no retículo endoplasmático liso e, portanto, é suscetível à indução de aumento da sua atividade por fármacos, como barbitúricos, antimicrobianos, benzodiazepínicos e acetoaminofeno. As elevações atingem níveis quatro vezes maiores que os limites superiores dos valores de referência.

Fibrose cística (mucoviscidose). Eleva a γ-GT por complicações hepáticas decorrentes.

Câncer prostático. São encontrados níveis moderadamente elevados. Outros tipos de câncer com metástase hepática também provocam aumentos da enzima.

Outras condições. Lúpus eritematoso sistêmico e hipertireoidismo.

Atividade normal da enzima é encontrada em enfermidades ósseas (enfermidade de Paget, neoplasia óssea), em crianças com mais de 1 ano e em mulheres grávidas saudáveis – condições em que a fosfatase alcalina está aumentada. Apesar de a γ-GT ser encontrada no pâncreas e nos rins, a enzima não se eleva em desordens nesses órgãos, a menos que exista envolvimento hepático.

DETERMINAÇÃO DA γ-GT

Paciente. Deve permanecer em jejum por 8 horas, à exceção da ingestão de água. Além disso, não deve ingerir álcool por 24 horas antes da prova.

Amostra. *Soro sanguíneo ou plasma com EDTA isento de hemólise.* Estável por 1 mês quando refrigerada. A –20°C é estável por 1 ano.

Métodos. Os primerios métodos de análise da γ-GT empregavam a glutationa como substrato. O desaparecimento do substrato ou a formação de produto eram detectados por cromatografia, manometria ou absorvância em UV.

L-γ-Glutamil-p-nitroanilida. O substrato mais usado para a análise da γ-GT é a γ-glutamil-*p*-nitroanilida. O resíduo γ-glutamil do substrato doador é transferido para a glicilglicina, liberando a *p*-nitroanilina, um produto cromogênico com absorvância em 405 nm. Essa reação tanto pode ser usada como método de monitoração contínua como de ponto final.

$$\gamma\text{-glutamil-}p\text{-nitroanalida} + \text{glicilglicina} \xrightarrow{\text{GGT}}$$

$$\gamma\text{-glutamilglicilglicina} + p\text{-nitroanilina}$$

Interferências. *Resultados falsamente elevados:* fenitoína, fenobarbital, glutemidina e metaqualona.

Valores de referência (U/L)	
Homens	5 a 38
Mulheres	8 a 55

Bibliografia consultada

BERTELLI, M.S.; CONCI, F.M. **Álcool e fígado.** Caxias do Sul: EDUCS, 1997. 219p.

LONDON, J.W.; SHAW, L.M.; THEODORSEN, L.; STROME, J.H. Application of response surface methodology to the assay of gamma-glutamyltransferase. **Clin. Chem., 28:**1140-3, 1982.

PANTHEGHINI, M.; BAIS, R. Enzymes. In: BURTIS, C.A.; ASHWOOD, E.R.; BRUNS, D.E. **Tietz fundamentals of clinical chemistry.** 6 ed. Philadelphia: Saunders, 2008:317-36.

ROSALKI, S.B. Gamma-glutamyl transpeptidase. **Adv. Clin. Chem., 17:**53-107, 1975.

SCHUMANN, G.; BONORA, R.; CERIOTTI, F. et al. IFCC primary reference procedures for the measurement of catalytic activity concentrations of enzymes at 37°C: Part 6. Reference procedure for the measurement of catalytic concentration of γ-glutamyltransferase. **Clin. Chem. Lab. Med., 40:**734-8, 2002.

WHITFIELD J.B. Serum γ-glutamyltransferase and risk of disease. **Clin. Chem., 53:**1-2, 2007.

9.7 LACTATO-DESIDROGENASE

A lactato-desidrogenase (LD) é uma enzima da classe das *oxidorredutases* que catalisa a oxidação reversível do lactato a piruvato, em presença da coenzima NAD^+, que atua como doador ou aceptor de hidrogênio.

$$Lactato + NAD^+ \rightleftarrows Piruvato + NADH^+ + H^+$$

A LD está presente no citoplasma de todas as células do organismo, sendo rica no miocárdio, no fígado, no músculo esquelético, nos rins e nos eritrócitos. Os níveis teciduais de LD são, aproximadamente, 500 vezes maiores do que os encontrados no soro. Desse modo, as lesões naqueles tecidos provocam elevações plasmáticas significativas dessa enzima.

ISOENZIMAS DA LD

Devido à presença da lactato-desidrogenase em vários tecidos, aumentos dos seus teores séricos são um achado inespecífico. É possível obter informações de maior significado clínico a partir da separação da LD em suas cinco frações isoenzimáticas. As isoenzimas de LD são designadas de acordo com sua mobilidade eletroforética. Cada isoenzima é um tetrâmero formado por quatro subunidades, chamadas H, para a cadeia polipeptídica cardíaca, e M, para a cadeia polipeptídica muscular esquelética. As cinco isoenzimas encontradas no soro são:

Tipo	Percentagem	Localização
LD-1 (HHHH)	14 a 26	Miocárdio e eritrócitos
LD-2 (HHHM)	29 a 39	Miocárdio e eritrócitos
LD-3 (HHMM)	20 a 26	Pulmão, linfócitos, baço, pâncreas
LD-4 (HMMM)	8 a 16	Fígado, músculo esquelético
LD-5 (MMMM)	6 a 16	Fígado, músculo esquelético

A hemólise produzida durante coleta e/ou manipulação de sangue eleva as frações LD-1 e LD-2.

AUMENTOS NA ATIVIDADE DA LD

Devido à distribuição em todos os tecidos, a elevação da LD sérica ocorre em várias condições, incluindo infarto do miocárdio, hemólise e desordens do fígado, dos rins, dos pulmões e dos músculos.

Infarto agudo do miocárdio. A LD no soro aumenta 8 a 12 horas após o infarto do miocárdio, atingindo o pico máximo entre 24 e 48 horas; esses valores permanecem aumentados por 7 a 12 dias.

Insuficiência cardíaca congestiva, miocardite, choque ou insuficiência circulatória. A LD eleva-se em mais de cinco vezes em relação aos valores de referência.

Anemia megaloblástica. A deficiência de folato ou vitamina B_{12} provoca destruição das células precursoras dos eritrócitos na medula óssea e aumenta, em até 50 vezes, a atividade da enzima sérica por conta das isoenzimas LD-1 e LD-2, que voltam ao normal após o tratamento.

Válvula cardíaca artificial. É uma causa de hemólise que eleva as frações LD-1 e LD-2.

Enfermidade hepática. Os aumentos não são tão efetivos como os das transaminases (aminotransferases):

- *Hepatite infecciosa tóxica com icterícia.* Provoca aumento de até 10 vezes em relação aos valores de referência.

- *Hepatite viral, cirrose e icterícia obstrutiva.* Apresentam níveis levemente aumentados: uma ou duas vezes os valores superiores de referência.

Mononucleose infecciosa. Os teores séricos da LD são geralmente altos, talvez porque a LD seja liberada dos agregados das células mononucleares imaturas do organismo.

Doenças renais. Especialmente *necrose tubular* e *pielonefrite*. Entretanto, os aumentos não estão correlacionados com a proteinúria e outros parâmetros da enfermidade renal.

Doenças malignas. Mostram incrementos da LD no soro, especialmente aquelas com metástases hepáticas. Elevações importantes são encontradas nas leucemias, nas metástases hepáticas, na enfer-

CAPÍTULO 9 ▪ Enzimas

midade de Hodgkin e nos cânceres abdominais e pulmonares.

Distrofia muscular progressiva. Aumentos moderados, especialmente nos estágios iniciais e médios da doença; eleva a fração LD-5.

Traumatismo muscular e exercícios muito intensos. Eleva principalmente a LD-5, dependendo da extensão do traumatismo.

Embolia pulmonar. A isoenzima LD-3 está elevada, provavelmente devido à grande destruição de plaquetas após a formação do êmbolo.

Pneumocistose. É frequente em pacientes portadores do vírus da imunodeficiência adquirida com pneumonia por *Pneumocystis*. A suspeita deve ser confirmada mediante a história clínica e o exame físico e pelos níveis de hipoxemia na gasometria arterial.

CORRELAÇÃO CLÍNICA DAS ISOENZIMAS DA LD

As isoenzimas apresentam alterações em várias enfermidades que refletem a natureza dos tecidos envolvidos.

Aumentos da LD-3 ocorrem com frequência em pacientes com vários tipos de carcinomas.

As isoenzimas LD-4 e LD-5 são encontradas, fundamentalmente, no fígado e no músculo esquelético, com o predomínio da fração LD-5. Assim sendo, os níveis LD-5 são úteis na detecção de desordens hepáticas – particularmente, distúrbios intra-hepáticos – e desordens do músculo esquelético, como a distrofia muscular. Na suspeita de enfermidade hepática, com LD total muito aumentada e quadro isoenzimático não específico, é grande a possibilidade da existência de câncer.

A LD pode formar complexos com imunoglobulinas e revelar bandas atípicas na eletroforese. O complexo com a IgA e IgG geralmente migra entre a LD-3 e a LD-4. Esse complexo macromolecular não está associado a nenhuma anormalidade clínica específica.

No infarto do miocárdio, estão aumentados os níveis das frações LD-1 e LD-2, isoenzimas das quais o miocárdio é particularmente rico (ver adiante).

Além do lactato, a LD pode atuar sobre outros substratos, como o α-hidroxibutirato. A subunidade H tem afinidade maior pelo α-hidroxibutirato do que as subunidades M. Isso permite o uso desse substrato na medida da atividade da LD-1 e da LD-2, que consistem quase inteiramente em subunidades H. Esse ensaio é conhecido como a medida da atividade da α-*hidroxibutirato-desidrogenase* (α-HBD).

A α-HBD não é uma enzima distinta, é, isso sim, representante da atividade da LD-1 e da LD-2. A atividade da α-HDB está aumentada naquelas condições em que as frações LD-1 e LD-2 estão elevadas. No infarto do miocárdio, a atividade da α-HBD é muito similar à da LD-1.

Foi proposto o cálculo da relação LD/α-HBD que, em adultos, varia entre 1,2 e 1,6. Nas *enfermidades hepáticas parenquimais*, a relação se situa entre 1,6 e 2,5. No *infarto do miocárdio*, com aumento da LD-1 e da LD-2, a relação diminui para 0,8 a 1,2.

LACTATO-DESIDROGENASE NA URINA

Elevações na atividade da LD na urina de três a seis vezes em relação aos valores de referência estão associadas com *glomerulonefrite crônica, lúpus eritematoso sistêmico, nefrosclerose diabética* e *câncer de bexiga e rim*. A determinação da LD na urina é afetada pela presença de inibidores como a ureia e pequenos peptídeos e de possíveis inativações da enzima sob condições de pH adversos na urina.

LACTATO-DESIDROGENASE NO LCR

Em condições normais, a atividade da LD no líquido cefalorraquidiano (LCR) é bem menor do que a encontrada no soro sanguíneo. A distribuição isoenzimática é $LD_1>LD_3>LD_2>LD_4>LD_5$. No entanto, os valores podem aumentar e/ou modificar-se em presença de hemorragia ou lesão na barreira cerebral sanguínea provocada por enfermidades que adicionam LD de origem sistêmica ao LCR. Além disso, as isoenzimas da LD são liberadas das células que se infiltram no LCR. Por exemplo, na *meningite bacteriana*, a granulocitose resultante produz elevações da LD-4 e da LD-5, enquanto a *meningite viral* causa linfocitose que provoca elevações da LD-1 e da LD-3.

Alguns autores observaram aumentos na fração LD-5 no LCR em presença de tumores metastatizados, enquanto os tumores cerebrais primários revelam aumento em todas as frações. Em neonatais, elevações da LD são observadas em hemorragias intracranianas e estão significativamente associadas com distúrbios neurológicos com convulsões e hidroencefalia.

DETERMINAÇÃO DA LD

Paciente. Não é exigido preparo especial.

Amostra. *Soro* ou *plasma heparinizado* ou *LCR*. O soro e, plasma devem estar completamente isentos de hemólise, pois os eritrócitos contém 100 a 150 vezes mais LD. Estável por 24 horas em temperatura ambiente. Não refrigerar.

Interferentes. *Resultados falsamente elevados:* ácido ascórbico, anfotericina B, barbitúricos, carbonato de lítio, clofibrato, carbutamina, cefalotina, clonidina, cloridrato de clorpromazina, cloridrato de procainamida, codeína, dextrano, floxuridina, hormônio tireóideo, lorazepam, meperidina, mitramicina, morfina, niacina, nifedipina, propranolol e metildopa. *Resultados falsamente reduzidos:* esteroides anabólicos, androgênios oxalatos e tiazidas.

Métodos. A atividade da lactato-desidrogenase pode ser avaliada em termos da velocidade de transformação do piruvato em lactato. Após incubação, a quantidade de piruvato consumida é determinada pela adição de *dinitrofenil-hidrazina* para formar um composto colorido (hidrazona) medido fotometricamente. Essa metodologia está sendo abandonada em detrimento dos ensaios "cinéticos". Em outro método colorimétrico, a NADH formada reage com sais tetrazólicos para produzir um composto colorido.

- *Piruvato a lactato.* Muitos métodos medem a interconversão de lactato/piruvato utilizando as coenzimas NAD⁺ e NADH, que são medidas em 340 nm. As reações procedem do lactato → piruvato, ou de modo inverso, piruvato → lactato. A velocidade da reação reversa é três vezes mais rápida, permitindo o emprego de reagentes mais baratos, amostras pequenas e menor tempo de incubação. Entretanto, a reação reversa é mais suscetível à exaustão do substrato e à perda de linearidade.

Valores de referência para a lactato-desidrogenase (U/L)	
Soro	95 a 225
Urina	42 a 98
Líquido cefalorraquidiano	7 a 30

Bibliografia consultada

CABAUD, P.G.; WRÓBLEWSKI, F. Colorimetric measurement of lactic dehydrogenase activity of body fluids. **Am. J. Clin. Path., 30:**234-6, 1981.

CHATTERLY, S.; SUN, T.; LIEN, Y. Diagnostic value of lactate dehydrogenase isoenzymes in cerebrospinal fluid. **J. Clin. Lab. Anal., 5:**168-74, 1991.

SCHUMANN, G.; BONORA, R.; CERIOTTI, F.; CLERC-RENAUD, P.; FERRERO, C.A.; FÉRARD, G. at al. IFCC primary reference procedures for the measurement of catalytic activity concentrations of enzymes at 37 ºC: Part 3. Reference procedure for the measurement of catalytic concentration of lactate dehydrogenase. **Clin. Chem. Lab. Med. 40:**643-8, 2002.

STURK, A.; SANDERS, G.T.B. Macro enzymes: prevalence, composition, detection and clinical relevance. **J. Clin. Chem. Clin. Biochem., 28:**65-81, 1990.

Working Group on Enzymes of the German Siciety for Clinical Chemistry: Proposal for standard methods for the determination of enzyme concentrations in serum and plasma at 37 ºC. **Clin. Chem. Clin. Biochem., 28:**805-8, 1990.

9.8 CREATINOQUINASE

A enzima creatinoquinase (CK) catalisa a fosforilação reversível da creatina pela adenosina-trifosfato (ATP) com a formação de creatina-fosfato.

$$\text{Creatina} + \text{ATP} \leftrightarrow \text{creatina-fosfato} + \text{ADP}$$

Fisiologicamente, quando o músculo contrai, a ATP é convertida em adenosina-difosfato (ADP) e a CK catalisa a refosforilação da ADP em ATP utilizando a creatina-fosfato. Assim, a CK está associada com a geração de ATP nos sistemas contráteis ou de transporte. A função predominante da enzima ocorre nas células musculares, onde está envolvida no armazenamento de creatina-fosfato.

A creatinoquinase está amplamente distribuída nos tecidos, com atividades mais elevadas no músculo esquelético, no cérebro e no tecido cardíaco. Quantidades menores são encontradas no rim, no diafragma, na tireoide, na placenta, na bexiga, no útero, no pulmão, na próstata, no baço, no reto, no cólon, no estômago e no pâncreas. O fígado e os eritrócitos são essencialmente desprovidos dessa enzima.

ISOENZIMAS DA CREATINOQUINASE

A creatinoquinase consiste em um dímero composto de duas subunidades (B, ou cérebro, e M, ou músculo) que são separadas em três formas moleculares distintas e distribuídas do seguinte modo:

- *CK-BB ou CK-1,* encontrada predominantemente no cérebro. Raramente está presente no sangue.
- *CK-MB ou CK-2,* forma híbrida, predominante no miocárdio. Corresponde a menos de 6% do total.
- *CK-MM ou CK-3,* predominante no músculo esquelético. Corresponde a mais de 95% do total.

As três isoenzimas são encontradas no citosol ou associadas a estruturas miofibrilares. O músculo esquelético contém quase inteiramente CK-MM, com pequenas quantidades de CK-MB. A maior atividade da CK no músculo cardíaco é também atribuída à CK-MM, com aproximadamente 20% de CK-MB. O soro normal contém ao redor de 94% a 100% de CK-MM. A CK-MB está confinada quase que exclusivamente ao tecido cardíaco. Níveis elevados de CK-MB são de grande significado diagnóstico no infarto agudo do miocárdio. Existe uma quarta forma que difere das frações anteriores, chamada CK-Mt, localizada no espaço entre as membranas internas e externas das mitocôndrias e que corresponde a 15% da atividade da CK total cardíaca.

A macro-CK está associada a imunoglobulinas, representando 0,8% a 1,6% da atividade da CK, e não está relacionada a nenhuma enfermidade específica. Nas lesões teciduais extensas com ruptura das mitocôndrias, a CK-Mt pode ser detectada no soro. Sua presença também não está relacionada a nenhuma enfermidade específica, mas parece indicar doenças graves, como tumores malignos e anormalidades cardíacas.

CORRELAÇÃO CLÍNICA DA CREATINOQUINASE

A atividade sérica da CK está sujeita a variações fisiológicas que interagem e afetam a atividade da enzima, como sexo, idade, massa muscular, atividade física e raça.

Enfermidades do músculo esquelético. Como uma das principais localizações da creatinoquinase é o músculo esquelético, os níveis séricos estão frequentemente elevados nas lesões desses tecidos.

- *Distrofia muscular progressiva.* Particularmente, a de *Duchenne* (distúrbio recessivo ligado ao cromossomo X) apresenta atividade de CK 50 a 100 vezes os limites superiores dos valores de referência. Apesar de a CK total ser de grande utilidade nessas desordens, não é uma avaliação inteiramente específica, já que elevações também são encontradas em outras anormalidades dos músculos cardíaco e esquelético. Em distrofias como a de *Becker* e a de *Dreifuss*, os níveis de CK sérica estão normais ou levemente aumentados.
- *Miosite viral* e *polimiosite.* Apresentam valores bastante elevados de CK; no entanto, em doenças musculares neurogênicas, como *miastenia grave, esclerose múltipla, poliomielite* e *parkinsonismo*, a atividade enzimática é normal.
- *Hipertermia maligna.* Doença familiar rara, mas grave, caracterizada por febres altas, convulsões e choque e desencadeada pela administração de anestesia geral. Muitos desses pacientes apresentam evidências de miopatia. Atividades bastante elevadas da CK são encontradas no estágio agudo pós-anestesia. Pequenos aumentos muitas vezes persistem e podem também ser detectados em parentes dos pacientes afetados.
- *Polimiopatia necrosante.* Existe destruição do músculo devido a infarto ou necrose muscular, lesões por esmagamento, alcoolismo, hipertermia maligna, exercícios intensos, mioglobinúria recorrente, certas enfermidades metabólicas hereditárias do músculo, viroses, injeções intramusculares (os aumentos da CK podem persistir por mais de 48 horas) e intervenções cirúrgicas.
- *Fármacos.* Ácido aminocaproico, anfotericina B, carbenoxolona, clofibrato, ciclopropano, danazol, éter dietílico, dietilestilbestrol, halotano, labetalol, lidocaína, D-penicilina, pindolol, esta-

nozol, quinidina e succinilcolina. Nos casos de uso abusivo ou *overdose*, amitriptilina, anfetaminas, barbitúricos, etanol, glutetimida, heroína, imipramina e fenciclidina podem aumentar a atividade da enzima dramaticamente.

- *Estados psicóticos agudos*. Os incrementos são, provavelmente, provocados por anormalidades do músculo esquelético.

Enfermidades cardíacas. Quando as células miocárdicas são irreversivelmente danificadas, suas membranas celulares perdem a integridade e as enzimas se difundem no interstício e vão para os linfáticos e capilares.

- *Infarto do miocárdio*. Ver Marcadores bioquímicos da lesão miocárdica (seção 9.10).
- *Condições e procedimentos cardíacos*. Angina de peito, choque cardiogênico e cirurgia cardíaca, incluindo transplante, taquicardia, cateterismo cardíaco, arteriografia coronariana, insuficiência cardíaca congestiva e angioplastia coronariana transluminal, percutânea elevam em níveis moderados a CK total ou a CK-2 (CK-MB), ou ambas; essas elevações podem mascarar infartos do miocárdio subsequentes.
- *Miocardite*. Promove aumentos marcantes da CK-2 (CK-MB).

Enfermidades do sistema nervoso central. Apesar da alta concentração de CK no tecido cerebral, o soro raramente contém CK-1 (CK-BB). Devido ao seu tamanho molecular (80.000), a passagem através da membrana sangue-cérebro é impedida.

- *Lesões no crânio com dano cerebral*. Quantidades significativas de CK-1 (CK-BB) podem ser detectadas no soro; a extensão desses aumentos está correlacionada com a gravidade do dano e também com o prognóstico.
- *Enfermidade cardiovascular, neurocirurgia e isquemia cerebral*. Aumentam a fração CK-3 (CK-MM). A isoenzima CK-1 não se eleva.
- *Hemorragia subaracnóidea*. Paradoxalmente, a isoenzima CK-2 (CK-MB) pode ser detectada frequentemente nesses pacientes. Esse achado sugere comprometimento do miocárdio após acidente cerebral.
- *Síndrome de Reye*. Nesta desordem da infância, caracterizada pelo inchaço agudo do cérebro com infiltração gordurosa e disfunção hepática sem icterícia, a CK total está aumentada em até 70 vezes, principalmente a isoenzima CK-1; a extensão total da elevação da CK parece ser um indicador da gravidade da encefalopatia.

Enfermidades da tireoide. A atividade da CK sérica demonstra uma relação inversa com a atividade da tireoide.

- *Hipotireoidismo*. A atividade da CK eleva em cinco vezes os limites superiores de referência, mas os aumentos podem chegar a 50 vezes e são devidos ao envolvimento do tecido muscular (incremento na permeabilidade da membrana), provavelmente, na redução da depuração de CK como efeito do hipometabolismo; a principal isoenzima presente é a CK-3 (CK-MM), apesar de 13% da atividade da CK ser devida à fração CK-2 (CK-MB), sugerindo um possível envolvimento do miocárdio (de qualquer modo, o hipotireoidismo predispõe a enfermidade cardíaca isquêmica).
- *Hipertireoidismo*. Os aumentos da atividade da CK tendem a estar nos limites inferiores dos valores de referência.

DETERMINAÇÃO DA CREATINOQUINASE

Paciente. Se a dosagem tiver por objetivo a avaliação de distúrbios da musculatura esquelética, o paciente deve evitar exercícios vigorosos durante 24 horas. Não ingerir álcool no dia anterior ao teste. Suspender os fármacos que afetam os resultados das dosagens durante 24 horas.

Amostra. *Soro e plasma* (heparinizado) isentos de hemólise, *LCR* e *líquido amniótico*. Icterícia e lipemia podem interferir em leituras de absorvância. Em refrigerador e no escuro, as amostras são estáveis por 1 semana. A –20°C, conservam-se por mais de 1 mês.

Interferências. *Resultados falsamente aumentados*: procedimentos invasivos e outros: cateterismo cardíaco (com lesão do miocárdio), choque elétrico, eletrocauterização, eletromiografia, injeções intramusculares e massagem muscular recente. *Fármacos*: acetato de dexametasona, ácido aminocaproico, carbonato de lítio, clofibrato, cloreto de succinilcolina, cloridrato de meperidina, codeína, digoxina, etanol, fenobarbital, furosemida, glutetimida, guanetidina, halotano, heroína, imipramina e sulfato de morfina.

Métodos para a CK total. A determinação da atividade da creatinoquinase emprega produtos formados na reação direta (creatina-fosfato + ADP) ou inversa (creatina + ATP). Tanto a ATP como a ADP são medidas por reações específicas.

- *Método de Oliver-Rosalki.* Os métodos mais empregados utilizam a reação reversa, na qual, em condições ótimas, a CK se desenvolve seis vezes mais rapidamente que a reação direta. Oliver descreveu uma sequência de reações em que a transformação de creatina-fosfato em creatina e ATP, catalisada pela creatinoquinase, é acoplada ao sistema hexoquinase/glicose-6-fosfato-desidrogenase (G6PD)/NADH. A variação na absorvância em 340 nm é medida na avaliação de CK. Rosalki incluiu um tiol ao reagente para aumentar a atividade da CK, mantendo os grupos sulfidrílicos na forma reduzida. A modificação proposta por Szasz é sensível, apresenta boa precisão e está livre da interferência exercida pela adenilatoquinase. Em química seca, o ativador N-acetilcisteína restaura a atividade de CK, que inicia a sequência de reações que culminam com a união da H_2O_2 e o corante leuco.

$$\text{Creatina fosfato} + \text{ADP} \xleftrightarrow{\text{CK}} \text{creatina} + \text{ATP}$$

$$\text{ATP} + \text{glicose} \xleftrightarrow{\text{Hexoquinase}} \text{glicose-6-fosfato} + \text{ADP}$$

$$\text{Glicose-6-fosfato} + \text{NADP}^+ \xleftrightarrow{\text{G6PD}} \text{6-fosfogliconato} + \text{NADPH}$$

Valores de referência para a creatinoquinase (U/L)	
Homens	46 a 171
Mulheres	34 a 145

DETERMINAÇÃO DAS ISOENZIMAS DA CREATINOQUINASE

A separação eletroforética das isoenzimas da CK foi um dos métodos mais empregados até recentemente. Os monômeros M e B possuem diferentes cargas, o que permite a separação das diferentes frações.

Principalemnte para a CK-MB, foram desenvolvidos vários métodos imunológicos, dentre os quais o de *imunoinibição*, que utiliza anticorpos anti-CK-M para inibir a CK-MM (atividade muscular). A atividade CK restante, que é proporcio-nal à atividade da CK-MB, catalisa a formação de creatina e ATP a partir da creatina-fosfato e da ADP.

Ensaios de massa também são usados na determinação da atividade da CK-MB. Anticorpos contra a CK-MB são covalentemente ligados a uma superfície sólida. A CK-MB da amostra reage com o anticorpo, formando um complexo antí-geno-anticorpo. Um segundo anticorpo conjugado com outra enzima (p. ex., fosfatase alcalina) é, então, adicionado. Assim, forma-se um complexo anticorpo-CK-MB-anticorpo. Após a remoção de anticorpos não ligados, um substrato é adicionado para reagir com a enzima conjugada ao anticorpo de modo a formar um produto detectável, proporcional à atividade da CK-MB presente na amostra.

Valores de referência para CK-MB: <3,9% ou <5,0 µg/L.

Bibliografia consultada

GRIFFITHS, P.D. CK-MB: A valuable test? **Ann. Clin. Biochem., 23:**238-42, 1986.

HORDER, M.; ELSER, R.C.; GERHARDT, W. et al. Approved recommendation on IFCC methods for the measurement of catalytic concentration of enzymes: Part 7. IFCC method for creatine kinase. **Eur. J. Clin. Chem. Clin. Biochem., 29:**435-56, 1991.

JONES, M.G.; SWAMINATHAN, R. The clinical biochemistry of creatine kinase. **J. Int. Fed. Clin. Chem., 2:**108-14, 1990.

LANG, H.; WURZBURG, U. Creatine kinase, an enzyme of many forms. **Clin. Chem., 28:**1439-47, 1982.

ROSALKI, S.B. An improved procedure for serum creatine phosphokinase determination. **J. Lab. Clin. Med., 69:**696-705, 1967.

ROSALKI, S.B. et al. Cardiac biomarkers for detection of myocardial infarction: Perspective from past to present. **Clin. Chem., 50:**2205-13, 2004.

SCHUMANN, G.; BONORA, R.; CERIOTTI, F. et al. IFCC primary reference procedures for the measurement of catalytic activity concentrations of enzymes at 37ºC: Part 2. Reference procedure for the measurement of catalytic concentration of creatine kinase. **Clin. Chem. Lab. Med., 40:**635-42, 2002.

WU, A.H.B. Creatine kinase isoforms in schemic heart disease. **Clin. Chem., 35:**7-13, 1989.

9.9 OUTRAS ENZIMAS

ALDOLASE

A aldolase (ALD) pertence à classe das liases, encontrada em todas as células do organismo, embora esteja presente em concentrações mais elevadas no músculo esquelético, no fígado e no cérebro. Em virtude da elevação da aldolase durante a doença ativa do músculo esquelético, sua avaliação ajuda no acompanhamento e na evolução de certas doenças, como a distrofia muscular progressiva.

São necessários, pelo menos, 30 minutos de repouso antes da coleta da amostra, para evitar a interferência da atividade muscular. As amostras devem ser livres de hemólise (os eritrócitos apresentam 100 vezes mais atividade que o soro).

Valores de referência: recém-nascidos: 10 a 40 U/L; crianças de 25 meses a 16 anos: 5 a 20 U/L; adultos: 2,5 a 10 U/L.

Valores elevados. Doença do músculo esquelético, principalmente na distrofia muscular de Duchenne, dermatomiosite, polimiosite (no entanto, são encontrados valores normais em casos de poliomielite, miastenia grave, esclerose múltipla e enfermidades musculares de origem neurogênica), infarto do miocárdio, hepatite viral aguda, triquinose, gangrena, tumores prostáticos, algumas metástases hepáticas, leucemia granulocítica, anemia megaloblástica, *delirium tremens* e drogas (acetato de cortisona e corticotrofina).

ISOCITRATO-DESIDROGENASE

A isocitrato-desidrogenase (ICD) catalisa a descarboxilação oxidativa do isocitrato a oxalossucinato e α-cetoglutarato no ciclo de Krebs. É um indicador sensível de doença hepática parenquimatosa.

Valores de referência: 2 a 13 U/L (37°C).

Valores elevados. Cirrose, hepatite (crônica), infarto pulmonar grave, kwashiorkor, lesões hepáticas infectadas por bactérias, metástases hepáticas, mononucleose infecciosa, síndrome de Reye e inflamação aguda do trato biliar.

Valores reduzidos. Necrose hepatocelular (maciça).

5'-NUCLEOTIDASE

Enzima da membrana plasmática que catalisa a hidrólise da maioria dos ribonucleosídeos 5'-monofosfato e desoxinucleosídeos 5'-monofosfato em nucleosídeos correspondentes e ortofosfatos. Trata-se de uma isoenzima da fosfatase alcalina encontrada no parênquima hepático e nas células dos ductos biliares. Sua atividade sérica aumenta de duas a seis vezes em doenças hepáticas que interferem com a secreção biliar (cálculo, cirrose biliar etc.). A sua avaliação ajuda a estabelecer o diagnóstico diferencial entre câncer ósseo e hepático, visto que a 5'-nucleotidase raramente está elevada no câncer ósseo. Quando acoplados com elevação da fosfatase alcalina, os níveis de 5'-nucleotidase indicam metástase hepática.

Valores de referência: 3 a 9 U/L.

Valores elevados. Alcoolismo, cirrose, cirurgia, colestase fármaco-induzida, disfunção hepática, metástase hepática e obstrução extra-hepática.

Valores reduzidos. Hepatite.

COLINESTERASE

Duas enzimas têm a capacidade de hidrolisar acetilcolina para formar colina e o ácido correspondente. Uma é a *acetilcolinesterase,* ou *colinesterase I,* encontrada nos eritrócitos, nos pulmões e no baço, nas terminações nervosas e na matéria cinzenta do cérebro, mas não no plasma. É responsável pela rápida hidrólise da acetilcolina liberada nas terminações nervosas para mediar a transmissão do impulso nervoso através da sinapse.

A outra colinesterase é a acilcolina acil-hidrolase, usualmente denominada *pseudocolinesterase* ou *colinesterase II,* encontrada no fígado, na matéria branca do cérebro e no soro; sua função biológica não é conhecida.

A pseudocolinesterase é uma colinesterase específica que hidrolisa tanto ésteres não colina como a acetilcolina. É encontrada em várias formas e atua na inativação da acetilcolina. É sintetizada no fígado e encontrada no plasma. A atividade de enzima é inibida reversivelmente por inseticidas contendo carbamato e irreversivelmente por inseticidas organofosforados.

CAPÍTULO 9 ▪ Enzimas

Alguns pacientes exibem apneia prolongada após administração de succinilcolina, um relaxante muscular. Essa droga é normalmente hidrolisada pela colinesterase plasmática. Entretanto, ocasionalmente, a droga é ativa por períodos mais longos, causando apneia que perdura por várias horas. Isso é ocasionado pelo desequilíbrio eletrolítico e pela desidratação. Mais de 50% dos pacientes sensíveis à succinilcolina têm anormalidades geneticamente determinadas na enzima e que levam a atividades reduzidas no plasma.

Valores de referência: homens: 40 a 78 U/L; mulheres: 33 a 76 U/L.

Valores aumentados. Alcoolismo, câncer de mama, síndrome nefrótica, obesidade, hiperlipoproteinemia do tipo IV e psicose.

Valores reduzidos. Anemias, dermatomiosite, desnutrição, doença renal crônica, embolia pulmonar, gravidez tardia, infarto do miocárdio, infecções agudas, intoxicação por inseticidas organofosforados, anticoncepcionais orais, estrogênios e doenças hepáticas parenquimatosas.

Bibliografia consultada

BODANSKY, O.; SCHWARTZ, M.K. 5'-Nucleotidase. **Adv. Clin. Chem., 15:**44-136, 1972.

BROWN, S.S.; KALOW, W.; PILZ, W. et al. The plasma cholinesterases: A new perspective. **Adv. Clin. Chem., 22:**1-123, 1981.

ELLIS, G.; GOLDBERG, D.M.; SPOONER, R.J.; WARD, A.M. Serum enzyme tests in diseases of the liver and biliary tree. **Am. J. Clin. Path., 70:**248-58, 1978.

9.10 MARCADORES BIOQUÍMICOS DA LESÃO MIOCÁRDICA

O infarto agudo do miocárdio é a necrose da célula miocárdica resultante da oferta inadequada de oxigênio ao músculo cardíaco. A princípio, ocorre isquemia e, se esta for grave e prolongada, segue-se o infarto do miocárdio, cuja extensão depende da artéria coronária obstruída, do grau de circulação colateral e das exigências de oxigênio do tecido suprido pela artéria.

Segundo a Organização Mundial de Saúde, a tríade clássica para a confirmação diagnóstica é formada por:

- Dor no peito: pré-cordial.
- Alterações eletrocardiográficas: em especial com elevações do segmento ST e da onda Q.
- Elevações de marcadores bioquímicos cardioespecíficos.

Os marcadores de lesão miocárdica são macromoléculas intracelulares liberadas após lesão da membrana do sarcolema dos miócitos decorrente de necrose. A velocidade de aparecimento dessas macromoléculas na circulação periférica depende de vários fatores, incluindo a localização intracelular, o peso molecular, os fluxos sanguíneo e linfático locais e a taxa de eliminação no sangue.

Os marcadores mais utilizados na investigação do infarto agudo do miocárdio são: a *creatinoquinase fração MB* (CK-MB), as *troponinas I* (cTnI) e *T* (cTnT) e a *mioglobina*.

Após a instalação dos sintomas do infarto agudo do miocárdio, observa-se, na maioria dos pacientes, um período durante o qual é possível detectar a elevação das enzimas liberadas pelo tecido miocárdico lesado. Essa relação temporal é particular para cada enzima e varia de um paciente para outro, ainda que exista um modelo típico (Figura 9.1). De modo geral, as enzimas se elevam na ocorrência do infarto agudo do miocárdio (especificidade) e estão dentro dos valores de referência na ausência de infarto (sensibilidade).

Mais do que para o diagnóstico, os marcadores bioquímicos de lesão miocárdica têm papel prognóstico nesses pacientes.

CK-MB

A enzima creatinoquinase MB (CK-MB) é o marcador tradicionalmente utilizado, embora tenha diversas limitações conhecidas.

CK-MB atividade. O miocárdio contém expressivas atividades de CK-MB. A elevação da atividade

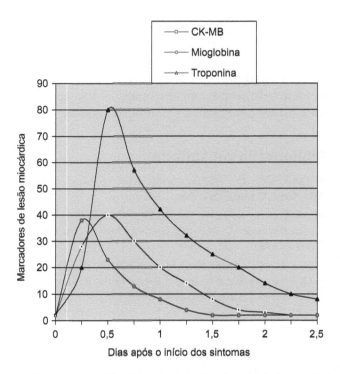

Figura 9.1 Modelo típico de alterações dos marcadores de lesão miocárdica após infarto agudo do miocárdio.

de plasmática da CK-MB (igual ou maior que 6% da CK total) é o indicador mais específico de lesão miocárdica (98% a 100% dos casos), particularmente de infarto agudo do miocárdio. A CK-MB eleva-se 4 a 6 horas após o início dos sintomas, com pico entre 18 e 24 horas e retorno ao normal entre 48 e 72 horas.

Atividade aumentada de CK-MB é também encontrada em outras desordens cardíacas. Portanto, aumentos dessa fração não são inteiramente específicos para o infarto, mas provavelmente refletem algum grau de lesão isquêmica cardíaca. A especificidade para o infarto pode ser aumentada se os resultados forem interpretados em associação com outros marcadores bioquímicos. A atividade da CK-MB também está elevada em cardiopatias, traumatismos e cirurgias cardíacas na presença de doenças musculares periféricas agudas e crônicas e na presença de doença maligna.

Alguns estudos demonstraram que as subformas da CK-MB são marcadores precoces (menos de 6 horas) de lesão miocárdica. A relação CK-MB_2/MB_1 é mais sensível para diagnóstico de infarto do miocárdio na admissão e 6 horas após, quando comparada com CK total, CK-MB atividade, CK-MB massa e mioglobina. Algumas das limitações das subformas de CK-MB são sua menor especificidade e a dificuldade técnica para a reprodução dos resultados.

CK-MB massa. A CK-MB massa determina a concentração de CK-MB no plasma em vez de sua atividade. A CK-MB massa eleva-se entre 3 e 6 horas após o início dos sintomas, com pico entre 16 e 24 horas e normalização entre 48 e 72 horas. A CK-MB massa apresenta como principal limitação o fato de elevar-se após dano em outros tecidos não cardíacos (falso-positivos), especialmente após lesão em músculos liso e esquelético.

MIOGLOBINA

A mioglobina é uma hemoproteína citoplasmática transportadora de oxigênio presente no músculo esquelético e no músculo cardíaco. Compreende cerca de 2% da proteína total do músculo e está localizada no citoplasma. Lesões celulares durante o infarto agudo do miocárdio liberam mioglobina na circulação sanguínea.

Seus valores de referência variam com a idade, o sexo e a raça. Sua eliminação se dá por via renal, e apresenta vida média de 10 minutos. Liberada rapidamente pelo miocárdio necrosado, começa a elevar-se entre 1 e 2 horas após o início dos sintomas, com pico entre 6 e 9 horas e normalização entre 12 e 24 horas. A mioglobina é mais sensível que a CK e a CK-MB atividade; entretanto, essas diferenças são menos pronunciadas quando são comparadas com as isoformas da CK-MB e da CK-MB massa. Devido a seu elevado valor preditivo negativo, é considerada excelente para afastar o diagnóstico de IAM. Seu elevado valor preditivo negativo permite afastar o diagnóstico de IAM em pacientes que apresentem alterações eletrocardiográficas que dificultem o diagnóstico de IAM.

Embora sensível, não é um marcador específico, alterando-se na presença de lesões musculares, insuficiência renal crônica, exercícios extenuantes e exposição a drogas e toxinas. Cerca de 25% dos pacientes em estado crítico apresentam elevação de seus níveis sanguíneos, mesmo na ausência de lesão cardíaca. Sua utilização em pacientes com dor torácica apresenta melhores resultados nas 7 primeiras horas do início dos sintomas; após este período, sua sensibilidade começa a diminuir e os marcadores mais específicos são mais efetivos.

CAPÍTULO 9 • Enzimas

A mioglobina não é específica para o músculo cardíaco e pode ser liberada em diversas condições além do IAM:

- Dano muscular esquelético.
- Após cirurgia.
- Exercício intenso.
- Lesão do músculo esquelético.
- Pacientes com atrofia muscular progressiva.
- Insuficiência renal grave.
- Aplicação de injeção intramuscular (variável).
- Uso de cocaína.

TROPONINAS

São proteínas contidas nas células musculares do aparelho miofibrilar das células que constituem o sarcômero, que é o núcleo básico do aparato contrátil da fibra muscular esquelética e cardíaca. Formam um complexo com polipeptídeos: *troponina I* (subunidade inibidora da actina), *troponina C* (subunidade ligada ao cálcio e reguladora da contração) e *troponina T* (subunidade ligada à miosina – tropomiosina). A subunidade troponina I existe em três isoformas: duas no músculo esquelético e uma no músculo cardíaco.

As isoformas mais usadas para o diagnóstico do IAM são a troponina T (cTnT) e a troponina I (cTnI). Dados clínicos mostraram que as troponinas são marcadores precoces do IAM. Elevam-se entre 4 e 8 horas após o início dos sintomas, com pico entre 36 e 72 horas e normalização entre 5 e 14 dias. Apresentam a mesma sensibilidade diagnóstica da CK-MB entre 12 e 48 horas após o início dos sintomas no IAM, mas são indispensáveis na presença de portadores de doenças que diminuem a especificidade da CK-MB. Embora consideradas específicas para o miocárdio, resultados falso-positivos de troponina foram publicados por causa da presença de fibrina no soro, da presença de anticorpos heterofílicos e da reação cruzada com anticorpos humanos.

Acredita-se que esses ensaios tenham duas principais vantagens em relação à CK-MB: (a) maior especificidade para lesão miocárdica, na medida em que a CK-MB é encontrada em tecidos não cardíacos, e (b) habilidade em detectar pequenas quantidades de lesão miocárdica, não detectáveis pelas mensurações de CK-MB. Existe uma tendência a acreditar que indivíduos com troponinas elevadas e CK-MB normal tenham *microinfartos* ou algum grau de necrose.

NOVOS MARCADORES PARA O IAM

Anorexina V. É uma proteína pequena (~35 kDa) ligadora de cálcio que apresenta alta afinidade para a ligação com a fosfatidilserina de forma dependente de cálcio. A fosfatidilserina é um fosfolipídio presente apenas na porção interna da membrana celular. O seu deslocamento para o lado externo da membrana é um indicador de desorganização celular relacionado com o processo de apoptose (morte celular programada). Permite verificar a extensão da área infartada de forma não invasiva.

Proteína ligadora de ácidos graxos (FABP). Apresenta baixo peso molecular (~15 kDa) e é uma das mais abundantes no citoplasma das células do músculo cardíaco. Seu pequeno tamanho propicia uma liberação rápida para o plasma após dano cardíaco, o que possibilita uma identificação precoce da lesão miocárdica. A rápida depuração renal da FABP possibilita também a identificação de infartos recorrentes (reinfartos). É liberada do músculo cardíaco de forma semelhante à mioglobina (2 a 3 horas após o IAM, com retorno aos valores basais dentro de 12 a 24 horas).

Bibliografia consultada

ANDREOLI, T.E.; CARPENTER, C.C.J.; BENNETT, J.C.; PLUM, F. **Cecil: medicina interna básica.** 4 ed. Rio de Janeiro: Guanabara-Koogan, 1997. 965p.

Diretrizes da Sociedade Brasileira de Cardiologia sobre Angina Instável e Infarto Agudo do Miocárdio sem Supradesnível do Segmento ST (II Edição, 2007). **Arq. Brás. Cardiol., 89(4):** e89-e131, 2007.

GOTO, I. Serum creatine phosphoquinase isoenzymes in hipothyroidim, convulsions, myocardial ischaemia and necrosis. **Clin. Chem. Acta, 52:**27-30, 1974.

HENRY, J.B. **Diagnósticos clínicos & tratamento por métodos laboratoriais.** São Paulo: Manole, 1995. 1678p.

MERCATELLI, C.; PICCIARELLI, F.J.; LAUDARI, H.; AMOEDO, T.V. Laboratório clínico: Tecnologia objetivando diretrizes para o futuro diagnóstico. **LAES, 105:**50-64, 1997.

ZIMMERMAN, J. et al. Diagnostic marker cooperative study for the diagnosis of myocardial infarction. **Circulation, 99:**1671-7, 1999.

Capítulo 10

Lipídios, Lipoproteínas e Apolipoproteínas

10.1	Colesterol total	116	Aterogênese	130
	Hipercolesterolemia	117	Fatores de risco para doença arterial coronária	131
	Hipocolesterolemia	118	Fatores de risco múltiplos	132
	Determinação do colesterol total	118	Hiperlipidemias e testes laboratoriais	132
10.2	Triglicerídeos	120	Hiperlipidemia exógena (tipo I)	132
	Hipertrigliceridemia	120	Hiperlipemia endógena (tipo IV)	133
	Determinação dos triglicerídeos	122	Hiperlipemia mista (tipo V)	133
10.3	Colesterol HDL e colesterol LDL	124	Hipercolesterolemia (tipo IIa)	133
	Colesterol não HDL	124	Hiperlipidemia combinada (tipo IIb)	133
	Colesterol ligado à LDL (LDL-C)	124	Hiperlipidemia remanescente (tipo III)	134
	Relação colesterol total/HDL-C	125	Avaliação das apolipoproteínas	134
	Relação colesterol LDL/HDL-C	125	Lipoproteína (a) – Lp(a)	135
10.4	Lipoproteínas plasmáticas	126	Hipoproteinemias primárias	135
	Apolipoproteínas	127	Hipolipidemias secundárias	135
	Enzimas envolvidas no transporte lipídico	127	Fosfolipídios oxidados	136
	Metabolismo das lipoproteínas plasmáticas	127	Novos marcadores laboratoriais do risco cardiovascular	136
	Subfrações de lipoproteínas	128	Lipoproteína (a) – Lp(a)	136
	Classificação das hiperlipoproteinemias	129	Homocisteína (HCY)	136
	Classificação de Fredrikson-Levy	129	Proteína C reativa de alta sensibilidade (PCR-as)	136
	Classificação laboratorial	129	Fatores hemostáticos	136
	Classificação etiológica	130		

Os lipídios são substâncias de origem biológica insolúveis em água, porém solúveis em solventes apolares. Estão presentes em todos os tecidos e apresentam grande importância em vários aspectos da vida. Atuam como hormônios ou precursores hormonais, reserva energética, componentes estruturais e funcionais das biomembranas e isolantes na condução nervosa, e previnem a perda de calor.

Os lipídios fisiológica e clinicamente mais importantes presentes no plasma são os ácidos graxos, os triglicerídeos (triacilgliceróis), os fosfolipídios e o colesterol. Os ácidos graxos podem ser saturados (sem duplas ligações entre seus átomos de carbono), mono ou poli-insaturados – com uma ou mais duplas ligações na sua cadeia. Os triglicerídeos são as formas de armazenamento energético mais importante no organismo, constituindo depósitos no tecido adiposo e no músculo. Os fosfolipídios atuam na formação de bicamadas, que são as estruturas básicas das membranas celulares. O colesterol é precursor dos hormônios esteroides, dos ácidos biliares e da vitamina D, além de ter importantes funções nas membranas celulares, influenciando a sua fluidez e o estado de ativação de enzimas ligadas a membranas. O transporte dos lipídios no sangue é realizado por lipoproteínas.

115

As *lipoproteínas* são partículas que transportam lipídios apolares (insolúveis em água) em seu núcleo. Esses complexos são constituídos por quantidades variáveis de colesterol e seus ésteres, triglicerídeos, fosfolipídios e proteínas denominadas apolipoproteínas, sendo solúveis no meio aquoso plasmático devido à natureza hidrófila da parte proteica. Com base na densidade, as lipoproteínas plasmáticas são separadas em: *quilomícrons* (ricas em triglicerídeos de origem intestinal), *lipoproteínas de densidade muito baixa* (VLDL – ricas em triglicerídeos de origem hepática), *lipoproteínas de densidade baixa* (LDL – ricas em colesterol) e *lipoproteínas de densidade alta* (HDL – ricas em colesterol). Nas últimas décadas, acumularam-se evidências relacionando as desordens de uma ou mais frações lipídicas no sangue (dislipidemias) com significativas e crescentes morbidade e mortalidade por doença vascular e/ou pancreática.

A avaliação laboratorial das dislipidemias é definida pelas determinações de:

- Colesterol total (CT).
- Triglicerídeos (TG).
- Colesterol ligado à HDL (HDL-C).
- Colesterol ligado à LDL (LDL-C).

Em situações especiais, outros marcadores são solicitados, como proteína C reativa de alta sensibilidade (PCR-as), homocisteína (HCY), lipoproteína (a), fibrinogênio e antígeno do PA-1 e t-PA.

Bibliografia consultada

IV Diretriz Brasileira sobre Dislipidemias e Prevenção da Aterosclerose – Departamento de Aterosclerose da Sociedade Brasileira de Cardiologia. **Arq. Bras. Cardiol. 88** (Supl. I): 1-19, 2007.

PEARSON, T.A. et al. AHA Guidelines for primary prevention of cardiovascular disease and stroke: 2002 update. **Circulation, 106:**388-91, 2002.

WARNICK, G.R.; MYERS, G. L.; COOPER, G. R.; RIFAI, N. Impact of the third cholesterol report from the adult treatment panel of the National Cholesterol Education Program on the clinical laboratory. **Clin. Chem., 48:** 11-17, 2002.

10.1 COLESTEROL TOTAL

O colesterol é o esterol componente das membranas celulares de mamíferos e precursor de três classes de compostos biologicamente ativos: hormônios esteroides, ácidos biliares e vitamina D. É transportado no sangue, principalmente, pelas lipoproteínas de densidade baixa (LDL). Os distúrbios no metabolismo do colesterol exercem papel importante na etiologia da doença arterial coronária.

O colesterol é derivado do ciclopentano peridrofenantreno, contém 27 átomos de carbono, ligação dupla entre os carbonos 5 e 6, hidroxila no carbono 3 (colesterol livre) e cadeia alifática de oito carbonos no C-17.

No fígado, o conteúdo de colesterol é regulado por três mecanismos principais: (1) síntese intracelular do colesterol; (2) armazenamento após esterificação; e (3) excreção pela bile. Na luz intestinal, o colesterol é excretado na forma de metabólitos ou como ácidos biliares. Metade do colesterol biliar e aproximadamente 95% dos ácidos biliares são reabsorvidos e retornam ao fígado pelo sistema porta (circulação êntero-hepática).

A dieta ocidental contém aproximadamente 400 a 700 mg/d de colesterol, enquanto a absorção situa-se ao redor de 70% deste valor. Somente 25% do colesterol plasmático é proveniente da dieta, o restante é sintetizado (1 g/d), fundamentalmente, pelo fígado, a partir da acetil-CoA. Parte do colesterol hepático é transformada em ácidos biliares excretados pela bile. Os sais de ácidos biliares formam complexos com o colesterol, promovendo maior excreção desse composto. O colesterol plasmático ocorre tanto na forma livre (30% do total) como na forma esterificada (70% do total). Na forma esterificada, diferentes ácidos graxos de ca-

Colesterol livre

CAPÍTULO 10 ▪ Lipídios, lipoproteínas e apolipoproteínas

deias longas, que incluem o ácido oleico e o ácido linoleico, estão unidos ao C-3.

O colesterol plasmático é afetado tanto por fatores intraindividuais como interindividuais. As medidas da colesterolemia são influenciadas por:

- *Dieta.* A quantidade e a composição das gorduras da dieta interferem nos níveis de lipídios plasmáticos. Dietas ricas em gorduras insaturadas (óleos vegetais e peixes) reduzem o colesterol circulante, enquanto gorduras saturadas (gorduras animais, gorduras *trans* e colesterol) elevam a colesterolemia. Dietas vegetarianas reduzem os lipídios e as lipoproteínas. O consumo de etanol contribui para a elevação dos teores do HDL-C, apo-AI e apo-AII. Refeições recentes, assim como a ingestão de colesterol na dieta, têm pequeno efeito sobre os níveis de colesterol plasmático a curto prazo.

- *Exercícios físicos.* Quando executados de modo regular, aumentam o HDL-C e a apo-AI e reduzem os teores de LDL-C e de apo-B.

- *Idade.* O colesterol plasmático eleva-se com a idade. Encontram-se valores diferenciados nas populações pediátricas, adolescentes, adultas e geriátricas.

- *Sexo.* Entre os 15 e os 55 anos de idade há um aumento progressivo dos teores de colesterol total e LDL-C, com níveis menores em mulheres na pré-menopausa, talvez devido ao efeito protetor dos estrogênios, quando comparados aos de homens de mesma idade.

- *Raça.* Existem diferenças marcantes entre várias raças. Os europeus do Norte apresentam colesterol plasmático elevado, mais provavelmente em decorrência da dieta e de fatores ambientais do que por diferenças genéticas.

HIPERCOLESTEROLEMIA

O acúmulo de lipoproteínas ricas em colesterol como a LDL no compartimento plasmático resulta em hipercolesterolemia. Este acúmulo pode ocorrer por doenças monogênicas (em particular, por defeito no gene do receptor de LDL ou no gene da apo-B100) ou poligênicas.

Hipercolesterolemia poligênica. É a mais comum das formas de elevação do colesterol sérico. Manifesta-se com hipercolesterolemia moderada

(240 a 350 mg/dL) e teores normais de triglicerídeos séricos. Ocorre por uma complexa interação entre múltiplos fatores genéticos e ambientais. Os fatores estão ligados à responsividade à dieta, à regulação da síntese de colesterol e ácidos biliares, ao metabolismo intravascular de lipoproteínas ricas em apo-B e à regulação da atividade do receptor de LDL. Sua elevação está associada com o aumento de risco de doença arterial coronária.

- Concentrações elevadas do LDL-C podem estar relacionadas com defeitos no gene do receptor de LDL com consequente redução na expressão ou função dos receptores de LDL, diminuindo o catabolismo da lipoproteína, especialmente pelo fígado.

- Vários fármacos ou doenças estão associados com hipercolesterolemia. Entretanto, para a maioria dos pacientes, a ingestão de grande quantidade de gorduras (gorduras saturadas, gorduras *trans* e colesterol), junto à genotipagem suscetível, causa a redução dos receptores LDL no fígado, retardando, assim, o catabolismo das LDL.

- É importante descartar a presença de hipotireoidismo, doença renal ou enfermidade hepática.

Hipercolesterolemia familiar (HF). É uma desordem autossômica dominante que produz elevações do colesterol total (CT) e do LDL-C. A HF é um desordem com ausência ou disfunção dos receptores das lipoproteínas de densidade baixa (LDL). O receptor LDL, o principal determinante da captação das LDL pelo fígado, normalmente processa ao redor de 70% das LDL circulantes. As causas são:

- Mutações no código proteico do receptor LDL. O receptor é crítico no controle da captação das LDL e na homeostase do colesterol nos hepatócitos.

- Os receptores LDL ligam a apo-B100 e a apo-E. Após a ligação, ocorre a seguinte sequência:
  - O receptor é internalizado pelos hepatócitos e se dissocia das LDL, retornando para a superfície da célula.
  - LDL é degradada nos lisossomos e o colesterol livre é liberado para o citosol.
  - O colesterol intracelular inibe a β-hidróxi-β--metilglutaril-coenzima A-redutase (HMG--CoA-redutase), que interfere na síntese do colesterol.

- O colesterol intracelular aumenta o armazenamento do excesso de colesterol devido à promoção da esterificação.
- O colesterol intracelular inibe a síntese do receptor de colesterol e previne a internalização e o acúmulo de colesterol adicional.
- Em caso de ausência de receptores de LDL ou receptores anormais, o mecanismo acima mencionado não ocorre, causando a síntese descontrolada de colesterol no fígado.
• O gene para o receptor de LDL, que é autossômico dominante, está localizado no braço curto do cromossomo 19.
• Desde a descoberta por Goldstein e Brown (1987), foram identificadas centenas de diferentes mutações que causam expressivo impacto sobre a função do receptor.
• A função do receptor LDL estende-se desde completamente ausente a até, aproximadamente, 25% da atividade normal.
• As cinco classes de mutações são:
  - Classe 1: refere-se à ausência de proteínas receptoras.
  - Classe 2a: inclui o bloqueio completo do transporte do receptor entre o retículo endoplasmático e o aparelho de Golgi.
  - Classe 2b: apresenta um bloqueio parcial no transporte do receptor entre o retículo endoplasmático e o aparelho de Golgi.
  - Classe 3: envolve a incapacidade do receptor de ligar as LDL de modo normal.
  - Classe 4: envolve a incapacidade de acumular-se na superfície de revestimento após ligação das LDL. Isso impede a internalização.
  - Classe 5: exibe incapacidade de liberar as LDL para o interior da célula após internalização, o que impede que a reciclagem do receptor volte à superfície da célula.

Aterosclerose. A aterosclerose é uma doença inflamatória crônica de origem multifatorial que ocorre em resposta à agressão endotelial, acometendo, principalmente, a camada íntima de artérias de médio e grande calibres. A lesão aterosclerótica é caracterizada pelo acúmulo de lipídios dentro e ao redor das células do espaço intimal e está associada com proliferação celular e fibrose, que provocam o estreitamento do lúmen do vaso. A deposição de lipídios é um evento precoce e o colesterol, presente na parede arterial, é proveniente, principalmente, das LDL (Figura 10.1). As placas ateroscleróticas são, obviamente, estruturas complexas. O LDL é somente uma das causas (ver seção 10.4).

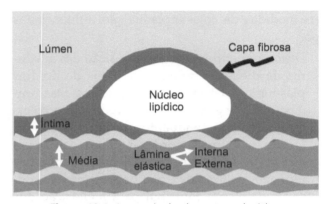

Figura 10.1 Anatomia da placa aterosclerótica.

Outras causas. Hipotireoidismo, gravidez, cirrose biliar primária, obstrução biliar, nefrose, doenças pancreáticas, hipopituitarismo e doença renal crônica.

HIPOCOLESTEROLEMIA

Causas. Abetalipoproteinemia, ausência completa de apo-B, hipertireoidismo, doença de Tangier (aumento do catabolismo da apo-AI), anemia crônica, má absorção e má nutrição, macroglobulinemia de Waldenström, leucemia mielocítica crônica, metaplasia mieloide, mielofibrose, mieloma e policitemia vera.

DETERMINAÇÃO DO COLESTEROL TOTAL

Paciente. Permanecer em jejum, à exceção de água, durante 12 a 14 horas. Intervalos maiores ou menores podem interferir nos resultados. Abster-se de álcool durante as 72 horas que antecedem a coleta de sangue. A dieta habitual e o peso devem ser mantidos por, pelo menos, 2 semanas antes da realização do exame. Nenhuma atividade física vigorosa deve ser realizada nas 24 horas que antecedem o exame. Se possível, suspender os medicamentos que podem afetar os resultados 24 horas antes da coleta.

Amostra. *Soro* ou *plasma heparinizado* isentos de hemólise. É recomendável que a punção venosa seja realizada no paciente sentado por, pelo menos, 10 a 15 minutos, para evitar variações ortostáticas da volemia e garantir a consistência entre as dosagens. Após 1 minuto de torniquete, pode haver hemoconcentração e ocorrer aumento de cerca de 5% no colesterol total. Este efeito pode chegar a 10% a 15% com durações superiores a 5 minutos. Visando minimizar o "efeito torniquete", este deverá ser desfeito tão logo a agulha penetre na veia. O soro deve ser separado do contato com as células dentro de 3 horas após a coleta. A amostra permanece estável durante 7 dias em temperatura ambiente.

Interferências. *Resultados falsamente elevados:* adrenalina, contraceptivos orais, ácido ascórbico, clorpromazina, corticosteroides, fenitoína, amiodarona, levodopa e sulfonamidas. *Resultados falsamente reduzidos:* alopurinol, isoniazida, eritromicina, clorpropamida, azatioprina, androgênios, propiltiouracil, estrogênios orais, colestiramina, tetraciclinas, nitratos e corticosteroides.

Métodos. O método que empregava a reação de Liebermann e Burchard, que consistia na avaliação do colesterol pelo desenvolvimento de cor com ácido sulfúrico e anidrido acético, foi bastante utilizado. Esse método sofreu inúmeras modificações, muitas das quais introduziram várias fases até o desenvolvimento de cor final. De modo geral, esses métodos sofrem interferências da bilirrubina, turvação, lipemia, hemólise e outros cromogênios não específicos. Parte dessas interferências foi eliminada por métodos que empregavam várias fases até o desenvolvimento de cor final (Abell-Kendall).

- *Enzimáticos.* Atualmente, a maioria dos laboratórios emprega os métodos enzimáticos para determinação do colesterol. Vários processos foram propostos, porém os mais populares são os que utilizam a enzima colesterol-esterase para hidrolisar os ésteres de colesterol presentes no soro, formando colesterol livre e ácidos graxos. O colesterol livre (presente no soro + produzido por hidrólise) é oxidado em presença de colesterol-oxidase, formando colest-4-ene-3-one e água oxigenada. A H_2O_2 oxida certas substâncias para formar compostos coloridos medidos fotometricamente. A mais comum é a que produz o cromogênio quinoneimina (reação de Trinder). Esses métodos podem sofrer a interferência da bilirrubina, da vitamina C e da hemoglobina. Reações:

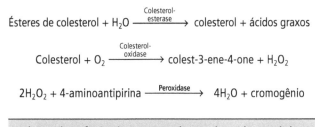

Valores de referência para o colesterol total em adultos (mg/dL)	
Ótimo	<200
Limítrofes	200 a 239
Alto	>240

Bibliografia consultada

ABELL, L.L.; LEVY, B.B.; BRODIE, B.B.; KENDALL, F.E. A simplified method for the estimation of total cholesterol in serum and demonstration of its specificity. **J. Biol. Chem.**, 195:357-66, 1952.

ASSMANN, G.; SCHULTE, H. Identification of individuals at high risk for myocardial infarction. **Atherosclerosis**, 110:S11-S21, 1994.

BALL, M.; MANN, J. **Lipids and heart diseases: a guide for the primary care team.** New York: Oxford Univ. Press, 1994. 172p.

BURCHARD, H. Beitrage zur Kenntnits des cholesterins. **Chem. Zentralbl.**, 61:25-7, 1890.

CASTELLI, W.P.; GARRISON, R.J.; WILSON, P.W.F. et al. Incidence of coronary heart disease and lipoprotein cholesterol levels. **JAMA**, 256:2835-8, 1986.

IV Diretriz Brasileira sobre Dislipidemias e Prevenção da Aterosclerose – Departamento de Aterosclerose da Sociedade Brasileira de Cardiologia. **Arq. Bras. Cardiol.**, 88 (Supl. I): 1-19, 2007.

GOLDSTEIN, J.L.; BROWN, M.S. Regulation of low density lipoprotein receptors: implications for pathogenesis and therapy of hypercolesterolemia and atherosclerosis. **Circulation**, 76:504-7, 1987.

LIBBY, P.; CLINTON, S.K. The role of macrophages in atherogenesis. **Curr. Opin. Lipidol.**, 4:355-63, 1993.

LIEBERMANN, C. Under das oxychinoterpen. **Dtsch. Chem. Geselsch.**, 18:1803-9, 1885.

PEARSON, T. A. et al. AHA Guidelines for primary prevention of cardiovascular disease and stroke: 2002 update. **Circulation**, 106:388-91, 2002.

SHIPLEY, M.J.; POCOCK, S.J.; MARMOT, M.J. Does plasma cholesterol concentration predict mortality from coronary heart disease in elderly people? 18 year follow up in a Whitehall study. **BMJ**, 303:89-92, 1991.

10.2 TRIGLICERÍDEOS

Os triglicerídeos (triacilgliceróis), sintetizados no fígado e no intestino, são as formas mais importantes de armazenamento e transporte de ácidos graxos. Constituem as principais frações dos quilomícrons, das VLDL e de pequena parte (<10%) das LDL presentes no plasma sanguíneo. Os mono e diglicerídeos são encontrados em quantidades relativamente pequenas como intermediários metabólicos na biossíntese e degradação dos lipídios contendo glicerol. Cerca de 90% das gorduras ingeridas na dieta são triglicerídeos formados por ácidos graxos saturados e insaturados. Alguns ácidos graxos poli-insaturados (ácidos linolênico, linoleico e araquidônico) não são sintetizados no organismo e devem ser supridos pela dieta.

Triglicerídeos

Os triglicerídeos dos quilomícrons e das VLDL sofrem rápida metabolização pela ação da *lipase lipoproteica* (LPL), da lipase hepática e da proteína de transferência de colesterol esterificado (CETP). As meias-vidas dos quilomícrons e das VLDL são de 10 minutos e 9 horas, respectivamente. Durante o catabolismo, os triglicerídeos são hidrolisados, os ácidos graxos livres são liberados para o plasma, e o colesterol é transferido das HDL para as VLDL (Figura 10.2).

O acúmulo de quilomícrons e/ou de VLDL no compartimento plasmático resulta em hipertrigliceridemia e decorre da diminuição da hidrólise dos triglicerídeos destas lipoproteínas pela lipase lipoproteica ou do aumento da síntese de VLDL. Variantes genéticas das enzimas ou apolipoproteínas relacionadas a essas lipoproteínas podem causar aumento da síntese ou redução da hidrólise.

HIPERTRIGLICERIDEMIA

A hipertrigliceridemia é uma desordem comum, exacerbada por diabetes melito não controlado, obesidade e hábitos sedentários. Os triglicerídeos elevam-se por diferentes causas, entre as quais se incluem: síndromes familiares e genéticas, doenças metabólicas e fármacos. Os teores também são afetados pelo sexo e a idade, porém mais especificamente pela dieta.

A hipertrigliceridemia está relacionada a aumento do risco para doença arterial coronária (DAC), particularmente quando associada com baixos teores de HDL-C e/ou níveis elevados de LDL-C. Os triglicerídeos altos são um risco independente para DAC. Estudos clínicos randomizados que empregaram medicamentos redutores de triglicerídeos demonstraram reduções dos eventos coronarianos em diferentes populações.

Síndromes genéticas. As anormalidades do metabolismo enzimático dos quilomícrons têm o mecanismo bem compreendido. Entretanto, outras causas genéticas estão menos caracterizadas, mas contribuem com o maior número de casos.

- *Hiperlipoproteinemia tipo I.* Causa rara bem caracterizada de hTG, é provocada por deficiência ou defeito da enzima *lipase lipoproteica* (LPL) ou de seu cofator, apo-CII.
  - A LPL hidrolisa os triglicerídeos presentes nos quilomícrons e nas VLDL, liberando ácidos graxos livres. A enzima é encontrada nas células endoteliais dos capilares e é liberada para o plasma pela heparina. Após ação da enzima, os quilomícrons e as VLDL transformam-se em seus respectivos "remanescentes". A apo-CII, uma apoproteína presente tanto nos quilomícrons como nas VLDL, atua como cofator na ação da LPL.
  - A via acima é afetada por outras desordens, particularmente o diabetes tipo 1 ou tipo 2, pois a LPL necessita de insulina para a sua atividade plena.
- Duas desordens dos TG são geneticamente determinadas, mas seus mecanismos não estão ainda esclarecidos:

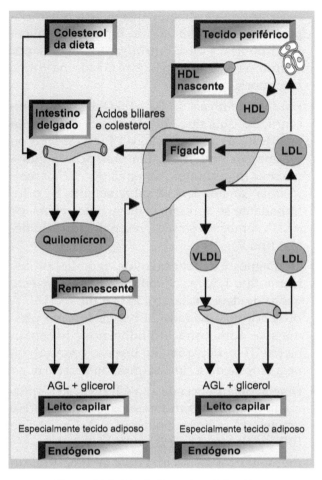

Figura 10.2 Metabolismo dos triglicerídeos endógenos e exógenos (AGL: ácidos graxos livres.)

- A hiperlipidemia familial combinada é uma desordem autossômica dominante caracterizada por pacientes e seus parentes em primeiro grau com elevações dos TG ou do LDL-C isoladamente ou em associação. O diagnóstico da desordem em um paciente em particular necessita investigação de história familiar precoce de doença arterial coronária (parentes do primeiro grau <55 anos [homens] e <65 anos [mulheres]) e uma história familiar de hTG com ou sem LDL-C aumentado. O diagnóstico é essencial para o prognóstico – 10% a 20% dos pacientes com DAC prematura apresentam hiperlipidemia combinada.
- Hipertrigliceridemia familial também é uma característica autossômica dominante. Os pacientes e seus familiares apresentam aumentos isolados de TG e risco aumentado de DAC prematura.

Causas metabólicas:

- *Diabetes.* Diabetes melito não controlado, tanto do tipo 1 como do tipo 2, é causa comum de hTG e, muitas vezes, é mais grave em pacientes com cetose.
  - Pacientes com o tipo 1 são insulino-deficientes e, portanto, têm a enzima LPL não efetiva. O tratamento com insulina restabelece a função da LPL, reduzindo os triglicerídeos plasmáticos.
  - Em pacientes com tipo 2 não controlado, os triglicerídeos estão elevados por diferentes motivos: (a) a LPL é menos efetiva no estado insulinorresistente; (b) produção aumentada de VLDL pelo fígado é comum em pacientes com diabetes e sobrepeso; (c) o metabolismo das VLDL é incompleto, causando elevação dos "remanescentes" VLDL ou IDL observados na disbetalipoproteinemia.
- *Sobrepeso e obesidade.* São comuns elevações moderadas nos triglicerídeos em pacientes com sobrepeso ou obesos, secundárias à redução da eficácia da LPL e à produção aumentada de VLDL.
- *Hipotireoidismo.* Aumenta o LDL-C e também pode provocar hiperlipidemia mista ou elevação isolada de triglicerídeos. A redução da atividade da lipase hepática reduz o catabolismo das VLDL "remanescentes". O hipotireoidismo causa disbetalipoproteinemia em pacientes com apolipoproteína E-2 homozigótica.
- *Síndrome nefrótica.* O aumento é ocasionado pela síntese das VLDL e, principalmente, pela redução do catabolismo das LDL e das VLDL. Níveis elevados de LDL-C são comuns nessas condições, apesar de a hiperlipidemia mista ou a hTG isolada poderem também estar presentes. Os teores de proteinúria estão correlacionados com hiperlipidemia mais grave.

Uso de fármacos:

- Altas doses de diuréticos tiazídicos ou clortalidona.
- Agentes bloqueadores β-adrenérgicos, excluindo aqueles com atividade intrínseca simpatomimética.
- Terapia oral de reposição de estrogênio e anticoncepcionais orais com elevado conteúdo de estrogênio.

- Outros: tamoxifeno, glicocorticoides, isotretinoína oral, retinoides, análogos inibidores da protease no tratamento de HIV e imunosupressores.

Outras causas de hTG:

- *Alcoolismo.* Ingestão excessiva de álcool.
- *Ingestão excessiva de carboidratos.* Mais de 60% do total da ingestão calórica.
- *Pancreatite aguda.* Pode causar elevações substanciais dos triglicerídeos por mecanismos desconhecidos. Entretanto, mais frequentemente, a hTG severa provoca pancreatite grave. Outras causas, como a obstrução do ducto biliar e o alcoolismo, devem ser examinadas como etiologias prováveis.
- *Gravidez.* Mulheres com TG moderadamente elevados quando não grávidas podem apresentar uma hTG (muitas vezes grave) quando grávidas. Essas pacientes devem ser monitoradas para dislipidemia, particularmente no terceiro trimestre de gestação. Os TG voltam aos níveis anteriores 10 semanas após o parto em mães que não amamentam seus filhos ao peito.
- *Doenças de armazenamento.* Gaucher, Niemann--Pick, deficiência da enzima lecitina-colesterol acil-transferase.
- *Tabagismo.*
- *Lipodistrofia.* Mudanças na gordura corporal observadas, principalmente, nas pessoas HIV-positivas em tratamento com coquetel anti-HIV.

Avaliação laboratorial da hipertrigliceridemia. Os triglicerídeos são determinados diretamente em soro ou plasma após jejum de 12 a 14 horas.

- Teores de TG <1.000 mg/dL apresentam, em geral, VLDL aumentadas e quilomícrons normais. Para TG >1.000 mg/dL, tanto as VLDL como os quilomícrons estão elevados.
- Em caso de TG aumentados, mas <1.000 mg/dL, e colesterol total alto, a anormalidade lipoproteica pode ser causada por (a) elevações tanto das LDL como das VLDL (tipo IIb, ou hiperlipoproteinemia combinada) ou (b) das VLDL "remanescentes" (hiperlipidemia tipo III, ou disbeta-hiperlipoproteinemia). As duas desordens são diferenciadas pela análise direta do LDL-C. Se o LDL-C está significativamente mais baixo que o LDL-C calculado, o diagnóstico provável é a hiperlipoproteinemia tipo III.

A técnica que realmente distingue a hiperlipoproteinemia combinada da hiperlipoproteinemia tipo III é a ultracentrifugação, seguida por eletroforese. O teste não é realizado na rotina laboratorial.

- Em caso de níveis de TG >1.000 mg/dL, a presença de quilomícrons deve ser confirmada pelo teste de refrigeração do tubo de soro ou plasma por uma noite. Em presença de quilomícrons (hiperlipoproteinemia tipo I), aparecerá uma camada leitosa sobrenadante. Se o infranadante se apresentar turvo, altos teores de VLDL também estarão presentes (hiperlipidemia tipo V).
- O diagnóstico definitivo da hiperlipoproteinemia tipo I deve ser confirmado pela investigação de deficiência da LPL ou da apo-CII. A presença de atividade LPL é medida no plasma após administração endovenosa de heparina (50 UI de heparina/kg de peso corporal) ou pela biópsia do tecido adiposo ou muscular.
- Defeito ou ausência de apo-CII pode ser confirmada por um dos três ensaios: (a) eletroforese em gel, (b) radioimunoensaio ou (c) adição de LPL ao plasma do paciente.
- Investigar causas secundárias de hipertrigliceridemia, como o diabetes melito e o hipotireoidismo.

DETERMINAÇÃO DOS TRIGLICERÍDEOS

Paciente. Permanecer em jejum, à exceção da água, durante 12 a 14 horas. Abster-se de álcool durante as 72 horas que antecedem a coleta de sangue. A dieta habitual e o peso devem ser mantidos por, pelo menos, 2 semanas antes da realização do exame. Nenhuma atividade física vigorosa deve ser realizada nas 24 horas que antecedem o exame. Quando possível, e sob orientação médica, suspender os fármacos que podem afetar os níveis lipídicos no sangue.

Amostra. *Soro* ou *plasma heparinizado* sem hemólise e separado dentro de 3 horas após a coleta.

Interferências. *Resultados falsamente elevados:* situações em que o glicerol está elevado (exercício recente, estresse emocional, doença hepática, diabetes melito, medicação endovenosa contendo glicerol, nutrição parenteral, hemodiálise e exercício recente). *Fármacos:* anticoncepcionais orais estrogênios-progestina, estrogênios, corticosteroides, β-bloqueadores, diuréticos tiazídicos e colestiramina. *Resultados falsamente reduzidos:* ácido ascórbico, asparaginase, clofibrato, fenformina e metaformina.

Métodos. A avaliação do glicerol liberado a partir dos triglicerídeos tem sido a base da maioria das determinações desse composto. Dois tipos de reações são empregados para esse propósito: químicos e enzimáticos:

- *Métodos químicos.* Nas determinações baseadas nas reações químicas, inicialmente os triglicerídeos são extraídos com a remoção de substâncias interferentes, como os fosfolipídios e a glicose. A seguir, o glicerol é liberado dos triglicerídeos e quantificado por diversas reações diferentes. Esses métodos estão sendo abandonados.

- *Enzimáticos.* Os métodos enzimáticos para quantificação dos triglicerídeos inicialmente necessitam da hidrólise dos ácidos graxos do glicerol, realizada pela enzima lipase, geralmente acompanhada por uma protease. O papel da protease nessa reação ainda não é conhecido, mas possibilita uma melhor hidrólise dos triglicerídeos. A α-quimiotripsina é a protease mais usada para esse propósito.

Existem diferentes ensaios para determinação do glicerol liberado pela hidrólise dos triglicerídeos. Em um deles, o glicerol livre liberado dos triglicerídeos pela lipase reage com o ATP em presença de glicerolquinase para produzir glicerol-3-fosfato e ADP. O ADP formado nessa reação é refosforilado pelo fosfo*enol*piruvato, em reação catalisada pela *piruvatoquinase* para formar ATP e piruvato. O piruvato é enzimaticamente reduzido em presença de NADH pela lactato-desidrogenase, produzindo lactato e NAD^+. O decréscimo da absorvância como resultado do consumo de NADH é monitorado em 340 nm, e é proporcional à concentração dos triglicerídeos na amostra.

O glicerol-3-fosfato produzido na reação catalisada pela glicerolquinase forma um composto colorido – o formazan – proporcional ao teor de triglicerídeos. O glicerol-3-fosfato é inicialmente oxidado pelo NAD^+ em reação catalisada pela *glicerol-3-fosfato-desidrogenase* (GPD) para formar NADH. O NADH formado reage com o 2-*p*-iodofenil-3-nitrofenil-5-feniltetrazolium, pela ação da diaforase, para produzir o corante formazan.

O método enzimático mais usado emprega a enzima L-α-*glicerolfosfato-oxidase* (GPO), que reage com o glicerolfosfato pela reação da lipase e da glicerolquinase descrita acima. Em presença de GPO e O_2, o glicerolfosfato é oxidado para produzir di-hidroxiacetona-fosfato e peróxido de hidrogênio. O peróxido reage com um cromogênio com desenvolvimento de cor.

$$\text{Triglicerídeo} + 3\ H_2O \xrightarrow{\text{Lipase}} \text{glicerol} + 3\ \text{ácidos graxos}$$

$$\text{Glicerol} + ATP \xrightarrow{\text{Glicerolquinase}} \text{glicerol 3-fosfato} + ADP$$

$$\text{Glicerol-3-fosfato} + O_2 \xrightarrow{\substack{\text{Glicerolfosfato} \\ \text{oxidase}}} \text{di-hidroxiacetona} + H_2O_2$$

$$2H_2O_2 + 4\text{-aminoantipirina} \xrightarrow{\text{Peroxidase}} 4H_2O + \text{cromogênio}$$

Um fator importante que afeta a exatidão da medida dos triglicerídeos é a presença de glicerol livre endógeno no soro. Na maioria das amostras, o glicerol endógeno contribui com 10 a 20 mg/dL sobre os valores obtidos.

Valores de referência para os triglicerídeos (mg/dL)	
Triglicerídeos	150

Bibliografia consultada

IV Diretriz Brasileira sobre Dislipidemias e Prevenção da Aterosclerose – Departamento de Aterosclerose da Sociedade Brasileira de Cardiologia **Arq. Bras. Cardiol., 88** (Supl. I): 1-19, 2007.

MOTTA, V.T. **Lipídios na clínica.** Caxias do Sul: EDUCS, 1984. 95p.

RADER, D.J.; ROSAS, S. Management of selected lipid abnormalities. Hypertriglyceridemia, low HDL cholesterol, lipoprotein(a), in thyroid and renal diseases, and post-transplantation. **Med. Clin. North Am., 84:**43-61, 2000.

PEARSON, T.A. et al. AHA Guidelines for primary prevention of cardiovascular disease and stroke: 2002 update. **Circulation, 106:**388-91, 2002.

SANDERSON, S.L.; IVERIUS, P.H.; WILSON, D.E. Successful hyperlipemic pregnancy. **JAMA, 265:** 1858-60, 1991.

STAMPFER, M.J.; KRAUSS, R.M.; MA, J. et al. A prospective study of triglyceride level, low-density lipoprotein particle diameter, and risk of myocardial infarction. **JAMA, 276:**882-8, 1996.

STINSHOFF, K.; WEISSHAAR, D.; STAEHLER, F. et al. Relation between concentrations of free cholesterol and triglycerides in human sera. **Clin Chem., 23:**1029-32, 1977.

ZILVERSMIT, D. B. Atherogenic nature of triglycerides, postprandial lipidemia, and triglyceride-rich remant. **Clin. Chem., 41:**153-8, 1995.

10.3 COLESTEROL HDL E COLESTEROL LDL

As lipoproteínas de densidade alta (HDL) são partículas discoides que exercem importante papel no transporte do colesterol dos tecidos periféricos para o fígado, em processo denominado *transporte reverso do colesterol*. Foi demonstrado que a prevalência das doenças vasculares é muito maior em indivíduos com níveis reduzidos de HDL, em relação aos indivíduos com teores normais ou elevados. Vários estudos clínicos e epidemiológicos confirmaram a relação inversa e independente entre as doenças vasculares e a concentração das HDL.

Devido a dificuldades na mensuração direta das partículas de HDL pelo emprego da ultracentrifugação, emprega-se a medida do colesterol ligado à HDL (HDL-C) no plasma e no soro. A maioria dos métodos para essa avaliação baseia-se na precipitação das lipoproteínas contendo apo-B (LDL e VLDL) por meio de soluções polianiônicas, como o sulfato de dextrano/cloreto de magnésio, fosfotungstato ou polietilenoglicol. O teor de colesterol no sobrenadante é determinado pelos métodos correntes. Os níveis de colesterol ligado à HDL são dependentes do sexo e da idade.

Valores de referência de HDL-C (mg/dL)	
Homens	>40
Mulheres	>50

Valores elevados. Alcoolismo, cirrose biliar (primária), hepatite crônica, hiperalfalipoproteinemia familiar. *Fármacos:* ácido nicotínico, ciclofenil, cimetidina, estrogênios, etanol, fenitoína, hidrocarbonetos clorados, lovastatina e terbutalina.

Valores reduzidos. Arteriosclerose, colestase, coronariopatia, diabetes melito, doença de Tangier, doença renal, hepatopatia, hipercolesterolemia, hiperlipoproteinemia tipo IV, hipertrigliceridemia, hipolipoproteinemia, após infarto do miocárdio, fumo, obesidade, sedentarismo, infecções bacterianas e infecções virais. *Fármacos:* esteroides, androgênios, progestágenos, anabolizantes, tiazídicos, bloqueadores β-adrenérgicos, neomicina e anti-hipertensivos.

É possível a avaliação do risco coronariano por meio do subfracionamento da HDL mediante eletroforese de gel de poliacrilamida, em que podem ser identificadas as subfrações 2a, 2b e 3a (H5, H4, H3), correspondentes à fração HDL_2 e que apresentam correlação negativa com o risco coronariano, e as subfrações 3b 3c (H2, H1), correspondentes ao HDL_3, mais densas e menores, e que estão correlacionadas com alto risco de doenças vasculares (doença arterial coronária, doença arterial periférica e doença arterial cerebrovascular).

COLESTEROL NÃO HDL

O uso do colesterol não HDL (não HDL-C) tem como finalidade melhorar a quantificação de lipoproteínas aterogênicas circulantes no plasma de indivíduos com hipertrigliceridemia. Nestes, além do aumento de LDL, ocorre também aumento do volume de outras lipoproteínas aterogênicas, como IDL e VLDL. Em outras palavras, a LDL, que normalmente representa o fenótipo de 90% das partículas aterogênicas no plasma, passa a ser menos preponderante à medida que se elevam os níveis de TG. Por isso, em indivíduos com hipertrigliceridemia, o uso do não HDL-C estima melhor o volume total de lipoproteínas aterogênicas que o LDL-C. À luz das evidências clínicas atuais, no entanto, o uso do não HDL-C somente é indispensável nas hipertrigliceridemias graves (TG >400 mg/dL) quando não se pode calcular o LDL-C pela equação de Friedewald.

COLESTEROL LIGADO À LDL (LDL-C)

As lipoproteínas de densidade baixa (LDL) são formadas, principalmente, ou talvez em sua totalidade, na circulação a partir das VLDL pela perda de triglicerídeos e das apolipoproteínas, exceto a apo-B100. A remoção dos triglicerídeos reduz o tamanho das partículas e aumenta sua densidade. As LDL são as partículas lipídicas mais aterogênicas no sangue, pois o colesterol ligado à LDL é constituído por dois terços do colesterol total plasmático. Os níveis elevados de LDL estão diretamente associados com o risco para doenças vasculares (ver seção 10.4).

CAPÍTULO 10 ▪ Lipídios, lipoproteínas e apolipoproteínas

O LDL-C é determinado pelo emprego de antissoro policlonal enzimático em partículas de látex, removendo, assim, as HDL e as VLDL da amostra.

Os valores de LDL-C são também obtidos em mg/dL, por cálculo pela fórmula de Friedewald:

$$LDL\text{-}C = CT - (HDL\text{-}C + TG/5)$$

Com a aplicação desta fórmula, obtêm-se bons resultados quando os triglicerídeos são <400 mg/dL e na ausência de quilomícrons. A determinação direta do LDL-C não apresenta vantagens sobre a obtenção dos valores por cálculo, exceto em pacientes com marcada hipertrigliceridemia.

Valores de referência para o LDL-C (mg/dL)	
LDL-C	≥ 160

Valores aumentados. Anorexia nervosa, diabetes melito, disglobulinemias, doença de Cushing, gravidez, hepatopatia, hiperlipoproteinemia do tipo II, insuficiência renal e porfiria. *Fármacos:* anabolizantes, anticoncepcionais orais, catecolaminas, corticosteroides glicogênicos e diuréticos.

Valores reduzidos. Abetalipoproteinemia, arteriosclerose, doença articular inflamatória, doença pulmonar, estresse, hiperlipoproteinemia tipo I, hipertireoidismo, hipoalbuminemia, mieloma múltiplo e síndrome de Reye. *Fármacos:* ácido nicotínico, clofibrato, colestiramina, estrogênios, neomicina, probucol e tiroxina.

RELAÇÃO COLESTEROL TOTAL/HDL-C

Como um modo de visualizar a influência combinada de fatores de risco de doença coronariana, emprega-se a divisão do colesterol total pelo HDL-C, o que resulta em valores empregados diretamente como *índice de risco coronariano:*

$$Risco = \frac{Colesterol\ total\ (mg/dL)}{HDL\text{-}C\ (mg/dL)}$$

A analogia foi estabelecida, quanto ao risco para homens e mulheres, de acordo com o seguinte:

Risco	Homens	Mulheres
Metade da média	3,43	3,27
Média	4,97	4,44
2× média	9,55	7,05
3× média	23,39	11,04

Para aplicação da fórmula, o paciente não pode estar padecendo de doenças que alteram os níveis de lipoproteínas plasmáticas (enfermidade hepática, após infarto do miocárdio etc.).

Também é possível o fracionamento da LDL pela eletroforese em gel de poliacrilamida, cujas subfrações apresentam correlações positivas com o risco coronariano, especialmente quando predomina o fenótipo B com partículas menores e mais densas. Outra subclasse das LDL é formada de partículas grandes e menos densas (fenótipo A).

RELAÇÃO LDL-C/HDL-C

Esta relação associa o colesterol total, o colesterol ligado à HDL e os triglicerídeos (ver cálculo do LDL-C):

$$Risco = \frac{LDL\text{-}C\ (mg/dL)}{HDL\text{-}C\ (mg/dL)}$$

O risco coronariano obtido pela fórmula, para homens e mulheres, é mostrado a seguir:

Risco	Homens	Mulheres
Metade da média	1,00	1,47
Média	3,55	3,22
2× média	6,25	5,03
3× média	7,99	6,14

Bibliografia consultada

ASSMAN, G.; von ECKARDSTEIN, A.; FUNKE, H. High density lipoproteins, reverse transport of cholesterol, and coronary heart disease. Insights from mutations. **Circulation, 87**(suppl. III):28-34, 1993.

IV Diretriz Brasileira sobre Dislipidemias e Prevenção da Aterosclerose – Departamento de Aterosclerose da Sociedade Brasileira de Cardiologia. **Arq. Bras. Cardiol., 88** (Supl. I): 1-19, 2007.

GRUNDY, S.M. Role of low-density lipoproteins in atherogenesis and development of coronary heart disease. **Clin. Chem., 41:**139-46, 1995.

KARPE, F.; STEINER, G.; UFFELMAN, K.; OLIVECRONA, T.; HAMSTEN, A. Postprandial lipoproteins and progression of coronary atherosclerosis. **Atherosclerosis, 106:**83-97, 1994.

LUZ, P.L. et al. High ratio of triglycerides to hdl-cholesterol predicts extensive coronary disease. **Clinics, 63:**427-32, 2008.

MOTTA, V.T. **Lipídios na clínica.** Caxias do Sul: EDUCS, 1984.

NAUCK, M.; WARNICK, G.R.; RIFAI, N. Methods for measurement of LDL-cholesterol: A critical assessment of direct measurement by homogeneous assays versus calculation. **Clin. Chem., 48:** 236-254, 2002.

PEARSON, T.A. et al. AHA Guidelines for primary prevention of cardiovascular disease and stroke: 2002 update. **Circulation, 106:**388-91, 2002.

WARNICK, G.R.; NAUCK, M.; RIFAI, N. Evolution of methods for measurement of HDL-cholesterol: from ultracentrifugation to homogeneous assays. **Clin. Chem., 47:**1579-96, 2001.

10.4 LIPOPROTEÍNAS PLASMÁTICAS

As lipoproteínas são partículas solúveis em meio aquoso responsáveis pelo transporte dos lipídios no plasma em seu núcleo. Esses complexos são constituídos por quantidades variáveis de colesterol e seus ésteres, triglicerídeos, fosfolipídios e proteínas (apolipoproteínas), sendo solúveis no plasma devido à natureza hidrófila da porção proteica.

A classificação das lipoproteínas está fundamentada nas propriedades físico-químicas de cada grupo, que diferem entre si na composição lipídica e proteica (Tabela 10.1). As lipoproteínas plasmáticas em humanos normais são:

Quilomícrons. São responsáveis pelo transporte dos lipídios absorvidos pelo intestino, originários da dieta e da circulação êntero-hepática.

Lipoproteínas de densidade muito baixa (VLDL – *very-low density lipoproteins*). Transportam lipídios de origem hepática e, em menor quantidade, do intestino delgado para os tecidos. Uma parte das VLDL dá origem às IDL, que são removidas rapidamente do plasma.

Lipoproteínas de densidade baixa (LDL – *low density lipoproteins*). Ricas em colesterol, são compostas de uma única apolipoproteína, a apo-B100. São captadas pelas células periféricas e, também,

Tabela 10.1 Classificação, propriedades e composição das lipoproteínas humanas

Parâmetro	Quilomícrons	VLDL	LDL	HDL
Densidade (g/mL)	<0,95	0,95 a 1,006	1,019 a 1,063	1,063 a 1,21
Diâmetro (nm)	>70	30 a 80	18 a 28	5 a 12
Mobilidade eletroforética	Origem	Pré-β	β	α
Composição (% do peso)				
Colesterol livre	2	5 a 8	13	6
Colesterol esterificado	5	11 a 14	39	13
Fosfolipídios	7	20 a 23	17	28
Triglicerídeos	84	44 a 60	11	3
Proteínas	2	4 a 11	20	50
Apolipoproteínas (% do total)				
AI	7,4	Traços	–	67
AII	4,2	Traços	–	22
B100	Traços	36,9	98	Traços
B48	22,5	Traços	–	–
CI, CII, CIII	66	49,9	Traços	5 a 11
EII, EIII, EIV	–	13	Traços	1 a 2
D	–	–	–	Traços
Local de síntese	Intestino	Intestino, fígado	Intravascular	Intestino, fígado

CAPÍTULO 10 ▪ Lipídios, lipoproteínas e apolipoproteínas

pelo fígado, pelos receptores B/E para posterior eliminação.

Lipoproteínas de densidade alta (HDL – *high density lipoproteins*). Formadas no fígado, no intestino e na circulação, seu principal conteúdo proteico é representado por apo-AI e apo-AII.

Outras lipoproteínas que também apresentam interesse clínico são: *lipoproteínas de densidade intermediária* (IDL – *intermediary density lipoproteins*) e a *lipoproteína (a)* [Lp(a)], que resulta da ligação covalente de uma partícula de LDL à apo(a). A função fisiológica da Lp(a) não é conhecida, mas, em diferentes estudos, ela tem sido associada à formação e à progressão da placa aterosclerótica.

APOLIPOPROTEÍNAS

Os componentes proteicos das lipoproteínas, as apolipoproteínas, são uma família complexa de polipeptídeos que determinam o destino metabólico dos lipídios no plasma e sua captação pelos tecidos. Atuam também como ativadores ou inibidores das enzimas envolvidas no metabolismo das lipoproteínas. São divididas em vários grupos, cujos membros mais importantes são:

Apo-A. Sintetizada no fígado e no intestino, está inicialmente presente nos quilomícrons na linfa, mas é rapidamente transferida para as HDL.

Apo-B. Está presente no plasma em duas formas: apo-B100 e apo-B48. A apo-B100 é o componente proteico das LDL e também está presente nos quilomícrons e nas VLDL. A apo-B48 é encontrada somente nos quilomícrons. A apo-B100 é reconhecida por receptores específicos nos tecidos periféricos.

Apo-C. Esta família de três proteínas (apo-CI, apo-CII e apo-CIII) é sintetizada no fígado e incorporada pelas HDL.

Apo-E. Sintetizada no fígado, incorporada ao HDL e transferida, na circulação, para os quilomícrons e VLDL, é, provavelmente, a principal apoproteína envolvida na captação hepática dos quilomícrons remanescentes. Liga-se aos receptores apo-B nos tecidos.

Apo(a). Está presente em quantidades equimoleculares à apo-B100 nas lipoproteínas A e Lp(a). Tem elevado conteúdo de carboidratos e uma sequência de aminoácidos similar à do plasminogênio.

A estrutura das partículas lipoproteicas é geralmente formada por um núcleo hidrofóbico de ésteres de colesterol e triglicerídeos. A camada externa hidrófila é constituída por compostos polares, como proteínas solúveis, porção hidrófila dos fosfolipídios e do colesterol livre com seu grupo hidroxila (posição 3) direcionado para a periferia do complexo.

As concentrações dos lipídios plasmáticos são índices estáticos do metabolismo lipoproteico utilizados no estudo do risco cardiovascular. O conhecimento dos fatores que determinam os níveis lipídicos no sangue é fundamental para a compreensão da patofisiologia das hiperlipoproteinemias. Esses fatores incluem processos anabólicos, como absorção e síntese, junto a processos de catabolismo, como mobilização, degradação e excreção.

ENZIMAS ENVOLVIDAS NO TRANSPORTE LIPÍDICO

São descritas quatro enzimas de relevância nas desordens clínicas:

Lecitina-colesterol-aciltransferase (LCAT). Transfere um ácido graxo da lecitina para o colesterol livre (recebido das membranas celulares), formando o éster de colesterol. No plasma, esta reação ocorre na HDL e é estimulada pela apo-AI.

Lipase lipoproteica (lipase de lipoproteína). Está ligada à superfície endotelial dos capilares sanguíneos em vários tecidos extra-hepáticos e atua na hidrólise dos triglicerídeos presentes nos quilomícrons e nas VLDL, formando glicerol e ácidos graxos. Esta enzima é estimulada pela apo-CII e inibida pela apo-CIII.

Acilcolesterol-aciltransferase (ACAT). No interior das células, a enzima atua na esterificação do colesterol livre para depósito.

Lipase hormônio-sensível. Presente nas células do tecido adiposo, catalisa a liberação de ácidos graxos do tecido adiposo para o plasma. É ativada por catecolaminas, hormônio de crescimento e glicocorticoides e inibida pela glicose e pela insulina.

METABOLISMO DAS LIPOPROTEÍNAS PLASMÁTICAS

A descrição a seguir do metabolismo das lipoproteínas e apolipoproteínas é uma visão simplicada que emprega um mínimo de detalhes para atender às finalidades desse trabalho.

Metabolismo dos quilomícrons. Os quilomícrons são responsáveis pelo transporte dos lipídios absorvidos pelo intestino, originários da dieta e da circulação êntero-hepática. Após uma refeição contendo gorduras, os quilomícrons são formados na mucosa intestinal. Os ácidos graxos e o colesterol são reesterificados no retículo endoplasmático para formar triglicerídeos e ésteres de colesterol apolares. Esses compostos são "empacotados" com a apo-B48, várias apo-A e lipídios polares (fosfolipídios e colesterol livre) e atingem a circulação sistêmica via ducto torácico. As apo-A são transferidas para as HDL e, simultaneamente, adquirem apo-C e apo-E das HDL. Os quilomícrons assim modificados interagem com a enzima lipase lipoproteica (lipase de lipoproteína), resultando na rápida hidrólise de grande parte dos triglicerídeos que compõem as partículas. Os ácidos graxos são liberados para os tecidos e metabolizados. Com a redução do tamanho das partículas, os componentes mais hidrofílicos (apo-C, colesterol livre e fosfolipídios) são transferidos para as HDL. Os quilomícrons remanescentes, pobres em triglicerídeos, são captados pelo fígado por receptores específicos, onde são catabolizados. A meia-vida dos quilomícrons é inferior a 1 hora.

Metabolismo das VLDL. Os triglicerídeos são continuamente sintetizados no fígado e excretados na forma de VLDL (endógena). Em menor extensão, a mucosa intestinal também secreta VLDL (exógena). A síntese hepática aumenta quando ocorre elevação na síntese dos triglicerídeos.

Quando inicialmente produzidas, as VLDL consistem, principalmente, em triglicerídeos e algum colesterol livre, com apo-B100 e menor quantidade de apo-E. A apo-CII é então adquirida, principalmente, das HDL, e os triglicerídeos das VLDL são hidrolisados pela lipase lipoproteica de maneira análoga àquela dos quilomícrons. Uma parte das VLDL se transforma em LDL após a perda de componentes lipídicos e proteicos da superfície. As VLDL trocam triglicerídeos por ésteres de colesterol com as HDL e as LDL por intermédio da *proteína de transferência de colesterol esterificado* (CETP).

Metabolismo das LDL. Tanto as VLDL como as LDL serão removidas pelo fígado por intermédio de ligação com receptores específicos. Dentre eles, o receptor da LDL, também denominado receptor B/E, é o mais importante. A expressão desses receptores é a principal responsável pelo nível de colesterol no sangue e depende da atividade da enzima HMG-CoA redutase (hidróxi-metil-glutaril-CoA-redutase), que é a enzima limitante da síntese do colesterol hepático. O acúmulo de lipoproteínas ricas em colesterol, como a LDL, no compartimento plasmático resulta em hipercolesterolemia.

Metabolismo das HDL. As partículas de HDL são formadas no fígado, no intestino e na circulação, e seu principal conteúdo proteico é representado pelas apo-AI e apo-AII. O colesterol livre da HDL, recebido das membranas celulares, é esterificado por ação da *lecitina-colesterol-aciltransferase* (LCAT). A apo-AI, principal proteína da HDL, é cofator dessa enzima. O processo de esterificação do colesterol, que ocorre principalmente nas HDL, é fundamental para sua estabilização e transporte no plasma, no centro desta partícula. A HDL transporta o colesterol até o fígado, onde ele é captado pelos receptores SR-B1. O circuito de transporte do colesterol dos tecidos periféricos para o fígado é denominado *transporte reverso do colesterol*. Neste transporte, é importante a ação do complexo "*ATP Binding Cassete*" A1 (ABC-A1), que facilita a extração do colesterol da célula pelas HDL. A HDL também tem outras ações que contribuem para a proteção do leito vascular contra a aterogênese, como remoção de lipídios oxidados da LDL, inibição da fixação de moléculas de adesão e monócitos ao endotélio e estimulação da liberação de óxido nítrico. Além das diferenças em tamanho, densidade e composição única, as lipoproteínas podem diferir entre si mediante a modificação *in vivo* por oxidação, glicação ou dessialização. Estas modificações influenciam seu papel no metabolismo lipídico e no processo aterogênico.

SUBFRAÇÕES DE LIPOPROTEÍNAS

As grandes classes de lipoproteínas – como as VLDL, as LDL e as HDL – não são compostas de partículas homogêneas. Apresentam subclasses distintas de partículas que diferem em tamanho, densidade e composição química. Tais subclasses podem ser separadas por técnicas de eletroforese, ultracentrifugação e outras.

Quanto às subclasses da LDL os indivíduos podem ser categorizados de acordo com uma

C A P Í T U L O 10 ▪ Lipídios, lipoproteínas e apolipoproteínas

predominância de partículas grandes, menos densas (fenótipo A), ou pequenas, mais densas (fenótipo B).

O fenótipo B está associado a níveis de triglicerídeos plasmáticos elevados, concentrações reduzidas de HDL e maior risco de doença arterial coronária (DAC), quando comparado ao fenótipo A. Embora o fenótipo B seja determinado geneticamente, sofre forte influência de sexo, idade e fatores ambientais, como obesidade abdominal, uso de contraceptivos orais e a concentração de gordura e carboidratos na dieta. A redução dos níveis plasmáticos do colesterol e dos triglicerídeos por meio da dieta e de hipolipemiantes orais pode modificar o perfil de subclasses de LDL, promovendo aumento da concentração das partículas maiores e redução da concentração das menores.

A HDL também apresenta subclasses que diferem na concentração da apolipoproteínas e composição lipídica, assim como no tamanho e na carga, e podem exibir diferentes funções no metabolismo lipídico.

CLASSIFICAÇÃO DAS HIPERLIPOPROTEINEMIAS

As hiperlipoproteinemias formam um grupo de distúrbios caracterizados pelas anormalidades quantitativas e/ou qualitativas das lipoproteínas plasmáticas.

Classificação de Fredrickson-Levy

Na década de 1960, Fredrickson e Levy criaram uma classificação das hiperlipoproteinemias com base no padrão eletroforético de separação das mesmas. A classificação reflete os tipos fenotípicos de alteração, mas não a etiologia ou os mecanismos fisiopatológicos da doença. Assim, mais recentemente, outras classificações surgiram, e hoje são utilizadas na prática. Na Tabela 10.2 é mostrada a classificação de Fredrikson-Levy das hiperlipidemias de acordo com a classe ou classes lipoproteicas (quilomícrons, VLDL e LDL) com as quais estão associadas.

Classificação laboratorial

Deve ser realizada em indivíduos com dieta livre e sem medicação hipolipemiante há mais de 4 semanas. Compreende quatro tipos principais bem definidos:

- *Hipercolesterolemia isolada.* Aumento isolado do LDL-C (≤ 160 mg/dL).
- *Hipertrigliceridemia isolada.* Elevação isolada dos triglicerídeos (≥ 150 mg/dL), que reflete o aumento do volume de partículas ricas em TG, como VLDL, IDL e quilomícrons.

Tabela 10.2 Desordens hiperlipêmicas

Designação genética e classe lipoproteica elevada	Sinônimo	Desordem primária
Hiperlipemia exógena (quilomícrons)	Tipo I	Deficiência da lipase lipoproteica familiar Deficiência da apo-CII
Hiperlipemia endógena (VLDL)	Tipo IV	Hipertrigliceridemia familiar (moderada) Hiperlipidemia tipo lipoproteína múltipla familiar Doença de Tangier
Hiperlipemia (VLDL + quilomícron)	Tipo V	Hipertrigliceridemia familiar (grave) Deficiência da lipase lipoproteica familiar Deficiência da apo-CII
Hipercolesterolemia (LDL)	Tipo IIa	Hipercolesterolemia familiar (defeito dos receptores de LDL) Hiperlipidemia tipo lipoproteína múltipla familiar Hipercolesterolemia poligênica (incluindo hipercolesterolemia exógena)
Hiperlipidemia combinada (LDL + VLDL)	Tipo IIb	Hiperlipidemia tipo lipoproteína múltipla familiar
Hiperlipidemia remanescente	Tipo III	Disbetalipoproteinemia familiar
Hiperlipoproteinemia lamelar (lipoproteínas vesicular e discoidal)	–	Deficiência da lecitina-colesterol-aciltransferase (LCAT)

- *Hiperlipidemia mista.* Valores aumentados tanto do LDL-C (≥160 mg/dL) como dos TG (≥150 mg/dL). Nos casos com triglicerídeos ≥400 mg/dL, quando o cálculo do LDL-C pela fórmula de Friedewald é inadequado, deve-se considerar hiperlipidemia mista.
- *HDL-C baixo.* Redução do HDL-C (homens <40 mg/dL e mulheres <50 mg/dL) isolada ou em associação com aumento de LDL-C ou de triglicerídeos.

Classificação etiológica

- *Dislipidemias primárias.* Decorrentes de causas genéticas, algumas só se manifestando em função da influência ambiental, devido à dieta inadequada e/ou ao sedentarismo. Englobam:
  - Hiperlipidemias primárias ou genéticas.
  - Hipolipidemias primárias: devido à diminuição de LDL-C (abetalipoproteinemia e hipo-betalipoproteinemia) e de HDL-C (hipoalfalipoproteinemia e deficiência familiar de apo-A – doença de Tangier).

- *Dislipidemias secundárias a doenças:*
  - Diabetes melito tipo II.
  - Hipotireoidismo.
  - Síndrome nefrótica.
  - Insuficiência renal crônica.
  - Hepatopatias colestáticas crônicas.
  - Obesidade.
  - Síndrome de Cushing.
  - Bulimia nervosa.
  - Anorexia nervosa.

- *Dislipidemias secundárias a medicamentos:*
  - Anti-hipertensivos: tiazidas, clortalidona, espironolactona e β-bloqueadores.
  - Imunossupressores: ciclosporina, prednisolona, prednisona.
  - Esteroides: estrogênios, progestágenos, contraceptivos orais.
  - Anticonvulsivantes.
  - Ácido acetilsalicílico.
  - Ácido ascórbico.
  - Alopurinol.

- *Dislipidemias secundárias a hábitos de vida inadequados:*
  - Dieta.

  - Ingestão excessiva de colesterol e gorduras formadas por ácidos graxos *trans* e/ou saturados.
  - Excesso de calorias.
  - Tabagismo.
  - Etilismo.
  - Sedentarismo.

ATEROGÊNESE

A aterosclerose é uma doença inflamatória crônica de origem multifatorial que ocorre em resposta à agressão endotelial, acometendo, principalmente, a camada íntima de artérias de médio e grande calibres.

A formação da placa aterosclerótica inicia-se com a agressão ao endotélio vascular devida a diversos fatores de risco, como elevação de lipoproteínas aterogênicas (LDL, IDL, VLDL, remanescentes de quilomícrons), hipertensão arterial ou tabagismo. Como consequência, a disfunção endotelial aumenta a permeabilidade da íntima às lipoproteínas plasmáticas, favorecendo a retenção das mesmas no espaço subendotelial. Retidas, as partículas de LDL sofrem oxidação, causando a exposição de diversos neoepítopos e tornando-se imunogênicas. O depósito de lipoproteínas na parede arterial, processo-chave no início da aterogênese, ocorre de maneira proporcional à concentração dessas lipoproteínas no plasma.

A placa aterosclerótica plenamente desenvolvida é constituída por elementos celulares, componentes da matriz extracelular e núcleo lipídico. Estes elementos formam na placa aterosclerótica o núcleo lipídico, rico em colesterol, e a capa fibrosa, rica em colágeno. As placas estáveis caracterizam-se por predomínio de colágeno, organizado em capa fibrosa espessa, escassas células inflamatórias e núcleo lipídico de proporções menores. As instáveis apresentam atividade inflamatória intensa, especialmente nas suas bordas laterais, com grande atividade proteolítica, núcleo lipídico proeminente e capa fibrótica tênue. A ruptura desta capa expõe material lipídico altamente trombogênico, levando à formação de um trombo sobrejacente. Este processo, também conhecido por aterotrombose, é um dos principais determinantes das manifestações clínicas da aterosclerose.

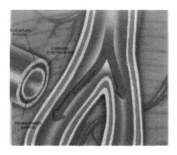

A função precípua das artérias coronárias é trazer sangue rico em oxigênio para o miocárdio, sendo o oxigênio o componente essencial para a produção de energia que o músculo cardíaco necessita para se contrair.

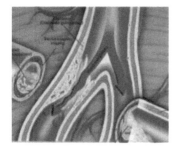

Ateromas são lesões com aspecto de placas devido a um processo crônico e evolutivo de acúmulo de gorduras na suas paredes que vão provocar, em última instância, o "entupimento" (trombose) ou a dilatação (aneurismas).

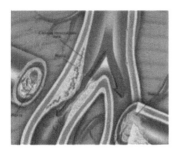

As *placas estáveis* caracterizam-se por predomínio de colágeno, organizado com capa fibrosa espessa, escassas células inflamatórias e núcleo lipídico menos proeminente.

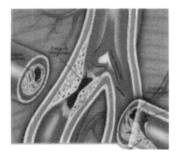

Acredita-se que seja necessária uma *obstrução* de pelo menos 75% (grau 3) da luz arterial para que ocorra uma redução significativa do fluxo sanguíneo coronariano.

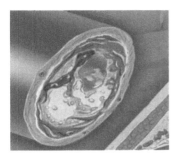

As *placas instáveis* apresentam atividade inflamatória intensa, especialmente nos seus ângulos, com grande atividade proteolítica, núcleo lipídico proeminente e capa fibrótica tênue.

FATORES DE RISCO PARA DOENÇA ARTERIAL CORONÁRIA

Existem certos parâmetros que parecem guardar alguma relação, possivelmente de causa e efeito, com a doença arterial coronária, os quais são conhecidos como fatores de risco. Fatores de risco são atributos associados a um aumento substancial da suscetibilidade individual para a doença coronária e, em especial, para o seu aparecimento precoce.

Resultados de vários estudos prospectivos populacionais documentaram uma longa lista de fatores de risco para doença arterial coronária. A contribuição de alguns desses fatores são aceitos unanimemente, enquanto outros permanecem com significação incerta ou, ainda, sem correlação bem definida (Tabela 10.3).

Os estudos epidemiológicos sugerem que cerca de 75% dos casos de enfermidade arterial coronariana (angina de peito, infarto do miocárdio, morte súbita) são atribuídos a três fatores de risco capitais: tabagismo, hipertensão e hipercolesterolemia, sendo cada fator de igual importância. Esses mesmos fatores de risco são eficazes na aterosclerose cerebral, apesar de seus pesos relativos serem diferentes; neste caso, a hipertensão apresenta maior periculosidade. De grande significado na enfermidade vascular periférica são os fatores: diabetes, tabagismo e hipertrigliceridemia.

Tabela 10.3 Fatores de risco para doença arterial coronária

Tabagismo
Hipertensão arterial sistêmica (≥ 140/90 mmHg)
Hipercolesterolemia (LDL-C >160 mg/dL)
HDL-C reduzido (<40 mg/dL)
Diabetes melito
Hipertrigliceridemia (>200 mg/dL)
Obesidade (IMC >25 kg/m²)
Sedentarismo
Idade (≥45 anos homens e ≥55 anos mulheres)
História familiar precoce de aterosclerose (parentes de primeiro grau <55 anos [homens] e <65 anos [mulheres])
Fatores de risco emergentes: lipoproteína(a), homocisteína, fatores hemostáticos (antígeno do PA-1 e t-PA), fatores pró-inflamatórios (proteína C reativa), glicemia de jejum alterada e aterosclerose subclínica

Como a aterosclerose é uma enfermidade multifatorial, quanto maior o número de fatores de risco presentes, maior a suscetibilidade. Embora este capítulo se restrinja às contribuições dos lipídios e lipoproteínas na aterogênese, deve ser lembrado que vários fatores são cooperativos e operam em conjunto para o desenvolvimento da enfermidade.

Fatores de risco múltiplos

A presença de vários fatores de risco – combinação de elevados níveis de colesterol, pressão sanguínea aumentada e tabagismo – implica um elevado risco, e é nesta situação que o tratamento de hiperlipidemia está mais indicado.

Outros fatores de risco, listados na Tabela 10.3, podem influenciar o desenvolvimento da aterosclerose diretamente ou estão associados, no mínimo parcialmente, com anormalidades no metabolismo dos lipídios e das lipoproteínas:

- *Obesidade e inatividade física.* São importantes e, provavelmente, inter-relacionadas. Ambas estão associadas com teores reduzidos das HDL-C, enquanto os indivíduos obesos possuem evidências de hiperlipidemia, pressão sanguínea elevada e, ocasionalmente, diabetes melito. Foi demonstrado um constante aumento na mortalidade por enfermidades cardiovasculares em relação ao aumento de peso. A regularidade dos exercícios, e não a quantidade, afeta de maneira mais efetiva o perfil lipídico.

- *Diabetes melito.* Está associado com a aterosclerose em presença de outros fatores capitais. A ocorrência dessa complicação está, provavelmente, relacionada com a duração do diabetes e, supostamente, com uma manifestação de controle inadequado. Indivíduos diabéticos podem mostrar marcada hipertrigliceridemia e HDL-C diminuído.

- *Gota e hiperuricemia.* Estão frequentemente associadas com hipertrigliceridemia e obesidade.

- *Razão cintura-estatura (RCEst).* É um importante discriminador de risco coronariano de adultos. A obesidade é reconhecidamente um problema de saúde que afeta as sociedades em diversas partes do mundo, caracterizando-se na atualidade como uma epidemia com tendência a pandemia. Como fator de risco cardiovascular, o papel da obesidade é controverso; no entanto, a melhor explicação para a associação entre obesidade e doença cardíaca isquêmica é que esta ocorreria em um subgrupo de obesos, ou seja, nas pessoas que apresentassem adiposidade localizada na região abdominal ou central, mesmo na ausência de obesidade generalizada. Em pesquisas mais recentes, a gordura abdominal vem sendo considerada forte fator de risco coronariano, em contraposição a diversos outros indicadores de obesidade como fator de risco cardiovascular já amplamente estudados. Existem diversos indicadores de obesidade total e central, porém o índice de massa corporal (IMC) é o indicador de obesidade total mais utilizado em estudos populacionais. Muitos autores demonstraram que a razão cintura-estatura (RCEst) está fortemente associada a diversos fatores de risco cardiovasculares.

HIPERLIPIDEMIAS E TESTES LABORATORIAIS

Na Tabela 10.4 é mostrada a classificação fenotípica das hiperlipidemias (Fredrickson), que resume de maneira prática as desordens no transporte lipídico em relação aos testes do colesterol total, triglicerídeos e aparência do soro/plasma após refrigeração por 18 horas.

Hiperlipidemia exógena (tipo I)

Esta desordem rara é encontrada em pacientes com menos de 10 anos de idade. Caracteriza-se pela presença maciça de quilomícrons (>1.000 mg/dL) no plasma sanguíneo coletado em jejum. Difere da hiperlipidemia do tipo V pela formação de camada leitosa sobre um infranadante límpido após o teste de refrigeração. A desordem é provocada pela dificiência familiar de lipase lipoproteica ou da apo-CII. Xantomas são encontrados quando os triglicerídeos excedem 2.000 mg/dL. Também estão presentes dor abdominal aguda, *lipemia retinalis*, esplenomegalia e/ou hepatomegalia.

CAPÍTULO 10 ▪ Lipídios, lipoproteínas e apolipoproteínas

Tabela 10.4 Classificação fenotípica das hiperlipidemias (Fredrickson-Levy)

Designação genérica e classe lipoproteica aumentada	Tipo	Colesterol total (mg/dL)	Triglicerídeos (mg/dL)	Aparência do soro ou plasma após 18 horas de refrigeração
Hiperlipidemia exógena (quilomícrons)	I	160 a 400	1.500 a 5.000	Sobrenadante cremoso
Hipercolesterolemia (LDL)	IIa	>240	<200	Transparente
Hiperlipidemia combinada (LDL + VLDL)	IIb	240 a 500	200 a 500	Turvo
Hiperlipidemia remanescente	III	300 a 600	300 a 600	Turvo
Hiperlipemia endógena (VLDL)	IV	<240	160 a 1.000	Turvo
Hiperlipemia mista (VLDL + quilomícron)	V	160 a 400	1.000	Camada superior cremosa Camada inferior turva

Hiperlipemia endógena (tipo IV)

Caracteriza-se pela elevação das VLDL com triglicerídeos entre 160 e 1.000 mg/dL no plasma sanguíneo coletado em jejum. Pode ser familiar, mas é comumente encontrada por causas secundárias. A amostra armazenada em refrigerador fica uniformemente turva sem a camada de quilomícrons. A base patofisiológica dessa desordem parece ser um quadro heterogêneo provocado pela superprodução tanto de VLDL como da hipertrigliceridemia induzida por carboidratos, alcoolismo ou terapia com estrogênios/progestina ou, ainda, devido ao impedimento da função do sistema de renovação mediada pela lipase lipoproteica, como na insuficiência renal crônica e no diabetes melito.

Hiperlipemia mista (tipo V)

São encontrados quilomícrons e excesso de VLDL na amostra de plasma em jejum, com valores de triglicerídeos >1.000 mg/dL e teores de colesterol que podem ser normais ou elevados. Essa síndrome apresenta um quadro metabólico múltiplo, muitas vezes secundário à obesidade, ao diabetes ou ao alcoolismo, ocasionalmente induzido por estrogênios e raramente familiar. O início dos sintomas ocorre a partir da terceira ou quarta década de vida.

As causas secundárias de aumento das VLDL e dos quilomícrons são descritas na seção 10.2, Triglicerídeos (ver anteriormente).

Hipercolesterolemia (tipo IIa)

Provocada pela elevação das LDL (ricas em colesterol), esta desordem pode ser genética ou secun-

dária a alterações como hipotireoidismo, síndrome nefrótica ou, ainda, de etiologia incerta, provavelmente refletindo uma interação entre dieta e fatores poligênicos indefinidos. A base patofisiológica parece ser a combinação de produção excessiva e catabolismo defeituoso do colesterol. Na hipercolesterolemia familiar (HF), o defeito celular foi identificado como uma deficiência nos receptores B e E da superfície celular para a LDL, que normalmente controla o metabolismo do colesterol intracelular, assim como a degradação da LDL.

Várias causas secundárias podem estar associadas com a elevação das LDL (Tabela 10.5).

Hiperlipidemia combinada (tipo IIb)

Em geral, implica o aumento das LDL e das VLDL. Em termos práticos, sua presença é sugerida por uma elevação nos teores de colesterol e triglice-

Tabela 10.5 Causas secundárias de elevação da LDL

Dieta rica em colesterol e gorduras saturadas

Hipotireoidismo

Síndrome nefrótica

Hepatopatias colestáticas crônicas

Porfiria

Gravidez

Anorexia nervosa

Diabetes melito tipo 2

Disgamaglobulinemia, mieloma múltiplo

Fármacos: estrogênios, anabolizantes, β-bloqueadores, corticosteroides, carbamazepina, progestágenos, isotretinoína, ciclosporinas e inibidores da protease rídeos. Somente esses critérios são insuficientes para distinguir as hiperlipidemias do tipo IIb das do tipo III. Entretanto, o tipo III é uma desordem bastante rara e, para propósitos diagnósticos, ela pode ser ignorada nesse contexto, a menos que estejam presentes xantomas tuberosos e xantomas nas superfícies palmares do paciente.

O defeito metabólico primário da desordem parece ser uma superprodução de apo-B, que resulta em elevação das lipoproteínas que contêm esta apoproteína. Pacientes com superprodução simultânea de apo-B e triglicerídeos apresentam as VLDL e os triglicerídeos aumentados no plasma. Quando não há elevação na síntese das VLDL-triglicerídeos, pode ocorrer uma produção direta de LDL, com consequente hipercolesterolemia. A grande prevalência do tipo IIb é notada com o aumento da idade e a obesidade.

Hiperlipidemia remanescente (tipo III)

Esta forma está associada com enfermidade cardiovascular periférica. Por isso, a intervenção está particularmente indicada. Um alerta para a possível existência de hiperlipoproteinemia do tipo III (disbetalipoproteinemia) é a presença de xantomas na superfície palmar ou depósitos tuberosos nos cotovelos e nos joelhos, particularmente se "desapareceram" com terapia no passado. O diagnóstico definitivo necessita da análise de isoformas da apo-E. O tipo III ocorre em 1:10.000 pessoas.

A base patofisiológica dessa enfermidade é o acúmulo de VLDL remanescente (cujo núcleo é rico tanto em triglicerídeos como em ésteres de colesterol). É causada por uma apo-E anormal (homozigótica), que não é normalmente reconhecida pelos receptores lipoproteicos. Esse é um distúrbio genético, mas é ocasionalmente encontrado em associação com hipotireoidismo ou obesidade.

AVALIAÇÃO DAS APOLIPOPROTEÍNAS

A medida das apolipoproteínas aumenta a especificidade para identificação dos fatores de risco coronarianos. O perfil de apolipoproteínas é indicado para pacientes que apresentam risco de aterosclerose, como:

- *Hipercolesterolemia.* A apo-B é utilizada para confirmar o diagnóstico. Muitas vezes, a apo-B aumentada é encontrada sem elevações do colesterol total ou do colesterol ligado à LDL.

- *HDL-C reduzido.* A avaliação de apo-AI é útil para reforçar novos dados diagnósticos.

- *Crianças com antecedentes familiares.* Parentes de primeiro grau com hipercolesterolemia, cardiopatia isquêmica precoce ou diabetes.

- *Mulheres usuárias de anticoncepcional.*

- *Como medida preventiva em todos os indivíduos adultos a cada 5 anos.*

Apolipoproteína AI. Principal constituinte das lipoproteínas de densidade alta (HDL), a apo-AI medeia a esterificação do colesterol celular, o qual é captado rapidamente pelas HDL, e assegura seu retorno ao fígado para seu catabolismo. A diminuição de apo-AI é um indicador do aumento de risco cardiovascular; além disso, é responsável pela eliminação insuficiente de colesterol tissular por via hepática. Deve ser considerada a existência de outras causas que podem originar reduções das concentrações de apolipoproteínas, como insuficiência renal crônica e síndrome nefrótica, doenças hepatocelulares e colestáticas, tireoides, tratamento com corticoides, dietas ricas em carboidratos e tabagismo. Alguns medicamentos, como os derivados de lovastatina e fibratos, ácido nicotínico, hidrocarbonetos clorados e fenitoína, elevam a apo-AI.

Apolipoproteína B. Maior constituinte proteico das lipoproteínas de densidade baixa (LDL) e, secundariamente, das VLDL, a apo-B atua como determinante da união das LDL a seus receptores específicos. As LDL circulantes em excesso são captadas pelos macrófagos, produzindo as células espumosas, ponto de partida da placa de ateroma. Uma concentração elevada de apo-B favorece a formação de aterosclerose. O aumento de apo-B é o melhor índice para o estudo de risco cardiovascular, principalmente em presença de valores normais de colesterol.

Aumentos da apo-B são encontrados nas hiperlipoproteinemias dos tipos IIa, IIb e V, na doença coronariana do jovem, no diabetes, no hipotireoidismo, na insuficiência renal e na síndrome nefrótica, na doença hepática celular ou colestática, na doença de Cushing, na disglobulinemia, na gravidez, na porfiria, na anorexia nervosa, na hipercalcemia infantil, nas esfingolipidoses, no estresse emocional, no consumo de dietas ricas em carboidratos, de contraceptivos orais, no uso abusivo do álcool, progestinas, esteroides anabólicos, glicocorticoides, catecolaminas, β-bloqueadores e diuréticos.

CAPÍTULO 10 ▪ Lipídios, lipoproteínas e apolipoproteínas

Valores reduzidos são comumente devidos a fármacos: estrogênios, colestiramina, fibratos, lovastatina, ácido nicotínico, tiroxina, neomicina e probucol. São encontrados também em patologias como: abetalipoproteinemia, deficiência de α-lipoproteína (Tangier), hipo-β-lipoproteína heterozigótica e homozigótica, deficiência de LCAT (lecitina colesterol aciltransferase) e do cofator da lipase lipoproteica (apo-CII), tireotoxicose, desnutrição, má absorção intestinal, estresse (queimaduras, doenças), grave alteração hepatocelular, doenças crônicas, mieloma, síndrome de Reye e dieta rica em lipídios poli-insaturados.

Antes de instaurar uma terapia para redução de lipídios é importante estabelecer o valor basal da relação de concentrações de apo-B/apo-AI. Os valores desta relação são, para homens, 0,40 a 1,10 e, para mulheres, 0,35 a 0,95.

LIPOPROTEÍNA (a) – LP(a)

É uma variante genética da LDL plasmática. Ambas têm como maior constituinte proteico a apo-B100. Por apresentar homologia estrutural com o plasminogênio, bem como com a LDL, inúmeras pesquisas mostraram a influência pró-aterogênica e pró-trombótica da Lp(a). Estudos indicam que a Lp(a) inibe competitivamente a ação do plasminogênio e possibilita, assim, o disparo dos efeitos aterogênicos. Desse modo, os valores séricos elevados de Lp(a) constituem fator de risco independente para doença aterosclerótica e intensificam o risco de outros fatores, como LDL-C aumentado, hipertensão arterial, tabagismo etc. Os níveis de Lp(a) são determinados geneticamente, não sofrendo influências ambientais nem dos teores das demais lipoproteínas.

A função fisiológica da Lp(a) é desconhecida, sendo constituída pela apo(a) e apo-B100, que são elementos complementares de dois sistemas funcionais diferentes; provavelmente, a Lp(a) seria uma ponte entre os dois sistemas. Estruturalmente, a apo(a) faz parte dos sistemas de coagulação e fibrinolítico, regulando as proteases.

A apo(a) e a Lp(a) competem com o plasminogênio. Esta propriedade da apo(a) pode explicar a associação de altas concentrações de Lp(a) com o infarto do miocárdio. Esse risco aumenta concomitantemente com concentrações elevadas de LDL. Por outro lado, também são encontrados valores elevados no diabetes descompensado e no hipotireoidismo intenso.

Níveis elevados de Lp(a) estão associados com o aumento de risco para:

- Infarto do miocárdio.
- Doenças vasculares prematuras (<55 anos de idade).
- Doença arterial cerebrovascular.
- Infarto agudo do miocárdio em pacientes com histórico familiar de hipercolesterolemia.

Ainda não existem testes de rotina confiáveis para essa determinação. Os existentes apresentam resultados variáveis.

Valores de referência para a lipoproteína (a) (mg/dL)	
Homens	2,2 a 50
Mulheres	2,1 a 57

A Lp(a) parece não responder à terapia com inibidores da enzima 3-hidróxi-3-metil-coenzima A-redutase. No entanto, a Lp(a) responde favoravelmente ao tratamento com niacina e estrogênio.

HIPOPROTEINEMIAS PRIMÁRIAS

Nesta categoria, três doenças familiares raras são mencionadas:

Doença de Tangier. É ocasionada pelo aumento do catabolismo da apo-AI. Somente traços de HDL são detectados no plasma, enquanto o LDL-C está reduzido. Os ésteres de colesterol acumulam-se no sistema linforreticular, provavelmente devido à fagocitose excessiva dos quilomícrons anormais e das VLDL remanescentes formados por deficiência de apo-AI.

Abetalipoproteinemia. Está associada com a ausência total de apo-B. As lipoproteínas que contêm normalmente apo-B em quantidades apropriadas (p. ex., quilomícrons, VLDL e LDL) estão ausentes do plasma. Os teores do colesterol e triglicerídeos plasmáticos apresentam-se muito baixos.

Hipobetalipoproteinemia. É devida à redução da síntese de apo-B. As VLDL e as LDL, apesar de baixas, não estão ausentes.

HIPOLIPIDEMIAS SECUNDÁRIAS

Reduções importantes no colesterol plasmático ocorrem quando a síntese hepática está diminuída, como na desnutrição (p. ex., kwashiorkor em crianças), na má absorção grave ou em algumas formas de doenças hepáticas crônicas.

FOSFOLIPÍDIOS OXIDADOS

Os fosfolipídios oxidados presentes nas paredes dos vasos são altamente aterogênicos. Duas enzimas, *paraoxonase* e *acetil-hidrolase plaqueta-ativadora*, são capazes de degradar os fosfolipídios oxidados. Uma vez degradados, os fosfolipídios perdem a capacidade de agregar placas ateroscleróticas. Além disso, a HDL é anti-inflamatória no estado basal, mas pode converter-se em pró-inflamatória durante a resposta à fase aguda. As duas enzimas atenuam esta conversão.

A *paraoxonase* e a *acetil-hidrolase plaqueta-ativadora*, e talvez outras enzimas, influenciam significativamente o metabolismo lipídico por meio de seus efeitos sobre a oxidação dos lipídios. As variações nos níveis dessas enzimas podem explicar por que alguns pacientes com teores elevados de HDL e concentrações baixas de colesterol total e de LDL desenvolvem doença coronariana.

NOVOS MARCADORES LABORATORIAIS DO RISCO CARDIOVASCULAR

Novos marcadores de risco têm sido propostos para detecção e prevenção da aterosclerose. São utilizados nos casos em que pacientes, aparentemente sem risco, acabam por desenvolver placa de ateroma e posterior evento coronariano. A identificação de novos marcadores, que estão intimamente relacionados com a genética, o metabolismo lipídico, os fatores de coagulação e a inflamação, e que possivelmente aumentam o risco da doença aterosclerótica, pode melhorar o entendimento sobre os mecanismos fisiopatológicos dessa doença e possibilitar o desenvolvimento de novas medidas preventivas e terapêuticas.

Vários estudos populacionais indicam a existência de associação entre a lipoproteína associada à fosfolipase A_2 (Lp-PLA$_2$) e eventos cardiovasculares. A Lp-PLA$_2$ é um biomarcador emergente que pode relacionar a LDL oxidada com a doença arterial coronária. A Lp-PLA$_2$ é produzida por células inflamatórias de origem mieloide e está associada com lipoproteínas aterogênicas (p. ex., LDL).

Lipoproteína (a) – Lp(a)

Tem sido associada à ocorrência de eventos cardiovasculares em caucasianos e em orientais. Todavia, os numerosos polimorfismos dessa lipoproteína e a metodologia ainda não suficiente validada inviabilizam sua determinação rotineira. Não é determinada rotineiramente (ver anteriormente).

Homocisteína (HCY)

Elevações desse aminoácido formado durante o metabolismo da metionina têm sido associadas a disfunção endotelial, trombose e maior gravidade da aterosclerose. Ainda não há consenso de que níveis elevados de homocisteína sejam fator de risco isolado para aterosclerose. Não é determinada rotineiramente.

Proteína C reativa de alta sensibilidade (PCR-as)

É um marcador do processo inflamatório em indivíduos sadios e tem uma estabilidade comparável à do colesterol total. Entretanto, sua determinação para estimativa do risco cardiovascular não se aplica a fumantes, portadores de osteoartrose, obesos, diabéticos, mulheres sob terapia de reposição hormonal, uso de anti-inflamatórios ou na presença de infecções. A PCR-as pode ser determinada para auxiliar a estratificação de risco de aterosclerose.

Existem fortes evidências de que os teores de PCR são melhores preditores para os eventos cardiovasculares que o LDL-C, inclusive na ausência de hiperlipidemia.

Fatores hemostáticos

O fibrinogênio e outras variáveis hemostáticas (antígeno do PA-1 e t-PA) têm sido associados ao risco cardiovascular. Esses fatores ainda não são recomendados para a rotina laboratorial.

Bibliografia consultada

IV Diretriz Brasileira sobre Dislipidemias e Prevenção da Aterosclerose – Departamento de Aterosclerose da Sociedade Brasileira de Cardiologia **Arq. Bras. Cardiol., 88** (Supl. I) 1-19, 2007.

FOGELMAN, A.; SUPERKO, H.R. Lipoproteins and atherosclerosis – The role of HDL cholesterol, Lp(a), and LDL particle size. 48th Annual Scientific of Cardiology. American College of Cardiology. Conferência, 9-10 março de 1999.

HAVEL, R.J.; RAPAPORT, E. Management of primary hyperlipidemia. **N. Eng. J. Med., 332:**512-21, 1995.

International Task Force for Prevention of Coronary Heart Disease, European Atherosclerosis Society. Prevention of coronary heart disease: Scientific background and new clinical guidelines. **Nutr. Metab. Cardiovasc. Dis., 2:**113-56, 1992.

KRAUS, W.E. et al. Effets of the amount and intensity of exercise on plasma lipoproteins. **N. Engl. J. Med., 347:**1483-92, 2002.

LINTON, M.F.; FARESE, R.V.; YOUNG, S.G. Familial hypobetalipoproteinemia. **J. Lipid Res., 34:**521-41, 1993.

MOTTA, V.T. **Lipídios na clínica.** Caxias do Sul: EDUCS, 1984. 95p.

MILLAR, J.S.; PACKARD, C.J. Heterogeneity of apolipoprotein B-100-containing lipoproteins: What we have learnt from kinetic studies. **Curr. Opin. Lipidol., 9:**197-202, 1998.

MORISHITA, E.; ASAKURA, H.; JOKAJI, H. et al. Hypercoagulability and high lipoprotein(a) levels in patients with Type 2 diabetes mellitus. **Atherosclerosis, 120:**7-14, 1996.

PACKARD, R.R.S.; LIBBY, P. Inflammation in atherosclerosis: from vascular biology to biomarker discovery and risk prediction. **Clin. Chem, 54:**24-38, 2008.

PITANGA, F.J.G.; LESSA, I. Waist-to-height ratio as a coronary risk predictor among adults. **Rev. Assoc. Med. Bras.,** São Paulo, v. 52, n. 3, 2006. Disponível em: <http://www.scielo.br/scielo.php?script=sci_arttext&pid=S0104-42302006000300016&lng=en&nrm=iso>. Acesso em: 25 Fev 2007. Pré-publicação. doi: 10.1590/S0104-42302006000300016

PEARSON, T.A. et al AHA Guidelines for primary prevention of cardiovascular disease and stroke: 2002 update. **Circulation, 106:**388-91, 2002.

REMALEY, A.T.; BULEY, Abetalipoproteinemia: A disorder of lipoprotein Assembly. In: GLEW, R. H., NINOMIYA, Y. **Clinical studies in medical biochemistry.** 2 ed. New York: Oxford University Press, 1997:195-201.

RIDKER, P.M. et al. Comparison of C-reactive protein and low-density lipoproteins cholesterol levels in the prediction of first cardiovascular events. **N. Engl. J. Med. 347:**1557-65, 2002.

SRINIVASAN, S.R.; BERENSON, G.S. Serum apolipoproteins A-I and B as markers of coronary artery disease risk in early life: the Bogalusa Heart Study, **Clin. Chem., 41:**159-64, 1995.

ZALEWSKI, A.; NELSON, J.J.; HEGG, L.; MACPHEE, C. Lp-PLA$_2$: A New Kid on the Block. **Clin. Chem.,52:**1645-50, 2006.

Capítulo 11

Metabolismo Mineral e Ósseo

11.1 Cálcio 140	11.3 Magnésio 154
Controle do metabolismo do cálcio 141	Balanço do magnésio 155
Hipercalcemia 143	Hipomagnesemia 155
Hipocalcemia 145	Hipermagnesemia 155
Cálcio urinário 149	Determinação do magnésio 156
Determinação do cálcio total 149	11.4 Enfermidade metabólica óssea 157
11.2 Fosfato 150	Osteoporose 157
Homeostase do fósforo 151	Osteomalacia e raquitismo 158
Hiperfosfatemia 151	Doença óssea de Paget 159
Hipofosfatemia 152	Osteodistrofia renal 159
Fosfato urinário 153	Marcadores de formação óssea 160
Determinação do fósforo 153	

As principais funções do osso são: mecânica, protetora e metabólica. O osso cortical (camada fina superficial do osso compacto), composto de 80% a 90% de minerais, tem como funções principais a mecânica e a protetora, enquanto o osso trabecular, composto de 15% a 25% de mineral, é mais ativo metabolicamente.

O tecido ósseo é composto de:

Sais minerais inorgânicos cristalinos (75% do peso seco). São compostos por fosfato de cálcio e carbonato de cálcio. Os minerais estão presentes como uma mistura de cristais de hidroxiapatita $[Ca_{10}(PO_4)_6(OH)_3]$, fosfato de cálcio amorfo e outros materiais. Pequenas quantidades de magnésio, sódio, potássio, hidróxido, fluoreto, estrôncio, zinco, rádio, cloreto e sulfato também estão presentes. A deposição desses sais complexos fortalece muito a estrutura óssea.

Matriz orgânica (25% do peso seco). É formada por fibras de colágeno, com elevado conteúdo dos aminoácidos prolina e hidroxiprolina, substâncias básicas (substâncias não colagenosas), que incluem líquido extracelular, albumina, mucoproteína, sulfato de condroitina, ácido hialurônico, osteocalcina (proteína G1a), lipídios e pequenos peptídeos, além de 1% de citrato.

Mesmo na vida adulta, o osso está em estado dinâmico (acredita-se que ao redor de 3% a 5% da massa óssea esteja passando por uma remodelação ativa a qualquer tempo). Os processos de formação e reabsorção óssea são controlados por ações hormonais e processos metabólicos. O osso é formado pela ação de osteócitos e osteoclastos, cuja atividade é refletida no nível de fosfatase alcalina do soro. A reabsorção óssea ocorre, predominantemente, como resultado da ação de osteoclastos e, ordinariamente, envolve a dissolução tanto dos minerais como da matriz orgânica.

São necessárias, pelo menos, três células especializadas no osso para síntese, modelagem e remodelagem do tecido:

- *Osteoblastos.* Células formadoras de osso que derivam das células osteoprogenitoras mesenquimatosas e formam uma matriz óssea onde elas ficam aprisionadas como um osteócito. São responsáveis pela produção de cadeias proteicas ricas em aminoácidos, como prolina, hidroxiprolina etc., precursores de colágeno para a formação de osteoide – o precursor não calcificado do osso – nos locais superficiais de crescimento ou remodelagem. Além disso, secretam fatores de crescimento locais sob influência do hormônio de crescimento (GH) e da fosfatase alcalina óssea, relacionados com o processo de mineralização do osso, talvez mediante a neutralização de um inibidor da deposição mineral (pirofosfato). Em geral, os osteoblastos são encontrados no interior das lacunas ósseas e também na região subperiostal, entre o osso cortical e o periósteo. A membrana plasmática do osteoblasto é rica em fosfatase alcalina, cuja atividade é um índice de formação óssea. Os osteoblastos têm receptores para o paratormônio (PTH), para a 1,25-di-hidroxivitamina D [(1,25(OH)$_2$D] e para o estrogênio, mas não para a calcitonina. O estímulo do PTH, da 1,25(OH)$_2$D, do hormônio de crescimento e do estrogênio induz os osteoblastos a produzirem o fator de crescimento *insulina-símile* I (EGF-1), que tem papel importante na regulação e na modelagem óssea.

- *Osteoclastos.* São células gigantes multinucleadas, provavelmente de origem monocítica, que atuam na absorção e na remoção do tecido ósseo – lise óssea com finalidade de reparação de uma fratura ou mobilização de íons cálcio – realizadas continuamente, porém sob o controle do PTH, que estimula a secreção de enzimas proteolíticas e ácidos orgânicos (lactato e cítrico) e digerem e solubilizam a matriz óssea calcificada.

Os osteoclastos exercem uma ação oposta à dos osteoblastos, reabsorvendo a matriz óssea. Estão presentes em 1% a 4% das superfícies ósseas.

- *Osteócitos.* São células do tecido ósseo que ocupam uma lacuna e possuem prolongamentos citoplasmáticos que se estendem para os canalículos e que fazem contato, por meio de junções comunicantes, com os prolongamentos de outros osteócitos. Segundo alguns autores, em estado de "repouso" das células ósseas, os osteócitos encontram-se instalados nas criptas ósseas, onde seriam estimulados por fatores humorais locais ou sistêmicos a diferenciar-se rumo à atividade blástica (crescimento e reparação) ou à atividade clássica/lítica (reabsorção, mobilização, iônica). Os osteócitos sintetizam pequenas quantidades de matriz para manter a integridade óssea.

Atualmente, o laboratório clínico oferece vários exames que colaboram no diagnóstico e no prognóstico de alterações ósseas, entre os quais podem ser citados: cálcio total e ionizado, fosfato, magnésio, fosfatase alcalina total, PTH, metabólitos da vitamina D, proteína relacionada ao PTH (PTH-rP), marcadores do metabolismo ósseo (osteocalcina, fosfatase alcalina ósseo-específica, própeptídeos do colágeno, hidroxiprolina urinária, hidroxilisina-glicada urinária, piridinolina, desoxipiridinolina, sialoproteína óssea e fosfatase ácida tartaratorresistente).

Bibliografia consultada

DI DIO, R.; BARBÉRIO, J.C.; PRADAL, M.G.; MENEZES, A.M.S. **Procedimentos hormonais.** 4. ed. São Paulo: CRIESP, 1996.

KOAY, E.S.C.; WALMSLEY, N. **A primer of chemical pathology.** Singapore: World Scientific, 1996:88-102.

LARA, G.M.; HERMANN, A.R.; HAGEMANN, M.A. Marcadores bioquímicos do metabolismo ósseo: princípios básicos – uma revisão. **Newslab, 36:**126-36, 1999.

11.1 CÁLCIO

O cálcio está presente em três compartimentos principais: esqueleto (99% do total), tecidos moles (1% do total) e líquido extracelular (<0,2% do total). As funções fisiológicas do cálcio nos diferentes compartimentos são:

- *Cálcio intracelular.* O cálcio ionizado facilita a condução neuromuscular, a contração e o relaxamento dos músculos esquelético e cardíaco. É um importante cofator de regulação da função das glândulas exócrinas e endócrinas. Em nível celular, o cálcio é um importante regulador do transporte iônico e da integridade da membrana. Atua no intercâmbio de sódio e potássio, no metabolismo do glicogênio, no processo da visão e em eventos celulares envolvendo a ligação do cálcio com a proteína calmodulina.

- *Cálcio extracelular*. Exerce papel importante na mineralização óssea, no mecanismo da coagulação sanguínea e na manutenção do potencial de membrana plasmática que influencia a permeabilidade e a excitabilidade.

- *Cálcio do esqueleto*. É o principal local de armazenamento e mobilização de cálcio para o *pool* extracelular e intracelular. O osso é continuamente remodelado mediante um processo combinado de reabsorção e formação óssea.

Parte do cálcio ingerido (200 a 1.500 mg/d) é absorvida por um processo ativo, principalmente no duodeno, e é favorecida em pH ácido (em pH alcalino, o íon forma compostos insolúveis). A vitamina D é essencial nesse processo.

O cálcio existente no plasma humano normal apresenta-se sob três formas distintas:

- *Cálcio ligado a proteínas plasmáticas*. Esta fração não difusível (40% a 45% do total) consiste, em grande parte, em Ca^{2+} ligado às proteínas plasmáticas, especialmente à albumina. Em pH plasmático de 7,4, cada 1 g de albumina liga 0,8 g de cálcio.

- *Cálcio livre (ionizado)*. É a forma biologicamente ativa (45% a 50% do total). É mantido em níveis constantes por um complexo sistema de controle envolvendo o PTH e a 1,25(OH)$_2$D. No sistema neuromuscular, o cálcio ionizado facilita a condução nervosa, a contração e o relaxamento muscular. A redução da concentração do cálcio ionizado causa aumento da excitabilidade neuromuscular e tetania. O aumento da concentração reduz a excitabilidade neuromuscular. A expressão *cálcio ionizado* não é apropriada, pois todo o cálcio sérico está ionizado, mesmo quando ligado a proteínas ou ânions.

- *Cálcio complexado*. Constituído por uma variedade de ânions, como citrato, fosfato, lactato, bicarbonato e outros íons, compreende 5% a 10% do total.

As distribuições relativas das três formas são modificadas como resultado da variação no pH sanguíneo ou do teor das proteínas plasmáticas. O aumento de pH diminui o cálcio ionizado. A redução do pH aumenta o cálcio ionizado.

CONTROLE DO METABOLISMO DO CÁLCIO

A manutenção da homeostase do cálcio envolve três órgãos: o *intestino delgado*, o *rim* e o *esqueleto*. A glândula mamária durante a lactação é também importante, assim como a placenta e o feto durante a gestação. Um resumo do metabolismo do cálcio está representado na Figura 11.1.

Vários compostos estão envolvidos na regulação do cálcio plasmático e, em muitos casos, afetam também os níveis de fosfatemia. Os dois principais controladores da homeostase do cálcio são o *PTH* e a *vitamina D*. Outras substâncias também contribuem em menor grau: *calcitonina, hormônios da tireoide, esteroides adrenais, prostaglandinas, fator ativador dos osteoclastos* e *proteína PTH-relacionada* (PTHr-P).

Paratormônio (PTH). É um hormônio de cadeia polipeptídica única com 84 aminoácidos, secretado pelas células principais das glândulas paratireoides em resposta à hipocalcemia ou à hipomagnesemia. As variações nos teores de calcemia são detectadas pelo *receptor cálcio-sensível* (CaSR), um receptor 7-transmembrana ligado à proteína G. A união do cálcio ao CaSR induz a ativação da fosfolipase C e a inibição da secreção de PTH. Por outro lado, reduções no cálcio estimulam as células principais da glândula paratireoide a secretarem PTH. A perda da função do CaSR promove estados patológicos, como a hipercalcemia hipercalciúrica familiar e o hiperparatireoidismo neonatal grave. Na insuficiência renal, os agonistas do CaSR suprimem a progressão do hiperparatireoidismo e o crescimento da glândula tireoide. As ações do PTH são:

- *Vitamina D*. Além de efeitos indiretos sobre a absorção gastrointestinal de cálcio e fosfato, o PTH ativa a conversão da 25-hidroxivitamina D a 1,25-di-hidroxicolecalciferol (calcitriol), a forma ativa da vitamina D que estimula a absorção gastrointestinal de cálcio e fosfato.

- *Rins*. O PTH (a) aumenta a reabsorção tubular distal de cálcio e a excreção do fósforo por meio do mecanismo adenilatociclase-AMP cíclico, (b) reduz a reabsorção de fosfato, sódio, cálcio e íons bicarbonato nos túbulos proximais e (c) estimula a produção de 1,25-di-hidroxicolecalciferol pelos rins com o seguinte resultado: aumento da reabsorção tubular distal do cálcio e inibição da reabsorção do fosfato, produzindo fosfatúria.

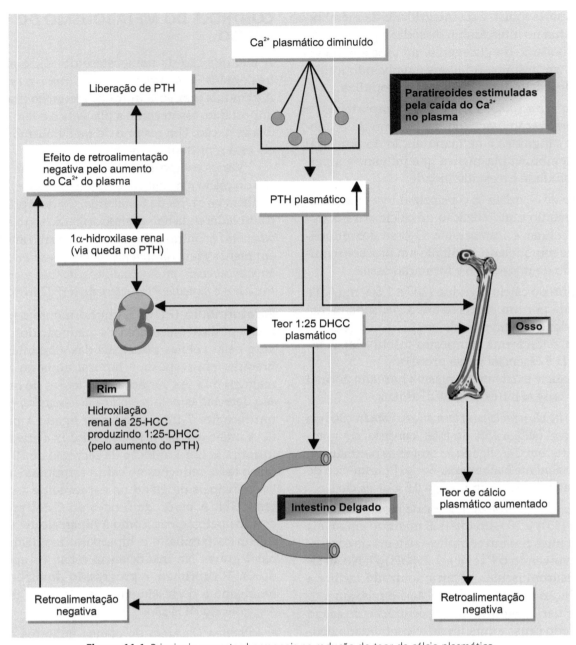

Figura 11.1 Principais respostas hormonais na redução do teor de cálcio plasmático.

- *Ossos*. O PTH atua direta e indiretamente, alterando a atividade e o número de osteoblastos, osteoclastos e osteócitos e regulando o cálcio para o líquido extracelular. O PTH aumenta a reabsorção óssea pelos osteoclastos, necessitando dos osteoblastos para mediar o seu efeito. O aumento na atividade osteoblástica é detectado pela elevação na atividade da fosfatase alcalina sérica. O incremento na atividade osteoclástica é evidenciado pela elevação da hidroxiprolina urinária e a excreção de desoxipiridinolina.

O efeito total do PTH caracteriza-se por aumento do cálcio ionizado plasmático e redução da fosfatemia (devido ao aumento da excreção renal de fosfato). O excesso prolongado de PTH está associado com hipercalcemia, hipofosfatemia e aumento da atividade da fosfatase alcalina (estimulação dos osteoblastos). A deficiência de PTH (hipoparatireoidismo) promove a hipocalcemia e a hiperfosfatemia.

Calcitonina (CT). Hormônio polipeptídeo de 32 aminoácidos, produzido e secretado pelas células parafoliculares da tireoide (ou células C) e, em

CAPÍTULO 11 • Metabolismo Mineral e Ósseo

menor grau, pelas paratireoides, pelo timo e pela medula suprarrenal. A secreção desse hormônio parece ser contínua e é estimulada pela concentração de cálcio ionizado no sangue. A secreção aumenta em resposta a elevações do cálcio ionizado e diminui com reduções nos teores sanguíneos deste íon. Portanto, essas respostas vão em direção oposta ao controle exercido pelo cálcio sobre a secreção de paratormônio. Ações da calcitonina:

- Exerce controle sobre o nível sérico de cálcio ao inibir a reabsorção óssea osteoclástica, reduzindo, assim, a perda de cálcio e fósforo do osso.

- Atua sobre a função renal na inibição da reabsorção de cálcio e de fósforo pelos túbulos renais.

Vitamina D. É a designação genérica para um grupo de esteróis estruturalmente análogos e importantes no metabolismo do cálcio e do fósforo. É sintetizada na pele por irradiação ultravioleta ou absorvida no intestino. O *1,25-di-hidroxicolecalciferol (calcitriol) (DHCC)* – forma biologicamente ativa da vitamina D – (a) estimula a absorção intestinal do cálcio e fósforo, (b) aumenta a mobilização de cálcio do osso (nesta ação, o PTH atua sinergicamente), (c) eleva a reabsorção renal do cálcio e fósforo e (d) regula a liberação do PTH pelas células principais. O efeito total da vitamina D é o aumento plasmático do fósforo, do cálcio total e do cálcio ionizado. A deficiência da DHCC leva a defeitos na mineralização óssea.

Três são os principais estímulos para a síntese de calcitriol: (a) redução da concentração de cálcio plasmático, (b) aumento na secreção do PTH e (c) elevação dos níveis de fósforo intracelular.

Hormônios da tireoide. São hormônios essenciais para o desenvolvimento, a maturação e o metabolismo ósseo. Durante o desenvolvimento, a deficiência de hormônios da tireoide gera atraso na maturação do esqueleto e disgênese das epífises, causando redução do crescimento e anormalidades esqueléticas. O hormônio da tireoide também influi no osso do adulto. A tireotoxicose é frequentemente associada ao aumento do metabolismo ósseo e à diminuição da massa óssea.

Em condições normais, o hormônio da tireoide ativa tanto a síntese como a degradação da matriz óssea, sendo, portanto, importante para a manutenção da integridade do esqueleto. Estudos experimentais histomorfométricos em humanos e animais mostram que, em condições de excesso do hormônio da tireoide, a atividade dos osteoblastos e dos osteoclastos está aumentada, com predomínio da última. Como resultado, o metabolismo ósseo está acelerado, favorecendo a reabsorção, o balanço negativo do cálcio e a perda de massa óssea.

Outros hormônios. Os esteroides adrenais podem alterar a excreção de cálcio pelos rins, particularmente nos casos de insuficiência suprarrenal. Finalmente, os hormônios sexuais (especialmente os estrogênios) estão relacionados com os teores de cálcio; a diminuição de estrogênios em mulheres em fase pós-menopausa está associada a aumento da reabsorção do osso com declínio da massa óssea e aumento subsequente do risco de osteoporose e fraturas.

Receptor sensor de cálcio. O receptor sensor de cálcio pertence à família dos receptores que se acoplam à proteína G. Sua expressão ocorre em maior concentração nas paratireoides, nos rins, na tireoide e no cérebro. O receptor sensor de cálcio é importante no processo de homeostase do cálcio e, quando a concentração de cálcio se eleva, ele inibe a secreção de PTH e a reabsorção renal de cálcio.

HIPERCALCEMIA

A hipercalcemia é causada pelo aumento da absorção intestinal, pela elevação da retenção renal, pelo incremento na reabsorção óssea ou pela combinação desses mecanismos.

Hiperparatireoidismo primário. O hiperparatireoidismo é caracterizado pelo excesso do PTH com sinais e sintomas decorrentes da hipercalcemia hipercalciúrica, da osteoporose e de cistos ósseos (osteíte fibrosa cística generalizada, ou doença de von Recklinghausen). Pode ser provocado por adenomas, hiperplasia ou carcinomas. As hiperplasias podem decorrer de alterações geneticamente transmitidas, como a hipercalcemia hipocalciúrica familiar. Tanto o cálcio como a albumina devem ser medidos, algumas vezes repetidamente, pois a hipercalcemia pode ser intermitente. Alguns pacientes desenvolvem problemas ósseos em consequência do elevado teor de PTH no plasma, especialmente em casos crônicos. No hiperparatireoidismo, são encontradas as seguintes características bioquímicas:

- *Hipercalcemia.* A hipercalcemia leve (<11 mg/dL) pode ser assintomática, sendo descoberta ocasionalmente em exame laboratorial de rotina. Na presença de níveis mais elevados, surgem sintomas de fraqueza muscular, perda de apetite, fadiga, emagrecimento, formigamentos, constipação, dor abdominal, náuseas, vômitos, aumento do volume urinário, sonolência, dificuldade de concentração, confusão mental, depressão e psicose, dores ósseas e coceiras. Quando o quadro persiste por tempo prolongado, surgem sintomas digestivos que se podem associar a úlcera duodenal e pancreatite, cólica renal, insuficiência renal, atrofia muscular, alterações visuais, acentuação das dores ósseas, hipertensão arterial e alterações do eletrocardiograma.
- *Hipofosfatemia.* O PTH induz o aumento da excreção renal de fosfato. No diagnóstico precoce, a hipofosfatemia é encontrada em 50% dos casos.
- *Atividade aumentada da fosfatase alcalina.* Reflete o incremento na renovação óssea.
- *Níveis elevados de PTH.* Em geral, estão acima dos valores de referência, apesar de valores normais não excluírem o diagnóstico. Teores extremamente altos são encontrados no carcinoma de glândulas paratireoides.

Hipercalcemia tumoral. É a causa mais frequente em pacientes hospitalizados. Vários fatores são responsáveis pela hipercalcemia da malignidade. Dependem do tipo de tumor e da existência ou não de metástases ósseas. Um fator importante nesse tipo de hipercalcemia é a liberação da PTH-rP, um peptídeo com grande homologia com o PTH e que também atua no receptor de PTH. As doenças malignas são assim descritas:

- *Com envolvimento ósseo.* Tumor direto de erosão do osso, tumores localizados com a produção de agentes de absorção óssea (p. ex., prostaglandina E_2).
- *Sem envolvimento ósseo (hipercalcemia humoral da doença maligna).* É o mecanismo mais frequente. É produzida por: (a) síntese tumoral da PTH-rP, principalmente por carcinomas epidermoides (pulmão, esôfago, cabeça e mama), carcinoma urotelial, colangiocarcinoma e carcinoma de ovário; (b) síntese de 1,25-di-hidroxivitamina D por alguns linfomas

e/ou fator(es) de crescimento (fator de crescimento tumoral, fator de crescimento epidérmico, fator de crescimento plaqueta-derivado); (c) doenças malignas hematológicas (linfoma); (d) hiperparatireoidismo coexistente primário.
- *Mieloma múltiplo.* A hipercalcemia aparece como resultado da liberação local das citocinas que promovem a reabsorção óssea.

As características bioquímicas encontradas nesses casos são: (a) hipercalcemia de aparecimento repentino, (b) fósforo sérico com teor variável, (c) hipofosfatemia, (d) fosfatase alcalina sérica aumentada e (f) excreção do cálcio urinário incrementada.

Hipervitaminose D. É comum no uso de preparações contendo vitamina D para o tratamento da osteoporose. A ação da vitamina D promove a hipercalcemia pela absorção intestinal. Isso suprime a secreção de PTH que, por sua vez, inibe a excreção urinária de fosfato, resultando em hiperfosfatemia. A fosfatase alcalina permanece normal. O excesso de vitamina D pode também ocorrer em linfomas e em várias doenças granulomatosas, como sarcoidose, tuberculose e histoplasmose; todas incluem células monocíticas contendo a enzima 1α-hidroxilase.

Desordens endócrinas. Hipertireoidismo (em até 25% dos pacientes), hipotireoidismo, acromegalia, insuficiência suprarrenal aguda (doença de Addison) e feocromocitoma.

Imobilizações prolongadas. Hipercalciúria e balanço negativo de cálcio ocorrem em todos os indivíduos imobilizados por longos períodos. Se houver renovação óssea aumentada, como em crianças e adultos com doença óssea de Paget, também está presente a hipercalciúria.

Enfermidades granulomatosas. Sarcoidose, tuberculose e coccidioidose. Cerca de 10% a 20% dos pacientes com sarcoidose têm hipercalcemia, ao menos intermitentemente.

Síndrome leite-álcalis. Encontrada em pacientes que ingerem grandes quantidades de leite e álcali (p. ex., $NaHCO_3$) como antiácidos para aliviar úlceras. O álcali reduz a excreção de cálcio urinário. É uma desordem rara.

Insuficiência renal. Insuficiência renal crônica, insuficiência renal aguda (fase diurética) e transplante renal.

CAPÍTULO 11 ▪ Metabolismo Mineral e Ósseo

Administração ou ingestão. Nutrição parenteral, regimes hiperalimentares.

Hipocalciúria-hipercalcemia familiar. É uma desordem rara, transmitida por um gene autossômico dominante. Pacientes com o distúrbio podem ser assintomáticos por toda a vida. Caracteriza-se por hipercalcemia moderada, hipermagnesemia, PTH pouco elevado ou normal e hipocalciúria relativa.

Diuréticos tiazídicos. O emprego prolongado de diuréticos clorotiazídicos eleva a secreção de PTH; o aumento da absorção intestinal do cálcio interfere com a sua excreção renal, produzindo hipercalcemia moderada.

Terapia com lítio. O uso de lítio por longos períodos está associado a hipotireoidismo (inibição da ação do TSH), diabetes insípido e hipercalcemia. Esta última não está esclarecida, mas foram demonstrados estímulo na secreção de PTH e redução da excreção renal de cálcio.

Aumento das proteínas plasmáticas. Hemoconcentração e hiperglobulinemia podem ser decorrentes de mieloma múltiplo.

Manifestações clínicas da hipercalcemia. A maioria dos pacientes é assintomática. Os sinais e sintomas da hipercalcemia não são específicos. Os sintomas mais comuns estão relacionados com o sistema neuromuscular. Fadiga, mal-estar e fraqueza muscular podem estar presentes em hipercalcemias (<12 mg/dL). Depressão, apatia e incapacidade de concentração podem ser proeminentes em caso de valores mais elevados (>12 mg/dL). A hipercalcemia pode induzir o diabetes insípido nefrogênico moderado; portanto, sede, polidipsia e poliúria podem estar presentes. Cólica renal por cálculos é uma séria manifestação da hipercalcemia e hipercalciúria crônica.

Avaliação laboratorial da hipercalcemia. Na avaliação da hipercalcemia devem ser observados:

- *Idade e sexo.* O hiperparatireoidismo primário é comum em mulheres com idade acima de 60 anos. A hipercalcemia benigna familiar pode estar presente em crianças.
- *Presença ou ausência de malignidade.*
- *Dor óssea.* Suspeita de malignidade e hiperparatireoidismo primário.
- *Fármacos.* Particularmente vitamina D, lítio e tiazídicos.

- *Cálculos renais.* Comuns no hiperparatireoidismo, mas não na malignidade.
- *História familiar.* Hipercalcemia benigna familiar.

HIPOCALCEMIA

A deficiência de cálcio deve ser examinada sob a luz das variáveis que afetam fisiologicamente o cálcio ionizado ativo, principalmente em relação ao teor de proteínas plasmáticas e pH sanguíneo. A hipocalcemia verdadeira (redução de cálcio total e ionizado) inclui:

Hipoalbuminemia. A redução do cálcio ligado às proteínas ocorre em doenças hepáticas crônicas, na síndrome nefrótica, na insuficiência cardíaca congestiva e na desnutrição. O Ca^{2+} plasmático não ligado – a fração fisiologicamente importante – é mantido em níveis normais pelo PTH. Desse modo, variações no teor de cálcio plasmático devem ser acompanhadas de avaliação da albumina para evitar falsos resultados. O cálcio plasmático (em mmol/L) pode ser "corrigido", aproximadamente, levando-se em conta a concentração de albumina (em g/dL), por meio da fórmula:

Ca "corrigido" = Ca medido + 0,02 × (40 – conc. albumina)

Concentração do H⁺ no plasma. Na acidose, a protonização da albumina reduz sua capacidade de ligar o cálcio, elevando o teor de cálcio ionizado (Ca^{2+}), sem alteração do cálcio total. Assim, a hiperventilação com alcalose respiratória pode reduzir o Ca^{2+} plasmático, com o desenvolvimento de tetania. Nos estados crônicos da acidose ou alcalose, o PTH atua no sentido de reajustar o Ca^{2+} plasmático em direção ao normal.

Hipoparatireoidismo. Esta condição pode ser hereditária ou adquirida. As duas variedades apresentam os mesmos sintomas. O hipoparatireoidismo adquirido resulta de remoção acidental do tecido paratireóideo durante cirurgias do pescoço. O hipoparatireoidismo pode ser causado por infiltração metastática maligna das glândulas, sobrecarga de cobre ou ferro, amiloidose ou doença granulomatosa.

O hipoparatireoidismo hereditário ou idiopático pode ser familial ou esporádico, e ocorre como entidade isolada ou associada com outras manifestações endócrinas.

Denomina-se *PTH não efetivo* quando ocorrem deficiências de vitamina D – cofator normal para a ação do PTH. Ingestão deficiente, insuficiência renal crônica ou falta de exposição ao sol podem promover deficiências de vitamina D.

Pseudo-hipoparatireoidismo. Caracteriza-se pela resistência das células-alvo ao PTH. O PTH liga-se ao receptor PTH, que, por sua vez, ativa o AMP cíclico (cAMP) por meio de proteínas reguladoras (Gs). O pseudo-hipoparatireoidismo é classificado nos tipos I e II. O tipo I é subdividido em Ia, Ib e Ic:

- *Pseudo-hipoparatireoidismo tipo Ia*. Resulta da redução da proteína Gs-α. Essa desordem é conhecida como osteodistrofia hereditária de Albright (AHO) e compreende baixa estatura, retardamento mental, obesidade, braquimetacarpia e braquimetatarsia. São encontrados hipocalcemia, hiperfosfatemia (com PTH normal ou alto) e calcitriol diminuído. A vitamina D pode estar diminuída por inibição pela hiperfosfatemia e pelo baixo estímulo da 25-hidroxivitamina D 1-α-hidroxilase. Baixos teores de calcitriol causam a resistência aos efeitos hipercalcêmicos do PTH no osso. O defeito na proteína Gs-α afeta também outros sistemas hormonais (p. ex., resistência ao glucagon, TSH, gonadotrofinas).
- *Pseudo-hipoparatireoidismo tipo Ib*. Os pacientes apresentam a proteína Gs-α normal com resistência hormonal ao PTH.
- *Pseudo-hipoparatireoidismo tipo Ic*. Caracteriza-se pela resistência a múltiplos receptores hormonais, mas com a proteína Gs-α normal.
- *Pseudo-hipoparatireoidismo tipo II*. O PTH eleva o cAMP normalmente, mas falha em aumentar os níveis do cálcio sérico ou a excreção do fosfato urinário, sugerindo que o defeito está localizado na geração do cAMP. Pacientes com hipocalcemia, hipofosfatúria e elevados teores de paratormônio imunorreativo (iPTH) devem ser examinados para descartar deficiência de vitamina D, que apresenta um quadro similar.

Insuficiência renal. Apresenta-se com hipocalcemia moderada na maioria dos casos. É de origem multifatorial:

- Quando a taxa de filtração glomerular (TFG) cai ao redor de 30 mL/min, a depuração do fosfato é reduzida e ocorre hiperfosfatemia. A hiperfosfatemia e a resultante hipocalcemia estimulam a secreção de PTH (hiperparatireoidismo secundário).
- Em pacientes dialíticos, a hiperfosfatemia exerce efeito oposto no tratamento pelo cálcio ou calcitriol utilizado para controlar o hiperparatireoidismo. Além disso, o defeito no metabolismo mineral causado pela deficiência de vitamina D e pelo hiperparatireoidismo secundário promove a osteodistrofia renal, que se manifesta por meio da desmineralização e rápida renovação. Essa condição resulta em hiperparatireoidismo secundário e remodelamento ósseo.

Deficiência de vitamina D. A deficiência impede a absorção intestinal de cálcio. O PTH pode manter por algum tempo a calcemia em teores adequados, apesar de reduções da absorção de vitamina D. No entanto, a deficiência de vitamina D promove a resistência aos efeitos osteoclásticos do PTH sobre os ossos e reduz a reabsorção tubular renal, eventualmente com hipocalcemia. O PTH causa aumento no cálcio sérico, mas também estimula a fosfatúria, resultando em hipofosfatemia. Esses efeitos combinados levam à perda da mineralização óssea e, se não corrigida, provocam osteomalacia (Figura 11.2). Pode ser causada por:

- *Deficiência nutricional*. Redução da exposição ao sol. A hipocalcemia moderada é acompanhada por hipofosfatemia. A diminuição da ingestão de cálcio pode causar hipocalcemia.
- *Raquitismo dependente de vitamina D*. Várias doenças inerentes estão associadas com deficiências da vitamina D. Raquitismos vitamina D-dependentes são raros (Figura 11.3).
- *Má absorção de vitamina D*. Pode ser seguida de ressecção gástrica ou gastrojejunostomia. A má absorção se manifesta como osteomalacia vários anos após a cirurgia. Esses pacientes apresentam teores de calcitriol baixos; no entanto, a

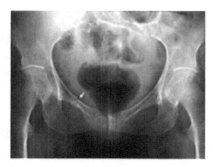

Figura 11.2 Radiografia da pélvis de paciente com osteomalacia. A imagem mostra osteopenia difusa.

doença óssea muitas vezes é dependente de outros fatores, como exposição inadequada ao sol, desnutrição ou pós-menopausa.

- *Doença hepatocelular.* A redução da função sintética pode produzir deficiência de vitamina D, como impedimento da 25-hidroxilação da vitamina D, diminuição de sais biliares com má absorção da vitamina D, limitação da síntese de proteína ligadora de vitamina D ou outros fatores. Pacientes com cirrose e osteomalacia exibem teores de calcitriol baixos ou normais, sugerindo que outros fatores podem interferir com a função da vitamina D ou, sinergicamente, com a má absorção ou a exposição inadequada ao sol.
- *Doença pancreática.* Pacientes com pancreatite crônica, insuficiência pancreática e esteatorreia apresentam má absorção do cálcio e de vitamina D. Em pacientes alcoolistas, a baixa ingestão nutricional de cálcio e vitamina D acompanha essa condição, o que predispõe esses pacientes à hipocalcemia e à doença metabólica óssea.
- *Síndrome nefrótica.* Uma baixa da 25(OH)D ocorre, presumivelmente, por mecanismos secundários à perda de proteína ligadora de vitamina D, em correlação com a severidade da proteinúria; no entanto, a osteomalacia não está comumente associada com a síndrome nefrótica.
- *Desordem tubular renal.* Pode causar hipocalcemia devido à excessiva perda de cálcio, à baixa síntese de vitamina D ou à resistência à vitamina D. A acidose tubular renal, tanto distal como proximal, promove hipocalcemia. A osteomalacia, nesses pacientes, se manifesta, em parte, pela desmineralização óssea induzida por acidose metabólica. A síndrome de Fanconi – defeito dos túbulos proximais associado com a acidose tubular renal – é caracterizada pela perda renal de bicarbonato e eletrólitos, incluindo fosfato e cálcio. A síndrome também está associada com uma baixa síntese de vitamina D nos túbulos proximais. Outras desordens com síntese limitada de vitamina D pelos túbulos proximais incluem raquitismo hipofosfatêmico ligado ao cromossomo X, osteomalacia associada com tumores mesenquimais e câncer prostático.
- *Anticonvulsivantes.* Podem estimular enzimas microssomais, levando ao metabolismo anormal da vitamina D. Encontram-se também hipocalcemia, teores normais de calcitriol e PTH alto.
- *Hiperfosfatemia.* A hiperfosfatemia, *per se*, contribui para a hipocalcemia por vários mecanismos, incluindo a deposição do cálcio e do fosfato nos tecidos moles, a redução da síntese do calcitriol e o espessamento ósseo em resposta às ações reabsortivas do PTH no osso. A deposição do cálcio e do fósforo nos tecidos moles ocorre quando o produto do cálcio multiplicado pelo fósforo excede 60 mg/dL. A insuficiência renal crônica desenvolve hipocalcemia induzida pela hiperfosfatemia. Outras fontes de hiperfosfatemia capazes de causar hipocalcemia incluem rápida administração de fosfato, síndrome de lise tumoral, enemas com fosfato e rabdomiólise.
- *Síndrome de osso faminto.* Correção cirúrgica do hipoparatireoidismo primário e secundário pode estar associada com hipocalcemia grave, além de hipofosfatemia e hipomagnesemia. Essa condição resulta do desequilíbrio entre a formação e a reabsorção óssea. Um quadro menos grave é observado também durante o tratamento de raquitismo, após correção da tireotoxicose e em tumores associados com a formação óssea (p. ex., próstata, mama, leucemia).
- *Doenças graves.* O cálcio total reduzido é encontrado em 70% dos pacientes sob cuidados intensivos. Na maioria desses pacientes, a causa da hipocalcemia não é identificada. Sepse, especialmente se causada por micro-organismos gram-negativos, está associada com hipocalcemia e níveis aumentados de precursores de calcitonina. O mecanismo parece ser multifatorial, incluindo mediação pela interleucina-1, hipoparatireoidismo e deficiência ou resistência

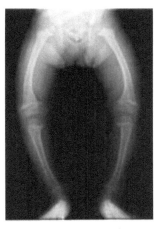

Figura 11.3 Encurvamento dos ossos das pernas (raquitismo).

à vitamina D. A mortalidade aumenta em pacientes com sepse e hipocalcemia, quando comparados com os normocalcêmicos.

- *Hipocalcemia neonatal.* O cálcio fetal provém da mãe pelo transporte ativo pelo trofoblasto. O feto é hipercalcêmico ao termo, com teores altos de calcitonina e baixos de PTH. Após o nascimento, a concentração de cálcio reduz-se até o quarto dia. O restabelecimento ocorre durante a segunda semana de vida. Hipocalcemia neonatal tardia desenvolve-se 5 a 10 dias após o parto, predominantemente em crianças nascidas a termo sem relatos de traumas ou asfixia. Muitas vezes, está relacionada ao uso de leite de vaca, que contém três a quatro vezes mais fósforo que o leite materno. Como o rim do recém-nascido é resistente aos efeitos fosfatouréticos, a hiperfosfatemia causa redução nos níveis de calcemia. Um decréscimo da vitamina D materna pode estar associado com hipocalcemia tardia. Hipocalcemia nas primeiras 3 semanas de vida é observada em crianças de mães com hipoparatireoidismo. A elevada transferência de cálcio para o feto resulta em hipercalcemia, inibindo o PTH e causando hipoparatireoidismo. A hipomagnesemia também contribui para essa condição.

Pancreatite aguda. Um ou 2 dias após a crise de pancreatite aguda, muitas vezes ocorre hipocalcemia moderada. A causa exata não foi esclarecida, mas parece envolver:

- Depósito de cálcio como sabão no pâncreas lesado (a lipase libera ácidos graxos).
- Liberação de glucagon, que estimula a excreção de calcitonina.
- Hipoalbuminemia.
- Hipomagnesemia.

Hipomagnesemia. Em estados graves, pode ocorrer hipocalcemia, apesar do balanço positivo de cálcio presente. A hipocalcemia torna-se resistente à administração de cálcio e vitamina D. A restauração dos teores de cálcio ocontece somente após a correção da deficiência de magnésio.

Os mecanismos de hipocalcemia incluem resistência ao PTH no osso e nos rins, assim como a diminuição da secreção de PTH. O restabelecimento do magnésio rapidamente corrige o nível de PTH, sugerindo que a hipomagnesemia afeta a liberação de PTH, e não a sua síntese. Diminuição

Figura 11.4 Desenho mostrando o espasmo tetânico.

moderada nos níveis de magnésio estimula a secreção de PTH, mas este estímulo é menos potente que a hipocalcemia. A hipermagnesemia também suprime a liberação de PTH.

Tetania. É um quadro que sugere hipocalcemia. Pode ocorrer nas situações descritas anteriormente e, em certas ocasiões, na hipomagnesemia, na ausência de hipocalcemia e pela rápida elevação do fosfato plasmático (Figura 11.4).

Avaliação laboratorial da hipocalcemia. A abordagem na investigação do paciente é realizada pelas seguintes avaliações:

- *Albumina.* A determinação da albumina é essencial para diagnosticar a hipocalcemia verdadeira. Correção em presença de hipoalbuminemia: subtrair 0,8 mg/dL do cálcio total para cada 1,0 g/dL de redução da albumina abaixo de 4,0 g/dL.

- *Fósforo sérico.* Com rins saudáveis, o PTH estimula a excreção de fosfato. Hipocalcemia e fósforo elevado sugerem hipoparatireoidismo, pseudo-hipoparatireoidismo ou depleção de magnésio (ocasionalmente). A hipofosfatemia é frequentemente associada com o último caso, que ocorre por deficiências nutricionais. Pacientes com insuficiência renal e hipocalcemia geralmente apresentam hiperfosfatemia e níveis elevados de PTH. A hipofosfatemia desenvolve-se em pacientes com deficiência de vitamina D e doença do osso faminto.

- *Paratormônio.* Teores baixos ou normais ocorrem no hipoparatireoidismo hereditário ou adquirido e em pacientes com severa hipomagnesemia; no entanto, em presença de PTH inefetiva, os teores de PTH estão elevados. Aumentos de PTH causam hipocalcemia.

- *Metabólitos da vitamina D.* Em caso de suspeita de deficiências de vitamina D, medir a 25(OH)D e a 1,25(OH)$_2$D. Baixas concentrações de 25(OH)D sugerem deficiências nutricionais, falta de expo-

CAPÍTULO 11 ▪ Metabolismo Mineral e Ósseo

sição à luz solar ou má absorção. Níveis reduzidos de 1,25(OH)$_2$D, associados com PTH alto, sugerem PTH inefetivo por falta de vitamina D, presente em pacientes com insuficiência renal crônica e pseudo-hipoparatireoidismo. O cAMP urinário pode diferenciar o hipoparatireoidismo do pseudo-hipoparatireoidismo tipos I e II.

• *Fosfatase alcalina.* Nas deficiências de PTH, a atividade da fosfatase alcalina tende a ser normal ou levemente diminuída. Por outro lado, os níveis estão frequentemente elevados na osteomalacia e no raquitismo.

• *Magnésio.* Os casos de hipoparatireoidismo cuja causa não está esclarecida, particularmente os que não respondem à terapia pelo cálcio, podem exigir a determinação do magnésio plasmático.

CÁLCIO URINÁRIO

A calciúria é determinada pelo método descrito para soro e plasma, utilizando urina de 24 horas. Os sais de cálcio precipitam em urinas alcalinas; desse modo, deve-se ajustar o pH 3 a 4 com ácido clorídrico 6 mmol/L e papel indicador.

A concentração do cálcio total na urina reflete: a absorção intestinal, a reabsorção óssea, a filtração e a reabsorção tubular renal. A medida do cálcio urinário é indicada no acompanhamento das terapias de reposição e na avaliação do metabolismo do cálcio nas doenças ósseas, na nefrolitíase, na hipercalciúria idiopática e nas doenças da paratireoide.

Hipercalciúria. O excesso de excreção de cálcio urinário é a causa mais comum de formação de cálculo renal. Outras causas significativas são: hiperoxalúria, hiperuricosúria, volume urinário baixo e hipocitratúria. Define-se hipercalciúria como:

Dieta	Definição
Dieta normal (sem restrições)	Mulheres: >250 mg/d de cálcio Homens: >275 a 300 mg/d de cálcio
	>4 mg/d de cálcio por kg de peso corporal
Dieta restrita (400 mg de cálcio, 100 mEq de sódio)	>200 mg/d de cálcio
	>3 mg/d de cálcio por kg de peso corporal

Os tipos mais comuns de hipercalciúrias clinicamente significativas são as absortivas (I, II e III), a renal, a reabsortiva e a perda renal de fosfato.

Outras causas de hipercalciúria incluem o hipertireoidismo, a acidose tubular renal, a sarcoidose e outras doenças granulomatosas, a intoxicação por vitamina D, os excessos de glicocorticoides, a doença de Paget, a acidose tubular de Albright, várias síndromes paraneoplásicas, a imobilização prolongada, os estados hipofosfatêmicos induzidos, o mieloma múltiplo, o linfoma, a leucemia, os tumores metastáticos, especialmente ósseos, a doença de Addison e o síndrome leite-álcali.

Cerca de 80% de todos os cálculos renais contêm cálcio, e no mínimo um terço de todos os cálculos de cálcio é encontrado em pacientes com hipercalciúria. A hipercalciúria contribui para formação de cálculos renais e osteoporose.

Hipocalciúria. Deficiência de vitamina D, hipocalciúria familiar, hipoparatireoidismo, esteatorreia, pseudo-hipoparatireoidismo, metástases de câncer de próstata, osteodistrofia renal, osteomalacia, pré-eclâmpsia e diuréticos tiazídicos.

DETERMINAÇÃO DO CÁLCIO TOTAL

Paciente. Jejum de 8 horas. Antes da prova, o paciente deve consumir dieta com quantidades normais de cálcio – 600 a 800 mg/d durante 3 dias.

Amostra. *Soro* ou *plasma heparinizado* isentos de hemólise e separados prontamente após a coleta, para evitar a captação do cálcio pelos eritrócitos. O sangue deve ser coletado sem estase venosa para evitar as variações do cálcio ligado às proteínas. Quando armazenado, é estável em temperatura ambiente por 8 horas; quando refrigerado, por 24 horas; e quando congelado, por 1 ano. O cálcio na urina é mantido sem precipitação durante a coleta ou, quando armazenado, pela adição de 10 mL de ácido clorídrico 6 mol/L ao frasco de coleta.

Interferências. *Resultados falsamente aumentados:* hemólise, desidratação ou hiperproteinemia. *Resultados falsamente reduzidos:* hipovolemia diluicional, administração de cloreto de sódio por via endovenosa 2 dias antes da coleta.

Métodos. O método histórico para determinação do cálcio necessitava a precipitação do mesmo pelo oxalato com posterior titulação por permanganato ou EDTA. Estes métodos não são mais utilizados devido à reduzida sensibilidade. Também históricos são os métodos que utilizam a titulação direta do cálcio pelo EDTA, usando como indicador *Cal-Red*, *purpurato de amônio* (murexidina) e *negro de* *eriocromo T.* Estes métodos apresentam dificuldade para a visualização do ponto final da reação.

o-Cresolftaleína. O método mais usado atualmente baseia-se na formação de cor vermelha (medida espectrofotometricamente) entre o cálcio e a *o*-cresolftaleína complexona. A interferência do magnésio é eliminada pela adição de 8-hidroxiquinolina à reação. A diálise da amostra com tampão ácido também é usada para liberar o cálcio ligado às proteínas. Esta reação é empregada em alguns equipamentos automatizados.

Espectroscopia de absorção atômica. É o método de referência para determinação do cálcio. Após dissociação dos átomos de cálcio das proteínas e dos complexos inorgânicos, é medida a quantidade de luz absorvida pelos átomos de cálcio livres em determinado comprimento de onda (422,7 nm).

$$Ca^{2+} + 2e^- \rightarrow Ca^0 + Próton \rightarrow Ca^* \text{ (em estado excitado)}.$$

Diluição isotópica. O cálcio e uma quantidade conhecida de isótopo de cálcio são comparados por espectrofotometria de massa. É o método definitivo.

Valores de referência para o cálcio (mg/dL)	
Adultos (soro)	8,8 a 10,2
Recém-nascidos	7,0 a 12
Recém-nascidos prematuros	6,0 a 10
Crianças	8,8 a 11
Urina adultos (dieta normal)	150 a 300 mg/d

Bibliografia consultada

ARNESON, W.; BRICKELL, J. **Clinical chemistry: a laboratory perpective.** Philadelphia: Davis, 2007:582.

AUSTIN, L.A.; HEATH, H. Calcitonin physiology and pathophysiology. **N. Engl. J. Med., 304:**269-78, 1981.

DELMAS, P.D. Biochemical markers of bone turnover for the clinical assessment of metabolic bone disease. **Endocrinol. Metab. Clinics North Am., 19:**1-18, 1990.

FARROW, S. **The endocrinology of bone.** Society for Endocrinology, 1997. 78p.

HEANEY, R. P. Absorbing calcium. **Clin Chem,** 45:161-2, 1999.

ITANI, A.; TSANG, R.C. Bone disease. In: KAPLAN, L.A.; PESCE, A. **Clinical chemistry: theory, analysis, correlation.** St. Louis: Mosby, 1996:528-54.

LORENTZ, K. Improved determination of serum calcium with 2-cresolphthalein complexone. **Clin. Chim. Acta, 126:**327-34, 1982.

NUSSHAUM, S.R. Pathophysiology and management of severe hypercalcaemia. **Metab. Clinics North Am., 22:**343-62, 1993.

REICHEL, H.; KOEFFLER, H.P. The role of the vitamin D endocrine system in health and disease. **N. Engl. J. Med., 320:**980-91, 1989.

TOFFALETTI, J.G. Electrolytes. In: BISHOP. M.L.; DUBEN-ENGELKIRK, J.L.; FODY, E.P. **Clinical chemistry: principles, procedures, correlations.** 3 ed. Philadelphia: Lippincott, 1996:255-78.

WALLS, J.; RATCLIFFE, W.A.; HOWELL, A.; BUNDRED, N.J. Parathyroid hormone and parathyroid hormone related protein in the investigation of hypercalcemia in two populations. **Clin. Endocrinol., 41:**407-13, 1994.

11.2 FOSFATO

O organismo de um adulto contém 500 a 600 g de fósforo (medido como fosfato inorgânico) amplamente distribuídos. O fósforo é o sexto elemento mais abundante do organismo. Entre os papéis biológicos do fósforo estão:

- Conferir resistência estrutural ao osso quando combinado com o cálcio na forma de hidroxiapatita.

- Participar como agente essencial (em ligações fosfato de "alta energia") no metabolismo energético e no metabolismo dos carboidratos e das gorduras.

- Atuar como tampão no plasma e na urina. No líquido extracelular e em pH fisiológico, a maior parte do fósforo se apresenta nas formas inorgânicas monovalentes ($H_2PO_4^-$ – di-hidrogenofosfato) e divalentes (HPO_4^{2-} – hidrogenofosfato). As quantidades relativas dos dois íons fosfato são dependentes do pH. Em pH 7,4, o coeficiente de di-hidrogenofosfato/hidrogenofosfato é de 4:1. Devido ao efeito do pH sobre as concen-

CAPÍTULO 11 ▪ Metabolismo Mineral e Ósseo

trações relativas das duas espécies de fosfato, o fósforo sérico deve ser expresso em mg/dL.

- Mantém a integridade celular.
- Regula a atividade de algumas enzimas.
- Regula o transporte do oxigênio através do 2,3-difosfoglicerato eritrocitário.

O fósforo está presente virtualmente em todos os alimentos. A média do consumo de fósforo por adultos é de 800 a 1.500 mg/d, dos quais cerca de 70% são absorvidos (absorção ativa) principalmente pelo jejuno, e o restante é excretado pelas fezes.

No organismo, o fósforo está assim distribuído:

- *Fosfato no esqueleto (80% a 90% do total).* O fosfato inorgânico e o cálcio são os principais componentes da hidroxiapatita presente no osso.
- *Fosfato intracelular (10% a 20% do total).* Fosfatos de alta energia, entre os quais o ATP. Esta fonte de energia mantém muitas funções, como contratilidade muscular, função neurológica e transporte eletrolítico. O fosfato intracelular está primariamente ligado ou na forma de ésteres de fosfato orgânico.
- *Fosfato extracelular (<0,1% do total).* Mantém a concentração intracelular crítica e fornece o substrato para a mineralização óssea.

Níveis de fosfatos anormalmente elevados ocasionalmente se precipitam na forma de cristais de fosfato de cálcio com a formação de cálculos nos rins e na bexiga.

HOMEOSTASE DO FÓSFORO

A homeostase do fósforo é mantida por meio de diferentes mecanismos. Os três principais órgãos envolvidos são: o *intestino delgado,* os *rins* e o *esqueleto.* Os níveis de fosfatemia se elevam facilmente após uma refeição abundante. Os antiácidos reduzem a absorção, e o cálcio, o alumínio e o magnésio ligam o fósforo em complexos insolúveis. O alumínio é o ligante mais eficiente.

Os fatores que regulam os níveis de fosfatemia são, em muitos casos, os mesmos que atuam sobre os teores de cálcio no sangue. Os níveis séricos de fósforo são inversamente proporcionais aos do cálcio sérico.

Paratormônio (PTH). O PTH é secretado em resposta à hipocalcemia ou à hipomagnesemia (ver Cálcio). O PTH libera o cálcio e o fósforo para a circulação mas, como a reabsorção tubular do fósforo é inibida, o nível de fosfato não se eleva, podendo mesmo diminuir, provocando o aumento do cálcio sanguíneo. Habitualmente, 85% a 95% do fósforo filtrado pelo glomérulo é reabsorvido; a secreção de PTH bloqueia este mecanismo.

Vitamina D. Exerce efeito sobre os níveis de fosfato por meio do aumento da reabsorção óssea e, também, da elevação da absorção no lúmen intestinal. Além disso, a vitamina D em sua forma ativa, 1,25-di-hidroxicolecalciferol, eleva a reabsorção tubular de fosfato.

Hormônio de crescimento (GH). Regula o crescimento ósseo e promove a absorção intestinal e a reabsorção renal de cálcio e fósforo. Quando secretado excessivamente, reduz os teores de fosfatemia devido à utilização de fosfato na formação óssea.

Na prática clínica, o único indicador disponível para as desordens da homeostase do fósforo é o seu nível plasmático, que não necessariamente reflete o conteúdo de fósforo do corpo.

HIPERFOSFATEMIA

Considera-se a hiperfosfatemia presente quando os níveis séricos são >5 mg/dL em adultos ou >7 mg/dL em crianças e adolescentes. A hiperfosfatemia causa hipocalcemia devido à precipitação do cálcio, à redução na produção de vitamina D e ao impedimento da reabsorção óssea PTH-mediada. As principais causas de hiperfosfatemia são:

Redução da excreção renal de fosfato. A excreção renal de fosfato é igual à absorção gastrointestinal. A redução na excreção ocorre nas seguintes situações:

- *Insuficiência renal crônica.* É comum a presença de hiperfosfatemia quando a TFG é menor que 25 mL/minuto.
- *Aumento da reabsorção tubular.* Hipoparatireoidismo (deficiência de PTH).
- *Acromegalia.* Elevados teores séricos de hormônio de crescimento. Aumenta a reabsorção renal dos fosfatos.
- *Pacientes em hemodiálise.*

Aumento da ingestão ou da administração de fosfato. Administração parenteral de fosfato, uso de catárticos contendo fósforo (laxantes orais/retais, enemas), intoxicação por vitamina D ou outras causas que aumentam a vitamina D, como sarcoidose, hiperalimentação (incluindo administração lipídica), queimaduras por fósforo branco, síndrome leite-álcalis e transfusão de sangue velho.

Endocrinopatias. Hipoparatireoidismo, pseudo-hipoparatireoidismo, hipotireoidismo, acromegalia e outras causas do excesso de hormônio de crescimento e deficiência de glicocorticoides.

Aumento do catabolismo ou dano celular. Rabdomiólise, traumatismos, queimaduras, danos por esmagamento, choque, exercícios intensos, imobilização prolongada, doenças cardíacas relacionadas, hipertermia maligna, hipotermia, hemólise maciça, infecções graves e isquemia intestinal.

Neoplasia. Leucemia mieloide crônica, linfoma, tumores ósseos e lise tumoral após quimioterapia.

Acidose. Acidose respiratória aguda, acidose lática, cetoacidose diabética e cetoacidose alcoólica.

Pseudo-hiperfosfatemia. É encontrada na paraproteinemia promovida por macroglobulinemia de Waldenström, no mieloma múltiplo ou na gamopatia monoclonal de significado desconhecido.

Avaliação laboratorial da hiperfosfatemia. A maioria das causas de hiperfosfatemia é indicada pelo quadro clínico e pela avaliação dos níveis de eletrólitos no soro. Se a etiologia for obscura, o seguinte esquema deve ser seguido:

- Excluir a hiperfosfatemia em crianças e as causadas por hemólise.

- Excluir a insuficiência renal pela determinação da creatinina sérica.

- Em casos de calcemia aumentada ou normal, considerar excesso de vitamina D, malignidade óssea, diabetes melito não tratado e acidemia (acidose lática). Em presença de cálcio reduzido, o hipoparatireoidismo pode ser a causa.

- A avaliação da excreção urinária de fosfato pode ajudar em alguns casos. Hipofosfatúria é usual no hipoparatireoidismo. Para hiperfosfatúria, considerar aumento na ingestão, destruição celular *in vivo* e malignidade.

HIPOFOSFATEMIA

A hipofosfatemia é definida como leve (2 a 2,5 mg/dL), moderada (1 a 2 mg/dL) ou severa (<1

mg/dL). As causas mais comuns são: retirada repentina do álcool e em pacientes sob tratamento de cetoacidose diabética.

Desvio do fósforo do líquido extracelular para dentro da célula ou osso. Maior fosfatação da glicose (aporte oral ou endovenoso, hiperalimentação), terapia insulínica para hiperglicemia, hiperinsulinismo e alcalose respiratória aguda movem o fosfato para dentro das células mediante a ativação da fosfofrutoquinase, que estimula a glicólise intracelular. A glicólise promove o consumo de fosfato devido à produção de derivados fosforilados. Qualquer causa de hiperventilação (p. ex., septicemia, ansiedade, dor, insolação, retirada de álcool, cetoacidose diabética, encefalopatia hepática, envenenamento por salicilato) pode precipitar a hipofosfatemia.

As catecolaminas e os agonistas β-receptores também estimulam a captação de fosfato pelas células. A leucemia e os linfomas podem consumir fosfato, promovendo hipofosfatemia.

Redução da reabsorção tubular renal do fósforo. A insuficiência renal crônica é a doença renal que mais afeta o metabolismo do cálcio e do fósforo. Essa doença provoca hiperparatireoidismo compensatório, que por sua vez causa a doença óssea difusa, incluindo hiperaldosteronismo, osteoporose, osteomalacia, osteosclerose (áreas de densidade óssea aumentadas), osteíte fibrosa cística e calcificação metastática. Outras causas de excreção urinária aumentada de fosfato são:

- *Expansão aguda do volume.* Diurese osmótica, inibição da anidrase carbônica (p. ex., acetazolamida) e algumas neoplasias.

- *Deficiência ou resistência à vitamina D.* Também chamada de hipofosfatemia familiar, é herdada usualmente por um caráter dominante ligado ao sexo.

- *Síndrome de Fanconi.* Disfunção do túbulo proximal – doença renal herdada que se caracteriza pela excreção urinária aumentada de fosfato, glicose e aminoácidos.

Redução da absorção intestinal do fósforo

- *Perda aumentada.* Aspiração nasogástrica prolongada, vômitos, diarreia crônica e uso intenso de antiácidos contendo alumínio (ligantes de fosfato).

CAPÍTULO 11 • Metabolismo Mineral e Ósseo

- *Redução na absorção.* Dieta severa com restrição de fosfato, desnutrição, síndromes de má absorção e deficiência de vitamina D.

Fármacos. Calcitonina, catecolaminas, cisplatina, diuréticos, etanol, glicocorticoides, manitol e esteroides metabólicos.

Avaliação laboratorial da hipofosfatemia. Devem ser investigadas as causas mais comuns de hipofosfatemia severa, como alcalose respiratória, alcoolismo crônico, cetoacidose alcoólica, ansiedade, botulismo, cetoacidose diabética, síndrome de Guillain-Barré, hiperventilação e hiperparatireoidismo, com base na observação clínica e nos testes bioquímicos de rotina. Se a etiologia não for óbvia, proceder à determinação da velocidade de excreção urinária de fosfato. Outros eletrólitos a serem medidos:

- *Magnésio.* A hipomagnesemia, muitas vezes, está associada com o deslocamento de fosfato para o interior das células.
- *Cálcio.* A hipercalcemia é comum no hiperparatireoidismo primário.
- *Potássio.* Alterações no potássio sérico estão associadas com certas causas de hipofosfatemia, como cetoacidose diabética e alcoolismo.

FOSFATO URINÁRIO

O fosfato urinário varia com a idade, a massa muscular, a função renal, o nível de PTH, a hora do dia e a dieta. Nessa avaliação emprega-se urina de 24 horas coletada sem conservantes.

Valores aumentados de fósforo urinário. Insuficiência renal, hipoparatireoidismo, pseudo-hipoparatireoidismo, hipervitaminose D, osteoporose, acromegalia, mieloma múltiplo, leucemia mieloide crônica, metástase óssea, hipocalcemia, diabetes melito descompensado, exercícios, desidratação e hipovolemia.

Valores reduzidos de fósforo urinário. Defeitos tubulares de reabsorção (síndrome de Fanconi), hiperparatireoidismo primário e secundário, hipotireoidismo, esteatorreia, osteomalacia, hipovitaminose D, raquitismo, hemodiálise, doença hepática, alimentação parenteral prolongada, antiácidos, diuréticos, alcoolismo e tratamento da cetocetose diabética.

DETERMINAÇÃO DO FÓSFORO

Paciente. Permanecer em jejum por 8 a 12 horas antes da coleta. Após ingestão de alimentos ou administração de glicose, ocorre redução da fosfatemia. A diminuição se deve ao aumento do pH sanguíneo após a refeição, o que eleva a formação de complexos cálcio-fosfato. Também contribui para a hipomagnesemia a captação, induzida pela insulina, do fosfato sérico pelo músculo e pelo fígado, o que possibilita a formação de intermediários glicose-fosfato.

Amostra. *Soro, plasma heparinizado* e *urina de 24 horas.* O soro e o plasma devem ser isentos de hemólise (porque o fósforo está muitas vezes mais concentrado nos eritrócitos do que no plasma e também porque a hemoglobina interfere na reação). Separar o soro ou plasma tão rápido quanto possível. *Urina de 24 horas* coletada sem conservantes.

Interferências. *Resultados falsamente elevados:* enema ou infusão de fosfato, fenitoína, heparina cálcica, heparina sódica e injeção de hipófise posterior. *Resultados falsamente reduzidos:* androgênios, antiácidos (quelantes de fosfato), bitartarato de adrenalina, borato de adrenalina, cloridrato de adrenalina, diuréticos, esteroides anabólicos, glucagon, insulina e salicilatos.

Métodos. O fósforo na forma de fósforo inorgânico nos líquidos biológicos é tradicionalmente ensaiado pela formação de um complexo do íon fosfato com o *molibdato de amônio* em pH ácido. O complexo fósforo-molibdato não reduzido é medido diretamente em 340 nm (método de escolha) ou convertido em azul de molibdênio, mediante o emprego de vários agentes redutores, como *hidroquinona, ácido 1-amino-2-naftol-4-sulfônico (ANS), p-semidina (N-fenil-fenil-hidrazina), sulfato amônio-ferroso, cloreto de estanho e metol (metil-p-aminofenol sulfato).*

Alguns compostos, como citrato, oxaloacetato, tartarato, sorbitol, manitol e sílica, podem interferir com o molibdato pela formação de um complexo com o molibdato.

- *Enzimáticos.* Um dos métodos emprega a *purina nucleosídeo-fosforilase* e a *xantina-oxidase* para produzir H_2O_2 a partir do fósforo e da inosina. Outro método emprega a fosforilação do glicogênio pela fosforilase A, acoplada com a fosfoglicomutase e a glicose-6-fosfato-desidrogenase com a medida das alterações do NADH em 340 nm. Este método elimina a interferência da bilirrubina e utiliza pH neutro, o que minimiza a hidrólise de ésteres fosfato.

Valores de referência para o fósforo	
Adultos	2,2 a 4,5 mg/dL
Recém-nascidos	3,5 a 8,6 mg/dL
Crianças	4,0 a 7,0 mg/dL
Urina (adultos)	400 a 1.300 mg/d

Bibliografia consultada

ARNESON, W.; BRICKELL, J. **Clinical chemistry: a laboratory perpective.** Philadelphia: Davis, 2007:582.

BAGINSKI, E.S.; EPSTEIN, E.; ZAK, B. Review of phosphate methodologies. **Ann. Clin. Lab. Sci., 5:**399-416, 1975.

FISKE, C.H.; SUBBAROW, Y. The colorimetric determination of phosphorus. **J. Biol. Chem., 66:**375-400, 1925.

ITANI, A.; TSANG, R.C. Bone disease. In: KAPLAN, L.A.; PESCE, A. **Clinical chemistry: theory, analysis, correlation.** St. Louis: Mosby, 1996:528-54.

LARNER, A.J. Pseudohyperphosphatemia. **Clin. Biochem., 28(4):**391-3, 1995.

RUTECKI, G.; WHITTIER, F. Life-threatening phosphate imbalance: when to suspect, how to treat. **J. Crit. Illness, 12:**699-704, 1997.

SOARES, J.L.M.F.; PASQUALOTTO, A.C.; ROSA, D.D.; LEITE, V.R.S. **Métodos diagnósticos.** Porto Alegre: Artmed, 2002.

STOFF, J.S. Phosphate homeostasis and hypophosphataemia. **Am. J. Med., 72:**489-95, 1982.

TOFFALETTI, J.G. Electrolytes. In: BISHOP. M.L.; DUBEN-ENGELKIRK, J.L.; FODY, E.P. **Clinical chemistry: principles, procedures, correlations.** 3 ed. Philadelphia: Lippincott, 1996:255-78.

11.3 MAGNÉSIO

O magnésio é o quarto cátion mais abundante no corpo e o segundo mais concentrado no compartimento intracelular. Seu conteúdo total no corpo é de 2.000 mEq, ou 24 g. Sua concentração no líquido intracelular é, aproximadamente, 10 vezes maior que no líquido extracelular. Cerca de 67% do magnésio no organismo estão associados ao cálcio e ao fósforo no esqueleto. O restante é encontrado nos músculos esquelético e cardíaco, nos rins, no fígado e no líquido intersticial. Somente 1% do magnésio total se encontra no plasma. Aproximadamente 30% do magnésio presente no plasma estão ligados a albumina, proteínas, citrato e fosfato. Os outros 70% são filtráveis através de membranas artificiais (15% complexados e 55% íons Mg^{2+} na forma livre).

Cerca de 40% do consumo dietético de magnésio diário do adulto (300 a 350 mg) são absorvidos no íleo e excretados na urina e nas fezes. O processo de absorção parece ser pobremente controlado, e a homeostase é mantida pela excreção renal, regulada pela reabsorção tubular.

O magnésio apresenta as seguintes funções fisiológicas em cada compartimento:

Função intracelular:

- Importante papel como cofator em mais de 300 sistemas enzimáticos.

- Ativador alostérico de muitas enzimas (p. ex., adenilatociclase).

- Fundamental na glicólise, na fosforilação oxidativa, na replicação celular, no metabolismo dos nucleotídeos, na biossíntese proteica, na contração muscular e na coagulação sanguínea.

- Essencial na manutenção da estrutura macromolecular do RNA e do DNA e na síntese proteica.

- As proteínas regulatórias Gs e Gi necessitam magnésio para expressar sua atividade.

Função extracelular:

- Fonte de manutenção do magnésio intracelular.

- Estabilização dos axônios neurológicos; a redução da concentração do magnésio diminui o limiar do estímulo do axônio, aumentando a velocidade da condução nervosa.

- Influencia a liberação dos neurotransmissores na junção neuromuscular por competitividade, inibindo a entrada de cálcio no terminal pré-sináptico nervoso. Portanto, a redução do teor de magnésio no soro aumenta a excitabilidade. O magnésio e o cálcio são antagonistas fisiológicos no sistema nervoso central.

Função no esqueleto

- Aproximadamente 67% do magnésio estão presentes nos ossos; um terço do mesmo está dis-

CAPÍTULO 11 ▪ Metabolismo Mineral e Ósseo

ponível para troca com o líquido extracelular. Esta fração atua como reservatório para manutenção do magnésio no plasma.

BALANÇO DO MAGNÉSIO

O mecanismo de regulação do magnésio no plasma é pouco conhecido. A fração ionizada é afetada pelo pH e pela concentração das proteínas, do citrato e do fosfato no plasma. O PTH e a aldosterona também atuam no controle de magnésio circulante. Foram descritas relações recíprocas entre a magnesemia e a calcemia e, em alguns casos, entre a magnesemia e a fosfatemia.

Somente 30% a 40% do magnésio ingerido são absorvidos. A absorção pode ser afetada pela quantidade de cálcio, fosfato, proteína, lactose ou álcool presentes na dieta. O magnésio é excretado na urina e nas fezes (este último representa o cátion não absorvido). A excreção urinária é igual à absorção, exceto nas condições de depleção ou excesso de magnésio.

A avaliação do estado do magnésio é difícil. As medidas laboratoriais rotineiras medem a concentração do magnésio sérico, que tem pouca correlação com o magnésio intracelular, particularmente em desordens crônicas. O diagnóstico da deficiência de magnésio baseia-se, geralmente, na história e no exame físico cuidadoso.

A medida da excreção urinária de magnésio é útil na distinção entre as perdas renais de magnésio e outras causas de hipomagnesemia.

HIPOMAGNESEMIA

As diminuições do magnésio raramente ocorrem como um fenômeno isolado. Em geral, são acompanhadas por desordens no metabolismo de potássio, cálcio e fósforo. As concentrações de magnésio sérico estão reduzidas nos seguintes casos:

Desordens gastrointestinais. Aspiração nasogástrica prolongada com a administração de fluidos parenterais isentos de magnésio, síndromes de má absorção, diarreias aguda e crônica, fístulas intestinais e biliares, pancreatite hemorrágica aguda, neoplasia intestinal, hipomagnesemia primária neonatal, má nutrição proteico-calórica e ressecção intestinal extensa.

Perda renal. Terapia parenteral líquida crônica, diurese osmótica (diabetes melito, manitol, ureia), hipercalcemia, acidose tubular renal, álcool e fármacos (diuréticos, aminoglicosídeos, cisplatina, ciclosporina, gentamicina, anfotericina B, glicosídeos cardíacos e pentamidina).

Acidose metabólica. Desnutrição, cetoacidose e alcoolismo.

Enfermidade renal. Pielonefrite crônica, nefrite intersticial, glomerulonefrite crônica, fase diurética da necrose tubular aguda, nefropatia pós-obstrutiva, acidose tubular renal e transplante.

Alcoolismo crônico. É uma causa severa de hipomagnesemia provocada por aumento da excreção renal álcool-induzida, ingestão inadequada de magnésio, vômito e diarreia.

Outras causas. Pancreatite aguda, cirrose hepática, toxemia gravídica, hipercalcemia, hipomagnesemia primária, aldosteronismo, hiperparatireoidismo, hipertireoidismo e depleção de fosfato.

Avaliação laboratorial da hipomagnesemia. Na maioria das vezes, o quadro clínico esclarece a causa da hipomagnesemia. Nos casos não esclarecidos, podem ser úteis os testes a seguir:

- *Magnésio urinário.* Depende da ingestão; no entanto, os estados de depleção podem levar à hipomagnesemia.
- *Cálcio plasmático. Hipercalcemia:* sobrecarga de cálcio e hipercalcemia crônica – incluindo as devidas ao hiperparatireoidismo – podem aumentar a excreção renal do magnésio e promover hipomagnesemia. *Hipocalcemia:* associada ao hipoparatireoidismo ou à hipomagnesemia.
- *Eletrólitos séricos.* Valores diminuídos de potássio sérico podem indicar as causas de depleção de magnésio, como hiperaldosteronismo primário, terapia diurética, diarreia e uso abusivo de laxantes. Hiponatremia associada com hipomagnesemia pode sugerir SSIHAD (ver Sódio).

HIPERMAGNESEMIA

A hipermagnesemia é uma anormalidade rara, pois o rim é bastante efetivo na excreção do excesso do eletrólito. A hipermagnesemia sintomática ocorre mais frequentemente em pacientes com insuficiência renal. Nas outras condições, as manifestações clínicas estão, em geral, ausentes. As causas de hipermagnesemia são:

Ingestão excessiva de magnésio. Deve-se a intervenções iatrogênicas e à administração, especialmente secundárias a erros de cálculo da quantidade apropriada de infusões de magnésio e/ou em pacientes com insuficiência renal. Ocorre também por via oral (antiácidos), retal (laxantes), parenteral, no tratamento com sulfato de magnésio em caso de eclâmpsia (pode ocorrer intoxicação tanto da mãe como do recém-nascido), ou na correção de deficiência de magnésio.

Insuficiência renal. Aguda ou crônica em pacientes com ingestão de antiácidos ou catárticos. O magnésio sérico eleva-se quando a depuração de creatinina é <30 mL/min.

Intoxicação por lítio. Provavelmente, ocorre por redução da excreção urinária, apesar de o mecanismo ainda não estar esclarecido.

Cetoacetose diabética. O magnésio deixa as células, aumentando o nível plasmático.

Hipercalcemia hipocalciúrica familiar. Causa modesta elevação do magnésio. Essa desordem autossômica dominante é caracterizada por baixas excreções de cálcio e magnésio. A reabsorção aumentada parece ocorrer por sensibilidade anormal da alça de Henle para os íons magnésio.

Outras causas. Hipotireoidismo, insuficiência adrenal (doença de Addison) e síndrome do leite-álcali produzem elevações moderadas do magnésio sérico.

Sintomas da hipermagnesemia. Os sintomas neuromusculares são as manifestações mais comuns nas intoxicações pelo magnésio. Um dos primeiros sinais é o desaparecimento dos reflexos dos tendões (teores séricos entre 5 e 9 mg/dL). Depressão da respiração e apneia ocorrem em virtude da paralisação da musculatura voluntária quando o magnésio atinge 10 a 12 mg/dL. Valores mais elevados podem ser cardiotóxicos e provocar parada cardíaca. Outros sintomas encontrados são: sonolência, hipotensão, náusea, vômito e rubor cutâneo. A hipermagnesemia induz a redução do cálcio sérico, provavelmente por interferência na secreção e na ação do PTH.

Avaliação laboratorial da hipermagnesemia. As causas comuns de hipermagnesemia foram descritas anteriormente; entretanto, destacam-se outras condições:

- Terapia com magnésio (p. ex., pré-eclâmpsia).
- Aumento da ingestão de magnésio na insuficiência renal (p. ex., pacientes com insuficiência

renal crônica que usam laxativos ou preparações antiácidas contendo magnésio).
- Hipercalemia e hipercalcemia, muitas vezes presentes concomitantemente.

DETERMINAÇÃO DO MAGNÉSIO

Paciente. Não são exigidos cuidados especiais.

Amostra. *Soro* e *plasma heparinizado* isentos de hemólise (os eritrócitos contêm três vezes mais magnésio que o soro) e lipemia devem ser separados tão rapidamente quanto possível após a coleta. Refrigerado, o soro permanece estável por 2 a 3 dias. O sangue deve ser coletado com o mínimo de estase.

A urina de 24 horas empregada nessa determinação deve ser conservada com o uso de ácido clorídrico concentrado até a amostra atingir pH=1.

Interferências. *Resultados falsamente elevados:* antiácidos e catárticos. *Resultados falsamente reduzidos:* hiperbilirrubinemia, terapia com ácido glicurônico – que interfere na reação colorimétrica –, terapia prolongada com líquidos endovenosos, hiperalimentação, transfusão de sangue ou aspiração nasogástrica prolongada. *Fármacos:* antibióticos (aminoglicosídeo, anfotericina), cisplatina, ciclosporina, corticosteroides, diuréticos, gliconato de cálcio e insulina.

Métodos. O método de escolha para determinação do magnésio é a *espectrofotometria de absorção atômica*, que sofre interferências mínimas, além de ser um método simples, sensível e específico. Como a maioria dos laboratórios não dispõe desse equipamento, existem como alternativa métodos fluorescentes, colorimétricos e enzimáticos.

- *8-Hidróxi-5-quinolinsulfônico.* Forma, por quelação com o magnésio, um composto fluorescente.

- *Amarelo de titan.* É empregado em meio alcalino com a formação de um complexo colorido. A impureza do reagente compromete a exatidão, a precisão e a sensibilidade do teste.

- *Azul de metiltimol.* O magnésio reage com o azul de metiltimol, formando complexos coloridos medidos em 510 e 600 nm. Apresenta boa correlação com a espectrofotometria de absorção atômica.

- *Calmagite.* O uso de calmagite (ácido 1-[1-hidróxi-4-metil-2-fenilazo]-2-naftol-4-sulfônico), um corante metalcrômico, é o método colorimétrico

CAPÍTULO 11 ▪ Metabolismo Mineral e Ósseo

que apresenta a melhor correlação com os resultados obtidos por espectrofotometria de absorção atômica. O magnésio reage com o calmagite azul para formar um complexo magnésio-calmagite. A modificação de cor, do azul para violeta-avermelhado, é monitorada em 532 nm. A interferência do íon cálcio é prevenida pelo uso de EGTA [etilenebis (oxietilenenitrilo)] tetracetato, enquanto o cianeto de potássio é usado para inibir a reação dos metais pesados com o calmagite.

- *Clorofosfonazo III.* O agente quelante clorofosfonazo III (CPZ) forma seletivamente um complexo com o magnésio presente na amostra. É adicionado EGTA para quelar o cálcio. Na segunda fase do ensaio, o EDTA é adicionado para remover o magnésio do complexo com alterações na absorvância.

Valores de referência para o magnésio (mmol/L)	
Crianças e adultos	0,7 a 1,1
Recém-nascidos	0,6 a 1,0

Bibliografia consultada

BAGINSKI; E.S.; MARIE, S.S. Magnesium in biological fluids. **Selected Methods Clin. Chem., 9:**277-81, 1982.

CALBREATH, D.F.; CIULLA, A.P. **Clinical chemistry.** 2 ed. Philadelphia: Saunders, 1991. 468p.

ELIN, R.J. Laboratory tests for the assessment of magnesium status in humans. **Magnes. Trace Elem., 10:**172-81, 1992.

ITANI, A.; TSANG, R.C. Bone disease. In: KAPLAN, L. A.; PESCE, A. **Clinical chemistry: theory, analysis, correlation.** St. Louis: Mosby, 1996:528-54.

REINHART, R.A. Magnesium metabolism: a review with special reference to the relationship between intracellular content and serum levels. **Arch. Intern. Med., 148:**2415-20, 1988.

SWAIN, R.; KAPLAN-MACHLIS, B. Magnesium for the next millennium. **South Med. J.,** 92(11):1040-7, 1999.

TOFFALETTI, J.G. Electrolytes. In: BISHOP, M.L.; DUBEN-ENGELKIRK, J.L.; FODY, E.P. **Clinical chemistry: principles, procedures, correlations.** 3 ed. Philadelphia: Lippincott, 1996:255-78.

WHANG, R. et al. Predictors of clinical hypomagnesaemia: hypokalaemia, hypophosphataemia, hyponatraemia, and hypocalcaemia. **Arch. Intern. Med., 144:**1794-6, 1984.

ZALOGA, G.P. Interpretation of the serum magnesium level. **Chest, 95:**257-8, 1989.

11.4 ENFERMIDADE METABÓLICA ÓSSEA

O tecido ósseo tem como principal função a sustentação do esqueleto e é sujeito a fraturas, quando sua resistência sofre colapso frente a uma força maior. As fraturas podem acontecer em qualquer pessoa, em especial em caso de grandes traumatismos. Entretanto, existem situações patológicas em que essa fragilidade está aumentada, como ocorre na osteoporose, na osteomalacia, no hiperparatireoidismo, na osteogênese imperfeita, entre outras. Dentre estas, a osteoporose é a de maior prevalência na população mundial e, portanto, a que recebe maior atenção na literatura científica.

Em muitos exemplos de enfermidades metabólicas ósseas, os pacientes mostram características de duas ou mais dessas condições, o que dificulta a plena identificação do processo patológico, mesmo com a ajuda de exames radiológicos ou biópsia óssea.

OSTEOPOROSE

A osteoporose caracteriza-se pela redução concomitante do mineral e da matriz óssea com deterioração da microarquitetura do tecido ósseo, que, no entanto, é histológica e quimicamente normal. Isso aumenta a fragilidade dos ossos e o risco de fratura. A osteoporose é a doença metabólica mais comum do osso. Não é uma entidade etiológica única, mas está associada com vários fatores epidemiológicos, clínicos e bioquímicos que resultam no decréscimo da massa óssea.

O pico de densidade óssea é normalmente atingido ao redor dos 30 anos. A quantidade óssea obtida durante o crescimento é um determinante importante para o aparecimento de osteoporose clínica na idade avançada. Exercícios e alimentação adequada também são primordiais na obtenção e na manutenção da massa esquelética. Após a idade de 35 a 40 anos, a reabsorção óssea excede levemente a formação óssea, com a perda óssea na ordem de 1% ao ano. Em mulheres em torno da menopausa, a perda óssea é de 2% ao ano. Esse aumento na reabsorção está diretamente relacionado à deficiência de esteroides sexuais e persiste por uma década. A idade (1,4 a 1,8 vez mais por década de vida), o sexo (mulheres >homens) e a deficiência de hormônios esteroides são fatores de risco importantes. A osteoporose pode ser decorrente de uma ou mais patologias sistêmicas que provocam a diminuição da massa óssea de maneira acentuada. Para evitar a instalação e as complicações resultantes da osteoporose, a melhor forma é a prevenção, que pode ser conseguida mediante identificação e eliminação de fatores de risco e diagnóstico precoce da perda óssea.

Causas da osteoporose

Primária. Pode ser dividida em *tipo I*, em que a perda óssea ocorre principalmente no osso trabecular e está intimamente relacionada com a perda da função ovariana pós-menopausa; e *tipo II* (senil), que envolve a perda óssea cortical e trabecular em decorrência do envelhecimento normal.

Secundária. Cerca de 20% das fraturas por osteoporose são secundárias a alguma condição médica, como as que se seguem:

- *Doenças endócrinas.* Hipogonadismo feminino: hiperprolactinemia, amenorreia hipotalâmica, anorexia nervosa, insuficiência ovariana prematura e primária; hipogonadismo masculino: insuficiência gonadal primária – síndrome de Klinefelter –, insuficiência gonadal secundária; puberdade tardia; hipertireoidismo; hiperparatireoidismo; hipercortisolismo; deficiência do hormônio de crescimento e diabetes.

- *Doenças gastrointestinais.* Gastrectomia subtotal, síndromes de má absorção, icterícia obstrutiva crônica, alactasia, cirrose biliar primária e outras cirroses.

- *Distúrbios da medula óssea.* Mieloma múltiplo, linfoma, leucemia, anemias hemolíticas, mastocitose sistêmica e carcinoma disseminado.

- *Doenças do tecido conjuntivo.* Osteogênese imperfeita, síndrome de Ehlers-Danlos, artrite reumatoide, síndrome de Marfan e homocistinúria.

- *Fármacos.* Álcool, heparina, glicocorticoides, tiroxina, anticonvulsivantes, alumínio (antiá-

cidos), agonistas do hormônio de liberação de gonadotrofinas, ciclosporina e quimioterapia.

Manifestações clínicas. A osteoporose é assintomática, a menos que resulte em fraturas. Problemas secundários incluem abdome protuberante, constipação crônica e perda da autoestima.

A avaliação laboratorial da reabsorção óssea pode ser realizada por meio da *medida do NTx urinário*. O NTx (N-telopeptídeo do colágeno ósseo tipo I) é liberado na corrente sanguínea durante a fase de reabsorção óssea e excretado na urina. A quantificação da excreção urinária do NTx é um indicador sensível e específico de alterações súbitas nos níveis de reabsorção óssea. A medida é indicada na osteoporose, na menopausa e na pós-menopausa, na doença óssea de Paget e no tratamento com supressores de estrogênios.

OSTEOMALACIA E RAQUITISMO

Osteomalacia (ou raquitismo, quando ocorre antes de cessar o crescimento – ou seja, fechamento das epífises dos ossos) caracteriza-se pela mineralização incompleta do tecido ósseo resultante de vários distúrbios no metabolismo do cálcio e do fósforo. A formação osteoide continua, mas os ossos tornam-se moles. É quase sempre devida à deficiência de vitamina D (particularmente importante na infância) ou à depleção de fosfato.

As principais causas da osteomalacia são:

Deficiência de vitamina D. Menor formação de vitamina D ou seus metabólitos por:

- Exposição inadequada à luz ultravioleta.

- Ingestão inadequada de vitamina D.

- Má absorção de vitamina D e de cálcio, devido à gastrectomia ou à doença intestinal, hepática ou biliar.

- Distúrbios no metabolismo da vitamina D (doença renal, raquitismo dependente de vitamina D tipo I e tipo II).

- Resistência à vitamina D.

- Enfermidade hepática (redução na formação de 25 [OH]D).

- Medicação anticonvulsivante, difenil-hidantoína, fenobarbital ou compostos de alumínio (aumento do catabolismo da vitamina D).

Hipofosfatemia crônica. Acompanhada de hipocalcemia e níveis elevados de fosfatase alcalina. Reduz o potencial de mineralização dos sais ósseos.

CAPÍTULO 11 ▪ Metabolismo Mineral e Ósseo

É promovida pelo uso abusivo de álcool, *overdose* de hidróxido de alumínio, perda renal tubular seletiva, síndrome de Fanconi e osteomalacia oncogênica.

Manifestações clínicas. Incluem fraqueza muscular proximal, andar bamboleante, dor difusa nos ossos e propensão a fraturas.

Resultados laboratoriais. Em geral, a osteomalacia é caracterizada por elevados valores da fosfatase alcalina sérica. Hipocalcemia é encontrada na deficiência de vitamina D. Devido à hipocalcemia, ocorre o desenvolvimento de hiperparatireoidismo secundário, causando hipofosfatemia. As concentrações de cálcio e PTH estão normais nos casos de defeito do transporte de fosfato nos túbulos renais.

DOENÇA ÓSSEA DE PAGET

A doença óssea de Paget (osteíte deformante) é um distúrbio crônico de causa desconhecida e se caracteriza por rápido comprometimento do remodelamento ósseo. Pode envolver somente um osso ou ser mais ou menos generalizada. Inicialmente, verifica-se a ocorrência de reabsorção óssea excessiva e aumento da atividade osteoclástica. Segue-se uma fase de formação aumentada de osso, ocasionando um padrão desorganizado de áreas recém-formadas e irregularmente distribuídas de osso lamelar. Este osso é mais fraco que o normal, estando sujeito a fraturas e outras deformidades. É uma enfermidade que atinge 4% da população com mais de 40 anos. Crânio, fêmur, pélvis e vértebras são os ossos mais comumente afetados.

Manifestações clínicas. As manifestações clínicas incluem dor musculoesquelética, deformidade esquelética, artrite degenerativa, fraturas patológicas, déficits neurológicos pela compressão da raiz do nervo ou do nervo craniano (incluindo surdez) e, raramente, insuficiência cardíaca com débito alto, sarcoma osteogênico, fibrossarcoma, condrossarcoma e tumor de células gigantes. A maioria dos pacientes é assintomática, sendo a doença descoberta em decorrência do alto nível de fosfatase alcalina sérica ou por meio de radiografias tiradas por outro motivo.

Avaliação laboratorial. Os achados são: elevação da atividade da fosfatase alcalina sérica (que reflete a proliferação osteoclástica ativa, mas patológica), da osteocalcina sérica, da excreção urinária de hidroxiprolina (devido ao *turnover* aumentado do colágeno) e, em menor grau, do cálcio e do fósforo. Estes parâmetros são úteis na monitoração da terapia nessa enfermidade. Os teores do cálcio e do fósforo inorgânico séricos costumam ser normais, porém, ocasionalmente, podem estar aumentados. Os níveis de PTH apresentam-se normais.

OSTEODISTROFIA RENAL

A osteodistrofia renal compreende várias anormalidades esqueléticas que podem estar associadas à insuficiência renal devido a vários mecanismos patofisiológicos. Osteíte fibrosa, osteomalacia, osso aplástico e amiloide esquelética podem ser encontrados.

As concentrações séricas de PTH estão muitas vezes elevadas na insuficiência renal crônica, resultando em enfermidade óssea hiperparatireóidea ou osteíte fibrosa. Como os rins regulam o metabolismo do fosfato, ocorre hiperfosfatemia na insuficiência renal por incapacidade dos rins de excretarem fosfato. Devido ao equilíbrio entre o cálcio e o fosfato no plasma, o fosfato elevado provoca hipocalcemia. Isto estimula a secreção de PTH com hiperplasia das glândulas paratireoides. Além disso, os teores sanguíneos de $1,25(OH)_2D$ (metabólito ativo da vitamina D), devido à incapacidade dos rins em sintetizá-lo (falta da enzima 1-α--hidroxilase), estão baixos na insuficiência renal e resultam na má absorção do cálcio intestinal e estimulam a secreção de PTH. Finalmente, a resistência esquelética à ação do PTH é descrita na insuficiência renal; isto contribui para hipocalcemia e hiperparatireoidismo secundário.

A osteomalacia pode ser uma complicação da insuficiência renal crônica. A intoxicação por alumínio presente na água usada na diálise e em antiácidos é uma fonte comum. Como o alumínio não é excretado na insuficiência renal, pode depositar-se no osso, impedindo a mineralização e, portanto, causando osteomalacia. Elevadas concentrações de alumínio podem inibir a função celular óssea, resultando em osso aplástico.

Para controle e tratamento dessas anormalidades, os pacientes com insuficiência renal crônica necessitam submeter-se periodicamente aos seguintes testes no soro sanguíneo: creatinina, ureia, Na^+, K^+, CO_2 total, albumina, cálcio, fósforo e fosfatase alcalina.

Tabela 11.1 Investigações bioquímicas de enfermidades metabólicas ósseas

Diagnóstico	Cálcio	Fosfato	PTH	Fosfatase alcalina	Ca²⁺
Hiperparatireoidismo					
Primário	↑ ou N	↓ ou N	↑ ou N	N ou ↑	↑ ou N
Secundário	↓ ou N	↑ ou N	↑	↑ ou N	N
Terciário	↑ ou N	↑ ou N	↑	↑ ou N	↑
Raquitismo e osteomalacia					
Ingestão deficiente	↓ ou N	↓ ou N	↑ ou N	↑	N ou ↓
Insuficiência renal	↓ ou N	↑ ou N	↑	↑	N
Síndrome de Fanconi	↓ ou N	↓ ou N	N	↓	N
Osteoporose	N	N	N	N	N
Doença de Paget	N ou ↑	N	N	↑	N

Manifestações clínicas. A dor óssea é a queixa mais comum dos pacientes com osteodistrofia renal. Pacientes em fase de crescimento podem desenvolver deformidades. Calcificações extracelulares são também comumentemente encontradas em áreas periarticulares e como calcificação de órgãos internos (pulmões, músculo cardíaco e outros tecidos).

Características bioquímicas. Quando a velocidade de filtração glomerular está abaixo de 30 mL/min, os níveis de ureia e creatinina estão geralmente elevados. Outros achados incluem hiperfosfatemia, hipocalcemia, teores elevados de PTH e concentrações baixas de 1,25(OH)$_2$D. A fosfatase alcalina está aumentada em pacientes com hiperparatireoidismo ou osteomalacia por deficiência de vitamina D. Encontra-se, também, magnésio elevado, principalmente em pacientes que empregam antiácidos contendo magnésio.

MARCADORES DE FORMAÇÃO ÓSSEA

A remodelação é um fenômeno fundamental para renovação do esqueleto e preservação de sua qualidade. Nele, a reabsorção é seguida da formação óssea em ciclos constantes, orquestrados pelas células do tecido ósseo, que incluem os osteoclastos, os osteoblastos e os osteócitos. Em situações fisiológicas, a reabsorção e a formação são fenômenos acoplados e dependentes, e o predomínio de uma sobre a outra pode resultar em ganho ou perda de massa óssea. É esta capacidade de avaliação dinâmica que se deseja em um marcador de remodelação óssea.

Os marcadores são considerados indispensáveis para o tratamento da osteoporose, além das contribuições científicas sobre a fisiologia e a fisiopatologia do tecido ósseo. Os marcadores bioquímicos de remodelação óssea na prática clínica são relacionados na Tabela 11.1.

Bibliografia consultada

ANDREOLI, T.E.; BENNETT, J.C.; CARPENTER, C.C.J.; PLUM, F. **Cecil medicina interna básica.** 4 ed. Rio de Janeiro: Guanabara-Kogan, 1997:547-59.

CHESNEY, R.W.; DABBAGH, S. Rickets caused by a vitamin D deficiency. In: GLEW, R.H., NINOMIYA, Y. **Clinical studies in medical biochemistry.** 2 ed. New York: Oxford University Press, 1997:328-37.

FARROW, S. **The endocrinology of bone.** Society for Endocrinology, 1997. 78p.

HUTCHINSON, F.N.; BELL, N.H. Osteomalacia and rickets. **Semin. Nephrol., 12:**127-41, 1992.

ITANI, A.; TSANG, R.C. Bone disease. In: KAPLAN, L.A.; PESCE, A. **Clinical chemistry: theory, analysis, correlation.** St. Louis: Mosby, 1996:528-54.

KAPLAN, A.; JACK, R.; OPHEIM, K.E.; TOIVOLA, B.; LYON, A.W. **Clinical chemistry: interpretation and techniques.** Baltimore: Williams & Wilkins, 1995. 514p.

PRICE, C.P.; THOMSON, P.W. The role of biochemical tests in the screening and monitoring of osteoporosis. **Ann. Clin. Biochem., 32:**122-6, 1995.

SARAIVA, G.L.; LAZARETTI-CASTRO, M. Marcadores bioquímicos da remodelação óssea na prática clínica. **Arq Bras Endocrinol Metab., 46:**72-8, 2002.

SEYEDIN, S.M.; KUNG, V.T. et al. Immunoassay for urinary pyridinoline: the new marker of bone reabsorption. **J. Bone Mineral Research, 8:**635-41, 1993.

SHAH, B.R.; FINBERG, L. Single-day therapy for nutricional vitamin D deficiency rickets: A preferred method. **J. Pediatr., 125:**487-90, 1994.

WALLACH, S. Management of osteoporosis. **Hosp. Pract., 13:**9-18, 1978.

Capítulo 12

Eletrólitos, Água e Equilíbrio Ácido-Base

12.1 Sódio 162	Tamponamento dos íons hidrogênio 182
Hiponatremia 163	Ânions indeterminados (AI) 182
Hipernatremia 165	Transtornos do equilíbrio ácido-base 183
Sódio na urina (natriúria) 166	Compensação dos distúrbios ácidos-bases 184
Determinação do sódio 166	Acidose metabólica (déficit primário de
12.2 Potássio 168	bicarbonato) 184
Controle do potássio 168	Compensação da acidose metabólica 185
Hipopotassemia 168	Diagnóstico laboratorial 186
Hiperpotassemia 170	Consequências da acidose metabólica 186
Hiperpotassiúria 172	Alcalose metabólica (excesso primário de
Determinação do potássio 172	bicarbonato) 186
12.3 Cloretos 172	Compensação da alcalose metabólica 188
Hipocloremia 173	Diagnóstico laboratorial 188
Hipercloremia 173	Consequências da alcalose metabólica 189
Cloreto urinário 174	Acidose respiratória 189
Cloretos no suor 174	Compensação da acidose respiratória 189
Determinação de cloretos 174	Diagnóstico laboratorial 190
Ânions indeterminados 175	Consequências da acidose respiratória 190
12.4 Água 176	Alcalose respiratória 190
Distribuição interna de água e sódio 176	Compensação na alcalose respiratória 191
Osmolalidade 176	Diagnóstico laboratorial 191
Pressão osmótica coloidal (pressão oncótica) 177	Consequências da alcalose respiratória 191
Ingestão de água 177	Transtornos mistos do equilíbrio ácido-base 191
Excreção 177	Avaliação das desordens ácidos-bases 192
Excreção renal de água 177	Interpretação dos resultados da análise dos
Distribuição intracelular-extracelular 178	gases e do pH 192
Deficiência de água 178	Avaliação da ventilação e do estado ácido-base.... 192
Consequências da deficiência de água ... 179	Anormalidades da PaO_2 193
Excesso de água 180	Avaliação da oxigenação tissular 194
12.5 Distúrbios do equilíbrio ácido-base 181	Determinação do pH e dos gases no sangue......... 194
Homeostase dos íons hidrogênio 181	
Equação de Henderson-Hasselbalch 181	

Nos mamíferos, a manutenção da pressão osmótica e a distribuição da água em compartimentos do corpo são mantidas, fundamentalmente, por quatro eletrólitos: sódio (Na^+), potássio (K^+), cloreto (Cl^-) e bicarbonato (HCO_3^-).

Os eletrólitos são classificados em *ânions* (íons com carga elétrica negativa) ou *cátions* (íons com carga elétrica positiva).

Apesar de os aminoácidos e as proteínas em solução também possuírem cargas elétricas, em bioquímica clínica eles são considerados separadamente. Os principais eletrólitos ocorrem, principalmente, como íons livres. Os oligoelementos ocorrem, fundamentalmente, em combinação com proteínas e também são considerados separadamente. As concentrações de alguns eletrólitos são relacionadas na Tabela 12.1.

As necessidades dietéticas de eletrólitos variam amplamente; alguns são necessários somente em pequenas quantidades ou são retidos quando o suprimento é pequeno. Outros, como o cálcio, o potássio e o fósforo, são continuamente excretados e devem ser ingeridos regularmente para prevenir deficiências. A ingestão excessiva leva a um aumento correspondente na excreção, principalmente na urina. A perda anormal de eletrólitos como resultado de perspiração intensa, vômito ou diarreia é rapidamente detectada por testes laboratoriais e pode ser corrigida pela administração oral ou parenteral de soluções salinas.

O papel dos eletrólitos no organismo vivo é bastante variado. Praticamente, não existe um processo metabólico que não seja dependente ou afetado pelos eletrólitos. Entre as várias funções dos eletrólitos se destacam a manutenção da pressão osmótica e a homeostase da água, o pH fisiológico, o funcionamento apropriado do coração e dos músculos e a participação nas reações de oxidação-redução (transferência de elétrons) e na catálise como cofatores para as enzimas. Assim sendo, torna-se óbvio que níveis alterados dos eletrólitos e dos oligoelementos podem ser a causa ou a consequência de várias desordens.

Nesta seção, serão descritos o metabolismo e as alterações do Na^+, do K^+, do Cl^-, do HCO_3^- e do pH nos líquidos biológicos.

Tabela 12.1 Concentrações de cátions e ânions no líquido extracelular (expressas em mmol/L)

Cátions		Ânions	
Na^+	142	Cl^-	103
K^+	4	HCO_3^-	27
Ca^{2+}	5	HPO_4^{2-}	2
Mg^{2+}	2	SO_4^{2-}	1
Outros (traços)	1	Ácidos orgânicos$^-$	5
		Proteína$^-$	16
Total	154		154

As desordens da homeostase da água e dos eletrólitos resultam em várias síndromes, como desidratação, edema, hiponatremia e hipernatremia. Os pacientes com essas desordens necessitam uma cuidadosa avaliação antes da escolha da terapia adequada. O diagnóstico é realizado mediante os achados clínicos e os testes laboratoriais; estes últimos, além de confirmarem a clínica, podem detectar ainda anormalidades específicas, como hipernatremia, insuficiência renal etc.

12.1 SÓDIO

O sódio, o cátion predominante no líquido extracelular, é o principal responsável pela osmolalidade do plasma. Além disso, exerce importante papel na excitabilidade neuromuscular. A excessiva perda, ganho ou retenção de sódio ou a excessiva perda, ganho ou retenção de água promovem desordens na homeostase.

A dieta normal fornece 4 a 5 g de sódio (e Cl^-) por dia, os quais são quase completamente absorvidos pelo intestino delgado. Uma vez absorvido, o sódio rapidamente se difunde pelo corpo; parte permanece no líquido extracelular, mesmo contra gradiente de concentração (o teor de sódio no líquido extracelular é maior que no líquido intracelular). As concentrações relativas são mantidas pela atividade da "bomba" iônica de Na^+, K^+-ATPase, localizada na membrana celular e que expulsa o sódio das células, enquanto promove a captação ativa de potássio.

A concentração do sódio plasmático depende, primariamente, da ingestão e da excreção de água e, em menor extensão, da capacidade renal de excretar o sódio, quando ocorre excessiva ingestão do sal, e de conservá-lo, quando a ingestão é baixa. A quantidade de água é controlada por:

• Ingestão de água em resposta à sede, estimulada ou suprimida pela osmolalidade plasmática.

CAPÍTULO 12 ▪ Eletrólitos, Água e Equilíbrio Ácido-Base

- Excreção de água efetuada pela expressão do HAD (hormônio antidiurético) Ocorre em resposta tanto ao volume sanguíneo como à osmolalidade.

Quatro processos se distinguem na regulação do teor de sódio plasmático:

Mecanismo renal. Os rins têm a capacidade de conservar ou excretar grandes quantidades de sódio, dependendo do conteúdo deste no líquido extracelular e do volume sanguíneo. Normalmente, 60% a 75% do Na^+ filtrado são reabsorvidos no túbulo proximal. Parte do sódio é também reabsorvida nos túbulos distais e na alça de Henle e – sob o controle da aldosterona – é trocada pelo K^+ e pelo hidrogênio. Esse mecanismo aumenta o volume de líquido extracelular. A excreção aumentada de sódio pelos túbulos renais reduz o volume de líquido extracelular.

Sistema renina-angiotensina-aldosterona. Este sistema exerce importante papel no controle do sódio mediante o estímulo e a liberação de aldosterona, além de promover vasoconstrição e estimulação da sede. A renina é uma enzima proteolítica secretada pelo aparelho justaglomerular. Sua secreção é estimulada, principalmente, pela redução da pressão da arteríola renal ou pela redução do suprimento de Na^+ no túbulo distal. Como enzima, a renina atua sobre o seu substrato natural, o angiotensinogênio, para formar angiotensina I, posteriormente transformada em angiotensina II pela ação da enzima conversora de angiotensina no endotélio vascular, sobretudo nos pulmões. Tanto a angiotensina II como seu produto metabólico, a angiotensina III, são farmacologicamente ativos e estimulam a liberação de aldosterona pelas suprarrenais, provocando a retenção de sódio e a perda de K^+ ou H^+ pelos túbulos distais.

Peptídeo natriurético atrial (NAP). O peptídeo natriurético atrial é liberado dos grânulos secretores presentes nos átrios, após distensão dos mesmos. A família do NAP inclui os peptídeos tipo A (PNA), B (PNB) e C (PNC), os quais regulam a pressão sanguínea, o equilíbrio eletrolítico e o volume líquido do organismo.

O sistema renina-angiotensina aumenta a pressão sanguínea, diminui a excreção urinária e causa vasoconstrição. Os peptídeos natriuréticos têm efeitos opostos: elevam a excreção do sódio e água pelo aumento da filtração glomerular e inibem a reabsorção renal de sódio. Reduzem, também, a secreção de aldosterona e renina, causando vasodilatação, pressão sanguínea baixa e aumento do volume do líquido extracelular.

Desse modo, observam-se:

- *Aumento do volume intravascular* ou do volume sanguíneo arterial efetivo, que resulta em aumento da excreção de sódio (redução de aldosterona mais o aumento do peptídeo natriurético).
- *Redução do volume sanguíneo.* Produz retenção do sódio renal (aumento da aldosterona, redução do NAP).

Dopamina. Aumentos dos níveis de Na^+ filtrado causam elevação na síntese da dopamina pelas células do túbulo proximal. A dopamina atua sobre o túbulo distal, estimulando a excreção do Na^+.

HIPONATREMIA

A hiponatremia é uma importante e comum anormalidade eletrolítica, encontrada isolada ou associada com outras condições médicas. Classifica-se como hiponatremia quando os níveis séricos estão abaixo de 136 mmol/L e é considerada severa quando os teores são menores que 120 mmol/L.

Em geral, a hiponatremia apresenta significância clínica somente quando a osmolalidade sérica é reduzida (hiponatremia hipotônica), que é calculada da seguinte maneira: 2Na (mmol/L) + glicose sérica (mg/dL)/18 + ureia (mg/dL), ou medida diretamente via osmometria.

A hipo-osmolalidade (osmolalidade sérica <260 mOsm/kg) indica excesso de água total do corpo em relação aos solutos. Esse desequilíbrio pode ser devido à depleção de solutos, à diluição dos solutos ou à combinação de ambas.

Em condições normais, o rim é capaz de excretar 15 a 20 L de água livre por dia. Além disso, o organismo responde à redução da osmolalidade com a diminuição da sede. Assim, a hiponatremia ocorre somente quando alguma condição impede tanto a excreção normal de água livre como o mecanismo normal da sede ou ambos.

Hiponatremia hipo-osmótica. Caracteriza-se pelos sinais de hipovolemia: desidratação, hipotensão, azotemia, taquicardia e oligúria:

- *Uso de diuréticos tiazídicos.* Induz a perda de Na^+ e K^+ sem a interferência da retenção de água mediada pelo hormônio antidiurético (HDA).
- *Perda de líquido hipotônico.* Queimaduras, vômitos prolongados, diarreia, drenagens cirúrgicas,

sudorese excessiva, nefropatias perdedoras de sal, deficiência primária ou secundária de aldosterona e outros mineralocorticoides.

- *Depleção do potássio.* Favorece a transferência de K^+ intracelular para o sangue e, consequentemente, a passagem do Na^+ para dentro da célula com redução do volume sanguíneo devido à diminuição do Na^+ plasmático.

- *Insuficiência adrenal.* A deficiência primária ou secundária de aldosterona e cortisona impede a reabsorção do sódio no túbulo distal.

- *Cetoacidose diabética.* A desidratação é causada por diurese osmótica. A redução de peso é promovida tanto pela perda excessiva de líquidos como pelo catabolismo tecidual.

- *Alcalose metabólica.* Perda renal de sódio como resultado de vômito prolongado com aumento da excreção de bicarbonato acompanhado de íons sódio.

Hiponatremia iso-osmótica. Esta condição resulta da retenção excessiva de água devido à incapacidade de excreção. O Na^+ total do corpo pode estar normal ou aumentado. Desenvolve-se de forma aguda ou crônica:

- *Retenção aguda de água.* Os níveis de vasopressina plasmática aumentam agudamente após traumatismo, cirurgias de grande porte, durante o parto e no pós-parto. A excessiva administração de água (p. ex., dextrose a 5%) nessas circunstâncias pode exacerbar a hiponatremia e causar intoxicação aguda de água.

- *Retenção crônica de água.* A mais comum das causas "crônicas" talvez seja a *síndrome de secreção inapropriada do hormônio antidiurético (SSIHAD).* A hiponatremia é encontrada devido à expansão do líquido extracelular com a redução concomitante da reabsorção do Na^+ pelo túbulo distal. Esta situação é observada na produção autônoma e sustentada do *hormônio antidiurético (HAD ou vasopressina)* por estímulos desconhecidos. Como a água é retida, o potencial de expansão do volume do líquido extracelular é limitado por redução da renina e aumento da excreção do sódio. Um novo estado de equilíbrio é atingido com volume do líquido extracerebral (LEC) normal ou levemente aumentado. Se a desordem causadora é passageira, o Na^+ plasmático volta ao normal quando a desordem primária (p. ex., pneumonia) é tratada. Entre-

tanto, em pacientes com câncer, a hiponatremia é, provavelmente, devida à produção de vasopressina pelo tumor ou de alguma substância relacionada. A síndrome pode resultar de uma das seguintes causas: doenças malignas (p. ex., carcinoma de pulmão), enfermidade aguda ou crônica do sistema nervoso central (traumatismos, tumores, meningite), desordens pulmonares (pneumonia, bronquite, tuberculose), efeitos colaterais de certos fármacos (carbamazepina, clorpropamida, opiáceos) e outras condições, como porfiria, psicose e estados pós-operatórios. Assim, um excesso primário de HAD, acoplado a irrestrita ingestão de líquidos, promove a reabsorção de água livre pelo rim, o que resulta em decréscimo do volume urinário e aumento na osmolalidade e no teor de sódio urinário.

- *Doença renal crônica.* Também causa retenção crônica de água. Os rins lesados são incapazes de concentrar ou diluir a urina normalmente. A capacidade de excretar água é severamente impedida e o excesso de água ingerida (oral ou endovenosa) facilmente produz hiponatremia dilucional.

- *Deficiência de glicocorticoides.* Causada por doença da hipófise anterior ou suspensão repentina de terapia com glicocorticoides, o que pode levar à retenção crônica de água com hiponatremia.

Hiponatremia hiperosmótica. Aumentos significativos do Na^+ ocasiona edemas clinicamente detectáveis pelo acúmulo de água retida no líquido intersticial. O edema generalizado está associado com o aldosteronismo secundário promovido pela redução no fluxo sanguíneo renal, o que estimula a produção de renina. É encontrada em casos de:

- *Insuficiência renal.* O excesso de ingestão de água em paciente com enfermidade renal aguda ou crônica pobremente controlada pode levar ao desenvolvimento de hiponatremia com edema.

- *Insuficiência cardíaca congestiva.* A deficiência cardíaca com redução da perfusão renal e déficit aparente do volume altera a distribuição líquida entre os compartimentos intravascular e intersticial, levando ao aldosteronismo secundário e ao aumento da secreção da vasopressina, o que provoca sobrecarga de Na^+ e hiponatremia.

CAPÍTULO 12 • Eletrólitos, Água e Equilíbrio Ácido-Base

- *Estados hipoproteicos.* A proteinemia baixa, especialmente a hipoalbuminemia, promove a excessiva perda de água e a migração de solutos de baixa massa molecular do compartimento intravascular para o compartimento intersticial. O edema intersticial é acompanhado por volume intravascular diminuído, com consequentes aldosteronismo secundário e estímulo à liberação da vasopressina.

Outras causas de hiponatremia

- *Pseudo-hiponatremia.* Encontrada nas amostras com intensa hiperlipemia ou hiperproteinemia (p. ex., mieloma múltiplo).
- *Hipernatremia hiperosmolar.* Devida à hiperglicemia, à administração de manitol ou a outras causas que aumentam a osmolaridade. A hiponatremia reflete, principalmente, o desvio da água para fora das células em direção ao líquido extracelular.

Avaliação laboratorial da hiponatremia. A avaliação do paciente com hiponatremia compreende sua história (vômito, diarreia, terapia diurética etc.), exame clínico e exames laboratoriais:

- A osmolalidade urinária torna possível a diferenciação entre as condições associadas com a redução da excreção de água livre e a polidipsia primária, em que a excreção da água é normal (quando a função renal está intacta).

    Na polidipsia primária, como na má nutrição (diminuição severa da ingestão de sólidos), a urina está diluída, com osmolalidade geralmente <100 mOsm/kg. Osmolalidade urinária >100 mOsm/kg indica capacidade reduzida dos rins em diluírem a urina na presença de aumentos na quantidade de água total do corpo. Este quadro costuma ser secundário a níveis elevados (apropriados ou não) de vasopressina (ADH).

- A osmolalidade sérica diferencia a hiponatremia da pseudo-hiponatremia secundária a hiperlipidemia, hiperproteinemia e glicose elevada.
- A concentração de sódio urinário ajuda a diferenciar entre hiponatremia secundária à hipovolemia e a SSIHAD. Na SSIHAD, o sódio urinário é >20 a 40 mmol/L. Na hipovolemia, o sódio urinário é <25 mmol/L. Determinações seguidas de sódio urinário ajudam a esclarecer etiologias combinadas.

- Ácido úrico sérico aumentado. Está diminuído na SSIHAD.
- Hormônio estimulante da tireoide (TSH) e cortisol são determinados nas suspeitas de hipotireoidismo ou adrenalismo.
- Para alguns pacientes são indicados os testes de albumina, triglicerídeos e eletroforese proteica no soro.

HIPERNATREMIA

A hipernatremia (>150 mmol/L) representa o aumento nos níveis de sódio no soro. Todos os estados hipernatrêmicos são hiperosmolares (Tabela 12.1).

Fatores de risco para a hipernatremia:

- Idade acima de 65 anos.
- Incapacidade mental ou física.
- Hospitalização (intubação, função cognitiva reduzida).
- Cuidados de enfermagem inadequados.
- Defeito na concentração da urina (diabetes insípido).
- Diurese osmótica (diabetes melito).
- Terapia diurética.

A hipernatremia é agrupada nas seguintes categorias:

Hipernatremia com sódio total orgânico reduzido. A concentração sérica de sódio está aumentada, pois a magnitude da perda de água excede a magnitude da perda de sódio. Caracteriza-se por

Tabela 12.1 História e achados clínicos na hipernatremia

Achados	Detalhes
Disfunção cognitiva	Letargia, entorpecimento, confusão Fala anormal Irritabilidade
Desidratação ou achados associados ao volume	Alterações ortostáticas da pressão sanguínea Taquicardia Oligúria Axila seca
Outros sinais clínicos	Perda de peso Fraqueza generalizada Insultos Nistagmo Movimentos mioclônicos

desidratação e hipovolemia. A perda do líquido hipotônico pode ser provocada por sudorese excessiva, queimaduras, diarreia, vômitos, diurese osmótica (p. ex., diabetes melito) e hiperapneia prolongada.

Hipernatremia com sódio total elevado. Bastante incomum, é encontrada quando ocorrer:

- *Iatrogenia.* Administração inapropriada de soluções parenterais hipertônicas em pacientes hospitalizados.

- *Hiperaldosteronismo primário.* Na síndrome de Cushing, em que a produção de mineralocorticoides aumentada promove a elevação da reabsorção tubular de sódio, em certos tipos de lesão cerebral e em resposta ao tratamento insulínico do diabetes não controlado. Neste último caso, a redução da glicose no plasma sanguíneo provoca a transferência do sódio extracelular para o líquido intracelular, para equalizar a pressão osmótica nos dois compartimentos. Além disso, a redução da glicemia causa diminuição da osmolalidade plasmática, provocando a contração do volume do líquido extracelular.

Hipernatremia com sódio total normal. Deve-se ao déficit de água pura. É encontrada nos seguintes casos:

- *Diabetes insípido nefrogênico.* Causas: congênita, medicamentosa (lítio, anfotericina B, demeclociclina), uropatia obstrutiva, desordens eletrolíticas (hipocalcemia, hipocalemia) e doenças tubulointersticiais crônicas (nefropatia por uso abusivo de analgésicos, nefropatia falciforme, doença da proteína M, sarcoidose, síndrome de Sjögren, doença do rim policístico e doença cística medular).

- *Diabetes insípido central.* Resulta de deficiência na secreção de vasopressina, traumatismo craniano, pós-hipofisectomia, tumores que afetam o hipotálamo, infecções (tuberculose, sífilis, micoses, toxoplasmose, encefalite), doenças granulomatosas (sarcoidose, granuloma eosinofílico, granulomatose de Wegener). Pode também ser idiopático.

Avaliação laboratorial da hipernatremia. O diagnóstico baseia-se na concentração elevada do sódio sérico. Outros dados laboratoriais, como os eletrólitos e a osmolalidade urinária, são de grande utilidade. Na hipernatremia, a osmolalidade urinária está aumentada (em geral, >500 mOsm/kg/H_2O).

A hipernatremia com redução da osmolalidade urinária (<100 mOsm/kg/H_2O) ocorre quando o diabetes insípido está presente, mas pode estar levemente aumentada (aproximadamente 400 mOsm/kg/H_2O) quando o responsável é o diabetes insípido nefrogênico. A diurese do diabetes melito promove aumento da perda de água e hipernatremia.

SÓDIO NA URINA (NATRIÚRIA)

A determinação do sódio urinário é útil na avaliação da função tubular, particularmente na diferenciação de insuficiência renal aguda e necrose tubular aguda. O teste também tem utilidade na avaliação do estado de hidratação do paciente.

Hipernatriúria (aumento da excreção urinária de sódio). Encontrada com frequência nos estágios iniciais do desenvolvimento de hiponatremia, é observada no hipoaldosteronismo, na insuficiência suprarrenal, na nefrite com perda de sal, na insuficiência renal aguda, em caso de terapia diurética e na SSIHAD. As causas fisiológicas são: aumento de ingestão de sódio na dieta e diurese pós-menopausa. A hipernatriúria ocorre também nos estados hiponatrêmicos associados com a SSIHAD ou intoxicação aguda pela água, em que o volume do LEC é normal ou mesmo aumentado.

Hiponatriúria. Está associada com baixa ingestão de sódio e retenção pré-menstrual de sódio e água. Ocorre patologicamente na hiperfunção adrenocortical, no hiperaldosteronismo, nas condições em que a taxa de filtração glomerular está diminuída, no hiperaldosteronismo secundário associado com insuficiência cardíaca congestiva, na doença hepática, em estados hipoproteicos, na oligúria aguda e na uremia pré-renal. Nesses casos, a hiponatriúria é uma consequência de retenção de sódio e água (ou seja, expansão do volume de líquido extracelular).

DETERMINAÇÃO DO SÓDIO

Paciente. Não são exigidos cuidados especiais.

Amostra. *Soro, plasma heparinizado, urina de 24 horas, suor, fezes* ou *líquidos gastrointestinais.* No caso do plasma, *não* empregar heparina na forma de sais de sódio ou amônio (sais de amônio interferem nos métodos cromogênicos ou que empregam eletrodos íons-seletivos). Separar o soro

CAPÍTULO 12 ▪ Eletrólitos, Água e Equilíbrio Ácido-Base

ou o plasma das células no máximo 3 horas após a coleta. O sódio é estável por 1 semana em temperatura ambiente e por 12 meses quando congelado.

Interferências. *Resultados falsamente aumentados:* coleta da amostra de sangue em local próximo a uma infusão endovenosa de cloreto de sódio. Pacientes submetidos a esteroides anabólicos, bicarbonato de sódio, carbenicilina, clonidina, corticosteroides, etanol, anticoncepcionais orais, estrogênios, fenilbutazona, lactulose, manitol, metildopa, oxifenbutazona, reserpina e tetraciclinas. *Resultados falsamente reduzidos:* aminoglutetimida, amitriptilina, anfotericina B, anti-inflamatórios não esteroides, ciclofosfamida, cisplatina, clofibrato, cloreto de amônio, clorpropamida, diuréticos orais e mercuriais, espironolactona, fenoxitina, haloperidol, heparina, imipramina, indometacina, lítio, miconazol, sertralina, tolbutamina, tiazidas, vasopressina e vincristina.

Métodos. A determinação do sódio e do potássio (ver adiante) tem sido realizada por métodos químicos, fotometria de chama, espectrofotometria de absorção atômica e por eletrodos íons-seletivos (ISE). Os métodos químicos foram abandonados por falta de precisão e devido ao grande volume de amostra necessário.

- *Fotometria de chama.* A amostra é atomizada, produzindo átomos em estado excitado capazes de emitir luz em comprimento de onda específico, dependendo do elemento usado. Na chama, o sódio emite luz amarela e o potássio, cor violeta. A intensidade de cada cor emitida é proporcional ao teor desses elementos na amostra.

- *Eletrodos íons-seletivos.* Empregam uma membrana semipermeável para desenvolver um potencial produzido pela diferença nas concentrações em cada lado da membrana. Nesse sistema, dois eletrodos são usados, um dos quais tem um potencial constante (referência). A partir da diferença entre os potenciais do eletrodo de referência e do eletrodo de medida, é calculada a "concentração" do íon na solução. É a atividade do íon que está sendo medida e não seu teor. É o método mais comumente usado.

- *Ionóforos macrolíticos cromogênicos.* Alguns métodos espectrofotométricos para determinação do sódio e do potássio usam ionóforos macrolíticos cromogênicos. São estruturas moleculares capazes de complexar seletivamente o sódio e o potássio.

- *Enzimáticos.* Métodos enzimáticos para o sódio e o potássio são utilizados em equipamentos automáticos. Um ensaio cinético para o sódio utiliza a β-*galactosidase sódio-dependente*, enquanto a medida do potássio é baseada na atividade da *piruvatoquinase*.

- *Espectrofotometria de absorção atômica.* Método pouco usado em laboratório clínico de rotina.

Valores de referência para o sódio	
Soro sanguíneo	135 a 145 mmol/L
Líquido cefalorraquidiano	138 a 150 mmol/L
Urina	40 a 220 mmol/d

Bibliografia consultada

BERRY, M.N.; MAZZACHI, R.D.; PEJAKOVIC, M.; PEAKE, M.J. Enzimatic determination of sodium in serum. **Clin. Chem., 34:**2295-8, 1988.

GENNARI, F. J. Serum osmolality: uses and limitations. **N. Engl. J. Med., 310:**102-5, 1984.

KLEINMAN, L.I.; LORENZ, J.M. Physiology and pathophysiology of body water and electrolytes. In: KAPLAN, L.A.; PESCE, A. **Clinical chemistry: theory, analysis, correlation.** St. Louis: Mosby, 1996:439-63.

KUMAR, A.; CHAPOTEAU, E.; CZECH, B.P. et al. Chromogenic ionophore-based methods for spectrophotometric assay of sodium and potassium in serum and plasma. **Clin. Chem., 34:**1709-12, 1988.

SCHRIER, R.W.; NIEDERBERGER, M. Paradoxes of body fluid volume regulation in health and disease. A unifying hypothesis. **West J. Med., 116:**393-408, 1994.

SCOTT, M.G.; LEGRIS, V.A.; KLUTTS, J.S. Electrolytes and blood gases. In: BURTIS, C.A.; ASHWOOD, E.R.; BRUNS, D.E. **Tietz fundamentals of clinical chemistry.** 6 ed. Philadelphia: Saunders, 2008:431-59.

SMITH, A.F.; BECKETT, G.J.; WALKER, S.W.; ERA, P.W.H. **Clinical biochemistry.** 6 ed. London: Blackwell Science, 1998:15-34.

TOFFALETTI, J.G. Electrolytes. In: BISHOP. M.L.; DUBEN-ENGELKIRK, J.L.; FODY, E.P. **Clinical chemistry: principles, procedures, correlations.** 3 ed. Philadelphia: Lippincott, 1996:255-78.

12.2 POTÁSSIO

O potássio é um cátion predominantemente intracelular (98% do total), com uma concentração neste compartimento ao redor de 23 vezes maior que no espaço extracelular (2% do total, ou seja, 3.500 mmol em um indivíduo de 70 kg). O baixo teor no líquido extracelular se deve à atividade da "bomba" iônica de Na^+,K^+-ATPase, localizada na membrana celular, que expulsa o sódio das células, enquanto promove a captação ativa de potássio. A "bomba" iônica é um fator crítico na manutenção e no ajuste do gradiente iônico e determina o potencial de membrana celular, do qual dependem o impulso nervoso, a transmissão e a contratilidade dos músculos esquelético e cardíaco. Mesmo pequenas alterações no teor de potássio extracelular afetam profundamente as funções dos sistemas cardiovascular e neuromuscular.

O potássio tem duas funções fisiológicas principais:

- Atua na regulação de muitos processos metabólicos celulares.
- Participa na excitação neuromuscular; isso não se deve somente à concentração do potássio, mas também à relação do teor de K^+ intra e extracelular, determinante do potencial de membrana. O potencial permite a geração do potencial de ação necessário para as funções neural e muscular. Assim, tanto aumentos como reduções no nível de potássio plasmático podem desequilibrar a relação, provocando arritmias cardíacas e paralisia muscular.

CONTROLE DO POTÁSSIO

Em condições normais, são ingeridos 60 a 100 mmol/d de potássio, os quais são absorvidos do sistema digestório e rapidamente distribuídos para os tecidos. Uma pequena quantidade é captada pelas células, mas a maior porção é excretada pelos rins. Ao contrário do Na^+, entretanto, não há nenhum limiar renal para o K^+, e este cátion continua a ser excretado na urina mesmo em estados de depleção de K.

A manutenção do teor de potássio normal no plasma é de grande importância prática. Os principais mecanismos de regulação são:

Função renal. A quantidade de potássio excretada na urina varia com o conteúdo na dieta. O controle da excreção renal de K^+ é realizado por mecanismos não totalmente esclarecidos:

- Quase todo o K^+ filtrado pelo glomérulo é reabsorvido no túbulo proximal. Menos de 10% atingem o túbulo distal, onde ocorre a principal regulação do íon. A excreção do K^+ em resposta às variações na ingestão tem lugar no túbulo distal, no túbulo coletor do córtex e no ducto coletor.
- Quando o Na^+ é reabsorvido no túbulo distal, o lúmen tubular torna-se eletronegativo em relação às células adjacentes. Os cátions das células (K^+, H^+) movem-se para o lúmen e neutralizam a carga elétrica negativa. O movimento do K^+ para o lúmen depende da existência de captação suficiente de Na^+ pelo túbulo distal, assim como do fluxo urinário e da concentração do K^+ na célula tubular.
- A concentração do K^+ na célula tubular deriva, fundamentalmente, da ação da enzima Na^+K^+-ATPase-dependente para o intercâmbio do íon com o líquido peritubular. O mecanismo é afetado por mineralocorticoides, por alteração ácido-base e pelo teor de K^+ no líquido extracelular (LEC). O K^+ da célula tubular aumenta na hipercalemia, devido ao excesso de mineralocorticoides, e na alcalose, mecanismos que tendem a incrementar a excreção do K^+.

Aldosterona. Eleva a reabsorção tubular renal do sódio, com o consequente aumento na secreção de potássio ou íon hidrogênio (o H^+ compete com o K^+ na troca pelo Na^+) nos túbulos distais, sem ativar o sistema renina-angiotensina. A aldosterona eleva a excreção urinária do K^+ para manter o seu nível plasmático normal.

HIPOPOTASSEMIA

A *hipopotassemia* (*hipocalemia*) é definida quando os níveis de potássio sérico atingem valores <3,5 mmol/L e pode ocorrer mesmo quando a quantidade total de K^+ no corpo é normal. Considera-se hipopotassemia moderada quando os teores séricos estão entre 2,5 e 3,0 mmol/L e severa quando as concentrações estão <2,5 mmol/L. É resultante de:

Déficit na ingestão de potássio. Dieta pobre em potássio, alcoolismo, anorexia nervosa, bulimia, desnutrição, problemas odontológicos e hospitalização com falta de reposição adequada. A ingestão deficiente de K^+ por períodos prolongados reduz a quantidade deste íon no organismo, muitas vezes manifestada por hipocalemia.

Perdas gastrointestinais de potássio. São as perdas de líquidos por vômitos, diarreia, fístulas intestinais, sucção nasogástrica, má absorção, uso abusivo de laxantes e enemas. Nos casos de perda do líquido gástrico em grandes quantidades, a excreção renal de K^+ é devida, principalmente, à alcalose metabólica resultante, tornando-se a principal causa da depleção de K^+ nessas situações.

Perdas renais de potássio. Hiperaldosteronismo primário (síndrome de Cronn), síndrome de Cushing, anticoncepcionais orais, síndrome adrenogenital, acidose tubular renal, depleção de magnésio e leucemia (mecanismo incerto). Causam perda renal excessiva de K^+ em virtude do aumento da transferência de K^+ para o túbulo distal em resposta ao aumento na reabsorção de Na^+ nas células peritubulares. A perda urinária de K^+ no hiperaldosteronismo volta ao normal se houver restrição de Na^+ na dieta, o que limita a captação tubular distal do Na^+. Os estados edematosos, a cirrose e a síndrome nefrótica estão frequentemente associados com hiperparatireoidismo secundário. Na formação de edema, há uma redução do volume plasmático, detectada pelo sistema justaglomerular com o estímulo do sistema renina-angiotensina.

Incorporação celular de K^+. É ilustrada pela redução do teor de K^+ plasmático quando a terapia insulínica é instituída para o controle da hiperglicemia diabética. A captação celular de glicose é acompanhada pela captação de potássio e água. Ocorre também no tratamento da anemia megaloblástica severa com vitamina B_{12} ou folato. Em presença da proliferação rápida de células leucêmicas, o K^+ também é incorporado à célula.

Desordens congênitas

*   *Síndrome de Bartter.* Consiste em desordens autossômicas recessivas caracterizadas por alca-

lose metabólica hipocalêmica e hipotensão. Foram descobertas três diferentes mutações em transportadores tubulares renais: (a) no transportador de NaKCl na alça de Henle, (b) no canal de potássio ROMK1 na alça de Henle, e (c) no canal de cloretos. Os casos mais graves ocorrem no período neonatal, com profunda depleção de volume e hipocalemia. Ocorre na adolescência e na idade adulta.

*   *Síndrome de Gitelman.* Esta desordem autossômica recessiva caracteriza-se por alcalose metabólica hipocalêmica e pressão sanguínea baixa. É causada por um defeito no transportador de cloreto de sódio no túbulo distal e complicada pela hipomagnesemia.

*   *Síndrome de Liddle.* Esta desordem autossômica recessiva caracteriza-se pela mutação no canal epitelial de sódio na porção sensível à aldosterona no néfron, que provoca a reabsorção não regulada de sódio, alcalose metabólica hipocalêmica e hipertensão severa.

Alcalose. Como na alcalose existe déficit de H^+ no líquido extracelular, o H^+ intracelular se desloca da célula em troca do K^+ extracelular para manter o equilíbrio iônico. Estima-se em 0,6 mmol/L a redução do K^+ para cada 0,1 unidade de aumento no pH durante o distúrbio ácido-base. Por outro lado, a depleção de potássio pode causar alcalose.

Beta-2-adrenérgicos. Estimulam a captação de K^+ pelas células. Isso contribui para a hipocalemia em pacientes após infarto do miocárdio, já que os níveis de catecolaminas estão elevados nesses pacientes.

Terapia diurética. Eleva a excreção renal de K^+ devido ao aumento na captação de Na^+ no túbulo distal e à elevação do fluxo urinário. Os diuréticos causam também hipovolemia com consequente hiperaldosteronismo secundário.

Avaliação laboratorial da hipopotassemia. A história clínica e o exame físico podem revelar a causa da hipopotassemia sem a necessidade de exames complementares. Muitas vezes, no entanto, o esclarecimento das causas exige uma cuidadosa análise de medidas laboratoriais:

*   *Potássio urinário.* É um teste de vital importância, pois estabelece o mecanismo patofisiológico e colabora na formulação do diagnóstico diferencial. Baixos teores (<20 mmol/L) em uma

amostra aleatória sugerem ingestão insuficiente, um desvio transcelular ou perda gastrointestinal. Elevados teores de potássio (>40 mmol/L) indicam perda renal.

- *Sódio e osmolalidade urinários.* Quando obtidos simultaneamente em urina aleatória, ajudam na interpretação dos níveis de potássio na urina. Sódio urinário baixo (<20 mmol/L) com hiperpotassiúria sugere hiperaldosteronismo secundário. Osmolalidade elevada (>700 mOsm/kg) é encontrada em caso de perda renal de potássio.

- *Gradiente transtubular de potássio (GTP).* Para melhorar a interpretação da concentração de potássio na urina, quando os valores estão entre 20 e 40 mmol/L, é realizado o cálculo:

$$GTP = \frac{(Osm\ urinária \times K\ sérico)}{(Osm\ sérica - K\ urinário)}$$

Valores <3 sugerem que os rins não estão perdendo potássio. Valores >7 sugerem perda renal significativa (excesso de mineralocorticoides). Valores intermediários são sugestivos de desordens mistas. O cálculo não pode ser aplicado quando a osmolalidade urinária é menor que a osmolalidade sérica.

- *Potássio urinário de 24 horas.* É uma medida mais precisa da excreção renal do potássio. Valores <20 mmol/d na urina sugerem uma conservação apropriada de potássio, enquanto valores superiores indicam algum grau de perda renal.

- *Sódio sérico.* Valores baixos são encontrados em caso de diuréticos tiazídicos ou de marcada depleção do volume por perdas gastrointestinais. Sódio sérico elevado ocorre no diabetes insípido nefrogênico secundariamente à hipocalemia. Pode sugerir também a presença de hiperaldosteronismo primário, especialmente em presença de hipertensão.

- *Bicarbonato sérico.* Níveis baixos de bicarbonato são encontrados em caso de acidose tubular renal, diarreia ou com o uso de inibidores de anidrase carbônica. Teores aumentados de bicarbonato podem estar presentes no hiperaldosteronismo primário ou secundário – ocasionado por terapia por prednisona, vômito ou uso de diuréticos tiazídicos ou de alça.

- *Creatinoquinase.* Ocasionalmente, a hipocalemia pode ser suficiente para produzir não somente fraqueza muscular, mas também rabdomiólise.

Isso ocorre no alcoolismo, em que o potássio total do corpo pode ser baixo devido à reduzida ingestão por períodos prolongados. Rabdomiólise severa pode provocar insuficiência renal e subsequente hipercalemia.

- *Magnésio.* Muitas vezes, a hipocalemia severa está associada com perdas significativas de magnésio. A hipocalemia não pode ser corrigida, a menos que a hipomagnesemia seja revertida.

Algoritmo para avaliação da hipocalemia:

- Potássio urinário <20 mmol/L sugere perdas gastrointestinais, ingestão diminuída ou desvio do potássio para as células. Causas: (1) diarreia e uso de laxantes, (2) dieta ou infusão insuficiente, e (3) emprego de insulina, suplementos excessivos de bicarbonato e fraquezas episódicas.

- Potássio urinário >40 mmol/L indica perda renal. Causas: (1) diuréticos e outros medicamentos, (2) distúrbios ácidos-bases. Alcalose sugere vômitos, síndrome de Bartter, síndrome de Gitelman, uso abusivo de diuréticos ou excesso de mineralocorticoides. Acidose indica acidose tubular renal tipo I ou II ou, ainda, síndrome de Fanconi (observada em paraproteinemias, utilização de anfotericina ou gentamicina ou uso abusivo de tolueno).

- Pressão sanguínea elevada sugere hiperaldosteronismo primário, síndrome de Cushing, hiperplasia adrenal congênita, estenose da artéria renal ou síndrome de Liddle. Pressão sanguínea baixa indica uso abusivo de diuréticos ou desordem tubular renal, como síndrome de Bartter, síndrome de Gitelman ou acidose tubular renal.

HIPERPOTASSEMIA

O aumento na concentração de potássio (>5 mmol/L) exige tratamento imediato e ocorre nas seguintes condições:

Excesso de ingestão de potássio. De maneira isolada, a ingestão excessiva de potássio é uma causa incomum de hiperpotassemia. Mesmo infusões de 60 mmol/h por várias horas causam somente pequenos aumentos na concentração de potássio. Em geral, a elevada ingestão de potássio só contribui para a hipercalemia quando associada a distúrbios da excreção renal ou desordens no desvio transcelular, ou ambos.

CAPÍTULO 12 ▪ Eletrólitos, Água e Equilíbrio Ácido-Base

Diminuição da excreção do potássio. A redução da excreção de potássio, especialmente quando associada a ingestão excessiva, é a causa mais comum de hipercalemia. Deve-se à redução da excreção do potássio sérico e inclui: insuficiência renal, uso de fármacos que interferem com a excreção de potássio, como inibidores da ECA, anti-inflamatórios não esteroides, ou redução da resposta do túbulo distal à aldosterona, comum na acidose tubular renal tipo IV e observada no diabetes melito, na anemia falciforme, na obstrução parcial crônica do trato urinário baixo, na insuficiência adrenal, nas deficiências enzimáticas (21-hidroxilase ou 11-β-hidroxilase), na síndrome de Addison primária por doença autoimune, na tuberculose ou no infarto. Outros fármacos: diuréticos poupadores de potássio (espironolactona, triantereno, amilorida), bloqueadores dos receptores de angiotensina, ciclosporina, cetoconazol, metirapona, pentamida, trimetoprima/sulfametoxazol e heparina.

Deficiência de mineralocorticoides. É comum na doença de Addison e na hipofunção adrenocortical secundária. A retenção de K^+ pode ocorrer nos dois casos. Esta não é uma característica invariável, pois outros mecanismos facilitam a excreção de K^+. O hipoaldosteronismo acompanhado de produção normal de glicocorticoides ocorre em pacientes com diabetes melito nos quais a esclerose justaglomerular provavelmente interfere na produção de renina. Inibidores da enzima conversora de angiotensina reduzem os níveis desta (assim como os da aldosterona) com o resultante aumento de K^+ plasmático, que só se tornará severo em presença de insuficiência renal.

Movimento do potássio do espaço intracelular para o extracelular. Cetoacidose diabética (movimenta o K^+ dos líquidos intracelulares para o plasma, enquanto o H^+ se move dos líquidos extracelulares para as células), dose excessiva de digitálicos, deficiência insulínica e hipoxia tecidual.

Pseudo-hiperpotassemia. É um fenômeno que ocorre quando o K^+ é liberado dos eritrócitos, dos leucócitos e das plaquetas durante a coleta ou na separação do plasma sanguíneo. É encontrada em pacientes com hemólise, leucocitose (>100.000 p/mm^3), ou com contagem de plaquetas >500.000 p/mm^3. É comum em desordens mieloproliferativas agudas e crônicas, leucemias linfocíticas crônicas e em trombocitoses.

Deficiência insulínica. A falta de insulina impede a entrada do K^+ nas células, o que resulta em hipercalemia, apesar da perda de K^+ por diurese osmótica.

Acidose. A concentração do íon hidrogênio no líquido extracelular afeta a entrada do potássio nas células. Na acidose sistêmica, o potássio abandona a célula, enquanto os íons hidrogênio nela penetram. Além disso, a acidose retarda a secreção tubular distal de potássio. O íon hidrogênio é mais abundante e, por conseguinte, mais disponível na troca pelo sódio. A hipercalemia é encontrada na acidose respiratória aguda e tanto na acidose metabólica aguda como na crônica. É raro encontrar hipercalemia na acidose respiratória crônica. É importante notar que a elevação do K^+ plasmático pode ser acompanhada por redução do K^+ total do organismo como resultado da excessiva perda de K^+ pela urina, tanto na acidose respiratória crônica como na acidose metabólica crônica.

Avaliação laboratorial da hiperpotassemia

- *Ureia e creatinina.* Para determinar a presença de insuficiência renal.

- *Sódio e potássio.* Potássio urinário <20 mmol/L sugere excreção renal insuficiente. Valores >40 mmol/L indicam mecanismos de excreção normais, mas com ingestão elevada ou deficiências na captação celular.

- *Potássio urinário de 24 horas.* Raramente é medido para avaliar a capacidade excretora renal de potássio.

- *Hemograma.* Hematócrito e hemoglobina ou morfologia eritrocitária anormal sugerem hemólise. Leucocitose severa ou trombocitose aumentam a possibilidade de pseudo-hipercalemia.

- *Perfil metabólico.* Baixos valores de bicarbonato na hipercalemia são devidos à acidose metabólica. Hiperglicemia implica diabetes melito. Valores elevados de lactato-desidrogenase (LDH), ácido úrico, fósforo e transaminase pirúvica podem indicar hemólise, rabdomiólise ou lise tumoral. A creatinoquinase (CK) aumentada é encontrada na rabdomiólise.

- *Testes adicionais.* Dependendo dos resultados dos exames solicitados, outras avaliações são indicadas: cortisol, renina e aldosterona séricas para detecção de insuficiência adrenal. Glicose em jejum, hemoglobina glicada ou teste oral de tolerância à glicose para pesquisa de diabetes melito. Ensaios da 11-β-hidroxilase ou 21-hidroxilase são medidas para buscar deficiências que produzem síndromes de virilização, geralmente reconhecidas no período neonatal.

HIPERPOTASSIÚRIA

A hiperpotassiúria (aumento da excreção urinária de potássio) ocorre no início da inanição, no hiperaldosteronismo primário ou secundário, em enfermidades renais primárias, nas síndromes tubulares renais, durante as fases de recuperação da necrose tubular aguda, na acidose metabólica e na alcalose metabólica. A hiperpotassiúria é também observada após administração de ACTH, hidrocortisona e cortisona.

A *hipopotassiúria* eventualmente se apresenta como um sinal da depleção de K⁺ no organismo. Sua ocorrência é menos importante do que a de hipopotassemia.

DETERMINAÇÃO DO POTÁSSIO

Paciente. Não são exigidos cuidados especiais.

Amostra. *Soro, plasma heparinizado* ou *urina de 24 horas.* O soro ou o plasma devem ser isentos de hemólise, pois a concentração de potássio nos eritrócitos é consideravelmente maior. Coletar com o mínimo de estase e sem realizar atividade muscular (p. ex., abrir e fechar a mão antes ou durante a coleta). Obter o sangue de local distante de infusão parenteral.

Interferências. *Valores falsamente elevados:* separação incompleta do soro do coágulo, leucoses e plaquetas, acidemia (migração do potássio das células para o líquido extracelular em troca de íons hidrogênio), hiperlipidemia, heparina, espironolactona, lítio e penicilina G. *Resultados falsamente reduzidos:* ACTH, anfotericina, bicarbonato, cor-

ticosteroides, diuréticos orais, etanol, infusão de glicose, insulina, salicilatos, tiazidas e excesso de laxantes.

Métodos. Os métodos para determinação do potássio são os mesmos propostos para o sódio (ver anteriormente).

Valores de referência para o potássio	
Soro sanguíneo	3,5 a 5,0 mmol/L
Recém-nascidos (soro)	3,7 a 5,9 mmol/L
Líquido cefalorraquidiano	70% dos valores encontrados no soro em determinação simultânea
Urina	25 a 125 mol/d

Bibliografia consultada

BERRY, M.N.; MAZZACHI, R.D.; PEJAKOVIC, M.; PEAKE, M.J. Enzymatic determination of potassium in serum. **Clin. Chem., 35:**817-20, 1989.

DeFRONZO, R.A. Clinical disorders of hyperkalaemia. **Ann. Ver. Med., 33:**521-54, 1982.

KLEINMAN, L.I.; LORENZ, J.M. Physiology and pathophysiology of body water and electrolytes. In: KAPLAN, L.A.; PESCE, A. **Clinical chemistry: theory, analysis, correlation.** 3 ed. St. Louis: Mosby, 1996:439-63.

SCOTT, M.G.; LEGRIS, V.A.; KLUTTS, J.S. Electrolytes and blood gases. In: BURTIS, C.A.; ASHWOOD, E.R.; BRUNS, D.E. **Tietz fundamentals of clinical chemistry.** 6 ed. Philadelphia: Saunders, 2008:431-59.

SMITH, A.F.; BECKETT, G.J.; WALKER, S.W.; ERA, P.W.H. **Clinical biochemistry.** 6 ed. London: Blackwell Science, 1998:15-34.

TOFFALETTI, J.G. Electrolytes. In: BISHOP, M.L.; DUBEN-ENGELKIRK, J.L.; FODY, E.P. **Clinical chemistry: principles, procedures, correlations.** 3 ed. Philadelphia: Lippincott, 1996:255-78.

WHANG, R.; WHANG, D.D.; RYAN, M.P. Rfractory potassium repletion. A consequence of magnesium deficiency. **Arch. Intern. Med., 152:**40-53, 1992.

12.3 CLORETOS

Os cloretos são os ânions mais abundantes do líquido extracelular. Juntamente com o sódio, os cloretos desempenham importante papel na manutenção da distribuição de água no organismo, da pressão osmótica do plasma e da neutralidade elétrica.

CAPÍTULO 12 ▪ Eletrólitos, Água e Equilíbrio Ácido-Base

O adulto ingere na dieta 150 mmol/dia de íons cloreto, quase todo ele absorvido pelo sistema digestório, e o excesso é excretado na urina. São filtrados pelos glomérulos e passivamente reabsorvidos em associação com o sódio nos túbulos contornados proximais. Uma quantidade apreciável de cloretos é recuperada ativamente na alça de Henle mediante a chamada "bomba de cloretos"; teores ainda maiores são recuperados em conjunto com o sódio pela ação da aldosterona nos túbulos contornados distais. A reabsorção do sódio é limitada pela quantidade de cloretos disponíveis.

A eletroneutralidade é também mantida mediante o "deslocamento de cloretos". Nesse mecanismo, o dióxido de carbono gerado pelo metabolismo celular difunde-se para o plasma. Parte do dióxido de carbono penetra o eritrócito, onde reage com a água para formar ácido carbônico. A enzima anidrase carbônica catalisa a transformação do ácido carbônico em íons hidrogênio e bicarbonato. A hemoglobina reduzida tampona o íon hidrogênio, enquanto a concentração do bicarbonato eleva-se no eritrócito até difundir-se para o plasma. O cloreto penetra a célula em troca do bicarbonato para manter o balanço ânion-cátion.

O excesso de cloretos é excretado na urina e no suor. O suor excessivo estimula a secreção de aldosterona, que atua sobre as glândulas sudoríparas para reabsorver mais sódio e cloretos.

HIPOCLOREMIA

A hipocloremia (redução dos níveis de cloretos plasmáticos) é observada nas seguintes situações:

Perda gastrointestinal de bicarbonato. Falta de ingestão de sal, diarreia intensa, drenagem gástrica (perda de ácido clorídrico) ou vômito prolongado. Fármacos que aumentam a perda gastrointestinal de bicarbonato incluem o cloreto de cálcio, o sulfato de magnésio e a colestiramina.

Nefropatia perdedora de sal. Nefrites com perda de sal, provavelmente por deficiência na reabsorção tubular (apesar do déficit corporal de cloretos), como no caso da pielonefrite crônica. O uso e o abuso de diuréticos promovem a excreção de Na^+ associado ao Cl^-.

Insuficiência adrenal. A concentração do cloro é mantida, em geral, perto do normal, exceto nas crises addisonianas, em que o nível de cloro e sódio pode cair significativamente.

Acidose metabólica com acúmulo de ânions orgânicos. Causada pela excessiva produção (ou excreção diminuída) de ácidos orgânicos (p. ex., cetoacidose diabética ou insuficiência renal); nestes casos, o cloreto é parcialmente substituído pelo excesso de ânions, como o β-hidroxibutirato, o acetoacetato, o lactato e o fosfato.

Alcalose metabólica. Pode existir redução de cloro na ausência de déficit de sódio. Nesta condição, o excesso de bicarbonato (em presença de sódio normal) torna necessária a perda de cloro para manter a neutralidade elétrica.

Outras condições. Hiperaldosteronismo primário, intoxicação pelo bromo, queimaduras, SSIHAD e condições associadas com a expansão do volume do líquido extracelular (hipervolemia).

HIPERCLOREMIA

A hipercloremia (aumento de cloretos no plasma) está, geralmente, associada com a hipernatremia.

Acidose metabólica. A redução do bicarbonato plasmático representa, por definição, acidose metabólica, que pode ser primária ou secundária à alcalose respiratória. A acidose metabólica primária ocorre como resultado de aumento da produção de ácidos endógenos (p. ex., ácido lático ou cetoácidos), perda de bicarbonato por diarreia ou pelos túbulos renais ou, ainda, pelo acúmulo progressivo de ácidos endógenos por redução em decorrência da insuficiência renal. Para manter-se a neutralidade elétrica em caso de perda excessiva de bicarbonato extracelular, ocorre o aumento da concentração extracelular de cloretos e, portanto, de seu conteúdo. Nesse caso, o Na^+ apresenta teores normais. O bicarbonato também pode ser perdido pelo sistema digestório (vômitos prolongados) ou na acidose tubular renal, em que ocorre uma redução da absorção do bicarbonato pelos túbulos.

Outras condições. Desidratação, acidose tubular renal, insuficiência renal aguda, diabetes insípido, acetazolamida, esteroides e intoxicação por salicilato. Acidose hiperclorêmica pode ser um sinal de nefropatia. Teores elevados de cloretos também são encontrados no tratamento dos casos de excesso de sal, obstrução prostática, hiperventilação, hipoproteinemia, ureterossigmoidostomia e anemia.

CLORETO URINÁRIO

A excreção urinária de cloretos varia com a dieta, mas, em geral, são encontrados valores entre 110 e 250 mmol/d. Aumentos fisiológicos ocorrem com a diurese pós-menstrual e diminuem com a retenção de água e sal no período pré-menstrual, em paralelo com o aumento ou a redução do nível de sódio urinário. Diurese excessiva de qualquer causa é acompanhada pelo aumento na excreção de cloretos, como na depleção de potássio e na insuficiência adrenocortical.

A determinação dos cloretos na urina é útil para avaliar se a alcalose metabólica é sensível ou não ao tratamento com NaCl. Mais exatamente, uma concentração de cloreto urinário <10 mmol/L, como a produzida nos vômitos ou em caso de medicação com diuréticos, ingestão excessiva de álcalis e diarreia por cloretos, geralmente responde à terapia com NaCl.

CLORETOS NO SUOR

Normalmente, os cloretos são eletrólitos excretados no suor combinados quimicamente com o sódio ou outros cátions. Quantidades significativas de sódio e cloretos são encontradas no suor de portadores de *fibrose cística* – uma doença autossômica recessiva que ocorre em cerca de 1 de cada 200 nascimentos. A fibrose cística é uma desordem generalizada das glândulas exócrinas que se caracteriza pela excessiva secreção de muco glicoproteico, que precipita e causa a obstrução de passagens de órgãos. Em geral, a doença se manifesta na infância, não raro com sintomas gastrointestinais, principalmente esteatorreia e obstrução intestinal. Os principais sinais clínicos da doença são a maior tendência à doença pulmonar obstrutiva crônica, a deficiência pancreática exócrina com má absorção intestinal e a consequente desnutrição.

A avaliação dos teores de sódio e cloretos no suor apresenta dificuldades na coleta da amostra. Utilizam-se uma droga indutora, a *pilocarpina*, em uma área limitada da pele, e um aparelho em que uma corrente elétrica flui entre dois eletrodos. Isso provoca o aparecimento de suor nos locais em que a pilocarpina penetrou. Quando corretamente coletados e analisados, os níveis de cloretos no suor >60 mmol/L em crianças e >80 mmol/L em adultos são diagnósticos a quadro clínico adequado.

Emprega-se também um teste genético para a fibrose cística, o qual analisa o gene que expressa uma molécula proteica de 1.480 aminoácidos, o CTRF – *regulador da condutância transmembrana* –, que funciona como canal de transporte de íons cloro através das membranas apicais das células que revestem a superfície dos tubos glandulares ou da via aérea. Na fibrose cística, o principal evento mutante parece ser a deleção de três pares de bases, que resulta na perda de um aminoácido – a fenilalanina – na posição 508 da proteína CTRF. O sistema de análise examina a mutação $\Delta F\ 508$.

DETERMINAÇÃO DOS CLORETOS

Paciente. Não exige cuidados especiais.

Amostra. *Soro* e *plasma heparinizado* sem hemólise, *urina de 24 horas, suor* e *outros líquidos biológicos.* Evitar que o paciente abra e feche a mão antes ou durante a coleta do sangue. Coletar a amostra em um braço que não esteja recebendo infusão parenteral. O soro deve ser separado o mais rapidamente possível, pois alterações no pH da amostra modificam a distribuição dos cloretos entre os eritrócitos e o soro. Os cloretos no sangue venoso são, aproximadamente, 3 a 4 mmol/L menores que no sangue arterial.

Interferências. *Resultados falsamente elevados:* acetazolamidas, ácido borácico, brometo de sódio, ciclosporina, cloreto de amônio, cloreto de sódio, clorotiazida, colestiramina, espironolactona, fenilbutazona, glicocorticoides, imipenem-cilastina sódica, oxifenbutazona e sulfato de guanetidina. *Resultados falsamente reduzidos:* acetato de prednisolona, ácido etacrínico, aldosterona, bicarbonato de sódio, bumetanida, cloridrato de amilorida, ACTH, diuréticos mercuriais, diuréticos tiazídicos, fosfato sódico de prednisolona, furosemida, infusões prolongadas de glicose, tebutato de prednisolona e triantereno.

Métodos. Volhard, no século XIX, descreveu um método em que os cloretos eram precipitados pelo nitrato de prata. Várias modificações desse método foram publicadas, algumas das quais adquiriram grande popularidade. Outros métodos históricos determinavam os cloretos pela adição de iodato de prata sólido com a formação de cloreto de prata. O excesso de iodato era titulado pelo tiossulfato após redução pelo KI.

CAPÍTULO 12 ▪ Eletrólitos, Água e Equilíbrio Ácido-Base

- *Mercuriométrico/difenilcarbazona.* Líquidos biológicos contendo cloretos são facilmente titulados pelo nitrato de mercúrio, usando-se difenilcarbazona como indicador. As proteínas podem ser removidas do soro antes da titulação, melhorando a visualização do ponto final.

- *Mercuriométrico/tiocianato férrico.* Utiliza a capacidade do cloro em deslocar o tiocianato do tiocianato de mercúrio. O tiocianato liberado reage com o íon férrico para formar o complexo tiocianato férrico, de cor vermelha. Esse método é afetado pelas variações na temperatura.

- *Titulação coulométrica.* A titulação amperométrica-coulométrica é o método que emprega a geração coulométrica de íons Ag, que se combinam com o Cl^-. A indicação amperométrica do ponto final ocorre ao primeiro sinal de Ag^+ livre. O lapso de tempo é usado para calcular a concentração de Cl^- na amostra.

- *Eletrodos íons-seletivos.* O método mais popular, atualmente, é a medida do Cl^- pela técnica do íon-seletivo. As limitações desse método são as mesmas descritas para o sódio.

- *Enzimático.* Outro método para análise dos cloretos emprega a α-*amilase cloreto-dependente.* A amilase, que é dependente de íons cálcio, pode ser desativada pelo EDTA na ausência de íons cloretos. A amilase inativada é reativada por uma amostra contendo cloretos. O íon cloreto da amostra permite ao cálcio se reassociar com a α-amilase, causando a reativação da enzima. A quantidade de enzima reativada é proporcional à concentração dos cloretos na amostra. A α-amilase reativada reage com um substrato sintético (GNP-G7), liberando o 2-cloro-4-nitrofenol, que é detectado por espectrofotometria em 405 nm.

Valores de referência para os cloretos (mmol/L)	
Soro ou plasma	98 a 106
Urina	110 a 250
Suor	0 a 35

ÂNIONS INDETERMINADOS

O intervalo de ânions é uma aproximação matemática da diferença entre os ânions e os cátions medidos no soro. É utilizado para detectar teores alterados de ânions diferentes do Cl^- e do HCO_3^-. É dado pela fórmula:

$$Na^+ - (Cl^- + HCO_3^-) = mmol/L$$

Os ânions não medidos são os fosfatos, os sulfatos, as proteínas, os ácidos orgânicos e "traços" de outros ânions.

Valores de referência: 8 a 16 mmol/L.

Valores aumentados. Indicam teores elevados dos ânions não medidos. As causas são:

- Redução dos cátions não medidos. Hipocalcemia, hipomagnesemia.

- *Aumento dos ânions não medidos.* Associado com acidose metabólica (uremia, cetoacidose, acidose lática, envenenamento por salicilatos). Não necessariamente associado com acidose metabólica (hiperfosfatemia, hipersulfatemia, tratamento com lactato, citrato ou acetato, grandes doses de antibióticos – como penicilina e carbenecilina). Aumento da carga líquida das proteínas na alcalose.

Valores reduzidos. Podem resultar de aumento de cátions não medidos ou de diminuição de ânions não medidos.

- *Redução dos ânions não medidos.* Hipoalbuminemia e hipofosfatemia.

- *Aumento nos cátions não medidos.* Hipercalcemia, hipermagnesemia, paraproteínas, gamaglobulinas policlonais e drogas, como polimixina B ou lítio.

- *Sódio sérico subestimado.* Hiperproteinemia e hipertrigliceridemia (turvação), que alteram a medida do sódio.

- *Cloreto sérico sobre-estimado.* Bromismo e turvação (no método do tiocianato férrico).

Bibliografia consultada

EMMETT, M.D.; NARINS, R.G. Clinical use of the anion gap. **Medicine, 56:**38-54, 1977.

FRIEDMAN, K.J.; SILVERMAN, L.M. Cystic fibrosis syndrome: A new paradigm for inherited disorders and implications for molecular diagnostics. **Clin Chem 45:**929-31, 1999.

KLEINMAN, L.I.; LORENZ, J.M. Physiology and pathophysiology of body water and electrolytes. In: KAPLAN, L.A.; PESCE, A. **Clinical chemistry: theory, analysis, correlation.** 3 ed. St. Louis: Mosby, 1996:439-63.

ONO, T.; TANIGUCHI, J.; MITSUMAKI, H. et al. A new enzymatic assay of chloride in serum. **Clin. Chem., 35:**552-3, 1988.

SCOTT, M.G.; LEGRIS, V.A.; KLUTTS, J.S. Electrolytes and blood gases. In: BURTIS, C.A.; ASHWOOD, E.R.; BRUNS, D.E. **Tietz fundamentals of clinical chemistry.** 6 ed. Philadelphia: Saunders, 2008:431-59.

TOFFALETTI, J.G. Electrolytes. In: BISHOP, M.L.; DUBEN-ENGELKIRK, J.L.; FODY, E.P. **Clinical chemistry:** **principles, procedures, correlations.** 3 ed. Philadelphia: Lippincott, 1996:255-78.

VAN SLYKE, D.D. The determination of chlorides in blood and tissues. **J. Biol. Chem., 58:**523-9, 1923.

VOLHARD, J. Die silbertitrirung mit schwefelcyanammonium. **Z. Anal. Chem., 17:**482-99, 1878.

12.4 ÁGUA

A água, o mais abundante constituinte do corpo humano, é essencial ao metabolismo intermediário e às funções dos órgãos vitais. Tanto o equilíbrio da água no organismo como a sua distribuição entre os vários compartimentos corpóreos – intracelular, intersticial e intravascular – são rigorosamente mantidos por mecanismos homeostáticos dentro de limites estreitos. É importante manter o volume intravascular (sangue) para distribuição dos substratos e para remoção de produtos de excreção dos tecidos. Os mecanismos dependem da perfusão tecidual adequada que, por sua vez, é administrada pelo rendimento cardíaco, pela resistência vascular e pelo volume intravascular. Normalmente, o rendimento cardíaco e a resistência vascular permanecem relativamente constantes, e o principal determinante da perfusão tecidual é o volume sanguíneo.

O volume sanguíneo – que é parte e função do volume extracelular – é determinado, primariamente, pelo conteúdo de sódio extracelular. Desequilíbrios nesses compartimentos levam à hipernatremia ou hiponatremia e a alterações na osmolalidade plasmática, com o consequente movimento da água para dentro ou para fora do compartimento vascular. Distúrbios osmóticos e de volume muitas vezes ocorrem conjuntamente e, portanto, aí reside a importância em considerar tanto os eletrólitos como o metabolismo da água na avaliação de pacientes com problemas de hidratação.

DISTRIBUIÇÃO INTERNA DE ÁGUA E SÓDIO

Em um adulto de 70 kg, a água total compreende 42 L – cerca de 28 L no *líquido intracelular* (LIC) e 14 L no *líquido extracelular* (LEC). A água no líquido extracelular é assim distribuída: 3 L de água no plasma e 11 L de água intersticial. O Na^+ total do organismo representa, aproximadamente, 4.200 mmol – ao redor de 50% no LEC, 40% nos ossos e 10% no LIC. A água corporal total é inversamente proporcional à quantidade de gordura corporal, que varia com a idade, o sexo e o estado nutricional.

Dois importantes fatores influenciam a distribuição líquida entre o LIC e os compartimentos intravasculares e extravasculares do LEC:

- *Osmolalidade.* Afeta o movimento da água através das membranas celulares.
- *Pressão osmótica coloidal.* Juntamente com fatores hidrodinâmicos, a pressão afeta o movimento de água e solutos de baixa massa molecular (predominantemente NaCl) entre os compartimentos intravascular e extravascular.

OSMOLALIDADE

A *osmolalidade* está diretamente relacionada com o número de partículas de soluto por massa do solvente (uma solução de 1 osmol contém 1 osmol/kg de água, ou seja, mmol de soluto por kg de água). Depende do equilíbrio entre a água e os íons dissolvidos nela – principalmente o Na^+ que, conjuntamente com seus íons associados, é responsável por 90% da atividade osmótica do plasma. Muitos laboratórios determinam diretamente a osmolalidade plasmática, que pode também ser calculada a partir da fórmula (todas as concentrações são em mmol/L):

$$Osmolalidade = 2[Na^+] + 2[K^+] + [glicose] + [ureia]$$

A fórmula inclui os solutos de baixa massa molecular que contribuem para a osmolalidade

CAPÍTULO 12 • Eletrólitos, Água e Equilíbrio Ácido-Base

plasmática. O cálculo é aproximado e não substitui a medida direta. Duas situações alteram consideravelmente os valores obtidos por cálculo: (a) aumentos dos teores de proteínas ou lipídios plasmáticos, pois ambos diminuem a água plasmática por unidade de volume; (b) também diferem quando elevados níveis de solutos de baixa massa molecular estão presentes no plasma (p. ex., etanol).

Um aumento da osmolalidade no plasma desencadeia rapidamente a sede, provocando a ingestão de água para diluir o Na^+ e reajustar a osmolalidade para baixo.

A excreção de água do organismo é regulada por dois sistemas de controle. Um deles é proporcionado pelos osmorreceptores hipotalâmicos, que respondem a uma elevação da osmolalidade, fazendo com que a glândula hipofisária secrete o hormônio antidiurético (HAD), aumentando, por sua vez, a reabsorção da água nos túbulos coletores renais. O outro mecanismo é o sistema da aldosterona, que atua sobre os túbulos renais distais e os tubos coletores para reabsorver o Na^+ em troca com o K^+ e o H^+.

Com respeito à depleção de água, o parâmetro de laboratório mais importante é o sódio, especialmente para detectar a hiperosmolalidade causada pelas perdas de água.

Enfermidades preexistentes, como a disfunção renal e o diabetes, podem aumentar as concentrações de ureia e glicose, contribuindo para elevação da osmolalidade plasmática.

As alterações no valor do hematócrito refletem modificações de água com menor rapidez que a avaliação do sódio. Nos casos de aumento simultâneo do sódio e do hematócrito, indicam de maneira definitiva uma perda de água.

PRESSÃO OSMÓTICA COLOIDAL (PRESSÃO ONCÓTICA)

A pressão osmótica exercida pelas proteínas do plasma através das membranas celulares é negligenciável, quando comparada com a pressão osmótica de uma solução contendo NaCl e outras moléculas. As proteínas plasmáticas e os fatores hidrodinâmicos associados determinam a transferência de água e solutos através da parede capilar e, também, entre os compartimentos vascular e intersticial.

INGESTÃO DE ÁGUA

A ingestão diária de água é variável, e depende das perdas e de fatores psicológicos. A média de ingestão diária é de 2,5 L/d. O principal fator determinante da ingestão líquida é a sede, que está sob controle do centro da sede localizado no hipotálamo. O funcionamento normal desse centro é influenciado por:

- *Tonicidade do LEC*. Hipertonicidade aumenta a sede.
- *Volume sanguíneo*. Redução do volume aumenta a sede.
- *Fatores diversos*. Dor e estresse, por exemplo, aumentam a sede.

EXCREÇÃO

Um indivíduo está em equilíbrio aquoso quando a ingestão e a perda total de água corporal são aproximadamente iguais. Quantidades variáveis de líquido são perdidas pela pele (suor) e membranas mucosas (água livre de eletrólitos no ar expirado) e dependem da temperatura ambiente e da ventilação pulmonar. Uma pequena quantidade de água é perdida nas fezes (<100 mL/d). A principal perda de água ocorre nos rins.

EXCREÇÃO RENAL DE ÁGUA

Diariamente, 130 a 180 litros de água estão presentes como filtrado glomerular nos túbulos proximais renais. Somente 1 a 2 litros são liberados como urina. Isso porque são realizadas a reabsorção passiva de 70% a 80% no túbulo proximal (fluxo iso-osmótico de água obrigatório, consequente à reabsorção de sódio) e a reabsorção nos ductos coletores sob a influência do HAD (hormônio antidiurético).

O rim tem a capacidade de excretar grandes quantidades de urina diluída (acima de 20 a 30 L/d) e, também, concentrar a urina até 0,5 L/d. Esta capacidade de diluir e concentrar a urina é decorrente de dois mecanismos:

- Capacidade de remover eletrólitos, particularmente NaCl, a partir do filtrado glomerular, para produzir urina diluída.
- Capacidade dos ductos coletores de reabsorverem água do líquido luminal.

Hormônio antidiurético (HAD). Também chamado arginina-vasopressina, promove a conservação renal da água por aumento da permeabilidade e da reabsorção da mesma nos ductos coletores. Existem alguns fatores que controlam a produção e a secreção de HAD:

- *Tonicidade do LEC.* Osmorreceptores localizados no hipotálamo respondem aos aumentos na tonicidade do LEC pelo incremento na produção e na secreção de HAD. A redução da tonicidade causa efeito inverso. O mecanismo é muito sensível, respondendo por alterações de 1% a 2% da tonicidade plasmática, que é equivalente a uma alteração da concentração do sódio plasmático de 3 mmol/L.

- *Volume sanguíneo.* Os barorreceptores nas circulações venosa e arterial estimulam a liberação de HAD por vias neuronais em resposta à redução do volume sanguíneo. O mecanismo somente responde a diminuições acima de 10% no volume.

- *Outros estímulos.* O HAD é estimulado também por: (a) estresse (dor e trauma), (b) náusea (pós-cirurgia) e (c) drogas (opiáceos, barbitúricos, clorpropamida). Um aumento transitório do HAD muitas vezes ocorre após cirurgia devido a dor, estresse, náusea e medicação com opiáceos. Hipovolemia decorrente de perda de sangue também pode ser um estimulante.

DISTRIBUIÇÃO INTRACELULAR-EXTRACELULAR

Os volumes relativos do líquido intracelular (LIC) e do líquido extracelular (LEC) dependem do gradiente de tonicidade através das membranas celulares. Se a tonicidade no LIC é maior que a do LEC, o líquido migra para dentro das células; na situação inversa, move-se para fora das células. Em um indivíduo normal, a tonicidade intracelular (devida, principalmente, ao potássio) e a tonicidade extracelular (devida, principalmente, ao sódio) são similares (cerca de 300 mmol/kg), e não ocorrem grandes variações nos conteúdos de água nos diferentes compartimentos.

Como a tonicidade do LEC decorre, principalmente, do sódio, o volume extracelular e intracelular varia com o conteúdo total de sódio no LEC. Desse modo, alterações no conteúdo de sódio do LEC promovem modificações na distribuição da água entre os dois compartimentos:

- *Aumento do sódio do LEC.* O aumento da tonicidade move a água para fora das células, provocando desidratação celular.

- *Redução do sódio no LEC.* O decréscimo da tonicidade causa a entrada de água nas células, produzindo hiper-hidratação ou edema celular.

DEFICIÊNCIA DE ÁGUA

Indivíduos que apresentam deficiência de água (desidratação) também demonstram graus variáveis de depleção do sódio, pois todos os líquidos do organismo contêm este íon.

As causas básicas de deficiência de água, que se apresenta como desidratação, é um balanço aquoso negativo, no qual a ingestão é menor que a excreção. A falta de ingestão é facilmente dirimida se o paciente tiver acesso à água e o mecanismo da sede estiver intacto. Por outro lado, o sódio está presente em quantidades significativas em todos os líquidos corporais (incluindo a urina), e sua deficiência nos estados de desidratação se deve mais à perda excessiva do que à ingestão inadequada. Dependendo da quantidade concomitante de perda de sódio, a depleção de água é geralmente classificada com base na perda de líquidos de três tipos:

Depleção predominante de água. Na depleção de água "pura" têm-se: (a) a ingestão inadequada de água (oral ou parenteral) em relação ao normal e (b) perda renal (incluindo diabetes insípido, diurese osmótica). Pode ocorrer em:

- Indivíduos idosos, muito jovens ou muito doentes para beber.

- Terapia parenteral inapropriada.

- Distúrbio no centro da sede.

Nessas situações, a perda de água no ar expirado ou no suor contribui consideravelmente para o balanço anormal quando os mecanismos homeostáticos (p. ex., reflexo da sede) falham em face de depleção intensa, tanto devida à ingestão inadequada como à excessiva perda por outras vias.

Perda de líquidos hipotônicos. A desidratação por perda de líquidos contendo quantidades significativas de sódio (acompanhada de ingestão inadequada de líquidos) pode resultar de:

- *Perda pela pele.* Suor excessivo.

- *Perda digestória.* Vômito, diarreia, gastroenterite, estomatite e drenagem em fístulas.

CAPÍTULO 12 • Eletrólitos, Água e Equilíbrio Ácido-Base

- *Perda renal.* Terapia diurética, doença de Addison, nefrites perdedoras de sais e diabetes insípido.

Perda de líquidos isotônicos. Embora incomum, pode ocorrer nas seguintes situações:

- *Perda sanguínea.* Hemorragia e acidentes.
- *Perda de plasma.* Queimaduras.
- *Acúmulo no "terceiro espaço".* Pancreatite e peritonite.

CONSEQUÊNCIAS DA DEFICIÊNCIA DE ÁGUA

A depleção de água está associada com hipovolemia (desidratação) e várias anormalidades nos níveis do sódio sérico e urinário, na osmolalidade e no volume, que depende da via e do tipo de perda líquida.

Depleção de água predominantemente pura. A perda de sódio é pequena (5 a 10 mmol/L) e é dividida entre os compartimentos intracelular e extracelular. Pode ser substancial mesmo antes da ocorrência de qualquer evidência clínica de hipovolemia (pressão sanguínea baixa, aumento da velocidade do pulso). Os pacientes desenvolvem hipernatremia (perda maior de água em relação à depleção do sódio), que pode ser severa (p. ex., 160 a 170 mmol/L), sem qualquer evidência de hipovolemia. Se os rins estiverem funcionando normalmente (depleção por causas extrarrenais), a urina pode:

- Apresentar volume reduzido.
- Estar altamente concentrada (osmolalidade: 600 a 1.000 mmol/kg) devido à hipertonicidade induzida por liberação de HAD.
- Baixa natriúria devido à conservação renal de sódio (hipovolemia moderada). Nos casos de diabetes insípido, a ausência de HAD resulta na passagem de quantidades copiosas de urina muito diluída (osmolalidade: 50 a 100 mmol/kg).

Perda líquida isotônica. Refere-se à depleção líquida acompanhada do sódio. A perda envolve somente o compartimento extracelular. Assim, não ocorrem alterações na osmolalidade do LEC (normonatremia) nem deslocamentos de água para o compartimento intracelular. Dependendo da quantidade da perda, haverá uma redução no volume do LEC e uma diminuição do volume intravascular, comprometendo a circulação e levando ao desenvolvimento de hipotensão, ao aumento na velocidade do pulso etc. A hipovolemia estimula:

- A retenção renal de sódio, com concentrações <10 mmol/L.
- A liberação de HAD, resultando em alta osmolalidade urinária (na ordem de 600 a 1.000 mmol/kg).

Perda de líquido hipotônico. Envolve líquidos de tonicidade intermediária entre os líquidos isotônicos e a água pura (p. ex., líquido com teor de sódio ao redor de 50 mmol/L). A perda consiste em duas fases: (a) fase da água pura e (b) fase de líquido isotônico. Por exemplo, a perda de 3 L de líquido com conteúdo de 50 mmol/L de NaCl pode ser considerada como a perda de 2 L de água pura mais 1 L de salina isotônica (nível de sódio de 150 mmol/L). A perda desses líquidos resulta em:

- Perda de 1 L de LEC (porção isotônica).
- Perda de 2 L entre o LEC e o LIC (porção de água pura).

A diferença entre a perda do líquido hipotônico e a perda de água pura (de mesmo volume) é a maior diminuição do LEC e, também, do volume intravascular, acarretando, no primeiro caso, sintomas clínicos de hipovolemia (aumento na velocidade do pulso e hipotensão).

Nas perdas extrarrenais (vômito, diarreia etc.), o sódio urinário apresenta-se baixo (<10 mmol/L) e está associado com pequeno volume urinário e elevada osmolalidade urinária: 600 a 1.000 mmol/L. Por outro lado, se a perda for de origem renal (diuréticos ou deficiência de mineralocorticoides), o sódio urinário poderá estar elevado (>20 mmol/L).

Os pacientes com perda de líquidos hipotônicos podem apresentar concentrações de sódio variáveis e são classificados como tendo *desidratação hipertônica, isotônica* ou *hipotônica*. A perda de líquido hipotônico resulta, inicialmente, em hipernatremia devido à perda relativamente maior de água que de sódio, ou seja, o paciente será hipernatrêmico (e hipertônico). A desidratação hipertônica estimula o centro da sede e, assim, o paciente minimiza parte do déficit. Se a reposição é feita com água pura (sem sal), ocorre redução da tonicidade sérica com normonatremia e, em alguns casos, hiponatremia.

EXCESSO DE ÁGUA

O excesso de água total se apresenta como edema periférico e hiponatremia. O edema sempre está acompanhado de excesso de sódio. A hiponatremia está associada a um conteúdo de água total normal ou levemente reduzido.

Em geral, o excesso de água reflete a diminuição da excreção renal decorrente do aumento da atividade do HAD. Teoricamente, pode ser devido à ingestão aumentada ou à excreção inadequada de água, ou a ambas. As principais causas do excesso de água são:

Retenção do sódio (ver Sódio).

Redução da excreção renal de água. A antidiurese é promovida por:

- *Síndrome de secreção inadequada do hormônio antidiurético* (SSIHAD) – a secreção contínua de HAD em face de hipotonicidade ou aumento do volume intravascular, ou ambos. As causas mais comuns são:
  - *Tumores.* Carcinoma de brônquios, próstata e pâncreas. Tumores cerebrais: glioma e meningioma.
  - *Patologia cerebral.* Tumores, traumatismos/ acidentes cerebrais. Infecções: abscessos, meningite e encefalite.
  - *Patologia pulmonar.* Tumores: carcinoma bronquial. Infecções: tuberculose, pneumonia. Pneumotórax. Hidrotórax.
  - *Outras causas.* Síndrome de Guillain-Barré e ingestão aguda de álcool.

As características desse estado são baixa osmolalidade sérica e hiponatremia associada com elevada osmolalidade urinária.

Em termos práticos, é importante considerar as várias condições que devem ser satisfeitas antes de confirmar o diagnóstico da SSIHAD. Ou seja, devem ser levadas em conta as seguintes informações:

- Sem evidências de desidratação.
- Nenhuma disfunção suprarrenal, hipofisária ou tireoidiana.
- Sem drogas ou terapia antidiurética.
- Resposta positiva à restrição líquida (<500 mL/d), com normalização dos valores séricos do sódio e da osmolalidade.

- *Fármacos antidiuréticos.* Uma grande variedade de drogas produz uma síndrome indistinta da SSIHAD, pois ambas estimulam a secreção de HAD ou a potencializam no nível renal:
  - Fármacos que aumentam a secreção do HAD. Hipnóticos: barbitúricos. Narcóticos: morfina. Hipoglicêmicos: clorpropamida, tolbutamida. Anticonvulsivantes: carbamazepina. Antineoplásicos: vincristina, vimblastina, ciclofosfamida. Outros: clofibrato e derivados nicotínicos.
  - Drogas que potencializam a atividade do HAD. Hipoglicêmicos: clorpropamida, tolbutamida, paracetamol e iodometacina.

- *Hiponatremia diurético-relacionada.* São frequentes os achados de hiponatremia em pacientes sob terapia diurética, os quais estão relacionados com a hipovolemia. Uma das características desse estado é a hipocalemia, além da depleção de potássio (não associada à SSIHAD), principalmente em pacientes com mais de 70 anos. O mecanismo exato ainda não foi esclarecido.

- *Desordens endócrinas.* Hipotireoidismo e deficiência isolada de cortisol podem estar associados a síndromes semelhantes à SSIHAD. Aqui também a causa é desconhecida.

- *Distúrbios na ingestão de água.* A ingestão compulsiva de água não leva à intoxicação se a função renal permanece intacta.

Bibliografia consultada

AVNER, E.D. Clinical disorders of water metabolism: hyponatremia and hypernatremia. **Pediatr. Ann., 1:** 23-30, 1995.

DUGGAN, C.; REFAT, M.; HASHEM, M. How valid are clinical signs of dehydration in infants? **J. Pediatr. Gastroenterol. Nutr., 22:** 56-61,1996.

HOLLIDAY, M.A.; FRIEDMAN, A.L.; WASSNER, S.J. Extracellular fluid restoration in dehydration: a critique of rapid versus slow. **Pediatr. Nephrol., 4:** 292-7, 1999.

SCOTT, M.G.; LEGRIS, V.A.; KLUTTS, J.S. Electrolytes and blood gases. In: BURTIS, C.A.; ASHWOOD, E.R., BRUNS, D.E. **Tietz fundamentals of clinical chemistry.** 6 ed. Philadelphia: Saunders, 2008:431-59.

WALMSLEY, R.N.; WATKINSON, L.R.; KOAY, E.S. **Cases in chemical pathology: a diagnostic approach.** Singapore: World Scientific, 1992.

12.5 DISTÚRBIOS DO EQUILÍBRIO ÁCIDO-BASE

HOMEOSTASE DOS ÍONS HIDROGÊNIO

Os processos metabólicos normais nas células teciduais consomem oxigênio e produzem continuamente CO_2 e ácidos orgânicos. Um indivíduo normal pesando 70 kg produz diariamente 15.000 a 20.000 mmol de dióxido de carbono que, ao reagir com a água, forma um ácido fraco, o ácido carbônico. Produz também ao redor de 70 a 100 mmol de ácidos não voláteis (ácidos sulfúrico e fosfórico, entre outros). O ácido lático, o ácido acetoacético e o ácido β-hidroxipirúvico são produtos intermediários que normalmente são transformados em dióxido de carbono e água antes da excreção. Esses produtos do metabolismo são transportados até os órgãos excretores (pulmão e rim) via líquido extracelular e sangue, com variação na concentração do H^+ entre 36 e 44 nmol/L. A manutenção da concentração do íon hidrogênio é realizada pela ação combinada dos *sistemas tampões sanguíneos, sistema respiratório* e *mecanismos renais.*

O íon hidrogênio, como outros íons, é mantido no organismo sob controle rigoroso, conservando a concentração de H^+ nos líquidos extracelulares dentro de valores de 36 a 44 nmol/L. Em comparação com outros íons, o H^+ está em concentração muito baixa. No plasma, por exemplo, representa aproximadamente 300.000 vezes menos que os teores de íons sódio (Tabela 12.1).

Tabela 12.1 Teores de eletrólitos no soro sanguíneo

Na^+	145.000.000 nmol/L
Cl^-	95.000.000 nmol/L
HCO_3^-	24.000.000 nmol/L
K^+	4.500.000 nmol/L
H^+	40 nmol/L

A concentração do íon hidrogênio é expressa pela escala de pH:

$$pH = -\log[H^+]$$

O pH normal no sangue arterial é de 7,40, e é equivalente à concentração de H^+ de 40 nmol/L.

Devido à relação recíproca entre a concentração de $[H^+]$ e o pH, o aumento na $[H^+]$ reduz o pH, enquanto a diminuição na $[H^+]$ eleva o pH. As condições em que o pH está abaixo dos valores de referência são denominadas *acidose,* enquanto aquelas em que o pH está acima são chamadas *alcalose.* Tecnicamente, o sufixo *ose* refere-se ao processo no organismo, enquanto o sufixo *emia* (acidemia, alcalemia) refere-se ao estado correspondente no sangue.

EQUAÇÃO DE HENDERSON-HASSELBALCH

A equação de Henderson-Hasselbalch é fundamental para a compreensão do pH dos líquidos biológicos. A equação relacionando as concentrações do bicarbonato e do ácido carbônico e o pH é:

$$pH = pK' + \log \frac{[HCO_3^-]}{[H_2CO_3]}$$

O pK' é o pH em que ocorrem quantidades iguais de bicarbonato e ácido carbônico. A concentração do H_2CO_3 não é medida mas, como é proporcional ao CO_2 dissolvido (dCO_2), pode ser substituída por $\alpha \times PaCO_2$, onde α é o coeficiente de solubilidade para o CO_2 e tem como valor $\alpha = 0,03$. A equação pode ser escrita da seguinte maneira:

$$pH = pK' + \log \frac{[HCO_3^-]}{\alpha \times PaCO_2}$$

Em condições normais, a concentração plasmática de bicarbonato é de 24 mmol/L e a do dióxido de carbono é de 1,25 mmol/L (ou $PaCO_2 = 40$ mm de Hg); o valor de pK' é 6,1. Substituindo-se estes valores na equação de Henderson-Hasselbalch, temos que:

$$pH = 6,1 + \log \frac{24}{0,03 \times 40}$$

igual a:

$$pH = 6,1 + \log 20$$

$$pH = 6,1 + 1,3 = 7,4$$

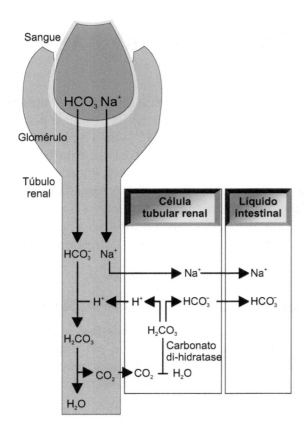

Figura 12.1 Reabsorção do bicarbonato no túbulo renal.

Desse modo, qualquer alteração na concentração tanto do bicarbonato como do CO_2 dissolvido e, portanto, da relação bicarbonato/dióxido de carbono dissolvido, é acompanhada de modificações de pH. Para descrever exatamente o equilíbrio ácido-base do paciente, é necessário medir o pH, o bicarbonato e a $PaCO_2$ no plasma.

O oxigênio e o dióxido de carbono no sangue são reportados nos termos de pressão parcial. A pressão parcial de um gás em um líquido é a pressão parcial daquele gás com o qual o líquido está em equilíbrio.

TAMPONAMENTO DOS ÍONS HIDROGÊNIO

A primeira linha de defesa contra as mudanças na concentração de H^+ é provida pelos sistemas tampões presentes em todos os líquidos biológicos. Os tampões são substâncias que, em soluções aquosas, resistem às variações do pH quando às mesmas são adicionadas quantidades relativamente pequenas de ácido (H^+) ou base (OH^-). Um sistema tampão consiste em um ácido fraco (o doador de prótons) e sua base conjugada (o receptor de prótons). Os sistemas tampões nos líquidos corpóreos são:

Sistema tampão bicarbonato/ácido carbônico. No plasma, o sistema tampão bicarbonato/ácido carbônico tem um pK de 6,1 e processa o principal produto do metabolismo, o CO_2:

$$CO_2 \leftrightarrow CO_2 + H_2O \leftrightarrow H_2CO_3 \leftrightarrow HCO_3^- + H^+$$

Quando um ácido é adicionado ao sistema tampão bicarbonato/ácido carbônico, o HCO_3^- combina-se com o H^+ para formar H_2CO_3. Quando uma base é adicionada, o H_2CO_3 se combina com o grupo OH para formar água e HCO_3^-. Nos dois casos, as modificações no pH são minimizadas (Figura 12.1).

Sistema tampão hemoglobina. O sistema está localizado nos eritrócitos. A hemoglobina (Hb) capta o H^+ livre do seguinte modo:

$$CO_2 + H_2O \leftrightarrow H_2CO_3 \leftrightarrow HCO_3^- + H^+$$

$$H^+ + Hb^+ \leftrightarrow HHb^+ + O_2 \leftrightarrow HbO_2$$

A hemoglobina e as proteínas séricas apresentam elevado conteúdo de resíduos do aminoácido histidina. O grupo imidazol da histidina tem pK de aproximadamente 7,3. Esta combinação de alta concentração com pK apropriado torna a hemoglobina o agente tampão dominante no sangue em pH fisiológico. O CO_2 formado nos tecidos periféricos é transportado no plasma como HCO_3^-, enquanto o H^+ é ligado à hemoglobina nos eritrócitos. Os íons bicarbonato saem dos eritrócitos em troca dos íons cloreto, para manter a neutralidade elétrica.

Sistema tampão fosfato. É um componente menor do sistema tampão do sangue.

Sistema tampão de proteínas plasmáticas. O efeito tampão é bem menor, quando comparado ao sistema bicarbonato/ácido carbônico ou ao sistema hemoglobina.

ÂNIONS INDETERMINADOS (AI)

Os ânions indeterminados são uma aproximação matemática da diferença entre os teores de ânions e os de cátions medidos no soro. São utilizados para detectar teores alterados de ânions diferentes do Cl^- e HCO_3^-. É dado pela fórmula:

$$AI = Na^+ - (Cl^- + HCO_3^-) = mmol/L$$

CAPÍTULO 12 ▪ Eletrólitos, Água e Equilíbrio Ácido-Base

Os ânions não medidos são fosfatos, sulfatos, proteínas, ácidos orgânicos e "traços" de outros ânions.

TRANSTORNOS DO EQUILÍBRIO ÁCIDO-BASE

No transcurso dos processos metabólicos normais, o organismo produz continuamente substâncias ácidas com formação de íons hidrogênio nos líquidos corporais. O pH do sangue arterial é mantido dentro de limites muito estreitos (7,36 a 7,42). Isso ocorre porque os sistemas tampões proporcionam uma defesa imediata contra as variações da acidez, aceitando ou liberando prótons instantaneamente, ainda que a regulação eficaz das concentrações de H^+ seja efetuada de modo mais lento pelos pulmões e os rins.

O principal produto ácido do metabolismo corporal é o CO_2, o representante do ácido carbônico verdadeiro. A concentração de dióxido de carbono dissolvido no plasma é de 1,2 mmol/L, equivalente a uma $PaCO_2$ = 40 mm de Hg. Durante o transporte dos locais de produção até os pulmões, o CO_2 reage com a água e os sistemas tampões, tornando a composição dos líquidos corporais constante, já que a quantidade de CO_2 eliminada pela respiração é igual à quantidade produzida pelas células de todo o organismo.

Do mesmo modo, quando os processos metabólicos dão origem a produtos ácidos não voláteis, seus prótons são extraídos instantaneamente pela ação tamponante nos líquidos corporais.

O CO_2 é transportado no sangue de várias formas. As três mais abundantes e importantes são os íons bicarbonato nos eritrócitos e no plasma, a carbamino-hemoglobina (CO_2Hb) nos eritrócitos e o dCO_2 no plasma e nos líquidos eritrocitários. Nos líquidos extracelulares, o equilíbrio entre o CO_2, o ácido carbônico e o bicarbonato pode ser representado do seguinte modo:

$$H_2O + CO_2 \leftrightarrow H_2CO_3 \leftrightarrow H^+ + HCO_3^-$$

O CO_2 é eliminado pelos pulmões. Este mecanismo reduz ao mínimo as alterações de pH. Contudo, a capacidade de tamponamento se esgota rapidamente e necessita do apoio do mecanismo renal.

As principais funções renais no metabolismo ácido-base são: a excreção do ácido, a retenção do bicarbonato existente e a produção de novo bicarbonato em resposta ao que foi consumido no tamponamento dos ácidos não voláteis. Quando a concentração de bicarbonato no plasma aumenta, o excesso é excretado na urina. Quando diminui, é produzido novo bicarbonato mediante a excreção de prótons até os sistemas de tamponamento urinários. Normalmente, os prótons são eliminados por meio da formação de amônia e da conversão de HPO_4^- em $H_2PO_4^-$.

Todas as variações de pH dos líquidos corporais estimulam os processos regulatórios adequados nos rins. A acidose estimula a secreção de íons hidrogênio, traduzindo-se em aumento notável das concentrações de íon amônio; ou seja, em acidose extrema, a produção de amônia pode aumentar 10 vezes ou mais em relação à taxa de produção normal (40 a 50 mmol/d).

A quantidade de bicarbonato reabsorvido, ou seja, o conteúdo de bicarbonato do plasma, é determinada pela $PaCO_2$. A hipercapnia estimula a reabsorção renal de bicarbonato e eleva o bicarbonato plasmático; a hipocapnia tem efeito oposto. No que se refere ao pulmão, a resposta respiratória às mudanças do pH do sangue é quase instantânea: a acidose estimula a ventilação e a alcalose a deprime.

Cuidados especiais devem ser tomados no manejo de situações clínicas originadas a partir de transtornos do equilíbrio ácido-base e do equilíbrio eletrolítico. As provas de laboratório empregadas para explorar e compreender tais situações são a análise dos gases sanguíneos (AGS) e as determinações da composição de eletrólitos sanguíneos (CES).

Na maioria dos casos, somente a AGS proporciona a classificação do tipo de transtorno implicado (metabólico, respiratório ou misto); os estudos da CES adicionam uma melhor definição das alterações, como a alcalose hipoclorêmica-hipotassêmica e sua oposta, a acidose hiperclorêmica-hipopotassêmica. Além disso, os estudos da CES permitem o cálculo dos "ânions indeterminados" para estabelecer as características de diversas situações clínicas.

Os transtornos do equilíbrio ácido-base se agrupam, classicamente, em quatro tipos principais:

- Acidose metabólica.
- Alcalose metabólica.
- Acidose respiratória.
- Alcalose respiratória.

Também existem casos em que dois ou mais transtornos ocorrem concomitantemente no mesmo paciente, constituindo transtornos "mistos" do equilíbrio ácido-base.

A acidose é a classe de transtorno que tende a adicionar ácido ao organismo e extrair base do mesmo; ao contrário, a alcalose adiciona álcali ou retira ácido. Quando os transtornos modificam o pH do sangue tem-se, respectivamente, uma situação de acidemia (pH baixo) ou alcalemia (pH alto).

O adjetivo "metabólico" indica que a alteração primária consiste na mudança da concentração do bicarbonato, enquanto o termo "respiratório" implica uma variação primária de CO_2.

Compensação dos distúrbios ácidos-bases

O processo utiliza os mecanismos homeostáticos para restabelecer o equilíbrio ácido-base no sentido da volta do pH sanguíneo ao normal. A alteração do pH causada por um distúrbio ácido-base simples é atenuada por um distúrbio ácido-base secundário. Por exemplo, a acidose metabólica (redução da concentração do bicarbonato) é compensada por uma alcalose respiratória secundária (redução da $PaCO_2$). Existem dois importantes aspectos com referência aos processos compensatórios:

- Nas desordens ácidos-bases simples, a compensação desloca o pH em direção ao normal, mas *raramente* atinge completamente este valor, ou seja, nos distúrbios simples o pH geralmente permanece alterado. As exceções são a alcalose respiratória prolongada e a acidose respiratória moderada, em que a compensação pode ser "completa".
- Nas quatro desordens simples, a resposta compensatória é facilmente predizível. Por exemplo, para um determinado valor de bicarbonato em uma acidose metabólica simples, é possível calcular a $PaCO_2$ esperada.

ACIDOSE METABÓLICA (DÉFICIT PRIMÁRIO DE BICARBONATO)

Na acidose metabólica, os rins não eliminam o excesso de íons hidrogênio e não recuperam uma quantidade suficiente de bicarbonato (flecha voltada para baixo na fórmula), em presença de uma $PaCO_2$ normal. Isso reduz a razão entre bicarbonato e o ácido carbônico (menos de 20:1); por este motivo, ocasiona uma diminuição do pH (flecha para baixo):

$$\downarrow pH = pK' + \log \frac{[HCO_3^-] \downarrow}{0,03 \times pCO_2 =}$$

A acidose metabólica é classificada como tendo ânions indeterminados normais ou ânions indeterminados elevados:

Acidose metabólica com ânions indeterminados normais. Para manter os ânions indeterminados normais na acidose metabólica, o déficit de bicarbonato deve ser compensado por um aumento correspondente de cloretos; por isso, este distúrbio muitas vezes é designado como acidose metabólica hiperclorêmica.

- *Perda gastrointestinal de* HCO_3^-. Diarréia profusa e vários estados de má absorção intestinal podem provocar a perda de bicarbonato (o líquido intestinal contém entre 40 e 60 mmol/L de bicarbonato).
- *Perda renal de* HCO_3^-. Acidose tubular renal proximal (tipo 2).
- *Insuficiência da excreção de* H^+. Acidose tubular renal distal (tipo 1), acidose tubular renal tipo 4 e insuficiência renal.
- Expansão rápida de volume com cloreto de sódio isotônico.
- Infusão ácida: cloreto de amônio, hiperalimentação.

Acidose metabólica com ânions indeterminados altos

- *Cetoacidose.* Os ácidos graxos livres liberados do tecido adiposo têm dois destinos principais: (a) são metabolizados no fígado ou (b) entram na mitocôndria e são transformados em corpos cetônicos. A cetoacidose ocorre quando aumenta a oferta de ácidos graxos, e a via preferencialmente utilizada é a da formação de corpos cetônicos. Esta via é favorecida na ausência de insulina, jejum prolongado, em certas formas de diabetes e pelo aumento da ação do glucagon.
  - No diabetes, a taxa de produção de corpos cetônicos (ácidos acetoacético e β-hidroxibutírico e acetona) a partir dos ácidos graxos excede a sua destruição no metabolismo. Hi-

perglicemia, acidose metabólica e aumentos do β-hidroxibutirato confirmam o diagnóstico. A cetoacidose pode ser precipitada em pacientes com diabetes tipo 1 por condições de estresse (p. ex., infecção, cirurgia e trauma emocional). Também ocorre em pacientes com diabetes tipo 2.

- Cetoacidose alcoólica. A ingestão aumentada de álcool, acompanhado de jejum, promove a inibição da gliconeogênese. Os pacientes apresentam um grau moderado de acidose lática. Pode existir mais de um distúrbio metabólico (p. ex., acidose metabólica moderada, alcalose metabólica secundária ao vômito).
- Cetoacidose por inanição, como reflexo do aumento do metabolismo das gorduras. É exacerbada pelo exercício.

- *Acúmulo de ácido lático (acidose lática).* O lactato é proveniente do piruvato pela ação da enzima lactato-desidrogenase e envolve a transformação do NADH em NAD$^+$. Esta é uma reação de equilíbrio, estando a quantidade de lactato produzida relacionada com as concentrações de piruvato, NADH e NAD$^+$ no citosol. A produção diária de lactato é de 20 mEq/kg/d, o qual é metabolizado a piruvato no fígado, no rim e, em menor grau, no coração. A produção e a degradação do lactato (ciclo de Cori) permanecem em equilíbrio e mantêm o lactato plasmático baixo. A principal via de transformação do piruvato é em acetil-CoA, que entra no ciclo do ácido cítrico. Em presença de disfunção mitocondrial, o piruvato acumula-se no citosol, levando à maior produção de lactato. Assim, o lactato acumula-se no sangue quando a produção é maior que a degradação. Teores >4 a 5 mEq/L são considerados diagnósticos de acidose lática. Ocorre nas seguintes situações:
- Secundário a uma insuficiência circulatória ou respiratória aguda, com perfusão tissular e oxigenação arterial defeituosas. Choque de qualquer tipo (hipovolêmico, hemorrágico e séptico), hipoxia (hipoxêmica, anóxica, circulatória e histotóxica).
- Impedimento da transformação do piruvato em lactato no fígado, em consequência de necrose hepática.
- Fármacos, como a fenformina, um antidiabético oral, que reduz a gliconeogênese no fígado e aumenta a lipólise no tecido adiposo,

e o cloreto de amônio, que se decompõe no fígado em amoníaco e ácido clorídrico.
- Leucemia e infecções graves em que se produz ácido lático em quantidades excessivas, como consequência de aumento no metabolismo dos carboidratos.

- *Intoxicação pelo metanol.* Quando metabolizado, o metanol produz formaldeído em presença da álcool-desidrogenase e, a seguir, ácido fórmico. O formaldeído é responsável pela toxicidade do nervo óptico e do SNC, enquanto a elevação dos ânions indeterminados deve-se ao acúmulo de ácido fórmico, de ácido lático e de cetoácido.

- *Intoxicação pelo salicilato.* A ingestão deliberada ou acidental de salicilatos pode produzir acidose metabólica, apesar de a alcalose respiratória ser mais pronunciada nesses casos. Os ânions indeterminados aumentados são devidos ao íon salicilato, aos cetoácidos e ao ácido lático. O ácido salicílico é solúvel em lipídios e pode difundir-se para o SNC. A acidose metabólica aumenta, assim, a entrada do salicilato no SNC, promovendo alcalose respiratória e toxicidade ao SNC.

- *Insuficiência renal crônica.* O problema principal é a redução da capacidade renal em eliminar os íons amônio. Em alguns casos, também está alterado o mecanismo de retenção do bicarbonato, com a perda do mesmo à medida que a insuficiência renal se agrava. Em geral, o conteúdo de bicarbonato plasmático se estabiliza entre 15 e 18 mmol/L e dificilmente cai a valores inferiores a 10 mmol/L, mesmo em casos com uremia avançada. A acidificação da urina e a formação de ácido titulável permanecem normais. O aumento dos ânions indeterminados ocorre por acúmulo de sulfatos, uratos e fosfatos em consequência da redução da filtração glomerular e da redução da função tubular.

- Na acidose tubular crônica, os sais ósseos contribuem para o tamponamento, e o HCO_3^- geralmente permanece >12 mmol/L. Esse tamponamento pode provocar uma perda significativa de cálcio ósseo, resultando em osteopenia e osteomalacia.

Compensação da acidose metabólica

O mecanismo de compensação da acidose metabólica é a hiperventilação. A redução do pH do sangue estimula os centros respiratórios e a hiperpneia resultante excreta o excesso de CO_2 do organismo. Na acidose metabólica primária, *raramente* se alcança uma compensação respiratória completa. No entanto, a compensação respiratória é mais eficaz na acidose metabólica aguda que na crônica. O nível mínimo de $PaCO_2$ geralmente não passa de 10 mm de Hg; na acidose metabólica crônica, 20 mm de Hg são a maior cifra que se pode esperar. Se a função renal do paciente é normal, o rim responde à acidose metabólica com aumento rápido e marcado da excreção do ácido em forma de fosfato.

Após vários dias de acidose metabólica continuada, a produção renal de amônia aumenta até se converter no principal mecanismo de eliminação do excesso de prótons. Em sua totalidade, o aumento líquido de excreção ácida pode chegar até cinco a 10 vezes o valor normal.

Diagnóstico laboratorial

A acidose metabólica se caracteriza por uma redução do bicarbonato plasmático e do pH sanguíneo Nas formas agudas, ocorre também uma redução da $PaCO_2$, que tende a normalizar o pH sanguíneo (hiperventilação compensatória). A hiperpotassemia é um acompanhante quase constante devido à troca com H^+ extracelular para manter a eletroneutralidade.

Os ânions indeterminados devem ser calculados para realização do diagnóstico diferencial da acidose metabólica e detectam desordens mistas. Ânions indeterminados >10 a 12 mEq/L são encontrados na acidose com AI altos, e valores <10 a 12 mEq/L são encontrados na acidose com AI normais.

Consequências da acidose metabólica

Função miocárdica. A acidemia prejudica a contração do miocárdio, podendo resultar em insuficiência cardíaca. Entretanto, a acidemia também libera catecolaminas que bloqueiam o efeito do pH.

Potássio. A presença de hipercalemia é devida ao ingresso do potássio proveniente das células em troca de íons hidrogênio do LEC. No entanto, de modo geral, os teores de potássio refletem a desordem causadora do distúrbio (p. ex., hipercale-

mia na cetoacidose diabética e hipocalemia na acidose tubular renal e na diarreia).

Metabolismo do cálcio. A acidemia incrementa a mobilização do cálcio a partir do osso, reduz a ligação do cálcio ionizado à albumina e diminui a reabsorção renal do cálcio, produzindo hipercalciúria. Desse modo, a acidemia crônica e a acidose tubular renal estão associadas com um balanço negativo de cálcio, que pode resultar em nefrocalcinose e urolitíase.

ALCALOSE METABÓLICA (EXCESSO PRIMÁRIO DE BICARBONATO)

A alcalose metabólica se caracteriza pelo aumento do bicarbonato no plasma. Isso ocorre como consequência da perda de ácido (H^+) do organismo ou do ganho de bicarbonato. Em tais condições, um nível aumentado de bicarbonato se associa a uma $PaCO_2$ normal, resultando em aumento da razão bicarbonato/ácido carbônico (superior a 20:1), com aumento do pH plasmático (pH >40):

$$\uparrow pH = pK' + \log \frac{[HCO_3^-]\uparrow}{0,03 \times pCO_2}$$

A alcalose metabólica é produzida, principalmente, pela perda de H^+, pelo sistema digestório (principalmente o estômago) ou pelos rins. A reabsorção do bicarbonato é uma causa contribuinte, muitas vezes estimulada por hipovolemia.

As principais causas de alcalose metabólica são:

Alcalose responsível ao cloreto (cloretos urinários <20 mmol/L)

- *Perdas de secreções gástricas.* As secreções gástricas são ricas em HCl. Quando o HCl chega ao duodeno, estimula a secreção do bicarbonato pelo pâncreas. Normalmente, essas substâncias são neutralizadas e não há ganho ou perda de íons hidrogênio ou bicarbonato. Em caso de vômitos prolongados ou aspiração nasogástrica, não há estímulo por secreções pancreáticas e ocorre um ganho de bicarbonato na circulação sistêmica, gerando alcalose metabólica. A depleção de volume mantém a alcalose. Nesses casos, a hipopotassemia é secundária à alcalose, e a perda de íons potássio pela urina é estimulada pela secreção de aldosterona.

CAPÍTULO 12 ▪ Eletrólitos, Água e Equilíbrio Ácido-Base

- *Ingestão de altas doses de antiácidos não absorvíveis.* A ingestão de antiácidos gera alcalose metabólica por mecanismos complexos. A ingestão de magnésio, cálcio ou alumínio na forma de hidróxido ou carbonato tampona os íons hidrogênio do estômago. Os cátions ligam-se ao bicarbonato secretado pelo pâncreas, promovendo a perda do ânion pelas fezes. Nesse processo, tanto o íon hidrogênio como o bicarbonato são perdidos e, assim, não há distúrbios ácidos-bases. Às vezes, nem todo o bicarbonato se liga aos cátions, o que significa que parte do bicarbonato é reabsorvida em excesso em relação ao íon hidrogênio. Principalmente na ingestão de antiácidos com resina trocadora de cátions, a resina liga o cátion, deixando o bicarbonato livre.

- *Tiazida ou diuréticos de alça.* Aumentam a excreção de NaCl. Esses agentes causam alcalose metabólica por depleção de cloretos e aumento da entrega de íons sódio no tubo coletor, com aumento da secreção de íons potássio e íons hidrogênio. A depleção de volume estimula a secreção da aldosterona com aumento da reabsorção do íon sódio no ducto coletor e da secreção dos íons hidrogênio e potássio nesse segmento. Os cloretos urinários tornam-se reduzidos após a interrupção da terapia diurética.

- *Após hipercapnia.* Durante a acidose respiratória, o rim reabsorve o bicarbonato e secreta cloretos para compensar a acidose. Nessa fase, os cloretos urinários estão altos e podem causar hipocloremia. Após a correção da acidose respiratória, o rim não pode excretar o bicarbonato.

- *Fibrose cística.* Crianças portadoras podem desenvolver alcalose metabólica devido à perda de cloretos no suor.

Alcalose resistente ao cloreto (cloretos urinários >20 mmol/L) com hipertensão associada

- *Hiperaldosteronismo primário.* Adenoma adrenal (causa mais comum), hiperplasia adrenal bilateral ou carcinoma adrenal.

- *Deficiência de 11-β-hidroxisteroide-desidrogenase tipo 2.* O receptor de mineralocorticoide no ducto coletor normalmente é responsivo à aldosterona e ao cortisol. Em condições fisiológicas, a enzima 11-β-hidroxisteroide-desidrogenase tipo 2 inativa o cortisol à cortisona nos tubos coletores, permitindo que a aldosterona tenha livre acesso ao seu receptor. A deficiência da enzima provoca a ocupação e a ativação dos receptores pelo cortisol que, como a aldosterona, estimula o canal de sódio epitelial eletrogênico. O cortisol atua como um mineralocorticoide nessas circunstâncias. A inibição ou deficiência da enzima causa hipertensão com renina e aldosterona baixos, hipocalemia e alcalose metabólica. O teor de cortisol sérico apresenta-se normal porque o mecanismo de *feedback* negativo sobre o ACTH permanece intacto.

- *Síndrome de Cushing.* A elevada concentração do cortisol ocupa o receptor de mineralocorticoide no ducto coletor. A hipocalemia e alcalose metabólica são mais comuns na síndrome de Cushing devido à produção ectópica de ACTH (90%) do que outras causas (10%).

- *Estenose da artéria renal.* A estenose unilateral ou bilateral e da artéria bilateral estimula o sistema renina-angiotensina-aldosterona, produzindo hipertensão, hipocalemia e alcalose metabólica.

Alcalose resistente ao cloreto (cloretos urinários >20 mmol/L) com hipotensão ou normotensão

- *Síndrome de Bartter.* É uma desordem autossômica recessiva que impede a reabsorção do sódio e cloretos pela alça de Henle, perdendo-os pela urina. A perda de sal estimula o sistema renina-angiotensina-aldosterona com a perda de íons hidrogênio e potássio.

- *Síndrome de Gitelman.* Nesta desordem autossômica recessiva, ocorre a perda da função do transportador Na^+/Cl^- sensível à tiazida no túbulo distal. A perda de sais estimulada pelo sistema renina-angiotensina-aldosterona provoca alcalose metabólica hipocalêmica. Outras características da síndrome são hipocalciúria e hipomagnesemia.

- *Depleção severa de potássio.* A hipocalemia isolada produz alcalose metabólica moderada; no entanto, quando combinada com o hiperaldosteronismo, a alcalose torna-se mais severa. Os possíveis mecanismos da alcalose na hipocalemia são o aumento da reabsorção proximal do bicarbonato, o estímulo da síntese renal de amônia, a redução da reabsorção renal de cloretos, a diminuição da TFR (em animais) e a acidose intracelular no néfron distal com a subsequente elevação da secreção do hidrogênio.

- *Hipomagnesemia*. A depleção do magnésio leva à alcalose metabólica, provavelmente devido à hipocalemia, que geralmente é causada ou associada com a depleção de magnésio.

Outras causas

- *Ingestão excessiva de álcalis*. O rim é capaz de excretar as sobrecargas de álcalis, tanto exógenas (p. ex., infusão de bicarbonato de sódio) como endógenas (p. ex., metabolismo do lactato a bicarbonato na acidose lática). No entanto, na insuficiência renal ou em qualquer condição que produza alcalose, essa capacidade de excretar o excesso de bicarbonato fica prejudicada. Os exemplos são os seguintes:
  - *Síndrome leite-álcali*. Os componentes dessa síndrome são hipercalcemia, insuficiência renal e alcalose metabólica. É observada, principalmente, em pacientes que ingerem cronicamente grandes doses de carbonato de cálcio com ou sem vitamina D. A hipercalcemia desenvolvida por algumas pessoas aumenta a reabsorção do bicarbonato. Pode ocorrer insuficiência renal secundária à nefrocalcinose ou hipercalcemia, o que contribui para manter a alcalose metabólica.
  - *Outras causas*. Hemodiálise com o uso de bicarbonato ou citrato, plasmaférese, recuperação da cetoacidose ou acidose lática em presença de depleção de volume ou insuficiência renal e transfusão sanguínea maciça (o anticoagulante citrato é transformado em bicarbonato).
- *Hipercalcemia*. Estabelece alcalose metabólica por depleção de volume e aumento da reabsorção de bicarbonato no túbulo proximal. Entretanto, a hipercalcemia do hiperparatireoidismo primário geralmente está associada com a acidose metabólica.
- *Penicilina endovenosa*. A administração de penicilina, carbenicilina ou outras penicilinas semissintéticas pode causar alcalose metabólica hipocalêmica devido à perda de ânions não reabsorvíveis com um cátion absorvível, como o Na^+.

- *Hipoproteinemia*. O mecanismo ainda não foi esclarecido, mas pode estar relacionada à falta das cargas negativas da albumina. Redução de 1 mg/dL na albumina produz aumento de 3,4 mmol/L no bicarbonato.

Compensação da alcalose metabólica

A elevada concentração do bicarbonato plasmático resulta na elevação do pH, o que reduz a respiração e, consequentemente, retém o dióxido de carbono com aumento da $PaCO_2$. A $PaCO_2$ elevada provoca diminuição do pH, que *raramente* chega aos valores normais. A resposta compensatória atinge o máximo em 12 a 24 horas. O aumento da $PaCO_2$ está limitado pela queda da oxigenação do paciente (a redução da respiração induz hipoxia, um estímulo para o aumento da respiração). Na alcalose metabólica simples, geralmente a $PaCO_2$ *não ultrapassa 60 mm de Hg*.

Diagnóstico laboratorial

Os achados laboratoriais revelam o aumento do bicarbonato e do pH sanguíneos. Efetua-se uma compensação respiratória mediante a redução da ventilação alveolar com um aumento concomitante da $PaCO_2$. A compensação se mantém dentro de certos limites para prevenir a hipoxia. O diagnóstico pode ser esclarecido por vários testes laboratoriais:

- *Cloretos urinários*. A alcalose metabólica secundária à depleção de volume apresenta valores <20 mmol/L.
- *Sódio urinário*. Usado, muitas vezes, para determinar o volume, especialmente em pacientes com oligúria. Algumas vezes, a depleção de volume não provoca baixa do sódio urinário.
- *Renina e aldosterona plasmáticas*. Colaboram na busca da etiologia da alcalose metabólica, especialmente em pacientes hipertensos, com acidose metabólica hipocalêmica e com perda renal de potássio sem diuréticos. Renina baixa e aldosterona alta são encontradas no hiperaldosteronismo primário. Aldosterona baixa e renina baixa são frequentes na síndrome de Cushing, com o uso de esteroide exógeno, na hiperplasia adrenal congênita, na deficiência da 11-β-hidroxisteroide-desidrogenase, nos tumores se-

CAPÍTULO 12 ▪ Eletrólitos, Água e Equilíbrio Ácido-Base

cretores de desoxicorticosterona e na síndrome de Liddle. Valores elevados de renina e aldosterona encontram-se na estenose da artéria renal, com o uso de diuréticos, nos tumores secretores de renina e nas síndromes de Bartter e Gitelman.

Consequências da alcalose metabólica

O principal efeito da alcalemia é o incremento da ligação dos íons cálcio (Ca^{2+}) às proteínas. A diminuição do cálcio ionizado resulta em aumento da atividade neuromuscular, e podem ocorrer sinais característicos de Chvostek e Trousseau. Outros efeitos da alcalose metabólica são:

- Hipocalemia, decorrente do aumento da excreção renal de potássio e, também, da captação de íons potássio pelas células em troca de íons hidrogênio.
- Elevação da reabsorção renal do cálcio.
- Aumento da glicólise (estímulo da fosfofruto-quinase devido ao pH intracelular elevado).

ACIDOSE RESPIRATÓRIA

A acidose respiratória se caracteriza pela incapacidade dos pulmões em eliminarem CO_2 suficiente devido à hipoventilação. Assim, a $PaCO_2$ aumenta e, se o nível de bicarbonato persistir dentro de faixas normais, ocorre redução da razão bicarbonato/ácido carbônico com baixa do pH.

$$\downarrow pH = pK' + \log \frac{[HCO_3^-]}{0,03 \times pCO_2 \uparrow}$$

A acidose respiratória é causada por uma redução da ventilação alveolar, que traz consigo um aumento do conteúdo plasmático de CO_2 e, como consequência, de H_2CO_3. Na fase aguda (antes da intervenção da compensação renal), o ácido formado é neutralizado por tampões celulares, pela hemoglobina e por proteínas:

$$H_2CO_3 + Tamp^- \rightarrow HTamp + HCO_3^-$$

Como resultado da ação tamponante, é produzido um aumento de bicarbonato plasmático de, aproximadamente, 1,0 mmol/L por cada 10 mm de Hg de elevação da $PaCO_2$.

Assim, por exemplo, se a $PaCO_2$ aumentar de 40 para 70 mm de Hg, o conteúdo de bicarbonato se elevará de 24 para 27 mmol/L e o pH sanguíneo se reduzirá consideravelmente:

$$pH = 6,1 + \log \frac{27}{0,30 \times 70} = 7,19$$

O tamponamento imediato não é muito eficaz pois, na ausência de qualquer alteração do conteúdo de bicarbonato, o pH só é reduzido um pouco menos que o valor anterior, isto é, a 7,16.

Entretanto, o aumento persistente da $PaCO_2$ desencadeia lentamente, mas com eficiência, uma compensação renal. Após alguns dias, o rim começa a eliminar mais H^+ e a reter bicarbonato. Com uma $PaCO_2$ aumentada em 10 mm de Hg, a redução de bicarbonato plasmático será de, aproximadamente, 3 mmol/L. Desse modo, se a $PaCO_2$ permanece elevada em 70 mm de Hg, o bicarbonato aumenta a 33 mmol/L e o pH atinge 7,30. Portanto, o mecanismo de compensação é muito eficiente, considerando o pH = 7,19 obtido na fase aguda.

As causas da acidose respiratória são listadas a seguir:

- *Doença pulmonar obstrutiva crônica.* É a causa mais comum: bronquite crônica, enfisema, asma grave e edema pulmonar agudo (raro).
- *Distúrbios neuromusculares.* Miastenia grave, poliomielite, esclerose lateral amiotrófica, alguns antibióticos com atividade curariforme, tétano, paralisia do diafragma, distrofia muscular e síndrome de Guillain-Barré.
- *Desordens do sono.* Apnéia do sono.
- *Obesidade intensa (síndrome de Pickwick).*
- *Depressão do SNC.* Fármacos: narcóticos, benzodiazepínicos e outros depressores.
- *Desordens neurológicas.* Encefalite e trauma.
- *Hipoventilação alveolar primária.*
- *Estados comatosos.* Acidente vascular encefálico por hemorragia intracraniana.

Compensação da acidose respiratória

Dois tipos de respostas à hipercapnia são encontrados:

Fase aguda. Durante os primeiros 10 minutos de aumento da $PaCO_2$ sanguínea, ocorre uma elevação de 2 a 4 mmol/L no bicarbonato plasmático. Este aumento promove valores de bicarbonato acima dos limites de referência e é devido ao aumento do conteúdo de CO_2, que desloca a seguinte reação para a direita:

$$H_2O + CO_2 \rightarrow H_2CO_3 \rightarrow H^+ + HCO_3^-$$

Isso ocorre, principalmente, nos eritrócitos, onde o excesso de íons hidrogênio é tamponado pela hemoglobina e o bicarbonato permanece em solução.

Fase crônica. O aumento da $PaCO_2$ e do pH estimula o rim a secretar íons hidrogênio e, durante o processo, o bicarbonato é regenerado. Em torno de 2 a 4 dias, é atingido o maior nível de bicarbonato (aproximadamente 45 mmol/L) na acidose respiratória não complicada.

Diagnóstico laboratorial

Os achados característicos da acidose respiratória são a elevação da $PaCO_2$ (>47 mm de Hg) e a redução do pH, que tende para acidemia (pH <7,35). A compensação renal pela reabsorção de bicarbonato é um processo lento na acidose respiratória aguda (em geral, com pH e bicarbonato plasmático normais). Na acidose respiratória crônica (em geral, com pH compensado pelo aumento do bicarbonato), a compensação renal é reconhecida pelo teor do bicarbonato plasmático. Alguns pacientes apresentam uma "hipercompensação", como pH sanguíneo que se desloca até a alcalemia e certa perda de potássio. Deve-se levar em conta que um paciente previamente desconhecido, no qual a análise de gases sanguíneos apresenta dados de uma acidose respiratória aguda (redução do pH, elevação da $PaCO_2$ e bicarbonato normal), na realidade pode esconder uma acidose respiratória crônica associada a qualquer causa possível de acidose metabólica – esta com tendência a normalizar o valor de bicarbonato, que deveria estar aumentado para compensar o transtorno crônico. Em tais casos, o cálculo dos ânions indeterminados pode resolver o problema diagnóstico.

Consequências da acidose respiratória

Cérebro. A hipercapnia induz a vasodilatação cerebral e o aumento do fluxo sanguíneo, o que pode elevar a pressão intracraniana, produzindo sonolência, torpor, dor de cabeça e coma.

Potássio. Teoricamente, a acidemia provoca a liberação de potássio das células (troca pelo H^+). No entanto, esta não é uma característica consistente da acidose respiratória.

ALCALOSE RESPIRATÓRIA

A alcalose respiratória se caracteriza pela eliminação excessiva de CO_2 pelos pulmões. A redução da $PaCO_2$ (hipocapnia), com níveis normais de bicarbonato, aumenta a razão bicarbonato/ácido carbônico (normal: 20:1), elevando o pH:

$$\uparrow pH = pK' + \log \frac{[HCO_3^-]}{0,03 \times pCO_2 \downarrow}$$

A alcalose respiratória é o resultado de um aumento da ventilação alveolar, com uma redução da $PaCO_2$. Na fase aguda, a redução dos ácidos voláteis circulantes requer a saída do H^+ do compartimento celular para os líquidos extracelulares, onde o H^+ se combina com o bicarbonato:

$$H^+ + HCO_3^- \rightarrow H_2CO_3 \rightarrow CO_2 + H_2O$$

A redução do bicarbonato é de, aproximadamente, 2 mmol/L para cada 10 mm de Hg de $PaCO_2$. Por exemplo, se a $PaCO_2$ é reduzida a 25 mm de Hg, o bicarbonato aumenta a 21 mmol/L e o pH eleva-se a 7,55. O mecanismo de tamponamento é bastante ineficiente, já que com um conteúdo de bicarbonato inalterado o pH se elevaria a um valor não superior a 7,60.

Na hipercapnia persistente, sobrevém uma compensação renal em forma de redução de excreção urinária de H^+ e de amônia, além de aumento da eliminação de bicarbonato. No caso, uma diminuição da $PaCO_2$ de 10 mm de Hg reduzirá o bicarbonato plasmático em 5 mmol/L, com um bom efeito compensatório sobre o pH sanguíneo.

As situações que produzem alcalose respiratória são apresentadas a seguir:

- *Desordens pulmonares.* Pneumonia, asma, embolia pulmonar, atelectasia, fibrose, doença vascular e pneumotórax.
- *Desordens cardiovasculares.* Insuficiência cardíaca congestiva, hipotensão e cianose de etiologia cardíaca.

CAPÍTULO 12 ▪ Eletrólitos, Água e Equilíbrio Ácido-Base

- *Desordens metabólicas.* Acidose (diabética, renal ou lática).
- *Desordens do sistema nervoso central.* Hiperventilação psicogênica ou induzida por ansiedade, infecção ou tumores do SNC, encefalites e meningites.
- *Fármacos.* Salicilatos, metilxantinas, agonistas β-adrenérgicos, nicotina e progesterona.
- *Hipoxemia.* Altitudes elevadas (baixos teores de oxigênio) e anemia severa.
- *Outros.* Febre, sepse, dor, insuficiência hepática, gravidez (a progesterona estimula o centro respiratório), hipertireoidismo, fase de compensação respiratória na correção da acidose metabólica.

Compensação na alcalose respiratória

A resposta compensatória à redução da $PaCO_2$ é uma diminuição do bicarbonato plasmático, que ocorre em duas fases:

Fase aguda. Nos primeiros 10 minutos da redução da $PaCO_2$, há uma queda de 2 a 4 mmol/L do bicarbonato plasmático devido ao deslocamento da reação para a esquerda:

$$H_2O + CO_2 \leftarrow H_2CO_3 \leftarrow H^+ + HCO_3^-$$

Como no caso da reação na acidose respiratória (ver anteriormente), esta também ocorre, principalmente, nos eritrócitos. A concentração do bicarbonato pode cair a 18 mmol/L, mas *raramente* abaixo deste valor.

Fase crônica. Após a queda aguda na concentração do bicarbonato, o valor do pH é mantido pela retenção dos íons hidrogênio pelo rim (a regeneração do bicarbonato é mais lenta que nos estados normais). Se esta condição persistir por 7 ou mais dias, o nível de bicarbonato pode cair o suficiente para o pH retornar ao normal, ou seja, pode ocorrer a compensação completa. O teor de bicarbonato plasmático pode *baixar* até 12 a 14 mmol/L na alcalose respiratória não complicada.

Diagnóstico laboratorial

O quadro característico consiste em redução da $PaCO_2$ (<36 mm de Hg), que tende a elevar o pH sanguíneo até a alcalemia (>7,44). Como na acido-

se respiratória, a compensação renal (em forma de redução do conteúdo de bicarbonato plasmático) é mais completa na forma crônica que na aguda.

O número aumentado de leucócitos indica sepse como uma das prováveis etiologias. Hematócrito reduzido indica anemia.

Na insuficiência hepática, as provas de função apresentam-se alteradas.

Consequências da alcalose respiratória

Metabolismo do cálcio. A principal característica da alcalose respiratória é a tetania (espasmo carpopedal), devido à redução do cálcio ionizado plasmático (a alcalemia causa aumento da ligação dos íons cálcio às proteínas).

Potássio. Inicialmente, pode ser notada uma hipocalemia moderada, por aumento da captação celular (troca com o H^+ celular), mas, em geral, o potássio sérico permanece normal.

Fosfato. Não é rara uma hipofosfatemia transitória devido à captação celular de fosfato induzida pela alcalemia (estímulo da enzima fosfofrutoquinase presente na glicólise).

Metabolismo da glicose. A baixa concentração intracelular de H^+ estimula a atividade da fosfofrutoquinase e, portanto, a glicólise. Isso leva ao incremento na produção de lactato.

Cérebro. A hipocapnia induz a vasoconstrição, com sonolência e torpor moderado.

TRANSTORNOS MISTOS DO EQUILÍBRIO ÁCIDO-BASE

Não é raro que um paciente sofra simultaneamente de dois ou mais transtornos primários do equilíbrio ácido-base. Os efeitos sobre o pH do sangue podem ser somatórios, como em caso de acidoses metabólica e respiratória associadas, ou o inverso, como nas alcaloses metabólica e respiratória associadas. Em outros casos, os efeitos de transtornos coexistentes podem empurrar o pH em direções opostas para efetuar uma neutralização parcial ou completa, como na acidose metabólica associada a alcalose metabólica ou respiratória e, outra vez o inverso, na alcalose metabólica associada com acidoses respiratória e metabólica.

Uma compreensão correta das compensações renal e respiratória, em termos de suas magnitudes respectivas, proporciona o diagnóstico exato de transtornos complexos do equilíbrio ácido-base.

Os transtornos mistos do equilíbrio ácido-base podem ser produzidos de várias formas, já que quaisquer das possíveis causas de acidose metabólica podem ser induzidas conjuntamente com qualquer causa de alcalose respiratória e acidose ou alcalose respiratória.

AVALIAÇÃO DAS DESORDENS ÁCIDOS-BASES

Do ponto de vista laboratorial, os distúrbios ácidos-bases apresentam anormalidades em um ou mais dos seguintes testes:

- Resultados dos gases sanguíneos.
- Ânions indeterminados no soro.
- Bicarbonato sérico.

É possível, mas infrequente, existir uma severa desordem ácido-base em um paciente e os valores dos parâmetros apresentarem-se normais. Essa ocorrência é proporcionada em alguns casos de distúrbios mistos de acidose e alcalose metabólicas, em que a acidose metabólica apresenta ânions indeterminados normais, como, por exemplo, no vômito severo (aumento do bicarbonato plasmático) em pacientes com acidose tubular renal não tratada (redução do bicarbonato plasmático sem elevação dos ânions indeterminados). Obviamente, essas ocorrências são raras, mas possibilitam enfatizar a importância do exame cuidadoso de todas as condições do paciente com distúrbios ácidos-bases.

INTERPRETAÇÃO DOS RESULTADOS DA ANÁLISE DOS GASES E DO pH

A interpretação dos resultados de gases sanguíneos é facilitada pelo conhecimento dos aspectos clínicos implicados. Mesmo assim, em alguns casos, a interpretação pode tornar-se difícil, mesmo para um clínico experimentado. Isso se deve não só às complexas inter-relações metabólicas e respiratórias, como também à necessidade do emprego de equações difíceis, nomogramas elaborados e parâmetros derivados, nem sempre definidos rigorosamente.

Normalmente, as avaliações dos transtornos ácidos-bases são realizadas sobre as medidas obtidas diretamente, como o pH, a $PaCO_2$ e a PaO_2. É possível que esta abordagem simplificada não ofereça uma percepção completa da questão, mas apresenta grande utilidade para fins didáticos.

A interpretação dos dados da análise dos gases tem lugar desde a avaliação da ventilação e do estado ácido-base até a exploração da hipoxemia e da oxigenação tissular.

AVALIAÇÃO DA VENTILAÇÃO E DO ESTADO ÁCIDO-BASE

$PaCO_2$ arterial: 33 a 45 mm de Hg. O primeiro parâmetro a ser avaliado na análise dos gases sanguíneos é a $PaCO_2$: um parâmetro direto e sensível que expressa se a ventilação alveolar está correta em vista das demandas metabólicas atuais.

Como a $PaCO_2$ é uma expressão da ventilação, pode-se afirmar que:

- Em caso de uma $PaCO_2$ <30 mm de Hg, existe hiperventilação alveolar.
- Em caso de uma $PaCO_2$ entre 30 e 45 mm de Hg, existe uma ventilação normal.
- Em caso de uma $PaCO_2$ >45 mm de Hg, existe insuficiência respiratória.

Assim, o valor da $PaCO_2$ oferece uma informação clara acerca da ventilação pulmonar do paciente.

pH arterial: 7,36 a 7,42. Para diagnosticar qualquer transtorno do equilíbrio ácido-base é necessária a determinação do pH. A medição do pH do sangue informa se o paciente está normoacidêmico ou se sofre de uma *acidemia* (pH <7,36) ou *alcalemia* (pH >7,42). No entanto, as medições do pH não permitem a expressão quantitativa dos transtornos metabólicos, pois a presença dos sistemas tampões impede uma relação direta entre o transtorno primário e as leituras de pH. Sendo assim, a simples medição do pH não trará as informações acerca da natureza da causa primária responsável pelo transtorno observado. No entanto, a avaliação simultânea do pH e da $PaCO_2$ informará se os transtornos primários são de natureza respiratória ou metabólica.

Interpretação do pH com $PaCO_2$ <30 mm de Hg (hiperventilação alveolar). Com a $PaCO_2$ <30 mm de Hg, podem-se avaliar as seguintes situações referentes ao pH:

- *pH >7,50:* hiperventilação alveolar aguda. As variações do pH são secundárias a uma alteração da ventilação. Não houve compensação renal, e o início da hiperventilação provavelmente é recente.

- *pH entre 7,40 e 7,50:* hiperventilação alveolar crônica. É muito provável que tenha lugar uma compensação renal; a hiperventilação deve ser iniciada em menos de 24 horas.

- *pH entre 7,30 e 7,40:* acidose metabólica compensada. Em presença de acidose metabólica primária, o sistema respiratório normalizou o pH do sangue, criando uma situação de alcalose respiratória. É pouco provável que esse quadro represente uma hiperventilação alveolar primária, pois o rim teria hipercompensado – uma situação pouco frequente, na realidade; de modo similar, a compensação excessiva pelo aparelho respiratório é rara.

- *pH <7,30:* acidose metabólica parcialmente compensada, que representa um transtorno de acidemia metabólica ante a qual o sistema respiratório respondeu com hiperventilação alveolar – o que demonstra ser ineficiente.

Interpretação do pH com PaCO$_2$ entre 30 e 45 mm de Hg (ventilação normal). Com valores de PaCO$_2$ dentro dos limites da normalidade, devem ser consideradas as seguintes situações do pH:

- *pH >7,50:* alcalose metabólica primária não compensada eficazmente pelo sistema respiratório.

- *pH entre 7,30 e 7,50:* estados respiratório e ácido-base compatíveis.

- *pH <7,30:* acidose metabólica não compensada pelo sistema respiratório.

Interpretação do pH com pCO$_2$ >45 mm de Hg (insuficiência ventilatória). Com valores de PaCO$_2$ >45 mm de Hg, podem-se postular os seguintes transtornos do pH:

- *pH >7,50:* alcalose metabólica parcialmente compensada. Representa uma alcalose primária, incompletamente compensada pela hipoventilação alveolar. Nos pacientes conscientes e sem lesões do SNC, raramente se observam valores de PaCO$_2$ >60 mm de Hg em resposta a uma alcalose metabólica.

- *pH <7,30:* insuficiência ventilatória aguda. Uma ventilação inadequada, com um pH reduzido no sangue arterial, reflete com grande segurança um transtorno agudo da ventilação.

ANORMALIDADES DA PaO$_2$

A caracterização da composição de oxigênio no sangue exige a medida de PaO$_2$, a concentração da hemoglobina e a percentagem de saturação do oxigênio. As anormalidades nesses constituintes podem ser devidas a:

- Redução (ou aumento) na PaO$_2$ inspirada.

- Hipoventilação.

- Doença pulmonar.

A medida de PaO$_2$ no sangue arterial (valores de referência: 80 a 110 mm de Hg) é de grande valor na avaliação da respiração e na eficiência da terapia pelo oxigênio. Resultados das medidas de PaO$_2$ estão alterados quando a capacidade de transporte do oxigênio no sangue é afetada por anemia, envenenamento pelo monóxido de carbono e em presença de derivados de hemoglobinas (p. ex., meta-hemoglobina).

A hipoxemia deve ser avaliada após uma exploração adequada da ventilação e do estado ácido-base do paciente. A medição direta da PaO$_2$ arterial indica a presença de hipoxemia tissular, mas não necessariamente a demonstra. É igualmente importante o fato de que a hipoxemia, por si mesma, pode produzir transtornos respiratórios e ácidos-bases diversificados.

A hipoxemia arterial se define como a presença de valores de PaO$_2$ inferiores aos limites aceitáveis. Os graus de hipoxemia em pacientes com menos de 60 anos e que respiram sem equipamentos são:

- *Leve,* com leituras de PaO$_2$ entre 80 e 60 mm de Hg.

- *Moderada,* com leituras de PaO$_2$ entre 60 e 40 mm de Hg.

- *Intensa,* com leituras de PaO$_2$ <40 mm de Hg.

A saturação de oxigênio indica a quantidade de oxigênio ligado à hemoglobina e é determinada para avaliar a respiração ou a oxigenoterapia.

Em geral, o diagnóstico de hipoxemia é realizado em pacientes que respiram ar ambiente, mas também pode ser efetuado em indivíduos que respiram ar enriquecido com oxigênio. A oxigenoterapia deve ser ajustada com informações adequadas sobre o grau de oxigênio tissular.

As principais causas de *aumento* dos valores da PaO$_2$ arterial são: (a) respiração com ar enriquecido com O$_2$ – com a administração de 100% de O$_2$, a PaO$_2$ pode chegar a valores >600 mm de Hg;

(b) exercícios, tanto em indivíduos saudáveis como em pacientes cardíacos, resultam em aumento dos valores existentes em repouso.

A *hipoxemia arterial* (redução da PaO_2 arterial) é, geralmente, uma emergência médica. Vários mecanismos podem ocorrer simultaneamente. As principais causas são:

- Diminuição da PaO_2 no ar inspirado devido à baixa pressão em altas altitudes.

- Hipoventilação com aumento da $PaCO_2$ e redução alveolar da PaO_2. Hipoventilação de *origem periférica* é causada por sufocação, submersão, anormalidades esqueléticas ou por traumatismo do tórax que dificulta a expansão completa, paralisia no nervo frênico, tétano, poliomielite aguda e síndrome de Pickwick. Hipoventilação de *origem central* é causada pela depressão do centro respiratório por drogas, como os barbitúricos ou a morfina.

- Redução da capacidade de difusão pulmonar de O_2, como na síndrome do sofrimento respiratório em adultos ou recém-nascidos, carcinomatose lifangítica, adenomatose pulmonar, sarcoidose, síndrome de Hamman-Rich, beriliose e hemossiderose pulmonar secundária a estenose mitral.

- Redução da área das membranas alveolocapilares como resultado de ressecamento ou compressão pulmonar.

- Ventilação irregular e perfusão do sistema cardiopulmonar por bronquites, asma, enfisema, bronquiectasias, atelectasias, pneumoconioses, granulomas, neoplasias, infarto pulmonar, pneumonia, mucoviscidose ou obstrução das vias aéreas por neoplasia, corpo estranho ou secreções (p. ex., difteria).

- Aumento do desvio do sangue do lado venoso para o lado arterial em razão de enfermidades cardíacas congênitas, pneumonia, atelectasia, edema pulmonar e choque.

AVALIAÇÃO DA OXIGENAÇÃO TISSULAR

Uma avaliação atenta da hipoxemia é fundamental para o manejo correto do paciente com medicação de apoio. Não é menos importante, também, a avaliação da oxigenação tissular. Esta se baseia, fundamentalmente, em critérios clínicos, como a função cardíaca e a perfusão periférica, que são determinadas mediante o exame físico e a medição dos parâmetros vitais.

DETERMINAÇÃO DO pH E DOS GASES NO SANGUE

A gasometria arterial determina o oxigênio e o dióxido de carbono dissolvidos no sangue arterial e avalia o estado ácido-base e o grau de transporte de oxigênio pelo corpo. O pH é a medida da concentração de íons hidrogênio livres no sangue circulante.

Paciente. Deve repousar durante 30 minutos antes da coleta da amostra.

Amostra. *Sangue arterial* sem a presença de coágulos e conservado em gelo desde a coleta. Processar a análise até 15 minutos após a coleta.

Interferências na determinação do pH. *Resultados falsamente elevados:* bicarbonato.

Interferências na determinação da $PaCO_2$. *Resultados falsamente elevados:* ácido etacrínico, aldosterona, bicarbonato de sódio, metolazona, prednisona e tiazídicos. *Resultados falsamente reduzidos:* acetazolamina, dimercaprol, meticilina sódica, nitrofurantoína, tetraciclina e trianereno.

Bibliografia consultada

ARIEFF, A.I.; DeFRONZO, R.A. **Fluid electrolyte and acid-base disorders.** 2. ed., New York: Churchill Livingstone, 1995.

KAPLAN, A.; JACK, R.; OPHEIM, K.E.; TOIVOLA, B.; LYON, A.W. **Clinical chemistry: interpretation and techniques.** Baltimore: Williams & Wilkins, 1995. 514p.

LAFFEI, J.G.; KAVANAGH, B.P. Hipocapnia. **N. Engl. J. Med., 347:**43-53, 2002.

SHERWIN, J.E. Acid-base control and acid-base disorders. In: KAPLAN, L.A.; PESCE, A. **Clinical chemistry: theory, analysis, correlation.** St. Louis: Mosby, 1996:464-83.

SCOTT, M.G.; LEGRIS, V.A.; KLUTTS, J.S. Electrolytes and blood gases. In: BURTIS, C.A.; ASHWOOD, E.R.; BRUNS, D.E. **Tietz fundamentals of clinical chemistry.** 6 ed. Philadelphia: Saunders, 2008:431-59.

SMITH, A.F.; BECKETT, G.J.; WALKER, S.W., ERA, P.W.H. **Clinical biochemistry.** 6 ed. London: Blackwell Science, 1998:35-50.

WALMSLEY, R.N.; WHITE, G.H. Mixed acid-base disorders. **Clin. Chem., 31:**321-5, 1985.

Capítulo 13

Aspectos Bioquímicos da Hematologia

Anemias	195	Receptor solúvel de transferrina (sTfR)	203
Anemias associadas com produção deficiente de hemácias	196	Eritropoetina	203
		13.2 Hemoglobinopatias	204
Eritrocitoses	197	Eletroforese de hemoglobinas	204
Policitemia vera	198	Cromatografia líquida de alta resolução (HPLC)	205
Determinação da hemoglobina	198	Hemoglobina fetal (HbF)	205
13.1 Ferro sérico	199	Hemoglobina A$_2$	205
Ingestão e absorção do ferro	199	Oxi-hemoglobina (HbO$_2$)	205
Redução do ferro sérico	200	Carbóxi-hemoglobina (HbCO)	206
Aumento do ferro sérico	200	Metemoglobina (MetHb)	206
Determinação do ferro sérico	201	Desóxi-hemoglobina (HHb)	206
Capacidade de ligação de ferro à transferrina (TIBC)	201	Sulfemoglobina (SulHb)	206
		Hemoglobinas instáveis	206
Ferritina sérica	202	Hemoglobina S (HbS)	207

As células sanguíneas diferem em suas funções biológicas e em suas características metabólicas. Os *leucócitos* contêm núcleo, mitocôndria, ribossomos e lisossomos. Consequentemente, eles podem sintetizar proteínas e lipídios, e suas necessidades energéticas são supridas pelo ciclo do ácido cítrico (ciclo de Krebs).

Os *eritrócitos* não possuem núcleo, mitocôndria ou ribossomos, sendo assim incapazes de realizar biossínteses. A produção de energia nessas células depende da glicólise anaeróbica. O ciclo de Rapoport-Luebering (específico dos mamíferos) regula a afinidade do oxigênio pela hemoglobina. As consequências clínicas de anormalidades na estrutura, na função e no metabolismo dos eritrócitos são bastante variadas.

Anormalidades geneticamente determinadas resultam em enfermidades importantes, entre as quais as que afetam as proteínas estruturais da membrana eritrocitária, as que afetam a estrutura, a função ou estabilidade da hemoglobina e aquelas que afetam importantes enzimas dos eritrócitos. Deficiências de vitamina B$_{12}$, ácido fólico ou ferro impedem a medula óssea de formar eritrócitos e, assim, causam anemias.

ANEMIAS

Anemia é a redução do teor de hemoglobina (Hb) funcionante no sangue abaixo das necessidades fisiológicas determinadas pela demanda de oxigênio tecidual. Além disso, é definida também como o estado clínico no qual a hemoglobina e/ou os eritrócitos estão reduzidos. Considera-se um paciente anêmico quando a hemoglobina é <11,5 g/dL, *em mulheres adultas e crianças;* <13 g/dL, *em homens adultos;* e <11 g/dL em *gestantes e crianças entre 6 meses e 6 anos.*

A avaliação laboratorial inicial baseia-se nos seguintes exames:

- Determinação da hemoglobina (13 a 18 g/dL para homens e 11,5 a 16 g/dL para mulheres) e do hematócrito.

- Contagem de reticulócitos (hemácias mais jovens) no esfregaço de sangue periférico.

- Volume corpuscular médio (VCM). Anemias normocíticas: 80 a 100 fL. Anemias microcíticas: VCM <80 fL. Anemias macrocíticas: VCM >100 fL.

- Contagem de plaquetas.

- Exame do esfregaço de sangue periférico.

Muitas classificações foram propostas para a anemia. Algumas classificam as anemias com base na patologia e na etiologia, enquanto outras o fazem quanto aos tipos laboratoriais. Emprega-se aqui uma classificação simples e objetiva, que possibilita o estudo da maioria das anemias:

Anemias associadas com produção deficiente de hemácias

- *Anemia da carência de ferro* (*anemia ferropênica*). A deficiência de ferro é acompanhada por redução da hemoglobina, o que leva à sintomatologia anêmica em virtude da falta de oxigenação nos tecidos. A carência de ferro se instala por mecanismos diversos:
  - Aumento da necessidade.
  - Excesso de perda (menstruais, digestivas, cutâneas, epistaxes, hematúrias e hemossiderinúria).
  - Má absorção do ferro da dieta (gastrectonia, esteatorreia, trânsito intestinal rápido).
  - Dieta deficiente em ferro.

- *Anemia aplástica.* É uma alteração adquirida das células-tronco medulares, mostrando-se associada com anemia, leucopenia e trombocitopenia. São várias as causas:
  - Fármacos: anti-inflamatórios, antibióticos e anticonvulsivantes.
  - Tóxicos: benzeno, inseticidas e solventes químicos.
  - Radiações: ionizantes.
  - Infecções: bactérias e vírus (hepatite).
  - Metabólicas, imunológicas e tumores (timoma).

- *Síndromes talassêmicas.* São um grupo heterogêneo de distúrbios hereditários, caracterizados pela diminuição da síntese das cadeias α ou β que compõem a molécula de hemoglobina. Os vários tipos são:
  - Alfatalassemias (αThal) – há redução (α^+) ou ausência (α^0) das cadeias alfa.
  - Betatalassemias (βThal) – há redução (β^+) ou ausência (β^0) das cadeias beta.
  - $\delta\beta$-talassemias – são formas mais raras com gravidade clínica variável, em que existe redução ou ausência de síntese das cadeias β ou δ.

- *Síndromes mielodisplásicas e enemia sideroblástica (refratária).* Englobam anemias adquiridas ou congênitas, com causa conhecida ou ignorada, decorrentes da dificuldade de amadurecimento normal das células medulares.

- *Anemias megaloblásticas.* Constituem um grupo de distúrbios que apresentam glóbulos vermelhos de tamanho aumentado (anemias macrocíticas), que têm como causa anomalias na síntese de DNA da célula. Quase todos os casos se devem a:
  - *Deficiência de ácido fólico.* Má absorção intestinal (alcoolismo, anticonvulsivantes e neoplasias intestinais), aumento das necessidades (gravidez, anemias hemolíticas, neoplasias, síndromes mieloproliferativas e linfoproliferativas), alterações metabólicas (inibição da di-hidrofolato redutase, uso de antagonistas das purinas e pirimidinas, hepatopatias crônicas, alcoolismo), outras causas (psoríase e dermatite esfoliativa, anticoncepcionais orais, depuração extrarrenal). A deficiência está presente quando há <3 μg/dL de folato no soro.
  - *Deficiência de vitamina B_{12}.* Falta de fator intrínseco (anemia perniciosa – doença autoimune, com destruição imune das células parietais da mucosa gástrica que resulta na baixa produção de ácido clorídrico e do fator intrínseco necessário para absorção da vitamina B_{12} – gastrectomia), má absorção intestinal (esteatorreia, doença de Crohn, ressecção do íleo, síndrome de Immerslund-Grasbeck – má absorção seletiva de vitamina B_{12} + proteinúria), outras causas (gravidez, medicamentosa e dieta vegetariana). Os valores de VCM são >100 fL. Valores de vitamina B_{12} entre 100 e 200 ng/L já são sugestivos de deficiência.

- *Anemia da insuficiência renal crônica.* É atribuída, primariamente, à diminuição na produção endógena de eritropoetina.

CAPÍTULO 13 ▪ Aspectos Bioquímicos da Hematologia

- *Anemia das doenças crônicas.* É a anemia mais comum, depois da ferropênica. Desenvolve-se no curso das doenças inflamatórias do sistema digestório de longa evolução, neoplasias, colagenoses e doenças reumáticas ou infecções (endocardites, meningites, abscessos abdominais, empiemas, pneumonias de resolução lenta, doença cavitária pulmonar, abscessos pulmonares, bronquiectasias infectadas, pielonefrite crônica, osteomielite, febre tifoide, brucelose, lepra lepromatosa, granulomas disseminados, AIDS e infecções oportunistas em estados de imunodeficiência), falha de reutilização do ferro, diminuição, geralmente moderada, do tempo de sobrevida dos eritrócitos e insuficiência medular.

- *Anemia induzida por fármacos antineoplásicos.* Citarabina, fluoracil, mercaptopurina, tioguanina e azatioprina interferem na síntese de DNA, levando a alterações megaloblásticas, por induzirem uma diseritropoese medular. Outras drogas, como os agentes alquilantes (ciclofosfamida, melfalan) e a hidroxiureia, que atuam na replicação do DNA, também podem alterar morfologicamente o eritrócito.

Anemias por perda de eritrócitos ou hemorrágicas. Podem ser:

- *Anemia aguda pós-hemorrágica.* Por perda súbita de grandes volumes de sangue pelo sistema digestório (principalmente em homens) ou em um espaço tecidual ou em uma cavidade do corpo, cujas principais manifestações são as provocadas pela hipovolemia. Reduz o hematócrito e a hemoglobina. Não há reticulocitose no sangue, e os leucócitos e as plaquetas permanecem inalterados.

- *Anemia crônica pós-hemorrágica.* Por perdas de menor volume e continuadas de sangue por longos períodos, em geral sem manifestações clínicas ou hematológicas que caracterizam a anemia pós-hemorrágica. São encontradas em parasitoses intestinais, neoplasias do aparelho digestório, epistaxe, menstruações abundantes e úlcera gastroduodenal.

Anemias por excesso de destruição dos eritrócitos na circulação ou anemias hemolíticas. Existe hemólise aumentada quando o tempo de sobrevida dos eritrócitos está abaixo de 80 dias (normal: 80 a 120 dias). Observam-se sintomas de anemia, icterícia e urina e fezes mais escuras do que o habitual. Nos casos crônicos, aparece esplenomegalia. A anemia pode ser normocrômica normocítica ou hipocrômica macrocítica. Pode haver esferocitose, hemácias em alvo (talassemias), ovalocitose, reticulocitose, hemácias em foice e outras alterações qualitativas dos eritrócitos. Ocorrem em:

- *Anemias hemolíticas hereditárias:*
  - Hemoglobinopatias incluem anemia falciforme (HbS) e outras síndromes falcêmicas: hemoglobinopatia C, hemoglobinopatia D, hemoglobinopatia E, hemoglobinas com alteração da afinidade pelo oxigênio, hemoglobinas que produzem meta-hemoglobinemia (HbsM) e hemoglobinas instáveis.
  - Alterações hereditárias das proteínas das membranas das hemácias resultam em alterações que podem precipitar uma hemólise extravascular, como no caso da *esferocitose hereditária*.
  - Enzimopatias, cuja forma mais comum é a deficiência de *glicose-6-fosfato-desidrogenase* (favismo). Outras enzimas também podem estar deficientes: *piruvatoquinase, pirimidino--5-nucleotidase* e *glicose-fosfato-isomerase*.

- *Anemias hemolíticas adquiridas:*
  - Anemia hemolítica autoimune causada por anticorpos contra as hemácias.
  - Anemia hemolítica induzida por fármacos.
  - Anemia hemolítica microangiopática. Síndrome de hemólise por traumatismos intravasculares, causada pela deposição de monômeros de fibrina na luz dos vasos de pequeno calibre.
  - Anemia hemolítica traumática refere-se à hemólise intravascular, geralmente associada à disfunção de prótese da válvula aórtica.
  - Anemia paroxística noturna é um raro defeito adquirido da membrana do eritrócito. Origina-se nas células-tronco da medula óssea e se caracteriza por episódios de hemólise intravascular; a hemólise acentua-se nas horas de sono. O paciente apresenta hemoglobinúria ao despertar.

ERITROCITOSES

As eritrocitoses decorrem do aumento real da massa eritrocítica circulante, da diminuição do volume plasmático (pseudoeritrocitose), como na desidratação ou com o uso de diuréticos, ou da combinação dos dois mecanismos. As cifras do eritrograma estão aumentadas.

As eritrocitoses acentuadas (Ht >60% em homens e >55% em mulheres) costumam ser verdadeiras. As moderadas, em que os valores são menores, exigem diagnóstico diferencial, levando-se em conta:

- Moradores de grandes altitudes.
- Tabagismo com consumo >20 cigarros/dia.
- Obesidade e estresse.
- Doença pulmonar obstrutiva crônica. A eritrocitose possibilita maior transporte de oxigênio. Em valores de Ht >55%, a viscosidade sanguínea aumenta, prejudicando o fluxo sanguíneo.
- Síndrome da apneia noturna.
- Tumores secretores de eritropoetina (p. ex., hipernefroma).
- Cardiopatias congênitas na infância. Hematócrito >70% com sinais de pletora, cianose ou hipocratismo digital.
- Hemoglobinopatias. O diagnóstico exige eletroforese de hemoglobina ou cromatografia líquida de alta resolução para diferenciação das hemoglobinas.
- Déficit de metemoglobina-redutase. Doença recessiva.

POLICITEMIA VERA

A policitemia vera é uma síndrome mieloproliferativa crônica prevalente em pessoas idosas. Constitui uma doença neoplásica de uma célula-tronco da medula óssea que afeta, primariamente, a série eritroide. O aumento na produção de eritrócitos é autônomo, isto é, não há nenhum estímulo secundário, com hipoxia ou níveis elevados de eritropoetina para estimular a formação de hemácias. A apresentação clínica típica é a de um paciente com hematócrito elevado, >54% em homens ou >50% nas mulheres. Caracteriza-se, também, por hemoglobina e contagem de eritrócitos elevadas, saturação de oxigênio normal, esplenomegalia e número elevado de leucócitos e plaquetas.

É uma doença crônica de evolução lenta com causa desconhecida. A elevação da massa eritrocitária se deve ao aumento de produção, e não ao alongamento da vida média das células.

As manifestações clínicas são:

Hiperviscosidade e/ou hipovolemia. Podem resultar em diminuição do fluxo sanguíneo cerebral com zumbidos, tonteiras, acidente vascular encefálico (raramente), insuficiência cardíaca congestiva e trombose.

Disfunção plaquetária. Pode promover trombose em decorrência de trombocitose, alteração intrínseca das plaquetas (tempo de sangramento prolongado, ausência de agregação à adrenalina, metabolismo anormal das prostaglandinas) e hemorragias.

Aumento na renovação celular. Implica gota (devido à hiperuricemia) e prurido (por causa da maior produção de histamina pelos basófilos).

DETERMINAÇÃO DA HEMOGLOBINA

A medida da concentração de hemoglobina no sangue venoso ou capilar é realizada pelo método da cianometemoglobina. O método baseia-se na oxidação do Fe^{2+} da hemoglobina em Fe^{3+} da metemoglobina pelo ferrocianeto. A metemoglobina é convertida em cianometemoglobina pela adição de cianeto de potássio (KCN):

$$HbFe^2 + Fe^{3+}(CN)_6^{3-} \rightarrow HbFe^{3+} + Fe^2(CN)_6^{4-}$$

$$HbFe^{3+} + CN^- + HbFe^{3+}CN$$

A absorvância do monômero da cianometemoglobina é medida em 540 nm, e é utilizada para calcular a concentração de hemoglobina.

A determinação da hemoglobina deve ser acompanhada de hemograma completo e, em casos de suspeita de variantes da hemoglobina, devem ser realizados testes específicos para HbS, HbH e para hemoglobinas instáveis. Em casos de hemoglobinopatias ou talassemias, emprega-se a eletroforese como teste inicial.

Paciente. Não são exigidos cuidados especiais.

Amostra. Sangue total venoso ou capilar.

Bibliografia consultada

FAILACE, R. **Hemograma: manual de interpretação.** 3 ed., Porto Alegre: Artes Médicas, 1995, 198p.

HAM, E.V.; CASTLE, W.B. Relation of increased hypotonic fragility and of erythrostasis to the mechanims of hemolysis in certain anemias. **Trans. Assoc. Am. Physicians,** 55:127-35, 1940.

HIGGINS, T.; BEUTLER, E.; DOUMAS, B.T. Hemoglobin, iron, and bilirubin. In: BURTIS, C.A.; ASHWOOD, E.R.; BRUNS, D.E. **Tietz: Fundamentals of clinical chemistry.** Philadelphia: Saunders, 2008:509-26.

LORENZI, T.F. **Manual de hematologia: propedêutica e clinica.** Rio de Janeiro: MEDSI, 1999. 641p.

VERRASTRO, T. **Hematologia e hemoterapia: fundamentos de morfologia, fisiologia, patologia e clínica.** São Paulo: Atheneu, 1996. 303p.

13.1 FERRO SÉRICO

O ferro é um elemento metálico, componente essencial presente no heme da hemoglobina, na mioglobina, na transferrina, na ferritina e nas porfirinas contendo ferro, além de ocorrer em enzimas como catalase, peroxidase e nos vários citocromos.

O ferro sérico refere-se ao ferro presente no plasma, ligado à siderofilina. Apresenta oscilações notáveis em função do sexo, da idade e do período do dia.

INGESTÃO E ABSORÇÃO DO FERRO

O balanço do ferro é regulado por alterações na absorção intestinal. O ferro inorgânico e o ferro ligado ao heme têm mecanismos de absorção diferentes. A absorção do ferro inorgânico se faz através das células da mucosa intestinal, que utilizam parte deste elemento para si próprias. Essa porção de ferro é incorporada pelas mitocôndrias das células, e o restante pode atravessar o citoplasma, entrando na circulação sanguínea. Nesse nível existe um mecanismo regulador, representado pela *ferritina,* proteína que tem a capacidade de fixar o ferro.

O ferro hêmico é absorvido como tal pelas células intestinais, onde se separa do heme e depois segue a mesma via do ferro inorgânico.

Em uma dieta habitual, a quantidade média de ferro é de 10 a 15 mg/d, porém apenas 1 a 2 mg (5% a 10%) são absorvidos, principalmente no duodeno. O tipo de dieta ingerida modifica a capacidade de absorção do ferro. Substâncias que formam complexos solúveis com o ferro (p. ex., ácido ascórbico) facilitam a absorção. As que formam complexos insolúveis (p. ex., fitato) inibem a absorção.

Estado químico do ferro. O ferro ingerido está na forma férrica (Fe^{3+}) e deve ser transformado na forma ferrosa (Fe^{2+}) para ser absorvido. A conversão tem lugar nas células da mucosa intestinal, onde a presença de H^+ fornece a acidez para reduzir o ferro.

Estoques de ferro no organismo. Cerca de 25% do ferro no corpo é armazenado no fígado, no baço e na medula óssea como *ferritina* ou íon férrico (Fe^{3+}) ligado à *apoferritina*, uma molécula proteica. Quando o organismo necessita de ferro para a síntese de heme, mioglobina ou outras moléculas, o ferro é liberado da ferritina e, então, ligado à molécula de *transferrina* para ser transportado, principalmente, ao tecido hematopoético para a síntese de heme.

Transporte de ferro no organismo. Após absorção intestinal, o ferro passa à circulação ligado a uma proteína transportadora denominada *transferrina* (ou *siderofilina*). Esta glicoproteína, sintetizada no fígado, transporta e cede o ferro aos eritroblastos da medula óssea ou a outros tecidos, onde ficará armazenado. Assim, não há ferro livre no plasma. A captação celular do ferro é mediada por receptor de transferrina da superfície celular (TfR). A expressão dos receptores de transferrina é proporcional às necessidades de ferro pelas células. Em caso de deficiência de apoferritina, o excesso de ferro é depositado como pequenos grânulos, a *hemossiderina*. Adultos normais contêm 3 a 5 g de ferro, distribuídos como mostra a Tabela 13.1. A concentração plasmática de ferro corresponde a 0,1% do ferro total.

Tabela 13.1 Distribuição aproximada de ferro no homem adulto normal

Composto	Conteúdo de ferro (mg)	Percentagem
Hemoglobina	2.800	68,3
Mioglobina	135	3,30
Ferritina	520	12,7
Hemossiderina	480	11,7
Transferrina	7	0,17
Ferro enzimático	8	0,19
Orgânico remanescente	150	3,65
Total	4.100	100

Pouco ferro é perdido pelo organismo (células do sistema digestório, pele e urina). O ferro excretado pelas mulheres (1,3 mg/d) é, em média, maior do que pelos homens (0,9 mg/d) devido à perda menstrual. Durante a gravidez e a lactação, demandas adicionais de até 4 mg/d são retiradas do armazenamento do ferro materno. A ingestão recomendada para homens é de 10 mg/d e para mulheres, 18 mg/d. As fontes dietéticas ricas em ferro são as vísceras de animais (p. ex., fígado, rins, coração e baço).

Normalmente, a transferrina circulante está saturada em cerca de 30% com Fe^{3+}. A transferrina é avaliada indiretamente pela determinação da *capacidade de ligação de ferro à transferrina* (TIBC).

O ferro sérico, a transferrina e a ferritina são determinados diretamente em laboratório, enquanto a TIBC é medida indiretamente. Estas avaliações são necessárias para estabelecer o diagnóstico de distúrbios no metabolismo do ferro. O *RDW* (*Red Cell Distribution Width*) é um coeficiente de variação do volume eritrocitário médio de grande utilidade no diagnóstico diferencial de algumas anemias, como, por exemplo, anemia ferropênica e β-talassemia.

REDUÇÃO DO FERRO SÉRICO

A deficiência de ferro, uma das mais prevalentes desordens no ser humano, é encontrada particularmente em crianças, mulheres jovens e idosos, apesar de poder ocorrer em indivíduos de todas as idades e condições sociais. O ferro sérico reflete, principalmente, a quantidade de ferro ligado à transferrina.

A redução dos níveis de ferro é provocada pela deficiência de ferro total no organismo, pela perda aumentada ou, ainda, pela elevação na demanda de ferro dos estoques do corpo (p. ex., gravidez). Os processos mais comuns de *diminuição* do ferro são:

Anemia da carência do ferro (ferropênica). Encontram-se: *ferritina sérica* (<12 μg/L), *ferro sérico* (<60 μg/dL), *capacidade de ligação de ferro à transferrina* (>360 μg/dL) e *RDW* (>14,5%). A deficiência marcante de ferro é caracterizada por uma anemia microcítica e hipocrômica, muitas vezes acompanhada de anisocitose e formas esquisitas (poiquilocitose). É causada por:

- *Falta de ingestão*. Dietas pobres em ferro.
- *Falta de absorção*. Gastrectomias, má absorção intestinal, trânsito acelerado, distúrbios digestórios (vômitos da gravidez, neoplasias etc.), acloridrias e pica.
- *Perdas sanguíneas*. Úlcera gástrica e/ou duodenal, tumores malignos – principalmente do estômago e do cólon –, varizes esofágicas, hérnia hiatal, polipose intestinal, retocolite ulcerativa, anomalia vascular, parasitose intestinal, diverticulose. *Uterina* – fibroma, tumores malignos de útero ou do colo, menorragias, metrorragias, retenção placentária e uso de anovulatórios. *Outras:* sangramentos nasais crônicos, hematúria crônica, hemodiálise, doação de sangue, perdas sanguíneas repetidas.

Ciclo menstrual. No período pré-menstrual, o ferro eleva-se de 10% a 30%. Na menstruação, o ferro diminui de 10% a 30% em relação aos valores de referência.

Outras causas de redução do ferro. Infecção aguda (respiratória e abscessos), desordens inflamatórias crônicas, doenças malignas, infarto do miocárdio, tratamento de anemia perniciosa (no início da resposta ao tratamento com vitamina B_{12}), hiperferritinemia com catarata, aceruloplasminemia, síndrome GRACILE (retardo no crescimento, aminoacidúria, colestase, sobrecarga de ferro, lactacidose e morte prematura), neuroferritinemia, atransferritemia e, possivelmente, doenças neurodegenerativas, como Parkinson, síndrome de Hallervorden-Spatz e doença de Alzheimer.

AUMENTO DO FERRO SÉRICO

Hemocromatose primária. É um distúrbio metabólico hereditário na regulação da absorção de ferro, resultando em absorção excessiva de ferro ingerido, saturação da proteína de ligação de ferro e deposição de hemossiderina nos tecidos. Os sintomas da hemocromatose primária incluem a "tríade clássica": pigmentação bronzeada da pele, diabetes e cirrose. Outros sintomas são: cardiomiopatia, arritmias, deficiências endócrinas e possibilidade de artropatias. É diagnosticada na meia-idade. Na hemocromatose há um depósito contínuo e progressivo de ferro nas células do fígado, do pâncreas, do coração e de outros órgãos, o que leva, em última instância, à insuficiência destes órgãos. Se não tratada, o acúmulo de ferro leva a cirrose, diabetes e insuficiência cardíaca, diminuindo a expectativa de vida.

Hemocromatose secundária. Ingestão aumentada e acúmulo de ferro secundários a uma causa conhecida, como terapia com ferro ou múltiplas transfusões. A causa secundária mais comum de sobrecarga de ferro é a β-talassemia.

CAPÍTULO 13 · Aspectos Bioquímicos da Hematologia

Hemossiderose. Acúmulo de hemossiderina nos tecidos, particularmente no fígado e no baço, sem estar associado com lesões teciduais. Ocorre em locais de sangramento e inflamação. Pode generalizar-se em pessoas com ingestão aumentada de ferro, como medicações contendo ferro ou transfusões repetidas. Destacam-se a *hemossiderose pulmonar idiopática* e a *hemossiderose nutricional*, que resulta da ingestão de ferro em alimentos preparados em vasilhames de ferro.

Dano hepático agudo. Redução dos estoques de ferro no fígado.

Anemia hemolítica. Destruição anormal de hemácias:

- *Hemólise intravascular.* Pode apresentar-se com febre, calafrios, taquicardia e dor lombar.
- *Hemólise extravascular.* Caracteriza-se pela destruição de hemácias no sistema reticuloendotelial, particularmente no baço.

Envenenamento pelo chumbo. Redução na utilização de ferro.

Outras causas. Envenenamento agudo pelo ferro, principalmente em crianças, hepatite aguda e após ingestão de ferro por via oral ou parenteral.

DETERMINAÇÃO DO FERRO SÉRICO

O ferro sérico compreende o Fe^{3+} ligado à transferrina sérica e não inclui o ferro contido no soro como hemoglobina livre.

Paciente. Jejum de 8 horas. Não são exigidos cuidados especiais.

Amostra. *Soro* ou *plasma heparinizado* isentos de hemólise e turvação. A coleta de sangue deve ser realizada com o mínimo de estase, para permitir o livre fluxo de sangue. É aconselhável obter a amostra no início da manhã e em jejum, pois o teor de ferro pode diminuir em até 30% no decorrer do dia. Separar o soro ou o plasma no máximo até 1 hora após a coleta. O ferro sérico é estável no soro ou no plasma por 1 semana em refrigerador ou até 1 mês, quando congelado.

Interferências. *Resultados falsamente elevados:* ingestão de vitamina B_{12} nas 48 horas que antecedem o teste. *Fármacos:* anticoncepcionais orais, estrogênios e álcool.

Métodos. Muitos métodos propostos envolvem a separação do ferro das proteínas transportadoras (principalmente transferrina), fundamentalmente, pela redução do pH; a forma Fe^{3+} é reduzida a Fe^{2+} e, então, complexada com um cromogênio.

- *Colorimetria.* Após separação, o Fe^{3+} é reduzido a Fe^{2+} por adição de hidrazina, ácido ascórbico, ácido tioglicólico ou hidroxilamina. A quantificação do ferro é completada pela adição de um cromogênio complexante, com formação de um cromogênio passível de análise espectrofotométrica. Os agentes complexantes mais comumente usados são a *batofenantrolina*, a *ferrozina*, a *ferrena* e a *triptidiltriazina* (TPTZ).

$$Fe^{3+}: Transferrina \xrightarrow{\text{ácido}} Fe^{3+} \text{apoferritina}$$

$$Fe^{3+}: \xrightarrow{\text{agentes redutores}} transferrina + 2Fe^{2+}$$

$$Fe^{2+} \text{cromogênio complexante} \rightarrow \text{complexo colorido}$$

- *Coulometria.* Os métodos coulométricos para determinação do ferro estão baseados no desenvolvimento de um potencial eletroquímico na interface de uma solução salina (soro) e um eletrodo. Em geral, esses métodos se correlacionam bem com os métodos cromogênicos e necessitam pequenas amostras para análise.
- *Absorção atômica.* O ferro é concentrado por quelação com batofenantrolina e é extraído pelo metil-isobutil-cetona (MIBK). O extrato é examinado por absorção atômica em 248,3 nm.

Valores de referência para o ferro sérico (µg/dL)	
Homens	65 a 170
Mulheres	50 a 170
Recém-nascidos	95 a 225

CAPACIDADE DE LIGAÇÃO DE FERRO À TRANSFERRINA (TIBC)

O TIBC (*total iron binding capacity*) é uma medida indireta da concentração de transferrina. Como normalmente só uma terça parte da transferrina está ligada ao Fe^{2+}, a transferrina sérica tem considerável reserva de capacidade de ligação de ferro. É a forma mais usada para expressar a transferrina no soro.

A TIBC é uma medida da concentração máxima de ferro que as proteínas séricas, principalmente a transferrina, podem ligar quando seus sítios de ligação do ferro estão completamente saturados. A TIBC sérica varia nas desordens do metabolismo do ferro. Está muitas vezes aumentada na deficiência de ferro e reduzida nas desordens inflamatórias crônicas ou nas doenças malignas e, também, na hemocromatose.

A TIBC é determinada pela adição de Fe^{3+} para saturar os sítios de ligação na transferrina. Os valores de referência para a TIBC são altamente dependentes do método de análise empregado.

Valores de referência: adultos: 250 a 450 $\mu g/dL$; crianças: 100 a 400 $\mu g/dL$.

A TIBC pode também ser expressa como a *percentagem de saturação da transferrina (% de saturação)* que varia em função da quantidade de ferro plasmático. Normalmente, é de 30% a 33%, sendo calculada do seguinte modo:

Saturação da transferrina (%) = 100 × ferro sérico/TIBC

O coeficiente é o melhor índice isolado de armazenamento do ferro sérico e é útil na diferenciação das causas comuns de anemia, já que o TIBC normalmente aumenta em resposta ao decréscimo de ferro sérico, enquanto que ele é usualmente normal nos distúrbios inflamatórios crônicos. Quanto maior a saturação da transferrina e menor a TIBC, maiores serão as reservas do ferro.

Os achados laboratoriais clássicos na anemia por deficiência de ferro são: ferritina reduzida, ferro sérico diminuído e baixa saturação da transferrina com aumento na TIBC (Tabela 13.2).

Tabela 13.2 Ferro sérico e TIBC em várias condições

	Ferro sérico	TIBC
Anemia ferropênica	↓	↓
Anemia de infecções	↓	↓
Malignidades	↓	↓
Menstruações	↓	↓
Envenenamento por Fe	↑	↓
Anemia hemolítica	Variável	Variável
Hemocromatose	↑	N, ↓
Infarto do miocárdio	↓	N
Gravidez tardia	↓	↑
Uso de progestágenos	↑	↑
Dano hepático agudo	↑	↑
Nefrose	↓	↓
Kwashiorkor	↓	↓
Talassemia	↑	↓

↓ = redução; ↑ = aumento; N = normal.

FERRITINA SÉRICA

A ferritina está presente em baixas concentrações no sangue. Em condições normais, ela reflete grosseiramente o conteúdo de ferro no organismo. A concentração de ferritina plasmática declina precocemente nas deficiências de ferro, antes de alterações observadas na hemoglobina sanguínea, no tamanho dos eritrócitos e no ferro sérico. Assim, a medida da ferritina sérica é usada como um indicador sensível da deficiência de ferro. Por outro lado, várias doenças crônicas resultam em aumento dos teores de ferritina sérica.

O teor de ferritina está diretamente relacionado com as reservas de ferro no sistema retículo-histiocitário, de modo que sua determinação serve para diagnosticar e controlar as deficiências e sobrecargas de ferro.

A ferritina plasmática normalmente contém 1% do ferro sérico e está em equilíbrio com os depósitos do corpo, refletindo as variações na quantidade de ferro total armazenado. A concentração da ferritina plasmática declina bem antes de alterações observáveis na hemoglobina sanguínea, da alteração morfológica dos eritrócitos, da diminuição da concentração de ferro sérico ou dos sinais clínicos da anemia. Assim, a medida da ferritina sérica é um indicador muito sensível para detectar e monitorar deficiências de ferro, quando não acompanhadas de outra doença concomitante. Encontram-se elevações da ferritina sérica quando ocorre aumento das reservas de ferro e também em várias doenças, como infecções crônicas, desordens inflamatórias crônicas, como artrite reumatoide ou enfermidade renal, e também em várias doenças malignas, especialmente linfomas, leucemias, neuroblastoma e carcinoma de mama e de ovários.

Aumentos nos níveis de ferritina sérica ocorrem também na hepatite viral ou na lesão hepática tóxica, como resultado da liberação de ferritina dos hepatócitos lesados. Além disso, os níveis aumentam em pacientes com sobrecarga de ferro, como hemossiderose, hemocromatose (taxas entre 200 e 6.000 $\mu g/L$) ou após transfusão e reposição aguda de ferro.

A ferritina aumenta com o passar dos anos, fato que está relacionado com a maior incidência de infarto do miocárdio e de mortalidade.

C A P Í T U L O 13 ▪ Aspectos Bioquímicos da Hematologia

Valores de referência para a ferritina (ng/mL)	
Homens	70 a 435
Mulheres cíclicas	10 a 160
Mulheres menopáusicas	25 a 280
Recém-nascidos	25 a 200
6 meses a 15 anos	7 a 160

RECEPTOR SOLÚVEL DE TRANSFERRINA (sTfR)

O sTfR é um parâmetro que possibilita avaliar com exatidão o metabolismo férrico, particularmente de pacientes nos quais a ferritina sérica fornece informações limitadas (p. ex., grávidas, recém-nascidos, crianças, adolescentes durante a fase de crescimento rápido, atletas de alto desempenho, transplantados e pacientes com doenças crônicas inflamatórias ou malignas). Ao contrário da ferritina, a concentração sérica de sTfR não é afetada pela reação de fase aguda ou doenças funcionais hepáticas agudas. Sob terapia com eritropoetina, por exemplo, nos pacientes submetidos a diálise, o sTfR possibilita um valor preditivo relativo ao sucesso terapêutico. Aumentos do sTfR precedem as elevações do hematócrito.

ERITROPOETINA

A eritropoetina é um hormônio glicoproteico formado pelo rim e pelo fígado e, possivelmente, por outros tecidos. Promove a eritropoese por estímulo da formação de pró-eritroblastos e liberação de reticulócitos da medula óssea. Pode ser detectada no plasma e na urina humanos.

Quando os rins percebem pequenas variações na concentração do oxigênio no sangue, liberam eritropoetina que, por sua vez, estimula a medula óssea a fabricar mais eritrócitos. Enquanto durar o estímulo (hipoxia e anemia), perdura o aumento dos teores de eritropoetina. Na Tabela 13.3 estão resumidas as condições com alterações na concentração de eritropoetina sérica.

A avaliação da eritropoetina é útil na investigação de anemias, no diagnóstico diferencial das policitemias, na monitoração dos níveis terapêuticos de eritropoetina recombinante e como marcador tumoral.

Valores de referência para a eritropoetina (mUI/mL)	
Homens	11,7 a 22,7
Mulheres	12,6 a 25,0

Tabela 13.3 Eritropoetina sérica nas anemias e policitemias

	Eritropoetina
Anemias	
Anemias nutricionais (deficiência de ferro, B_{12} ou folato)	↑
Perda sanguínea aguda	↑
Doença crônica (inflamação, neoplasia)	↑ ou normal
Anemia hipoplástica/aplástica	↑
Baixa afinidade do oxigênio pela hemoglobina	↓ ou normal
Enfermidade renal crônica	↓
Policitemia	
Policitemia vera	↓
Doença pulmonar crônica	↑
Shunt venoso-arterial	↑
Doença cardíaca congênita	↑
Hepatoma	↑
Adenocarcinoma renal	↑
Cisto renal ou hidronefrose	↑
Câncer de pulmão de pequenas células	↑
Hemangioma cerebelar	↑
Alta afinidade do oxigênio pela hemoglobina	↑
Cisto renal	↑
Cisto dermoide de ovário	↑

Bibliografia consultada

CANDLISH, J.K.; CROOK, M.J. **Notes on clinical chemistry.** New York: World Scientific, 1993. 272p.

CAVILL, I.; JACOBS, A.; WORWOOD, M. Diagnostic methods for iron status. **Ann. Clin. Biochem., 23:**168-71, 1986.

DACIE, J.V. **The haemolytic anaemias.** 3 ed., London: Churchill Livingstone, 1995. 350p.

FAILACE, R. **Hemograma: manual de interpretação.** 3 ed., Porto Alegre: Artes Médicas, 1995, 198p.

HIGGINS, T.; BEUTLER, E.; DOUMAS, B.T. Hemoglobin, iron, and bilirubin. In: BURTIS, C.A.; ASHWOOD, E.R.; BRUNS, D.E. **Tietz: Fundamentals of clinical chemistry.** Philadelphia: Saunders, 2008:509-26.

JACOBS, A. Disorders of iron metabolism. **Clin. Haematol., 11:**241-8, 1982.

LORENZI, T.F. **Manual de hematologia: propedêutica e clínica.** Rio de Janeiro: MEDSI, 1999. 641p.

SCHILLING, R.F. Vitamin B_{12} deficience: underdiagnosed, overtreated? **Hosp. Pract., 30:**47-54, 1995.

TIETZ, N.W.; RINKER, A.D.; MORRISON, S.R. When is a serum iron really a serum iron? A follow-up study on the status of iron measurements in serum. **Clin. Chem 42:**109-11, 1996.

VERRASTRO, T. **Hematologia e hemoterapia: fundamentos de morfologia, fisiologia, patologia e clínica.** São Paulo: Atheneu, 1996.

13.2 HEMOGLOBINOPATIAS

A hemoglobina é uma proteína esférica formada por quatro cadeias polipeptídicas bastante semelhantes entre si e quatro grupos prostéticos heme, nos quais os átomos de ferro estão no estado ferroso (Fe^{2+}). A porção proteica – chamada *globina* – consiste em duas cadeias α (cada uma com 141 resíduos de aminoácidos) e duas cadeias β (cada uma com 146 resíduos de aminoácidos). As anormalidades estruturais da hemoglobina resultam de mutações de um dos genes que codificam as cadeias de globina e são denominadas *hemoglobinopatias*. As anormalidades da síntese da hemoglobina são as doenças genéticas mais comuns em todo o mundo e são divididas em três grupos:

- *Hemoglobinopatias estruturais.* Resultam de mutações dos genes que regulam a síntese da cadeia polipeptídica da globina, alterando sua estrutura (p. ex., hemoglobinopatia S – anemia falciforme ou drepanocítica [HbS], hemoglobinopatia C, hemoglobinopatia D, hemoglobinopatia E, hemoglobinas com alteração da afinidade pelo oxigênio, hemoglobinas que produzem meta-hemoglobinemia [HbsM] e hemoglobinas instáveis).

- *Talassemias.* Redução da síntese de uma ou de várias cadeias de globina (p. ex., α-talassemias, talassemia do recém-nascido, β-talassemias e talassemia δβ).

- *Persistência da Hb fetal.* Síntese de hemoglobina fetal durante a idade adulta. Há formas homozigóticas e heterozigóticas. Os homozigóticos têm 100% de HbF, pois não sintetizam cadeias β e δ.

Mais de 600 hemoglobinas variantes foram detectadas no sangue humano. Cerca de 95% delas são resultado de substituições de um único aminoácido da cadeia polipeptídica da globina. Em sua maioria, as hemoglobinas variantes não provocam sintomas clínicos, mas algumas causam doenças debilitantes. As mutações que desestabilizam as estruturas terciárias ou quaternárias alteram a afinidade da hemoglobina pelo oxigênio (Pa_{50}) e reduzem sua cooperatividade (constante de Hill). Além disso, as hemoglobinas instáveis são degradadas pelos eritrócitos e seus produtos de degradação causam lise (rompimento celular). A *anemia hemolítica* resultante compromete o transporte de oxigênio para os tecidos.

Determinadas mutações no sítio de ligação do oxigênio favorecem a oxidação do Fe^{2+} para Fe^{3+}, produzindo metemoglobina no sangue arterial com presença de cianose – cor azulada da pele.

A concentração apropriada de hemoglobina no sangue é essencial para o transporte adequado de O_2 e dióxido de carbono entre os pulmões e outros tecidos. A determinação da hemoglobina é um passo inicial importante na detecção de anemia (redução da hemoglobina) ou eritrocitose (aumento tanto dos eritrócitos como da hemoglobina). A medida da concentração da hemoglobina no sangue capilar ou venoso é um dos testes mais realizados em laboratório clínico.

Cada 1 g de hemoglobina funcional (HbA) totalmente oxigenada é capaz de transportar 1,39 mL de O_2, o que é muito mais que a quantidade transportada por 1 g de plasma totalmente oxigenado (0,025 mL de O_2). A medida da PaO_2 no sangue arterial é na realidade o oxigênio dissolvido no plasma. Ainda que importante, a PaO_2 não delineia realmente o transporte de oxigênio. Por exemplo, um paciente com PaO_2 normal pode estar gravemente hipóxico, se houver anemia presente.

A quantidade de hemoglobina é controlada pelo hormônio *eritropoetina*, produzido em resposta à demanda de oxigênio total do organismo.

ELETROFORESE DE HEMOGLOBINAS

A eletroforese é utilizada no estudo das hemoglobinas anormais e no diagnóstico diferencial das hemoglobinopatias (hemoglobinas variantes) e talassemias.

Os estudos incluem a realização da eletroforese em tampão de pH alcalino (8,2 a 8,6) para identificação de hemoglobinas variantes (as mais encontradas são: S, C, D), das talassemias do tipo β-heterozigóticas (onde a HBA_2 está aumentada) e do tipo α (presença de HbH).

Valores de referência para as hemoglobinas 6 meses após o nascimento (%)	
Hemoglobina A_1	95,0 a 97,0
Hemoglobina A_2	2,5 a 3,5
Hemoglobina fetal	0,1 a 2,0

Algumas vezes é indicada a eletroforese em pH ácido (6,0 a 6,8), que promove a movimentação da maioria das hemoglobinas em direção ao polo negativo, o que possibilita a distinção e a separação das hemoglobinas F e A das variantes mais comuns. É usada, também, para diferenciar HbE, HbC e HbO-Arab, que migram juntas na eletroforese alcalina.

CROMATOGRAFIA LÍQUIDA DE ALTA RESOLUÇÃO (HPLC)

A HPLC é um método reprodutível e preciso para determinação de hemoglobinas variantes. Permite a quantificação precisa da HbA_2, sendo importante para o diagnóstico do traço talassêmico. Ao contrário da eletroforese em acetato de agarose, em pH alcalino, a HPLC possibilita diferenciações entre HbA_2 e HbC, entre HbS e HbD e entre HbG e Hb Lepore. Acrescente-se que, por meio da HPLC, um grande número de Hb anômalas, antes desconhecidas, foram especificadas, uma vez que migravam para áreas comuns à eletroforese.

HEMOGLOBINA FETAL (HbF)

Hemoglobina predominante durante a vida fetal, a HbF se origina em uma variação das cadeias de aminoácidos (duas cadeias tipo α e duas tipo γ = $\alpha_2\gamma_2$). Ao nascer, a criança tem aproximadamente 85% de HbF, a qual diminui rapidamente e, ao redor do sexto mês de vida, representa menos de 2% da hemoglobina total. A HbF tem a afinidade pelo oxigênio aumentada significativamente, o que ajuda a "atrair" oxigênio através da placenta.

Valores de referência: 0,1% a 2%.

Valores aumentados. Anemias aplásticas, anemia perniciosa, leucemia mieloide juvenil e mieloma múltiplo. Sua estimativa deve ser realizada sempre que estiver aumentada na eletroforese de hemoglobina e como complemento de diagnóstico na talassemia, na persistência hereditária de hemoglobina fetal, na anemia falciforme e na interação talassemia/hemoglobina normal.

HEMOGLOBINA A_2

A HbA_2, composta por cadeias α (alfa) e δ (delta), representa, no sangue normal do adulto, cerca de 3% da Hb total. A sua avaliação é indicada na investigação diagnóstica de anemias microcíticas com ferro sérico normal.

Valores de referência. *Eluição*: 2,5% a 3,7%; *cromatografia*: 1,5% a 3%.

Valores aumentados. *Congênita*: β-talassemia, hemoglobina instável, traço falcêmico, SS com α-talassemia. *Adquirida*: anemia megaloblástica, anemia ferropênica, anemia sideroblástica e hipertireoidismo.

Valores reduzidos. *Congênita*: α-talassemia, β-talassemia, $\delta\beta$-talassemia. *Adquirida*: deficiência de ferro e anemia sideroblástica.

OXI-HEMOGLOBINA (HbO$_2$)

A oxi-hemoglobina é a espécie de hemoglobina que está ligada *reversivelmente* ao oxigênio. A captação de O_2 pelo sangue nos pulmões depende, principalmente, da PaO_2 do ar alveolar e da capacidade de o O_2 difundir-se livremente através da membrana alveolar para o sangue, assim como da afinidade da desóxi-hemoglobina eritrocitária com o O_2. Com PaO_2 normal no ar alveolar, membrana normal e hemoglobina normalmente funcionante, mais de 95% da hemoglobina estão ligados ao O_2.

A entrega do O_2 do sangue para os tecidos é administrada pela grande diferença de gradiente entre a PaO_2 do sangue e aquela dos tecidos, por obra da troca isoídrica e de cloretos e pela dissociação da O_2Hb nos eritrócitos em PaO_2 baixa na interface sangue-tecido. A PaO_2 arterial deve ser suficientemente alta para evitar hipoxia. Em caso de baixas concentrações de hemoglobina, pode ocorrer hipoxia anêmica.

A relação entre a PaO_2 e o índice entre a oxi-hemoglobina e a hemoglobina reduzida é descrita pela curva de dissociação da hemoglobina. A relação entre a PaO_2 e a oxi-hemoglobina é afetada pelo pH, pela $PaCO_2$, temperatura e pelo fosfato. Em qualquer circunstância, o O_2 total do sangue é a soma das concentrações do O_2 ligado à hemoglobina mais o O_2 fisicamente dissolvido.

CARBÓXI-HEMOGLOBINA (HbCO)

A carbóxi-hemoglobina é um complexo bastante estável entre a hemoglobina e o monóxido de carbono. A formação de carbóxi-hemoglobina impede a transferência normal de dióxido de carbono e oxigênio durante a circulação sanguínea. O organismo forma continuamente uma pequena quantidade de CO (destruição de hemoglobina na decomposição das hemácias), que mantém a concentração de 1% de HbCO no sangue. A afinidade da hemoglobina pelo monóxido de carbono é 200 a 250 vezes maior que pelo oxigênio. São necessários níveis elevados de PaO_2 para deslocar o CO da hemoglobina.

A HbCO interfere com o transporte do oxigênio de duas maneiras:

- Produz uma anemia química ao reduzir a quantidade de hemoglobina disponível para o transporte – cada 1 g de HbCO se forma às expensas de 1 g de HbO_2.
- A presença de HbCO interfere com a liberação de oxigênio da hemoglobina.

Valores de referência: fumantes: até 9%; não fumantes: até 2%.

A intoxicação pelo monóxido de carbono é causada pela fumaça de automóveis ou de cigarros e a calefação doméstica. Indivíduos com valores >10% sofrem de cefaleia, náuseas, vômitos e uma sensação progressiva de fadiga, confusão e desorientação à medida que a HbCO aumenta até 60%, cifra esta que pode ser mortal. A elevação da carbóxi-hemoglobina indica:

- que os pulmões não estão liberando o CO produzido normalmente;
- que o paciente foi exposto ao CO e os níveis podem estar em valores tóxicos e exigir tratamento de emergência.

METEMOGLOBINA (MetHb)

A metemoglobina é produzida quando o ferro na forma ferrosa (Fe^{2+}) de hemoglobina se oxida para formar ferro na forma férrica (Fe^{3+}). É a forma da hemoglobina incapaz de oxigenação reversível. A cianose ocorre quando há acúmulo no sangue de quantidades significativas de metemoglobinas.

Em globinas mutantes, substituições na região do encaixe do heme afetam a ligação heme-globina, de tal modo que tornam o ferro resistente à redutase, a enzima que mantém o ferro do heme no estado reduzido.

Continuamente se formam pequenas quantidades de metemoglobina, mas o organismo tem uma enzima (metemoglobina-redutase) que a "fixa" e a mantém em uma percentagem <1%. Existem enfermidades e toxinas que alteram a enzima e podem causar metemoglobinemia. Outra causa é a presença de metais na água ingerida. Esses pacientes podem desenvolver uma quantidade suficiente de metemoglobina que altera o aporte de oxigênio.

DESÓXI-HEMOGLOBINA (HHb)

A desóxi-hemoglobina (hemoglobina reduzida) é desprovida de oxigênio. Em distúrbios pulmonares e outros fatores, nem toda a hemoglobina se reoxigena nos pulmões. Em geral, a quantidade de desóxi-hemoglobina está elevada no sangue venoso.

Não existe interesse clínico em determinar a desóxi-hemoglobina. Ela só é medida, pois não é possível determinar as outras formas sem conhecer o seu teor.

SULFEMOGLOBINA (SulHb)

A sulfemoglobina é uma modificação rara da molécula de hemoglobina causada pela união do enxofre à porção heme da molécula. O enxofre não se une no sítio do oxigênio, mas impede o transporte do oxigênio. É encontrada com o uso de alguns fármacos. Acredita-se que seja causada pela ação do sulfeto de hidrogênio absorvido no intestino.

A sulfemoglobinemia, uma condição mórbida decorrente da presença de sulfemoglobina no sangue, caracteriza-se por cianose persistente, apesar de o hemograma não revelar qualquer anormalidade especial.

HEMOGLOBINAS INSTÁVEIS

As hemoglobinas instáveis representam um grupo de hemoglobinas anormais em que há a substituição de aminoácidos das cadeias α ou β, produzindo tetrâmeros instáveis, que se desnaturam espontaneamente ou sob o efeito de fármacos oxidantes.

O quadro clínico é semelhante ao de anemias hemolíticas agudas ou crônicas, com surgimento precoce na infância, podendo acentuar-se quando existe infecção ou após a ingestão de fármacos oxidantes. Nessas ocasiões, há eliminação de urina escura.

Alguns fármacos promovem o aparecimento de hemólise em portadores de hemoglobinas instáveis, entre os quais os antimaláricos (primaquina, quinacrina, pentaquina), as sulfonamidas e outros oxidantes (acetanilida, ácido nalidíxico, nitrofurantoína).

O diagnóstico laboratorial é realizado em teste com tampão de tris-isopropanol, com o surgimento de floculação em presença de hemoglobinas instáveis. Além da reduzida estabilidade ao teste do isopropanol, são produzidos corpos de inclusão de Heinz, visualizados, principalmente, em pacientes esplenectomizados. Resultados falso-positivos podem ocorrer em caso de aumento dos teores de hemoglobina fetal e em amostras envelhecidas.

HEMOGLOBINA S (HbS)

A formação da hemoglobina S decorre da substituição do ácido glutâmico por uma valina na posição 6 na cadeia polipeptídica β da hemoglobina. A homozigose para esta mutação é a causa da anemia falciforme.

A anemia falciforme é um distúrbio hemolítico intenso, caracterizado pela tendência das hemácias de adquirirem uma forma anormal (forma de foice) sob condições de baixa tensão de oxigênio.

Os pacientes graves costumam apresentar-se nos 2 primeiros anos de vida com anemia (teores de hemoglobina de 6 a 10 g/dL), atraso no crescimento, esplenomegalia, infecções repetidas e, episodicamente, a síndrome "mão-pé", que se caracteriza por uma tumefação dolorosa das mãos ou dos pés.

O diagnóstico laboratorial é realizado a partir dos achados do hemograma, que mostra a presença de anemia de tipo hemolítico, da prova de falcização dos eritrócitos e da eletroforese de hemoglobina, que revela a variante HbS. É importante o diagnóstico pré-natal dessa hemoglobinopatia, realizado durante o primeiro trimestre de gestação, por meio da técnica do DNA recombinante.

Bibliografia consultada

ALTER, B.P. Prenatal diagnosis of hemoglobinopathies: A status report. **Lancet, 2:**1152-4, 1981.

BIRK, R.L.; BENNETT, J.M.; BRYNES, R.K. **Hematology: clinical and laboratory practice.** St. Louis : Mosby, 1993.

HIGGINS, T.; BEUTLER, E.; DOUMAS, B.T. Hemoglobin, iron, and bilirubin. In: BURTIS, C.A.; ASHWOOD, E.R.; BRUNS, D.E. **Tietz: Fundamentals of clinical chemistry.** Philadelphia: Saunders, 2008:509-26.

KAPLAN, A.; JACK, R.; OPHEIM, K.E.; TOIVOLA, B.; LYON, A.. **Clinical chemistry: interpretation and techniques.** Baltimore: Williams & Wilkins, 1995. 514p.

LUBIN, B.H.; WITKOWSKA, H.E.; KLEMAN, K. Laboratory diagnosis of hemoglobinopathies. **Clin. Biochem., 24:**363-74, 1991.

PERUTZ, M.F.; ROSSMAN, M.G.; CULLIS, A.F. et al. Struture of haemoglobin. A three-dimensional Fourier synthesis at 5.5 resolution, obtained by x-ray analysis. **Nature, 185:**416-22, 1960.

SOARES, J.L.M.F.; PASQUALOTTO, A.C.; ROSA, D.D.; LEITE, V.R.S. **Métodos diagnósticos.** Porto Alegre: Artmed, 2002.

ZIJLSTRA, W.G.; BUURSMA, A.; van der ROEST, W. Absorption of human fetal and adult oxyhemoglobin, deoxyhemoglobin, carboxyhemoglobin, and methemoglobin. **Clin. Chem., 37:**1633-41, 1991.

Capítulo 14

Sistema Hepatobiliar

Fisiologia hepática 209	Hepatites.. 220
Testes de função hepática 210	Hepatite por vírus A (HAV) 221
Desordens metabólicas das doenças hepáticas 211	Hepatite por vírus B (HBV) 221
14.1 Bilirrubina 212	Hepatite por vírus delta (HDV) 222
Hiperbilirrubinemia... 213	Hepatite por vírus C (HCV) 223
Laboratório na icterícia..................................... 215	Hepatite por vírus E (HEV) 223
Determinação da bilirrubina 216	Hepatite tóxica ou induzida por fármacos 223
Urobilinogênio na urina e nas fezes.................. 217	Hepatites crônicas.. 224
14.2 Amônia 218	Infiltrações hepáticas 225
Hiperamonemia.. 218	Cirrose hepática.. 225
Enfermidade hepática severa............................ 218	Cobre e doença hepática.................................. 225
Determinação da amônia 219	Hemocromatose 226
14.3 Doenças hepáticas.................................... 220	Deficiência de α-1-antitripsina (AAT).................... 226

O fígado humano, o órgão mais volumoso do organismo, consiste em dois lobos principais que, juntos, pesam entre 1.200 e 1.600 g no adulto normal. Está localizado logo abaixo do diafragma, no quadrante superior direito do abdome. Apresenta abundante suprimento sanguíneo proveniente de dois vasos: artéria hepática e veia porta. A artéria hepática, uma ramificação da aorta, fornece o sangue oxigenado ao fígado. A veia porta drena o sangue do sistema digestório (estômago, intestinos delgado e grosso, pâncreas e baço) diretamente ao fígado. A importância fisiológica do fluxo porta é que todos os nutrientes provenientes da digestão dos alimentos no sistema digestório, com exceção das gorduras, passam inicialmente pelo fígado, antes de atingirem a circulação geral. No tecido hepático, os vasos subdividem-se em numerosas ramificações para formar uma grande rede vascular.

O fígado possui uma estrutura anatômica única. As células hepáticas estão em contato com a circulação sanguínea de um lado e o canalículo biliar do outro. Desse modo, cada célula hepática (hepatócito) tem uma grande área em contato tanto com um sistema nutriente proveniente dos sinusoides ("capilares" da veia porta) como com um sistema de escoamento, o canalículo biliar, que transporta as secreções e excreções dos hepatócitos. A bile é um líquido viscoso produzido no processo. Os canalículos biliares se associam para formar os ductos que conduzem as secreções biliares ao intestino delgado.

FISIOLOGIA HEPÁTICA

O fígado apresenta centenas de funções conhecidas, entre as quais podem ser citadas: metabólicas, excretoras e secretoras, armazenamento, protetoras, circulatórias e coagulação sanguínea.

Atividade sintética. O fígado é o principal órgão de síntese de vários compostos biológicos, entre os quais proteínas, carboidratos e lipídios.

209

A síntese e o metabolismo dos carboidratos estão centralizados no fígado. O glicogênio é sintetizado e armazenado no fígado a partir da glicose (glicogênese) proveniente dos carboidratos ingeridos e posterior reconversão em glicose, quando necessária (os músculos também sintetizam glicogênio). Uma importante função também localizada no fígado é a gliconeogênese a partir de aminoácidos e outros compostos. Além disso, outras hexoses são convertidas em glicose pelas células hepáticas.

A maioria das proteínas plasmáticas é sintetizada no fígado, como albumina, fibrinogênio, α1-antitripsina, haptoglobina, transferrina, α1-fetoproteína, protrombina e complemento C_3. No fígado, ocorre também a desaminação do glutamato como a principal fonte de amônia, convertida posteriormente em ureia.

A síntese das lipoproteínas plasmáticas VLDL e HDL, assim como a conversão da acetil-CoA em ácidos graxos, triglicerídeos e colesterol, é realizada no fígado. A gordura é formada no fígado a partir de carboidratos e de outras fontes nutricionais. É o principal sítio de remoção dos quilomícrons "remanescentes", assim como do metabolismo ulterior do colesterol a ácidos biliares.

Em certas condições metabólicas, como jejum prolongado, inanição e diabetes melito, ocorre aumento na velocidade da β-oxidação (degradação dos ácidos graxos por oxidação na mitocôndria), tornando necessário reciclar o excesso de acetil--CoA e liberar a CoA livre para novas β-oxidações. No fígado, o grupo acetil da acetil-CoA é transformado em *corpos cetônicos* em processo chamado *cetogênese*. Os corpos cetônicos consistem em *acetoacetato*, β-*hidroxibutirato* e *acetona*, e são utilizados como combustíveis hidrossolúveis pelos tecidos extra-hepáticos.

O local de armazenamento das vitaminas lipossolúveis (A, D, E e K) e de algumas vitaminas hidrossolúveis, como a B_{12}, é o fígado. Outra função relacionada com as vitaminas é a conversão do caroteno à vitamina A.

O fígado é fonte de somatomedina e angiotensina, além de responsável pela depuração metabólica de outros hormônios. Como fonte de transferrina, ceruloplasmina e metalotioneína, o órgão exerce papel fundamental no transporte, no armazenamento e no metabolismo do ferro, do cobre e de outros metais.

Muitas enzimas são sintetizadas pelas células hepáticas, mas nem todas são úteis no diagnóstico de desordens hepatobiliares. As enzimas de interesse clínico mais utilizadas são as aminotransferases (transaminases), a fosfatase alcalina e a γ-glutamiltransferase.

Desintoxicação e metabolismo de fármacos. O mecanismo mais importante na atividade desintoxicante é o sistema microssomal de metabolização dos fármacos. O sistema é induzido por vários compostos e é responsável por mecanismos de desintoxicação (biotransformação), que incluem oxidação, redução, hidrólise, hidroxilação, carboxilação e demetilação. Os mecanismos atuam na conversão de compostos nocivos ou pouco solúveis em substâncias menos tóxicas ou mais solúveis em água e, portanto, excretáveis pelo rim.

A conjugação com ácido glicurônico, glicina, ácido sulfúrico, glutamina, acetato, cisteína e glutationa converte substâncias insolúveis em formas solúveis passíveis de excreção renal.

Função excretora. O fígado secreta a bile, que é composta de pigmentos biliares (fundamentalmente, ésteres da bilirrubina), ácidos e sais biliares, colesterol e outras substâncias extraídas do sangue (alguns corantes, metais pesados e enzimas). Os ácidos biliares primários (ácido cólico e ácido quenodesoxicólico) são formados no fígado a partir do colesterol. Os ácidos biliares são conjugados com a taurina ou a glicina, formando os sais biliares. Os sais atingem os intestinos quando a vesícula biliar contrai após cada refeição. Aproximadamente 600 mL de bile são vertidos no duodeno a cada dia, onde participam da digestão e da absorção dos lipídios. Quando os sais biliares entram em contato com as bactérias do íleo e do cólon, ocorre desidratação para a produção de ácidos biliares secundários (desoxicólico e litocólico), posteriormente absorvidos. Os ácidos biliares absorvidos atingem a circulação porta e retornam ao fígado, onde são reconjugados e reexcretados (circulação êntero-hepática).

TESTES DE FUNÇÃO HEPÁTICA

Testes para a integridade e a função hepática são úteis para:

- Detecção de anormalidades da função hepática.
- Diagnóstico de doenças.
- Avaliação da gravidade das doenças.

CAPÍTULO 14 • Sistema Hepatobiliar

- Monitoração do tratamento.
- Avaliação do prognóstico da disfunção e da doença hepática.

Estão disponíveis muitas provas laboratoriais empregadas no estudo dos distúrbios hepáticos, dentre as quais podem ser citadas:

Testes de rotina

- Albumina.
- Alanina-aminotransferase (ALT/TGP).
- Aspartato-aminotransferase (AST/TGO).
- Bilirrubinas total, conjugada e não conjugada.
- Fosfatase alcalina.
- Tempo de protrombina.

Testes especiais

- Ácidos biliares séricos.
- Amônia.
- α_1-Antitripsina.
- α-Fetoproteína.
- γ-Glutamiltranspeptidase (γ-GT).
- 5'-Nucleotidase.
- Ceruloplasmina.
- Ferro e ferritina sérica.
- Imunoglobulinas.
- Transtirretina.

Testes urinários

- Bilirrubina urinária.
- Urobilinogênio urinário.

Marcadores imunológicos das hepatites por vírus

- *Hepatite A:*
  - Anti-HAV (IgG) – Antígeno contra o vírus da hepatite A da subclasse IgG.
  - Anti-HAV (IgM) – Anticorpos contra o vírus da hepatite A da subclasse IgM.
- *Hepatite B:*
  - HBsAg – Antígeno de superfície do vírus B da hepatite.
  - HBeAg – Antígeno "e" do vírus B da hepatite.
  - Anti-HBe – Anticorpos contra o antígeno "e" do vírus B da hepatite.

- Anti-HBc (IgG) – Anticorpos contra o antígeno *core* do vírus B da hepatite, da subclasse IgG.
  - Anti-HBc (IgM) – Anticorpos contra o antígeno *core* do vírus B da hepatite, da subclasse IgM.
  - Anti-HBs – Anticorpos contra o antígeno de superfície do vírus B da hepatite.
- *Hepatite C:*
  - Anti-HVC (IgG) – Anticorpos contra o vírus C da hepatite, da subclasse IgG.
  - Anti-HCV (IgM) – Anticorpos contra o vírus C da hepatite, da subclasse IgM.
- *Hepatite delta:*
  - Anti-HDV – Anticorpos contra o vírus D da hepatite.
  - HDVAg – Antígeno da hepatite D.
- *Hepatite E:*
  - Anti-HEV (IgG) – Anticorpos contra o vírus E da hepatite, da subclasse IgG.
  - Anti-HEV (IgM) – Anticorpos contra o vírus E da hepatite, da subclasse IgM.

Testes hematológicos

- Hemograma.
- Contagem de reticulócitos.
- Estudo de enzimas eritrocitárias.
- Determinação de hemoglobinas anormais.
- Fatores da coagulação.

Testes de biologia molecular

- Técnicas de hibridização.
- Reação em cadeia da polimerase (PCR).
- Técnica de *Branched DNA*.

DESORDENS METABÓLICAS DAS DOENÇAS HEPÁTICAS

Além dos distúrbios diagnosticados pelos testes específicos, os pacientes com doença hepática severa podem apresentar:

- *Redução dos teores de ureia plasmática.* Decorrentes da deficiência na conversão da NH_3 em uréia, essas alterações ocorrem nos estados avançados da doença hepatocelular.
- *Hipoglicemia.* Promovida pela redução da gliconeogênese, da glicogenólise, ou de ambas.

- *Depuração de xenobióticos.* Os xenobióticos são substâncias farmacológica, endocrinológica ou toxicologicamente ativas, não produzidas endogenamente e, portanto, estranhas ao organismo. A depuração dessas substâncias pelo fígado costuma ser muito rápida. A eliminação destes compostos da corrente circulatória depende do fluxo sanguíneo hepático, da integridade da árvore biliar e da função do parênquima hepático. Na doença hepática, a depuração dos xenobióticos apresenta-se comprometida.

- *Frações lipídicas aumentadas.* Todas as frações lipídicas estão aumentadas. Uma lipoproteína anormal que contém elevadas concentrações de fosfolipídios, a *lipoproteína X*, está presente no plasma na maioria dos casos de colestase.

Bibliografia consultada

DUFOUR, D.R. Liver disease. In: BURTIS, C.A.; ASHWOOD, E.R.; BRUNS, D.E. **Tietz: Fundamentals of clinical chemistry.** 6 ed. Philadelphia: Saunders, 2008:675-95.

JOHNSON, J.P. Role of the standard liver function tests in current practice. **Ann. Clin. Biochem., 26**:463-71, 1989.

SMITH, A.F.; BECKETT, G.J.; WALKER, S.W.; ERA, P.W.H. **Clinical biochemistry.** 6 ed. London: Blackwell Science, 1998:110-23.

THUNG, S.N. **Liver disorders.** Igaku-Shoi, 1995.

ZUCKERMAN, A.; THOMAS, H.C. **Viral hepatitis: Scientific basis and clinical management.** New York: Churchill Livingstone, 1994.

14.1 BILIRRUBINA

Após 120 dias de vida média, os glóbulos vermelhos "envelhecem" devido ao esgotamento das enzimas eritrocitárias. Por serem células anucleadas, não renovam o seu estoque de enzimas e, portanto, o metabolismo da glicose diminui, com redução na formação de ATP. Há, em consequência, modificação da membrana, e o glóbulo vermelho é retido pelos macrófagos do sistema retículo endotelial (baço, fígado e medula óssea), onde é destruído. O ferro retorna ao plasma e se liga à transferrina. A globina é degradada em seus aminoácidos componentes para posterior reutilização. A protoporfirina IX é clivada para formar biliverdina que, por sua vez, é reduzida à bilirrubina, um tetrapirrol insolúvel em água. Outros 20% a 25% da bilirrubina são provenientes de precursores dos eritrócitos destruídos na medula óssea (eritropoese não efetiva), do heme presente na mioglobina, nos citocromos e na catalase. Em adultos, são produzidos 250 a 350 mg de bilirrubina diariamente (Figura 14.1).

A *bilirrubina não conjugada* ou *bilirrubina indireta* produzida no SRE é apolar e insolúvel em água, e é transportada para o fígado via corrente circulatória, ligada de maneira firme, mas reversível, à albumina.

A bilirrubina isolada da albumina entra na célula hepática e, uma vez no citoplasma, se associa às proteínas Y e Z – sendo a primeira (Y) a principal transportadora do cátion da bilirrubina orgânica. O complexo bilirrubina-proteína é, então, levado ao retículo endoplasmático, onde a enzima *uridina-difosfato-glicuroniltransferase (UDPGT)* catalisa a rápida conjugação da bilirrubina com o ácido UDP-glicurônico para produzir o monoglicuronídeo e o diglicuronídeo da bilirrubina (*bilirrubina conjugada* ou *bilirrubina direta*). O processo de conjugação transforma a molécula não polar da bilirrubina em uma mistura polar/não polar que atravessa as membranas celulares. O derivado conjugado, solúvel em água, é excretado do hepatócito na forma de bile e constitui um dos pigmentos biliares. Devido à solubilidade em água, a bilirrubina conjugada é encontrada em pequenas quantidades, tanto no plasma como na urina. A

Bilirrubina

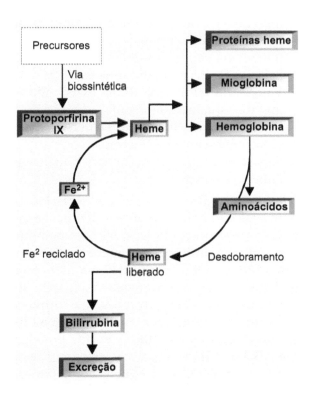

Figura 14.1 Formação de heme, sua incorporação nas proteínas heme e o subsequente metabolismo à bilirrubina.

excreção da bilirrubina é a fase limitante do processo.

A bilirrubina conjugada é pouco absorvida pela mucosa intestinal. No íleo terminal e no intestino grosso, o diglicuronídeo da bilirrubina é hidrolisado para formar bilirrubina livre e ácido glicurônico. No cólon, a bilirrubina livre é reduzida pela β-glicuronidase para formar urobilinogênios (ver adiante). Os compostos são oxidados, com formação de urobilinas e estercobilinas.

Quase toda a bilirrubina formada diariamente no adulto normal (250 a 300 mg/d) é eliminada nas fezes, enquanto uma pequena quantidade é excretada na urina. Teores elevados de bilirrubina na urina indicam a presença de hiperbilirrubinemia conjugada.

HIPERBILIRRUBINEMIA

A *icterícia* é a pigmentação amarela da pele, da esclerótica e das membranas mucosas, resultante do acúmulo de bilirrubina ou de seus conjugados. Torna-se evidente clinicamente quando as concentrações plasmáticas de bilirrubina total excedem 3 mg/dL, apesar de graus menores também terem significância clínica. A icterícia é o sinal mais precoce de uma série de patologias hepáticas e biliares.

A medida da bilirrubina plasmática fornece um índice quantitativo da severidade da icterícia. Quando acompanhada de outros testes, pode ser definida a causa da icterícia.

A concentração sérica da bilirrubina representa um equilíbrio entre a sua produção e a sua excreção; os níveis podem estar elevados em consequência da maior produção de bilirrubina ou da deficiência na excreção hepática. A concentração é composta da fração conjugada (direta) e da não conjugada (indireta).

Vários estados patofisiológicos afetam uma ou mais fases envolvidas na produção, na captação, no armazenamento, no metabolismo e na excreção da bilirrubina. Dependendo da desordem, a *bilirrubina conjugada* e/ou a *bilirrubina não conjugada* são responsáveis pela hiperbilirrubinemia (Figura 14.2).

Hiperbilirrubinemia predominantemente não conjugada (indireta). A icterícia pré-hepática resulta da presença excessiva de bilirrubina não conjugada no sangue circulante, provocando maior oferta ao hepatócito, que não consegue captá-la em velocidade compatível com sua produção, ocasionando icterícia. A bilirrubina não conjugada não é hidrossolúvel e está ligada à albumina, não conseguindo ultrapassar a barreira renal e, portanto, não é excretada na urina. Entretanto, dissolve-se rapidamente em ambientes ricos em lipídios e atravessa a barreira hematoencefálica. Quando em níveis elevados, tende a depositar-se no tecido nervoso, levando ao risco da lesão neurológica denominada *kernicterus* (do alemão: amarelo nuclear). A bilirrubina conjugada, não sendo lipossolúvel, não causa *kernicterus*. As principais causas são:

- *Icterícia fisiológica do recém-nascido.* Como existe pouca ou nenhuma atividade da UDPGT no fígado do feto, há uma habilidade muito limitada para a conjugação da bilirrubina. Portanto, a bilirrubina isolada é transferida através da placenta à circulação materna, onde é processada pelo fígado da mãe. Em crianças nascidas a termo, as concentrações de bilirrubina no soro estão ao redor de 4 a 6 mg/dL durante as primeiras 48 horas de vida extrauterina, voltando espontaneamente ao normal em 7 a 10 dias. A incidência da hiperbilirrubinemia é muito maior entre prematuros e neonatos de baixo peso cor-

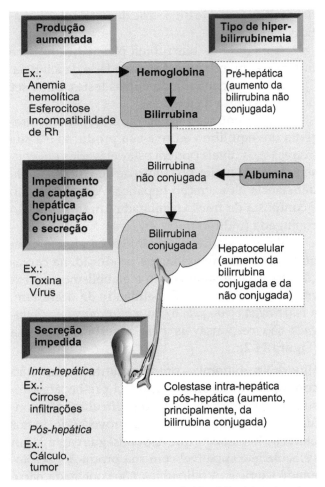

Figura 14.2 Tipos e causas de hiperbilirrubinemia.

poral. Crianças nascidas prematuramente atingem uma concentração média de bilirrubina no soro de 10 a 12 mg/dL, entre 5 e 6 dias de vida. As causas da hiperbilirrubinemia neonatal são: (a) produção excessiva de bilirrubina, (b) transporte insuficiente de bilirrubina, (c) formação deficiente de bilirrubina, (d) acoplamento inapropriado de bilirrubina, (e) circulação êntero-hepática, (f) eritropoese ineficaz (p. ex., anemia perniciosa, anemia megaloblástica, anemia aplástica, anemia sideroblástica e talassemia). A hiperbilirrubinemia é comumente encontrada em neonatos, podendo ser considerada fisiológica na maioria dos casos. Contudo, a bilirrubina pode ser tóxica ao sistema nervoso central, merecendo cuidados, pois existe a possibilidade de ter origem patológica. Os critérios para definição da icterícia patológica no recém-nascido são:

- Aumento nos níveis de bilirrubina sérica a taxas de >5 mg/dL por dia.
- Bilirrubina sérica excedendo 12,9 mg/dL em bebês nascidos a termo.
- Bilirrubina sérica excedendo 15 mg/dL em bebês nascidos prematuramente.
- Valores da bilirrubina direta excedendo 1,5 mg/dL a qualquer momento.
- Persistência da icterícia após o décimo dia de vida em nascimentos a termo.
- Persistência da icterícia após 2 semanas de vida em prematuros.

- *Icterícia hemolítica.* Destruição excessiva de hemácias circulantes. Pode ser devida à exposição a produtos químicos, reações hemolíticas antígeno-anticorpo, tumores e fármacos. Em adultos, o teor de bilirrubina não conjugada dificilmente ultrapassa 5 mg/dL. Em neonatos, a icterícia hemolítica é provocada, principalmente, por excesso de hemólise (como a doença hemolítica causada por sistema ABO ou Rh incompatível, esferocitose hereditária, deficiência de glicose-6-fosfato-desidrogenase e outras enzimopatias eritrocitárias) e que podem atingir concentrações >20 mg/dL de bilirrubina não conjugada (ver anteriormente).

- *Síndrome de Crigler-Najjar.* É uma desordem hereditária autossômica recessiva rara, causada pela deficiência total (tipo I, muito raro) ou parcial (tipo II) da enzima UDP-glicuroniltransferase. No tipo I, os pacientes geralmente morrem no primeiro ano de vida devido ao *kernicterus*, que consiste no acúmulo de bilirrubina não conjugada no cérebro e no sistema nervoso. Os poucos que sobrevivem a essa fase desenvolvem *kernicterus* fatal na puberdade. A bilirrubina total pode atingir valores >40 mg/dL. No tipo II, são encontrados teores entre 6 e 22 mg/dL de bilirrubinemia total.

- *Síndrome de Gilbert.* Esta condição hereditária relativamente comum (afeta até 7% da população) caracteriza-se pela redução em 20% a 50% da atividade da UDP-glicuroniltransferase ou por defeitos do transporte de membrana. Ela se manifesta, comumente, durante a segunda ou terceira década de vida. Os indivíduos afetados apresentam sintomas e queixas vagas, como fadiga, indisposição ou dor abdominal. Apresentam bilirrubinemia total persistente de 1 a 7 mg/dL.

- *Fármacos.* Cloranfenicol e novobiocina.

Hiperbilirrubinemia predominantemente conjugada (direta). Indica um comprometimento na captação, no armazenamento ou na excreção da bilirrubina. Assim, tanto a bilirrubina conjugada como a não conjugada são retidas, aparecendo em variadas concentrações no soro.

- *Disfunção hepatocelular aguda ou crônica:*
  - *Infecção.* Hepatite viral A-E, hepatite por citomegalovírus (CMV), hepatite por vírus Epstein-Barr e sepse.
  - *Inflamação sem infecção.* Lesão hepatocelular tóxica, toxicidade por fármacos (acetaminofeno, fenitoína, metildopa, isoniazida e hidroclorotiazida), anestesia por halotano, hepatite alcoólica, sobrecarga de ferro (hemocromatose), sobrecarga de cobre (doença de Wilson) e hepatite autoimune.
  - *Disfunção metabólica.* Isquemia (choque hepático), fígado gorduroso agudo da gravidez, deficiência de α-1-antitripsina, pré-eclâmpsia, síndrome de Reye e nutrição parenteral total.
  - *Síndromes colestáticas hereditárias.* Dubin-Johnson, Rotor (desordens hereditárias raras caracterizadas por deficiência na excreção da bilirrubina conjugada pela célula hepática para os capilares biliares), colestase recorrente benigna e icterícia intermitente da gravidez.
- *Doenças que interferem no fluxo biliar para o intestino:*
  - *Colestases intra-hepáticas.* Cirrose biliar primária, doenças veno-oclusivas, colangite esclerosante, coledocolitíase, colangiopatia da AIDS, quimioterapia arterial hepática, estrituras pós-cirúrgicas, carcinoma dos ductos biliares, desordens dos ductos biliares, compressão extrínseca do ducto comum, tumores e pancreatite aguda.
  - *Obstrução extra-hepática.* Atresia biliar, coledocolitíase, carcinoma dos ductos biliares, pancreatite, colangite esclerosante e compressão externa do ducto comum.
  - *Doença infiltrativa difusa.* Doenças granulomatosas, sarcoidose, infecções micobacterianas disseminadas, linfoma, granulomatose de Wegener, amiloidose e tumores difusos.
  - *Doenças que interferem no fluxo biliar.* Colestase induzida por fármacos – clorpromazina, clorpropamina, esteroides anabolizantes, eritromicina e anticoncepcionais orais.

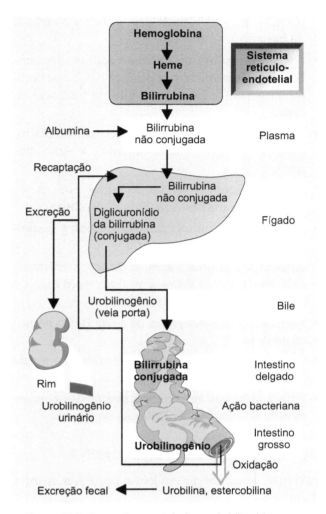

Figura 14.3 Formação e metabolismo da bilirrubina e sua excreção no intestino.

- *Outras condições a serem consideradas.* Fármacos (alopurinol, isoniazida, metildopa, fenitoína, inibidores da protease, quinidina, rifampicina, vastatinas e sulfas), exposição a hepatotoxinas (p. ex., berílio, solventes orgânicos, alguns chás de ervas) e rejeição de transplante de fígado.

LABORATÓRIO NA ICTERÍCIA

Os testes laboratoriais apropriados dependem da história clínica e do exame físico realizado no paciente. Em geral, os exames iniciais de avaliação são:

- Eritrograma para pesquisa de hemólise.
- Transaminases (aminotransferases): TGO e TGP.
- Exames sorológicos: HBsAg (antígeno de superfície do vírus B da hepatite), anti-HBc (anticorpos contra o antígeno *core* do vírus B da he-

patite) e anti-HVC (anticorpos contra o vírus C da hepatite).

- Fosfatase alcalina: quando elevada, avaliar também a γ-glutamiltranspeptidase (γ-GT) para diferenciar as fontes de aumento da fosfatase alcalina.
- Fracionamento da bilirrubina. Forma de distinção entre a bilirrubina conjugada e a não conjugada.
- Álcool sanguíneo ou paracetamol podem ser úteis em alguns casos na baixa hospitalar.
- Anticorpos antimitocondriais quando a suspeita é de cirrose biliar primária.
- Anticorpos antinucleares, anticorpos antimúsculo liso e outros testes sorológicos em caso de suspeita de hepatite autoimune.
- Ferro e estudos genéticos na suspeita de hemocromatose.
- Avaliação do cobre nas suspeitas de doença de Wilson.
- Alfa-1-antitripsina e outras avaliações concernentes às doenças hereditárias hepáticas.

DETERMINAÇÃO DA BILIRRUBINA

Paciente. Permanecer em jejum por 8 horas antes da prova.

Amostra. *Soro* obtido em jejum e isento de hemólise e lipemia. Até a realização do teste (no máximo 3 horas após a coleta), o soro deve ser mantido no escuro. Conserva-se por 1 semana no escuro e refrigerado.

Interferências. *Resultados falsamente elevados:* acetazolamida, ácido ascórbico, anticoncepcionais orais, antimaláricos, aspirina, bitartarato de adrenalina, carmustina, clindamicina, cloridrato de cloroquina, cloridrato de clorpromazina, colinérgicos, corantes radiográficos, dextrano, dicumarol, diuréticos tiazídicos, etanol, fenilbutazona, fenotiazinas, ferro, floxuridina, flurazepam, fosfato de cloroquina, fosfato de primaquina, imipramina, isoniazida, levodopa, metanol, metildopa, niacina, novobiocina sódica, penicilina, protamina, rifampina, sulfato de estreptomicina, sulfato de morfina, sulfonamidas, quinidinas, tetraciclinas, teofilina. *Resultados falsamente reduzidos:* barbitúricos, cafeína, citrato, cloro, corticosteroides, dicofano, etano, fenobarbital, penicilina, salicilatos, sulfonamidas, tioridazina, tetraciclinas

(a cada 10 mg/dL de tetraciclina no soro, as bilirrubinas séricas aumentam em 4 mg/dL), vitamina A e ureia.

Métodos. A bilirrubina foi detectada pela primeira vez em 1883, por Ehrlich, em reação com o ácido sulfanílico diazotado, em amostras de urina. Van den Bergh e Snapper demonstraram a presença de bilirrubina no soro sanguíneo pelo emprego do diazorreagente de Erlich e álcool como acelerador.

Os métodos existentes determinam a fração que produz cor com a reação de van den Bergh em solução aquosa (*bilirrubina direta*), enquanto a fração que desenvolve cor com o álcool é chamada *bilirrubina indireta*. A reação direta ocorre com a bilirrubina conjugada (mono e diglicuronídeo da bilirrubina) solúvel em água. Por outro lado, a reação indireta se processa com a bilirrubina não conjugada, insolúvel em água, mas que se dissolve em álcool para acoplar o reagente diazo. A bilirrubina total compreende a soma das frações conjugada e não conjugada.

- *Malloy e Evelyn.* Propuseram o uso de metanol a 50% para evitar a precipitação das proteínas.
- *Jendrassik e Grof.* Em 1938, desenvolveram um método com o uso de cafeína-benzoato-acetato para acelerar a reação azoacoplada. Na maioria dos laboratórios clínicos emprega-se alguma modificação de um dos dois métodos: Malloy-Evelyn ou Jendrassik-Grof. O método de Jendrassik e Grof é um pouco mais complexo, mas apresenta algumas vantagens sobre o de Malloy e Evelyn: (a) é sensível às variações de pH; (b) não é afetado pela modificação da concentração proteica da amostra; (c) apresenta uma sensibilidade óptica adequada mesmo em baixas concentrações de bilirrubina; (d) apresenta turvação mínima e um branco de soro relativamente constante; e (e) não é afetado pela concentração da hemoglobina <750 mg/dL.

Bilirrubina + ácido sulfanílico diazotado → azobilirrubina

- *Espectrofotometria direta.* A análise da bilirrubina sérica também é realizada por técnica espectrofotométrica, pela diluição da amostra em uma solução tampão. O método direto é satisfatório na avaliação da icterícia do recém-nascido cujo soro não contém, ainda, lipocromos amarelos interferentes. Amostras de pacientes

C A P Í T U L O 14 • Sistema Hepatobiliar

com idade superior a 1 mês devem ser submetidas às reações convencionais colorimétricas. Outras fontes de erro do método são a hemólise e a turvação, parcialmente corrigidas pela medida em um segundo comprimento de onda. Infelizmente, o método não apresenta uma padronização adequada.

- *Enzimático.* Recentemente, foi introduzida a enzima *bilirrubina oxidase* na medida da bilirrubina. Esta enzima promove a oxidação da bilirrubina à biliverdina (incolor). A reação é monitorada pela redução da absorvância e apresenta como vantagem a elevada especificidade da enzima pela bilirrubina.
- *Cromatografia líquida de alto desempenho* (HPLC). O método pode quantificar as várias frações da bilirrubina, sendo usado somente em laboratórios de pesquisa.

Valores de referência para bilirrubina (mg/dL)		
Idade	Total	Direta
Adultos e crianças >1 ano	0,2 a 1,0	0 a 0,2
Recém-nascidos (>24 h)	2 a 6	–
Recém-nascidos (>48 h)	6 a 10	–
Recém-nascidos (3 a 5 dias)	4 a 8	–
Prematuros (>24 h)	1 a 8	–
Prematuros (>48 h)	6 a 12	–
Prematuros (3 a 5 dias)	10 a 14	–

UROBILINOGÊNIO NA URINA E NAS FEZES

Após secreção no intestino delgado, os glicuronídeos da bilirrubina (bilirrubina conjugada) são hidrolisados pela ação da β-glicuronidase hepática, das células epiteliais intestinais e das bactérias intestinais. A bilirrubina livre formada é então reduzida pela flora microbiana intestinal anaeróbica para produzir um grupo de tetrapirróis incolores, coletivamente chamados *urobilinogênios*, que reúnem o *estercobilinogênio*, o *mesobilinogênio* e o *urobilinogênio*. Mais de 20% dos urobilinogênios são reabsorvidos diariamente do intestino e entram na *circulação êntero-hepática*. A maior parte dos urobilinogênios reabsorvidos e captados pelo fígado é reexcretada na bile; somente 2% a 5% atingem a circulação geral e aparecem na urina (1 a 4 mg/d). No trato intestinal baixo, os três urobilinogênios espontaneamente oxidam e produzem os pigmentos biliares correspondentes – *estercobilina, mesobilina* e *urobilina* – que fornecem aparência marrom às fezes. Um indivíduo normal excreta 50 a 250 mg/d nas fezes. Aproximadamente 50% da bilirrubina conjugada excretada na bile é metabolizada em outros produtos do urobilinogênio. A estrutura detalhada dos metabólitos ainda não foi elucidada (Figura 14.3).

Qualquer processo patológico que aumente as concentrações do urobilinogênio no sistema digestório resulta em alterações da quantidade do composto excretada na urina:

- Aumento nas concentrações do urobilinogênio na urina e nas fezes é encontrado nas condições em que ocorrem elevadas formação e excreção da bilirrubina, como, por exemplo, icterícia hemolítica.
- Concentrações reduzidas são encontradas nas doenças hepáticas e nas obstruções intra-hepáticas ou extra-hepáticas. Como os valores de referência para o urobilinogênio urinário são de 0 a 4 mg/d, é óbvio que é impossível a detecção de teores diminuídos. O exame visual da amostra fecal com urobilinogênio reduzido revela cor cinza ou argila.

A realização de testes para o urobilinogênio fecal ou urinário exige amostras frescas, pois o urobilinogênio pode ser oxidado a urobilina quando o intervalo entre a coleta e a análise é longo. A determinação do urobilinogênio fecal ou urinário está baseada na reação de Ehrlich, que emprega o p-dimetilaminobenzaldeído para formar cor vermelha. O ácido ascórbico pode ser adicionado à amostra para manter o urobilinogênio no estado reduzido.

Valores de referência para urobilinogênio (unidades Ehrlich/dia)	
Urina	0,5 a 4,0
Fezes	75 a 400

Bibliografia consultada

DOUMAS, B.T.; PERRY, B.; JENDRZEJCZAK, B.; DAVIS, L. Measurement of direct bilirubin by use of bilirrubin oxidase. **Clin. Chem.,** 33:1349-53, 1987.

DOUMAS, B.T.; YEIN, F.; PERRY, B.; JENDRZEJCZAK, B.; KESSNER, A. Determination of the sum of bilirubin sugar conjugates in plasma by bilirubin oxidase. **Clin. Chem.,** 45:1255-60, 1999.

DUFOUR, D.R. Liver disease. In: BURTIS, C.A.; ASHWOOD, E.R.; BRUNS, D.E. **Tietz: Fundamentals of clinical chemistry.** 6 ed. Philadelphia: Saunders, 2008:675-95.

FEVEY, J.; VANSTAPLE, F.; BLANCKERT, N. Bile pigment metabolism. **Bailiere's Clin. Gastroenterol., 3:**283-306, 1989.

FODY, E.P. Liver function. In: BISHOP, M.L.; DUBEN-ENGELKIRK, J.L.; FODY, E.P. **Clinical chemistry: principles, procedures, correlations.** 3. ed. Philadelphia: Lippincott, 1996:381-98.

GITLIN, N. **The liver and systemic disease.** London: Churchill Livingstone, 1997. 299p.

JENDRASSIK, L.; GROF, P. Vereinfachte photometrische methoden zur bestmmung des blüt-bilirubins. **Biochem. Z., 297:**81-9, 1938.

MALLOY, H.T.; EVELYN, K.A. The determination of bilirrubin with the photoeletric colorimeters. **J. Biol. Chem., 119:**481-90, 1937.

OSTROW, J.D. The etiology of pigment gallstones. **Hepatology, 4:**215S-22S, 1984.

STONER, J.W. Neonatal jaundice. **Am. Fam. Physician, 24:**226-32, 1981.

VAN DEN BERGH, A.A.H.; SNAPPER, J. Die farbenstoffe das blutseruns. **Dtsch. Arch. Klin. Med., 110:**540-1, 1913.

WHITE, D.; HAIDAR, G.A.; REINHOLD, J.G. Spectrophotometric measurement of bilirubin concentrations in the serum of the newborn by use of a microcapillary method. **Clin. Chem., 4:**211, 1958.

14.2 AMÔNIA

A amônia (NH_3) é produzida pela desaminação oxidativa dos aminoácidos provenientes do catabolismo proteico. Entretanto, parte da amônia é absorvida do sistema digestório, onde é formada por degradação bacteriana das proteínas da dieta e desdobramento da ureia presente nas secreções intestinais. Embora a amônia em baixas concentrações seja um metabólito normal no sangue, torna-se neurotóxica quando em teores elevados. A maior parte é detoxificada pelas células do parênquima hepático em uma substância não tóxica, a ureia, e nesta forma excretada na urina. Parte da amônia é incorporada, temporariamente, à glutamina. Os rins captam a glutamina do plasma e formam amônia pela ação da glutaminase. A amônia assim produzida é excretada na urina.

Nas enfermidades hepáticas severas, a amônia não é removida apropriadamente da circulação, e seus níveis sanguíneos se elevam. Diferentemente de outras substâncias nitrogenadas não proteicas, os teores plasmáticos de amônia não dependem do funcionamento dos rins, mas da função hepática e, portanto, a determinação do composto não tem utilidade na avaliação de enfermidade renal. Esta prova avalia a capacidade de excreção e detoxificação do fígado.

HIPERAMONEMIA

Aumentos da NH_3 são considerados fortes indicadores de distúrbios da homeostase do nitrogê-
nio. Excluindo as variáveis pré-analíticas, as principais causas de hiperamonemia são os defeitos congênitos do metabolismo e a insuficiência hepática. A amônia plasmática deve ser dosada em todos os pacientes letárgicos ou comatosos cuja causa é incerta.

ENFERMIDADE HEPÁTICA SEVERA

- *Aguda.* Hepatite viral fulminante, hepatite tóxica ou síndrome de Reye – enfermidade, muitas vezes fatal, observada em crianças entre 2 e 13 anos de idade; o fígado apresenta infiltração gordurosa com a ocorrência de encefalopatia em razão da ação tóxica do acúmulo de amônia. Esta desordem metabólica é precedida, em geral, por infecção virótica do trato respiratório.

- *Crônica.* Cirrose (estágios avançados).

- *Encefalopatia hepática (ou portossistêmica).* Decorrente de doenças hepáticas agudas e crônicas. São fatores desencadeantes as hemorragias gastrointestinais, que aumentam a produção de amônia pela ação bacteriana sobre as proteínas sanguíneas no cólon e que, subsequentemente, aumentam os níveis de amônia arterial. Infelizmente, a correlação entre o grau de encefalopatia e a amônia sanguínea não é consistente; alguns pacientes com o distúrbio apresentam teores normais de amonemia. Outros fatores desencadeantes incluem excesso de proteínas na dieta, constipação intestinal, cirurgias, hipoglicemia,

CAPÍTULO 14 ▪ Sistema Hepatobiliar

diarreia, vômitos, hipnóticos, infecções, hipopotassemia, distúrbios ácidos-bases, disfunção hepatocelular progressiva, desidratação, terapia diurética, azotemia e insuficiência renal. Deve ser lembrado que a encefalopatia hepática é uma síndrome neuropsiquiátrica complexa, faltando ainda esclarecer toda a sua patogenia. Parecem estar envolvidos, além da NH_3, o GABA (ácido γ-aminobutírico) e o glutamato. A síndrome de Reye é uma desordem metabólica associada com depósitos de gordura hepáticos e o impedimento da produção de ureia no ciclo da ureia, causando encefalopatia. A síndrome de Reye é mais frequentemente associada com doença viral em crianças, especialmente quando tratadas com medicamentos como salicilatos. Quando os níveis plasmáticos de amônia excedem em cinco vezes o teor superior dos valores de referência, a síndrome de Reye pode ser fatal.

- Shunt *portocava*. A amônia é removida do sistema venoso portal e transformada em ureia pelo fígado. No *shunt* portocava ocorre insuficiência de detoxificação dos produtos nitrogenados do sistema digestório; a amônia ultrapassa o fígado por vias colaterais portossistêmicas. A desobstrução de um *shunt* portocava pode ser avaliada medindo-se a amônia antes e depois de uma dose de sais de amônio.

Defeitos congênitos de enzimas do ciclo da ureia. São as principais causas de hiperamonemia em recém-nascidos. Pacientes com essas desordens apresentam retardamento mental e problemas de comportamento. Os defeitos metabólicos do ciclo da ureia devem ser diferenciados da hiperamonemia transitória do recém-nascido, em que ocorre um aumento fugaz da NH_3 nas primeiras 48 horas de vida.

Fármacos. Acetazolamida, asparaginase, diuréticos e 5-fluoracil.

Outras causas. Infecção urinária com micro-organismos produtores de ureia, em resposta a acidose ou hipocalemia, insuficiência renal, asfixia perinatal, terapia de hiperalimentação, choque hipovolêmico, miopatias mitocondriais e insuficiência cardíaca congestiva.

DETERMINAÇÃO DA AMÔNIA

Paciente. Permanecer em jejum e abster-se de fumar durante as 10 a 12 horas que antecedem a co-

leta. Fumantes pesados devem tomar banho e colocar roupas limpas antes do teste. Os técnicos que manipularão a amostra também não devem ser fumantes. Evitar estresse e exercício vigoroso durante várias horas antes do teste.

Amostra. *Plasma heparinizado* (não usar amônio-heparina) isento de hemólise. Coletar o sangue com o mínimo de estase, não permitindo ao paciente realizar movimentos com a mão e o punho. Manter o braço relaxado. Após a coleta, os teores de amônia aumentam rapidamente por conta da desaminação dos aminoácidos nas hemácias, principalmente a glutamina. O sangue deve ser acondicionado em tubo vedado e colocado imediatamente em banho de gelo. A separação rápida do plasma é um fator fundamental, devendo ocorrer no máximo em 20 minutos. Os níveis de amônia permanecem estáveis por 24 horas a –20°C.

Interferências. *Resultados falsamente elevados:* fumo tanto do paciente como do flebotomista. Dieta rica em proteínas, terapia com valproato de sódio, diuréticos, acetazolamida, asparaginase, 5-fluoracil. *Resultados falsamente diminuídos:* uso de canamicina ou neomicina, absorção intestinal diminuída (uso de lactulose) e hiperornitemia.

Métodos. No sangue, a amônia e o íon amônio estão presentes em equilíbrio dinâmico. Dentro dos extremos de pH fisiológico, a quase totalidade do conjunto está na forma de íon amônio. A determinação da amônia no sangue compreende a estimativa das duas formas.

As principais dificuldades na avaliação da amônia no sangue são sua baixa concentração, a pouca estabilidade e a grande facilidade de contaminação da amostra. Os métodos empregados nessa medida são classificados em quatro grupos: (a) difusão, (b) troca iônica, (c) enzimático e (d) eletrodo íon-seletivo.

- *Difusão.* O método de difusão apresenta duas fases, nas quais a amônia é, inicialmente, liberada estequiometricamente mediante a adição de álcali e, a seguir, capturada por uma solução ácida e quantificada por titulação, por nesselerização ou pela reação de Berthelot. São métodos demorados e apresentam poucas exatidão e precisão.

- *Troca iônica.* Nos métodos de troca iônica, a amônia é isolada por adsorção em resina fortemente catiônica (Dowex 50), seguida por eluição pelo cloreto de sódio, e medida pela reação de Berthelot. O método fornece resultados levemente aumentados, apesar de apresentar boas precisão e exatidão.

- *Enzimático.* O método enzimático emprega a enzima glutamato-desidrogenase (GLDH) na reação da amônia com o 2-oxoglutarato em presença de NADPH, que se transforma em $NADP^+$. Sob condições apropriadas, a redução da absorvância em 340 nm é proporcional à concentração da amônia. O NADPH é a coenzima de eleição, pois é específica para a glutamato-desidrogenase, não sendo consumida em reações secundárias com substratos endógenos, como o piruvato. O ADP é adicionado para estabilizar a enzima. Os métodos são precisos e exatos, além de empregarem pequenos volumes de amostra.

$$NH_4^+ + 2 - oxoglutarato + NADPH \xrightarrow{\text{GLDH}} glutamato + NADP^+$$

- *Eletrodos íon-seletivos.* Os eletrodos medem as alterações no pH após liberação de amônia da amostra por alcalinização e difusão através de uma membrana semipermeável. O método é específico e rápido; entretanto, a durabilidade e a estabilidade do eletrodo têm limitado o seu emprego.

Valores de referência para amônia (µg/dL) Método enzimático	
0 a 10 dias	100 a 200
10 dias a 2 anos	40 a 80
Maior de 2 anos	15 a 47

Bibliografia consultada

CHANEY, A.L.; MARBACH, E.P. Modified reagents for determination of urea and ammonia. **Clin. Chem., 8:**130-2, 1962.

GLEW, R.H.; NNOYAMA, Y. **Clinical studies in medical biochemistry.** Oxford University Press, 1997. 380p.

KAPLAN, A.; JACK, R.; OPHEIM, K.E.; TOIVOLA, B.; LYON, A.W. **Clinical chemistry: interpretation and techniques.** Baltimore: Williams & Wilkins, 1995. 514p.

JONES, E.A. Pathogenesis of hepatic encephalopathy. **Clin. Liver Dis., 4:**467-85, 2000.

KOAY, E.S.C.; WALMSLEY, N. **A primer of chemical pathology.** Singapore: World Scientific, 1996. 396p.

LAKER, M.F. **Clinical biochemistry for medical students.** London: Saunders, 1996:161-73.

SELIGSON, D.; HARIHARA, K. Measurement of ammonia in whole blood, erytrocytes, and plasma. **J. Lab. & Clin. Med., 49:**962-74, 1957.

14.3 DOENÇAS HEPÁTICAS

HEPATITES

O termo *hepatite* refere-se genericamente ao processo inflamatório do fígado, com degeneração e necrose dos hepatócitos, o que resulta na redução da capacidade funcional do órgão. Os processos são causados por agentes infecciosos ou tóxicos. Quando os agentes causadores estão associados aos vírus que acometem, principalmente, o fígado, emprega-se o termo *hepatite viral.* Foram identificados vários agentes biológicos causadores de hepatites virais, conhecidos como hepatite por vírus A (HAV), hepatite por vírus B (HBV), hepatite por vírus C (HCV), hepatite por vírus delta (HDV) e hepatite por vírus E (HEV). Recentemente, foram descobertos três diferentes vírus potencialmente envolvidos com quadros de hepatite em humanos: vírus da hepatite G (GBV-C), vírus TT (TTV) e vírus SEN (SEN-V).

O tecido hepático é também afetado por outros vírus, como o citomegalovírus (CMV), de Epstein-Barr (EBV), da rubéola, da febre amarela, coxsáckie, do sarampo e da varicela, mas estes não acometem o fígado de forma primária.

Em menos de 1% dos casos de hepatite viral aguda ocorre uma necrose hepática maciça, levando a uma condição dramática e, com frequência, fatal, denominada *insuficiência hepática fulminante.*

A hepatite é dividida em tipos agudo e crônico, com base em critérios clínicos e patológicos.

A *hepatite aguda* implica uma condição com menos de 6 meses de duração, que culmina em uma resolução completa da lesão hepática e retorno da função e estrutura normais do hepatócito ou em uma evolução rápida da lesão aguda para necrose extensa e morte.

CAPÍTULO 14 • Sistema Hepatobiliar

A *hepatite crônica* é definida como um processo inflamatório persistente no fígado com duração superior a 6 meses.

Hepatite por vírus A (HAV)

A hepatite por vírus A é causada por um vírus da família Picornaviridae (hepatovírus), de diâmetro pequeno e esférico, contendo somente um filamento de RNA. O vírus replica no hepatócito e é excretado por intermédio de bile para o sistema digestório. Partículas de HAV são muitas vezes encontradas nas fezes de pacientes com a doença aguda, sendo a rota de transmissão a via fecal-oral.

A infecção pelo HAV está muitas vezes associada à falta de higiene pessoal, à água contaminada ou a deficiências no saneamento básico. Apesar de o vírus ser também transmitido por via parenteral (raramente), considera-se o contato pessoal direto o principal infectador e propagador da doença.

A hepatite A tem um período de incubação de 2 a 7 semanas após a infecção. A presença de *anti-HVA (IgM)* (*anticorpos contra o vírus A da hepatite da subclasse IgM*) é a primeira resposta à infecção e persiste por um período de 4 meses ou mais. O *anti-HAV (IgG)* (*anticorpos contra o vírus A da hepatite da subclasse IgG*) aparece logo após a detecção do anti-HAV (IgM). O anti-HAV (IgG) persiste em quantidades mensuráveis por toda a vida e confere imunidade contra a doença.

O quadro clínico da HAV é moderado e não específico, muitas vezes semelhante ao estado gripal, com pouca febre, náusea, vômitos e dores musculares, que podem ocorrer durante o seu período prodrômico. A icterícia é encontrada com frequência. Em geral, as crianças apresentam sintomas mais brandos que os adultos. A maioria das infecções é aguda com recuperação completa entre 3 e 4 meses. As complicações são raras, e não há exemplos de hepatite crônica associada com infecções pelo HAV. Os resultados laboratoriais anormais incluem o aumento da bilirrubina total com elevações simultâneas da bilirrubina conjugada e da não conjugada, além do aumento das aminotransferases (transaminases) séricas.

Hepatite por vírus B (HBV)

A hepatite por vírus B (HBV) é uma enfermidade mais séria que a hepatite A e pode estar associada com complicações a longo prazo. O vírus B replica no hepatócito e é liberado do fígado para a circulação periférica. O HBV está presente no sangue de indivíduos infectados tanto na fase aguda da doença como na recuperação e nas formas crônicas.

O DNA do vírus responsável pela hepatite B é constituído por DNA de filamento duplo parcial e filamento duplo simples. A partícula HBV completa (da família Hepadnaviridae), chamada "partícula de Dane", tem aproximadamente 42 nm de diâmetro e é circundada por uma camada envelopante e um denso núcleo interno. O material do envelope é composto de lipídios e proteínas e pode ser encontrado na circulação, como cobertura na partícula de Dane, como filamentos incompletos ou como esferas do material envelopante. O determinante antigênico é o *antígeno de superfície do vírus B da hepatite (HBsAg)* no soro em quase todos os casos de infecção por HBV aguda ou crônica. A substância nuclear é coberta com a material do envelope antes de ser excretada no sangue. O núcleo da partícula de *core* viral é composta de DNA, DNA-polimerase e substâncias relacionadas, e também pelo *antígeno core do vírus B da hepatite (HBcAg)* e pelo *antígeno "e" do vírus B da hepatite (HBeAg)*. Os dois últimos são detectados no soro, quando há reduplicação virótica ativa.

A transmissão do HBV ocorre por transfusão sanguínea, punções com agulhas contaminadas, contato direto com sangue ou secreções orgânicas, pela via sexual, ou de mãe infectada para o filho – transmissão vertical. Indivíduos com risco especial de contaminação pelo HBV são os usuários de drogas, funcionários de laboratório e bancos de sangue com contato frequente com o sangue e seus derivados, pacientes submetidos a hemodiálise, hemofílicos, homossexuais e pessoas com muitos parceiros sexuais.

A média de incubação é de 6 a 8 semanas a partir da exposição inicial ao HBV. Ainda no período de incubação, a presença de HBsAg é detectada no sangue. Torna-se não detectável sorologicamente nos pacientes com resolução da infecção antes ou logo no início das manifestações clínicas, razão pela qual não é útil como marcador da infecção aguda. O HBsAg desaparece do sangue em período inferior a 6 meses. Quando o HBsAg persiste após esse período, geralmente a evolução se dá para a forma crônica. Juntamente com os sintomas clínicos, aparecem icterícia e aumento das aminotransferases (transaminases), seguidos do aparecimento do *anti-HBc* (*anticorpos contra o antígeno* core *do vírus B*). A subclasse IgM do anti-HBc é o primeiro anticorpo detectado no final do período de incubação e que persiste positivo durante a infecção aguda. É substituída pela subclasse IgG do anti-HBc, que é um marcador de infecção prévia ou permanente.

O aparecimento de *anti-HBs* (*anticorpos contra o antígeno de superfície do vírus B da hepatite*) ocorre após o desaparecimento do HBsAg. O anti-HBs é o último marcador sorológico a aparecer e indica recuperação do estado de infecção e imunidade contra o HBV. É encontrado em 80% a 90% das pessoas infectadas. O HBeAg é detectado no sangue após o HBsAg e, normalmente, indica elevado grau de replicação viral. Nos casos de evolução normal, o HBeAg soroconverte em poucas semanas, aparecendo o anti-HBe. Nas formas crônicas, com HBsAg persistente por mais de 6 meses, a presença também do HBeAg corresponde a um prognóstico de maior gravidade (alta replicação do vírus B com maior infectividade e, portanto, maior dano hepático) do que quando ele está ausente. Pacientes com HbsAg e HBeAg positivos têm, portanto, maior chance de transmitir o vírus. A persistência de HBeAg por mais de 10 semanas sugere evolução para cronicidade. O *anti-HBe* (*anticorpos contra o antígeno "e" do vírus B da hepatite*) começa a aumentar durante a fase ictérica da doença e persiste em títulos relativamente baixos por vários anos após a infecção. É um anticorpo produzido em resposta ao HBeAg e é indicativo de evolução para cura, significando parada da replicação viral em paciente com infecção aguda por vírus B.

Cerca de 90% das infecções primárias por HBV são completamente resolvidas em 6 meses. Aproximadamente 10% dos indivíduos infectados com HBV permanecem com o HBsAg positivo por mais de 20 semanas. Em um grande número de pacientes, o antígeno desaparece até 1 ano depois, mas muitos permanecem positivos indefinidamente e são designados como portadores crônicos de HBsAg. Essas pessoas mantêm títulos muito elevados de anti-HBc, apesar de o anti-HBs não ser detectado no soro. Em geral, o anti-HBc persiste por toda a vida, indicando um episódio de infecção pelo HBV. Menos de 1% de todos os indivíduos com infecção pelo HBV desenvolvem necrose maciça hepática fatal. Parece,

também, existir relação causal entre infecções por hepatite B, enfermidade hepática crônica e carcinoma hepatocelular.

O curso clínico do HBV é variável, porém uniformemente mais prolongado e mais severo que o da hepatite A. Os sintomas podem não ser evidentes em todos os indivíduos, mas os mais comuns são icterícia, fadiga, anorexia, perda de peso, indisposição, náusea, urina escura e fezes claras. Exantemas e dor muscular e nas juntas são encontrados em alguns indivíduos. Os resultados laboratoriais anormais refletem lesão necrótica do fígado e incluem vários graus de aumento da bilirrubina conjugada e não conjugada sérica, da bilirrubina urinária, das aminotransferases (transaminases) e da fosfatase alcalina. Os lipídios séricos podem estar alterados, mas não apresentam significação no diagnóstico nem no prognóstico dessa doença. A redução da albumina sérica indica piora da doença.

A vacina para hepatite B é recomendada para grupos de alto risco, como profissionais de saúde com maior exposição a sangue, secreções e tecidos orgânicos; contactantes íntimos de portadores do vírus B; pacientes em hemodiálise; receptores de produtos sanguíneos; pessoas com atividade sexual promíscua e usuários de drogas endovenosas. A resposta imunológica deve ser avaliada 1 mês após a conclusão do esquema de vacinação, considerando como respondedor o indivíduo com anti-HBs >10 mUI/mL.

Hepatite por vírus delta (HDV)

O vírus da hepatite delta (HDV) é constituído por uma molécula circular de RNA. É um vírus hepatotrópico incompleto que necessita do antígeno de superfície do vírus da hepatite B (HBsAg) como envoltório para sua replicação, ou seja, só é patogênico em caso de coinfecção com o HBV. Caracteriza-se por ter evolução particularmente grave, com grande potencial de desenvolvimento de hepatite fulminante, hepatopatia crônica e hepatocarcinoma. A infecção apenas com o HDV não provoca dano hepático nem manifestações clínicas.

O teste sorológico utilizado para indicar a presença de HDV é o *anti-HDV* (*anticorpos contra o vírus D da hepatite subclasses IgM e IgG*). O diagnóstico de infecção pelo vírus D é realizado quando um paciente é HbsAg-positivo e anti-HDV-positivo. O anti-HDV pode ser negativo no ínício, obrigando a repetição do exame caso persista a suspeita diagnóstica.

Os testes devem ser realizados em indivíduos com infecção identificada pelo HBV e cujo transcurso da doença é mais prolongado e mais severo que o esperado. O vírus D suprime a replicação do vírus B, sendo por isso possível o desaparecimento de marcadores do vírus B, como o HbsAg, no curso da hepatite D.

O vírus D é altamente patogênico, e sua infecção leva, em parte dos casos, a quadros clínicos severos, seja nas formas agudas, que podem evoluir para a insuficiência hepática fulminante, seja nas formas crônicas, com grande potencial de evolução para cirrose.

Hepatite por vírus C (HCV)

Até alguns anos atrás, mais de 90% das hepatites por vírus C eram designadas como hepatites *não A-não B* (NANB), sendo diagnosticadas quando o paciente exibia todos os sinais clínicos e laboratoriais de hepatite, mas sem a presença de HAV e/ou HBV nos testes sorológicos.

O vírus C, em geral, é transmitido por via parenteral, incluindo receptores de sangue ou derivados, pacientes em hemodiálise, hemofílicos, usuários de drogas endovenosas, tatuados, que recebem acupuntura, profissionais da área de saúde, entre outros. A via sexual e as transmissões materno-fetal e familiar existem, embora sejam consideradas infrequentes. Salienta-se que em cerca de 50% dos casos não se sabe como o vírus da hepatite C foi transmitido.

A infecção pelo vírus da hepatite C é uma doença crônica e comumente assintomática, que pode evoluir para cirrose e carcinoma hepatocelular. O período de incubação é de 6 a 8 semanas e, na maioria dos casos, a fase aguda é usualmente subclínica ou moderada, com os pacientes afetados raramente apresentando icterícia, fadiga ou sensibilidade hepática.

A monitoração do estado da doença é realizada pela avaliação das enzimas alanina-aminotransferase (ALT) e aspartato-aminotransferase (AST) e pelo nível das bilirrubinas.

Por outro lado, a intensidade da doença pode ser sugerida pelo tempo de protrombina e pela concentração de albumina sérica. A biópsia hepática estadia a fase em que se encontra a enfermidade.

A história natural dessa infecção ainda não está completamente elucidada. Entretanto, sabe-se que cerca de 30% dos pacientes com hepatite crônica C evoluem para cirrose após 10 anos de infecção. Entre os cirróticos, aproximadamente 20% irão evoluir para carcinoma hepatocelular.

O marcador imunológico para o diagnóstico da HCV aguda ou crônica é o *anti-HCV* (*anticorpos contra o vírus C da hepatite subclasses IgM e IgG*). A maior parte dos casos de infecção aguda pelo vírus C é clinicamente inaparente ou oligossintomática.

Hepatite por vírus E (HEV)

A hepatite por vírus E (HEV) apresenta características semelhantes às da hepatite por vírus A, com raras complicações, exceto em mulheres grávidas, nas quais existe elevado grau de mortalidade (ao redor de 20% dos casos), principalmente no terceiro trimestre da gravidez. O período de incubação da HEV é de 2 a 9 semanas, sendo a transmissão fecal-oral. Os sintomas, como febre, náusea e vômitos, são inespecíficos. Não evolui para cronicidade. O vírus E da hepatite é um vírus RNA.

O diagnóstico laboratorial da HEV é realizado pela demonstração da presença de *anti-HEV* (*anticorpos contra o vírus E da hepatite subclasses IgG e IgM*).

Hepatite tóxica ou induzida por fármacos

Uma das principais funções do fígado é a desintoxicação. O processo necessita que toda a droga ou toxina seja transportada para o fígado e depositada no hepatócito. Essa ação torna o fígado extremamente suscetível a danos tóxicos. Várias substâncias tóxicas (p. ex., envenenamento pelo tetracloreto de carbono, toxina de *Amanita phalloides*) e agentes terapêuticos (p. ex., excesso de paracetamol, isoniazida, clorpromazina, eritromicina, halotano) causam danos diretos ao fígado e resultam em processos inflamatórios e necróticos similares aos da hepatite ou colestase. Drogas como a clorpromazina podem causar colestase com aumento da ALT (TGO) e da γ-glutamiltransferase (γ-GT). A fenitoína, os barbitúricos e o etanol induzem a síntese de γ-GT, sem, necessariamente, existir lesão hepática.

Pacientes com hepatite tóxica e induzida por drogas mostram sintomas semelhantes àqueles de outras hepatites. O quadro clínico é variável, e os pacientes podem ser assintomáticos ou sintomáticos graves e estar sob risco de morte. A gravidade dos sintomas está relacionada com a exposição ao agente tóxico. O diagnóstico é realizado por: histórico da exposição, consistência clínica, achados laboratoriais, biópsia e melhora após a remoção da toxina.

O uso abusivo de álcool constitui uma das causas mais comuns de doença hepática. As três principais lesões patológicas resultantes do excesso alcoólico são: (a) esteatose hepática, (b) hepatite alcoólica e (c) cirrose. As duas primeiras são potencialmente reversíveis, podendo em algum momento ser clinicamente confundidas com hepatite viral.

Hepatites crônicas

As hepatites crônicas são processos inflamatórios contínuos do fígado que acarretam manifestações clínicas e histopatológicas de graus variáveis. Existem múltiplas etiologias: agentes infecciosos, sobretudo virais, drogas, tóxicos, enfermidades metabólicas (doença de Wilson), deficiência de α-1-antitripsina, autoimunes, caracterizadas pela presença de autoanticorpos (anticorpos antinucleares, anticorpos antimusculatura lisa e anticorpos antimicrossomos hepatorrenais) e hipergamaglobulinemia. Ocorrem principalmente em mulheres.

Os casos mais frequentes de hepatite crônica resultam de infecções por vírus B da hepatite (HBV), vírus C da hepatite (HCV) e pela associação dos vírus B e Delta (HDV). A hepatite não evolui para cronicidade.

Alguns medicamentos também podem levar à hepatite crônica, como metildopa, amiodarona e isoniazida. A hepatite lupoide (idopática com características autoimunes proeminentes), assim como a doença de Wilson e a deficiência de α-1-antitripsina, leva à hepatite crônica.

Do mesmo modo que na hepatite aguda, os sintomas da hepatite crônica variam com o tipo de infecção primária. As aminotransferases (transaminases) apresentam desde elevações discretas até picos bastante elevados nas diferentes fases da doença. Outras vezes, são encontradas alterações nas bilirrubinas e na atividade das enzimas fosfatase alcalina e γ-GT. Na hepatite C crônica,

são características a flutuação dos níveis de aminotransferases (transaminases) ao longo dos meses e as elevações da γ-GT sem paralelismo com aumentos da fosfatase alcalina. A cirrose é uma complicação comum na hepatite crônica. O diagnóstico da hepatite crônica é realizado por testes funcionais hepáticos anormais e mediante a determinação dos marcadores sorológicos dos vírus B, C e Delta, após um período superior a 6 meses do diagnóstico de hepatite aguda.

Os testes sorológicos empregados no diagnóstico das hepatites na fase aguda ou crônica são listados na Tabela 14.1.

Tabela 14.1 Marcadores imunológicos para as hepatites

Hepatites	Agudas	Crônicas
A	Anti-HAV (IgM)	–
B	AgHBs/anti-HBc (IgM)	AgHBs/anti-HBc total AgHBe/anti-HBe
C	Anti-HCV	Anti-HCV
D	Anti-HDV (IgM)	Anti-HDV
E	Anti-HEV (IgM)	–

Infecção crônica pelo vírus B. O diagnóstico se baseia na positividade para o HBsAg por período superior a 6 meses. Além do HBsAg, há positividade para o anticorpo anti-HBc total e para os marcadores do sistema "e" (HBeAg/anti-HBe), conforme a fase evolutiva da doença crônica: o HBeAg estará positivo na fase replicativa da doença. Na fase não replicativa, ocorre positividade para o anti-HBe. Cerca de 15% a 20% dos adultos com infecção crônica pelo HBV progridem para a cirrose após 5 a 20 anos de evolução. Além disso, existe estreita associação entre infecção crônica pelo HBV e carcinoma hepatocelular.

Infecção crônica pelo vírus C. Após uma infecção aguda pelo HCV, que em geral é assintomática ou subclínica, cerca de 50% a 70% dos pacientes progridem para a forma crônica da doença. Destes pacientes, 20% a 40% podem desenvolver cirrose hepática, eventualmente com risco associado de hepatocarcinoma, que ocorre tardiamente no curso da doença (após cerca de 20 a 30 anos). Os pacientes que progridem para cronicidade apresentam positividade do anti-HCV, associada à presença do HCVRNA, detectável no soro por técnica de PCR. Em geral, observam-se alterações persistentes das aminotransferases, de caráter flutuante. Nesses casos, deve-se realizar biópsia hepática, que poderá

CAPÍTULO 14 • Sistema Hepatobiliar

revelar a presença de graus variáveis de lesão hepática. O aspecto histológico da hepatite C é muito amplo e compreende desde alterações mínimas até cirrose e carcinoma hepatocelular, incluindo todos os tipos morfológicos de hepatites crônicas.

INFILTRAÇÕES HEPÁTICAS

O parênquima hepático pode ser progressivamente desorganizado e destruído em pacientes com carcinoma primário ou secundário, amiloidose, reticulose, tuberculose, sarcoidose e abscessos. Essas doenças levam, muitas vezes, à obstrução biliar e estão associadas a várias mudanças bioquímicas. A α-1-fetoproteína está, frequentemente, bastante aumentada no hepatoma.

CIRROSE HEPÁTICA

A cirrose é a consequência irreversível da cicatrização fibrosa e da regeneração hepatocelular, que constituem as principais respostas do fígado a inúmeras agressões prolongadas de natureza inflamatória, tóxica, metabólica e congestiva.

O uso abusivo de álcool, o vírus da hepatite (B e C) e a colestase prolongada são as causas mais frequentes de cirrose, apesar de muitas vezes a causa não ser evidenciada. Menos comuns são os casos em que a cirrose está associada a desordens metabólicas, como doença de Wilson, hemocromatose, fibrose cística, galactosemia ou deficiência de α-1-antitripsina.

- *Cirrose moderada ou latente.* Em casos moderados, nenhuma anormalidade clínica está aparente, devido à reserva da capacidade funcional do fígado. A medida da γ-GT fornece um meio sensível de detecção da cirrose moderada; no entanto, muitos alcoolistas (muitos dos quais sem cirrose hepática) também apresentam atividades elevadas dessa enzima. Anormalidades marcantes nos testes de função hepática raramente estão presentes na cirrose moderada.
- *Cirrose severa.* Vários sinais clínicos podem estar presentes, isolados ou associados: hematêmese, ascites e descompensação hepática aguda – muitas vezes fatal. Podem desenvolver-se hiperbilirrubinemia, hipoalbuminemia e prolongamento do tempo de protrombina. A deterioração clínica, acompanhada por tempo de protrombina prolongado, aminoacidúria, hiperamonemia e ureia plasmática reduzida, pode ser a precursora da insuficiência hepática aguda.

COBRE E DOENÇA HEPÁTICA

O fígado é o principal órgão envolvido no metabolismo do cobre. Em indivíduos normais, as quantidades de cobre são mantidas em teores estáveis pela excreção do cobre pela bile e pela incorporação na ceruloplasmina. O conteúdo de cobre hepático está aumentado na doença de Wilson, na cirrose biliar primária, na colestase extra-hepática primária e na atresia dos ductos biliares intra-hepática em neonatos.

Doença de Wilson (degeneração hepatolenticular). Esta rara desordem hereditária recessiva caracteriza-se por defeito no metabolismo e no armazenamento do cobre e ocorre com disfunção hepática progressiva, que pode ser acompanhada de distúrbios neuropsiquiátricos. Afeta também a córnea, o rim e o cérebro. A prevalência é de 3/100.000, atingindo igualmente homens e mulheres. Quantidades normais de cobre são ingeridas, mas o fígado é incapaz de excretá-lo pela bile, o que leva a seu acúmulo no fígado, no cérebro, nos olhos e nos rins. Após vários anos de acúmulo de cobre, o tecido hepático funcional é destruído devido aos efeitos tóxicos do metal, resultando em quadro semelhante à hepatite viral crônica. Os sintomas são, principalmente, devidos a doença hepática e alterações degenerativas na gânglia basal. Os níveis de ceruloplasmina plasmática estão quase sempre baixos, mas ainda não está claro como o mecanismo se relaciona com a etiologia da doença de Wilson.

O diagnóstico é realizado a partir da história familiar ou de achados clínicos, como enfermidade hepática em pacientes com menos de 20 anos de idade ou doença neurológica característica. Anéis de Kayser-Fleischer, devido à deposição de cobre na córnea, são detectados em muitos pacientes. Os seguintes testes laboratoriais são usados:

- *Ceruloplasmina plasmática.* Em 95% dos casos, os valores estão <20 mg/dL (com exceção da gravidez e da terapia com estrogênios).
- *Cobre plasmático.* Menor que 70 μg/dL.
- *Cobre urinário.* Sempre >6 μg/d.

Os testes não são totalmente específicos para a doença de Wilson (p. ex., a ceruloplasmina pode, ocasionalmente, estar reduzida na cirrose severa, enquanto a excreção do cobre urinário pode apresentar valores aumentados na cirrose biliar).

Anormalidades em outros testes estão muitas vezes presentes na doença de Wilson. Também são encontradas lesões tubulares renais com aminoacidúrias, glicosúrias e fosfatúrias e, em casos avançados, acidose tubular renal.

HEMOCROMATOSE

Este distúrbio hereditário ou adquirido caracteriza-se pelo armazenamento excessivo de ferro, causando disfunção de múltiplos órgãos. A hemocromatose adquirida é encontrada em pacientes com talassemia, esferocitose hereditária, anemia sideroblástica, excessiva ingestão de ferro ou múltiplas transfusões de sangue. A hemocromatose hereditária é autossômica recessiva e resulta na elevação do ferro armazenado nas células do fígado, do coração, do pâncreas e de outros órgãos. O defeito aparente é o aumento na absorção de ferro pelo trato digestório.

Os sintomas clínicos usuais da hemocromatose incluem pigmentação da pele, causada por depósitos de hemossiderina, hepatomegalia, hipogonadismo e intolerância aos carboidratos. A disfunção hepática costuma ser classificada como fibrose ou cirrose. A bilirrubina sérica e as aminotransferases (transaminases) estão levemente aumentadas. O estado diabético, desenvolvido por muitos pacientes com hemocromatose, é causado pela destruição das células β das ilhotas do pâncreas e dos hepatócitos pela deposição de ferro. Esse também pode ser o mecanismo do hipogonadismo.

O diagnóstico laboratorial da hemocromatose inclui a avaliação dos teores de ferro sérico, da ferritina, da capacidade total de ligação do ferro e da percentagem de saturação da transferrina. O ferro sérico não é um indicador sensível e específico para os depósitos hepáticos do ferro, mas esta informação, quando acompanhada de outros testes, é de grande valor diagnóstico. A ferritina sérica mostra correlação com os estoques de ferro e pode ser um guia da extensão do dano hepático. O diagnóstico de hemocromatose exige a biópsia hepática.

O tratamento consiste em flebotomia regular, para remover o ferro do corpo. Isto força o organismo a usar o ferro estocado para a síntese de eritrócitos e, assim, reduzir as reservas de ferro.

DEFICIÊNCIA DE α-1-ANTITRIPSINA (AAT)

A AAT é uma proteína formada no fígado que inibe a ação da tripsina e de outras proteases. A deficiência da síntese de AAT provoca enfisema e/ou manifestações hepáticas ou pancreáticas. Promove aumento das bilirrubinas e das AST (TGO) e ALP (TGP) (ver Capítulo 8).

Bibliografia consultada

AILTER, H.J. Transmission of hepatitis C virus route, dose and titer. **N. Engl. J. Med., 330:**784-6, 1994.

ALVAREZ MUÑOZ, M.T. et al. Infection of pregnant women with hepatitis B and C viruses and risks for vertical transmission. **Arch. Med. Res., 28:**415-9, 1997.

COELHO FILHO, J.M. Hepatites virais agudas: uma abordagem prática para o clínico. **JBM, 68:**101-19, 1995.

DUFOUR, D.R. Liver disease. In: BURTIS, C.A.; ASHWOOD, E.R.; BRUNS, D.E. **Tietz: Fundamentals of clinical chemistry.** 6 ed. Philadelphia: Saunders, 2008:675-95.

IBARGUEN, E.; GROSS, C.R.; SAVIK, S.K., SHARP, H.L. Liver disease in alpha-1-antitrypsin deficiency: Prognostic indicators. **J. Pediatr., 117:**864-70, 1990.

KOSAKA, Y.; TAKASE, K.; KOJIMA, M. et al. Fulminant hepatitis B: induction by hepatitis B virus mutants defective in the precore region and incapable of encoding e antigen. **Gastroenterology, 100:**1087-94, 1991.

McPHERSON, R.A. Laboratory diagnosis of human hepatitis viruses. **J. Clin. Lab. Anal., 8:**369-77, 1994.

SCHWARZENBERG, S.J.; SHARP, H.L. α_1-Antitrypsin deficiency. In: GLEW, R.H., NINOMIYA, Y. **Clinical studies in medical biochemistry**. 2 ed. New York: Oxford University Press, 1997:268-76.

SMITH, A.F.; BECKETT, G.J.; WALKER, S.W.; ERA, P.W.H. **Clinical biochemistry.** 6 ed. London: Blackwell Science, 1998:110-23.

STEMECK, M. et al. Neonatal fulminant hepatitis B: strutural and functional analysis of complete hepatitis B virus genomes from mother and infant. **J. Infect Dis., 177:**1378-81, 1998.

Capítulo 15

Nitrogênio Não Proteico

15.1 Ureia	228	Procedimento para a DCE	233
Hiperuremia	228	15.3 Ácido úrico	234
Hipouremia	229	Síntese das purinas	234
Determinação da ureia	229	Metabolismo do urato	236
15.2 Creatinina	231	Hiperuricemia	236
Hipercreatinemia	231	Hipouricemia	238
Determinação da creatinina	232	Uricosúria	239
Depuração da creatinina endógena (DCE)	233	Determinação do ácido úrico	239
Correlação clínica da DCE	233		

A fração nitrogênio não proteico sérico é formada por compostos nitrogenados, exceto proteínas. O rim exerce papel fundamental na eliminação da maioria desses compostos do organismo. A dosagem dessas substâncias na rotina laboratorial faz parte do estudo do *status* renal do paciente. O catabolismo de proteínas e ácidos nucleicos resulta na formação dos compostos nitrogenados não proteicos. Existem mais de 15 compostos nitrogenados não proteicos no plasma; os principais e suas origens metabólicas, além das situações em que são avaliados, estão resumidos na Tabela 15.1. A ureia, a creatinina e o ácido úrico são compostos excretados pelos rins após filtração glomerular. Medidas das concentrações desses compostos no plasma ou no soro são utilizadas como indicadores da função renal e de outras condições.

Vários desses produtos metabólicos são sequencialmente derivados do metabolismo de proteínas tanto endógenas (tecidos) como exógenas (dieta).

Tabela 15.1 Metabólitos nitrogenados na urina*

Metabólito	Origem bioquímica	Utilidade clínica da medida	% de nitrogênio na urina
Aminoácidos	Proteínas endógenas e exógenas	Enfermidade hepática; erros inatos do metabolismo; desordens tubulares	<1
Amônia	Aminoácidos	Enfermidade hepática; enfermidade renal (congênita ou adquirida); erros inatos do metabolismo	10 a 20
Ureia	Amônia	Enfermidade hepática; enfermidade renal	55 a 90
Creatinina	Creatina	Função renal	2 a 3
Ácido úrico	Nucleotídeos purínicos	Desordens da síntese purínica; "marcador" do *turnover* celular	1 a 1,5

*Esses compostos compreendem cerca de 90% das substâncias não proteicas na urina.

15.1 UREIA

Os aminoácidos provenientes do catabolismo proteico são desaminados com a produção de amônia. Como esse composto é potencialmente tóxico, é convertido em ureia (NH_2-CO-NH_2) no fígado, associado ao CO_2. A ureia constitui a maior parte do nitrogênio não proteico no sangue. Após a síntese exclusivamente hepática, a ureia é transportada pelo plasma até os rins, onde é filtrada pelos glomérulos. A ureia é excretada na urina, embora 40% a 70% sejam reabsorvidos por difusão passiva pelos túbulos. Um quarto da ureia é metabolizado no intestino para formar amônia e CO_2 pela ação da flora bacteriana normal. Essa amônia é reabsorvida e levada ao fígado, onde é reconvertida em ureia. O nível de ureia no plasma é afetado pela função renal, pelo conteúdo proteico da dieta e o teor do catabolismo proteico, pelo estado de hidratação do paciente e pela presença de sangramento intestinal. Apesar dessas limitações, entretanto, o nível de ureia ainda serve como um índice preditivo da insuficiência renal sintomática e no estabelecimento de diagnóstico na distinção entre várias causas de insuficiência renal.

HIPERUREMIA

Enfermidades renais com diferentes tipos de lesões (glomerular, tubular, intersticial ou vascular) causam o aumento dos teores de ureia plasmática. O uso da ureia como indicador da função renal é limitado pela variedade nos resultados causada por fatores não renais. Teores aumentados de ureia são de três tipos: *pré-renal, renal* e *pós-renal*.

Uremia pré-renal. É um distúrbio funcional resultante da perfusão inadequada dos rins e, portanto, da filtração glomerular diminuída em presença de função renal normal. A uremia pré-renal é detectada pelo aumento da ureia plasmática sem a concomitante elevação da creatinina sanguínea. A hipoperfusão renal estimula a retenção de sais e água para restabelecer o volume e a pressão do sangue. Quando o volume ou a pressão sanguínea estão reduzidos, o barorreceptor localizado no arco aórtico e os sinusoides carótidos são ativados. Isso leva à ativação do nervo simpático e resulta na vasoconstrição arteriolar aferente e na secreção de renina através dos β-1-receptores. A constrição das arteríolas aferentes provoca a redução na pressão intraglomerular, diminuindo a taxa de filtração glomerular proporcionalmente. A renina converte a angiotensina I em angiotensina II, que por sua vez estimula a liberação de aldosterona. O aumento dos níveis séricos de aldosterona promove a absorção de sais e água no túbulo coletor distal.

Por mecanismos desconhecidos, a ativação do sistema nervoso simpático promove o aumento da reabsorção de sais e água pelo túbulo renal proximal, assim como da ureia, da creatinina, do cálcio, do ácido úrico e do bicarbonato.

- *Decréscimo do fluxo sanguíneo renal.* Insuficiência cardíaca, choque, hemorragia, desidratação e volume sanguíneo marcadamente diminuído.

- Tratamento com cortisol ou seus análogos sintéticos.

- *Reabsorção das proteínas sanguíneas.* Após hemorragia gastrointestinal maciça e desidratação moderada.

- *Alterações no metabolismo proteico.* Dieta rica em proteínas, infusão de aminoácidos, febre e estresse, no último trimestre de gravidez e na infância (aumento da síntese proteica), elevam ou diminuem o teor de ureia sanguínea.

Na azotemia pré-renal, a hemoconcentração resulta em elevação do hematócrito, da proteína total/albumina, do cálcio, do bicarbonato e do ácido úrico.

São encontrados, também, oligúria (volume urinário <400 mL/d), anúria (volume urinário <100 mL/d), densidade urinária alta (>1,015), sedimento urinário normal e natriúria baixa.

Quando predomina a depleção do volume, a reabsorção exagerada no túbulo proximal resulta em hiperuremia, hipernatremia, hipercalcemia, hiperuricemia e bicarbonato. Em presença de hipoperfusão por insuficiência cardíaca, os pacientes exibem edema, hiponatremia e hipoalbuminemia. Os níveis de hematócrito, cálcio, ácido úrico e bicarbonato variam grandemente nessa categoria. Esses pacientes, muitas vezes, apresentam-se criticamente mal.

Uremia renal. A filtração glomerular está diminuída, com retenção de ureia em consequência da insuficiência renal aguda ou crônica resultante de lesões nos vasos sanguíneos renais, nos glomérulos, nos túbulos ou no interstício. Essas agressões podem ser tóxicas, imunológicas, iatrogênicas ou idiopáticas.

A patofisiologia da insuficiência renal aguda oligúrica ou não oligúrica depende da localização anatômica do dano. Na necrose tubular aguda, a lesão epitelial provoca o declínio funcional na capacidade dos túbulos de reabsorverem água e eletrólitos. A excreção de ácido também fica prejudicada.

- *Glomerulonefrites.* São sugeridas pela presença de hematúria, cilindros eritrocitários, cilindros leucocitários, granulares e celulares, além de um variável grau de proteinúria.
- *Necrose tubular aguda.* Por agentes nefrotóxicos: metais pesados, aminoglicosídeos, polimixina B, lítio.
- *Nefrite intersticial aguda.* Caracteriza-se por inflamação e edema, hematúria, piúria estéril, cilindros leucocitários com eosinofilúria variável, proteinúria e cilindros hialinos. O efeito líquido é a perda da capacidade de concentração da urina, com osmolalidade baixa (usualmente <500 mOsm/L), densidade urinária reduzida (<1,015), sódio urinário alto e, ocasionalmente, hipercalemia e acidose tubular renal. No entanto, em presença de uremia pré-renal concomitante, a densidade urinária, a osmolalidade e o sódio urinário podem confundir o diagnóstico.
- *Doença vascular aguda.* Provocada por hipertensão maligna, vasculite e doença tromboembólica, causa hipoperfusão renal, isquemia e, consequentemente, uremia.
- *Deposição intrarrenal ou sedimentos.* Ácido úrico e mieloma.
- *Embolização de colesterol.* Especialmente após procedimento arterial.
- *Outros fatores complicantes.* Desidratação e edema, que causam perfusão renal diminuída, catabolismo de proteínas aumentado e efeito antianabólico geral dos glicocorticoides.

Além do acúmulo de ureia e creatinina, uma redução substancial na taxa de filtração glomerular na insuficiência renal crônica resulta em diminuição da produção de eritropoetina (provocando anemia) e vitamina D_3 (causando hipocalcemia, hiperparatireoidismo secundário, hiperfosfatemia, osteodistrofia renal), redução nos ácidos e no potássio, excreção de sais e água (promovendo acidose, hipercalemia, hipertensão, edema) e disfunção plaquetária, o que aumenta o risco de sangramento.

Anemia, trombocitopenia, hipocalcemia e acidose metabólica com ânions indeterminados altos podem sugerir azotemia intrarrenal. Outros achados são: densidade urinária baixa (<1,015), sedimento urinário ativo, sódio urinário elevado e baixa osmolalidade urinária.

Os pacientes com uremia renal podem apresentar nictúria, poliúria, proteinúria, choque e edema. Muitas vezes, são portadores de doenças congênitas ou sistêmicas, especialmente diabetes, hipertensão, lúpus eritematoso sistêmico, doenças vasculares, hepatite B (HBV), hepatite C (HCV), sífilis, mieloma múltiplo e AIDS.

Uremia pós-renal. Resulta da obstrução do trato urinário com a reabsorção da ureia pela circulação:

- *Obstrução ureteral.* Cálculos, coágulos, tumores da bexiga, hipertrofia prostática, compressões externas e necrose papilar.
- *Obstrução na saída da bexiga.* Bexiga neurogênica, hipertrofia prostática, carcinoma, cálculos, coágulo e estenose uretral.

Além da azotemia, a poliúria devida à perda da capacidade de concentração, a acidose tubular renal tipo 1 com hipercalemia, a hipercalcemia por tumor pélvico metastático e antígeno prostático específico (PSA) aumentado podem estar relacionados com a hiperuremia pós-renal.

HIPOUREMIA

Baixos níveis de ureia sanguínea são encontrados na presença de insuficiência hepática. O fígado lesado é incapaz de sintetizar ureia a partir da amônia proveniente do metabolismo proteico. Outras causas de hipouremia são: dieta pobre em proteínas, desnutrição, hiper-hidratação e síndrome da secreção inadequada de hormônio antidiurético (SSIHAD).

DETERMINAÇÃO DA UREIA

Paciente. Não são exigidos cuidados especiais.

Amostra. *Soro* e *plasma heparinizado* (não usar heparina amoniacal) isento de hemólise. Refrigeradas (para evitar a decomposição bacteriana da ureia), as amostras são estáveis por 1 semana.

Interferências. *Resultados falsamente aumentados:* acetoexamida, acetona, ácido ascórbico, ácido etacrínico, ácido nalidíxico, aminofenol, análogos da guanetidina, androgênios, anfotericina B, antiácidos alcalinos, arginina, arsenicais, asparaginase, bacitracina, capreomicina, captopril, carbonato de lítio, carbutamina, carnistina, cefaloridina, clonidina, cloranfenicol, clorobutanol, clorotiazida sódica, clortalidona, colistemetato sódico, compostos de antimônio, compostos mercuriais, corticosteroides, dextrano, diuréticos mercuriais, diuréticos tiazídicos, doxatram, espectinomicina, esteroides anabólicos, estreptodornase, estreptoquinase, flufenazina, fluoretos, fosfato de disopiramida, furosemida, guanaclor, hidrato de cloral, hidroxiureia, indometacina, infusões de dextrose, canamicina, lipomul, maconha, meclofenamato sódico, mefenazina, meticilina, metildopa, metilsergida, metolazona, metossuxinamida, metoxiflurano, minoxidil, mitramicina, morfina, naproxeno sódico, neomicina, nitrofurantoína, parametazona, pargilina, polimixina B, propranolol, sais de amônio, sais de cálcio, salicilatos, sulfato de gentamicina, sulfato de guanetidina, sulfonamidas, tartarato de metoprolol, tetraciclina, tolmetin sódico, triantereno e vancomicina. *Resultados falsamente reduzidos:* uso abusivo de álcool, acromegalia, amiloidose, cirrose, desnutrição hepática, dieta (proteína inadequada), doença celíaca, expansão do volume plasmático, gravidez (tardia), hemodiálise, hepatite, ingestão de líquido em excesso, lactância e necrose. As drogas incluem estreptomicina e timol.

Métodos. A medida da ureia pode ser realizada pelo uso de métodos indiretos – em que a ureia é hidrolisada pela enzima urease para formar amônia posteriormente quantificada – ou por métodos diretos – em que a ureia reage com compostos para formar cromogênios.

- *Urease.* Os primeiros métodos empregados na determinação baseavam-se na transformação da ureia em amônia e dióxido de carbono, pela ação catalítica da enzima urease. A amônia formada nessa reação era determinada colorimetricamente pela reação de Berthelot.

$$Ureia + H_2O \xrightarrow{\text{urease}} 2NH_4^+ + HCO_3^-$$

$$NH_4^+ + NaOCl + fenol \xrightarrow{\text{nitroprussiato}} indofenol$$

A amônia pode também ser medida quando acoplada com a reação que transforma NADH em NAD$^+$. A reação também pode ser acoplada para produzir H_2O_2.

- *Urease/glutamato-desidrogenase.* A amônia obtida pela reação da urease também pode ser medida espectrofotometricamente pela reação acoplada urease/glutamato-desidrogenase (GLDH) com o emprego de α-cetoglutarato para oxidar o NADH a NAD$^+$. O modo cinético de análise elimina interferências causadas por desidrogenases e amônia na amostra. Esse é o método usado em muitos equipamentos automáticos.

$$NH_4^+ + 2 - oxoglutarato + NADH + H^+ \xrightarrow{\text{glutamato-desidrogenase}}$$

$$glutamato + NAD^+ + H_2O$$

- *Corante indicador.* A medida da amônia obtida pela ação da urease também é conseguida pelo emprego de corante indicador de pH para produzir cor. O princípio do corante indicador é empregado na tecnologia de química seca.

- *Conductimetria.* Outro método comum para quantificação da ureia é feito com base na alteração da condutividade de uma amostra que ocorre após a ação da urease sobre a ureia. O CO_2 e a amônia produzidos pela ação enzimática reagem para formar carbonato de amônio, que aumenta a condutividade da mistura da reação.

- *Outros métodos.* A ureia também pode ser determinada por: (a) eletrodo íon-seletivo para monitorar a reação da urease, (b) reação da *o*-ftaldeído com as aminas primárias, como a ureia, e (c) condensação da diacetilmonoxima com a ureia para formar o cromogênio diazina amarelo, que é fotossensível (reduz rapidamente a cor formada).

Valores de referência para ureia (mg/dL)	
Adultos ambulatoriais	15 a 39

Bibliografia consultada

BRUSILOW, S.W. Inborn errors of urea synthesis. In: GLEW, R.H.; NINOMIYA, Y. **Clinical studies in medical biochemistry.** 2 ed. New York: Oxford University Press, 1997. p. 260-7.

BURGESS, E. Conservative treatment to slow deterioration of renal function: evidence-based recommendations. **Kidney Int. Suppl., 70:**S17-25, 1999.

CALBREATH, D.F.; CIULLA, A.P. **Clinical chemistry.** 2 ed. Philadelphia: Saunders, 1991. 468p.

CHANEY, A.L.; MARBACH, E.P. Modified reagents for determination of urea and ammonia. **Clin. Chem., 8:**130-2, 1962.

FRIEDMAN, H.S. Modification of the determination of urea by the diacetyl monoxime method. **Anal. Chem., 25:**662-4, 1953.

HAMMOND, B.R.; LESTER, E. Evaluation of a reflectance photometric method for determination of urea in blood, plasma, or serum. **Clin. Chem., 30:**596-7, 1984.

HARRISON, S.P. Interference in coupled-enzyme assay of urea nitrogen by excess endogenous enzyme. **Clin. Chem., 39:**911, 1993.

GOURMELIN, Y.; GOUGET, B.; TRUCHAUD, A. Electrode measurement of glucose and urea in undiluted samples. **Clin. Chem., 36:**1646-9, 1990.

LAMB, E.J.; PRICE, C.P. Creatinine, urea, and uric acid. In: BURTIS, C.A.; ASHWOOD, E.R.; BRUNS, D.E. **Tietz: Fundamentals of clinical chemistry.** 6 ed. Philadelphia: Saunders, 2008:363-72.

SOARES, J.L.M.F.; PASQUALOTTO, A.C.; ROSA, D.D.; LEITE, V.R.S. **Métodos diagnósticos: consulta rápida.** Porto Alegre: Artmed, 2002.

WARNOCK, D.G. Uremic acidosis. **Kidney, 34:**278-87, 1988.

15.2 CREATININA

A creatinina é produzida como resultado da desidratação não enzimática da creatina muscular. A creatina, por sua vez, é sintetizada no fígado, nos rins e no pâncreas por duas reações mediadas enzimaticamente. Na primeira, a transamidação da arginina e da glicina forma ácido guanidinoacético. Na segunda, a metilação do ácido guanidinoacético ocorre com a doação de metila pela S-adenosilmetionina. A creatina é então transportada no sangue para outros órgãos, como músculos e cérebro, onde é fosforilada a creatina-fosfato (composto de alta energia). A creatina livre no músculo (cerca de 1% a 2%/d), espontânea e irreversivelmente, é convertida no anidrido e no produto de excreção, a *creatinina*. A creatinina não é reutilizada no metabolismo corporal e, assim, funciona somente como um produto dos resíduos de creatina. A creatinina difunde do músculo para o plasma, de onde é removida quase que inteiramente e em velocidade relativamente constante por filtração glomerular. No entanto, dependendo da ingestão de carne na dieta, pode existir alguma variação em sua concentração no sangue. Em presença de teores marcadamente elevados de creatinina no plasma, parte da mesma é também excretada pelos túbulos renais.

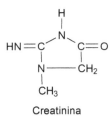

Creatinina

A quantidade de creatinina excretada diariamente é proporcional à massa muscular e não é afetada por dieta (exceto em caso de excesso de carne), idade, sexo ou exercício, e corresponde a 2% das reservas corpóreas da creatina-fosfato. A mulher excreta menos creatinina do que o homem devido à menor massa muscular.

Como a taxa de excreção da creatinina é relativamente constante e a sua produção não é influenciada pelo metabolismo proteico ou outros fatores externos, a concentração da creatinina sérica é uma excelente medida para avaliar a função renal. Os teores de creatinina sérica são mais sensíveis e específicos do que a medida da concentração da ureia plasmática no estudo da taxa de filtração glomerular reduzida.

HIPERCREATINEMIA

Qualquer condição que reduza a taxa de filtração glomerular promove *menor* excreção urinária de creatinina, com o consequente aumento em sua concentração plasmática.

A concentração da creatinina sérica aumenta quando ocorre a formação ou a excreção reduzida de urina e independe de a causa ser pré-renal, renal ou pós-renal.

Valores aumentados indicam a deterioração da função renal, com o nível sérico geralmente acompanhando, paralelamente, a gravidade da enfermidade. Por conseguinte, níveis dentro de faixa não implicam necessariamente em função renal normal. Os níveis de creatinina muitas vezes não ultrapassam os limites de referência até que 50% a 70% da função renal estejam comprometidos. Por conseguinte, teores dentro da faixa de referência não implicam necessariamente função renal normal.

Causas pré-renais. Aumentos significativos são comuns na necrose muscular esquelética ou atrofia, ou seja, traumatismos, distrofias musculares progressivamente rápidas, poliomielite, esclerose amiotrófica, amiotonia congênita, dermatomiosite, miastenia grave e fome. São ainda encontrados como causas: insuficiência cardíaca congestiva, choque, depleção de sais e água associada ao vômito, diarreia ou fístulas gastrointestinais, diabetes melito não controlado, uso excessivo de diuréticos, diabetes insípido, sudorese excessiva com deficiência de ingestão de sais, hipertireoidismo, acidose diabética e puerpério.

Causas renais. Incluem lesão do glomérulo, dos túbulos, dos vasos sanguíneos ou do tecido intersticial renal.

Causas pós-renais. São frequentes na hipertrofia prostática, nas compressões extrínsecas dos ureteres, nos cálculos e nas anormalidades congênitas que comprimem ou bloqueiam os ureteres.

A concentração da creatinina sérica é monitorada após transplante renal, pois um aumento, mesmo pequeno, pode indicar a rejeição do órgão.

Teores diminuídos de creatinina não apresentam significação clínica.

DETERMINAÇÃO DA CREATININA

Paciente. Evitar prática de exercício excessivo durante 8 horas antes do teste. Evitar a ingestão de carne vermelha em excesso durante 24 horas antes da prova.

Amostra. *Soro, plasma* isento de hemólise, lipemia ou ictérico. *Urina de 24 horas* coletada sem conservantes. Refrigeradas, as amostras são estáveis por 1 semana. No emprego de métodos enzimáticos, não usar plasma obtido com anticoagulantes contendo amônia.

Interferências. *Resultados falsamente elevados:* metildopa (10 mg/dL de metildopa no plasma produzem cor equivalente a 1 mg/dL de creatinina), ácido acetilsalicílico, ácido ascórbico, anfotericina B, barbitúricos, carbutamina, cefalotina sódica, cefoxitina sódica, cimetidina, clonidina, cloridrato de metildopato, clortalidona, dextrano, fenolsulfonaftaleína, ciclato de doxiciclina, canamicina, levodopa, para-aminopurato, sulfato de caproemizina, sulfato de colistina e trimetoprima.

Métodos. Jaffé (1886) demonstrou que a creatinina com o picrato alcalino desenvolvia cor alaranjada (complexo de Janovski). Vários métodos para a determinação da creatinina no sangue ou urina estão baseados no aparecimento desse produto colorido.

Foi demonstrado, posteriormente, que essa reação é inespecífica e sujeita a interferências por vários compostos presentes no sangue, como: ácido ascórbico, glicose, piruvato, corpos cetônicos, proteínas, ácido acetoacético, ácido úrico e cefalosporinas. A partir dessas informções, foram desenvolvidas diversas modificações para reduzir as interferências de substâncias Jaffé-positivas.

- *Jaffé/terra de Fuller*. Métodos comumente usados para melhorar a especificidade da reação de Jaffé usam o reagente de Lloyd (silicato de alumínio, terra de *Fuller* lavada) e a medida da velocidade da reação. Sob condições ácidas, a creatinina é absorvida do filtrado desproteinizado ou da urina pelo reagente de Lloyd e tratada com picrato alcalino, desenvolvendo coloração alaranjada. Esse é o método de referência para análise da creatinina.

- *Jaffé/cinético*. Métodos alternativos foram desenvolvidos com base na medida da velocidade da reação entre a creatinina e o ácido pícrico. Esses métodos cinéticos eliminam algumas interferências positivas da glicose e do ascorbato e são realizados diretamente no soro. Entretanto, níveis elevados de acetoacetato, acetona e bilirrubinas podem interferir com a reação. Apesar dessas dificuldades, esses métodos são bastante utilizados, pois, além de baratos, são rápidos e fáceis de executar.

- *Enzimáticos*. Foram propostos vários métodos enzimáticos para determinação da creatinina

CAPÍTULO 15 • Nitrogênio Não Proteico

com o emprego da *creatininase* (creatinina imino-hidrolase) ou *creatinase* (creatina amidino-hidrolase). Essas reações são acopladas a sistemas que podem ser medidos espectrofotometricamente, como NADH/NAD⁺ ou H_2O_2 em água. Esses métodos sofrem poucas interferências. A enzima *creatinina-desaminase* catalisa a conversão da creatinina em N-metil-hidantoína e amônia. Esta última é medida pela reação de Berthelot. Os métodos de química seca empregam também reações mediadas por enzimas.

- *Cromatografia de alto desempenho.* A creatinina é separada de outros compostos por troca iônica e, posteriormente, quantificada.

Valores de referência para creatinina	
Homens	0,6 a 1,2 mg/dL
Mulheres	0,6 a 1,1 mg/dL
Urina (homens)	14 a 26 mg/kg/d
Urina (mulheres)	11 a 20 mg/kg/d

DEPURAÇÃO DA CREATININA ENDÓGENA (DCE)

A depuração (*clearance*) renal consiste na remoção de uma substância do sangue expressa em termos do fluxo de volume de sangue arterial ou plasma e que conteria a quantidade de substância removida por unidade de tempo – medida em mL/min. A medida da depuração da creatinina endógena é usada para avaliar a taxa de filtração glomerular (TFG).

Define-se a depuração como o volume mínimo de plasma sanguíneo que contém a quantidade total de determinada substância excretada na urina em 1 minuto. A depuração de uma substância é calculada pela fórmula geral C = UV/P, em que U é a concentração da substância na urina, V, o volume urinário por unidade de tempo em mililitros por minuto, P, a concentração plasmática, e C, a depuração (*clearance*) em mL/min.

A depuração de uma substância que não é absorvida nem secretada pelos túbulos e cuja concentração plasmática é idêntica à do filtrado glomerular é empregada como medida da TFG. Uma das substâncias que preenchem mais adequadamente esses requisitos é a creatinina, pois: (a) é um produto natural do metabolismo, (b) é facilmente analisada, (c) é produzida em taxas cons-

tantes para cada indivíduo e (d) é eliminada somente pela ação renal. O nível plasmático de creatinina e sua excreção total são proporcionais à massa muscular; assim sendo, costuma-se expressar a TFG em relação à superfície corporal do indivíduo (1,73 m²).

Correlação clínica da DCE

A determinação da depuração da creatinina endógena (normalmente presente no plasma) é um teste conveniente que estima de modo razoável a TFG. Valores aumentados para depuração carecem de significação clínica. Erros na coleta da urina produzem resultados de pouca validade.

A diminuição da depuração da creatinina é um indicador muito sensível da redução da TFG. Isto ocorre em enfermidades agudas ou crônicas do glomérulo ou em algum dos seus componentes. A redução do fluxo sanguíneo do glomérulo diminui a depuração da creatinina. Fenômeno semelhante pode ocorrer na lesão tubular aguda.

Procedimento para a DCE

Hidratar o paciente com, no mínimo, 500 mL de água (evitar a ingestão de chá, café e fármacos durante o dia da prova). Em seguida, o paciente deve esvaziar complemente a bexiga e anotar a hora. Recolher toda a urina por um período de tempo determinado (p. ex., 4, 12 ou 24 horas), guardando-a em refrigerador durante a coleta (não usar conservantes). Manter o paciente bem hidratado durante a coleta.

A amostra de sangue deve ser obtida em qualquer momento durante o período de coleta da urina.

Medir o volume de urina e anotar também o período de tempo de coleta em minutos (horas × 60).

Determinar a concentração da creatinina plasmática e urinária. Utilizar a seguinte fórmula para calcular a depuração da creatinina endógena corrigida:

$$\frac{U \times V \times 1,73}{P \times A} = \text{mL/minuto de plasma depurado}$$

em que U é a concentração de creatinina na urina em mg/dL, V, o volume urinário em mL/min (para um volume de 24 horas, dividir por 1.440), e P é o teor de creatinina no plasma (ou soro) em mg/dL. A superfície corporal é obtida em metros quadrados; 1,73 é o valor médio da superfície corporal (a superfície corporal do indivíduo é obtida a partir do peso e da altura, utilizando os nomogramas dos apêndices III e IV).

Valores de referência Depuração da creatinina endógena corrigida (mL/min/1,73 m²)		
Idade (anos)	Homens	Mulheres
20 a 30	88 a 146	81 a 134
30 a 40	82 a 140	75 a 128
40 a 50	75 a 133	69 a 122
50 a 60	68 a 126	64 a 116
60 a 70	61 a 120	58 a 110
70 a 80	55 a 113	52 a 105

Uma fórmula alternativa para estimativa da DCE foi proposta por Cockroft e Gault:

$$DCE = \frac{(140 - idade) \times peso \ (kg)}{72 \times creatinina \ (mg/dL)}$$

Para mulheres, multiplica-se o resultado obtido por 0,85.

Bibliografia consultada

BENEDICT, S.; BEHRE, J.A. Some applications of a new color reaction for cretinine. **J. Biol. Chem., 114:**515-32, 1936.

BOWERS, L.D.; WONG, E.T. Kinetic serum creatinine assays. A critical evaluation and review. **Clin. Chem., 26:**555-61, 1980.

COCKCROFT, D.W.; GAULT, M.H. Prediction of creatinine clearance from serum creatinine. **Nephron, 16:**31-41, 1976.

HARE, R.S. Endogenous creatinine in serum and urine. **Proc. Soc. Exp. Biol. & Med., 74:**148-51, 1950.

JAFFÉ, M. Ueber den niederschleg welchen pikrinsaure in normalen harn erzeugt und ueber eine neue reaktion des kreatinins. **Z. Physiol. Chem., 10:**391-400, 1886.

KAPLAN, A.; JACK, R.; OPHEIM, K.E.; TOIVOLA, B.; LYON, A.W. **Clinical chemistry: interpretation and techniques.** Baltimore: Williams & Wilkins, 1995. 514p.

LAMB, E.J.; PRICE, C.P. Creatinine, urea, and uric acid. In: BURTIS, C.A.; ASHWOOD, E.R.; BRUNS, D.E. **Tietz: Fundamentals of clinical chemistry.** 6 ed. Philadelphia: Saunders, 2008:363-72.

MICHEL, D.M.; KELLY, C.J. Acute interstitial nephritis. **J. Am. Soc. Nephrol., 9(3):** 506-15, 1998.

ROSANO, T.G.; AMBROSE, R.T.; WU, A.H.B. et al. Candidate reference method for determining creatinine in serum: method development and interlaboratory validation. **Clin. Chem., 36:**1951-5, 1990.

SOARES, J.L.M.F.; PASQUALOTTO, A.C.; ROSA, D.D.; LEITE, V.R.S. **Métodos diagnósticos: consulta rápida.** Porto Alegre: Artmed, 2002.

SWAIN, R.R.; BRIGGS, S.L. Positive interference with the Jaffé reaction by cephalosporin antibiotics. **Clin. Chem., 23:**1340-2, 1977.

15.3 ÁCIDO ÚRICO

O ácido úrico é o produto final do catabolismo das purinas (adenina e guanina) nos seres humanos. É formado, principalmente, no fígado, a partir da xantina, pela ação da enzima xantina-oxidase. Quase todo o ácido úrico no plasma está na forma de urato monossódico.

As bases purínicas, adenina e guanina, os nucleosídeos e os nucleotídeos estão presentes nos ácidos nucleicos e em outros compostos metabolicamente importantes (p. ex., AMP, ATP). O ácido úrico é empregado como marcador para várias anormalidades metabólicas e hemodinâmicas.

SÍNTESE DAS PURINAS

Inicialmente, as purinas são obtidas a partir da dieta, mas também são sintetizadas *in vivo*. São dois os processos de síntese das purinas: síntese *de novo* e síntese de salvação.

Síntese de novo. Inicia com a formação de 5-fosforribosil-pirofosfato (PRPP) a partir de ribose-5-

Ácido úrico

-fosfato e ATP catalisada pela enzima fosforri-bosil-pirofosfatase (PRPPS). A conversão do PRPP mais a glutamina em 5-fosforribosilamina é catalisada pela enzima 5-fosforribosil-1-pirofosfato (PRPP)-amidotransferase (PRPP-AT), que é a reação limitante da síntese das purinas e está sujeita a *feedback* negativo pelos nucleotídeos purínicos. Após várias fases intermediárias que necessitam energia na forma de ATP, a inosina-monofosfato (IMP) pode ser convertida à guanosina-monofosfato (GMP) e à adenosina-monofosfato (AMP). Os nucleotídeos purínicos GMP, IMP e AMP são desdobrados durante a renovação celular nas respectivas bases purínicas: guanina, hipoxantina e adenina. Estas são convertidas em xantina e, posteriormente, em ácido úrico, em reação catalisada pela xantina-oxidase.

Via de salvação. As bases purínicas livres (guanina e adenina), formadas pela degradação hidro-

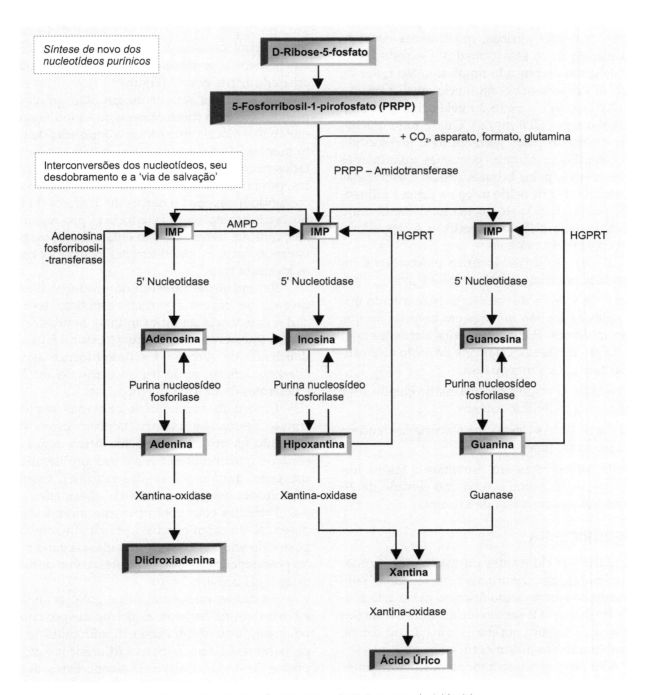

Figura 15.1 Síntese de IMP, AMP e GMP. Formação de ácido úrico.

lítica dos ácidos nucleicos, e a hipoxantina, derivada da adenina, podem ser reconvertidas em nucleotídeos purínicos pela via de salvação envolvendo a enzima hipoxantina-guanina-fosforribosil-transferase (HGPRT) e adenina-fosforribosil-transferase (APRT). O outro substrato em ambos os casos é a PRPP. A via de salvação não necessita de ATP (Figura 15.1).

METABOLISMO DO URATO

Como resultado da contínua renovação das substâncias contendo purinas, quantidades constantes de ácido úrico são formadas e excretadas. O teor de urato encontrado no plasma (ao redor de 6 mg/dL) representa o equilíbrio entre a produção (700 mg/d) e a excreção pela urina (500 mg/d) e pelas fezes (200 mg/d). Quase todo o ácido úrico excretado pelos glomérulos é reabsorvido pelos túbulos proximais; pequenas quantidades são secretadas pelos túbulos distais e excretadas na urina. O teor de ácido úrico na urina é influenciado pelo conteúdo de purina na dieta. O urato excretado pelo sistema digestório é degradado pelas enzimas bacterianas.

A variação do ácido úrico plasmático é influenciada por muitos fatores fisiológicos:

- *Sexo.* Os valores de referência para o ácido úrico plasmático são maiores em homens do que em mulheres. Somente 5% dos pacientes com gota são mulheres. Os níveis de ácido úrico aumentam após a menopausa.
- *Obesidade.* O ácido úrico plasmático tende a ser maior em indivíduos obesos.
- *Classe social.* As classes mais abastadas tendem a apresentar hiperuricemia.
- *Dieta.* Dietas ricas em proteínas e ácidos nucleicos, assim como o consumo elevado de álcool, aumentam o teor de uricemia.

HIPERURICEMIA

A importância clínica das purinas reside, fundamentalmente, nas desordens caracterizadas pelo aumento do teor de ácido úrico no plasma. O acúmulo de urato pode ser devido ao aumento da sua síntese ou a defeitos em sua eliminação ou, ainda, à combinação dos dois mecanismos.

Soluções de urato monossódico tornam-se supersaturadas quando a concentração excede 0,42 mmol/L. No entanto, a relação entre a severidade da hiperuricemia e a consequente artrite ou cálculo renal é mais complexa do que essas considerações sobre a solubilidade dos uratos.

Gota. Esta desordem clínica caracteriza-se por hiperuricemia, deposição de cristais de uratos monossódicos (tofos) insolúveis nas juntas das extremidades, ataques recorrentes de artrite inflamatória aguda, nefropatia, cálculos renais de ácido úrico e, eventualmente, várias deformidades. A gota pode ser *primária* (supostamente genética) ou *secundária* (adquirida). A gota primária é causada por hiperprodução ou secreção deficiente de ácido úrico, ou ambas. Ocorre, principalmente, em homens e se manifesta por hiperuricemia e crises de artrite gotosa (Figura 15.2).

Os sintomas agudos da gota são, provavelmente, devidos a traumatismos ou a modificações metabólicas locais, que levam à deposição de urato monossódico nas juntas. Os cristais são fagocitados pelos leucócitos e macrófagos. Nos leucócitos, promovem lesões nas membranas internas. O conteúdo lisossomal e outros mediadores da resposta à inflamação aguda (citocinas, prostaglandinas, radicais livres etc.) são então liberados, provocando tanto as manifestações sistêmicas como as locais da gota.

Raramente, o aumento da produção de ácido úrico se deve a desordens genéticas. Isso inclui a deficiência de hipoxantina-guanina-fosforribosil-transferase (síndrome de Lesch-Nyhan), a deficiência de glicose-6-fosfatase (doença de von Gierke), deficiência de frutose-1-fosfato-aldolase e variantes da PP-ribose-P-sintetase.

Desordens secundárias, causadas por destruição de nucleoproteínas, também promovem aumento na produção de ácido úrico, como desordens mieloproliferativas e linfoproliferativas, psoríases, quimioterapia (lise tecidual), anemias hemolíticas, exercício excessivo e obesidade.

Pacientes com gota primária, muitas vezes, desenvolvem cálculos renais, principalmente compostos de ácido úrico, mas a incidência varia muito, pois depende de outros fatores, como desidratação e pH urinário baixo.

As causas mais comuns de gota secundária incluem insuficiência renal, nefropatia por chumbo, inanição ou desidratação, hipotireoidismo, hiperparatireoidismo, fármacos (diuréticos e ciclosporina A) e uso abusivo de álcool. Essas desordens devem ser identificadas e corrigidas, quando possível.

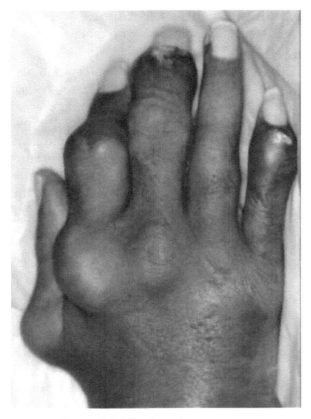

Figura 15.2 Mão de paciente com gota.

O diagnóstico da gota é realizado clinicamente com base no envolvimento das juntas, na história de episódios similares e na presença de hiperuricemia. No entanto, nem todos os casos são tipificados clinicamente. Nem sempre o aumento da uricemia se deve à gota, além do que muitos pacientes apresentam ácido úrico plasmático normal no momento do ataque.

Nos casos não esclarecidos, é necessária a aspiração do líquido sinovial durante o ataque agudo. Este é então examinado microscopicamente, e a presença de cristais de urato em forma de agulha que mostra birrefringência estabelece o diagnóstico.

Em tratamentos não adequados, pode ocorrer o desenvolvimento de urolitíase ou doença renal, ou ambas:

- *Urolitíase.* Cerca de 5% de todos os cálculos renais têm urato em sua composição, e 10% a 20% dos indivíduos gotosos desenvolvem cálculo. A urolitíase é frequentemente acompanhada de hematúria, dor abdominal e/ou náusea e vômitos.
- *Nefropatias.* A insuficiência renal crônica progressiva é uma importante causa de morbidade da gota não tratada (deposição de cristais de uratos nos túbulos renais) e insuficiência renal aguda, provocada pela uropatia obstrutiva, a qual é motivada por hiperuricemia severa desenvolvida durante a terapia citotóxica contra o câncer.

Cerca de 5% a 8% da população tem ácido úrico sérico elevado (>7 mg/dL), mas somente 5% a 20% dos pacientes com hiperuricemia desenvolvem gota. Assim, a presença de hiperuricemia não significa que o paciente tem gota ou a desenvolverá. A gota é diagnosticada pela presença de cristais de urato no líquido sinovial ou nos tecidos moles. Cerca de 10% dos pacientes com gota apresentam teores de ácido úrico sérico normais no momento do aparecimento dos primeiros sintomas.

Hipertrigliceridemia e lipoproteínas de densidade baixa (LDL) estão associadas com a gota.

Defeitos na eliminação de uratos. Exceto para uma pequena porção ligada a proteínas, o urato é completamente filtrado no glomérulo e quase todo reabsorvido no túbulo proximal. No túbulo distal, ocorrem tanto a secreção ativa como a reabsorção pós-secretória em local mais distal. Esses processos podem ser afetados por doenças ou fármacos:

- *Insuficiência renal crônica.* Leva a aumento progressivo de ácido úrico plasmático, causado pela redução na excreção. O teor de ácido úrico só se torna elevado quando a depuração de creatinina é <20 mL/min, a menos que existam outros fatores concomitantes. Nesses casos, a gota clínica é rara.
- *Salicilatos.* São fármacos que afetam as vias de transporte. Paradoxalmente, reduzem a excreção urinária, quando em pequenas doses, por diminuição na secreção tubular distal, mas aumentam a excreção por redução da reabsorção tubular, quando em doses elevadas.
- *Redução da secreção tubular distal.* O ácido lático, o ácido β-hidroxibutírico e alguns fármacos (p. ex., clorotiazida, furosemida) competem com o urato por essa via de excreção. Assim, condições que provocam acidose lática, cetoacidose diabética, cetoacidose alcoólica e cetoacidose por inanição tendem à hiperuricemia.
- *Glicogenoses III, V e VII.* Estão associadas com acidose lática, o que muitas vezes causa hiperuricemia.

- *Hipertensão e doença cardíaca isquêmica.* Em 40% dos casos, estão associadas com hiperuricemia por várias razões, como obesidade e tratamento com fármacos.
- *Pré-eclâmpsia e eclâmpsia.* O ácido úrico elevado é importante no diagnóstico, pois seus níveis na gravidez normal são baixos.
- *Nefropatia gotosa juvenil familiar.* Esta condição autossômica dominante caracteriza-se por insuficiência renal progressiva. A biópsia renal revela glomerulosclerose e doença tubulointersticial sem deposição de ácido úrico.
- *Síndrome plurimetabólica.* Caracteriza-se por hipertensão, obesidade abdominal, resistência à insulina e dislipidemia. Muitas vezes, apresenta-se também com hiperuricemia, que está associada com a redução da excreção de uratos pelos rins.
- *Outras causas.* Envenenamento por chumbo, ingestão prolongada de álcool (aumenta a renovação dos nucleotídeos de adenina), doença cardíaca congênita cianótica, síndrome de lise tumoral, hipotireoidismo, hiperparatireoidismo, sarcoidose, trissomia do 21, desidratação – a depleção do volume do líquido extracelular estimula a reabsorção do ácido úrico, reduzindo a excreção.

Aumento da destruição dos ácidos nucleicos. Ocorre nos casos em que se tem aumento da renovação ou destruição das células.

- *Desordens mieloproliferativas.* Policitemia *rubra vera* é, provavelmente, a mais comum dessas desordens, que estão associadas a sinais de gota. São promovidas pelo aumento da renovação dos precursores dos eritrócitos.
- *Terapia com fármacos citotóxicos.* Ocorre, especialmente, em leucemias e linfomas. A insuficiência renal ocorre pela deposição de cristais de urato nos ductos coletores e nos ureteres. A manutenção de ingestão elevada de líquidos e a profilaxia com alopurinol, muitas vezes, previnem esse estado.
- *Psoríase.* A hiperuricemia é provocada pelo aumento na velocidade de renovação das células da pele.
- *Estados hipercatabólicos e inanição.* São decorrentes do aumento na velocidade de destruição celular e da redução da excreção de urato devido à acidose lática associada.

Defeitos enzimáticos específicos. São raros os defeitos genéticos que afetam o metabolismo do ácido úrico. Os principais são:

- *Deficiência da HGPRT (hipoxantina-guanina-fosforribosil-transferase) – síndrome de Lesch-Nyahan.* É uma condição inerente, muito rara, presente na primeira infância, com retardamento mental, movimentos involuntários e automutilação (moléstia ligada ao cromossomo X, é encontrada em indivíduos do sexo masculino). A atividade da HGPRT está grandemente reduzida, tornando a "via de salvação" inoperante, e as purinas não são reconvertidas a nucleosídeos; em vez disso, são transformadas em urato. Está associada com aumento do ácido úrico plasmático, manifestações de gota, hipersecreção de urato e formação de cálculos renais.
- *Deficiência parcial de HGPRT (síndrome de Kelley-Seegmiller).* Desordem ligada ao cromossomo X. Os pacientes desenvolvem artrite gotosa na segunda ou terceira década de vida. Apresentam elevada incidência de nefrolitíase por ácido úrico e podem ser portadores de deficiência neurológica moderada.
- *Hiperatividade da fosforribosil-pirofosfato-sintetase.* Esta desordem ligada ao cromossomo X resulta no aumento da produção de purinas, com hiperuricemia intensa. Os pacientes desenvolvem gota na idade de 15 a 30 anos e têm alta incidência de cálculos renais de ácido úrico.
- *Deficiência de glicose-6-fosfatase.* A doença de von Gierke (autossômica recessiva) resulta em acúmulo de glicogênio hepático e renal, hipoglicemia em jejum, acidose lática, hipertrigliceridemia e hiperuricemia, promovidos pela deficiência da enzima glicose-6-fosfatase nos primeiros 12 meses de vida.

HIPOURICEMIA

A hipouricemia tem pouca importância clínica. Teores reduzidos de ácido úrico (<2 mg/dL) são encontrados: *doença hepatocelular severa com redução da síntese das purinas ou da xantina-oxidase.* Nos defeitos de reabsorção do ácido úrico – adquiridos ou congênitos (síndrome de Fanconi e doença de Wilson) – também são encontrados teores reduzidos. A administração de alopurinol, 6-mercaptopurina ou azatioprina (inibidores da síntese *de novo* das purinas) e a associação de diuréticos tia-

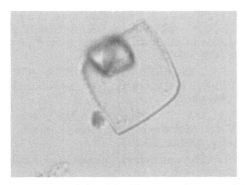

Figura 15.3 Cristal de ácido úrico no sedimento urinário.

zídicos com probenecida e fenilbutazona aumentam a excreção de uratos. É frequente a presença de cristais de ácido úrico na urina (Figura 15.3).

Outras causas de hipouricemia são: acromegalia, doença celíaca, recidiva de anemia perniciosa, dieta pobre em purinas, diabetes melito e uremia.

URICOSÚRIA

Em uricemias persistentemente aumentadas, pode ser necessária a avaliação da excreção do ácido úrico urinário, a qual é recomendada em homens jovens com hiperuricemia, em mulheres no período pré-menopausa, em pessoas com ácido úrico sérico >11 mg/dL e em pacientes com gota.

Ocorre excreção >800 mg/24 h de ácido úrico em pacientes com dieta normal.

Determinação do ácido úrico

Paciente. Não necessita jejum nem cuidados especiais. Apesar de a dieta afetar os níveis de ácido úrico, uma refeição recente não apresenta alterações significativas.

Amostras. Soro, plasma e urina. Para determinação por métodos enzimáticos, o plasma não deve ser coletado com EDTA ou fluoreto devido a suas interferências positivas. Separar o soro e o plasma o mais rápido possível das células. Evitar amostras com lipemia intensa e com traços de hemólise. O ácido úrico na amostra é estável por 3 a 5 dias sob refrigeração e por 6 meses a –20ºC.

A determinação da uricosúria deve ser realizada em urina de 24 horas, mantida em refrigeração e com conservante alcalino (5 g de bicarbonato de sódio por litro de urina).

Interfências. *Resultados falsamente elevados:* ácido ascórbico, álcool, ácido acetilsalicílico (quando <4 g), cafeína, cisplatina, diazóxido, diuréticos, adrenalina, etambutol, levodopa, metildopa, ácido nicotínico, fenotiazínicos, teofilina. *Resultados falsamente reduzidos:* alopurinol, doses elevadas de salicilatos, azatioprina, clofibrato, corticosteroides, estrogênios, glicose, manitol, probenecida, warfarina, diuréticos.

Métodos. A alantoína, produzida pela oxidação do ácido úrico, é um agente redutor empregado em muitos ensaios para o ácido úrico.

- *Ácido fosfotúngstico.* Fundamenta-se na capacidade de o ácido úrico, em solução alcalina, reduzir o ácido fosfotúngstico a azul de tungstênio. A intensificação da cor desenvolvida é conseguida pelo emprego de carbonatos ou íon cianeto. Alguns desses métodos apresentam contra si a desvantagem do aparecimento de turvação no desenvolvimento de cor. A adição de sulfato de lítio ao reagente reduz esse problema. A reação que emprega o cianeto deve ser evitada devido à sua ação tóxica e à instabilidade das soluções. Outros compostos também podem interferir por reduzirem o ácido fosfotúngstico. Esse método está sendo abandonado.

- *Uricase.* Maior especificidade é conseguida com métodos que empregam a enzima uricase, que catalisa a oxidação do ácido úrico à alantoína, com a consequente formação de peróxido de hidrogênio.

$$\text{Ácido úrico} + H_2O + O_2 \xrightarrow{\text{uricase}} \text{alantoína} + CO_2 + H_2O_2$$

Vários métodos são utilizados para quantificar o ácido úrico com base na reação da uricase:
- Quantificação por diferença da absorção antes e depois da ação da uricase (decréscimo na absorção em 293 nm).
- Medida colorimétrica da quantidade de peróxido de hidrogênio convertido em cromogênio usando-se a 4-aminofenazona e a peroxidase.
- Medida polarográfica da quantidade de oxigênio consumida na reação.

- *Cromatografia líquida de alto desempenho.* Método proposto como referência para a determinação do ácido úrico. Não é realizado rotineiramente.

Valores de referência para o ácido úrico		
	Homens	Mulheres
Soro sanguíneo	3,5 a 7,2 mg/dL	2,6 a 6,0 mg/dL
Urina de 24 h	250 a 750 mg/d	

Bibliografia consultada

EMERSON, B.T. Identification of the causes of persistent hyperuricaemia. **Lancet, 337:**1461-3, 1991.

GOCHMAN, N.; SCHMITZ, J.M. Automated determination of uric acid, with use of a uricase-peroxidase system. **Clin. Chem., 17:**1154-9, 1971.

HENRY, R.J.; SOBEL, C.; KIM, J. A modified carbonate-phosphotugstate method for the determination of uric acid and comparison with the spectrophotometric uricase method. **Am. J. Clin. Path., 28:**152-60, 1957.

LAMB, E.J.; PRICE, C.P. Creatinine, urea, and uric acid. In: BURTIS, C.A.; ASHWOOD, E.R.; BRUNS, D.E. **Tietz: Fundamentals of clinical chemistry.** 6 ed. Philadelphia: Saunders, 2008:363-72.

SMITH, A.F.; BECKETT, G.J.; WALKER, S.W.; ERA, P.W.H. **Clinical biochemistry.** 6 ed. London: Blackwell Science, 1998:186-90.

SOARES, J.L.M.F.; PASQUALOTTO, A.C.; ROSA, D.D.; LEITE, V.R.S. **Métodos diagnósticos: consulta rápida.** Porto Alegre: Artmed, 2002.

STEELE, T.H. Hyperuricemic nephropathies. **Nephron, 81** (Suppl 1): 45-9, 1999.

Capítulo 16

Rim e Função Renal

Funções dos néfrons	242
Urina	242
Perfil da função renal	243
16.1 Exame de urina	243
Coleta da urina	244
Tiras reagentes	244
Cor	244
Aspecto	245
Densidade	245
Urodensímetro	246
Refractômetro	246
Tiras reagentes	246
Osmometria	246
pH	246
Proteínas	247
Proteinúria de Bence Jones	248
Glicose	248
Cetonas	249
Urobilinogênio	249
Bilirrubina	249
Hematúria, hemoglobinúria e mioglobinúria	250
Nitrito	251
Leucócito-esterase	251
Sedimentoscopia	252
Obtenção do sedimento	252

Exame microscópico do sedimento	252
Critérios para as quantidades arbitradas	253
Células epiteliais	253
Leucocitúria	253
Hematúria	254
Cilindrúria	254
Muco	256
Cristalúria	256
16.2 Cálculos urinários	257
Testes laboratoriais na investigação de formadores de cálculos	258
16.3 Doenças renais	258
Vasculopatia renal	258
Doenças glomerulares	259
Glomerulonefrites	260
Síndrome nefrótica	260
Síndrome nefrítica	261
Insuficiência renal aguda	261
Insuficiência pré-renal	261
Insuficiência renal intrínseca	261
Insuficiência pós-renal	262
Doenças tubulointersticiais	262
Doença renal crônica	263
Cistite	264
Síndrome urêmica	264

Os rins são órgãos em formato de feijão (com cerca de 11 cm de comprimento, 5 cm de largura e 3 cm de espessura) situados de cada lado da coluna vertebral, posteriores ao peritônio.

A regulação de água e eletrólitos e a eliminação dos resíduos metabólicos são essenciais à homeostase corpórea. O sistema renal exerce papel fundamental na realização dessas funções. Os rins são os componentes fisiologicamente dinâmicos do sistema, executando muitas funções, dentre as quais a formação da urina. As funções primárias do rim são:

- Filtrar o sangue.

- Excretar resíduos metabólicos (ureia, creatinina, ácido úrico, ácidos orgânicos, bilirrubina conjugada, drogas e toxinas).

- Regular a concentração de hidrogênio, sódio, potássio, fosfato e outros íons do líquido extracelular.

- Sintetizar eritropoetina (EPO), renina, prostaglandinas, tromboxanos e $1,25\text{-}(OH_2)$-vitamina D_3.

- Degradar hormônios como a insulina e a aldosterona.

FUNÇÕES DOS NÉFRONS

O néfron é uma longa estrutura tubular contornada do rim, consistindo no glomérulo, no túbulo contornado proximal, na alça nefrônica (Henle), no túbulo contornado distal e no túbulo coletor. É a unidade organizacional básica do rim, sendo os *glomérulos* os conectores do sistema cardiovascular aos túbulos excretores. Cada rim humano é constituído por cerca de 1 milhão de néfrons.

O néfron é responsável por dois processos em série: ultrafiltração glomerular e reabsorção/secreção tubular.

A ultrafiltração consiste na passagem seletiva de pequenas moléculas, água ou íons pela estrutura capilar localizada no córtex renal, denominada glomérulo, na porção do néfron conhecida como *espaço de Bowman.*

A reabsorção é o movimento de substâncias para *fora* do lúmen tubular do néfron e para os capilares renais circundantes ou para o interstício. Isto significa que os rins conservam ou "reciclam" nutrientes essenciais ou partículas filtradas.

A secreção é o movimento de partículas dos capilares renais ou do interstício *para* o lúmen do néfron. As partículas secretadas entram no néfron tanto por filtração como por secreção, ou ambas. Todos esses processos ocorrem simultaneamente, e é a estrutura especializada do néfron que os promove.

O estudo da função renal visa avaliar:

- *Taxa de filtração glomerular* (*TFG*). A estimativa da TFG é o melhor índice para avaliar o nível da função renal global, tanto em indivíduos sadios como em doentes. O nível normal da TFG varia de acordo com a idade, o sexo e o tamanho corporal.

- *Fluxo sanguíneo renal.* O fluxo mantém a homeostase necessária, desde que seja adequado.

- *Função tubular.* É bastante complexa em decorrência das diferentes ações realizadas pelos túbulos.

URINA

A urina, uma solução excretada pelos rins, passa pelos ureteres, é armazenada na bexiga e é descartada por meio da uretra. Os rins são os principais órgãos excretores do organismo por manterem constantes o volume, a composição química, o pH e a pressão osmótica dos líquidos do corpo.

O suprimento de sangue da unidade funcional é realizado pelas *arteríolas aferentes* (cerca de 1.200 mL/minuto de sangue total passam pelos dois rins de um adulto normal), que dão origem a um grande número de capilares dentro do glomérulo. Esses capilares se unem para formar as *arteríolas eferentes*, que compõem a rede capilar que abastece o tecido tubular adjacente.

Os processos de formação de urina são controlados pelas pressões osmótica e hidrostática, pelo suprimento de sangue renal e pela secreção de hormônios. Resumidamente, o mecanismo de formação de urina consiste em:

1. Filtração do plasma sanguíneo pelo glomérulo, na velocidade de 130 mL/min, com a formação de ultrafiltrado e de todos os constituintes plasmáticos, exceto (quase totalmente) proteínas e substâncias ligadas a elas.

2. O túbulo proximal, a parte metabolicamente mais ativa do néfron, é responsável por:
   - Reabsorção passiva de algumas substâncias, como glicose, creatinina, ácido úrico, aminoácidos, vitamina C, lactato, piruvato etc., pelas células tubulares.
   - Secreção ativa de algumas substâncias pelas células tubulares renais e/ou secreção de materiais derivados do líquido intersticial peritubular. Secreta 90% do íon hidrogênio excretado pelo rim.
   - Reabsorção de 60% a 80% do volume do filtrado glomerular, além de sódio, cloretos, bicarbonato, cálcio, fosfato, sulfato e outros eletrólitos. A reabsorção destas substâncias é obrigatória e independe das necessidades do organismo.

3. Nos ramos descendente e ascendente da alça nefrônica (Henle) ocorre a reabsorção adicional de água pelo mecanismo de troca de contracorrente. Por conseguinte, o volume inicial é reduzido a 13 a 16 mL/min. Sódio e cloretos são também absorvidos.

4. O túbulo distal realiza o ajuste da concentração de eletrólitos de acordo com as necessidades orgânicas. O sódio pode ser removido sob a influência do sistema aldosterona-angiotensina. O hormônio antidiurético (HAD) controla a reabsorção da água para estabelecer o equilíbrio osmótico. É também nessa região que ocorrem a secreção de íons hidrogênio e a reabsorção de sódio e bicarbonato para auxiliar a regulação ácido-base.

CAPÍTULO 16 • Rim e Função Renal

Tabela 16.1 Volume urinário de 24 horas em relação à idade

Idade	Volume urinário de 24 h (mL)
1 a 2 dias	30 a 60
3 a 10 dias	100 a 300
10 a 60 dias	250 a 450
60 a 360 dias	400 a 500
1 a 3 anos	500 a 600
3 a 5 anos	600 a 700
5 a 8 anos	650 a 1.400
8 a 14 anos	800 a 1.400

5. No túbulo coletor processa-se a transformação final do filtrado em urina hipertônica. O volume é de 1 mL/min.

O volume da diurese normal, em adultos, varia entre 800 e 1.800 mL em 24 horas. Esses valores estão sujeitos a variações, pois são influenciados pelo volume corporal, pelo consumo de líquidos, pela sudoração e pela temperatura ambiente. Em crianças, a diurese é maior que no adulto em proporção ao volume corporal. O volume urinário de 24 horas em várias idades é mostrado na Tabela 16.1.

O volume de urina formado durante a noite é menor que o diurno (proporção de aproximadamente 1:3). Em condições patológicas (p. ex., insuficiência renal), a eliminação noturna pode aumentar, tornando-se maior que a diurna (nictúria).

Denomina-se *poliúria* a excreção excessiva de urina em que o volume urinário é >3 L/d (ou 50 mL/kg de peso corporal/dia), enquanto a produção diminuída de urina (<400 mL/d) chama-se *oligúria*. Excreção <100 mL/d denomina-se *anúria*. As principais causas de poliúria são: grande ingestão de líquidos (polidipsia), insuficiência renal crônica, diabetes melito, diabetes insípido, aldosteronismo primário e mobilização de líquido previamente acumulado em edemas. A oligúria é encontrada em caso de redução de ingestão de água, desidratação (diarreia, vômitos prolongados, sudorese excessiva) sem a reposição adequada de líquidos, isquemia renal, reações de transfusão, pielonefrite, disfunção glomerular, obstrução e agentes tóxicos. Em várias causas renais ou pré-renais, a diurese pode cessar quase completamente (anúria).

PERFIL DA FUNÇÃO RENAL

A função renal tem sido estudada nas últimas décadas por exames convencionais, como determinação da ureia e creatinina séricas, depuração da creatinina e exame qualitativo de urina. Novos testes têm sido propostos e formam o perfil de função renal: depuração de inulina (sinistrina), depuração de ioexol (contraste radiográfico), proteína ligadora de retinol (BRP), microalbuminúria, α-1-microglobulina, β-2-microglobulina na urina e cistatina C no soro.

Bibliografia consultada

ANDREOLI, T.E.; BENNETT, J.C.; CARPENTER, C.C.J.; PLUM, F. **Cecil: Medicina interna básica.** Rio de Janeiro: Guanabara-Koogan, 1997:171-241.

DELANEY, M.P.; TiPROCE, C.P.; LAMB, E.J. Kidney function and disease. In: BURTIS, C.A.; ASHWOOD, E.R.; BRUNS, D.E. **Tietz: Fundamentals of clinical chemistry.** 6 ed. Philadelphia: Saunders, 2008:631-53.

KAPLAN, A.; JACK, R.; OPHEIM, K.E.; TOIVOLA, B.; LYON, A.W. **Clinical chemistry: interpretation and techniques.** 4 ed. Baltimore: Williams & Wilkins, 1995. 514p.

MARSHALL, W. **Clinical chemistry: an ilustrated outline.** New York: Gower-Mosn, 1991. 176p.

MAYNE, P.D.; DAY, A.P. **Workbook of clinical chemistry: case presentation and data interpretation.** New York: Oxford University Press, 1994. 208p.

WALMSLEY, R.N.; WHITE, G.H. **Guide to diagnostic clinical chemistry.** London: Blackwell, 1994. 672p.

16.1 EXAME DE URINA

O exame de urina é utilizado para determinar os caracteres físicos e químicos e para verificar a presença e as características de estruturas celulares e de outra origem. O teste fornece indicações do estado geral de saúde da pessoa, bem como do estado do trato urinário. O método da tira reagente é comumente usado para medir pH, cetonas, proteína, glicose, bilirrubina, urobilinogênio e hemoglobina. A amostra também é centrifugada, e o sedimento é então examinado microscopicamente para determinar a presença e o tipo de células, se cilindros, cristais e, ou micro-organismos, ou de outra origem.

COLETA DA URINA

A primeira urina da manhã, por ser mais concentrada, é recomendada para o exame de urina, o que garante a detecção de substâncias e elementos figurados que podem estar ausentes em amostras aleatórias mais diluídas. As orientações sobre a coleta de material para exame de urina em adultos e crianças estão descritas no Capítulo 5.

A análise da urina deve ser realizada em, no máximo, 2 horas após a coleta do material. Caso esse tempo não possa ser cumprido, a amostra deve ser refrigerada. Não há prazo preestabelecido para armazenar a urina refrigerada como preservativo. A amostra deve estar na temperatura de 15 a 25°C antes de se proceder aos testes.

TIRAS REAGENTES

Nas últimas décadas foram desenvolvidos vários sistemas analíticos simplificados capazes de fornecer rapidamente uma série de parâmetros na urina. Os mais comuns são as *tiras reagentes*, que possuem substâncias químicas fixadas a uma tira plástica, revelando a positividade dos testes por modificações de cor (Figura 16.1).

São encontradas no comércio tiras simples (para pesquisa de um único parâmetro na urina) e múltiplas (que permitem a avaliação simultânea de vários componentes). Para obtenção de resultados confiáveis com as tiras reagentes devem ser tomadas certas precauções: as tiras não devem ser expostas à luz direta do sol, ao calor, à umidade e a substâncias voláteis. Devem ser armazenadas no frasco original, conforme as informações de cada fabricante. Deve-se retirar somente a quantidade de tiras necessárias para a bateria de exames; em seguida, o frasco deve ser fechado hermeticamente. Quando as áreas reagentes não apresentarem a mesma cor "negativa" impressa na escala cromática que acompanha o produto, as tiras deverão ser descartadas. O uso das tiras é realizado como se segue:

- Submergir (por no máximo 1 segundo) completamente as áreas reagentes da tira em urina re-

Figura 16.1 Tiras reagentes.

centemente emitida (se a urina estiver refrigerada, deixar adquirir a temperatura ambiente), bem misturada e sem centrifugar.
- Eliminar o excesso de urina, encostando a borda lateral da tira ao frasco que contém a amostra.
- No tempo apropriado, comparar a cor das áreas reagentes com a escala cromática correspondente. Fazer a leitura em local com boa iluminação.

COR

A cor da urina emitida por indivíduos normais varia de amarelo-citrino a amarelo-âmbar fraco, segundo a concentração dos pigmentos urocrômicos e, em menor medida, da urobilina, da uroeritrina, das uroporfirinas, das riboflavinas etc.

Quando em repouso, a urina escurece, provavelmente devido à oxidação do urobilinogênio.

Vários fatores e constituintes podem alterar a cor da urina, incluindo substâncias ingeridas e atividade física, assim como diversos compostos presentes em situações patológicas. O exame da cor da urina deve ser realizado com o emprego de uma boa fonte de luz, olhando-se através de recipiente de vidro transparente contra um fundo branco. As cores comumente encontradas são:

Amarelo-clara ou incolor. É encontrada em pacientes poliúricos, com diabetes melito, diabetes insípido, insuficiência renal avançada, elevado consumo de líquidos, medicação diurética e ingestão de álcool.

Amarelo-escura ou castanho. É frequente nos estados oligúricos, em caso de anemia perniciosa, estados febris, início da icterícia (presença anormal de bilirrubina), exercício vigoroso e ingestão de argirol, mepacrina, ruibarbo e furandantoínas.

Alaranjada ou avermelhada. É comum em presença de hematúria, hemoglobinúria, mioglobinúria, icterícias hemolíticas, porfirinúrias e no emprego de anilina, eosina, fenolftaleína, rifocina, sulfanol, tetranol, trional, xantonina, beterraba, vitamina A, derivados de piridina, nitrofurantoína, fenindiona e contaminação menstrual.

Marrom-escura ou enegrecida ("cerveja preta"). Ocorre no carcinoma de bexiga ("borra de café"), na glomerulonefrite aguda, na meta-hemoglobinúria, na alcaptonúria (ácido homogentísico), nas febres palustres, no melanoma maligno e com o uso de metildopa ou levodopa, metronidazol, argirol e salicilatos.

Azulada ou esverdeada. Deve-se a infecção por pseudomonas, icterícias antigas, tifo, cólera, ou pela utilização de azul de Evans, azul de metileno, riboflavina, amitriptilina, metocarbamol, cloretos, indican, fenol e santonina (em pH ácido).

Esbranquiçada ou branco-leitosa. Está presente na quilúria, na lipidúria maciça, na hiperoxalúria primária, na fosfatúria e em enfermidades purulentas do trato urinário.

ASPECTO

Em geral, a urina normal e recentemente emitida é límpida. Nas urinas alcalinas, é frequente o aparecimento de opacidade por precipitação de fosfatos amorfos – ocasionalmente carbonatos – na forma de névoa branca. A adição de algumas gotas de ácido acético dissolve os fosfatos e os carbonatos. A urina ácida normal também pode mostrar-se opaca devido à precipitação de uratos amorfos, cristais de oxalato de cálcio ou de ácido úrico. Muitas vezes, o aspecto da urina ácida lembra pó de tijolo, o que é provocado pelo acúmulo de pigmento róseo de uroeritrina na superfície dos cristais. A uroeritrina é um componente normal na urina. A turvação provocada pelos uratos pode ser dissolvida por aquecimento da urina a 60°C.

A turvação costuma ser causada por leucócitos, hemácias, células epiteliais ou bactérias. Os leucócitos formam precipitados semelhantes aos provocados pelos fosfatos, mas não se dissolvem pela adição de ácido acético; a presença de leucócitos é confirmada pela sedimentoscopia. A bacte-

riúria produz opalescência uniforme que não é removida pela acidificação; de modo geral, estas urinas apresentam cheiro amoniacal devido ao desdobramento da ureia pelas bactérias. A presença de hemácias (hematúria) promove turvação, que é confirmada microscopicamente.

Espermatozoides e líquido prostático causam turvação, que pode ser clarificada por acidificação ou aquecimento. O líquido prostático normalmente contém alguns leucócitos e outros elementos. A mucina pode causar filamentos e depósito volumoso, sobretudo nos estados inflamatórios do trato urinário inferior ou do trato genital.

Algumas vezes, a urina apresenta aspecto turvo devido à existência de coágulos sanguíneos, pedaços de tecido, lipídios, levedura, pequenos cálculos, pus, material fecal, talco, antissépticos, cremes vaginais e contrastes radiológicos. É ainda causa de turvação a presença de linfa e glóbulos de gordura.

O aspecto da urina é observado após sua homogeinização. A urina apresenta-se límpida, opaca, leitosa, levemente turva, turva ou fortemente turva. Além disso, é importante para o diagnóstico a presença de componentes anormais, como coágulos, muco ou pedaços de tecido.

DENSIDADE

A densidade é uma função direta, mas não proporcional, do número de partículas na urina. A concentração de solutos na urina varia com a ingestão de água e solutos, o estado das células tubulares e a influência do hormônio antidiurético (HAD) sobre a reabsorção de água nos túbulos distais. A incapacidade de concentrar ou diluir a urina é uma indicação de enfermidade renal ou deficiência hormonal (HAD).

Em condições normais (dieta e ingestão de líquidos habituais), o adulto de ambos os sexos produz urinas com densidades de 1,010 a 1,025 g/L em um período de 24 horas. Para uma amostra de urina ao acaso, a densidade pode variar de 1,002 a 1,030 g/L.

Densidade urinária aumentada. É encontrada em caso de amiloidose renal, diabetes pancreático, enfermidade de Addison, hipersecreção descontrolada de HAD (mixedema, porfiria, abscesso cerebral, meningite tuberculosa), nefropatia obstrutiva, nefropatia vasomotora, obesidade, oligúria funcional (estados febris, desidratação, terapia com diuréticos e hipoproteinemia), politraumatismo, pós-operatório e síndrome hepatorrenal.

Densidade urinária diminuída. É frequente no alcoolismo agudo, no aldosteronismo primário, na anemia falciforme, no diabetes insípido, nas fases inicial e final da insuficiência renal crônica, na pielonefrite crônica e na tuberculose renal.

Urodensímetro

O urodensímetro é um dispositivo flutuador que possui uma escala graduada (1,000 a 1,040 g/L) em sua haste, destinado à avaliação da densidade na urina.

A medida da densidade é realizada pela colocação da urina em proveta de dimensões adequadas. Deve-se evitar a formação de espuma com o emprego de papel de filtro. O urinômetro é submergido na urina e, por meio de um pequeno impulso no sentido giratório, movimentado para impedir o contato com as paredes da proveta. A leitura é feita na parte inferior do menisco.

Em geral, os urodensímetros estão calibrados a uma temperatura específica de 20°C. Para leituras realizadas em outras temperaturas faz-se a seguinte correção: somar 0,001 à leitura para cada 3°C acima da temperatura de calibração e subtrair 0,001 para cada 3°C abaixo da calibração.

Para determinações mais exatas, faz-se a correção para o teor de proteína ou glicose presente: subtrair 0,003 da leitura para cada 1 g/dL de proteína na urina e 0,004 para cada 1 g/dL de glicose na urina.

Refractômetro

O refractômetro mede o índice de refração, relacionado ao conteúdo de sólidos totais dissolvidos na urina. O índice de refração é a relação entre a velocidade da luz no ar e a velocidade da luz na solução. A relação varia diretamente com o número de partículas dissolvidas na urina e é proporcional à densidade. A vantagem da determinação está no emprego de pequenas quantidades de amostras (algumas gotas).

Como ocorre com a densidade, o índice de refração varia com a temperatura; entretanto, os equipamentos modernos são compensados entre 15,5 e 37,7°C, não sendo necessário efetuar correções dentro desses limites.

Tiras reagentes

Com a elevação da concentração dos eletrólitos na urina, os reagentes na fita liberam íons hidrogênio, causando a redução do pH e a subsequente reação proporcional à densidade.

A prova baseia-se na modificação de pKa de certos poliácidos (polimetilvinil/anidrido maleico), que reagem com íons positivos na urina (sódio etc.), de modo que os grupos ácidos vizinhos na molécula se dissociam, liberando íons hidrogênio e baixando o pH. A área reativa contém um indicador – o azul de bromotimol – que mede a alteração de pH correspondente ao conteúdo de sal ou à densidade.

As cores da área reagente variam desde o azul intenso, em urinas de baixa concentração, até o amarelo, em amostras de maior concentração iônica.

Osmometria

A osmometria mede a concentração de um soluto em um líquido. A capacidade renal de diluir e concentrar urina é mais bem avaliada pela medida da *osmolalidade* – concentração de partículas osmoticamente ativas por massa de solvente – na urina. O osmômetro é o aparelho que mede a osmolalidade. Os valores de referência estão entre 300 e 900 mOsm/kg de água.

O rim é capaz de excretar urina em concentrações variadas mediante a ação dos túbulos renais. Nos estados de carência de água, o HAD estimula a conservação de água ao máximo (reabsorção do solvente aumentada), de modo que a urina pode chegar a atingir uma alta osmolalidade – 1.200 mOsm/kg. É caso de ingestão excessiva de água, a diluição máxima pode produzir uma osmolalidade tão baixa quanto 50 mOsm/kg. Na infância e em idades mais avançadas, esses valores diferem; para aqueles pacientes com mais de 65 anos, geralmente não se consegue obter concentrações máximas acima de 700 mOsm/kg: enquanto a habilidade de diluição é máxima, frequentemente não é menor do que 100 a 150 mOsm/kg.

pH

O pH urinário reflete a capacidade do rim em manter a concentração normal dos íons hidrogênio no líquido extracelular. Para conservar um pH constante no sangue (ao redor de 7,4), o glomérulo excreta vários ácidos produzidos pela atividade metabólica, como ácidos sulfúrico, fosfórico, clorídrico, pirúvico, lático e cítrico, além de corpos cetônicos. Os ácidos são excretados, principalmente, com o sódio. Nas células tubulares, os íons hidrogênio são trocados pelo sódio presente no filtrado glomerular, e a urina torna-se ácida. Os íons hidrogênio são também excretados como íons amônio. Normalmente, o pH da urina varia entre 4,6 e 8,0. Níveis abaixo ou acima destes valores não são fisiologicamente possíveis.

- *pH urinário baixo.* Várias condições determinam a acidez urinária (pH baixo), dentre as quais: acidose metabólica (acidose diabética, diarreias graves e desnutrição), acidose respiratória, clima quente, dieta proteica, fenilcetonúria, intoxicação pelo álcool metílico, intoxicação pelo salicilato, medicações acidificantes (cloreto de amônio), tuberculose renal e urina matinal.

- *pH urinário elevado.* A alcalinidade urinária (pH alto) é comum na acidose tubular renal, na alcalose metabólica e/ou respiratória, no aldosteronismo primário, na deficiência potássica, na dieta vegetariana, com o uso de diuréticos que inibem a anidrase carbônica, em infecções urinárias provocadas por bactérias que desdobram a ureia em amônia (*Proteus mirabilis*), na síndrome de Addison, na urina pós-prandial e na urina vespertina. A demora na análise da urina não refrigerada pode modificar o pH pela ação de bactérias.

Na conduta diante de problemas clínicos específicos, o pH urinário deve ser mantido constantemente elevado ou diminuído, seja por meio de regimes dietéticos e/ou medicamentos. O efeito de certas drogas também depende do pH urinário:

- *Situações que exigem urinas ácidas*: tratamento dos cálculos urinários de fosfato amoníaco-magnesiano, fosfato ou carbonato de cálcio; nas infecções do trato urinário e, de modo especial, naquelas causadas por germes desdobradores da ureia; durante o tratamento com mandelato de metenamina, tetraciclina e nitrofurantoínas, as quais têm maior efeito terapêutico em urinas ácidas.

- *Situações que exigem urinas alcalinas*: tratamento dos cálculos urinários de ácido úrico ou cistina; no controle das intoxicações por salicilatos; durante o tratamento com sulfonamidas (para prevenir a precipitação de cristais da droga no trato urinário), estreptomicina, cloranfenicol e canamicina.

O pH é determinado pelo emprego dos indicadores vermelho de metila e azul de bromotimol, que permitem a diferenciação de valores de meia unidade entre 5 e 9. Este teste compõe as tiras reagentes encontradas no comércio.

PROTEÍNAS

Tiras reagentes. A presença de proteínas na urina é detectada pela modificação da cor de uma área na fita reativa impregnada com azul de tetrabromofenol tamponado ou com tetraclorofenol-tetrabtomossulftaleína tamponado em pH ácido. A área apresenta cor amarela, que se modifica para verde ou azul em presença de proteínas. A intensidade de cor é proporcional à quantidade de proteínas presentes. Permanecendo inalterado o pH, as proteínas provocam uma pseudoviragem do indicador (erro proteico de indicador).

O fenômeno "erro proteico de indicador" é mais ou menos pronunciado segundo o número de grupos amino livres nas diversas frações proteicas. É mais intenso para a albumina e débil para as globulinas, glicoproteínas, mucoproteínas etc. As proteínas de Bence Jones não mostram, na prática, erro proteico. As urinas que se destinam a esse teste e que apresentam macro-hematúria devem ser centrifugadas.

O teste deve ser realizado conforme indicado anteriormente, com a avaliação proposta pelo fabricante. Os valores de referência vão de 10 a 140 mg/L. O resultado é semiquantitativo e expresso em cruzes ou em mg/dL:

Resultado em cruzes	Resultado em mg/dL
Traços	<50
+	<100
++	<150
+++	>150

Resultados falso-positivos são encontrados em caso de urinas muito alcalinas (pH >9), eliminação de polivinilpirrolidona (expansor do plasma), alcaloides em geral e compostos com radicais de amônio quaternário (detergentes).

Resultados falso-negativos ocorrem na proteinúria de Bence Jones, na globinúria predominante e nas urinas conservadas com ácidos minerais fortes.

Teste químico. Os testes químicos para detectar as proteínas na urina são, geralmente, feitos com base na precipitação pelo calor ou por reação com precipitantes aniônicos. Os mais empregados são: coagulação pelo calor, ácido nítrico concentrado (anel de Heller), ácido nítrico + sulfato de magnésio (Robert), ácido sulfossalicílico, ácido tricloroacético e ácido acético. O ácido sulfossalicílico é o ácido mais frequentemente empregado, pois não necessita do uso de calor. São utilizadas as mais distintas concentrações e proporções desse ácido, cada uma delas com diferentes escalas de resultados.

O significado clínico da proteinúria foi tratado no Capítulo 8. Em resumo, ocorrem lesão da membrana glomerular (distúrbios do complexo imune, amiloidose, agentes tóxicos), comprometimento da reabsorção tubular, mieloma múltiplo, nefropatia diabética, pré-eclâmpsia e proteinúria ortostática ou postural.

Proteinúria de Bence Jones

Pacientes com mieloma múltiplo – distúrbio proliferativo dos plasmócitos produtores de imunoglobulinas – apresentam teores muito elevados de imunoglobulinas monoclonais de cadeias leves (proteínas de Bence Jones). A proteína de baixa massa molecular é filtrada em níveis que ultrapassam a capacidade de reabsorção tubular, com excreção na urina.

A proteína de Bence Jones coagula em temperaturas situadas entre 40 e 60°C, dissolvendo-se quando a temperatura atinge 100°C. Desse modo, quando a amostra de urina fica opaca entre 40 e 60°C e transparente a 100°C, há indícios da presença de proteínas de Bence Jones. Muitos pacientes não produzem quantidades detectáveis de proteínas de Bence Jones na urina, e a quantidade excretada aumenta com a lesão tubular. Para o diagnóstico executam-se a dosagem de proteínas e a imunoeletroforese tanto da urina como do soro sanguíneo.

GLICOSE

Os açúcares são componentes normais da urina. Por serem moléculas pequenas, a glicose e outros açúcares são facilmente filtrados através dos glomérulos. Para evitar a perda, os carboidratos são reabsorvidos por mecanismos de transporte ativo nos túbulos proximais. O mecanismo é bastante eficiente e remove quase toda a glicose normalmente filtrada pelo glomérulo. Quando a concentração de glicose plasmática ultrapassa 180 mg/dL, a capacidade de reabsorção é excedida e o açúcar passa para a urina. Mesmo com teores normais de glicose sanguínea, algum açúcar pode ser encontrado na urina, pois é impossível que os túbulos sejam totalmente eficientes em sua capacidade de reabsorção.

Quantidades significativas de glicose são detectadas na urina quando há elevadas concentrações de glicose no sangue, como ocorre no diabetes. A glicose também é encontrada na urina em certas enfermidades do túbulo proximal (síndrome de Fanconi e nefropatia tubular avançada), que podem impedir a capacidade de absorção.

Tira reagente. Testes enzimáticos que empregam dupla reação da glicose oxidase e da peroxidase com um cromogênio oxidam seletivamente a glicose pela remoção de dois íons hidrogênio, formando ácido glicônico. Os íons hidrogênio removidos combinam-se com o oxigênio atmosférico para produzir peróxido de hidrogênio que, em presença de peroxidase, oxida um cromogênio com modificação de cor. O cromogênio utilizado varia com as diferentes tiras reagentes.

Açúcares como a galactose, a frutose e a lactose não interferem com o teste. Contudo, elevadas concentrações de ácido ascórbico, ácido homogentísico, ácido acetilsalicílico, cetonas ou uratos podem provocar a inibição da reação enzimática. Resultados falso-positivos são raros, mas podem ocorrer por contaminação da vidraria pelo hipoclorito de sódio (solução alvejante), ou quando os períodos de leitura da tira forem ultrapassados. Os resultados semiquantitativos obtidos em cruzes se relacionam com os valores em mg/dL, como se segue:

Resultado em cruzes	Resultado em mg/dL
Traços	<100
+	<250
++	<300
+++	<500
++++	>1.000

Teste químico. Para a avaliação semiquantitativa, a glicose pode ser testada como substância redu-

CAPÍTULO 16 ▪ Rim e Função Renal

tora na urina. O teste comumente usado é o de Benedict, baseado na reação de uma solução alcalina de sulfato de cobre, a quente, que oxida as substâncias redutoras na urina (glicose, galactose, frutose, maltose, lactose, xilulose e arabinose, ribose), com a redução do íon cúprico a íon cuproso, resultando em formação de hidróxido cuproso (amarelo) ou óxido cuproso (vermelho).

CETONAS

As cetonas são formadas por três substâncias: acetoacetato, β-hidroxibutirato e acetona. A excessiva formação desses compostos por distúrbios no metabolismo dos carboidratos e lipídios provoca o aumento na concentração sanguínea (cetonemia) com a consequente excreção urinária (cetonúria). Ocorre redução das cetonas por volatização em urinas não analisadas logo após a coleta e/ou não refrigeradas.

Tira reagente. A reação está baseada na formação de complexo colorido do acetoacetato e da acetona com nitroferricianeto/glicina em meio alcalino ou do acetoacetato com o nitroferricianeto tamponado. O β-hidroxibutirato não reage nesses testes.

Falso-positivos são encontrados em concentrações elevadas de ácido fenilpirúvico (fenilcetonúria), metabólitos da L-dopa e fenolftaleína (laxante). Quando presentes, os resultados são expressos em cruzes, que correspondem aos seguintes valores em mg/dL:

Resultado em cruzes	Resultado em mg/dL
Traços	<5
+	<15
++	<50
+++	<150

Teste químico. O emprego de cloreto de ferro para detecção de cetonas na urina (teste de Gerhardt) foi abandonado devido à pouca sensibilidade e à falta de especificidade.

A acetona e o acetoacetato reagem com o nitroprussiato de sódio (nitroferricianeto) em presença de álcali para formar um complexo de cor púrpura (teste de Rothera). Permite detectar, aproximadamente, 1 a 5 mg/dL de acetoacetato e 10 a 25 mg/dL de acetona. O β-hidroxibutirato não é detectado nessa prova.

UROBILINOGÊNIO

O urobilinogênio, um pigmento biliar resultante da degradação da hemoglobina, é formado no intestino a partir da redução da bilirrubina pelas bactérias intestinais. Parte do urobilinogênio é reabsorvida pelo intestino, caindo no sangue e sendo levada ao fígado. Ao passar pelos rins, é filtrada pelos glomérulos. Encontra-se grande quantidade de urobilinogênio na urina nas hepatopatias e nos distúrbios hemolíticos. A demora da pesquisa em urinas não refrigeradas provoca a diminuição do urobilinogênio por oxidação e conversão em urobilina.

Tira reagente. Empregam-se tiras impregnadas pelo D-dimetilaminobenzaldeído em meio ácido ou por 4-metoxibenzenodiazônio-tetrafluorborato também em meio ácido. A primeira reação sofre interferências do porfobilinogênio, do indol, do escatol, do sulfisoxasol, do ácido p-aminossalicílico, da procaína e da metildopa (Aldomet®). A segunda reação é afetada de modo negativo por nitrito (em teores >5 mg/dL) e formol (>200 mg/dL). Falso-positivos são encontrados em pacientes que recebem fenazopiridina.

Prova química. A reação de Ehrlich é universalmente utilizada para o teste. Emprega o p-dimetilaminobenzaldeído em ácido clorídrico concentrado, que reage com o urobilinogênio e o porfobilinogênio para formar um aldeído colorido. A adição de acetato de sódio intensifica a cor vermelha do aldeído e inibe a formação de cor pelo escatol e indol.

BILIRRUBINA

A bilirrubina conjugada pode estar presente na urina de pacientes portadores de enfermidade hepatocelular ou icterícia obstrutiva devido ao seu extravasamento para a circulação. É importante salientar que muitas vezes a bilirrubinúria precede a icterícia clínica, pois o umbral renal no adulto se encontra entre 2 e 4 mg/dL. A icterícia ocasionada pela grande destruição de hemácias não produz bilirrubinúria, pois a bilirrubina sérica está presente na forma não conjugada (insolúvel em água) e, assim, não pode ser excretada pelos rins.

Tira reagente. Os testes em tiras estão baseados na reação de acoplamento de um sal de diazônio com a bilirrubina em meio ácido. Contudo, os produtos existentes no comércio diferem quanto ao sal utilizado para o desenvolvimento de cor. As áreas reagentes estão impregnadas por 2,6-diclorodiazônio-tetrafluorborato ou 2,4-dicloroanilina-diazônio. O emprego, o desenvolvimento de cor e a interpretação são fornecidos pelos fabricantes.

- *Falso-negativos:* ocorrem em presença de elevados teores de ácido ascórbico e nitrito (infecções do trato urinário) ou por oxidação da bilirrubina à biliverdina por exposição à luz.
- *Falso-positivos:* são frequentes em pacientes que recebem grandes doses de clorpromazina. Metabólitos de drogas como a fenazopiridina podem desenvolver cor vermelha em pH ácido e mascarar o resultado.

Prova química. O cloreto de bário combina-se com radicais de sulfato na urina, formando um precipitado de sulfato de bário (teste de Fouchet). Os pigmentos biliares presentes aderem a essas moléculas de grande tamanho. O cloreto de ferro, em presença de ácido tricloroacético, provoca a oxidação da bilirrubina (amarela) ou da biliverdina (verde). Este teste é bastante sensível, pois fornece resultados positivos a partir da concentração de 0,15 a 0,20 mg/dL na urina.

Outro teste emprega tabletes (Ictotest®, Ames®) contendo *p*-nitrobenzenodiazônio-*p*-tolueno, que reagem com a bilirrubina, levando à formação de cor azul ou púrpura. Os tabletes também contêm ácido sulfossalicílico, bicarbonato de sódio e ácido bórico.

HEMATÚRIA, HEMOGLOBINÚRIA E MIOGLOBINÚRIA

Hematúria consiste na presença de um número anormal de hemácias na urina; pode ser glomerular, tubulointersticial ou doença pós-renal. Hematúria maciça, que resulta em urina cor-de-rosa, vermelha ou marrom, pode ocorrer em caso de infecções do trato urinário, cálculo renal, tumor do trato urinário, rim policístico e glomerulonefrite pós-estreptocócica. A maioria dos casos apresenta hematúria microscópica. A presença de cilindros eritrocitários é a evidência definitiva de sangramento parenquimal renal.

Hemoglobinúria indica a presença de hemoglobina em solução na urina e reflete hemólise intravascular, que ocorre durante episódios de síndrome hemolítico-urêmica, púrpura tromboci-

topênica trombótica (PTT), hemoglobinúria paroxística noturna, reações transfusionais hemolíticas, hemólise por toxinas bacterianas (septicemia), veneno de cobra ou aranha, malária e queimaduras severas. Exercícios extenuantes podem ser seguidos de hemoglobinúria. A hemoglobina leve aparece na urina quando a capacidade de ligação da haptoglobina plasmática está saturada. A hemoglobina é metabolizada pelas células renais em ferritina e hemossiderina, detectadas na urina quando se usa o corante azul da Prússia. Quantidades apreciáveis de sangue, detectadas pela visualização da amostra, são denominadas *macro-hematúria*. Chamamos de micro-hematúria quando as hemácias são encontradas somente no exame microscópico do sedimento urinário.

Devido à importância do estabelecimento do diagnóstico diferencial entre hemoglobinúria e hematúria, a análise do sedimento urinário revela, em se tratando de hematúria, a presença de hemácias intactas, enquanto na hemoglobinúria não são encontradas hemácias ou, se existirem, estão em número reduzido. Como a hemoglobinúria é um achado incomum, um teste positivo para a hemoglobina com um sedimento urinário normal deve ser mais bem investigado. Urinas muito alcalinas ou com densidade urinária muito baixa (<1,007) podem provocar hemólise dos eritrócitos, liberando o conteúdo de hemoglobina na urina. A presença de hemoglobina é considerada hematúria quando é conhecida a sua origem, apesar da grande dificuldade em distingui-la da hemoglobinúria verdadeira.

Tira reagente. A zona de teste está impregnada com uma mistura tamponada de um peróxido orgânico e o cromogênio tetrametilbenzidina. A reação baseia-se na atividade pseudoperoxidásica da hemoglobina, que catalisa a transferência de um átomo de oxigênio do peróxido para o cromogênio. Ocorre a hemólise de hemácias intactas na urina ao entrar em contato com a área reagente. A hemoglobina liberada atua sobre o reativo, produzindo pontos verdes dispersos ou concentrados sobre o fundo amarelo. Por outro lado, a hemoglobina livre e a mioglobina fornecem uma coloração verde ou verde-azulada uniforme. Na hemólise parcial, surgem quadros mistos. Desse modo, a reação torna-se positiva em presença de eritrócitos intactos, assim como hemoglobina livre e mioglobina. As tiras reagentes detectam 0,05 a 0,3 mg/dL de hemoglobina na urina.

CAPÍTULO 16 ▪ Rim e Função Renal

- *Falso-positivos:* são produzidos por certos oxidantes, como hipocloritos, às vezes empregados na limpeza de material ou formados por peroxidases bacterianas na bacteriúria intensa. Nesses casos, deve-se avaliar cautelosamente uma reação positiva, particularmente se o sedimento não apresentar hemácias.

- *Falso-negativos:* encontram-se em presença de níveis elevados de ácido ascórbico. Os nitritos em grande concentração atrasam o desenvolvimento de cor. O formol, empregado como conservante, pode levar a reações diminuídas ou negativas.

Prova química. Os métodos para pesquisa da hemoglobina estão baseados na ação das hemeproteínas, que atuam como peroxidases, catalisando a redução do peróxido de hidrogênio para formar água. A reação necessita um doador de hidrogênio, em geral o guáiaco ou *o*-tolidina (um derivado da benzidina). A oxidação do doador resulta em cor azul, cuja intensidade é proporcional aos teores de hemoglobina.

A benzidina básica é carcinogênica, e a excessiva absorção pela pele, via oral ou a inalação do pó podem provocar câncer de bexiga. O risco provavelmente também existe com o uso de *o*-tolidina (derivado da benzidina), apesar de ainda não comprovado. Por conseguinte, é essencial o cuidado no manuseio desses compostos.

A *mioglobinúria* acompanha a destruição aguda de fibras musculares e é encontrada em caso de exercício excessivo, convulsões, hipertermia e queimaduras severas. Pacientes com mioglobinúria têm níveis elevados de creatinoquinase no soro. O teste de precipitação com sulfato de amônio é comumente usado para detectar mioglobinúria e é assim realizado: adicionar 2,8 g de sulfato de amônio a 5 mL de urina centrifugada. Misturar e deixar em repouso por 5 minutos. Filtrar. Usar a fita reativa para detectar sangue. Se for positiva, indica presença de mioglobina, pois o sulfato de amônio precipita a hemoglobina, que dasaparece do filtrado.

NITRITO

O teste para detecção de nitritos na urina é uma prova indireta para o diagnóstico precoce de bacteriúria significativa e assintomática. Os micro-organismos comumente encontrados nas infecções urinárias, como *Escherichia coli, Enterobacter,* *Citrobacter, Klebsiella* e espécies de *Proteus,* contêm enzimas que reduzem o nitrato da urina a nitrito. O nitrito ingerido em medicamentos ou na alimentação não é eliminado como tal. A prova para detecção do nitrito é útil para o diagnóstico precoce das infecções da bexiga (cistite) e da pielonefrite, na avaliação da terapia com antibióticos, na monitoração de pacientes com alto risco de infecção do trato urinário e na seleção de amostras para cultura de urina. Para obtenção de resultados aceitáveis, esta prova deve ser realizada com as seguintes precauções:

- Os germes nitrato-redutores necessitam de quantidade suficiente de substrato (sem nitrato não se forma nitrito). Isto é conseguido mediante a ingestão de alimentos contendo nitrato na véspera do teste (cenoura, couve, espinafre, carne, saladas etc.).

- O incubador mais favorável é a bexiga; utilizar, portanto, a primeira urina da manhã, que tenha permanecido, no mínimo, 4 horas na bexiga.

- A prova deve ser realizada o mais depressa possível após a emissão da urina.

- A urina não deve conter antibióticos ou sulfonamidas. Nesses casos, suspender a terapia por 3 dias antes da prova.

Tira reagente. Dois tipos de áreas reagentes são encontrados para pesquisa de nitrito. Em meio ácido, o nitrito reage com o ácido *p*-arsanílico, produzindo um composto diazônio que é acoplado com uma benzoquinolina para produzir cor rosa. Outro produto emprega uma amina aromática, a sulfanilamida, que reage com o nitrito em presença de um tampão ácido produzido a partir de um sal de diazônio. O sal se liga à benzoquinolina para formar cor rosa. Resultados negativos não afastam a presença de bacteriúria significativa.

- *Falso-positivos:* são encontrados após ingestão de fármacos que coram a urina de vermelho ou a tornam vermelha em meio ácido (p. ex., fenazopiridina). Pontos ou extremidades cor-de-rosa na área da fita são interpretados como negativos.

- *Falso-negativos:* ocorrem em concentrações elevadas de ácido ascórbico, urobilinogênio e pH baixo.

LEUCÓCITO-ESTERASE

Os leucócitos neutrófilos contêm muitas esterases que catalisam a hidrólise de um éster para produzir o álcool e o ácido correspondente. O nível de esterase na urina está correlacionado com o número de neutrófilos presentes. Os eritrócitos e as células do trato urinário não modificam o teor de esterase. O teste deve ser confirmado pela análise microscópica do sedimento urinário.

Tira reagente. O substrato, um éster do ácido carbônico com indoxil, é hidrolisado pela ação da leucócito-esterase em indoxil, que, por oxidação, desenvolve cor azul. Com a finalidade de reduzir o tempo de reação, foi adicionado um sal diazônio que reage com o indoxil para formar cor púrpura. A intensidade de cor é proporcional ao número de leucócitos presentes na amostra.

- *Falso-positivos:* são frequentes em presença de agentes oxidantes. A contaminação com líquido vaginal é outra fonte de resultados errôneos.
- *Falso-negativos:* são encontrados por inibição na cor promovida por grandes quantidades de ácido ascórbico. O formol também inibe a reação. A interpretação da cor é afetada pela nitrofurantoína.

SEDIMENTOSCOPIA

A sedimentoscopia é a parte do exame de urina que mais dados fornece, proporcionando uma visão do que ocorre nos néfrons que a formaram. Para obter-se um bom sedimento, três condições são necessárias: (a) que a urina seja recente, (b) que a urina seja concentrada e (c) que a urina seja ácida. Urina de baixa concentração e pH alcalino resultam em pronta dissolução dos elementos formados. Quando a urina permanece por longo tempo em repouso, há possibilidade de sua alcalinização e consequente desintegração celular.

Obtenção do sedimento

- Transferir uma alíquota de 10 mL de urina para um tubo de centrifugação cônico.
- Centrifugar a 1.500 a 2.000 rpm durante 5 minutos.
- Desprezar o sobrenadante, deixando aproximadamente 0,2 mL de urina e o sedimento no tubo de centrifugação.
- Ressuspender o sedimento com a urina remanescente, mediante leves batidas no fundo do tubo de centrifugação.

- Se necessário, empregar corantes, adicionando-os ao tubo em quantidades suficientes, e homogeneizar. Os mais usados são:

Tipo de estrutura sujeita a coloração	Tipo de corante
Lipídios e corpo graxo oval	Sudam III ou Oil Red
Hemossiderina	Azul da Prússia
Eosinófilos	Hansel, Giemsa, Wright ou Papanicolau
Bactérias	Gram ou Papanicolau

Os corantes supravitais apropriados para suporte líquido incluem Sternheimer-Malbin (cristal violeta e safranina O) e o azul de tolueno a 0,5%.

O corante de Papanicolau é o preferido para identificar as células renais, epiteliais e tubulares, as células anormais uroteliais, glandulares e escamosas e condições hematopoéticas.

Exame microscópico do sedimento

- Retirar 0,02 mL do sedimento ressuspendido e homogeneizado e colocar em uma lâmina, cobrindo-o com uma lamínula 22 × 22 mm.
- Contar os elementos figurados em 10 campos microscópicos com aumento de 100 vezes e expressar a média dos resultados. Os critérios para as quantidades arbitradas são:

Critério	Descrição do critério
Ausentes	O elemento não é observado no sedimento
Presentes	O elemento é observado no sedimento
Raras	Até três elementos por campo
Algumas	De quatro a 10 elementos por campo
Numerosas	Acima de 10 elementos por campo
Maciças	Quando não é possível contar o número de elementos

- Os leucócitos e as hemácias devem ser observados com o aumento de 400 vezes, e a média dos resultados deve ser expressa da seguinte maneira:
  - Por campo microscópico: observar 10 campos microscópicos, calcular a média e expressar o número de elementos por campo microscópico.
  - Piúria maciça: quando o campo estiver tomado por um dos elementos figurados, impedindo a visualização dos outros elementos.

- Hematúria maciça: quando o campo estiver tomado por um dos elementos figurados, impedindo a visualização dos outros elementos.
- Por mililitro: observar, no mínimo, 10 campos microscópicos, calcular a média e expressar o número de elementos por mililitro, multiplicando pelo fator 5.040.
- Em caso de outros elementos, como muco, leveduras, cristais, espermatozoides e tricomonas, seguir os mesmos critérios para quantidades arbitradas (ver adiante).
- Para bactérias, quando presentes, adotar:
  - Bacteriúria aumentada: acima de 99 por campo (400 vezes).
  - Bacteriúria moderamente aumentada: de 11 a 99 por campo (400 vezes).
  - Raras bactérias: de 1 a 10 por campo (400 vezes).
  - Ausente.

CRITÉRIOS PARA AS QUANTIDADES ARBITRADAS

Os critérios para expressar os resultados das observações em quantidades arbitradas são os descritos a seguir:

Células epiteliais

Algumas células epiteliais encontradas no sedimento urinário resultam da descamação normal das células velhas (<2, com aumento de 400 vezes), enquanto outras representam lesão epitelial por processos inflamatórios ou doenças renais. São de três tipos:

Células escamosas. São as mais comumente encontradas na urina e com menor significado. Provêm do revestimento da vagina, da uretra feminina e das porções inferiores da uretra masculina (Figura 16.2).

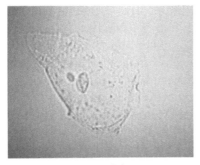

Figura 16.2 Célula escamosa.

Células transicionais ou caudadas. O cálice renal, a pélvis renal, o ureter e a bexiga são revestidos por várias camadas de epitélio transicional. Em indivíduos normais, poucas células transicionais são encontradas na urina e representam descamação normal. O número dessas células aumenta após cateterismo urinário ou outros procedimentos de instrumentação. Indicam, também, processos que necessitam maiores investigações, como o carcinoma renal (Figura 16.3).

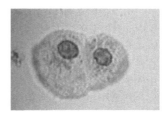

Figura 16.3 Célula transicional.

Células dos túbulos renais. Pequena quantidade de células dos túbulos renais aparece na urina de indivíduos saudáveis e representa a descamação normal do epitélio velho dos túbulos renais. Recém-nascidos têm mais células de túbulos renais na urina que crianças mais velhas e adultos. As células dos túbulos contornados distal e proximal são encontradas na urina como resultado de isquemia aguda ou doença tubular renal tóxica (necrose tubular aguda por metais pesados ou fármacos).

O sedimento urinário pode conter número aumentado de células dos túbulos coletores em vários tipos de doenças renais, como na nefrite, na necrose tubular aguda, em caso de rejeição a transplante renal e envenenamento por salicilatos. Quando as células aparecem como fragmentos intactos do epitélio tubular, indicam necrose isquêmica do epitélio tubular, traumatismo, choque ou sepse.

Quando ocorre a passagem de lipídios pela membrana glomerular, como nos casos de nefrose lipídica, as células do túbulo renal absorvem lipídios e são conhecidas como *corpos adiposos ovais*. Em geral, são vistas em conjunto com gotículas de gordura que flutuam no sedimento. No exame do sedimento com luz polarizada, destacam-se imagens características nas gotículas que contêm colesterol (cruz-de-malta).

Leucocitúria

Os leucócitos podem entrar na urina através de qualquer ponto ao longo do trato urinário ou de secreções genitais. São encontrados menos de quatro, com aumento de 400 vezes. O aumento no número de leucócitos (>4 por campo) que apresentam ou não fenômenos degenerativos (granulações grosseiras no citoplasma, inclusão de bactérias etc.) na urina é chamado *piúria*. A piúria pode expressar-se pela eliminação de leucócitos isolados ou aglutinados, ou pelo aparecimento na urina de cilindros hialinos com inclusão de leucócitos. Pode resultar de infecções bacterianas ou de outras doenças renais ou do trato urinário. As infecções que compreendem pielonefrite, cistite, prostatite e uretrite podem ser acompanhadas de bactérias ou não, como no caso da infecção por *Chlamydia*. A piúria também está presente em patologias não infecciosas, como a glomerulonefrite, o lúpus eritematoso sistêmico e os tumores. Os leucócitos (piócitos) podem apresentar-se agrupados e, neste caso, devem ser expressos como grumo piocitário (Figura 16.4).

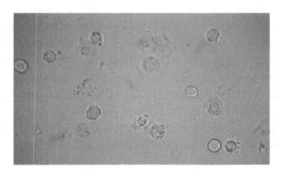

Figura 16.4 Leucócitos.

Hematúria

Normalmente, as hemácias são encontradas na urina de pessoas normais em pequenas quantidades (menos de 3, com aumento de 400 vezes). Todas as hemácias presentes na urina se originam do sistema vascular. O número aumentado de hemácias na urina representa rompimento da integridade da barreira vascular, por lesão ou doença, na membrana glomerular ou no trato geniturinário. As condições que resultam em hematúria incluem várias doenças renais, como glomerulonefrites, pielonefrites, cistites, cálculos, tumores e traumatismos. Qualquer condição que resulte em inflamação ou comprometa a integridade do sistema vascular pode resultar em hematúria. A possibilidade de contaminação menstrual deve ser considerada em amostras coletadas de mulheres. A presença de hemácias e também de cilindros na urina pode ocorrer após exercícios intensos.

Às vezes, é necessária a *pesquisa de hemácias dismórficas* para diferenciar a hematúria de origem glomerular daquela de origem não glomerular. A presença de hemácias dismórficas sugere sangramento de origem glomerular. As hemácias não dismórficas (com morfologia normal) são encontradas em urina de pacientes com patologias extraglomerulares. A pesquisa necessita de microscopia de contraste de fase (Figura 16.5).

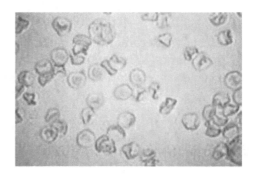

Figura 16.5 Eritrócitos.

Cilindrúria

Consiste em moldes mais ou menos cilíndricos do túbulo contornado distal e do ducto coletor. O principal componente dos cilindros é a proteína de Tamm-Horsfall, uma glicoproteína secretada (25 a 50 mg/d) somente pelas células tubulares renais. Essa proteína é a maior fração da uromucoproteína. Os cilindros formados pela polimerização das fibrilas de Tamm-Horsfall são elementos do sedimento urinário que tomam a forma dos túbulos onde são produzidos. Cilindrúria é o nome dado à presença de cilindros urinários. Seu aparecimento é explicado pela presença de fatores promotores de cilindrúria em urinas anormais: albumina, estase urinária, fragmentos celulares, velocidade de filtração glomerular reduzida, pH ácido, presença de certas proteínas (de Bence Jones, mioglobina, hemoglobina etc.) e osmolalidade entre 200 e 400 mOsm/kg. O tamanho dos cilindros pode variar em função do diâmetro do túbulo no qual foram formados. Cilindros largos indicam a formação em túbulos renais dilatados ou em túbulos coletores. A presença de muitos cilindros céreos largos indica prognóstico desfavorável. Assim, os tipos de cilindros encontrados no sedimento representam diferentes condições clínicas.

Cilindros hialinos. Formados pela precipitação de uma matriz homogênea de proteína de Tamm-Horsfall, são os mais comumente observados na urina. A presença de 0 a 2 por campo de aumento é considerada normal, assim como quantidades elevadas em situações fisiológicas, como exercício físico intenso, febre, desidratação e estresse emocional. Estão presentes nas glomerulonefrites, nas pielonefrites, na doença renal crônica, em caso de anestesia geral e na insuficiência cardíaca congestiva (Figura 16.6).

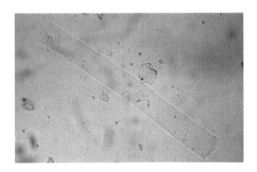

Figura 16.6 Cilindro hialino.

Cilindros hemáticos. Os cilindros hemáticos estão associados a doença renal intrínseca. Suas hemácias são frequentemente de origem glomerular, como na glomerulonefrite, mas podem também resultar de dano tubular, como na nefrite intersticial aguda. A detecção e a monitoração de cilindros hemáticos proporcionam uma medida da avaliação da resposta do paciente ao tratamento. São também encontrados em caso de exercício físico intenso, na nefrite lúpica e na hipertensão maligna (Figura 16.7).

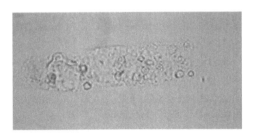

Figura 16.7 Cilindro eritrocitário.

Cilindros leucocitários. Indicam infecção ou inflamação renal e necessitam de investigação clínica. Quando a origem dos leucócitos é glomerular, como na glomerulonefrite, encontra-se no sedimento grande quantidade de cilindros leucocitários e cilindros hemáticos. Quando é tubular, como na pielonefrite, os leucócitos migram para o lúmen tubular e são incorporados à matriz do cilindro (Figura 16.8).

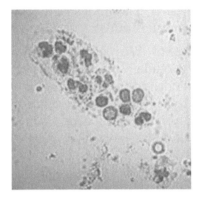

Figura 16.8 Cilindro leucocitário.

Cilindros de células epiteliais. Os cilindros epiteliais têm origem no túbulo renal e resultam da descamação das células que os revestem. São encontrados após agressões nefrotóxicas ou isquêmicas sobre o epitélio tubular e podem estar associados a infecções virais, como citomegalovírus. São, muitas vezes, observados em conjunto com cilindros de hemácias e leucócitos (Figura 16.9).

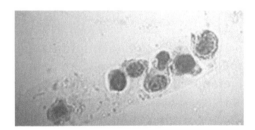

Figura 16.9 Cilindro de células epiteliais.

Cilindros granulosos. Podem estar presentes no sedimento urinário, principalmente após exercício vigoroso. Entretanto, quando em número elevado, representam doença renal glomerular ou tubular. São compostos primariamente de proteína de Tamm-Horsfall. Os grânulos são resultado da desintegração de cilindros celulares ou agregados de proteínas plasmáticas, imunocomplexos e globulinas. Encontram-se na estase do fluxo urinário e em caso de estresse, exercício físico e infecção do trato urinário.

Cilindros céreos. Representam um estágio avançado do cilindro hialino. Ocorrem quando há estase prolongada por obstrução tubular e são frequentemente chamados cilindros da insuficiência renal. São comumente encontrados nos pacientes com insuficiência renal crônica e também em caso de rejeição de transplantes, hipertensão maligna e outras doenças renais agudas (síndrome nefrótica e glomerulonefrite aguda).

Cilindros graxos. São produtos da desintegração dos cilindros celulares, produzidos por decomposição dos cilindros de células epiteliais que contêm corpos adiposos ovais. Estão presentes na síndrome nefrótica, na nefropatia diabética, em doenças renais crônicas e nas glomerulonefrites (Figura 16.10).

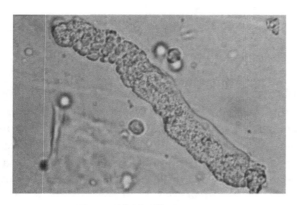

Figura 16.10 Cilindro graxo.

Muco

O muco é uma proteína fibrilar formada pelo epitélio tubular renal e pelo epitélio vaginal. Não é considerado clinicamente significativo. O aumento da quantidade de filamentos de muco na urina feminina está comumente associado com contaminação vaginal (Figura 16.11).

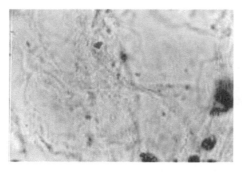

Figura 16.11 Muco.

Cristalúria

Os cristais presentes na urina são classificados, de acordo com o pH, em cristais de urina ácida, neutra ou alcalina:

- *Urina com pH ácido:* oxalato de cálcio, ácido úrico e urato amorfo.
- *Urina com pH neutro:* biurato de amônio, carbonato de cálcio, oxalato de cálcio e fosfato triplo.
- *Urina com pH alcalino:* fosfato triplo, biurato de amônio, carbonato de cálcio, fosfato de cálcio e fosfato amorfo.

CONTROLE INTERNO DA QUALIDADE

O laboratório clínico pode preparar a amostra-controle para monitorar o desempenho das tiras reagentes e dos reagentes empregados nos métodos químicos e para determinar a densidade com o uso de densímetro. A amostra preparada é empregada para verificar o desempenho da densidade, pH, cetonas, eritrócitos, glicose, proteína e hemoglobina. Existem, também, preparações comerciais para este fim.

Bibliografia consultada

ASSOCIAÇÃO BRASILEIRA DE NORMAS TÉCNICAS. Comitê Brasileiro de Análises Clínicas e Diagnóstico *in vitro*. **Laboratório clínico – Requisitos e recomendações para o exame de urina.** ABNT NBR 15.268:2005, Rio de Janeiro, 2005.

DELANEY, M.P.; TiPROCE, C.P.; LAMB, E.J. Kidney function and disease. In: BURTIS, C.A.; ASHWOOD, E.R.; BRUNS, D.E. **Tietz: Fundamentals of clinical chemistry.** 6 ed. Philadelphia: Saunders, 2008:631-53.

COHEN, E.P.; LEMANN Jr, J. The role of the laboratory in evaluation of kidney function. **Clin. Chem., 37:**785-96, 1991.2

GRAFF, S.L. **Analisis de orina: Atlas color.** Buenos Aires: Panamericana, 1985. 222p.

LOBATO, O. Valorização clínica do exame comum de urina. **Revista CASL, 27:**23-38, 1965.

MEDEIROS, A.S. **Semiologia do exame sumário de urina.** Rio de Janeiro: Guanabara Koogan, 1981. 123p.

WHITWORTH, J.A.; LAWRENCE J.R. **Textbook of renal disease.** New York: Churchill Livingstone, 1994. 505p.

16.2 CÁLCULOS URINÁRIOS

Litíase, cálculo urinário ou pedra no rim é uma desordem manifestada pela formação de cálculo renal. A presença de cálculos nos rins ou em qualquer parte do aparelho urinário, além de causar forte dor, pode infringir sérios danos teciduais. Esses cálculos começam bem pequenos e vão crescendo. O desenvolvimento, o formato e a velocidade de crescimento dessas estruturas dependem da concentração das diferentes substâncias químicas presentes na urina. Acredita-se que o crescimento dos cálculos pode ser acelerado por substâncias denominadas *promotoras* e retardado por substâncias ditas *inibidoras*. A urolitíase tem prevalência de 1% a 5% e pico de incidência em pessoas com 30 a 50 anos de idade. É duas vezes mais comum no sexo masculino. Cerca de 80% dos cálculos são eliminados espontaneamente.

Cálculos são, geralmente, formados pela precipitação e aderência como agregados de vários componentes de baixa solubilidade, porém normais da urina. O mecanismo de formação dos cálculos está relacionado com a cristalização e a precipitação de determinadas substâncias, quando presentes em grandes concentrações na urina. São formados pela combinação de bactérias, células epiteliais, sais minerais em uma matriz proteica e muco.

Muitas vezes, a precipitação de compostos relativamente insolúveis é iniciada ou agravada por infecção, problemas no processo de absorção ou eliminação dos produtos que podem formar cristais, casos de cálculos urológicos na família (condição genética), baixa ingestão de líquidos ou desidratação crônica, desordens alimentares, doenças intestinais, gota, obstrução urinária (crescimento da próstata, estenose de ureter ou de uretra, e também nos casos de problemas na musculatura da bexiga), história familiar, ocupacional (sedentarismo), alterações anatômicas do trato urinário (obstruções ou dilatações do trato urinário), ambientais (clima seco e quente) e dietéticas (consumo excessivo de sal e proteína animal e erros alimentares).

A maioria dos cálculos consiste em oxalato de cálcio (30% do total), fosfato de cálcio (10% do total), ou em uma mistura de ambos (25% do total). O fosfato amônio-magnesiano contribui com 25% de todos os cálculos, sendo o ácido úrico responsável por 5% e a cistina por 2%.

Uma vez formado, o cálculo tende a crescer por agregação, a menos que seja desalojado e desça através do trato urinário para ser excretado. Os cálculos maiores podem permanecer no rim ou obstruir um ureter, do qual deve ser removido por cirurgia.

A passagem de cálculo para os ureteres inferiores produz dor aguda do tipo cólica renoureteral, localizada no flanco e irradiando-se para a fossa ilíaca, os testículos ou os grandes lábios. A hematúria macroscópica é um achado urinário comum quando os sintomas de cálculo estão presentes. Se os cálculos obstruírem a pélvis renal ou o ureter, resultarão em hidronefrose.

Várias investigações mostraram que uma matriz orgânica parece ser componente essencial a todos os cálculos urinários. A matriz mucoide contém 69% de proteínas, 14% de carboidratos, 12% de componentes inorgânicos e 10% de água. O precursor da matriz é uma proteína encontrada em pequenas quantidades na urina humana, a uromucoide. O mecanismo exato de como a uromucoide é transformada em matriz e como agrega compostos orgânicos e inorgânicos para a formação do cálculo é desconhecido. Certas deficiências nutricionais e vários estados patológicos parecem desencadear o mecanismo. A recorrência de cálculos provavelmente envolve muitos fatores, como:

- Ingestão reduzida de líquidos (fluxo de urina).
- Excreção de quantidades excessivas de substâncias relativamente insolúveis (cálcio, ácido úrico, cistina ou xantina).
- Talvez, a ausência de uma substância na urina, que, sob condições normais, inibe a precipitação de alguns desses compostos insolúveis.

Vários tipos de cálculo estão associados com desordens específicas. São conhecidos vários tipos de cálculo segundo a composição:

Oxalato de cálcio com ou sem fosfato. São formados por urina concentrada, hipercalciúria (intoxicação pela vitamina D, hiperparatireoidismo, sarcoidose), síndrome do leite-álcali, ingestão excessiva de vitamina D, ingestão excessiva de leite e álcalis e certas doenças mieloproliferativas, câncer, osteoporose, acidose tubular renal, hipocitratúria, hiperuricosúria e hiperoxalúria.

Fosfato de amônio-magnésio (estruvita). As infecções do trato urinário tratadas com vários antibióticos são as principias causas de formação de cálculos de fosfato de amônio-magnésio.

Fosfato de cálcio. Ocorre em urinas alcalinas na acidose tubular renal, na ingestão de álcalis e na infecção por bactérias desdobradoras de ureia (p. ex., proteus e estafilococos).

Urato. Estão associados com hiperuricosúria (hiperuricemia, gota, dieta rica em purinas), desidratação e hiperacidez urinária (pH <5,0).

Cistina. São encontrados na hipercistinúria e formam-se em pacientes com deficiência inata de transporte de cistina pelas células dos túbulos renais e intestinos.

TESTES LABORATORIAIS NA INVESTIGAÇÃO DE FORMADORES DE CÁLCULOS

Testes de urina. No exame de urina, é comum a presença de hematúria, piúria e cristalúria. Recomendam-se, também, pesquisa de cistina e urocultura e dosagens em urina de 24 horas de só-

dio, cálcio, fósforo, ácido úrico, oxalatos e depuração de creatinina. O pH urinário é útil, pois urinas ácidas tendem a favorecer a formação de cálculos de ácido úrico, enquanto urinas alcalinas os dissolvem. Por outro lado, os cálculos de fosfato de amônio-magnésio ocorrem em pacientes com infecções recorrentes do trato urinário ou com urinas alcalinas persistentes.

Provas no soro sanguíneo. Cálcio, fósforo, ácido úrico, creatinina e eletrólitos.

Análise do cálculo.

Exame radiológico. Às vezes, são encontrados cálculos assintomáticos.

Bibliografia consultada

COE, F.L.; PARKS, J.H.; ASPLIN, J.R. The pathogenesis and treatment of kidney stones. **N. Engl. J. Med., 327:**1141-52, 1992.

DELANEY, M.P.; TiPROCE, C.P.; LAMB, E.J. Kidney function and disease. In: BURTIS, C.A.; ASHWOOD, E.R.; BRUNS, D.E. **Tietz: Fundamentals of clinical chemistry.** 6 ed. Philadelphia: Saunders, 2008:631-53.

KAPLAN, A.; JACK, R.; OPHEIM, K.E.; TOIVOLA, B.; LYON, A.W. **Clinical chemistry: interpretation and techniques.** Baltimore: Williams & Wilkins, 1995. 514p.

SAMUELL, C.T.; KASIDAS, G.P. Biochemical investigations in renal stone formers. **Ann. Clin. Biochem., 32:**112-22, 1995.

WALMSLEY, R.N.; WHITE, G.H. **Guide to diagnostic clinical chemistry.** London: Blackwell, 1994. 672p.

16.3 DOENÇAS RENAIS

O paciente portador de doença renal pode apresentar uma diversidade de sinais e sintomas, pois aparentemente existem inúmeras etiologias de disfunção renal. O laboratório clínico é de vital importância para estabelecer o diagnóstico, o tratamento e o prognóstico dessas enfermidades. A avaliação inicial deve enfatizar a identificação de causas reversíveis da disfunção renal.

Os estudos iniciais laboratoriais devem incluir:

- Exame de urina.
- Dosagem dos eletrólitos (sódio, potássio, cloretos, cálcio, magnésio e fosfato).

- Dosagem de compostos nitrogenados não proteicos (creatinina, ureia e ácido úrico).
- Determinação da taxa de filtração glomerular (TFG) por meio da depuração da creatinina.

Outros testes, como α-2-microglobulina, proteinúria, microalbuminúria, hematúria, hemoglobinúria e microglobinúria, produzem um quadro útil da integridade renal.

VASCULOPATIA RENAL

Entre as doenças renais mais comuns, encontram-se os distúrbios renovasculares, particularmente

CAPÍTULO 16 ▪ Rim e Função Renal

nas artérias renais. A disfunção renal, evidenciada por alterações morfológicas e funcionais, é causada, principalmente, por estreitamento ou oclusões no sistema arterial, provocando redução na perfusão para o parênquima renal.

As principais causas da vasculopatia renal são:

Oclusão da artéria renal. São comuns os casos de traumatismo abdominal grave. Na oclusão das artérias renais, também ocorrem:

- *Trombose.* Afeta as artérias principais ou segmentares.
- *Embolização de coágulo/vegetação.*
- *Embolização ateromatosa.* Em artérias renais de pequeno ou médio calibre.

Desenvolvem-se hipertensão secundária, dependente de renina, e a perda progressiva da função renal, em consequência da isquemia.

Trombose da veia renal. Afeta a veia renal principal e costuma ser encontrada comumente nas glomerulopatias nefróticas, principalmente na nefropatia membranosa.

Nefrosclerose benigna/maligna. Uma das complicações mais comuns da hipertensão essencial, constitui uma causa importante de insuficiência renal terminal.

Algumas alterações clínicas que ocorrem na enfermidade vascular incluem perda parcial da capacidade de concentração, proteinúria moderada e um ocasional sedimento urinário anormal. A velocidade de filtração glomerular pode permanecer normal ou levemente reduzida.

DOENÇAS GLOMERULARES

Existem síndromes clínicas que resultam em glomerulopatias. Entre as mais importantes estão a glomerulonefrite rapidamente progressiva, a nefropatia por IgA, as nefrites agudas, as glomerulopatias crônicas e a síndrome nefrótica. Muitas doenças sistêmicas também afetam a função glomerular e incluem: lúpus eritematoso sistêmico, poliangiite microscópica, crioglobulinemia, malignidade, endocardite bacteriana e infecções virais, como as associadas com hepatites B e C e HIV.

Avaliação laboratorial de pacientes com doenças glomerulares. As doenças glomerulares primárias se caracterizam por anormalidades na uri-

na, como proteinúria e hematúria, hipertensão, edema e, muitas vezes, função excretora renal reduzida. Exames laboratoriais são solicitados para pacientes que apresentam hipertensão ou insuficiência renal ou suspeitos de doença renal:

- Exame de urina com pesquisa de cilindros eritrocitários e leucocitários.
- Dosagem da proteinúria.
- Determinação da creatinina sérica.
- Avaliação da TFG (depuração).
- Testes de função hepática.
- Determinação da glicemia.
- Pesquisa de proteínas de Bence Jones em caso de suspeita de mieloma.
- Eletroforese de proteínas séricas.
- Testes sorológicos para pesquisa de autoanticorpos contra (1) antígenos antinucleares, (2) DNA de dupla hélice, (3) antígenos nucleares extraíveis (ENA).

GLOMERULONEFRITES

A glomerulonefrite é uma doença caracterizada por alterações inflamatórias difusas nos rins que não correspondem à resposta aguda dos rins à infecção. No entanto, o dano glomerular eventualmente afeta todas as funções renais pelo impedimento do fluxo sanguíneo através do sistema vascular peritubular. Assim, a doença avançada também apresenta danos estruturais dos túbulos, dos vasos sanguíneos e do tecido intersticial.

A *glomerulonefrite aguda* frequentemente ocorre como uma complicação tardia de uma faringite ou infecção de pele, sendo causada por uma cepa nefritogênica de estreptococos β-hemolíticos e caracterizada por início abrupto de hematúria, edema de face, oligúria, azotemia variável e hipertensão; os glomérulos renais geralmente mostram proliferação celular ou infiltrado de leucócitos polimorfonucleares.

A *glomerulonefrite crônica* é caracterizada por proteinúria persistente, insuficiência renal crônica e hipertensão; apresenta início insidioso ou ocorre como uma sequela tardia da glomerulonefrite aguda; os rins mostram-se simetricamente contraídos e granulares, com fibrose e perda de glomérulos e presença de atrofia tubular e fibrose intersticial.

As enfermidades glomerulares são, muitas vezes, mediadas imunologicamente, com formação de imunocomplexos circulantes que podem ser retidos na parede capilar glomerular durante a ultrafiltração (glomerulonefrite de progressão rápida), frequentemente como complicação de outra forma de glomerulonefrite ou de algum outro distúrbio, como o lúpus eritematoso sistêmico. Por outro lado, doenças tubulares e intersticiais são, às vezes, causadas por agentes tóxicos ou infecciosos. Os complexos imunes na glomerulonefrite causam proliferação celular, infiltração leucocítica e lesões no glomérulo. A deposição de complexo imune é encontrada após infecção pós-estreptocócica, quando o antígeno é estranho ao rim. Isso contrasta com a síndrome de Goodpasture, em que o anticorpo do complexo imune depositado no glomérulo é formado contra a membrana basal glomerular (anticorpos anti-MBG). Lesões renais no lúpus eritematoso sistêmico são causadas pela deposição de complexos DNA-anti-DNA no glomérulo. Outras causas de danos glomerulares incluem diabetes melito, amiloidose, mieloma múltiplo e síndrome de Alport. Esta última é uma desordem genética caracterizada por ocorrência familiar, em sucessivas gerações, de nefrite progressiva com danos glomerulares, perda de audição e defeitos oculares. O sinal mais comum é a hematúria.

SÍNDROME NEFRÓTICA

A síndrome nefrótica é uma glomerulonefropatia caracterizada por proteinúria maciça (>3 g/d), hipoalbuminemia (geralmente <2,5 g/dL), hipercolesterolemia (muitas vezes >350 mg/dL) e edema. A formação de edema – expansão do componente intersticial do volume líquido extracelular – ocorre em consequência da retenção renal de sal em presença de uma redução da pressão oncótica do plasma.

As glomerulopatias associadas à síndrome nefrótica são:

Nefropatia de alteração mínima. Também conhecida como lesão nula ou nefrose lipoide. Idiopática e secundária: linfoma de Hodgkin. A nefropatia é comum em crianças. Apresenta sedimento urinário "brando" (sem cilindros hemáticos), função renal normal e teores de complementos normais.

Nefropatia diabética. É a causa mais importante de doença renal terminal. Apresenta albuminúria persistente (>300 mg/d), declínio da taxa de filtração glomerular e hipertensão arterial. Em 15% a 20% dos pacientes com nefropatia diabética é encontrada a glomerulosclerose nodular de Kimmelstiel-Wilson.

Glomerulopatia membranosa. Nefropatia epi ou perimembranosa. Idiopática ou associada com carcinoma (pulmão, estômago e mama), fármacos ou infecção (hepatite B, sífilis).

Glomerulosclerose focal. Idiopática, secundária (consumo abusivo de heroína, nefropatia por refluxo vesicoureteral crônico, síndrome de imunodeficiência adquirida – AIDS).

Amiloidose. Amiloide idiopática, amiloide secundária: mieloma múltiplo, infecção crônica, osteomielite, tuberculose e febre familiar do Mediterrâneo. O diagnóstico depende de biópsia tecidual.

Crioglobulinemia mista essencial. Composta de fator reumatoide IgM monoclonal e IgG policlonal. Muitos pacientes têm uma infecção crônica subjacente pelo vírus de hepatite C.

Glomerulopatia membranoproliferativa tipos I, II e III (mesangiocapilar, hipocomplementêmica). Apresenta proteinúria com sedimento urinário "ativo" (presença de cilindros hemáticos).

Glomerulopatia mesangioproliferativa. Nefropatia por IgA/IgG (doença de Berger), não IgA, lúpus eritematoso sistêmico e púrpura anafilactoide.

Diagnóstico laboratorial. A síndrome nefrótica pode ocorrer como uma lesão renal primária ou como um componente secundário de uma doença sistêmica.

A proteinúria intensa pode exceder a 10 g/d, em razão do aumento da permeabilidade glomerular, principalmente para a albumina. A nefropatia de alteração mínima é mais comum em crianças. Os níveis de ureia e creatinina séricos muitas vezes estão normais. A glomerulopatia membranosa, por outro lado, ocorre com maior frequência em adultos. Muitos pacientes progridem para a insuficiência renal.

A hipoproteinemia é um reflexo da perda urinária de proteínas na síndrome nefrótica. A hiperlipidemia é causada pelo estímulo da síntese de LDL no fígado, secundária à redução dos níveis de albumina sérica.

O sedimento urinário apresenta corpos gordurosos ovais, gotas de gordura livre e cilindros

CAPÍTULO 16 ▪ Rim e Função Renal

graxos, com lipidúria secundária à hiperlipidemia. A hematúria é, geralmente, insignificante, mas, quando presente, é sugestiva de lúpus eritematoso sistêmico. Considera-se um sedimento urinário "ativo" a presença de cilindros hemáticos. Uma história de diabetes e hipertensão é consistente com a síndrome de Kimmelstiel-Wilson.

SÍNDROME NEFRÍTICA

A síndrome nefrítica descreve um quadro de lesão glomerular caracterizado pela presença súbita de hematúria com cilindros hemáticos ou eritrócitos dismórficos e proteinúria (geralmente >1.500 mg/d), indicando origem renal. Está associada à retenção de sódio e água, que resulta em hipertensão e edema. É também encontrada insuficiência cardíaca, com proteinúria entre moderada e severa.

As glomerulopatias associadas às síndromes nefríticas são:

Glomerulonefrite pós-infecciosa aguda. Ocorre por complicações pós-infecciosas por estreptococos β-hemolíticos do grupo A, infecções bacterianas não estreptocócicas (p. ex., estafilocócica, pneumocócica), infecções virais (p. ex., caxumba, varicela, hepatite B, vírus coxsáckie, mononucleose infecciosa), infecção por protozoários (p. ex., malária, toxoplasmose) e várias outras (p. ex., esquistossomose, sífilis), associada à endocardite infecciosa, que por sua vez está associada a um abscesso visceral (p. ex., abscessos pulmonares).

Glomerulonefrite rapidamente progressiva. Esta síndrome se caracteriza por hematúria originária do néfron (cilindros hemáticos e/ou hemácias dismórficas) com o rápido desenvolvimento de insuficiência renal (durante semanas ou meses) e a formação glomerular difusa de crescentes na biópsia renal. A gromerulonefrite pode ser (a) mediada por anticorpos anti-MBG (p. ex., síndrome de Goodpasture), (b) glomerulonefrite mediada por imunocomplexos, ou (c) glomerulonefrite não mediada imunologicamente.

Outras glomerulonefrites. Síndrome hemolítico-urêmicas, nefrite hereditária (síndrome de Alport), granulomatose de Wegener e periartrite nodosa.

Certas glomerulopatias apresentam um quadro clínico misto. Os sintomas nefróticos ou nefríticos podem dominar o quadro clínico, porém é frequente a ocorrência concomitante de nefrose e nefrite. As glomerulopatias com essas duas características são: a glomerulonefrite membranoproliferativa e a glomerulonefrite mesangioproliferativa.

INSUFICIÊNCIA RENAL AGUDA

A insuficiência renal aguda (IRA) inclui um grupo de estados clínicos associados com um súbito declínio da capacidade do rim em manter as funções homeostáticas renais, além de alterações eletrolíticas (hipercalcemia, hipocalcemia/hiperfosfatemia, hipermagnesemia), ácidos-bases e de volume. A insuficiência renal pode ser oligúrica (débito urinário <500 mL/d), ou anúrica. Em geral, é irreversível. Apresenta também azotemia.

Com propósitos terapêuticos, as condições associadas com a insuficiência renal aguda são classificadas como pré-renal, intrarrenal e pós-renal.

INSUFICIÊNCIA PRÉ-RENAL

Distúrbio funcional resultante de uma redução do volume efetivo de sangue arterial. A perfusão reduzida pode ser devida à insuficiência cardíaca, com débito cardíaco reduzido ou diminuição do volume vascular provocado por depleção de sódio ou perda sanguínea.

Quando a pressão arterial renal é <60 a 70 mm de Hg, a filtração glomerular diminui, sem a formação de urina. Ocorrem graus variáveis de redução na velocidade de filtração glomerular, apesar de o sistema autorregulador do rim tentar manter o suprimento de sangue ao órgão. A insuficiência pré-renal é prontamente revertida quando o suprimento de sangue ao rim é restabelecido. No entanto, a hipoperfusão prolongada pode provocar lesão renal permanente.

Os testes laboratoriais apresentam a relação ureia/creatinina aumentada. O exame qualitativo de urina não apresenta resultados anormais, apesar de poder aparecer leve proteinúria. A análise do sódio urinário apresenta resultados reduzidos, enquanto a relação creatinina urinária/creatinina sanguínea é maior que 14:1.

INSUFICIÊNCIA RENAL INTRÍNSECA

São muitas as causas da insuficiência renal intrínseca. As mais comuns são a *necrose tubular aguda* (isquemia prolongada; agentes nefrotóxicos, como metais pesados, aminoglicosídeos, meios de contraste radiográficos), glomerulonefrite, lesão arteriolar (hipertensão acelerada, vasculite, microangiopatias), nefrite intersticial aguda (induzida por medicamentos), deposição intrarrenal ou sedimentos (ácido úrico, mieloma), embolização do colesterol (especialmente procedimento pós-arterial), hemoglobinúria e mioglobinúria.

A insuficiência renal aguda isquêmica ocorre quando o suprimento sanguíneo ao rim é interrompido por mais de 30 minutos. Nesses casos, a correção do volume sanguíneo ou o débito cardíaco podem não normalizar a função renal normal.

O exame do sedimento urinário revela hematúria, numerosas células tubulares renais e cilindros celulares. A proteinúria pode estar ausente ou ser moderada. A concentração do sódio urinário aumenta, indicando lesão tubular e a incapacidade de conservar o sódio. A relação creatinina urinária/creatinina sérica geralmente é menor que 14:1.

Substâncias nefrotóxicas incluem vários metais e íons, como cloreto de mercúrio, urânio, chumbo, ouro, arsênico, fósforo, cromo, cádmio, bismuto e clorato. Certos antibióticos são potencialmente nefrotóxicos (grupo dos aminoglicosídeos, como a gentamicina e a vancomicina). Outros compostos nefrotóxicos são o tetracloreto de carbono, o álcool metílico e o etilenoglicol. Vários analgésicos, contrastes radiológicos renais e antissépticos também podem estar implicados. É interessante notar que várias substâncias potencialmente tóxicas ao rim, ao serem administradas, podem não provocar dano renal. Além disso, outros fatores, como desidratação e suprimento reduzido de sangue ao rim, exercem papel importante no dano renal.

INSUFICIÊNCIA PÓS-RENAL

A insuficiência renal aguda pode ser secundária à obstrução do trato urinário superior ou inferior. O diagnóstico precoce da obstrução é essencial para evitar a lesão renal permanente.

O exame de urina na uropatia obstrutiva pode apresentar proteinúria mínima. Hematúria e cristais são encontrados nos casos de cálculos ou tumores renais. A presença de cilindros hemáticos é uma forte evidência contra o diagnóstico de insuficiência renal aguda por causas renais. A existência de anúria é sugestiva de obstrução.

DOENÇAS TUBULOINTERSTICIAIS

Consistem em várias lesões renais cujas causas podem ser imunológicas, físicas, bacterianas e por substâncias químicas, e que podem provocar alterações que afetam fundamentalmente os tecidos intersticiais e os túbulos. Clinicamente, enfermidades que afetam o tecido tubular ou intersticial são caracterizadas por defeitos da função renal. Isto resulta no impedimento da capacidade de concentrar a urina, na perda de sal e na redução da capacidade de excretar ácidos, ou defeitos na reabsorção tubular renal e na secreção. Nos estágios crônicos da nefrite tubulointersticial são observados defeitos glomerulares, com proteinúria e hipertensão.

Distúrbios estruturais

- *Doenças císticas*. Doença renal policística, doença cística medular e cistos renais simples.
- *Doenças intersticiais crônicas*. Nefropatia por analgésicos, metais pesados, radiação e outras (nefrosclerose, nefropatia diabética).
- *Tumores renais*. Tumores benignos e carcinomas de células renais.

Distúrbios funcionais

- *Acidose tubular renal*. Compreendem desordens inerentes ou adquiridas, afetando tanto o túbulo proximal como o distal. Caracteriza-se por diminuição da capacidade de acidificar a urina e por concentrações plasmáticas baixas de bicarbonato e altas de cloreto, frequentemente com hipopotassemia.
- *Tubulopatias inerentes*. Compreende um conjunto heterogêneo de doenças raras, incluindo diabetes insípido nefrogênico, doença de Dent, síndrome de Bartter, síndrome de Liddle, síndrome de Gitelman e acidose tubular renal distal (tipos I e IV).

A nefropatia por uso abusivo de analgésicos é um tipo de nefrite crônica com necrose papilar renal. A fenacetina exerce papel significativo nesta ocorrência. A condição, geralmente, ocorre após décadas de ingestão crônica de analgésicos. A necrose papilar, uma complicação séria na qual o tecido da medula renal e, particularmente, a papila são destruídos, pode também estar presente na pielonefrite, no diabetes melito, na obstrução do trato urinário e na anemia falciforme.

A *pielonefrite*, enfermidade inflamatória dos rins, especialmente da pélvis renal adjacente, é uma complicação frequente da cistite não tratada e pode acarretar lesão nos tecidos renais, comprometimento da função renal, hipertensão e até mesmo septicemia. Os sinais clínicos são semelhantes aos da cistite, com febre, frequência urinária, disúria e dor lombar. Pode apresentar proteinúria moderada. A presença de cilindros leucocitários é diagnóstica de pielonefrite. Número aumentado de células tubulares renais e cilindros granulares, hialinos e de células epiteliais renais são úteis na distinção entre a pielonefrite e a cistite. Pacientes com pielonefrite também têm a capacidade de concentração urinária impedida. Parecem existir vários fatores que predispõem ao desenvolvimento de pielonefrite, os quais incluem obstrução urinária, cateterismo, refluxo vesicoureteral, gravidez, lesões renais preexistentes e diabetes melito. O sexo e a idade do paciente exercem papéis importantes. Pacientes tratados de pielonefrite devem realizar exames de urina e uroculturas de forma regular por 2 anos, pois são mais suscetíveis a bacteriúrias assintomáticas. A forma crônica de pielonefrite com lesão tubular é causada por infecções recorrentes provocadas por bactérias que ficam retidas nos rins, devido à existência de anormalidades estruturais ou de obstruções do trato urinário.

A *nefrite intersticial alérgica* ocorre por efeitos adversos a medicamentos, especialmente derivados da penicilina. Clinicamente, o paciente apresenta febre, exantema de pele, eosinofilia e disfunção renal. A enfermidade renal se manifesta por hematúria, proteinúria moderada, piúria sem bacteriúria e elevação da creatinina sérica.

O *mieloma múltiplo* também apresenta envolvimento renal com enfermidade tubulointersticial causada por complicações tumorais ou terapia. A hiperuricemia pode levar à doença renal por três mecanismos: nefropatia pelo ácido úrico agudo, nefropatia por urato crônico e nefrolitíase.

DOENÇA RENAL CRÔNICA

A doença renal crônica é definida como a presença de lesão renal ou nível reduzido de função renal durante ≥3 meses, manifestada por anormalidades estruturais ou funcionais do rim, com ou sem redução da TFG. Todos os indivíduos com TFG <60 mL/min/1,73m^2 durante um período ≥3 meses são classificados como tendo doença renal crônica, sem levar em consideração a presença ou ausência de lesão renal.

A doença renal crônica pode resultar de muitas etiologias diferentes e descreve a existência de uma insuficiência renal avançada e, em geral, de desenvolvimento gradual, progressivo e irreversível.

Os fatores de risco para doença renal crônica identificam os fatores de suscetibilidade e desencadeamento, e também os indivíduos sob risco alto de desenvolver doença renal crônica, além dos fatores de evolução, a fim de definir os indivíduos sob risco alto de agravamento da lesão renal e subsequente perda da função renal:

- *Fatores de suscetibilidade.* Idade avançada e história familiar.
- *Fatores desencadeantes.* Desencadeiam diretamente a lesão renal: diabetes, pressão arterial elevada, doenças autoimunes, infecções sistêmicas, infecções do trato urinário e toxicidade de fármacos.
- *Fatores de progressão.* Causam piora da lesão renal e declínio mais rápido da função, uma vez iniciada a lesão renal: nível mais elevado de proteinúria, nível mais alto de pressão arterial, controle precário da glicemia em diabetes e tabagismo.
- *Fatores de doença avançada.* Aumentam a morbidade e a mortalidade na insuficiência renal em fase final: dose mais baixa de diálise, acesso vascular temporário, anemia, albuminemia baixa e encaminhamento tardio.

Classificação da doença renal crônica por diagnóstico. Classificação quanto à patologia e à etiologia:

- *Doença renal diabética.* Diabetes tipo 1 e tipo 2.
- *Doenças glomerulares.* Doenças autoimunes, infecções sistêmicas, fármacos e neoplasias.
- *Doenças vasculares.* Doenças dos grandes vasos, hipertensão e microangiopatia.
- *Doenças tubulointersticiais.* Infecção do trato urinário, cálculo, obstrução, toxicidade de fármacos.
- *Doenças císticas.* Doença renal policística.
- *Doenças do transplante.* Rejeição crônica, toxicidade de fármacos (ciclosporina ou tacrolimus),

doenças recorrentes (glomerulares) e glomerulopatia do transplante.

Desfechos da doença renal crônica. Os dois mais importantes desfechos da doença renal crônica são:

- *Perda da função renal.* Na maioria dos pacientes com doença renal crônica, o nível da função renal tende a diminuir progressivamente ao longo do tempo. O desfecho mais grave é a insuficiência renal. A função renal diminuída está associada com complicações em virtualmente todos os sistemas de órgãos. Em geral, o risco de complicações depende do nível da função renal e do risco de perda subsequente da função renal.

- *Doença cardiovascular.* Nos pacientes com doença renal crônica, eventos de doença cardiovascular são mais comuns do que a insuficiência renal. Além disso, a doença renal crônica parece ser fator de risco para doença cardiovascular. O risco adicional para doença cardiovascular deve-se, em parte, a uma prevalência mais alta das condições reconhecidas como fatores de risco para doença cardiovascular na população geral (fatores de risco "tradicionais" para DCV) e a fatores hemodinâmicos e metabólicos característicos da doença renal crônica.

Avaliação laboratorial de pacientes com doença renal crônica

- Creatinina sérica para estimar a TFG.
- Razão proteína urinária/creatinina urinária ou albumina urinária/creatinina urinária (positivo ≥30 mg/g) em amostra da primeira urina da manhã ou isolada, coletada aleatoriamente e sem tempo determinado.
- Exame do sedimento urinário (presença de hemácias, cilindros eritrocitários, leucócitos, cilindros leucocitários, células tubulares, cilindros celulares, cilindros granulosos, gordura) ou fita reagente para hemácias e leucócitos.
- Eletrólitos séricos (sódio, potássio, cloreto e bicarbonato).

CISTITE

A infecção do trato urinário caracteriza-se pela presença de bacteriúria (ou, ocasionalmente, fungúria) e piúria. A infecção é comprovada pela urocultura.

A cistite é uma enfermidade inflamatória da bexiga. A análise do sedimento urinário pode mostrar piúria, bacteriúria e hematúria. Proteinúria e cilindros patológicos estão ausentes, a menos que existam outras doenças renais concomitantes, além de cistite. Os testes de função renal podem estar normais.

As manifestações clínicas são: dor, desconforto ou sensação de queimação à micção, assim como frequência urinária.

SÍNDROME URÊMICA

A síndrome urêmica é a manifestação terminal da insuficiência renal; consiste em um conjunto de sintomas, sinais clínicos e achados anormais nos estudos diagnósticos que resultam no colapso dos rins em manter as funções adequadas de excreção, regulação e endócrina. Os sinais e sintomas clínicos podem surgir como consequência direta da disfunção de órgãos secundária ao "estado urêmico" ou como resultado indireto da disfunção primária de outro sistema.

É de grande utilidade caracterizar a enfermidade renal progressiva em quatro estágios, definidos pela percentagem da função renal existente e pelas concentrações de creatinina e ureia. A uremia corresponde ao estágio final da insuficiência renal crônica (Tabela 16.2).

As características bioquímicas da síndrome urêmica são:

Retenção de metabólitos nitrogenados. Ureia, cianato, creatinina, compostos guanidínicos, "moléculas médias", ácido úrico.

Distúrbios líquidos, ácidos-bases e eletrolíticos. Osmolalidade urinária fixada, acidose metabólica (redução do pH sanguíneo, bicarbonato), hipo ou hipernatremia, hipo ou hiperpotassemia,

Tabela 16.2 Estágios de enfermidade renal crônica progressiva

Estágio	Função renal existente (%)	Creatinina (mg/dL)	Ureia (mg/dL)
Redução da função renal	50 a 75	1,0 a 2,5	32 a 64
Insuficiência renal	25 a 50	2,5 a 6,0	54 a 128
Colapso renal	10 a 25	5,5 a 11	118 a 235
Síndrome urêmica	0 a 10	>8,0	>170

CAPÍTULO 16 ▪ Rim e Função Renal

hipercloremia, hipocalcemia, hiperfosfatemia, hipermagnesemia.

Intolerância a carboidratos. Resistência à insulina (insulina plasmática normal ou aumentada, resposta retardada à sobrecarga de carboidratos) e hiperglucagonemia.

Matabolismo lipídico anormal. Hipertrigliceridemia, redução do HDL-colesterol e hiperlipoproteinemia.

Distúrbios endócrinos. Hiperparatireoidismo secundário, osteomalacia (secundária ao metabolismo anormal da vitamina D), hiper-reninemia, hiperaldosteronismo, hiporreninemia, hipoaldosteronismo, redução da produção de eritropoetina, metabolismo da tiroxina alterado, disfunção gonadal (aumento da prolactina e do hormônio luteinizante; redução de testosterona).

As consequências clínicas da uremia são:

Efeitos cardiovasculares. Hipertensão arterial, aterosclerose acelerada, arritmias, pericardite urêmica, insuficiência cardíaca congestiva e pulmão urêmico.

Anormalidades hematológicas. Anemia normocítica normocrômica, distúrbios hemorrágicos e disfunção dos leucócitos.

Osteodistrofia renal. Osteíte fibrosa, osteomalacia, osteoporose, osteosclerose e calcificações metastáticas.

Doenças digestórias. Anorexia, náusea, vômitos, perturbação do paladar, gastrite, úlcera péptica e hemorragia digestiva.

Manifestações musculoesqueléticas. Fraqueza muscular, gota e pseudogota.

Bibliografia consultada

ANDREOLI, T.E.; BENNETT, J.C.; CARPENTER, C.C.J.; PLUM, F. **Cecil: Medicina interna básica.** 4 ed. Rio de Janeiro: Guanabara Koogan, 1997:171-241.

DELANEY, M.P.; TiPROCE, C.P.; LAMB, E.J. Kidney function and disease. In: BURTIS, C.A.; ASHWOOD, E.R.; BRUNS, D.E. **Tietz: Fundamentals of clinical chemistry.** 6 ed. Philadelphia: Saunders, 2008:631-53.

LOBATO, O. Elaboração diagnóstica em nefrologia. **Revista CASL, 27:**71-90, 1965.

STRASINGER, S.K. **Uroanálise e fluidos biológicos.** 3 ed. São Paulo: Editorial Premier, 1996. 233p.

Capítulo 17

Hormônios

17.1 Hipófise anterior 268
Hormônio de crescimento (GH) 269
Somatomedina C (IGF-1) 270
   Determinação da somatomedina C (IGF 1) 271
Proteína ligadora dos fatores de
   crescimento insulino-símiles (IGFBP-3) 271
Prolactina (PRL) 271
   Determinação da prolactina 272
Hormônio folículo-estimulante (FSH) 272
   Determinação do FSH 273
Hormônio luteinizante (LH) 273
   Determinação do LH 273
Hormônio estimulante da tireoide (TSH) 274
Hormônio adrenocorticotrófico (ACTH) 274
   Determinação do ACTH 275
Hipopituitarismo 275
17.2 Hipófise posterior 276
Hormônio antidiurético (HAD) (vasopressina) 276
   Determinação do HAD 276
   Teste de restrição hídrica 277
Oxitocina 277
17.3 Glândula tireoide 278
Transporte plasmático e mecanismo de ação 278
Regulação da função tireoidiana 279
Disfunções da tireoide 279
   Hipertireoidismo (tireotoxicose) 279
   Hipotireoidismo 281
Tiroxina (T_4) 282
Tiroxina livre (T_4L) 282
Tri-iodotironina (T_3) 283
Tri-iodotiramina livre (T_3L) 283
T_3 reverso (rT_3) 283
Anticorpos antitireoidianos 284
Calcitonina 284
17.4 Medula suprarrenal 285
Metanefrina e normetanefrina 286
Catecolaminas 286
   Teste de supressão com clonidina 287
Ácido vanilmandélico (VMA) 287
Ácido homovanílico 287
17.5 Córtex suprarrenal 288
Cortisol 288
   Hipocortisolismo 289
   Hipercortisolismo 290

   Determinação do cortisol plasmático 290
Cortisol livre urinário (CLU) 290
   Determinação do cortisol urinário 290
   Teste de supressão com dexametasona 291
Aldosterona 291
   Hiperaldosteronismo 291
   Hipoaldosteronismo 292
   Determinação da aldosterona 292
Renina 292
   Determinação da renina 293
17.6 Hormônios sexuais 294
Androgênios 294
   Determinação da testosterona total 295
Testosterona livre 296
   Determinação da testosterona livre 296
Sulfato de deidroepiandrosterona 296
Androstenediona 297
   Determinação de androstenediona 297
Estrogênios 297
Estradiol (E_2) 297
Estriol (E_3) 298
   Determinação do estriol 298
Progesterona 298
   Determinação da progesterona 299
17.7 Hormônios da gravidez 299
Gonadotrofina coriônica humana (hCG) 300
   Determinação da hCG 300
Lactogênio placentário humano (hPL) 300
Esteroides na gravidez 301
17.8 Paratireoide e metabolismo ósseo 301
Paratormônio 301
   Determinação do PTH 302
Paratormônio relacionado à proteína (PTH-rP) 302
   Determinação de PTH-rP 302
Osteocalcina (BGP) 303
AMP-cíclico 303
   Determinação do AMP-cíclico 303
17.9 Hormônios pancreáticos 304
Insulina 304
   Determinação da insulina 304
Proinsulina 304
   Determinação da proinsulina 305
Peptídeo C 305
   Determinação do peptídeo C 305

A endocrinologia consiste no estudo da natureza, da regulação, do mecanismo de ação e dos efeitos biológicos de moléculas mensageiras conhecidas como hormônios (do grego *hormon:* "excitar ou colocar em movimento"). Hormônio refere-se a qualquer substância em um organismo que carregue um sinal, produzindo algum tipo de alteração em nível celular. Os diferentes modos de transporte e as características funcionais dos hormônios são:

Hormônios endócrinos. Sintetizados em um local e liberados no plasma; ligam-se a receptores específicos nas células-alvo em um sítio distante para provocar uma resposta característica (p. ex., a ação do hormônio tireoestimulante [TSH] liberado da glândula hipófise anterior sobre a tireoide).

Hormônios neuroendócrinos. Gerados nas terminações nervosas e liberados no espaço extracelular; interagem com receptores de células em sítios distantes (p. ex., ação da noradrenalina sintetizada nas terminações do nervo esplâncnico sobre o coração).

Hormônios neurócrinos. Produzidos nos neurônios e liberados no espaço extracelular; ligam-se aos receptores de célula adjacente, afetando sua função (p. ex., a ação sobre as células do músculo cardíaco da noradrenalina sintetizada nas terminações nervosas no coração).

Hormônios neurotransmissores. Formados nos neurônios e liberados nas terminações nervosas; atravessam a sinapse e ligam-se aos receptores específicos em outro neurônio, afetando sua ação (p. ex., liberação de acetilcolina dos nervos pré-ganglionares e ligação ao receptor pós-ganglionar com liberação de noradrenalina).

Hormônios parácrinos. São produzidos em células endócrinas e liberados no espaço intersticial; deslocam-se a uma distância relativamente pequena para interagir (p. ex., liberação da somatostatina pelas células δ e sua subsequente ação inibitória sobre as células α [glucagon] e β [insulina] adjacentes na mesma ilhota pancreática).

Hormônios autócrinos. Sintetizados nas células endócrinas e, muitas vezes, liberados no espaço intersticial, ligam-se aos receptores específicos na célula de origem, autorregulando, desse modo, sua própria ação.

Hormônios exócrinos. Formados nas células endócrinas e liberados no lúmem intestinal, ligam-se às células de revestimento do sistema digestório em distâncias variadas das células endócrinas, afetando sua função (p. ex., a liberação de gastrina pelas células da mucosa intestinal e sua ação sobre a secreção ácida gástrica pelo estômago).

Os hormônios variam substancialmente com respeito à sua composição, transporte, metabolismo e mecanismos de ação. Entretanto, podem ser agrupados em três categorias: *hormônios peptídicos, hormônios derivados de aminoácidos* e *hormônios esteroides.*

17.1 HIPÓFISE ANTERIOR

A glândula hipófise (pituitária) está localizada em uma cavidade da base do crânio na sela turca e, anatomicamente, está dividida em lóbulo anterior (adeno-hipófise), um lóbulo intermediário rudimentar e um lóbulo posterior (neuro-hipófise). A glândula é pequena (≤ 1 cm) e pesa, aproximadamente, 500 mg.

A hipófise é uma glândula formada por vários tipos celulares, cujos produtos de secreção estimulam outras glândulas endócrinas periféricas a sintetizar e secretar hormônios envolvidos em funções diversas, como crescimento, desenvolvimento neuropsicomotor, maturação sexual, fertilidade, controle do gasto energético, regulação do metabolismo de carboidratos, lipídios e proteínas e manutenção do balanço hidroeletrolítico. A secreção hormonal hipofisária é regulada por hormônios hipotalâmicos e pelos hormônios produzidos pelas glândulas endócrinas periféricas

A região anterior da hipófise, ou adeno-hipófise, de origem ectodérmica, produz o hormônio do crescimento (GH), o hormônio folículo-estimulante (FSH), o hormônio luteinizante (LH), o

CAPÍTULO 17 • Hormônios

hormônio estimulador da tireoide (TSH), o hormônio adrenocorticotrófico (ACTH) e a prolactina (PRL). A região posterior, ou neuro-hipófise, de origem neural, produz o hormônio antidiurético (ADH) e a ocitocina.

A deficiência na produção ou na ação de qualquer um dos hormônios da adeno-hipófise é denominada hipopituitarismo. Quando ocorre deficiência de mais de um hormônio, denominamos pan-hipopituitarismo.

HORMÔNIO DE CRESCIMENTO (GH)

Hormônio polipeptídico produzido pelas células somatotróficas da hipófise anterior, é essencial para o crescimento e o desenvolvimento das cartilagens e dos ossos, sendo sua ação indireta. Primeiramente, o fígado é estimulado pelo GH a produzir proteínas chamadas somatomedinas (fatores de crescimento). Duas somatomedinas são encontradas no plasma humano: a *somatomedina A* (*insuline-like growth factor II*), ou *IGF-2*, e a *somatomedina C* (*insuline-like growth factor I*), ou *IGF-1*. Os IGF-1 ligam-se a receptores das células das cartilagens e dos ossos para estimular a síntese de DNA e o crescimento celular.

A regulação da secreção parece ser multifacetada. O hipotálamo contém *hormônio liberador do hormônio de crescimento* (GH-RH), um pequeno poliptídeo que estimula a secreção de GH. Também está presente no hipotálamo o *hormônio inibidor do GH* (somatostatina). Esses dois hormônios atuam juntos na regulação da concentração do GH circulante. Sua secreção é pulsátil, havendo vários picos diários, com maiores amplitude e frequência durante o sono (estágios III e IV), aumentando durante a puberdade e diminuindo com o avançar da idade. Além disso, a hipoglicemia induz a secreção de GH, assim como a de alguns aminoácidos. O GH estimula a produção de RNA, a síntese *de novo* de proteínas, e mobiliza os ácidos graxos (lipólise) e a insulina. A secreção de GH é influenciada por fármacos, fatores neurogênicos, neurotransmissores (dopamina, noradrenalina e serotonina), por exercícios físicos e por situações de estresse (traumatismo, cirurgia, infeccão, fator psicogênico), sempre por meio da interação em nível hipotalâmico.

A *deficiência de hormônio de crescimento* (DGH) é caracterizada por uma combinação de anormalidades antropométricas, clínicas, bioquímicas e metabólicas causadas, diretamente, pela secreção deficiente do GH e, indiretamente, pela redução na geração de hormônios e fatores de crescimento GH-dependentes.

As manifestações da produção excessiva do GH dependem sobremaneira da idade do paciente na ocasião em que surge a anormalidade. O crescimento linear do esqueleto irá resultar em *gigantismo* se o GH estiver presente em quantidades excessivas antes do fechamento das epífises. Após seu fechamento, a presença de GH em excesso provoca *acromegalia*, que se caracteriza por alterações físicas nos ossos e nos tecidos moles, bem como anormalidades metabólicas que refletem as ações fisiológicas desse polipeptídeo.

Em função das variações fisiológicas do GH durante o dia (cerca de oito picos diários em jovens), uma amostra isolada de GH sérico pode não ser útil, mesmo em jejum, para diagnóstico ou exclusão de acromegalia. Muitas vezes, deve-se recorrer aos testes de avaliação da reserva de GH (testes funcionais).

A investigação laboratorial da DGH baseia-se na análise direta da secreção do GH ou, indiretamente, em dosagens do fator de crescimento insulino-símile 1 (IGF-1 ou somatomedina C) e de sua proteína ligadora (IGFBP-3 – *insulin-like growth factor binding protein-3*), que apresentam as suas concentrações séricas dependentes da ação do GH.

GH basal

O GH sérico basal normalmente é baixo ou indetectável, e sua dosagem não contribui para o diagnóstico de DGH. Somente terá valor diagnóstico quando estiver elevado, como na síndrome de resistência ao GH, condição muito rara. Não deve ser dosado isoladamente.

Valores de referência para o GH (ng/mL)	
Adultos	0 a 10
Sangue do cordão umbilical	8 a 41
Recém-nascidos	5 a 27
Crianças (1 a 12 meses)	2 a 10

Valores elevados. Acromegalia/gigantismo, anorexia nervosa, cirurgia, cirrose, estados de sono profundo, estresse, hiperpituitarismo, desnutrição, exercício físico, hipoglicemia em jejum, insuficiência renal crônica, doenças agudas e lactentes. *Fármacos:* α-adrenérgicos (clonidina), antagonistas β-adrenérgicos (propranolol), anticoncepcionais orais, bromocriptina, clonidina, estrogênios, glucagon, levodopa e vasopressina.

Valores reduzidos. Deficiência congênita do hormônio de crescimento, degeneração hipotalâmica, fibrose ou calcificação da hipófise, hiperglicemia, hipodesenvolvimento, hipopituitarismo, hipoplasia hipofisária congênita, lesão (da hipófise ou do hipotálamo) e nanismo. Níveis baixos ou indetectáveis são de utilidade relativa no diagnóstico da baixa estatura. Deve-se, assim, recorrer aos testes de avaliação da reserva do hormônio de crescimento para estudo de sua secreção.

Testes para avaliação da reserva do hormônio de crescimento (GH)

A detecção de deficiências do GH em crianças com atraso de crescimento é de fundamental importância. As determinações isoladas do GH apresentam pouca utilidade porque os teores de hormônio são normalmente baixos em condições basais. Existe um extenso cardápio de testes funcionais para avaliação da reserva secretória de GH, cada qual com sua particularidade relacionada a custo, eficácia de estímulo e efeitos colaterais. A determinação de IGF-1 e IGFBP-3 pode ajudar a selecionar os pacientes que deverão ser submetidos a testes de estímulos para avaliar a secreção de GH.

* *Teste de supressão do GH com glicose.* Diagnóstico de hipersecreção autônoma de GH (acromegalia). Em paciente em jejum, administram-se 75 g de glicose por via oral (ou 1,75 g/kg de peso em crianças) com coletas seriadas de sangue venoso: amostra basal e 30, 60, 90, 120 e 180 minutos após a ingesta de glicose. É considerada resposta normal a queda para níveis <2 ng/mL na amostra de 60 minutos após a ingesta de glicose. Valores de referência: <1 ng/mL. A supressão parcial (valores >5,0 ng/mL) ou a ausência de supressão do GH estabelece o diagnóstico de acromegalia.
* *Teste do estímulo com insulina.* É um teste confiável, apesar da necessidade de supervisão contínua do paciente durante a execução. É con-

traindicado para pacientes com problemas cardíacos e para compulsivos. A hipoglicemia (glicemia <40 mg/dL) é induzida por infusão endovenosa de insulina, na dose 0,05 a 0,1 U/kg de peso.

* *Teste de estímulo com clonidina.* O mais empregado atualmente, apresenta sonolência e hipotensão como efeitos colaterais. Os pacientes não devem realizar atividades físicas no dia do teste. Após repouso de 15 minutos, administrar clonidina (Atensina® por via oral – 0,1 mg/nm^2 de superfície corporal). Coletas nos tempos –30, 0, 15, 30, 45, 60 e 90 minutos. Além do GH, dosar a glicemia e o cortisol. Valores de referência: >5 ng/mL.
* *Teste de estímulo com glucagon.* Glucagon (0,03 mg/kg, dose máxima de 1 mg, via intramuscular) e GH-RH (1 g/kg, via endovenosa). Coletas em 0, 30, 60, 90, 120, 150 e 180 minutos. Além do GH, dosar a glicemia e o cortisol. Efeitos colaterais: náusea, vômitos e dor abdominal (15%). Pode também avaliar a reserva de corticotrofos.

SOMATOMEDINA C (IGF-1)

As somatomedinas, ou IGF (*insulin-like growth factor* – fator de crescimento insulino-símile), constituem uma família de fatores peptídicos produzidos, principalmente no fígado, por estímulo do GH. Em pacientes com deficiência de GH (nanismo hipofisário), seus valores encontram-se muito abaixo do normal. No entanto, em casos de baixa estatura, os níveis baixos nem sempre são indicativos de hipossomatotrofismo. A somatomedina C (IGF-1) é um índice sensível do estado nutricional, o que deve ser levado em conta quando se utiliza sua dosagem para o diagnóstico da baixa estatura.

Aconselha-se a interpretação dos níveis de somatomedina C (IGF-1), levando-se em consideração a maturação óssea (idade óssea), mais que a idade cronológica da criança. A somatomedina C tem-se revelado um excelente marcador na acromegalia, tanto no diagnóstico como na monitoração terapêutica. É de grande utilidade no diagnóstico do nanismo de Laron, em que existe uma resistência periférica à ação do GH, com consequente baixa concentração de somatomedina C.

C A P Í T U L O 17 • Hormônios

Determinação da somatomedina C (IGF-1)

Paciente. Jejum de 12 horas.

Amostra. Plasma coletado com EDTA. Coletar em tubo e seringa gelados. Centrifugar sob refrigeração.

Valores de referência para a somatomedina C (IGF-1) (ng/mL)	
Idade (anos)	Ambos os sexos
0 a 2	3,7 a 131
2 a 3	24,3 a 152
3 a 4	44,0 a 117
4 a 5	30,0 a 150
5 a 6	33,0 a 276
6 a 7	33,0 a 276
30 a 40	100,0 a 494
40 a 50	101,0 a 303
50 a 70	78,0 a 258

Os níveis de IGF-1 apresentam variação de 15% durante o dia, caindo a 30% durante o sono.

Valores elevados. Acromegalia/gigantismo, puberdade precoce verdadeira, exercício, gravidez, insuficiência renal, retinopatia diabética. *Fármacos:* androgênios e dexametasona.

Valores reduzidos. Hipopituitarismo, deficiência isolada de GH, inanição, diabetes melito, hipotireoidismo, síndrome de privação materna, atraso puberal, doença hepática, nanismo de Laron, síndrome de Down, tumores de hipófise não funcionantes. *Fármacos:* androgênios e tamoxifeno.

PROTEÍNA LIGADORA DOS FATORES DE CRESCIMENTO INSULINO-SÍMILES (IGFBP-3)

Os fatores de crescimento insulino-símiles IGF-1 e IGF-2 constituem uma família de peptídeos com homologia estrutural à insulina, com potentes ações anabólicas e mitogênicas. No plasma, assim como em outros fluidos biológicos, os IGF estão ligados a uma família de proteínas ligadoras (IBFBP). Seis IGFBP foram descritas. A IGFBP-3 constitui a principal IGFBP do plasma no período pós-natal. Sua determinação parece ser de considerável valor na avaliação de desordens do eixo GH-IGF, sendo, como o IGF-1, GH-dependente. Apresenta níveis plasmáticos mais estáveis e vantagens metodológicas sobre o IGF-1.

A IGFBP-3 é a principal proteína ligadora dos IGF no plasma na vida pós-natal.

Valores de referência para a proteína ligadora dos fatores de crescimento insulino-símile (IGFBP-3) (mg/L)		
Idade (anos)	Masculino	Feminino
1 a 5	0,90 a 3,28	2,47 a 2,80
5 a 7	1,18 a 4,18	0,77 a 3,06
7 a 9	1,71 a 4,45	2,50 a 4,05
9 a 11	1,66 a 5,13	1,69 a 5,90
11 a 13	1,22 a 6,49	2,71 a 6,34
13 a 15	2,04 a 5,34	2,69 a 5,33
15 a 18	1,91 a 6,79	1,70 a 5,90
Adultos	2,10 a 5,01	1,70 a 5,90

Valores aumentados. Acromegalia e insuficiência renal.

Valores reduzidos. Doenças hepáticas, jejum prolongado, gravidez, moléstias agudas. Ocorre aumento na infância, com pico na puberdade e queda gradativa no adulto. *Fármacos:* glicocorticoides.

PROLACTINA (PRL)

A prolactina é um hormônio proteico produzido pelas células lactotróficas do lóbulo anterior da hipófise e que, durante a gravidez, junto com outros hormônios, promove o crescimento mamário para a produção de leite e estimula a lactação no período pós-parto. A PRL tem outros efeitos, incluindo importante papel na manutenção do sistema imune e na esteroidogênese ovariana. A sua estrutura contém 199 aminoácidos, com três pontes dissulfito e sequência homóloga àquela do *hormônio de crescimento* (GH) e do *hormônio lactogênico placentário* (HPL). A PRL está presente também em mulheres não lactantes, homens e crianças, com níveis séricos menores que os encontrados em mulheres grávidas.

A secreção de PRL é ativada pelo *hormônio liberador de tireotrofina* (TRH) e inibida pela *dopamina, endotelina-1, calcitonina, TGF-β*, provenientes do hipotálamo e que, por sua vez, são estimulados por estrogênios e noradrenalina e inibidos por testosterona, estradiol, progesterona, inibina, dopamina e opioides endógenos.

Determinação da prolactina

Paciente. Jejum de 12 horas. Antes da coleta, manter o paciente por 1 hora em repouso com veia cateterizada.

Amostra. Soro sanguíneo. A lipemia pode interferir nos resultados.

Valores de referência. Homens adultos: 0,6 a 16 ng/mL; mulheres adultas: fase folicular: 0,6 a 119 ng/mL; fase luteínica: até 30 ng/mL; gravidez (terceiro trimestre): 40 a 600 ng/mL.

Valores elevados. A hiperprolactemia (síndrome de galactorreia-amenorreia) é a desordem hipotalâmico-hipofisária mais comum. Pode ser encontrada em:

- *Causas fisiológicas.* Gravidez, amamentação (em presença, também, de outros fatores, como estrogênios, progesterona, cortisol e insulina), estímulo dos mamilos, exercício físico, estresse, sono, período neonatal, hormônio hipotalâmico TRH.

- *Causas patológicas.* Adenomas hipofisários – microadenoma ou macroadenoma – em mulheres provocam amenorreia e/ou galactorreia, além de anovulação, com ou sem irregularidade menstrual; no homem, manifestam-se como ginecomastia e redução da função das gônadas – hipogonadismo – levando a oligospermia e/ou impotência; lesões da haste hipotálamo-hipofisária (cirúrgicas, traumáticas ou compressivas); síndrome da sela vazia; lesões pituitárias (prolactinoma, adenomas mistos, acromegalia); insuficiência renal crônica; doenças infiltrativas (sarcoidose, tuberculose, granuloma eosinofílico); doença hepática grave; ovários policísticos; doença de Cushing; hipotireoidismo primário; acromegalia; neoplasias (craniofaringioma, astrocitomas); álcool e estresse.

- *Fármacos.* Causa bastante comum. Neurolépticos (fenotiazinas, butirofenonas, tioxantenos), reserpina, metoclopramida (antiemético), TRH (hormônio liberador de tireotrofina), metildopa, estrogênios, progestágenos, anticoncepcional oral, antagonistas da dopamina (sulpirida, metoclopramida), cimetidina, antipsicóticos (clorpromazina, tioridazina, haloperidol, verapamil, trifluoperazina), anfetaminas, isoniazida, antidepressivos tricíclicos, opiáceos (morfina, metadona).

A hiperprolactinemia inibe a secreção de gonadotrofinas, levando ao hipogonadismo em homens e mulheres com baixos teores de LH e de FSH.

Valores reduzidos. São encontrados em:

- *Causas patológicas.* Hirsutismo, infarto da hipófise, hipofisite linfocitária, hipopituitarismo, pseudo-hipoparatireoidismo, hipogonadismo hipogonadotrófico idiopático, necrose hipofisária, osteoporose e tabagismo feminino.

- *Fármacos.* Clonidina, cloridrato de apomorfina, dopamina, levodopa, maleato de ergonovina, maleato hidrogenado de lisurida, medulato de bromocriptina, medulato de pergolida, mesilato de di-hidroergotamina, tamoxifeno, eritropoetina (na insuficiência renal) e tartarato de ergotamina.

HORMÔNIO FOLÍCULO-ESTIMULANTE (FSH)

O FSH é uma glicoproteína produzida pela hipófise anterior que estimula o crescimento e a maturação dos folículos ovarianos, a secreção de estrogênio, promove alterações endometriais características da primeira fase (fase proliferativa) do ciclo menstrual e estimula a espermatogênese no homem. O hormônio luteinizante (LH) é também sintetizado na adeno-hipófise e atua com o FSH para promover a ovulação e a secreção de androgênios e progesterona (ver adiante). O FSH tem em comum em sua estrutura a subunidade α dos hormônios LH, TSH e HCG. A subunidade β é específica para cada hormônio.

No homem, o FSH estimula o crescimento dos túbulos seminíferos (células de Sertoli) e do testículo, desempenhando função importante nas fases iniciais da espermatôgenese, enquanto o hormônio luteinizante estimula a secreção de androgênios. Essa dosagem é útil no estabelecimento das formas de hipogonadismo, da infertilidade, dos distúrbios menstruais e da puberdade precoce.

O principal estímulo para secreção de FSH (assim como a de LH) é o *hormônio liberador de gonadotrofina* (Gn-RH) do hipotálamo.

CAPÍTULO 17 • Hormônios

Determinação do FSH

Paciente. Jejum de 12 horas. O sangue deve ser coletado entre o quinto e o décimo dia do ciclo menstrual.

Amostra. Soro ou plasma.

Valores de referência para o FSH (mUI/mL)	
Mulher adulta	
Pré-menopáusica	4 a 30
Fase folicular	2 a 25
Pico no meio do ciclo	10 a 90
Fase lútea	2 a 25
Gravidez	não detectável
Menopausa	40 a 250
Pós-menopáusica	40 a 250
Homem adulto	4 a 25
Crianças (pré-puberais)	5 a 13

Liberação por pulsos durante o dia. Apresenta variações de até 50%.

Valores elevados. Acromegalia (estado inicial), agenesia testicular, amenorreia (primária), anorquismo, castração, climatério masculino, destruição testicular (em decorrência da irradiação ou da orquite por caxumba), hiperpituitarismo, hipogonadismo, histerectomia, insuficiência dos túbulos seminíferos, insuficiência gonadal, insuficiência ovariana, insuficiência testicular, menopausa, menopausa prematura, menstruação, orquiectomia, puberdade precoce verdadeira, seminoma, síndrome de feminização testicular (completa), síndrome de Klinefelter, síndrome de Stein-Leventhal (síndrome dos ovários policísticos), síndrome de Turner (hipogonadismo primário), tumores hipofisários e tumor hipotalâmico.

Valores reduzidos. Falência hipofisária (hipogonadismo hipogonadotrófico), amenorreia (secundária), anorexia nervosa, ciclo menstrual anovulatório, criança pré-puberal, disfunção hipotalâmica, hiperplasia suprarrenal, hipofisectomia, hipogonadotrofinismo, craniofaringiomas, má nutrição, obesidade e puberdade tardia. *Fármacos:* anticoncepcionais orais, estrogênios, clorpromazina, progesterona e testosterona.

HORMÔNIO LUTEINIZANTE (LH)

O LH consiste em uma glicoproteína formada por duas cadeias polipeptídicas, α e β. A cadeia α, de 96 aminoácidos, também está presente na estrutura de outros hormônios (FSH, TSH e hCG). A cadeia β do LH (115 aminoácidos) é responsável pela especificidade imunológica e funcional. O LH é secretado pelo lóbulo anterior da hipófise e transportado pelo sangue para os seus locais de ação, as células intersticiais nos testículos e ovários. Na mulher adulta, juntamente com o FSH, o LH estimula a produção de estradiol (E_2) na primeira fase do ciclo ovariano, promovendo a maturação do folículo. Atua ao iniciar a ovulação e o desenvolvimento dos corpos lúteos.

No homem, o LH estimula a produção de testosterona pelos testículos, a qual, por sua vez, mantém a espermatogênese e induz o desenvolvimento dos órgãos sexuais acessórios, como o canal deferente, a próstata e as vesículas seminais. Os teores de testosterona exercem um *feedback* negativo em níveis hipofisário e hipotalâmico, reduzindo a produção de LH e GN-RH (hormônio liberador do LH), respectivamente.

A determinação de LH é indicada em adultos para o diagnóstico de hipogonadismo hipogonadotrófico (lesão hipotalâmica ou hipofisária) ou hipergonadotrófico (lesão testicular). Também é empregada na avaliação da resposta terapêutica desses pacientes após reposição de testosterona. Em crianças, em paralelo à dosagem de FSH, tem utilidade para classificar as causas de puberdade precoce (se verdadeira ou por produção endógena de esteroides sexuais).

O LH também tem aplicação na investigação dos problemas de infertilidade em ambos os sexos. Na mulher, detecta a presença ou não da ovulação. Na infertilidade masculina, valores normais de LH e elevados de FSH são indicativos de falência espermatogênica.

Determinação do LH

Paciente. Jejum de 12 horas.

Amostra. Soro ou plasma.

Valores de referência para o LH (mUI/mL)	
Mulher adulta	
Fase folicular	5 a 30
Metade do ciclo	75 a 150
Fase lútea	3 a 40
Pós-menopáusica	30 a 200
Homem adulto	6 a 23

Os níveis de LH variam em até 30% durante o dia. São mais baixos no inverno. Na mulher, seus picos mais pronunciados ocorrem antes da ovulação.

Valores elevados. Amenorreia, patologias gonadais primárias, hiperpituitarismo, menopausa, menstruação, insuficiência renal, síndrome de Klinefelter, síndrome de Stein-Leventhal e síndrome de Turner. Na síndrome dos ovários policísticos, deve-se observar a relação LH/FSH >2, por ser sugestiva de diagnóstico. *Fármacos:* clomifeno, anticonvulsivantes, propranolol, espironolactona e naloxona.

Valores reduzidos. Anorexia nervosa, desnutrição, obesidade e hipogonadismo de origens hipofisária e hipotalâmica. *Fármacos:* anticoncepcionais orais, digoxina, estanozolol, fenotiazinas, testosterona e progesterona.

HORMÔNIO ESTIMULANTE DA TIREOIDE (TSH)

O TSH é uma glicoproteína composta por duas subunidades – cadeias α e β – análogas às cadeias das gonadotrofinas hipofisárias e coriônicas. O TSH é produzido e secretado pelas células tireotróficas do lóbulo anterior da hipófise em resposta a baixos níveis sanguíneos de hormônio tireóideo e à estimulação do *hormônio liberador de TSH* (TRH) do hipotálamo. Após sua liberação, o TSH estimula a produção e a liberação de tri-iodotironina (T_3) e de tiroxina (T_4), a captação de iodo pela tireoide, a iodação da tirosina e a liberação proteolítica dos hormônios da tireoide dos depósitos de tireoglobulina.

A determinação de teores de TSH é útil para diferenciar o hipotireoidismo primário (a elevação do TSH indica a normalidade das funções hipofisária e hipotalâmica).

Alterações patológicas da tireoide, do hipotálamo ou da própria hipófise podem modificar a secreção do TSH, reduzindo-a ou elevando-a.

Valores de referência: <10 µU/mL. Podem ocorrer variações diárias de até 20%. Altos no inverno e mais baixos no verão.

Valores elevados. Adenoma hipofisário (que secreta TSH), anticorpos anti-TSH, após terapia com iodo radioativo de tireoidite, bócio (do tipo com deficiência de iodo), bócio eurotireóideo (com de-

ficiência enzimática), doença de Addison primária (causa mais comum), síndrome do eutireóideo doente, doença psiquiátrica aguda, hiperpituitarismo, hipotermia, hipotireoidismo primário não tratado, hipotireoidismo tratado com dose insuficiente de hormônio, pós-tireoidectomia subtotal, produção ectópica de TSH por tumores de origem trofoblástica (mola hidatiforme, coriocarcinoma), tireotoxicose por tumor de hipófise, síndrome de resistência ao hormônio tireoidiano, tabagismo, tireoidite de Hashimoto, anticorpos anti-TSH e doenças psiquiátricas. *Fármacos:* ácido iopanoico, amiodarona, benserazida, clorpromazina, contraste radiográfico, domperidona, haloperidol, iodato, lítio, metoclopramida, morfina, propiltiouracil e solução saturada de iodeto de potássio.

Valores reduzidos. Hipertireoidismo por bócio multinodular tóxico, por adenoma tóxico, por doença de Graves e por tireoidite. Hipotireoidismo hipotalâmico ou hipofisário, hipotireoidismo tratado com dose excessiva de hormônio, síndrome do eutireóideo doente, tumores hipofisários (primários ou metastáticos), doenças granulomatosas que atingem a hipófise (tuberculose, sarcoidose) ou necrose pituitária pósparto (síndrome de Sheehan), deficiência na produção do TRH (craniofaringioma), coriocarcinoma, primeiro trimestre de gestação e hiperêmese gravídica. *Fármacos:* glicocorticoide, dopamina, bromocriptina, danazol, levodopa, tiroxina e fármacos antitireoidianos empregados no tratamento da tireotoxicose.

O *anticorpo inibidor da ligação de TSH endógeno* (TRAb), um anticorpo antirreceptor de TSH que indica doença autoimune, é indicado para o diagnóstico de hipertireoidismo e na avaliação de recidiva da doença de Graves.

HORMÔNIO ADRENOCORTICOTRÓFICO (ACTH)

O ACTH é um hormônio peptídico secretado pela adeno-hipófise como um dos derivados do pró-opiomelanocortina (POMC). O ACTH atua, principalmente, sobre o córtex suprarrenal, estimulando seu crescimento e a síntese e secreção de corticosteroides. A produção de ACTH está aumentada em períodos de estresse. Após ligar-se ao receptor, o ACTH inicia a esteroidogênese, tendo o cortisol como produto final. A regulação da secreção de ACTH ocorre por *retroalimentação* negativa

CAPÍTULO 17 ▪ Hormônios

do cortisol livre e pelo *hormônio liberador de cortico-trofina* (CRH) do hipotálamo. Os estímulos para liberação de ACTH compreendem: ritmo circadiano, pulsatilidade ultradiana, estresse, hipoglicemia, noradrenalina, acetilcolina, exercício, hemorragia aguda, hipovolemia, cirurgia, interleucina-6, traumatismo e infecção. A inibição ocorre por corticosteroides e GABA.

Em presença de insuficiência adrenal, a hipófise libera POMC e o ACTH aumenta significativamente. Indivíduos portadores de doença de Addison demonstram aumento nos níveis de ACTH e MSH (hormônio estimulante de melanócitos) resultante da falha de *retroalimentação* negativa do cortisol sobre a hipófise. O aumento dos teores de MSH provoca hiperpigmentação e escurecimento da pele, comuns em indivíduos com doença de Addison.

A síntese de ACTH é originária do precursor peptídico PMOC, e sua produção pela hipófise está relacionada com a secreção de peptídeos opioides endógenos, como a β-endorfina.

Determinação do ACTH

Paciente. Jejum de 12 horas.

Amostra. Plasma coletado com EDTA utilizando tubos e seringas refrigerados. A separação do plasma deve ser realizada em centrífuga refrigerada.

Valores de referência para ACTH (pg/mL)	
Adultos (8 às 10 h)	12 a 70

Os teores de ACTH apresentam picos durante o dia com redução ao amanhecer.

Valores elevados. Adenoma hipofisário, doença de Addison, estresse, insuficiência suprarrenal primária (>200 pg/mL), gravidez, hipoglicemia e síndrome de secreção ectópica de ACTH. *Fármacos:* carbonato de lítio, corticosteroides, espironolactona, estrogênios, etanol, gliconato de cálcio e sulfato de anfetamina.

Valores reduzidos. Hiperfunção corticossuprarrenal primária (causada por tumor ou hiperplasia), adenoma e carcinoma adrenais, hipoadrenalismo secundário, perda de peso e amamentação. *Fármacos:* inibidores da enzima conversora da angiotensina (ECA).

HIPOPITUITARISMO

O hipopituitarismo, um estado de deficiência endócrina caracterizado pela redução ou ausência de secreção dos hormônios da adeno-hipófise, resulta de um distúrbio primário das células secretoras da adeno-hipófise ou representa o menor estímulo pelos hormônios de liberação do hipotálamo. Pan-hipopituitarismo é a condição de deficiência generalizada dos hormônios adeno-hipofisários. Causas:

• *Tumores.* Adenomas hipofisários, craniofaringiomas, meningiomas, giomas, cordomas, pinealomas, metástases (câncer de pulmão, mama etc.).

• *Outras lesões compressivas ou mecânicas.* Aneurismas da artéria carótida, cistos de hipófise ou hipotálamo, cirurgia prévia da região hipofisária, traumatismo cranioencefálico, sela vazia.

• *Necrose e/ou infarto.* Síndrome de Sheehan, apoplexia hipofisária.

• *Autoimunidade.* Hipofisite linfocítica.

• *Lesões infiltrativas.* Histiocitose X, sarcoidose, hemocromatose.

• *Infecções.* Meningoencefalites, tuberculose, sífilis, abscessos.

• *Genéticas.* Mutação do receptor GH-RH, mutação isolada no gene do GH, mutação nos genes dos fatores de transcrição hipofisários (Pit1, Prop1, Rpx, Lhx3, Lhx4 etc.).

• *Outras.* Radioterapia, hipopituitarismo familiar, síndrome de Kallmann.

Bibliografia consultada

ARNESON, W.; BRICKELL, J. **Clinical chemistry: a laboratory perspective.** Philadelphia: F.A. Davis, 2007:371-425.

BERSSENBRUGGE, M.; SMITH, K. **Endocrinology.** Kelsey, 1997. 36p.

DEVESA, J.; LIMA, L.; TRESGURRES, J.A.F. Neuroendocrine control of growth hormone secretion. **Trends in Endocrinol. Metab., 3:**175-82, 1992.

JORGE, A.A.L.; SETIAN, N. Baixa estatura por deficiência do hormônio de crescimento: diagnóstico. **Sociedade Brasileira de Pediatria e Sociedade Brasileira de Endocrinologia e Metabologia, 2004.**

KLEEREKOPER, M. Hormones. In: BURTIS, C.A.; ASHWOOD, E.R.; BRUNS, D.E. **Tietz: Fundamentals of clinical chemistry.** 6 ed. Philadelphia: Saunders, 2008:450-9.

MOLICH, M.G. Pathological hyperprolactinaemia. **Endocrinol. Metab. Clin. N. Am., 21**:877-901, 1992.

NELSON, J.C.; WILCOX, R.B. Analytical performance of free and total thyroxine assays. **Clin. Chem., 42**:146-54, 1996.

PORTES, E.S.; MACCAGNAN, P.; VIEIRA, T.C.A.; RIBEIRO, S.R. **Hipopituitarismo: diagnóstico. Sociedade Brasi-**leira de Endocrinologia e Metabologia e Sociedade Brasileira de Clínica Médica, 2006.

SOARES, J.L.M.F.; PASQUALOTTO, A.C.; ROSA, D.D.; LEITE, V.R.S. **Métodos diagnósticos: consulta rápida.** Porto Alegre: Artmed, 2002.

WILSON, J.D.; FOSTER, D.W.; KRONENBERG, H.M. **Willians textbook of endocrinology.** 9 ed. Philadelphia: Saunders, 1998.

17.2 HIPÓFISE POSTERIOR

HORMÔNIO ANTIDIURÉTICO (HAD) (VASOPRESSINA)

A vasopressina (também denominada hormônio antidiurético ou arginina-vasopressina) é um hormônio neuro-hipofisário nonapeptídeo relacionado à ocitocina e à vasotocina e armazenado na hipófise posterior, mas sintetizado em corpos celulares de neurônios do hipotálamo em resposta a três estímulos: (a) alteração na osmolalidade do sangue, (b) mudanças no volume sanguíneo e (c) estímulo psicogênico (a excessiva ingestão de água suprime a secreção de HAD e produz poliúria hipotônica). O HAD atua no controle da reabsorção de água pelos túbulos contorcidos distais e pelos ductos coletores dos néfrons, mantendo o equilíbrio hídrico do corpo mediante as regulações do sódio e do potássio e o controle do músculo liso vascular. A liberação de HAD é inibida por hipo-osmolalidade sérica. O eixo hipotálamo--neuro-hipófise controla o sistema osmorregulador, que compreende os órgãos responsivos à variação da osmolaridade e do volume plasmático e os responsáveis pela síntese, armazenamento e secreção de arginina-vasopressina. Esse sistema também inclui osmorreceptores, o mecanismo da sede e os rins.

O estímulo para o HAD inicia com sua ligação ao receptor V_2, localizado nos túbulos contorcidos distais e nos ductos coletores. A enzima adenilato-ciclase é ativada e o AMP cíclico (AMPc) é gerado. O AMPc provavelmente inicia a fosforilação de uma proteína (ou proteínas) da membrana, causando aumento da permeabilidade à água. Além da regulação da homeostase da água, o HAD tem efeito concentrador da urina. O estímulo primário para secreção é o aumento da osmolalidade plasmática, que é detectado pelos osmorreceptores no cérebro.

O nome arginina-vasopressina, também aplicado a esse hormônio, refere-se à ação de vasoconstrição generalizada que colabora na manutenção de pressão sanguínea em caso de lesões traumáticas.

A dosagem do HAD é utilizada (a) na determinação da causa de diabetes insípido (central ou nefrogênico) e (b) na avaliação da integridade do eixo hipotálamo-neuro-hipófise em pacientes hipofisectomizados ou submetidos à radioterapia para tratamento da doença de Cushing.

Determinação do HAD

Paciente. Jejum de 12 horas.

Amostra. Plasma coletado com EDTA, para dosagem de HAD, e soro, para determinação da osmolaridade.

Valores de referência: 0,4 a 2,4 pg/mL (quando a osmolaridade for <285 mOsm/kg) e 2 a 12 pg/mL (em osmolaridade >250 mOsm/kg).

Valores elevados. Encontrados na *síndrome de secreção inapropriada de hormônio antidiurético* (SSIHAD), que consiste na produção autônoma e sustentada de HAD em ausência de estímulos conhecidos para sua liberação. Está associada com uma grande variedade de distúrbios:

*   *Produção ectópica por tumores.* Carcinoma *oat cell* dos brônquios e carcinoma pancreático.
*   *Infecções pulmonares.* Tuberculose e pneumonia.
*   *Lesões do sistema nervoso central.* Traumatismos e neoplasias.
*   *Diabetes insípido nefrogênico.* Insuficiência renal crônica, após transplante renal, hiperaldostero-

CAPÍTULO 17 • Hormônios

nismo primário, anemia falciforme, hipergama-lobulinemia, mieloma múltiplo, depleção prolongada de potássio.

- *Outros.* Insuficiência suprarrenal e porfiria intermitente aguda.
- *Fármacos.* Acetilcolina, anestésicos, barbitúricos, carbamazepina, ciclofosfamida, citrato de oxitocina, clofibrato, clorotiazida, clorpropramida, estrogênios, fenotiazinas, antidepressivos tricíclicos, lítio, nicotina, injeção de ocitocina, sulfato de morfina, vimblastina e sulfato de vincristina.

Valores reduzidos. O *diabetes insípido central* é o mais importante distúrbio hipofuncional do HAD. Caracteriza-se por poliúria (>2,5 L/d) e polidipisia (aumento da sede) resultantes da secreção inadequada de HAD ou da inabilidade dos túbulos renais em responderem ao hormônio. As causas de secreção diminuída de HAD em resposta aos fatores osmorreguladórios incluem traumatismo cranioencefálico, lesões pituitárias e uma forma herdada do distúrbio. *Fármacos:* fenitoína e carbamazepina.

Teste de restrição hídrica

A restrição hídrica é empregada com o objetivo de diagnosticar pacientes com deficiência de hormônio antidiurético (HAD), ou seja, diabetes insípido. Em indivíduos normais, com a restrição à ingesta hídrica, ocorre uma discreta elevação da osmolalidade sérica, e esta já é suficiente para liberar o HAD. Este promove reabsorção de água livre. Assim, a osmolalidade urinária se eleva, seguida da normalização da osmolalidade sérica. No diabetes insípido, não ocorre o aumento da osmolalidade urinária após restrição hídrica, apesar da elevação da osmolalidade sérica.

O teste comumente empregado utiliza o DDAVP (acetato de desmopressina) com 0,2 mL intranasal e com coleta de sangue após 1 e 2 horas, seguida da determinação da osmolalidade no plasma e na urina coletada nos mesmos tempos. O teste é indicado para:

- Pacientes com poliúria (volumes urinários >30 mL/kg de peso) e com urina hipotônica (osmolalidade <300 mOsm/L) ou densidade urinária <1,010.

- Pacientes que pertencem a famílias com mais de um membro com diabetes insípido.
- Pacientes que utilizam fármacos que podem causar diabetes insípido (lítio, anfotericina, rifampicina etc.).
- Pacientes com alterações eletrolíticas do tipo hipocalemia e hipercalcemia.
- Enurese.

As possíveis etiologias do diabetes insípido são: (a) deficiência parcial ou total do HAD, (b) deficiência parcial ou total da ação do HAD, (c) bloqueio da secreção do HAD por ingestão excessiva de água e (d) metabolização excessiva do HAD por enzimas placentárias.

OXITOCINA

A oxitocina é um hormônio nonapeptídeo da neuro-hipófise que difere da vasopressina humana por possuir leucina na posição 8 e isoleucina na posição 3, o que causa contrações miométricas ao termo e promove a liberação de leite durante a lactação. Dois fortes estímulos para liberação de oxitocina são a distensão do útero e a sucção do seio. A oxitocina está presente tanto em homens como em mulheres, mas seus efeitos fisiológicos são conhecidos somente nestas últimas. Acredita-se que as progestinas inibem a ação da oxitocina. Tem sido reportada a secreção ectópica da oxitocina pelos tumores, como o carcinoma *oat cell* do pulmão e o adenocarcinoma do pâncreas.

Valores de referência: <3,2 µUI/mL.

Bibliografia consultada

CONN, M.; GOODMAN, M. **Endocrinology.** Oxford University Press, 1998. 601p.

GROSSMAN, A. **Clinical endocrinology.** 2 ed. Blackwell, 1998. 1120p.

HADLEY, M.E.; LEVINE, J.E. **Endocrinology.** Upper Sadle River: Cummings, 2006. 640p.

KLEEREKOPER, M. Hormones. In: BURTIS, C.A.; ASHWOOD, E.R.; BRUNS, D.E. **Tietz: Fundamentals of clinical chemistry.** 6 ed. Philadelphia: Saunders, 2008:450-9.

LEVY, A.; LIGHTMAN, S.L. **Endocrinology.** Oxford University Press, 1997. 397p.

WILSON, J.D.; FOSTER, D.W.; KRONENBERG, H.M. **Willians textbook of endocrinology.** 9 ed. Philadelphia: Saunders, 1998.

17.3 GLÂNDULA TIREOIDE

Os hormônios da tireoide são secretados com base na interação complexa do hipotálamo, da adeno-hipófise e da glândula tireoide (Figura 17.1). O hipotálamo tem receptores para o hormônio da tireoide em muitas de suas células. Proporciona o controle e o estímulo da glândula tireoide pela secreção do hormônio liberador de tireotrofina (TRH). Envolve várias etapas, em que o iodo inorgânico é transformado em produtos ativos: T_3 e T_4.

Os folículos da glândula tireoide contêm coloide, cujo constituinte principal é a *tireoglobulina*, que é o sítio de armazenamento dos hormônios da tireoide. O iodeto é absorvido ativamente pelas células da tireoide; a iodinação dos resíduos de tirosina na tireoglobulina resulta na formação da monoiodotirosina (MIT) e di-iodotirosina (DIT). Quando dois resíduos de DIT se ligam, é formada a *tiroxina* (T_4). A *tri-iodotironina* (T_3) é produzida pela 5'-deionização de T_4. A tiroxina e a tri-iodotironina são armazenadas no interior da glândula e liberadas por hidrólise enzimática da tireoglobulina, que é apresentada na forma de gotículas coloidais. A secreção na corrente circulatória é determinada pela demanda metabólica. Sob condições usuais, a tiroxina (T_4) é, quantitativamente, o hormônio mais abundante da tireoide. T_3 é a forma biologicamente ativa do hormônio da tireoide (Figura 17.2).

Tiroxina

Tri-iodotironina

TRANSPORTE PLASMÁTICO E MECANISMO DE AÇÃO

Os hormônios tireoidianos circulam ligados às proteínas carreadoras plasmáticas. Cerca de 70% do T_4 estão ligados à *globulina ligadora de tiroxina* (TBG), 20% à *pré-albumina ligadora de tiroxina* (TBPA) e 10% à *albumina*, enquanto a maior parte do T_3 está ligada à TBG. Uma pequena porcentagem permanece não ligada à proteína, na forma livre – 0,04% de T_4 e 0,3% de T_3 –, mas em equilíbrio com o hormônio ligado. Somente as frações livres atravessam as membranas das células e afetam o metabolismo intracelular. Após se ligarem a receptores específicos nas membranas plasmáticas, os hormônios são ativamente transportados para o interior das células por mecanismos dependentes de ATP (Figura 17.3).

Nas células, o T_3 atua principalmente no núcleo, onde se liga a receptores específicos que ativam os genes T_3-responsíveis. Os genes parecem exercer vários efeitos sobre o metabolismo celular, o que inclui um estímulo do metabolismo basal e do metabolismo dos carboidratos, lipídios e proteínas.

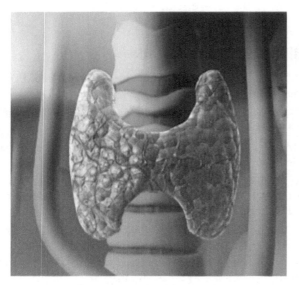

Figura 17.1 Glândula tireoide.

REGULAÇÃO DA FUNÇÃO TIREOIDIANA

A biossíntese e a liberação dos hormônios tireoidianos da tireoglobulina são controladas pelo *hormônio estimulante da tireoide* (TSH), um hormônio glicoproteico sintetizado na glândula hipófise anterior. O TSH, por seu turno, é regulado pelo hipotálamo por meio do *hormônio liberador de tireotrofina* (TRH) e, possivelmente, pela somatostatina, assim como por mecanismo de *feedback* negativo dos hormônios tireoidianos (T_3 e T_4). O TSH estimula a liberação de T_4 pela tireoide e a conversão periférica de T_4 em T_3. A redução dos níveis de T_3 e T_4 no plasma estimula a secreção de TSH. O TSH contém uma subunidade β-específica necessária para a ligação ao receptor (Figura 17.2).

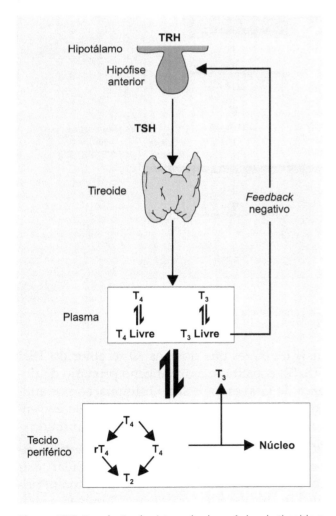

Figura 17.2 Regulação da síntese dos hormônios da tireoide e metabolismo.

DISFUNÇÕES DA TIREOIDE

A alteração mais comum da tireoide consiste, basicamente, em aumento do seu volume (bócio). Os pacientes que sofrem de bócio são predominantemente *eutireóideos* (bócio simples), mas também podem ser *hipertireóideos* (bócio nodular tóxico ou doença de Graves) ou *hipotireóideos* (bócio atóxico e tireoidite de Hashimoto).

Em geral, a formação de bócio consiste em aumento compensatório da glândula tireoide mediado pelo TSH. Além disso, a formação do bócio pode resultar de algum processo autoimune, como na tireoidite de Hashimoto e na doença de Graves.

Hipertireoidismo (tireotoxicose)

A disfunção tireoidiana é rastreada em adultos por meio da mensuração das concentrações do TSH, a partir dos 35 anos de idade e a cada 5 anos posteriormente, sobretudo em mulheres. Indivíduos com manifestações clínicas potencialmente atribuíveis ao hipertireoidismo e aqueles com fatores de risco para o seu desenvolvimento devem realizar dosagens mais frequentes do TSH. Alguns fatores de risco encontrados na história patológica pessoal ou familiar indicam um risco aumentado de desenvolvimento de hipertireoidismo:

- *História pessoal*. Sexo feminino, disfunção tireoidiana prévia, bócio e uso de medicamentos, como amiodarona, citocinas e compostos contendo iodo.
- *História familiar*. Doença tireoidiana, miastenia grave, diabetes melito tipo 1 e insuficiência adrenal primária.

Alguns resultados alterados de exames laboratoriais podem sugerir, quando persistentes e associados a outros fatores de riscos, hipertireoidismo:

- Hipercalcemia.
- Elevação da fosfatase alcalina.
- Elevação de transaminases.

As concentrações séricas de TSH se encontram suprimidas em virtualmente todas as formas frequentes de hipertireoidismo e tireotoxicose. A dosagem sérica da tiroxina livre (T_4 livre) ou da tri-iodotironina livre (T_3 livre) sérica, em caso de T_4 livre normal, está indicada para avaliação posterior em indivíduos com TSH <0,1 mUI/L. Exis-

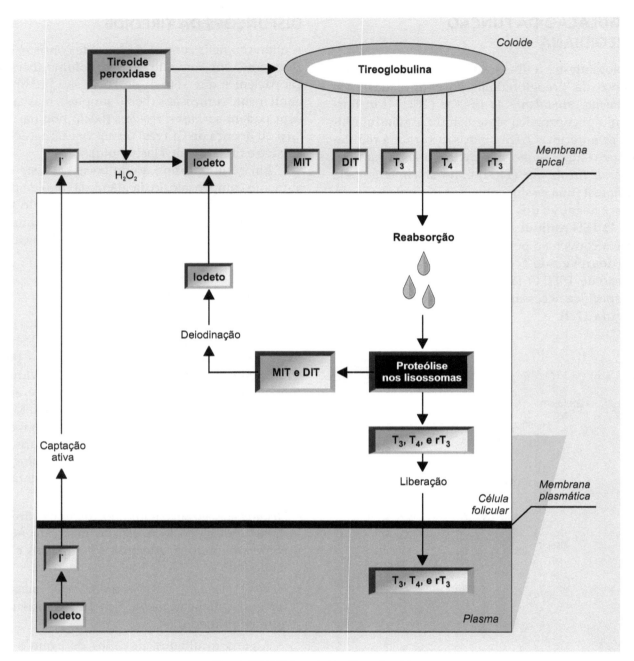

Figura 17.3 Síntese de T_4 e T_3 na tireoide.

tem dois tipos raros de hipertireoidismo mediado pelo TSH (adenoma hipofisário secretor de TSH e resistência hipofisária aos hormônios tireoidianos), nos quais o diagnóstico pode ser confundido pela dosagem isolada desse hormônio; na suspeita dessas condições, é mandatória a dosagem de T_4 e T_3 livres.

Doença de Graves (bócio difuso tóxico). É a causa mais comum de hipertireoidismo em todo o mundo. A sua prevalência é mais elevada na faixa etária compreendida entre 20 e 50 anos, afetando mais mulheres que homens. O receptor do TSH (TSHR) constitui o autoantígeno primário da doença de Graves, pois sofre estimulação por anticorpos específicos direcionados contra ele. São encontrados T_4 livre aumentado e TSH suprimido.

Bócio nodular tóxico. As diferenças entre o hipertireoidismo causado pelo bócio nodular tóxico e o causado pela doença de Graves foram primeiramente descritas por Henry Plummer, no início do século XX, o qual observou que indivíduos com bócio multinodular tóxico apresentavam hi-

CAPÍTULO 17 ■ Hormônios

pertireoidismo sem oftalmopatia, geralmente em idade mais avançada, e frequentemente associado a complicações cardiovasculares. Do ponto de vista patofisiológico, nódulos autônomos produzem e secretam hormônios tireoidianos independentemente do estímulo pelo TSH. À medida que os nódulos crescem, aumenta a produção de T_3 e T_4 e a secreção de TSH diminui.

- *Adenoma tóxico.* Também conhecido como bócio uninodular tóxico, apresenta prevalência mais elevada em regiões com deficiência de iodo. Acomete seis mulheres para cada homem. Aproximadamente 20% dos adenomas tóxicos apresentam mutações somáticas nas células foliculares responsáveis pelo aumento da síntese de T_3 e T_4; 80% dessas mutações ocorrem no receptor do TSH e o restante, na estrutura da subunidade a das proteínas G da membrana.

- *Bócio multinodular tóxico (BMNT).* O BMNT representa a fase final de evolução do bócio multinodular. Constitui a segunda causa mais frequente de hipertireoidismo e, como o adenoma tóxico, é mais comum em áreas onde há carência de iodo. O diagnóstico é feito com base na história clínica do doente, na palpação da tireoide e em exames complementares. As dosagens hormonais séricas evidenciam supressão do TSH e elevação do T_3 e do T_4 livres. A dosagem de anticorpos antitireoidianos, inclusive TRAb, pode ser útil na diferenciação de doença de Graves com nódulos.

Hipertireoidismo subclínico. O hipertireoidismo subclínico (HS) é caracterizado pela presença de TSH sérico <0,1 µUI/mL e concentrações normais de T_4 e T_3 livres. A supressão do TSH resulta de administração exógena ou produção endógena suficiente de hormônios tireoidianos para manter os níveis séricos de T_3 e T_4 normais, mas que suprime a produção e a secreção hipofisária de TSH.

Hipotireoidismo

O hipotireoidismo é um estado clínico resultante de quantidade insuficiente de hormônios circulantes da tireoide para suprir as funções orgânicas normais. As manifestações clínicas do hipotireoidismo resultam da redução da atividade metabólica e do depósito de glicosaminoglicanos e ácido hialurônico na região intersticial. Os sinais e sinto-

mas incluem: ganho de peso com apetite normal, letargia, intolerância ao frio, pele seca, perda de cabelo, constipação, crescimento retardado, rouquidão, mixedema, LDL elevado, HDL baixo, bradicardia e hipertensão diastólica. As causas são:

Hipotireoidismo primário. Tem como causas as doenças *autoimunes de tireoide* (Hashimoto), *deficiência de iodo* e *redução do tecido tireoidiano* por iodo radioativo ou por cirurgia praticada no tratamento da doença de Graves ou do câncer de tireoide. Raramente, a etiologia se deve à doença infiltrativa ou infecciosa da tireoide. No hipotireoidismo primário, o TSH está elevado, o que deve ser confirmado pela redução do T_4 livre e do T_4 total.

No hipotireoidismo subclínico, os pacientes apresentam níveis circulantes normais de T_4 na presença de TSH elevado. Normalmente assintomático, é diagnosticado por meio da determinação do TSH.

Hipotireoidismo associado a outras condições clínicas

- *Gravidez.* Hipotireoidismo não tratado durante a gravidez pode aumentar a incidência de hipertensão materna, pré-eclâmpsia, anemia, hemorragia pós-parto, disfunção cardíaca ventricular, aborto espontâneo, morte fetal ou ao nascimento, baixo peso ao nascer e, possivelmente, desenvolvimento cerebral anormal.

- *Diabetes melito (DM).* Aproximadamente 10% dos pacientes com diabetes tipo 1 podem apresentar tireoidite crônica. Com regularidade, o TSH sérico deve ser medido em pacientes portadores de DM, especialmente quando aparece o bócio ou quando surge outra doença autoimune.

- *Infertilidade.* Alguns pacientes com infertilidade e irregularidade menstrual têm diagnóstico de hipotireoidismo clínico ou subclínico.

- *Depressão.* O diagnóstico de hipotireoidismo subclínico deve ser considerado para pacientes deprimidos. Todos os paciente que recebem lítio podem desenvolver bócio e hipotireoidismo. O diagnóstico de tireoidite crônica ou hipotireoidismo clínico ou subclínico será feito com base na concentração elevada de TSH e na presença de autoanticorpos.

- *Síndrome do eutireóideo doente.* A função da tireoide em pacientes cronicamente doentes pode ser confusa. Muitas medicações, como corticosteroide e dopamina, podem interferir com o resultado dos exames da função tireoidiana. Quando um paciente está gravemente doente ou em jejum, o corpo tende a compensar, diminuindo o metabolismo, o que pode resultar em T_4 livre baixo e normal ou baixa concentração de TSH.

TIROXINA (T_4)

O T_4 é um hormônio produzido pela glândula tireoide a partir do iodo e da tireoglobulina mediante um processo em múltiplas etapas. É o hormônio do qual deriva a tri-iodotironina (T_3). Quando liberado da glândula, quase todo o T_4 liga-se à *globulina transportadora de tiroxina* (TBG), à *pré-albumina transportadora de tiroxina* (TBPA) e à *albumina*. O restante do T_4 (0,02% a 0,04%), conhecido como T_4 *livre*, constitui a única porção do hormônio biologicamente ativo. O T_4 metabolicamente ativo estimula a taxa metabólica, incluindo o uso de carboidratos e lipídios, a síntese de proteínas, a liberação de cálcio do osso e o metabolismo das vitaminas. Nos lactentes, o T_4 desempenha importante papel no crescimento e no desenvolvimento do sistema nervoso central. Os níveis circulantes de T_4 afetam a liberação de TSH e do *hormônio liberador de hormônio tireóideo (TRH)* do hipotálamo mediante um mecanismo de *feedback* negativo.

A determinação do T_4 tem papel fundamental no diagnóstico do hipotireoidismo e do hipertireoidismo.

Valores de referência: adultos: 5 a 12 µg/dL.

Valores aumentados. Hipertireoidismo, aumento das proteínas ligadoras séricas (ver adiante), gravidez (por aumento da globulina transportadora de tiroxina – TBG), hipertiroxinemia isolada, hipertiroxinemia disalbuminêmica familiar (afinidade aumentada da albumina pelo T_4), sídrome do eutireóideo doente (afinidade aumentada da pré-albumina ligadora de tiroxina pelo T_4), psicose aguda, resistência periférica ao T_4 familiar (Refetoff) ou adquirida, tireoidite aguda, produção diminuída de T_3 periférico e espúria (anticorpo circulante contra T_4). *Fármacos:* estrogênios, anticoncepcionais orais, dextrotoroxina, amiodarona, anfetaminas, heparina, 5-fluoracil, propranolol (em doses altas), heroína e meios de radiocontrastes contendo iodo.

Valores reduzidos. Acromegalia, agenesia da glândula tireoide, bócio (alguns casos), cirrose, cretinismo, deficiência de iodo (grave), deficiência da TBG sérica, desnutrição, exercício vigoroso, hepatopatia crônica, hipoproteinemia, hipotireoidismo primário e secundário, má absorção, mixedema, nefrose, pan-hipopituitarismo, período pós-operatório (em decorrência do estresse), síndrome nefrótica, terapia com iodo radioativo, tireoidectomia, tireoidite de Hashimoto e tireoidite subaguda (terceiro estágio). *Fármacos:* amiodarona (raramente), androgênios (nas 3 semanas que antecedem o exame), asparaginase, barbitúricos, carbamazepina, carbonato de lítio, clorpromazina, corticoides suprarrenais (nas 2 semanas que antecedem o exame), corticotropina, cortisona (uso prolongado), danazol, difenil-hidantoína, fármacos antitireoidianos, testosterona, etionamida, fenilbutazona (nas 2 semanas que antecedem o exame), iodetos, fenitoína (nos 10 dias que antecedem o exame), furosemida (em altas doses), hormônio adrenocorticotrófico (nas 2 semanas que antecedem o exame), desipramina, isoniazida (uso prolongado), isotretinoína, L-tri-iodotironina (no decorrer das últimas 4 semanas), metimazol (no decorrer dos últimos 7 dias), oxifenbutazona, penicilina, prednisona, propitiouracil (no decorrer dos últimos 7 dias), reserpina, sais de ouro (no decorrer das últimas semanas), salicilatos em altas doses (>2 g/dia), somatotropina, sulfonamidas e tiocianato (nas últimas 3 semanas).

TIROXINA LIVRE (T_4L)

A tiroxina livre (T_4L) corresponde de 0,02% a 0,05% da tiroxina total circulante e é biologicamente ativa. A fração livre está disponível para utilização imediata pelos tecidos-alvo, sendo a responsável direta pela regulação do metabolismo celular e pelo *feedback* negativo com o eixo hipotálamo-hipofisário. A dosagem indireta de T_4 livre reflete o estado tireometabólico do indivíduo, ou seja, colabora no diagnóstico de hipertireoidismo ou hipotireoidismo em pacientes nos quais o valor de T_4 total está alterado por modificações nos níveis das proteínas transportadoras.

Valores de referência: 0,7 a 2,2 ng/dL.

Valores aumentados. Hipertireoidismo, hipertireoidismo tratado com tri-iodotironina e síndrome do eutireóideo doente. Ocorre ainda nos casos de:

CAPÍTULO 17 ▪ Hormônios

- Hipertiroxinemia disalbuminêmica familiar (afinidade aumentada da albumina pelo T_4).
- Aumento das proteínas ligadoras séricas.
- Hipertiroxinemia isolada (pacientes com doenças não tireoidianas com T_4 elevado e T_3 normal).
- Mola hidatiforme ou coriocarcinomas que apresentam teores muito elevados de gonadotrofina coriônica humana podem apresentar T_4 livre aumentado e TSH diminuído.
- *Fármacos.* Heparina, propranolol e ácido valproico.

Valores reduzidos. Anorexia nervosa, síndrome do eutireóideo doente, doença (grave), heparina e hipotireoidismo, hipotireoidismo tratado com tri-iodotironina, hemodiálise. *Fármacos:* lítio, trimetoprima, sulfato de metoxazol, ácido valproico, nitroprussiatos, salicilatos, fenitoína, carbamazepina, colestipol e rifampicina.

TRI-IODOTIRONINA (T_3)

A tri-iodotironina (T_3) é produzida primariamente nos tecidos periféricos (fígado e músculos) a partir da tiroxina (T_4), sendo também secretada em pequenas quantidades pela tireoide. A quase totalidade do T_3 está ligada a proteínas (globulina transportadora de tiroxina, pré-albumina transportadora de tiroxina e albumina), enquanto o restante (0,3%) encontra-se na forma livre (T_3L), constituindo-se na fração metabolicamente ativa. O T_3 metabolicamente ativo apresenta as mesmas funções do T_4. O T_3 possui menor afinidade pela tireoglobulina do que o T_4. Os níveis de T_3 são utilizados para confirmar o diagnóstico de hipertireoidismo, quando os níveis de T_4 estão pouco elevados, e para diagnosticar a tireotoxicose por T_3.

Valores de referência: adultos: 80 a 230 ng/mL.

Valores elevados. Confirmação de hipertireoidismo, especialmente nos pacientes com elevações mínimas de T_4 sérico, e nas manifestações clínicas ambíguas. Recorrência precoce do hipertireoidismo após interrupção de tratamento antitireoidiano. Tireotoxicose por T_3, resistência ao hormônio tireoidiano, TBG elevada. *Fármacos:* rifampicina, terbutalina e ácido valproico.

Valores reduzidos. Os níveis séricos de T_3 têm pouca utilidade na suspeita de hipotireoidismo. O T_3 só está baixo em pacientes gravemente hipoti-

reóideos. Seus níveis também estão reduzidos em caso de TBG sérica reduzida, uso de propranolol e salicilato em altas doses (>2 g/dia) e emprego de agentes que diminuem a conversão periférica de T_4 a T_3: amiodarona, agentes colecistográficos (ácido iopanoico, ipodato de sódio, tiropanoato, ácido iobenzâmico). *Fármacos:* os salicilatos inibem a conversão do T_4 a T_3, propranolol, glicocorticoides, cimetidina e propiltiouracil.

TRI-IODOTIRONINA LIVRE (T_3L)

O T_3L constitui a forma biologicamente ativa e compreende 0,3% da tri-iodotironina total. Em algumas situações nas quais T_3 total pode estar alterado, o T_3L expressa valores corretos, como:

- T_3 *total elevado.* Gestação, hepatite aguda ou crônica ativa, estrogênios e anticoncepcionais orais.
- T_3 *total reduzido.* Alterações nos níveis séricos de proteínas por alterações da TBG (nefrose), androgênios e uso de fenitoína.

A dosagem do T_3 livre é realizada por métodos comparativos que se baseiam, usualmente, na captura do hormônio livre por anticorpo anti-hormônio específico. A quantificação dessa captura pode ser feita por radioatividade, fluorescência ou quimioluminescência. Resultados estranhos são encontrados em presença de substâncias que são falsamente detectadas pelos anticorpos (reação cruzada); autoanticorpos endógenos; interferências por fármacos e anticorpos heterofílicos.

Valores de referência: 0,3 a 0,5 ng/dL.

T_3 REVERSO (rT_3)

O T_3 reverso (rT_3), o maior metabólito da tiroxina, é produzido a partir do T_4 e do T_3 e tem pouca ou nenhuma atividade metabólica. O rT_3 está frequentemente elevado em pacientes gravemente doentes com concentrações séricas de T_3 e T_4 diminuídas, hipertireoidismo e síndrome do eutireóideo doente. Está reduzido no hipotireoidismo. O rT_3 é útil na diferenciação de alterações provocadas por fármacos (p. ex., amiodarona), em que se encontra em níveis aumentados.

Valores de referência: adultos: 9 a 35 ng/dL.

Valores aumentados. O rT_3 aumenta acima dos 60 anos. *Fármacos:* amiodarona, cimetidina, prednisona, propranolol e fármacos inibidores de conversão do T_4 em T_3.

Valores reduzidos. Jejum prolongado, insuficiência renal e hemoconcentração.

ANTICORPOS ANTITIREOIDIANOS

As doenças tireóideas autoimunes estão associadas com a formação de *anticorpos antitireoglobulina* (TGAb), *anticorpos antitireoperoxidase* (TPOAb) e *anticorpos antirreceptores do TSH* (TRAb). A determinação desses anticorpos é indicada, principalmente, nos pacientes com doenças autoimunes da tireoide, incluindo tireoidite de Hashimoto, tireoidite pós-parto, mixedema idiopático, tireoidite atrófica e doença de Graves. Esses autoanticorpos podem estar presentes também em pacientes com câncer de tireoide e outras doenças autoimunes não tireóideas. Os testes de detecção de anticorpos antitireoidianos não avaliam a função tireoidiana.

Os TPOAb são os mais empregados na detecção de doença autoimune da tireoide. Estão presentes na tireoidite de Hashimoto e na doença de Graves e podem ser detectados em pessoas sem doença tireoidiana significativa.

Valores de referência. Para os anticorpos anti-TPOAb: até 40 UI/mL.

Indicadores diagnósticos das doenças da tireoide				
Doença	TSH	T_4	T_4L	T_3
Hipertireoidismo primário	Baixo	Alto	Alto	Alto
Hipertireoidismo secundário	Alto	Alto	Alto	Alto
Hipotireoidismo primário	Alto	Baixo	Baixo	Baixo
Hipotireoidismo secundário	Baixo	Baixo	Baixo	Baixo

CALCITONINA

A calcitonina (CT) é um polipeptídeo de 32 aminoácidos secretado pela glândula tireoide, paratireoide e timo. Sua ação é antagonizar o paratormônio pelo aumento da deposição de cálcio e fosfato no osso e a redução do nível sanguíneo de cálcio. A inibição da reabsorção óssea ocorre pela regulação do número e da atividade de osteoblastos. O teor sanguíneo de calcitonina é aumentado pelo glucagon e pelo Ca^{2+} e, assim, opõe-se à hi-

percalcemia pós-prandial. É um hormônio ao qual não correspondem as síndromes de hiperfunção ou hipofunção. Assim, nem a tireoidectomia total (em que a calcitonina está muito baixa) nem o carcinoma medular da tireoide (que eleva muito os níveis de calcitonina) apresentam alterações metabólicas importantes no metabolismo mineral.

A determinação da CT é utilizada no rastreamento e no diagnóstico de carcinoma medular da tireoide em grupos de alto risco (familiares de portadores de carcinoma medular de tireoide e familiares de portadores de neoplasias endócrinas múltiplas), na detecção de recorrência do carcinoma medular ou metástases, após remoção do tumor primário e na confirmação de ressecção completa do tumor. A calcitonina é um marcador tumoral para neoplasias de pulmão e de mama e também é utilizada no estudo de pacientes portadores de adenomatose endócrina múltipla. É útil na avaliação das hipocalcemias ou hipercalcemias.

Valores de referência: <100 pg/mL.

Valores aumentados. Gravidez, insuficiência renal, anemia perniciosa, cirrose alcoólica, síndrome de Zollinger-Ellison e tumores endócrinos pancreáticos. *Fármacos:* adrenalina, contraceptivos, cálcio endovenoso e pentagastrina.

Valores reduzidos. Ao exercício físico, na pósmenopausa, e ao avançar da idade.

Bibliografia consultada

ARNESON, W.; BRICKELL, J. **Clinical chemistry: a laboratory perspective.** Philadelphia: F. A. Davis, 2007:371-425.

CHERNECKY, C.C.; KRECH, R.L.; BERGER, B.J. **Métodos de laboratório: procedimentos diagnósticos.** Rio de Janeiro: Guanabara-Koogan, 1995. 613p.

CONN, M.; GOODMAN, M. **Endocrinology.** Oxford University Press, 1998. 601p.

COOPER, D.S. Subclinical hypothyroidism (editorial). **JAMA, 258:**246-7, 1987.

DI DIO, R.; BARBÉRIO, J.C.; PRADAL, M.G.; MENEZES, A.M.S. **Procedimentos hormonais.** 4 ed. São Paulo: CRIESP, 1996.

HADLEY, M.E.; LEVINE, J.E. **Endocrinology.** Upper Sadle River: Cummings, 2006. 640p.

Hipotireoidismo. Projeto diretrizes. Sociedade Brasileira de Endocrinologia e Metabologia. 2005.

KLEEREKOPER, M. Hormones. In: BURTIS, C.A.; ASHWOOD, E.R.; BRUNS, D.E. **Tietz: Fundamentals of clinical chemistry.** 6 ed. Philadelphia: Saunders, 2008:450-9.

CAPÍTULO 17 • Hormônios

RIDGWAY, E.C. Modern concepts of primary thyroid gland failure. **Clin. Chem., 42:**179-82, 1996.

SOARES, J.L.M.F.; PASQUALOTTO, A.C.; ROSA, D.D.; LEITE, V.R.S. **Métodos diagnósticos: consulta rápida.** Porto Alegre : Artmed, 2002.

SPENCER, C.A.; TAKEUCHI, M.; KAZAROSYAN, M. Current status and performance goals for serum thyroglobulin assays. **Clin. Chem., 42:** 164-73, 1996.

STOCKIGT, J.R. Guidelines for diagnosis and monitoring of thyroid disease: nonthyroidal illness. **Clin Chem., 42:**188-92, 1996.

TIETGENS, S.T.; LEINUNG, M.C. Thyroid storm. **Med. Clin. N. Am., 79:**169-84, 1995.

WILSON, J.D.; FOSTER, D.W.; KRONENBERG, H.M. **Willians textbook of endocrinology.** 9 ed. Philadelphia: Saunders, 1998.

17.4 MEDULA SUPRARRENAL

As catecolaminas são aminas biogênicas que atuam como sinais hormonais ou neuronais em uma grande variedade de processos fisiológicos. A *dopamina* e a *noradrenalina* (norepinefrina) atuam como neurotransmissores no cérebro e nos nervos simpáticos periféricos, enquanto a *adrenalina* (epinefrina) atua como hormônio liberado pela medula suprarrenal. As catecolaminas são liberadas na circulação após estímulo do nervo simpático e são transportadas pelo sangue até as células-alvo. O aminoácido precursor das catecolaminas é a tirosina.

A ação das catecolaminas é mediada por receptores adrenérgicos. Existem dois *receptores* α e dois *receptores* β. Esses receptores são encontrados na maior parte dos tecidos do organismo. Muitos tecidos têm tanto receptores α como β, enquanto outros têm somente um tipo. Tanto a adrenalina como a noradrenalina interagem com esses receptores, em geral, com afinidades diferentes. O receptor α-1 utiliza o cálcio e o fosfatidilinositol como segundo mensageiro. Os receptores α-1, β-1 e β-2 empregam o AMP-cíclico (AMPc) como segundo mensageiro.

A adrenalina é tanto um hormônio como um neurotransmissor. É formada a partir da tirosina por processos enzimáticos e secretada após estimulação no nervo esplâncnico por hipoglicemia, estresse, medo ou raiva. A adrenalina atua durante a resposta de luta ou fuga, dilatando os bronquíolos, elevando a frequência cardíaca, aumentando a glicogenólise, a gliconeogênese e a lipólise para fornecer maior quantidade de substratos combustíveis para a produção de energia e diminuindo a resistência periférica e o fluxo sanguíneo para a pele e os rins.

A adrenalina atua, principalmente, nos receptores β, com efeitos inotrópicos e cronotrópicos positivos sobre o coração, causando vasodilatação periférica e aumento nas concentrações plasmáticas de glucagon em resposta à hipoglicemia.

A noradrenalina, a catecolamina predominante, atua como hormônio e neurotransmissor. É secretada pela medula suprarrenal em resposta à estimulação do nervo esplâncnico, sendo também secretada por alguns neurônios pós-ganglionares simpáticos. A noradrenalina, sintetizada a partir da dopamina e na presença da tiramina, aumenta a pressão arterial mediante a constrição da vasculatura periférica, dilata as pupilas e relaxa o sistema digestório. Além disso, funciona como intermediário na síntese de adrenalina. O *ácido vanilmandélico* (VMA), o produto final do catabolismo da adrenalina e da noradrenalina, é produzido quase exclusivamente no fígado.

A noradrenalina tem ações predominantemente α-agonistas, causando vasoconstrição. Enquanto a noradrenalina é sintetizada no sistema nervoso central e nos neurônios pós-ganglionares simpáticos, a adrenalina é sintetizada quase exclusivamente na medula suprarrenal. A noradrenalina é produzida em pequenas quantidades pela suprarrenal.

Noradrenalina

A *dopamina*, um neurotransmissor encontrado no cérebro, nos gânglios simpáticos, no fígado, nos pulmões, no intestino e na retina, é produto da descarboxilação da dopa e atua na dilatação das artérias renais, no aumento da frequência cardíaca e ao provocar constrição da musculatura periférica. A dopamina é excretada pelos rins na forma livre como dopamina sulfato e em maior quantidade como *ácido homovanílico* (HVA), metabólito da dopamina.

CH₂CH₂NH₂ ... Dopamina

As catecolaminas são determinadas no diagnóstico diferencial da hipertensão arterial, na investigação do feocromocitoma e na avaliação dos estados de hipotensão ortostática que podem advir da liberação de dopamina pelo tumor.

Feocromocitoma. Cromafinona funcional, geralmente benigno, derivado de células do tecido medular suprarrenal e caracterizado pela secreção de catecolaminas, resulta em hipertensão arterial, cefaleia, náusea, dispneia, ansiedade, palidez e sudorese. Esses tumores são malignos em cerca de 10% a 15% dos casos, com evolução agressiva e reduzidos índices de cura. Embora a maioria dos casos de feocromocitoma seja esporádica, 10% a 15% podem ser hereditários. Várias síndromes clínicas apresentam, de forma bem documentada, feocromocitoma como um dos seus componentes (p. ex., neoplasia endócrina múltipla do tipo 2 [NEM-2], síndrome de von Hippel-Lindau e neurofibromatose tipo 1). Há, entretanto, evidência clínica e molecular da existência de outras variantes de feocromocitoma familiar.

Os testes químicos iniciais recomendados para o diagnóstico do feocromocitoma são as catecolaminas urinárias, as metanefrinas e o VMA.

Neuroblastoma. Neoplasia maligna caracterizada por células nervosas imaturas e apenas um pouco diferenciadas, do tipo embrionário, ocorre no sistema nervoso simpático e, mais comumente, na medula adrenal. É muito comum a ocorrência de metástases disseminadas pelo fígado, pelos pulmões, pelos linfonodos, pela cavidade craniana e pelo esqueleto. Os neuroblastomas são frequentes em lactentes e crianças.

O diagnóstico de neuroblastomas é realizado pela combinação de testes imuno-histoquímicos de amostra tecidual, presença de células cancerígenas na medula óssea e aumento nos teores de catecolaminas urinárias e seus metabólitos: o ácido homovanílico (HVA) e o ácido vanilmandélico (VMA), produzidos a partir da dopamina e da noradrenalina em excesso, respectivamente.

METANEFRINA E NORMETANEFRINA

A metanefrina (derivado metilado da adrenalina) e normetanefrina (derivado metilado da noradrenalina), coletivamente denominadas *metanefrinas*, são metabólitos inativos livres e conjugados excretados na urina. Sua liberação elevada na urina indica patologia associada à secreção excessiva de catecolaminas, como na hipertensão arterial e no feocromocitoma. São os testes químicos iniciais recomendados para o feocromocitoma. Resultados negativos para esses testes praticamente excluem o feocromocitoma.

Amostra. Urina de 24 horas acidificada com 6 mL de ácido clorídrico 6N. Durante a coleta, é necessário refrigerar a amostra.

Valores de referência para as metanefrinas (µg/dia)	
Metanefrina	74 a 300
Normetanefrina	105 a 350

CATECOLAMINAS

No sangue, circulam catecolaminas livres e conjugadas. Os testes devem ser de alta sensibilidade para detectar baixas concentrações da forma livre (ativa) em indivíduos normais.

Paciente. Jejum de 12 horas. Evitar o uso de tabaco por no mínimo 4 horas antes da coleta. Se possível, não usar medicamentos por 3 a 7 dias antes da prova.

Amostra. Plasma coletado com heparina ou EDTA. São necessários 30 a 60 minutos de repouso com veia cateterizada. Os tubos e as seringas para coleta devem ser refrigerados. Separar o plasma imediatamente em centrífuga refrigerada e congelar.

CAPÍTULO 17 ▪ Hormônios

Valores de referência para as catecolaminas (pg/mL)	
Dopamina	25 a 50
Adrenalina	20 a 50
Noradrenalina	100 a 350

Valores elevados. No *feocromocitoma* ocorre secreção de quantidades aumentadas de catecolaminas, produzindo hipertensão arterial, que pode ser acompanhada de cefaleia, palpitações, sudorese, ansiedade, náusea, fadiga e dores abdominais e torácicas. Por conseguinte, os níveis de catecolaminas adquirem maior valor quando determinados durante ou após um episódio hipertensivo. Outras elevações ocorrem em caso de estresse físico e mental, fumo, álcool, punção venosa, neuroblastoma e ganglioneuroma. *Fármacos:* substâncias vasopressoras (gotas nasais, antitussígenos, isoproterenol e dopamina), anti-hipertensivos (α-metildopa), anfetamina, clonidina (efeito-rebote na retirada), álcool, teofilina, cafeína, inibidores de MAO, nitroglicerinas, antidepressivos tricíclicos e metilxantinas, compostos fluorescentes (tetraciclinas, eritromicina e ácido acetilsalicílico).

Valores reduzidos. Pós-prandial. *Fármacos:* reserpina, clonidina, guanetidinas, mandelamina, uso crônico de bloqueadores do cálcio, inibidores da enzima conversora e bromoergocriptina.

Teste de supressão com clonidina

Os pacientes hipertensos podem ser investigados para excluir ou confirmar o feocromocitoma por meio de *teste de supressão com clonidina para dosagem de catecolaminas plasmáticas.*

As catecolaminas plasmáticas são determinadas 48 a 72 horas antes do teste. Administrar 0,3 mg de clonidina, via oral. Coletar nova amostra após 2 a 3 horas. Nos hipertensos essenciais, a clonidina causa redução das catecolaminas plasmáticas (<500 pg/dL) e uma queda de <40% do valor basal. No feocromocitoma, o efeito supressor da clonidina não é observado.

ÁCIDO VANILMANDÉLICO (VMA)

O ácido vanilmandélico (VMA) é o produto final do metabolismo da adrenalina (epinefrina) e da noradrenalina (norepinefrina), sendo livremente excretado na urina. A medida do VMA, junta-

mente com as catecolaminas urinárias e as metanefrinas, auxilia o diagnóstico, a monitoração e o rastreamento do feocromocitoma.

O VMA é determinado em urina de 24 horas preservada com 10 mL de ácido clorídrico concentrado. É necessário um regime prévio de 3 dias, no qual deve ser evitada a ingestão de chocolate, chá, café, banana, frutas cítricas, alimentos contendo vanilina e alguns fármacos (ácido acetilsalicílico e agentes hipertensivos) que aumentam os teores de VMA. O emprego de morfina reduz a concentração de VMA urinária.

Ácido vanilmandélico (VMA)

Paciente. Dieta com restrição de aminas deve ser seguida por 2 a 3 dias antes e durante a coleta da amostra. Evitar nicotina e medicamentos, especialmente para hipertensão, por 3 a 7 dias antes e durante a coleta da urina.

Amostra. Urina de 24 horas acificada com 6 mL de ácido clorídrico 6N. O pH não deve ficar abaixo de 2. Durante a coleta, é necessário refrigerar a amostra.

Valores de referência: 1,4 a 6,5 mg/dia.

Valores elevados. Hipertensão arterial, feocromocitoma, exercício, inanição, adematose endócrina múltipla, deficiência de ferro, gangliobastoma, ganglioneuroma e neuroblastoma. *Fármacos:* ácido acetilsalicílico, ácido nalidíxico, adrenalina, carbonato de lítio, clorpromazina, fenazopiridina, guaiacolato gliceril, isoproterenol, levodopa, mefenesina, metocarbamol, noradrenalina, oxitetraciclina, penicilina, salicilatos e sulfonamidas, vanilina e clonidina (efeito-rebote).

Valores reduzidos. Disautonomia familar (síndrome de Riley-Day). *Fármacos:* análogos da guanetidina, dissulfiram, etanol, inibidores da monoamino-oxidase (MAO), propranolol, clofibrato, clonidina, clorpromazina, imipramina, levodopa, α-metildopa, reserpina e salicilatos.

ÁCIDO HOMOVANÍLICO

O ácido homovanílico é o principal metabólito terminal da dopamina. Parte da dopamina é degradada no fígado e excretada na urina sob a forma de ácido homovanílico. Podem ocorrer níveis elevados devido a tumores secretores de catecolaminas.

Ácido homovanílico

Amostra. Urina de 24 horas acificada com 6 mL de ácido clorídrico 6N. O pH não deve ficar abaixo de 2. Durante a coleta, é necessário refrigerar a amostra.

Valores de referência: 1,4 a 8,8 mg/d.

Valores elevados. Feocromocitoma, tumor cerebral, ganglioneuroblastoma, neuroblastoma. *Fármacos:* ácido acetilsalicílico, dissulfiram, levodopa, metocarbamol e reserpina.

Valores reduzidos. Clinicamente insignificantes. Os fármacos incluem ácido acetilsalicílico, inibidores da monoamino-oxidase (MAO), levodopa e metocarbamol.

Bibliografia consultada

ARNESON, W.; BRICKELL, J. **Clinical chemistry: a laboratory perspective.** Philadelphia: F. A. Davis, 2007:371-425.

BRAVO, E.L.; GIFFORD, R.W. Phaeochromocytoma. **Endocrinol. Metab. Clin. N. Am., 22:**329-43, 1993.

DAHIA, P.L.M. Patogênese molecular do feocromocitoma. **Arq. Bras. Endocri. Metab., 45:**2001.

DI DIO, R.; BARBÉRIO, J.C.; PRADAL, M.G.; MENEZES, A.M.S. **Procedimentos hormonais.** 4. ed. São Paulo: CRIESP, 1996.

GITLOW, S.E.; MENDLOWITZ, M.; KHASSIS, S.; COHEN, G.; SHA, J. The diagnosis of pheochromocytoma by determination of urinary 3-methoxi-4-hydroxymandelic acid. **J. Clin. Invest., 39:**221-7, 1960.

HADLEY, M.E., LEVINE, J.E. **Endocrinology.** Upper Sadle River: Cummings, 2006. 640p.

KLEEREKOPER, M. Hormones. In: BURTIS, C.A.; ASHWOOD, E.R.; BRUNS, D.E. **Tietz: Fundamentals of clinical chemistry.** 6 ed. Philadelphia: Saunders, 2008:450-9.

SINGH, R.J.; EISENHOFER, G. High-throughput, automated, and accurate biochemical screening for pheochromocytoma: are we there yet? **Clin. Chem., 53:** 1565-7, 2007.

VAUGHN, E.D. Renovascular hypertension. **Kidney Intern., 27:**811-27, 1985.

WALMSLEY, R.N.; WHITE, G.H. **Guide to diagnostic clinical chemistry.** London: Blackwell, 1994. 672p.

WERBEL, S.S.; OBER, K.P. Pheochromocytoma. Update on diagnosis, localization, and management. **Med. Clin. N. Am., 79:**131-53, 1995.

17.5 CÓRTEX SUPRARRENAL

O córtex suprarrenal está dividido em três zonas anatômicas: a *zona glomerulosa externa,* a *zona fasciculada intermediária* e a *zona reticulada interna,* cada uma das quais produz um grupo diferente de esteroides humanos. Os hormônios do córtex suprarrenal são sintetizados a partir do colesterol. A zona fasciculada é responsável, principalmente, pela formação de cortisol e, em menor quantidade, de cortisona e de 11-desoxicorticosterona; a zona glomerulosa e a zona reticulada são responsáveis, respectivamente, pelos mineralocorticoides e hormônios sexuais.

Vários fatores afetam a secreção e o metabolismo dos esteroides adrenais, entre os quais podem ser citados:

- Idade.
- Enfermidade hepática.
- Enfermidade renal.
- Hipotireoidismo ou hipertireoidismo.
- Terapia com estrogênios.
- Nutrição.
- Doença.
- *Fármacos:* fenitoína, fenobarbital, mitotano, aminoglutetimida e rifampina.

CORTISOL

O cortisol (hidrocortisona) é um hormônio esteroide produzido pelas zonas fasciculada e reticulada do córtex suprarrenal quando este é estimulado pela secreção hipofisária de *hormônio adrenocorticotrófico* (ACTH). O cortisol é o principal glicocorticoide secretado pelo córtex suprarrenal, e sua síntese envolve uma série de reações bioquímicas a partir do colesterol.

Os glicocorticoides estão envolvidos em numerosos processos biológicos, afetando o metabolismo dos carboidratos, das proteínas, dos lipídios e da água. A secreção de ACTH e de cortisol é pulsátil, manifestando-se por meio de um ritmo circadiano diurno sob o controle de sistema de *feedback* negativo, que atua quando níveis suficientemente altos do hormônio foram secretados na circulação. Diversas formas de estresse são capazes de anular o ritmo diurno, bem como a relação de *feedback* negativo do sistema.

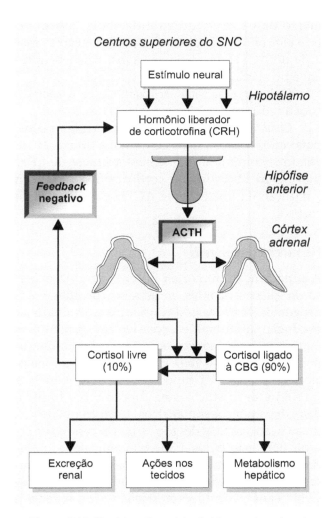

Figura 17.4 Eixo hipotálamo-hipofisário anterior-adrenal e o destino do cortisol após sua liberação. (CBG: globulina ligadora de cortisol.)

O cortisol livre refere-se ao cortisol não conjugado, filtrado pelos glomérulos na urina. Embora corresponda a menos de 5% do cortisol circulante, a quantidade filtrada segue um padrão de secreção do cortisol pelo córtex suprarrenal. O cortisol é normalmente secretado de acordo com um padrão diurno, com níveis máximos e mínimos durante períodos específicos. Essa dosagem é efetuada com mais frequência para ajudar a estabelecer o diagnóstico da síndrome de Cushing (exposição crônica a quantidades excessivas de hormônios glicocorticoides), apesar da pouca utilidade na fase inicial, pois valores elevados podem corresponder a uma reação de estresse ou à variação da *globulina ligadora de cortisol* (CBG) ou *transcortina*, enquanto o achado de valores normais não afasta o diagnóstico. Para esse fim, os níveis plasmáticos de cortisol são menos confiáveis que uma amostra de urina de 24 horas para o diagnóstico ou a exclusão da síndrome de Cushing, caracterizada pela secreção de níveis continuamente elevados de cortisol (Figura 17.4).

Hipocortisolismo

A hipofunção do córtex adrenal é uma doença progressiva crônica, comumente devida à atrofia idiopática. O *hipocortisolismo primário* (doença de Addison) está associado com o aumento dos níveis de ACTH e a redução do cortisol e do cortisol livre urinário. A atrofia adrenal ou insuficiência adrenal primária pode ser causada por destruição autoimune, exceto destruição por neoplasia, granuloma tubercular ou defeitos metabólicos que possam causar insuficiência adrenal, como os provocados pelo uso contínuo do cetoconozol (tratamento de infecções micóticas). Em adultos, a doença é caracterizada por sensibilidade insulínica, hipoglicemia, fraqueza, distúrbios no metabolismo dos carboidratos, lipídios e proteínas. Outras características do hipocortisolismo incluem aumento da excreção urinária de sódio, desequilíbrio eletrolítico, hipotensão e desidratação. A medida do ACTH determina se a insuficiência adrenal é primária, secundária ou terciária.

O *hipocortisolismo secundário* está associado com a redução dos níveis de ACTH e cortisol.

O *hipocortisolismo terciário* se origina no hipotálamo. A causa mais comum é a utilização de glicocorticoides, que suprimem a síntese de CRH (hormônio liberador de corticotrofina). Provoca a redução da liberação de ACTH e a secreção de cortisol.

Hipercortisolismo

A hiperfunção do córtex adrenal produz excesso de glicocorticoides, mineralocorticoides e androgênios. A *síndrome de Cushing* é o resultado da produção autônoma e excessiva de cortisol e se manifesta por sintomas clássicos: obesidade abdominal, rosto de lua, hipertensão, hirsutismo, alcalose metabólica hipocalêmica, intolerância a carboidratos, distúrbios na função reprodutiva e distúrbios neuropsiquiátricos. Com frequência, a causa é iatrogênica, devido ao uso excessivo de terapia com esteroides. Pode também ser secundária a um adenoma hipofisário benigno que apresenta ACTH e cortisol aumentados. Outras possíveis causas de hipercortisolismo moderado e transitório em adultos incluem alcoolismo crônico, estresse e obesidade.

O hipercortisolismo primário ocorre, principalmente, nos processos neoplásicos benignos ou malignos. Grande parte dos tumores adrenocorticais tem comportamento benigno. Estão associados com teores elevados de cortisol e valores reduzidos de ACTH. O hipercortisolismo no adulto é caracterizado por hiperglicemia e modifica a distribuição de gorduras e água no corpo. A síndrome mais comumente associada aos tumores adrenocorticais é a de Cushing.

Determinação do cortisol plasmático

Paciente. Jejum de 12 horas.

Amostra. Soro ou plasma heparinizado. Coletar em horário adequado (8 h/16 h ou 24 h).

Valores de referência: 5 a 28 µg/dL (às 8 h). Refrigerar ou congelar logo que possível.

Valores aumentados. Síndrome de Cushing (adenoma hipofisário), último trimestre da gravidez,

obesidade, tabagismo, exercício físico, alcoolismo, depressão, estresse, anorexia nervosa, síndrome do ACTH ectópico e insuficiência renal crônica. *Fármacos:* estrogênios, fenitoína, anfetaminas, carbamazepinas, contraceptivos orais, RU486, vasopressina e antidepressivos tricíclicos.

Valores reduzidos. Hipotireoidismo central, cirrose hepática, alterações na distribuição adiposa, parada de crescimento em crianças, irregularidades menstruais, hipertensão, hipercolesterolemia/hipertrigliceridemia, doença de Addison (destruição autoimune da glândula suprarrenal), em que também são encontrados hipopotassemia, hiponatremia, acidose metabólica, azotemia, hipercalcemia, anemia, linfocitose e eosinofilia. *Fármacos:* L-dopa, glicocorticoides, lítio, acetato de megestrol, oxazepam, cetoconazol, danazol, efedrina, metapirona, lítio, diuréticos e cetoconazol.

CORTISOL LIVRE URINÁRIO (CLU)

O cortisol é medido em amostra de urina de 24 horas na forma livre não ligado a proteínas. A medida representa um quadro mais acurado das formas ativas do cortisol, especialmente quando teores excessivos de cortisol são secretados. A determinação elimina os efeitos da secreção circadiana do cortisol. Os níveis de CLU correlacionam-se bem com os sinais e sintomas da síndrome de Cushing. Para resultados mais confiáveis, a dosagem deve ser acompanhada pela creatinúria de 24 horas, que avalia a adequação da coleta. Esse teste não é recomendado para o diagnóstico de insuficiência suprarrenal, mas é o principal teste de triagem para o hipercortisolismo. Os níveis de CLU elevam-se ligeiramente durante a gravidez e acentuadamente em alcoolistas. Os teores de CLU são baixos na infância, mas aumentam na puberdade até os valores encontrados em adultos.

Determinação do cortisol urinário

Paciente. Nenhum cuidado especial.

Amostra. Urina de 24 horas. Durante a coleta, adicionar ácido bórico para manter o pH abaixo de 7,5 e conservar o cortisol. Armazenar em geladeira durante a coleta.

Valores de referência. Adultos: 8 a 24 µg/d; crianças: 2 a 27 µg/d; adolescentes: 5 a 55 µg/d.

CAPÍTULO 17 • Hormônios

Valores elevados. Síndrome de Cushing de qualquer etiologia, gestação, doenças crônicas e agudas, obesidade, depressão, alcoolismo. *Fármacos:* amicacina, anticoncepcionais orais, espironolactona, fenitoína, fenobarbital, primidona.

Valores reduzidos. Insuficiência suprarrenal primária ou secundária. *Fármacos:* tiazídicos.

Teste de supressão com dexametasona

Com frequência, a dosagem basal de hormônios relacionados ao eixo hipotálamo-hipófise-adrenal não é suficiente para avaliar a integridade deste eixo. Na avaliação da reserva hipofisária ou adrenal ou da integridade das vias de síntese esteroidogênica adrenal, são necessárias provas funcionais, como a supressão com dexametasona. O teste é indicado para o diagnóstico da síndrome de Cushing.

A dexametasona é um glicocorticoide capaz de suprimir a liberação hipofisária de ACTH e, consequentemente, a secreção de cortisol. Na síndrome de Cushing, entretanto, existe uma produção autônoma de cortisol que não é inibida por esse mecanismo de *feedback* negativo. Além da síndrome de Cushing, algumas situações também podem apresentar respostas anormais, como depressão, alcoolismo, estresse crônico, doença aguda, uremia, elevação de estrogênio e gravidez.

O teste é realizado com a administração de 1 mg de dexametasona às 23 horas do dia que antecede a coleta de sangue. A amostra para dosagem do cortisol deve ser coletada entre 7 e 8 horas da manhã seguinte. A resposta é considerada normal em caso de supressão do cortisol para valores <5 µg/dL.

Para o diagnóstico diferencial entre doença de Cushing, síndrome de ACTH ectópico e síndrome de Cushing causada por tumor adrenal,

emprega-se o teste de supressão com dexametasona – dose alta – 8 mg/2 dias.

ALDOSTERONA

A aldosterona é outro esteroide sintetizado pela zona glomerulosa da glândula adrenal, mas sob o estímulo da angiotensina II gerada a partir de sinal no sistema renina-angiotensina. Essencialmente, o sinal é gerado sob condições em que o sódio plasmático e a pressão sanguínea (volume do sangue) estão aumentados. Sinais opostos aos que ativam a formação de angiotensina geram o *fator natriurético atrial*, que antagoniza a síntese e secreção de aldosterona.

A aldosterona é sintetizada a partir do composto comum, o colesterol, de modo similar ao cortisol. A produção de precursores de aldosterona pode também ocorrer sob o estímulo de ACTH, ou quando os teores de potássio estão elevados. O principal papel da aldosterona é na regulação mineral, por seu impacto sobre o túbulo distal renal, mediante a elevação na reabsorção de sódio e algum cloreto à custa de excreção aumentada de potássio. Por isso, é chamada de *mineralocorticoide*. A aldosterona é regulada pelo sistema renina-angiotensina (ver Renina).

Hiperaldosteronismo

O hiperaldosteronismo resulta de hiperplasia ou adenoma de uma glândula adrenal, conhecido como síndrome de Conn. Pode ser também resultante de tumores secretores de renina.

Hiperaldosteronismo primário. Resulta de hiperplasia ou adenoma de glândula adrenal, conhecido como síndrome de Conn, de carcinoma ou da síndrome de Cushing. O hiperaldosteronismo pode também resultar de tumores secretores

Avaliação laboratorial de desordens da glândula adrenal			
Condição	Cortisol e CLU	ACTH	Supressão com dexametasona
Hipercortisolismo primário	Alto	Baixo	Não, o cortisol permanece alto
Hipercortisolismo secundário	Alto	Alto	Sim no adenoma hipofisário benigno. Não no tumor ectópico produtor de ACTH
Hipocortisolismo primário	Baixo	Alto	–
Hipocortisolismo secundário	Baixo	Baixo	–

de renina, hiperplasia adrenal congênita e outras condições, incluindo excessiva ingestão de alcaçuz. Manifesta-se por hipertensão arterial, hipopotassemia, altos teores de aldosterona plasmática e, algumas vezes, por outros distúrbios eletrolíticos e ácidos-bases.

Hiperaldosteronismo secundário. Distúrbios não hipertensivos: síndrome de Bartter, nefropatia perdedora de sódio, baixo teor de sal na dieta, acidose tubular renal, uso abusivo de diuréticos/laxativos, estados edematosos – cirrose, nefrose, insuficiência cardíaca congestiva. Distúrbios associados à hipertensão: tumores secretores de renina, administração de estrogênios, hipertensão renovascular.

Deficiências enzimáticas da suprarrenal. 11β-hidroxilase, 17α-hidroxilase e 11β-esteroide-desidrogenase.

Mineralocorticoides exógenos. Alcaçuz, carbenoxolona e fluorocortisona.

Hipoaldosteronismo

As síndromes de hipofunção adrenocortical promovem a deficiência de aldosterona, a qual geralmente se deve à atrofia difusa do córtex adrenal, como na doença de Addison, ou ocorre após tratamento cirúrgico de adenoma, deficiências enzimáticas no sangue para conversão de precursores da aldosterona, após terapia prolongada com heparina, ou secundária a defeitos causados por malformações nos receptores ou baixa produção de renina.

A deficiência de mineralocorticoides manifesta-se, em geral, na forma de hiperpotassemia e com acidose metabólica hiperclorêmica. Nem sempre ocorre perda renal de sódio.

Determinação da aldosterona

Paciente. Jejum de 12 horas (anotar o teor de sódio da dieta em mmol). Manter 60 minutos de repouso obrigatório com veia cateterizada.

Amostra. *Soro sanguíneo. Urina:* coletar em frasco plástico; adicionar 20 mL de ácido clorídrico 6N como preservativo.

Valores de referência: 4 a 31 ng/dL (em pé) e 1 a 16 ng/dL (deitado) com dieta normal de sódio.

Valores elevados. Hiperaldosteronismo primário (síndrome de Conn) ou secundário, e em caso de

diuréticos que provocam a excreção de sódio. Níveis de androstenediona elevados com testosterona normal sugerem origem suprarrenal da patologia pesquisada.

Valores reduzidos. Doença de Addison, hipoaldosteronismo primário, adrenalectomia bilateral, hemorragia da glândula renal, deficiência de 21α-hidroxilase e pseudo-hipoaldosteronismo (síndrome de resistência à ação de aldosterona). *Fármacos:* anti-inflamatórios não esteroides, inibidores da enzima conversora de angiotensina e antagonistas β-adrenérgicos.

Avaliação laboratorial de hiperaldosteronismo e hipoaldosteronismo			
Condição	Aldosterona	Atividade da renina	Potássio sérico
Hiperaldosteronismo primário	Alta	Baixa	Baixo
Hiperaldosteronismo secundário	Alta	Alta	Baixo ou normal
Hipoaldosteronismo primário	Baixa	Alta	Alto

RENINA

A renina é a enzima que converte o angiotensinogênio em angiotensina I, sendo sintetizada, armazenada e secretada pelas células justaglomerulares dos rins. Na circulação pulmonar, a angiotensina I sofre lise, originando angiotensina II, um potente vasoconstritor que estimula a produção de aldosterona no córtex suprarrenal. Essa sequência de eventos constitui o sistema renina-angiotensina-aldosterona, de grande importância na manutenção do equilíbrio hemodinâmico.

A produção de renina é regulada por um sensível sistema de *feedback*, que responde prontamente às alterações de volemia. Além da volemia, também interferem na produção da renina o sistema nervoso simpático e a concentração de sódio e de cloretos nos túbulos renais, além da própria angiotensina II. A renina decresce com a idade, apresentando-se relativamente elevada em recém-nascidos e na infância. Eleva-se significativamente na primeira metade da gestação. A interpretação de uma dosagem de renina depende do conhecimento dos fatores prevalentes no momento da coleta. Assim, é fundamental conhecer a dieta do paciente. Para isso, é útil a dosagem simultânea de renina e sódio em urina de 24 horas. A interpretação é realizada por meio de nomogramas que correlacionam a excreção de sódio com a concentração de renina. Os estados hipertensivos com baixa atividade da renina plasmática sugerem desequilíbrio com expansão dos líquidos corporais. A elevação da atividade da renina plasmática sugere hipertensão, em decorrência dos efeitos vasoconstritores da angiotensina.

A patogenia da hiporreninemia é, provavelmente, multifatorial. O comprometimento da secreção de renina pode resultar de lesão renal (p. ex., esclerose do aparelho justaglomerular) ou do comprometimento funcional da secreção de renina (p. ex., estimulação subnormal pelo sistema nervoso simpático, conforme observado na insuficiência autônoma do diabético). Em alguns indivíduos afetados, a conversão da pró-renina em renina ativa também está comprometida.

A dosagem de renina é indicada em pacientes com hipertensão arterial renovascular, hipertensão essencial (pacientes com renina baixa respondem melhor aos diuréticos) e hipertensão por excesso de mineralocorticoides (aldosteronismo primário), que cursa com renina baixa, assim como em diabéticos com hipotensão postural (hipoaldosteronismo hiporreninêmico).

Determinação da renina

Paciente. Jejum de 12 horas sem medicação anti-hipertensiva por, no mínimo, 2 semanas antes do teste. O uso de espironolactona mantém a renina plasmática elevada por até 6 semanas após suspensão.

Valores de referência. Com dieta de 120 mEq de sódio: 1,3 a 3,9 ng/mL/h (em pé) e 0,1 a 2,3 ng/mL/h (deitado). Com dieta pobre em sódio: 4,1 a 7,7 ng/mL/h (deitado).

Valores aumentados. Hipertensão arterial sistêmica essencial, hiperaldosteronismo primário, hiperaldosteronismo secundário, tumores secretores de renina, hipotensão ortostática, síndrome de Bartter, doença de Cushing, hipoaldosteronismo hiporreninêmico, dietas pobres em sódio, cirrose, nefrose, insuficiência cardíaca congestiva, feocromocitoma, hemorragia e decúbito ortostático. *Fármacos:* diuréticos, diazóxido, estrogênios, β-agonistas e prostaciclina.

Valores reduzidos Hiperaldosteronismo primário, hipertensão, dietas ricas em sódio, idade avançada, hiperplasia adrenal congênita por deficiência de 11β e 17α-hidroxilase, com hipersecreção de outros mineralocorticoides. *Fármacos:* angiotensina, carbenoxolona, clonidina, DOCA, ácido glicirrizo (alcaçuz), indometacina, prasozina, β-bloqueadores, bloqueadores dos canais de cálcio, vasopressina, administração de potássio.

Bibliografia consultada

ARNESON, W.; BRICKELL, J. **Clinical chemistry: a laboratory perspective.** Philadelphia: F. A. Davis, 2007:371-425.

CUSHING, H. The basophil adenomas of the pituitary body and their clinical manifestations. **Bull. Johns Hopkins Hosp., 50:**137, 1932.

DI DIO, R.; BARBÉRIO, J.C.; PRADAL, M.G.; MENEZES, A.M.S. **Procedimentos hormonais.** 4 ed. São Paulo: CRIESP, 1996.

GRUA, J.R.; NELSON, D.H. ACTH-producing tumours. **Endocrinol. Metab. Clin. N. Am., 20:**319-62, 1991.

HADLEY, M.E.; LEVINE, J.E. **Endocrinology.** Upper Sadle River: Cummings, 2006. 640p.

KLEEREKOPER, M. Hormones. In: BURTIS, C.A.; ASHWOOD, E.R.; BRUNS, D.E. **Tietz: Fundamentals of clinical chemistry.** 6 ed. Philadelphia: Saunders, 2008:450-9.

LEVY, A.; LIGHTMAN, S.L. **Endocrinology.** Oxford University Press, 1997. 397p.

MILLER, W. L. Congenital adrenal hyperplasias. **Endocrinol. Metab. Clin. N. Am., 20:**721-49, 1991.

ORTH, D.N. Medical progress: Cushing's syndrome. **N. Engl. J. Med., 332:**791-803, 1995.

SHEAVES, R. Adrenal profiles. **Br. J. Hosp. Med., 51:**357-60, 1994.

VELA, B.S. Cushing's syndrome. In: GLEW, R.H.; NINOMIYA, Y. **Clinical studies in medical biochemistry.** 2 ed. New York: Oxford University Press, 1997:313-27.

WALLACE, A.M. Analytical support for the detection and treatment of congenital adrenal hyperplasia. **Ann. Clin. Biochem., 32:**9-27, 1995.

17.6 HORMÔNIOS SEXUAIS

A endocrinologia reprodutiva engloba hormônios do eixo hipotalâmico-hipofisário-gonadal e glândulas adrenais. Estes hormônios cruciais para a função reprodutiva incluem o hormônio liberador de gonadotrofina (GnRH), o hormônio luteinizante (LH), o hormônio folículo-estimulante (FSH) e vários hormônios esteroides. Os hormônios sexuais esteroides são sintetizados pelos ovários, testículos e glândulas suprarrenais. Esses hormônios são responsáveis pela manifestação das características sexuais primárias e secundárias e são vitais na reprodução humana. Os hormônios esteroides são classificados como:

- *Androgênios*. São esteroides com C_{19} que causam a masculinização do trato genital e o desenvolvimento e a manutenção das características sexuais masculinas. Incluem: *testosterona, deidroepiandrosterona* (DHEA), *sulfato de deidroepiandrosterona* (DHEA-S), *androstenediona* e *androstenediol*.

- *Estrogênios*. São hormônios sexuais femininos responsáveis pelo desenvolvimeto e pela manutenção dos órgãos sexuais femininos e as características sexuais secundárias na mulher. Também participam na regulação do ciclo menstrual e na manutenção da gravidez. São dosados comumente o *estradiol*, o *estriol* e a *progesterona*.

ANDROGÊNIOS

A função dos testículos é sintetizar esperma e androgênios. As células de Sertoli nos túbulos seminíferos dos testículos atuam na maturação dos espermatozoides e secretam *inibina*, que inibe a secreção hipofisária de FSH. Circundando os túbulos seminíferos estão as células de Leydig, responsáveis pela produção de androgênios testiculares e necessárias para a maturação de espermatozoides.

O GnRH é sintetizado pelo hipotálamo e transportado para a hipófise anterior, onde estimula a liberação de FSH e LH. O LH atua sobre as células de Leydig para sintetizar testosterona. O exato papel do FSH não está claro, mas sabe-se que atua sobre as células de Sertoli no estímulo da gametogênese e na síntese e liberação de inibina. Os esteroides sexuais e a inibina proporcionam o controle por *feedback* negativo da secreção de LH e FSH, respectivamente.

As mulheres produzem de 5% a 10% da testosterona formada pelo homem. Na mulher, há secreção ovariana; no entanto, grande parte da testosterona provém da conversão periférica da androstenediona.

A testosterona circula ligada à *globulina de ligação a hormônios sexuais* (SHBG); uma proteína sintetizada no fígado que atua no transporte para alguns hormônios sexuais e albumina, enquanto 2% a 3% circulam na forma livre (não ligada).

Testosterona

A testosterona promove o crescimento e o desenvolvimento nos órgãos sexuais masculinos e aumenta a massa corporal e a reposição dos pelos. Outros androgênios sintetizados pelas glândulas adrenais incluem a deidroepiandrosterona (DHEA), a deidroepiandrosterona-sulfato (DHEA-S), a androstenediona e o androstenediol, e pelas gônadas são sintetizadas a androstenediona e a DHEA. Estes esteroides podem ser metabolizados a testosterona e DHT (di-hidrotestosterona) nos tecidos-alvo. A testosterona e a androstenediona são os principais precursores do estradiol e do estrona, respectivamente (Figura 17.5).

Hipogonadismo hipogonadotrófico. Função gonadal inadequada, manifestada por deficiência na gametogênese e/ou secreção de hormônios gonadais em decorrência da secreção inadequada de gonadotrofinas hipofisárias. A anormalidade está associada com a redução de testosterona ou hormônios gonadotróficos hipofisários (LH e FSH). A forma mais prevalente é a síndrome de Kallmann,

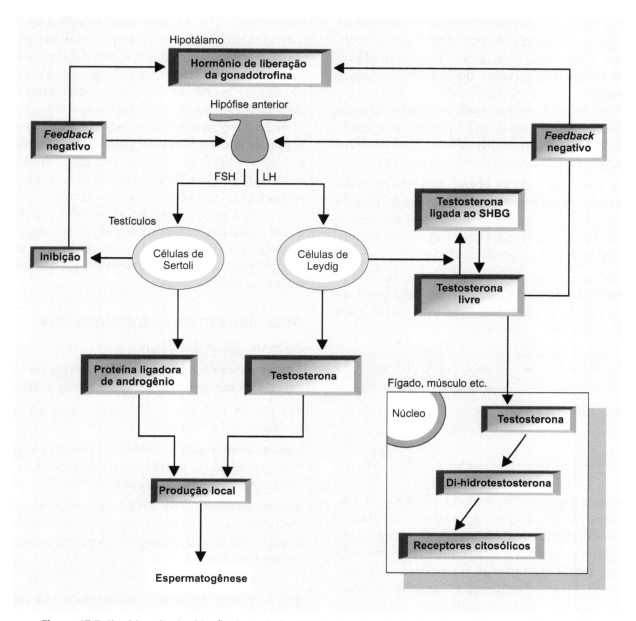

Figura 17.5 Eixo hipotalâmico-hipofisário-testicular. (SHBG: globulina de ligação a hormônios esteroides sexuais.)

que resulta da deficiência de GnRH no hipotálamo durante o desenvolvimento embriônico.

Hipergonadismo hipogonadotrófico. Deficiência no desenvolvimento gonadal ou na função das gônadas, em decorrência de níveis elevados de gonadotrofinas. Pacientes com insuficiência testicular primária apresentam elevados teores de LH e FSH e redução da concentração de testosterona.

Impotência. Incapacidade de conseguir e/ou manter a ereção do pênis e, assim, praticar a cópula. Concentrações elevadas de gonadotrofinas indicam hipogonadismo primário. Em geral, a impotência está associada a outras causas, fundamentalmente psicogênicas.

Ginecomastia. Desenvolvimento excessivo das glândulas mamárias masculinas, resultante do aumento da relação estrogênio/androgênio.

Determinação da testosterona total

A dosagem da testosterona tem grande importância no estudo e na classificação dos hipogonadismos primário e secundário. No sexo feminino, é empregada na avaliação do hirsutismo (crescimento excessivo dos pelos corporais), da síndrome dos ovários policísticos e dos tumores virilizantes adrenais ou ovarianos. Na puberdade retardada, em adolescentes do sexo masculino, a testosterona pode estar reduzida.

A denominação testosterona total inclui a testosterona livre (forma ativa), a testosterona ligada à albumina (ativa após dissociação) e a testosterona ligada à SHBG (biologicamente inativa).

Pacientes. Jejum de 12 horas. A coleta deve ser realizada, preferentemente, na primeira hora da manhã. No período de 48 horas que antecede a coleta, evitar medicações esteroides, tireoidianas, ACTH, estradiol ou gonadotrofinas.

Amostra. Soro ou plasma heparinizado ou EDTA. A amostra é estável quando refrigerada por 1 semana (homens) ou 3 dias (mulheres) e por mais de 1 ano a -20°C.

Valores de referência para testosterona total (ng/dL)		
	Homens	Mulheres
Pré-puberal	10 a 20	10 a 20
Adultos	300 a 1.000	20 a 80
Menopausa	–	8 a 35

Valores elevados. Hiperplasia suprarrenal, hirsutismo, síndrome adrenogenital com virilização (no sexo feminino), síndrome de Cushing, doenças granulomatosas e autoimunes, tumores ovarianos, tumor suprarrenal, tumor testicular, ovários policísticos e virilização. *Fármacos:* anticoncepcionais orais, anticonvulsivantes, barbitúricos e estrogênios.

Valores reduzidos. Anemia, cirrose, climatério masculino, criptorquidismo, ginecomastia, hipogonadismo (masculino), síndrome de Noonan, hipopituitarismo, impotência, hiperplasia adrenal, obesidade, orquidectomia, síndrome de Down e síndrome de Klinefelter. *Fármacos:* androgênios, cetoconazol, dexametasona, digitálicos, digoxina (sexo masculino), espironolactona, estrogênios (em homens), etanol, fenotiazinas, glicose, halotano, metirapona, metoprolol e tetraciclina.

TESTOSTERONA LIVRE

A fração livre da testosterona promove a maior parte da ação metabólica sobre as células, enquanto a fração ligada (SHBG, albumina) relaciona-se com a distribuição dos hormônios em vários tecidos. A SHBG é regulada por diversas substâncias, dentre as quais os estrogênios e os androgênios, o hormônio de crescimento, os hormônios tireoidianos e os corticoides. Alterações na capacidade de ligação da SHBG influenciam os teores de testosterona livre, e variações nessa capacidade ocorrem em estados fisiológicos e patológicos. Quando os níveis de SHBG se elevam, caem os de testosterona livre, e quando baixam, os de testosterona livre se elevam.

A dosagem de testosterona livre é indicada na avaliação do hirsutismo em mulheres, com testosterona total em níveis normais. Em homens, é empregada nos estados clínicos em que a testosterona total está alterada.

Determinação da testosterona livre

Paciente. Jejum de 12 horas.

Amostra. Soro sanguíneo. Em mulheres, anotar a data da última menstruação ou o mês de gestação.

Valores de referência. Homens: 9 a 47 pg/mL; Mulheres: 0,7 a 3,6 pg/mL.

Valores aumentados de SHBG. Estrogênios, gravidez, queda de androgênios, envelhecimento, hipertireoidismo e cirrose hepática.

Valores reduzidos de SHBG. Administração de androgênios, obesidade, hipercortisolismo, síndrome nefrótica, acromegalia, hipotireoidismo e causas hereditárias.

SULFATO DE DEIDROEPIANDROSTERONA

O sulfato de deidroepiandrosterona (DHEA-SO$_4$) e a deidroepiandrosterona (DHEA) são androgênios fracos sintetizados pela suprarrenal e que determinam os níveis de etiocolanolona e androsterona no sangue e na urina. O DHEA-SO$_4$ e a DHEA são os androgênios adrenais mais abundantes na circulação. Atuam no desenvolvimento dos caracteres sexuais secundários um pouco antes do início da função gonadal (adrenarca).

A dosagem de DHEA é realizada na avaliação do hirsutismo e das síndromes virilizantes e em caso de suspeita de adrenarca precoce. A avaliação do DHEA-SO$_4$ é útil em pacientes com hiperplasia ou tumor suprarrenal produtor de cortisol (adrenocarcinomas).

CAPÍTULO 17 ▪ Hormônios

Valores de referência para o sulfato de deidroepiandrosterona (ng/mL):	
Recém-nascidos	1.670 a 3.640
Homens	
Pré-puberal	100 a 600
Adulto	1.990 a 3.340
Mulheres	
Pré-puberal	100 a 600
Antes da menopausa	820 a 2.280
Pós-menopausa	110 a 610
Final da gravidez	230 a 1.170

Valores elevados. Adenoma, hiperplasia suprarrenal, hirsutismo, síndrome de Stein-Leventhal e virilização.

Valores reduzidos. Morte fetal.

ANDROSTENEDIONA

A androstenediona, um metabólito do sulfato de deidroepiandrosterona (DHEA-SO$_4$) produzido pelas gônadas e córtex suprarrenais, é o precursor-chave para síntese de testosterona na circulação periférica de mulheres em idade adulta, onde circula de modo não específico ligado à albumina. No homem, essa interconversão é pequena. A androstenediona é estimulada pelo ACTH e suprimida pelos corticosteroides. Os níveis máximos são observados durante a manhã, enquanto os baixos ocorrem nas últimas horas da tarde. Após a puberdade, os níveis aumentam e atingem um pico em torno dos 20 anos. A elevação da androstenediona constitui uma das várias causas de hirsutismo feminino, caracterizado por um padrão masculino de crescimento de pelos. O achado de níveis muito elevados sugere um tumor virilizante.

A dosagem da androstenediona é empregada na avaliação do hirsutismo de qualquer etiologia, particularmente naqueles dependentes de gonadotrofinas (síndrome dos ovários policísticos); na puberdade precoce masculina, na hiperplasia congênita das adrenais ou tumores adrenais virilizantes.

Determinação de androstenediona

Paciente. Jejum de 12 horas.

Amostra. Soro sanguíneo.

Valores de referência: 80 a 300 ng/dL (mulher adulta) e 70 a 205 ng/dL (homem adulto).

Valores elevados. Doença de Stein-Leventhal (doença do ovário policístico), hiperplasia congênita suprarrenal, hirsutismo, síndrome de Cushing e tumor (suprarrenal ou ovariano).

Valores reduzidos. Não aplicável.

ESTROGÊNIOS

Produzidos pelo ovário, placenta, testículos e, possivelmente, pelo córtex suprarrenal, os estrogênios estimulam as características sexuais secundárias e exercem efeitos sistêmicos, como crescimento e maturação dos ossos longos.

ESTRADIOL (E$_2$)

O estradiol é um hormônio sexual feminino secretado pelo ovário, placenta, testículos, conversão periférica de testosterona e estrona e, possivelmente, pelo córtex suprarrenal. Atua sobre a mucosa do útero, estimulando o crescimento endometrial na preparação do estágio progestacional. Outras ações incluem supressão do hormônio folículo-estimulante (FSH) e estimulação do hormônio luteinizante (LH). Os níveis do estradiol avaliam a função ovariana, as anormalidades menstruais, os distúrbios de feminização e os tumores produtores de estrogênios.

Os níveis de estradiol são determinados no estudo da puberdade precoce no sexo feminino, nos tumores feminilizantes adrenais ou testiculares e nas ginecomastias. Também são empregados nos casos de irregularidade menstrual, esterilidade ou infertilidade e no acompanhamento da menopausa.

Valores elevados. Cirrose, ginecomastia masculina, síndrome de Klinefelter, puberdade precoce

Valores de referência para o estradiol (pg/mL)	
Mulheres	
Fase folicular	35 a 213
Meio do ciclo	199 a 567
Fase lútea	68 a 253
Fase pré-puberal	<20,0
Gravidez (terceiro trimestre)	5.448 a 35.412
Pós-menopausa	0 a 55
Homens	
Adulto	0 a 55
Fase pré-puberal	<20

feminina, tumores hepáticos, tumores ovarianos e tumores feminizantes adrenais.

Valores reduzidos. Amenorreia, anorexia nervosa, ovário policístico, hipopituitarismo, infertilidade, menopausa e osteoporose.

ESTRIOL (E_3)

O estriol é um metabólito estrogênico predominantemente encontrado na urina de mulheres grávidas, cuja fonte primária é a placenta. No entanto, o feto supre algumas substâncias precursoras do estrogênio. A suprarrenal produz sulfato de deidroepiandrosterona ($DHEA-SO_4$) e androstenediona. No fígado fetal, o $DHEA-SO_4$ é convertido em 16α-OH $DHEA-SO_4$. Após atingirem a placenta, tanto a 16α-OH $DHEA-SO_4$ como a androstenediona são transformados em estriol. O fígado materno conjuga o estriol para produzir glicoronato de estriol, que é excretado na urina. Valores significativos são geralmente encontrados a partir do quarto mês de gestação.

As dosagens do estriol são indicadas na gravidez após a 20ª semana para avaliar a integridade fetoplacentária e as condições de vitalidade fetal, nas gestações de alto risco.

Estriol

Determinação de estriol

Paciente. Não é necessário jejum. Nas 48 horas que antecedem o teste, o paciente não pode ingerir medicamentos como corticosteroide, ACTH, gonadotrofina ou estradiol.

Amostra. As determinações de estriol podem ser realizadas tanto na urina de 24 horas como no soro ou no plasma. As amostras são estáveis por vários dias sob refrigeração. A excreção de estriol na urina é dependente da síntese do estriol pelo feto e pela placenta, como também da capacidade da mãe em conjugar e excretar o composto conjugado na urina.

Valores de referência para o estriol no soro sanguíneo			
Gestação (semanas)	Intervalo (ng/mL)	Gestação (semanas)	Intervalo (ng/mL)
6	1,3 a 3,2	26	4,0 a 13,0
8	1,4 a 3,5	28	4,5 a 14,0
10	1,5 a 3,9	30	5,5 a 15,5
12	1,6 a 4,4	32	6,5 a 18,5
14	1,7 a 5,0	34	7,5 a 21,0
16	1,8 a 5,7	36	10,0 a 27,0
18	2,5 a 7,0	38	12,0 a 35,0
20	3,0 a 8,5	40	14,0 a 42,0
22	3,5 a 10,5	42	15,0 a 44,0
24	4,0 a 12,0		

Valores elevados. Tumores secretores de estradiol (ovarianos, testiculares, adrenais), ginecomastia, cirrose hepática, gravidez múltipla, puberdade precoce verdadeira e tumores feminilizantes.

Valores reduzidos. Aborto, anemia, anencefalia, coriocarcinoma, diabetes, ginecomastia, hepatopatia, imunização Rh, menopausa, mola hidatiforme, pré-eclâmpsia e síndrome de Down fetal. *Fármacos:* β-metasona, cáscara, corticosteroides (em doses elevadas), dexametasona, diuréticos, estrogênios, fenazopiridina, fenolftaleína, glutetimida, mandelamina, meprobamato, ampicilina e outros antibióticos.

PROGESTERONA

A progesterona é um hormônio sexual esteroide produzido pelo corpo lúteo, durante a segunda metade do ciclo menstrual, em mulheres não grávidas, pela placenta, em mulheres grávidas, e pelo córtex suprarrenal, em ambas as fases. A progesterona provoca alterações secretórias na mucosa das trompas de Falópio e ajuda a nutrir o óvulo fertilizado em sua descida pelas trompas até o útero. Prepara o endométrio para implantação do óvulo fertilizado (nidação), estimula o crescimento das mamas e a proliferação do epitélio vaginal e diminui a excitabilidade do endométrio e as contrações uterinas.

CAPÍTULO 17 • Hormônios

Progesterona

A dosagem da progesterona é indicada na avaliação da irregularidade menstrual, de amenorreia primária ou secundária, nos casos de aborto, em que níveis reduzidos de progesterona podem indicar uma má função do corpo lúteo (aborto endócrino), na investigação da função placentária e nos distúrbios relacionados à síndrome pré-menstrual (mastodinia, irritabilidade etc.).

Determinação da progesterona

Paciente. Não é necessário jejum. Nas 48 horas que antecedem o teste, o paciente não pode ingerir medicamentos como corticosteroide, ACTH, estrogênio ou gonadotrofinas.

Amostra. Soro ou plasma heparinizado ou com EDTA. Amostra separada conserva-se bem por dias quando refrigerada por mais de 1 ano a –20ºC.

Valores elevados. Cisto do corpo lúteo, corionoepitelioma ovariano, gravidez molar, hiperplasia suprarrenal (congênita, masculina), neoplasias ovarianas, puberdade precoce, tecido placentário (retido pós-parto) e tumores ovarianos lipídicos. *Fármacos:* estrogênios, hormônios corticossuprarrenais e progesterona.

Valores de referência para progesterona (ng/mL)	
Homens	0,04 a 1,1
Mulheres	
Fase folicular	0,38 a 2,20
Meio do ciclo	0,44 a 7,54
Pico da fase lútea	6,92 a 25,4
Gravidez	
Terceiro trimestre	76,3 a 366,4
Pós-menopausa	0,04 a 1,22

Valores reduzidos. Ameaça de aborto, amenorreia, morte fetal, anormalidades menstruais, deficiência luteínica, insuficiência ovariana, insuficiência placentária, menstruação anovular, panhipopituitarismo, pré-eclâmpsia, síndrome adrenogenital, síndrome de Stein-Leventhal, síndrome de Turner e toxemia da gravidez.

Bibliografia consultada

ARNESON, W.; BRICKELL, J. **Clinical chemistry: a laboratory perspective.** Philadelphia: F. A. Davis, 2007:371-425.

DI DIO, R.; BARBÉRIO, J.C.; PRADAL, M.G.; MENEZES, A.M.S. **Procedimentos hormonais.** 4 ed. São Paulo: CRIESP, 1996.

HADLEY, M.E.; LEVINE, J.E. **Endocrinology.** Upper Sadle River: Cummings, 2006. 640p.

JOHNSON, R. Abnormal testosterone: Epitestosterone ratios after dehydroepiandrosterone supplementation. **Clin. Chem., 45:**163-4, 1999.

KLEEREKOPER, M. Hormones. In: BURTIS, C.A.; ASHWOOD, E.R.; BRUNS, D.E. **Tietz: Fundamentals of clinical chemistry.** 6 ed. Philadelphia: Saunders, 2008:450-9.

LEVY, A.; LIGHTMAN, S.L. **Endocrinology.** New York: Oxford University Press, 1997. 397p.

17.7 HORMÔNIOS DA GRAVIDEZ

A placenta é o órgão de troca metabólica entre o feto e a mãe: mantém separados o sangue fetal e o materno, permite a passagem de nutrientes para o feto e libera produtos de excreção. Os principais hormônios proteicos produzidos pela placenta são: gonadotrofina coriônica humana (hCG) e lactogênio placentário humano (hPL). Também sintetiza hormônios esteroides, como progesterona, estrona (E_1), estradiol (E_2) e estriol (E_3).

GONADOTROFINA CORIÔNICA HUMANA (hCG)

A gonadotrofina coriônica humana (hCG) é uma glicoproteína sintetizada a partir dos estágios mais precoces da gestação, sendo composta de duas subunidades: α e β. A subunidade α é estruturalmente idêntica à subunidade α dos outros hormônios glicoproteicos. LH, FSH e TSH. A subunidade β difere de outros hormônios glicoproteicos e confere especificidade biológica à hCG. A hCG com subunidade β específica elimina a reação cruzada com o LH e possibilita a detecção de níveis circulantes de hCG precocemente, em torno do décimo dia após a concepção. Uma gravidez normal apresenta níveis de 50 mUI/mL 14 dias após a data provável de concepção. Esses valores se elevam espontaneamente até por volta da 10ª a 12ª semana, quando atingem seu pico. Segue-se um rápido declínio, e logo após se estabilizam em mais ou menos 10% do pico alcançado.

A ação da hCG assemelha-se à ação luteotrófica do LH, suprindo adequadamente de estrogênios e progesterona, a partir do corpo lúteo gravídico, até por volta da 6ª à 8ª semanas, quando a placenta assume a produção desses esteroides assenciais à manutenção da gravidez.

A elevação dos níveis de hCG é sinal de uma gestação saudável. A cada 36 a 48 horas ocorre uma duplicação do valor anterior. Existem nomogramas que tornam possível a avaliação da evolução da gravidez, comparando dosagens sucessivas de hCG. Isto é válido para dosagens entre 100 e 6.000 mUI/mL e em intervalos de até 10 dias.

Nas gestações múltiplas, os níveis encontrados são elevados. Dosagens seriadas podem ajudar a esclarecer situações como gestações em que haja coexistência de prenhez ectópica ou em abortamentos.

Na prenhez ectópica, deve-se tomar cuidado com a interpretação dos valores de hCG, pois a produção ectópica não secreta da mesma maneira que a gravidez intrauterina.

Os tumores trofoblásticos secretam hCG. Esses tumores podem ocorrer tanto em homens como em mulheres; eles incluem a mola hidatiforme e o coriocarcinoma. A hCG se constitui em um índice de atividade da doença. Em mulheres não grávidas, a secreção de hCG é bastante indicativa de tumores trofoblásticos. Em homens, o terato-ma testicular é a fonte mais comum. No homem, o encontro de níveis elevados de β-hCG é diagnóstico. A monitoração do hormônio torna possível avaliar o resultado da terapia.

Diversos carcinomas secretam β-hCG, o que o torna importante para o diagnóstico de certos tumores.

Resultados falso-positivos podem ocorrer em presença de hiperlipemia ou de hemólise da amostra.

A dosagem de hCG é utilizada na detecção de gravidez e suas anormalidades (p. ex., gravidez ectópica e molar), síndrome de Down e trissomia 18, na monitoração do curso de câncer produtor de hCG, na avaliação da gestação múltipla e no diagnóstico e acompanhamento de condições patológicas de natureza neoplásica, particularmente tumores trofoblásticos. Pode estar elevada em alguns casos de tumores não trofoblásticos, como câncer de pulmão, pâncreas, mama e estômago. A hCG é um marcador tumoral de insulinoma e de carcinomas de pulmão, pâncreas, estômago, cólon, fígado e mama.

Determinação da hCG

Paciente. Não necessita cuidados especiais.

Amostra. Soro sanguíneo isento de hemólise ou lipemia intensa. Mantém-se por 1 semana quando refrigerada.

Valores de referência para hCG	
Gravidez	mUI/mL
2 semanas	200 a 500
3 semanas	1.000 a 4.000
4 semanas	5.000 a 20.000
5 a 8 semanas	10.000 a 130.000
9 a 12 semanas	10.000 a 200.000

LACTOGÊNIO PLACENTÁRIO HUMANO (hPL)

A produção do hPL é proporcional à massa da placenta. O hPL é detectado entre a quinta e a sexta semana de gravidez e se eleva progressivamente até 2 semanas antes do parto, quando o nível declina ligeiramente. A dosagem seriada do hPL no

C A P Í T U L O 17 ▪ Hormônios

segundo e terceiro trimestres da gravidez possibilita a avaliação do risco fetal.

O encontro de dosagens de β-hCG elevadas com hPL baixo é bastante sugestivo de tumor trofoblástico. Essa relação (hCG/hPL) é tanto maior quanto maior for a malignidade. Aconselha-se a realização de dosagens seriadas, para melhorar a avaliação.

A dosagem do hPL é utilizada na avaliação da função placentária e do índice de vitalidade fetal e no diagnóstico de tumores trofoblásticos. Atualmente, a determinação do hPL para avaliação do desenvolvimento fetal está sendo abandonada.

Valores de referência para o hPL	
Gravidez	ng/mL
14 semanas	250 a 2.500
18 semanas	700 a 3.500
22 semanas	1.200 a 5.000
26 semanas	1.800 a 7.500
30 semanas	2.800 a 9.500
34 a 41 semanas	3.500 a 11.200

Valores aumentados. Crescimento da placenta, recém-nascidos de mães diabéticas, gravidez múltipla e hidropisia fetal.

Valores reduzidos. Tumores trofoblásticos em comparação com a gravidez normal; altos no feto feminino em comparação ao masculino.

ESTEROIDES NA GRAVIDEZ

Estrogênios e progesterona são importantes hormônios esteroides sintetizados pela placenta durante a gravidez. O estriol (E_3) é o estrogênio produzido em maior quantidade, apesar de o 17β-estradiol e a estrona também incrementarem sua produção. A placenta não sintetiza *de novo* o estriol, mas pode produzi-lo a partir de intermediários C_{19} supridos pela suprarrenal maternal e fetal na forma de S-DHEA (sulfato de deidroepiendrosterona) e que já possuem o grupo hidroxila na posição 17. O estriol, produzido desse modo, é secretado nas circulações fetal e materna. A produção de estriol exige, assim, o envolvimento tanto da placenta como do feto. O reconhecimento dessa interdependência leva ao conceito da unidade fetoplacentária. A determinação de estriol no terceiro trimestre para avaliação do desenvolvimento fetal está sendo abandonada. No entanto, quando medida com 16 a 18 semanas de idade gestacional, é útil na predição das trissomias fetais 18 e 21.

Bibliografia consultada

BAZER, F.W. **Endocrinology of pregnancy.** Vol 9. Humana Press, 1998. 576p.

DI DIO, R.; BARBÉRIO, J.C.; PRADAL, M.G.; MENEZES, A.M.S. **Procedimentos hormonais.** 4 ed. São Paulo: CRIESP, 1996.

GROSSMAN, A. **Clinical endocrinology.** 2 ed. Blackwell, 1998. 1120p.

HADLEY, M.E.; LEVINE, J.E. **Endocrinology.** Upper Sadle River: Cummings, 2006. 640p.

MARSHALL, W.J. **Clinical chemistry: metabolic and clinical aspects.** London: Churchill Livingstone, 1995. 854p.

SWERDLOFF, R.S.; WANG, C.; KANDEEL, F.R. Evaluation of the infertile couple. **Endocrinol. Metab. Clin. N. Am., 17**:301-37, 1988.

17.8 PARATIREOIDE E METABOLISMO ÓSSEO

PARATORMÔNIO

O paratormônio (PTH) é um hormônio polipeptídico secretado pelas glândulas paratireoides. O PTH encontra-se na circulação sob a forma de vários fragmentos da molécula original de 84 aminoácidos. Sua função é a manutenção da homeostase do metabolismo do cálcio, para a qual também contribuem a calcitonina e a vitamina D. O PTH promove a reabsorção de cálcio e fósforo nos ossos. Em relação aos rins, o PTH promove a absorção de cálcio e a excreção de fósforo e estimula a conversão da 25(OH)-vitamina D. Atua indiretamente sobre o trato intestinal – por meio da 1,25di(OH)-vitamina D, cuja síntese estimula – elevando a absorção do cálcio alimentar. Sua secreção responde prontamente às variações do nível sérico do cálcio ionizado: em níveis baixos, a secreção de PTH é estimulada; quando o nível se eleva além da regulação normal, a secreção é suprimida. A hiperfosfatemia reduz a produção de PTH, enquanto a hipofosfatemia a aumenta.

A avaliação do PTH deve ser realizada em conjunto com a dosagem de cálcio, pois é possível diagnosticar o *hiperparatireoidismo primário* (geralmente causado por adenoma) por meio do encontro de PTH elevado com cálcio sérico (>10,4 mg/dL) discretamente elevado ou mesmo nos limites superiores da normalidade. Outras causas de hipercalcemia exibem o PTH em níveis baixos. Estados patológicos que tendem à hipocalcemia apresentam PTH em concentrações elevadas. Este fato ocorre na deficiência da vitamina D (nas formas alimentares ou de resistência à sua ação), como também na insuficiência renal crônica, em que o PTH se encontra em níveis muito elevados, sendo o seu monitoramento de ajuda na avaliação da terapia.

No *hiperparatireoidismo secundário* encontra-se hipocalcemia secundária a insuficiência renal ou má absorção intestinal. Nestes casos, a hipocalcemia estimula a secreção de PTH.

No *hipoparatireoidismo* encontram-se níveis baixos do cálcio com o PTH indetectável ou em teores muito baixos. Se o PTH estiver adequado, mas os ossos e/ou rins não responderem, o diagnóstico provável será de *pseudo-hipoparatireoidismo*. Em pós-operatórios de tireoidectomias, pode ocorrer um hipoparatireoidismo transitório.

Na avaliação de litíase renal de repetição, a dosagem do PTH pode diagnosticar um hiperparatireoidismo, o que justifica sua inclusão na rotina dessa investigação.

O PTH é dosado na diferenciação das hipercalcemias por excesso de PTH (hiperparatireoidismo primário) – condição decorrente de tumor ou hiperplasia das paratireoides, onde está elevado, ou da hipercalcemia de origem extraparatireoidiana, onde está diminuído. Na hipocalcemia com PTH baixo, caracteriza o hipoparatireoidismo; por outro lado, níveis normais ou aumentados do hormônio indicam hiperparatireoidismo secundário, que ocorre na insuficiência renal crônica ou no pseudo-hipoparatireoidismo. Nesta última condição ocorre resistência às ações do hormônio em nível renal e/ou ósseo.

Determinação do PTH

Paciente. Jejum de 12 horas.

Amostra. Soro sanguíneo isento de hemólise e/ou lipemia.

Valores de referência: 12 a 75 pg/mL.

Valores elevados. Hiperparatireoidismo primário, hipercalcemia induzida por lítio, hipercalcemia hipercalciúrica familial, hiperparatireoidismo secundário da insuficiência renal crônica, má absorção, obesidade, início da gravidez, doenças hepáticas. *Fármacos:* glicocorticoides, estrogênios, octreotídeo, omeprazol, fosfatos, lítio e fenitoína.

Valores reduzidos. Exercícios, dietas hiperproteicas, álcool, final da gravidez. *Fármacos:* pindolol, cimetidina e tiazidas.

PARATORMÔNIO RELACIONADO À PROTEÍNA (PTH-rP)

A hipercalcemia é uma complicação comum de diferentes tipos de câncer. Dentre as suas causas, encontra-se o aumento da reabsorção óssea osteoclástica em consequência da produção de PTH-rP por alguns tumores (carcinoma epidermoide de pulmão, esôfago ou cabeça e pescoço, carcinoma de mama, renal, de bexiga ou ovário), constituindo o quadro de *hipercalcemia humoral de câncer* (HHC). Nesses casos, foi isolado o PTH-rP, o qual compartilha sequências homólogas às do PTH, explicando, assim, algumas de suas atividades PTH-*like*. Os achados bioquímicos em pacientes com HHC e hiperparatireoidismo primário são semelhantes, incluindo cálcio sérico elevado, hipofosfatemia e aumento de AMP-cíclico urinário, porém o PTH encontra-se aumentado no hiperparatireoidismo primário e diminuído ou indetectável nas HHC, na quais o PTH-rP encontra-se aumentado.

A determinação de PTH-rP é indicada na investigação de pacientes com hipercalcemia com suspeita de tumor produtor desse peptídeo, responsável por ações semelhantes às do PTH.

Determinação de PTH-rP

Paciente. Não são necessários cuidados especiais.

Amostra. Plasma e soro sanguíneo.

Valores de referência. Indetectável.

OSTEOCALCINA (BGP)

A osteocalcina, também conhecida como BGP (*Bone Gla Protein*), é um marcador tumoral específico do *turnover* ósseo sintetizado pelos osteoblastos. É o maior componente não colágeno do osso, sendo formado por aminoácidos, incluindo três resíduos de ácido γ-carboxiglutâmico (Gla). Os níveis circulantes de osteocalcina obedecem a um ritmo circadiano, sendo mínimos pela manhã, aumentando progressivamente à tarde e atingindo o pico no período noturno. Apresenta boa correlação com índices histológicos de formação óssea. Seus níveis variam também com a idade: maiores na infância e na puberdade, com pico durante o estirão puberal e declínio na fase adulta, aumentando após a menopausa. Sua dosagem pode ser útil na classificação, escolha e monitoração do tratamento da osteoporose. Durante a gestação, seus níveis tornam-se indetectáveis nos primeiros meses, reaparecendo 48 horas antes do parto.

A dosagem de osteocalcina no soro é indicada na investigação de doenças ósseas, particularmente osteoporose, hiperparatireoidismo e doença óssea de Paget. Essa determinação está mais indicada do que a avaliação da hidroxiprolina urinária.

Valores de referência: 2 a 12 ng/mL.

Valores aumentados. Hiperparatireoidismos primário e secundário, hipertireoidismo, osteoporose após a menopausa e doença de Paget.

Valores diminuídos. Hipoparatireoidismo, osteoporose senil, síndrome de Cushing e no uso crônico de glicocorticoides.

AMP-CÍCLICO

Aproximadamente 50% do AMPc urinário provêm da ação do PTH nos túbulos. O AMPc atua como segundo mensageiro após ativação do receptor tubular de PTH. Sua dosagem isolada é útil na confirmação diagnóstica de hiperparatireoidismo primário. Resultados falso-positivos ocorrem devido à presença de moléculas circulantes que estimulam o receptor de PTH (como PTH-rP na hipercalcemia tumoral). No pseudo-hipoparatireoidismo não ocorre incremento dos níveis de AMPc, a despeito de níveis elevados de PTH.

A principal utilidade da dosagem do AMP-cíclico é no diagnóstico de distúrbios da glândula paratireoide e do PTH, assim como na avaliação do grau de resposta a este hormônio pelos órgãos-alvo. Para melhorar a especificidade, essa determinação deve ser relacionada com a depuração da creatinina endógena.

Determinação do AMP-cíclico

Paciente. Não exige cuidados especiais.

Amostra. Urina de 24 horas coletada com conservante (HCl 6N). Coletar soro para determinação da creatinina.

Valores de referência. *Sangue:* 5,4 a 15,4 pmol/mL; *urina:* 1,5 a 6,0 nmol/mg de creatinina.

Valores aumentados. Exercício físico, transtornos maníaco-depressivos, cafeína, dietas hiperproteicas e obesidade. *Fármacos:* adrenalina e teofilina.

Valores diminuídos. Depressão. *Fármacos:* probenecida e tetra-hidrocanabinoides.

Bibliografia consultada

ARNESON, W.; BRICKELL, J. **Clinical chemistry: a laboratory perspective.** Philadelphia: F. A. Davis, 2007:371-425.

BANDEIRA, F.; CALDAS, G.; GRIZ, L. **Hiperparatireoidismo primário.** Sociedade Brasileira de Endocrinologia e Metabologia, 2006.

CLAYTON, B.E.; ROUND, J.M. **Clinical biochemistry and sick child.** London: Blackwell, 1994.

FARROW, S. **The endocrinology of bone.** Society for Endocrinology, 1997. 78p.

HADLEY, M.E.; LEVINE, J.E. **Endocrinology.** Upper Sadle River: Cummings, 2006. 640p.

HEATH, D.A. Parathyroid hormone related protein. **Clin. Endocrinol., 38:**135-6, 1993.

KLEEREKOPER, M. Hormones. In: BURTIS, C.A.; ASHWOOD, E.R.; BRUNS, D.E. **Tietz: Fundamentals of clinical chemistry.** 6 ed. Philadelphia: Saunders, 2008:450-9.

WOOD, P.J. The measurement of parathyroid hormone. **Ann. Clin. Biochem., 99:**11-21, 1992.

17.9 HORMÔNIOS PANCREÁTICOS

O pâncreas é um órgão de 70 a 110 g que contém dois componentes específicos aparentemente independentes: (a) pâncreas endócrino e (b) pâncreas exócrino. O pâncreas endócrino consiste nas ilhotas de Langerhans, grupos de células endócrinas salpicadas ao acaso por todo o pâncreas e que secretam insulina, glucagon e outros hormônios polipeptídeos. As células do pâncreas exócrino agrupam-se em ácinos, que mais adiante compõem os lóbulos. As células acinares são drenadas por dúctulos que convergem para ductos de tamanho crescente, terminando no ducto de Wirsung, o qual drena através do esfíncter de Oddi e da papila de Vater para dentro da segunda porção do duodeno. Nesta seção serão examinados os hormônios do pâncreas endócrino.

INSULINA

Hormônio proteico produzido pelas células β das ilhotas de Langerhans do pâncreas, a insulina é constituída de duas cadeias polipeptídicas, A e B, com 21 e 30 resíduos por cadeia, respectivamente, unidos por ligações dissulfeto. Este hormônio anabólico estimula a captação de glicose pelos tecidos adiposos e musculares, promove a conversão da glicose em glicogênio (glicogenose) ou em gordura para armazenamento e *inibe* a produção (gliconeogênese) e a liberação (glicogenólise) de glicose pelo fígado. Também *estimula* a síntese de proteínas, lipídios e colesterol e *inibe* o desdobramento proteico (proteólise), a cetogênese, a lipólise e a oxidação dos ácidos graxos.

A glicose, a frutose, a manose, os ácidos graxos, os aminoácidos, os hormônios pancreáticos e gastrointestinais (p. ex., glucagon, gastrina, secretina, pancreozimina, polipeptídeo digestório) e alguns medicamentos (p. ex., sulfonilureias e agonistas β-adrenérgicos) *estimulam* a secreção de insulina. A liberação de insulina é *inibida* pela hipoglicemia, 2-desoxiglicose, D-mano-heptulose, adrenalina, noradrenalina, somatostatina (produzida nas células δ do pâncreas) e vários fármacos (p. ex., agonistas α-adrenérgicos, bloqueadores β-adrenérgicos, diazóxido, fenitoína, fenotiazinas,

ácido nicotínico). É inibida, também, por desnutrição, hipoxia, hipotermia e vagotomia.

A glicose desencadeia a liberação de insulina em duas fases:

• Primeira fase: inicia 1 a 2 minutos após a injeção endovenosa de glicose e termina em 10 minutos; representa a rápida liberação da insulina armazenada.

• Segunda fase: inicia no ponto onde a primeira fase termina e dura até atingir a normoglicemia, geralmente 60 a 120 minutos.

Com a progressiva perda de função das células β, a primeira fase da resposta da insulina à glicose é perdida, mas outros estímulos, como o glucagon e os aminoácidos, podem desencadear essa resposta. Apesar de a resposta da segunda fase ser preservada em pacientes com diabetes tipo 2, a primeira fase é perdida. Em contraste, pacientes com diabetes tipo 1 não apresentam resposta (ou apresentam apenas uma resposta moderada).

A medida da insulina é indicada nos seguintes casos: avaliação da hipoglicemia em jejum (insulinomas, adenomas múltiplos, hiperplasia das células β, presença de anticorpos contra insulina ou seu receptor) e pacientes com tratamento insulínico controlados por dieta e/ou hipoglicemiantes orais.

Determinação da insulina

Paciente. Jejum de 12 horas.

Amostra. Soro sanguíneo sem hemólise.

Valores de referência. Em jejum: até 25 µU/mL; obesos: até 70 µU/mL.

Valores aumentados. Insulinoma, hipoglicemia reativa após ingestão de carboidratos, hiperplasia de células β, presença de anticorpos contra insulina ou seu receptor, acromegalia após ingestão de glicose.

PROINSULINA

A proinsulina é um polipeptídeo precursor da insulina sintetizada pelas células β das ilhotas de Langerhans do pâncreas. Normalmente, a proin-

CAPÍTULO 17 • Hormônios

sulina tem baixa atividade biológica (ao redor de 10% da potência da insulina). Em condições normais, somente pequenas quantidades de proinsulina entram na circulação. É determinada para:

Diagnóstico de tumores das células β. Elevadas concentrações de proinsulina são notadas em tumores benignos ou malignos das células β do pâncreas. A maioria desses pacientes também tem aumento da insulina, da proinsulina e do peptídeo C; às vezes, entretanto, somente a proinsulina está elevada. Apesar de sua baixa atividade biológica, a proinsulina pode estar aumentada, ocasionando hipoglicemia.

Hiperproinsulinemia familiar. Pelo impedimento da conversão da proinsulina em insulina.

Reatividade cruzada dos ensaios da insulina.

Outras causas. São encontrados aumentos nos teores de proinsulina em pacientes com insuficiência renal crônica, cirrose ou hipertireoidismo.

Determinação da proinsulina

Paciente. Jejum de 12 horas.

Amostra. Soro sanguíneo.

Valores de referência. $1,35 \pm 0,25$ μU/mL.

Valores aumentados. Após a alimentação, hipertireoidismo, diabetes tipo 2; prejudica a prova de tolerância à glicose e, paralelamente, à insulina. *Fármacos:* glicocorticoides, hormônio de crescimento e outros similares à insulina.

PEPTÍDEO C

A proinsulina é clivada enzimaticamente em peptídeo C (com 31 aminoácidos) e insulina em quantidades equimoleculares no sangue do sistema porta. O peptídeo C *não apresenta atividade biológica*, mas parece ser necessário para assegurar a estrutura correta da insulina. O peptídeo C é removido da circulação pelos rins. A medida do peptídeo C apresenta algumas vantagens sobre a avaliação da insulina. Como o seu metabolismo hepático é negligenciável, o seu nível é um indicador mais acurado da função das células β do que a concentração da insulina periférica. Além disso, os ensaios do peptídeo C não medem a insulina exógena, assim como não produzem reações cruzadas com anticorpos insulínicos. São utilizados nos seguintes casos:

Hipoglicemia em jejum. É a principal indicação para a medida do peptídeo C.

• Alguns pacientes com tumores de células β produtores de insulina – particularmente no hiperinsulinismo intermitente – apresentam elevações das concentrações de peptídeo C com teores normais de insulina.

• Na hipoglicemia factícia provocada por insulina exógena, em que os níveis de insulina estão altos, enquanto os teores de peptídeo C estão baixos.

Secreção de insulina. Os níveis de peptídeo C basais ou estimulados (glucagon ou glicose) avaliam a capacidade secretória das células β. Assim, identificam-se diabéticos que recebem tratamento insulínico, mas podem ser tratados somente com dieta e/ou hipoglicemiantes orais.

Pós-pancreatectomia. A medida do peptídeo C pode monitorar a resposta do paciente à intervenção cirúrgica do pâncreas. O peptídeo C não é detectado após pancreatectomia radical e avalia a presença de tecido pancreático residual. Está aumentado após transplante de pâncreas ou células-ilhotas.

Determinação do peptídeo C

Paciente. Jejum de 12 horas.

Amostra. Soro sanguíneo.

Valores de referência. 0,5 a 3,5 ng/mL.

Valores aumentados. Diabetes melito tipo 2, insulinomas, terapia com hipoglicemiantes orais, obesidade e após as refeições. *Fármacos:* L-dopa, agentes que causam hiperglicemia, antibióticos orais, tetrahidrocanabinóides e contraceptivos orais.

Valores reduzidos. Diabetes melito tipo 1 e uso de insulina exógena. *Fármacos:* asparginase, diuréticos, propranolol, nifepidina, fenitoína. A calcitonina diminui a liberação pós-prandial.

Bibliografia consultada

ARNESON, W.; BRICKELL, J. **Clinical chemistry: a laboratory perspective.** Philadelphia: F. A. Davis, 2007:371-425.

GROSSMAN, A. **Clinical endocrinology.** 2 ed. Blackwell, 1998. 1120p.

HADLEY, M.E.; LEVINE, J.E. **Endocrinology.** Upper Sadle River: Cummings, 2006. 640p.

KLEEREKOPER, M. Hormones. In: BURTIS, C.A.; ASHWOOD, E.R.; BRUNS, D.E. **Tietz: Fundamentals of clinical chemistry.** 6 ed. Philadelphia: Saunders, 2008:450-9.

Capítulo 18

Doenças do Tubo Digestório

Hormônios do tubo digestório	307	Ácido 5-hidróxi-indolacético (5-HIAA)	309
Gastrina	307	Intestino delgado	309
Carcinoides e síndrome carcinoide	308	Investigação da má absorção	309
Serotonina	308		

Para ajudar o médico a avaliar e tratar desordens digestivas, alguns exames especializados fornecem informações objetivas sobre secreção gástrica, enzimas digestórias e absorção intestinal.

HORMÔNIOS DO TUBO DIGESTÓRIO

São dois os principais hormônios encontrados no tubo digestório: gastrina e secretina. A família da *gastrina* consiste, principalmente, em gastrina e colicistoquinina (CCK), mas, além disso, a motilina e a encefalina apresentam semelhanças estruturais. O grupo da *secretina* inclui a secretina, o polipeptídeo inibidor gástrico (GIP), o polipeptídeo intestinal vasoativo (VIP), o glucagon e a bombesina. Muitos desses hormônios estão presentes em várias formas de diferentes massas moleculares.

GASTRINA

A gastrina é um hormônio produzido pelas células G localizadas, principalmente, no antro e no duodeno proximal. As células G produzem, armazenam e liberam gastrina para o interstício, frente a vários estímulos (colinérgicos, alimento, cálcio, distensão da parede intestinal, corticoide,

adrenalina etc.). A função principal da gastrina é aumentar a secreção de ácido clorídrico e enzimas pelo estômago. Existem várias formas moleculares de gastrina. A principal forma de gastrina na mucosa antral é um heptadecapeptídeo com 17 resíduos de aminoácidos (G-17), que representa 90% da gastrina produzida nessa região. Já na circulação, dois terços da gastrina sérica são representados por uma molécula maior, com 34 aminoácidos (G-34).

A gastrina plasmática está reduzida em doenças promotoras de hiperacidez (p. ex., úlcera duodenal), exceto no gastrinoma, onde os níveis estão, geralmente, aumentados. No entanto, a elevação da gastrina plasmática em jejum não é diagnóstica de gastrinoma, pois também ocorre na acloridria ou hipocloridria, nas gastrites, no tratamento com antagonistas de H_2 ou omeprazol, na anemia perniciosa ou na vagotomia prévia. Elevações da gastrina podem também ser encontradas em pacientes com hipercalcemia ou hiperplasia das células principais ou após cirurgia gástrica. Sua avaliação é útil no diagnóstico da síndrome de Zollinger-Ellison. Níveis elevados também podem ser detectados em situações que cursam com acloridria ou hipocloridria, como nas anemias perniciosas, na gastrite atrófica e no carcinoma gástrico.

307

Síndrome de Zollinger-Ellison. É causada por um tumor de células das ilhotas pancreáticas secretoras de gastrina (gastrinoma). O aumento na produção de gastrina leva ao aumento crônico da secreção do ácido pelas células parietais, que causam úlcera péptica fulminante, hipersecreção gástrica, hipergastrinemia, diarreia e má absorção de gorduras. A esteatorreia pode ser promovida por elevadas concentrações de H^+ no lúmen intestinal, o que inibe a ação da lipase pancreática.

O diagnóstico da síndrome é, muitas vezes, realizado devido à intensa elevação da gastrina plasmática em jejum e por exclusão de outras causas de aumento. Mesmo assim, mais de 30% dos pacientes com gastrinoma apresentam concentrações normais ou levemente aumentadas de gastrina plasmática. Estudos de secreção ácida em condições basais após o estímulo pela pentagastrina (pentapeptídeo com quatro aminoácidos C-terminais idênticos àqueles da gastrina) provavelmente representem o teste mais importante nesses pacientes.

Valores de referência para gastrina plasmática: 20 a 100 pg/mL. Valores entre 100 e 200 mg/dL são considerados limítrofes; quando superiores a 200 pg/mL, são patológicos.

Valores aumentados. Na síndrome de Zollinger-Ellison (valores >1.000 pg/mL em pacientes com hipercloridria), na obstrução pilórica com distensão gástrica, na anemia perniciosa, no carcinoma gástrico, na gastrite atrófica, na insuficiência renal crônica e na ingestão de aminoácidos. *Fármacos:* carbonato de cálcio, cloreto de cálcio e insulina.

Valores reduzidos. Atropina.

CARCINOIDES E SÍNDROME CARCINOIDE

O carcinoide é um câncer geralmente localizado no trato gastrointestinal que pode produzir quantidades excessivas de vários neuropeptídeos e aminas, os quais apresentam efeitos semelhantes aos dos hormônios. Quando o carcinoide se dissemina para o fígado, ele pode produzir episódios de rubor, pele azulada, cólicas abdominais, diarreia, lesões cardíacas e outros sintomas, os quais constituem a *síndrome carcinoide*. Os tumores carcinoides produzem um excesso de neuropeptídeos e aminas (substâncias semelhantes a hormônios), como a bradicinina, a serotonina, a histamina e as prostaglandinas.

Os locais mais comuns de aparecimento de tumores carcinoides são as regiões do íleo terminal e do íleo cecal. Os tumores produzem aminas vasoativas que, pela drenagem venosa dos tumores, são levadas diretamente ao fígado, onde são inativadas. Os sintomas só ocorrem a partir da metástase hepática do tumor, ou quando o tumor drena para o sistema circulatório (p. ex., adenoma bronquial do tipo carcinoide). A maioria dos tumores carcinoides secreta excessivas quantidades de serotonina, que são metabolizadas e secretadas na urina como ácido 5-hidróxi-indolacético (5-HIAA).

A *síndrome carcinoide* se manifesta como rubor, diarreia, tumor carcinoide do intestino, insuficiência tricúspide ocasional, cólica abdominal e dispneia. Pode apresentar, também, hipoproteinemia e edema, mesmo na ausência de complicações cardíacas. Alguns tumores carcinoides produzem ACTH e peptídeos ACTH-*like* e podem causar síndrome de Cushing na ausência de sintomas comumente associados com a síndrome carcinoide.

SEROTONINA

A serotonina (5-hidroxitriptamina) é uma amina indólica sintetizada nas células argentafins da mucosa intestinal a partir do triptofano. A serotonina é armazenada e transportada nas plaquetas, mas é também encontrada em muitos tecidos, incluindo o SNC, onde atua como neurotransmissor. A serotonina age como vasoconstritor, neurotransmissor e estimulante da contração da musculatura lisa, da liberação de prolactina e de hormônio de crescimento, além de desempenhar um papel na coagulação sanguínea. Esta dosagem é utilizada para confirmar o diagnóstico de tumores carcinoides, nos quais se observa maior elevação dos níveis de serotonina.

Valores de referência: 70 a 300 ng/mL (sangue total).

Valores aumentados. Os tumores carcinoides produzem excesso de serotonina; carcinoma de pequenas células do pulmão (causando produção ectópica), carcinoma medular da tireoide (produção ectópica), dor crônica, endocardite, espru não tropical, fibrose cística, infarto do miocárdio, metástase, tumor de células das ilhotas pancreáticas (produção ectópica). *Fármacos:* imipramida, inibidores da monoamino-oxidase (MAO), metildopa e reserpina.

CAPÍTULO 18 • Doenças do Tubo Digestório

Valores reduzidos. Em humanos, a serotonina influencia vários padrões de comportamento, como sono, percepção da dor, comportamento social e depressão mental. Teores diminuídos são encontrados na depressão, na doença de Parkinson, na fenilcetonúria, na insuficiência renal, na síndrome de Down e nos teratomas (císticos benignos).

ÁCIDO 5-HIDRÓXI-INDOLACÉTICO (5-HIAA)

O *5-HIAA* (ácido 5-hidróxi-indolacético) urinário é o produto final do metabolismo da serotonina. O aumento do 5-HIAA urinário reflete excesso na produção de serotonina associado a tumores carcinoides.

Preparo do paciente. O paciente deverá permanecer 24 horas sem ingerir os alimentos relacionados, os quais interferem no resultado: abacate, abacaxi, ameixa, banana, berinjela, *pickles*, nozes e tomate. Não deve fazer esforço fisico durante a coleta.

Amostra. Urina de 24 horas.

Valores de referência: 2 a 8 mg/d (adultos).

Valores elevados. Diarreia, endocardite, espru celíaco, espru tropical, ganglioneuroblastoma e tumores carcinoides (intestino anterior e intestino médio). *Fármacos:* paracetamol, atenolol, carbamato de metanasina, diazepam, fenacetina, fluorouracil, gliceril guaiacolato, mefenesina, melfalan, metocarbamol, naproxeno, oxprenolol, pindolol e reserpina.

Valores reduzidos. Depressão, diarreia da ressecção do intestino delgado, doença de mastocitose, fenilcetonúria, tumores carcinoides não metastáticos e tumores carcinoides (retais). *Fármacos:* ácido acetilsalicílico, ácido di-hidroxifenolacético, ácido gentísico, ácido homogentísico, corticotrofina, etanol, fenotiazinas, imipramina, inibidores da monoamino-oxidase (MAO), isoniazida, levodopa, metenamina, metildopa e salicilatos.

INTESTINO DELGADO

Nas doenças do intestino delgado, a absorção pode estar diminuída, enquanto a permeabilidade (via junções intercelulares) está frequentemente aumentada. Existem vários testes para avaliação da função absortiva e da permeabilidade intestinal; no entanto, com a disponibilidade da biópsia do jejuno, os testes químicos perderam grande parte do valor diagnóstico. Dentre esses testes, citam-se: teste de absorção da xilose, testes de permeabilidade intestinal, deficiência de dissacaridase, absorção de aminoácidos, absorção de gorduras etc.

INVESTIGAÇÃO DA MÁ ABSORÇÃO

A digestão e a absorção eficientes dos alimentos exigem o bom funcionamento do estômago, do pâncreas, do sistema hepatobiliar e do intestino delgado. A má absorção é a redução na captação e no transporte de nutrientes adequadamente digeridos (incluindo vitaminas e oligoelementos) pela mucosa. Defeitos na atividade de qualquer órgão do sistema digestório podem causar má absorção intestinal; o paciente pode sofrer de diarreia ou perda de peso. As causas da má absorção estão resumidas a seguir:

- *Polissacarídeos.* Deficiência de amilase por pancreatite crônica.

- *Dissacarídeos.* Os açúcares lactose, sacarose e maltose são fracionados pelas enzimas lactase, sacarase e maltase, as quais estão localizadas no revestimento do intestino delgado. Quando existe uma deficiência da enzima necessária, os açúcares não são digeridos e não podem ser absorvidos. Consequentemente, eles permanecem no intestino delgado.

- *Proteínas.* Deficiência de peptidase pancreática decorrente de pancreatite crônica.

- *Aminoácidos.* Defeitos da mucosa intestinal produzem anormalidades no transporte de aminoácidos específicos.

- *Lipídios.* Impedimento da formação de micelas intestinais (sais biliares insuficientes); inibição da lipase pancreática por elevadas concentrações de H^+ (gastrinoma); impedimento da transferência de lipídios para o plasma (abetalipoproteinemia).

- *Doença celíaca.* A doença (espru não tropical, enteropatia por glúten, espru celíaco) é um distúrbio hereditário no qual uma intolerância alérgica ao glúten (uma proteína) causa alterações no intestino que acarretam má absorção.

- *Linfangiectasia intestinal (hipoproteinemia idiopática).* Neste distúrbio, que afeta crianças e adultos jovens, os vasos linfáticos que suprem o revestimento do intestino delgado tornam-se dilatados. A dilatação dos vasos linfáticos pode ser um defeito congênito. Quando ocorre posteriormente, pode ser decorrente de uma inflamação do pâncreas (pancreatite) ou de um enrijecimento do saco que envolve o coração (pericardite constritiva), o que aumenta a pressão sobre o sistema linfático.

Diagnóstico clínico. A má absorção pode causar deficiências de todos os nutrientes ou deficiência seletiva de proteínas, gorduras, vitaminas ou minerais. Os sintomas variam de acordo com as deficiências específicas. Inicialmente, é importante considerar a história de doença do paciente e os achados do exame físico, que podem levar a um dos seguintes diagnósticos:

- *Doença pancreática.* Pode causar má absorção de proteínas, gorduras ou carboidratos, devido à deficiência de enzimas digestórias.
- *Doença biliar.* Causa má absorção de gorduras e vitaminas lipossolúveis devido à falta de ácidos biliares.
- *Doença da mucosa intestinal.* Afeta a digestão ou o transporte, ou ambos, de vários constituintes da dieta, além da reabsorção dos ácidos biliares. Os efeitos podem ser de caráter geral ou relativamente específicos.
- *Desenvolvimento bacteriano no intestino delgado.* Promove a deficiência funcional dos ácidos biliares e interfere com a absorção das gorduras. Pode também prejudicar a digestão de proteínas ou a absorção de aminoácidos, assim como reduzir a disponibilidade de vitaminas hidrossolúveis.

Investigações iniciais. A apresentação da má absorção varia consideravelmente, desde esteatorreia e emagrecimento severo até alterações mínimas e incidentais em exames laboratoriais bioquímicos e hematológicos.

- *Exame microbiológico.* Coprocultura e exame parasitológico de fezes são realizados para descartar qualquer infecção.
- *Inspeção da amostra fecal.* Para investigar a presença de esteatorreia. Amostras de fezes são examinadas a olho nu e ao microscópio. A amostra também deve ser testada para pesquisa de sangue oculto.
- *Testes sanguíneos.* Teores de albumina no soro e outros "testes de função hepática". Investigações hematológicas, como hemoglobina, contagem de eritrócitos, vitamina B_{12} e folato, também são indicadas.

- *Outras investigações.* Exames radiológicos, endoscópicos e biópsia da mucosa podem ser necessários para definir o local da anormalidade anatômica.

A quantidade de *gordura fecal* está aumentada em casos de má absorção. No entanto, em geral, a má absorção severa somente é encontrada em doenças pancreáticas e do intestino delgado. Outras anormalidades bioquímicas podem estar associadas com a má absorção intestinal e exigir investigações apropriadas, as quais incluem:

- *Deficiências vitamínicas.* Os nutrientes mal absorvidos são: vitamina A, B_1, B_6, B_{12} e ácido fólico.
- *Defeitos na absorção do cálcio.* Causa de raquitismo, osteomalacia, cálcio sérico reduzido e fosfatase alcalina aumentada.
- *Má absorção do ferro.* Provoca anemia por deficiência de ferro. O ferro sérico está reduzido com hemácias hipocrômicas e microcíticas.
- *Má absorção de proteínas.* Redução dos níveis de albumina sérica com hipogamaglobulinemia. Edema é o sinal frequente.

Bibliografia consultada

DIMAGNNO, E.P. A short, eclectic history of exocrine pancreatic insufficiency and chronic pancreatitis. **Gastroenterology, 104:**1255-62, 1993.

EPSTEIN, M.; PUSCH, A.L. Watery diarrhoea and stool osmolality. **Clin. Chem., 29:**211, 1983.

GO, V.L.W.; DiMANGO, E.P. Assessment of exocrine pancreatic function by duodenal intubation. **Clin. Gastroenterol., 13:**701-15, 1984.

HILL, P.G. Gastrointestinal diseases. In: BURTIS, C.A.; ASHWOOD, E.R.; BRUNS, D.E. **Tetz: Fundamentals of clinical chemistry.** 6 ed. Philadelphia: Saunders, 2008:696-710.

LAWSON, N.; CHESTNER, I. Tests of exocrine pancreatic function. **Ann. Clin. Biochem., 31:**305-14, 1994.

McNEELY, M.D.D. Gastrointestinal function and digestive disease. In: KAPLAN, L.A.; PESCE, A. **Clinical chemistry: theory, analysis, correlation.** St. Louis: Mosby, 1996:571-92.

REYES, P.; GALEY, W.R. Pancreatic exocrine insufficiency. In: GLEW, R.H.; NINOMIYA, Y. **Clinical studies in medical biochemistry.** 2 ed. New York: Oxford University Press, 1997:227-36.

SMITH, A.F.; BECKETT, G.J.; WALKER, S.W.; ERA, P.W.H. **Clinical biochemistry.** 6 ed. London: Blackwell Science, 1998:186-90.

THEODOSSI, A.; GAZZARD, B.G. Have chemical tests a value in diagnosing malabsorption? **Br. Med. J., 282:**1501-4, 1981.

Capítulo 19

Marcadores Tumorais Bioquímicos

Antígeno prostático específico (PSA)	312	CA72.4 (TAG 72)	316
Incremento da acurácia do PSA	312	CA27.29 (antígeno do câncer 27.29)	316
α-Fetoproteína (AFP)	313	CA50 (antígeno do câncer 50)	316
Enolase neurônio-específica (NSE)	313	MCA (antígeno mucoide associado ao carcinoma)	317
Fosfatase ácida prostática (FAP)	314	Cromogranina A	317
Lactato-desidrogenase (LDH)	314	NMP 22 (proteína da matriz nuclear)	317
Calcitonina	314	Cyfra 21.1	317
Hormônio coriônico gonadotrófico (hCG)	314	Catepsina D	317
Antígeno carcinoembrionário (CEA)	315	C-erbB-2	317
Antígeno tumoral da bexiga (BTA)	315	K-ras	318
CA15.3 (antígeno do câncer 15.3)	315	P53	318
CA-125 (antígeno do câncer 125)	316	β-2-Microglobulina A	318
CA19.9 (antígeno do câncer 19.9)	316		

O termo marcador tumoral refere-se a uma categoria ampla de substâncias produzidas pelos tumores ou pelos organismos em resposta à presença tumoral, com expressão ou quantificação diferencial no sangue, na urina ou em outros tecidos de pacientes com neoplasia. Os atributos do marcador tumoral ideal são:

- Alta sensibilidade.
- Alta especificidade.
- Dosagem fácil.
- Baixo custo.
- Diagnóstico precoce, estadiamento e monitoração da resposta terapêutica.

Empregam-se marcadores tumorais com as seguintes finalidades:

- Triagem populacional.
- Diagnóstico diferencial em pacientes sintomáticos.
- Estadiamento clínico.
- Estabelecimento do diagnóstico.
- Monitoração da eficiência terapêutica.
- Localização de metástases.
- Tratamento (imunorradioterapia).
- Detecção precoce da recorrência (grande utilidade).

Entre os principais marcadores tumorais estão: PSA (antígeno prostático específico), AFP (alfafetoproteína), NSE (enolase neurônio-específica), MCA (antígeno mucoide associado ao carcinoma), cromogranina A, BTA (antígeno tumoral da bexiga), telomerase, NMP22 (proteína da matriz nuclear), Cyfra 21.1, PAP (fosfatase ácida prostática), CA 72.4, β-hCG (gonadotrofina coriônica humana), CA 125, CA 15.3, CA 19.9, CA 27.29, CA 50, calcitonina, catepsina D, CEA (antígeno carcinoembrionário), C-erbB-2 (oncogene), LDH (desidrogenase-lática), K-ras; p53 e β-2-microglobulina.

ANTÍGENO PROSTÁTICO ESPECÍFICO (PSA)

O antígeno prostático específico (PSA), uma glicoproteína monomérica da família das proteases com 237 resíduos de aminoácidos, é produzido exclusivamente pelas células epiteliais e pelos ductos da glândula prostática e secretado no lúmen dos ductos para liquefazer o coágulo seminal, que adiciona ao esperma motilidade e cria condições que levam à fertilização. O PSA é produzido tanto pelo tecido normal como pelo tecido prostático hiperplásico e neoplásico. No entanto, o tecido prostático canceroso produz ao redor de dez vezes mais PSA que o tecido normal.

Câncer de próstata (CaP). O PSA é o mais efetivo marcador tumoral para o câncer prostático e é usado em lugar da fosfatase ácida prostática como auxiliar no diagnóstico deste câncer em virtude de sua origem exclusivamente glandular.

A atividade catabólica do tumor e a aceleração da taxa metabólica no carcinoma de próstata provocam elevação nos níveis séricos do PSA. Por conseguinte, o PSA constitui um marcador imunocitoquímico confiável, utilizado na detecção do câncer de próstata.

O tumor prostático pode causar prostatismo: bloqueio parcial ou completo do trato urinário ou com a próstata comprimindo a uretra.

O PSA é útil para identificação, diferenciação, classificação, estadiamento e localização de tumores, monitoração pré-operatória, pós-operatória e de tumor recorrente, além de auxiliar a selecionar intervenções terapêuticas ou terapia com agentes citotóxicos e a avaliação do tumor com os protocolos de tratamento.

Hiperplasia prostática benigna (HPB). Produz elevações do PSA sérico devido ao aumento do número de células produtoras. Cada 1 g de hiperplasia prostática benigna eleva o PSA em 0,3 ng/mL.

Prostatites. São causas frequentes de aumento dos níveis séricos de PSA; na presença de prostatite clínica, o exame deve ser repetido após o tratamento antibiótico, e a realização de biópsia pode estar indicada se persistir a elevação.

Manipulações prostáticas. Cistoscopias ou outros procedimentos urológicos também podem alterar o PSA.

Prostatectomia radical. Cerca de 30 dias após a prostatectomia radical, o PSA declina a valores próximos de zero. Alguns pacientes podem apresentar elevação do PSA após a prostatectomia radical, devido à presença de tecido benigno residual nas regiões apicais e junto ao colo vesical. Valores de PSA >0,2 ng/mL são sugestivos de recidiva ou persistência tumoral após tratamento cirúrgico radical.

Terapia por radiação do câncer prostático. Os níveis de PSA demoram meses para estabilizar-se. Teores elevados de PSA são indicativos de recorrência. Entretanto, podem existir metástases esqueléticas com PSA baixo.

Terapia antiandrogênica. O PSA demonstra um prognóstico favorável quando os níveis estão estáveis ou em declínio, enquanto um mau prognóstico é previsto com valores constantemente elevados.

O PSA também apresenta valores elevados em caso de cirrose, embolia pulmonar, impotência, osteopatia renal, osteoporose, mieloma, metástases ósseas de cânceres não prostáticos, prostatite, ressecção pós-uretral e retenção urinária.

Novos marcadores para o câncer prostático. Novos marcadores foram propostos, como o EPCA-2 (*early prostate cancer antigen*), com acurácia de até 97% para detecção de câncer prostático.

Incremento da acurácia do PSA

Para otimizar a eficácia do PSA como teste diagnóstico, várias alternativas foram propostas, sempre visando a incrementar a especificidade do teste e evitar biópsias desnecessárias. Entre as estratégias de incremento utilizadas podem ser citadas:

Velocidade do PSA. A velocidade de elevação do PSA difere consideravelmente entre pacientes com HPB e câncer. Velocidade de PSA >0,75 ng/mL/ano sugere câncer prostático.

PSA livre. O PSA existe no plasma em três formas moleculares principais: PSA livre, PSA conjugado à α-1-antiquimiotripsina e PSA conjugado à α-2-macroglobulina. Os níveis de PSA podem estar aumentados tanto em condições benignas da próstata como no câncer. Os pacientes com câncer prostático parecem ter níveis menores da forma *livre do PSA* (em relação ao PSA total) do que os pacientes com *hipertrofia prostática benigna*; portanto, as taxas de PSA livre e PSA total podem auxiliar a discriminação entre o câncer de próstata e a hipertrofia benigna, reduzindo, assim, as biópsias des-

CAPÍTULO 19 ▪ Marcadores Tumorais Bioquímicos

necessárias. A relação percentual é calculada da seguinte maneira:

$$\frac{PSA\ livre \times 100}{PSA\ total} = \%$$

A relação percentual só é válida quando o valor de PSA total é >4 ng/mL.

PSA complexado (cPSA). A maioria do PSA encontrado em pacientes com câncer prostático ocorre ligada à α-1-antiquimiotripsina (inibidor de protease) e sua concentração é estimada subtraindo-se o PSA livre do PSA total. Também foram desenvolvidos testes específicos para a sua determinação. No entanto, não existem evidências da superioridade da utilização do cPSA para o diagnóstico de câncer de próstata, quando comparada à proporção do PSA livre e total.

PSA ajustado à idade. Existe uma variação normal do PSA de acordo com a idade. Muitos dos valores considerados normais, quando corrigidos para a idade, passam a ser rotulados como suspeitos. Os valores de PSA ajustados para a idade são:

Faixa etária	ng/mL
40 a 50	0 a 2,5
50 a 60	0 a 3,5
60 a 70	0 a 4,5
70 a 80	0 a 6,5

Densidade do PSA. O PSA sérico (ng/mL) dividido pelo volume da próstata, avaliado por ultrassonografia transretal, fornece a densidade do PSA. Níveis superiores a 0,15 sugerem câncer de próstata. É de utilidade questionável, parecendo nada acrescentar ao valor preditivo.

Valores de referência. Valores para PSA total, PSA livre, PSA complexado e a relação PSA livre/PSA total:

PSA total	Até 2,5 ng/mL
PSA livre	Até 0,82 ng/mL
PSA complexado	Até 3,75 ng/mL
Relação PSA livre/PSA total	Até 15%

α-FETOPROTEÍNA (AFP)

A AFP é uma glicoproteína sintetizada pelo fígado, saco vitelino e intestino do feto com funções de transporte plasmático e de manutenção da pressão oncótica, desaparecendo no primeiro ano de vida. Esta proteína pode estar elevada em pacientes portadores de tumores gastrointestinais, hepatite, cirrose, hepatocarcinoma (diagnosticado em conjunto com a ultrassonografia abdominal) e gestantes. Pode ser encontrada em 70% dos tumores testiculares não seminomatosos. É sintetizada pelo carcinoma embrionário puro, teratocarcinoma, tumor de saco vitelino e por tumores mistos. O coriocarcinoma e o seminoma puro não a produzem. A α-fetoproteína tem como principal papel a monitoração da terapia para o carcinoma de testículo, com sua presença sugerindo persistência da doença e sua concentração sérica propiciando uma estimativa do tempo de crescimento tumoral.

Valores de referência: homens e mulheres adultas não grávidas: 0 a 10 ng/mL. Níveis >500 ng/mL são altamente sugestivos de malignidade, e valores >1.000 ng/mL são indicativos de presença de neoplasia. Em mulheres grávidas, os valores se elevam conforme o período de gestação.

Valores elevados. Hepatocarcinoma, câncer pancreático com metástases hepáticas, teratoma maligno de ovário ou do testículo, câncer gástrico com metástases hepáticas, tumores do saco vitelino e tumores de células germinativas; gravidez com defeitos do tubo neural (p. ex., spina bífida) no feto (2,5 vezes o valor normal no líquido amniótico), fetos múltiplos, angústia fetal e morte fetal. Também estão elevados em outros distúrbios: cirrose, hepatite aguda ou crônica e aborto espontâneo.

ENOLASE NEURÔNIO-ESPECÍFICA (NSE)

A NSE é uma enzima da via glicolítica anaeróbia, encontrada em todos os tecidos dos mamíferos. A determinação sérica da NSE é utilizada para o diagnóstico de carcinoma de pulmão de pequenas células. Observa-se sua presença consistentemente mais elevada na doença extensa do que na localizada. Além disso, a NSE possui sensibilidade fortemente correlacionada com o estágio da doença, sendo utilizada também como monitor terapêutico ou para diagnóstico de tumores neuroendócrinos, devido à forte correlação entre o estado patológico e a concentração da enzima.

Valores de referência: até 12,5 µg/L.

Valores elevados. Neuroblastoma metastático, carcinoma pulmonar de pequenas células, carcinoma medular da tireoide, tumores renais, feocromocitoma e tumor endócrino pancreático.

FOSFATASE ÁCIDA PROSTÁTICA (FAP)

Níveis aumentados de fosfatase ácida prostática são encontrados em pacientes com câncer de próstata nos estágios mais avançados, não sendo de muita utilidade nos estágios iniciais. Essa enzima não fornece um diagnóstico específico, pois é formada por várias isoenzimas, uma das quais é produzida na próstata. Atividade aumentada de fosfatase ácida também pode ocorrer em outras situações, como na doença de Paget, na osteoporose, no hiperparatireoidismo e na hiperplasia prostática.

LACTATO-DESIDROGENASE (LDH)

A lactato-desidrogenase é um marcador não específico. Não existe um modelo isoenzimático consistente associado com a malignidade, mas aumentos não específicos das frações 2, 3 e 4 são comuns na malignidade. Tumores benignos e malignos mostram níveis aumentados de LDH, os quais se correlacionam com a massa tumoral em tumores sólidos e fornecem um indicador da progressão da doença.

A lactato-desidrogenase é marcador para câncer de fígado, linfomas não Hodgkin recentes, leucemia aguda, neoplasia de próstata, neuroblastoma, seminoma e outros carcinomas, como de mama, cólon e estômago. Deve-se ter cautela com o uso desse marcador, pois pode estar elevado também em patologias musculoesqueléticas, infarto do miocárdio, leucemias e embolia pulmonar.

CALCITONINA

A calcitonina é um hormônio peptídico secretado pelas células C parafoliculares na tireoide. Sua secreção é estimulada pelo cálcio. É um marcador empregado no diagnóstico e no seguimento do câncer medular de tireoide. Os teores de calcitonina parecem estar relacionados com a extensão da doença, com o volume do tumor e com a presença de metástases a distância. Alguns pacientes têm valores normais de calcitonina basal, mas em testes de provocação com cálcio e/ou pentagastrina se tornam positivos. Também é útil na detecção da recidiva da doença. O teor de calcitonina encontra-se também elevado por outras doenças, como insuficiência renal crônica, cirrose alcoólica, anemia perniciosa, hiperparatireoidismo, doença de Paget e síndrome de Zollinger-Ellison.

Valores de referência (quimioluminescência): homens: até 8,5 pg/L; mulheres: até 5 pg/L.

HORMÔNIO CORIÔNICO GONADOTRÓFICO (hCG)

O hCG é um hormônio associado a gravidez, normalmente secretado pelas células sinciciotrofoblásticas da placenta normal, composta por duas subunidades: α e β. A fração β-hCG é comumente medida para confirmar a gravidez e o diagnóstico de gravidez ectópica. Além disso, o β-hCG é usado no diagnóstico, no seguimento e no prognóstico de pacientes com tumores de células germinativas (testículo e ovário).

O hCG é um marcador para coriocarcinoma (tumor de células germinativas não seminomatosas), tumores testiculares, doenças trofoblásticas e, em menor frequência, tumores de células germinativas de ovário e testículo, câncer de mama, do trato gastrointestinal e do pulmão, melanoma, e também em condições benignas, como cirrose, úlcera duodenal e doença intestinal inflamatória.

A determinação do β-hCG, simultaneamente à determinação de α-fetoproteína (AFP) tem maior importância no prognóstico, no seguimento e na determinação de recorrências dos tumores de células embrionárias dos testículos: *seminomas* (AFP negativa e β-hCG raramente elevado), *carcinomas embrionários* (AFP e β-hCG elevados), *coriocarcinoma* (AFP negativa e β-hCG elevado), *tumores de saco vitelino* (AFP elevado e β-hCG negativo), *teratocarcinomas* (AFP e β-hCG negativo).

Nas formas mistas, a positividade depende da composição estrutural. Todos os tipos de doenças trofoblásticas produzem β-hCG, e a quantidade formada depende do volume do tumor. O β-hCG é utilizado, também, no seguimento do tratamento e da progressão de doenças trofoblásticas (mola hidatiforme, mola invasiva e coriocarcinoma). Após a eliminação do tecido trofoblástico, os níveis de β-hCG retornam ao normal em 6 a 8 semanas. O uso de anticoncepcionais orais retarda essa queda.

No homem, o encontro de níveis elevados de β-hCG indica ginecomastia. A monitoração do hormônio permite avaliar o resultado da terapia.

CAPÍTULO 19 ▪ Marcadores Tumorais Bioquímicos

Resultados falso-positivos podem ocorrer em presença de hiperlipemia ou de hemólise da amostra.

Valores de referência. Ver hormônios da gravidez.

ANTÍGENO CARCINOEMBRIONÁRIO (CEA)

O CEA é uma glicoproteína produzida pelo feto entre 2 e 6 meses e secretada pelas células do epitélio do tubo digestório durante a vida fetal. Trata-se de um antígeno que pode ser detectado em diminutas quantidades no adulto normal, mas que é secretado em maiores teores durante a rápida multiplicação das células epiteliais, especialmente do sistema gastrointestinal, e faz parte da família das imunoglobulinas. A dosagem do CEA não é diagnóstica; todavia, como os níveis estão aumentados nas neoplasias malignas, o CEA fornece orientação para o tratamento e ajuda a avaliar o êxito da cirurgia e de outras formas de tratamento do câncer. A dosagem é de grande valia para detecção precoce do câncer colorretal recorrente, uma vez que os níveis sanguíneos podem aumentar 3 meses antes do aparecimento dos sinais e sintomas clínicos da doença recorrente. Os níveis de CEA podem ser determinados a cada 1 a 3 meses para acompanhar a resposta e orientar a terapia do câncer colorretal. Ocorrem níveis normais 4 a 6 semanas após terapia eficaz. O aumento ou a persistência em níveis elevados, após terapia, sugerem recorrência local ou metastática do tumor. A ASCO recomenda a dosagem do CEA a cada 2 a 3 meses durante a quimioterapia no câncer colorretal.

Valores de referência. Homens não fumantes: até 3,4 ng/mL; fumantes: até 6,2 ng/mL. Mulheres não fumantes: até 2,5 ng/mL, fumantes: até 4,9 ng/mL.

Valores elevados. Neoplasias malignas de cólon, reto, bexiga, estômago, pâncreas, esôfago, próstata, ovário, mama, pulmão e testículos. Estão também elevados em caso de doença intestinal inflamatória, cardiopatia isquêmica crônica, cirrose alcoólica, doença de Crohn, enfisema pulmonar, fumantes crônicos, hipotireoidismo, insuficiência renal (aguda), linfoma, leucemia, neuroblastoma, pancreatite (aguda), pneumonia (bacteriana), traumatismo, radioterapia recente e processos inflamatórios. *Fármacos:* antineoplásicos e drogas hepatóxicas.

ANTÍGENO TUMORAL DA BEXIGA (BTA)

O antígeno tumoral da bexiga (BTA – *bladder tumor antigen*) é uma proteína expressa por várias células tumorais, mas por poucas células normais. Durante o desenvolvimento de tumores uroteliais da bexiga, essas moléculas são liberadas na urina. Os resultados falso-positivos relacionam-se a litíase urinária, processos irritativos da bexiga e sonda vesical de demora. Cerca de 80% dos pacientes com câncer de bexiga apresentam *carcinomas de células transicionais* (TCC) restritos à camada superficial de células da mucosa da bexiga. Costumam ser pequenos, com um tempo de implantação e crescimento longo, pouco friáveis, e dificilmente apresentando sinais obstrutivos. Esses tumores dificilmente são percebidos pela citologia urinária. Na maioria dos casos, são tratáveis com a cirurgia transuretral com ou sem quimioterapia e imunoterapia complementares.

O câncer de bexiga é um dos tipos de tumor de maior incidência no Brasil. Afeta, principalmente, homens entre 50 e 70 anos de idade, fumantes e pessoas expostas a substâncias químicas, como tintas, couro e borracha. Entre os sinais clínicos de câncer de bexiga, o mais frequente é a hematúria, mas outros sintomas – como aumento da frequência urinária, dores pélvica e suprapúbica, obstrução urinária e micro-hematúria – podem também se manifestar.

Valores de referência: até 14 U/mL na urina. Embora tenham sido encontrados valores aumentados em diversas patologias, a sensibilidade geral do BTA para tumores de bexiga, independente do seu estadiamento, alcança 73%, porém, quando se consideram estágios precoces, ela pode variar de 88% a 92% (T_2 e T_1).

CA15.3 (ANTÍGENO DO CÂNCER 15.3)

O antígeno do câncer 15.3 é uma glicoproteína produzida pelas células epiteliais glandulares. Marcador tumoral do câncer de mama, ovário, pâncreas, pulmão, colo uterino, linfomas e hepatocarcinomas, o CA15.3 não deve ser usado para o diagnóstico de câncer de mama primário, já que a incidência de elevação é relativamente baixa. A grande utilização do CA15.3 é para o diagnóstico precoce de recidiva, precedendo os sinais clínicos em até 13 meses. Recomenda-se a realização de dosagens seriadas de CA15.3 no pré-tratamento,

2 a 4 semanas após tratamento cirúrgico e/ou no início da quimioterapia, com repetição a cada 3 a 6 meses.

Níveis elevados de CA15.3 são também observados em várias outras doenças, como tuberculose, hepatite crônica, sarcoidose e lúpus eritematoso sistêmico.

Valores de referência (quimioluminescência): até 28 U/mL.

CA-125 (ANTÍGENO DO CÂNCER 125)

Glicoproteína produzida por tecidos derivados do epitélio celômico, o CA-125 está associado às neoplasias epiteliais, especialmente ao câncer epitelial de ovário. Quando existe neoplasia maligna endometrial ou ovariana, a elevação persistente de CA-125 está associada à progressão da doença e a uma resposta terapêutica inadequada. A observação de níveis normais não exclui a possível presença ou recorrência de tumor extenso. As principais aplicações do CA-125 são possibilitar o seguimento da resposta bioquímica ao tratamento e predizer a recaída em casos de câncer epitelial de ovário.

Valores de referência: até 35 U/mL.

Valores elevados. Câncer epitelial de ovário, endométrio, mama, colo do útero, trompas, pâncreas, fígado, colo do útero, cólon e pulmão e neoplasias epiteliais ovarianas não mucinosas. *Resultados falso-positivos:* cirrose, cistos de ovário, endometriose, hepatite, pancreatite, processos inflamatórios do cólon, gravidez (16%) e em mulheres portadoras de doença inflamatória pélvica.

CA19.9 (ANTÍGENO DO CÂNCER 19.9)

O CA19.9 é um antígeno carboidrato de superfície que se apresenta elevado na corrente circulatória de pacientes com neoplasias malignas de pâncreas, mama, vias biliares, cólon, reto, endométrio e próstata. Pancreatite aguda e crônica e outras enfermidades gastrointestinais ou pulmonares benignas apresentam elevações de 10% a 20%.

O CA19.9 é indicado no auxílio ao estadiamento e à monitoração do tratamento em primeira escolha de câncer de pâncreas e trato biliar e, em segunda escolha, no câncer colorretal. Algumas doenças, como cirrose hepática, pancreatite, doença inflamatória intestinal e autoimunes, podem elevar o CA19.9, sem ultrapassar 120 U/mL.

No momento, a maior aplicabilidade de uso do CA19.9 está na avaliação da resposta à quimioterapia em caso de câncer de pâncreas, já que a utilização de métodos de imagem é bastante limitada para este fim.

Valores de referência: até 37 U/mL.

CA72.4 (TAG 72)

O CA72.4 é um marcador tumoral glicoproteínico utilizado no controle de remissão e recidiva de carcinomas de trato gastrointestinal (gástrico, cólon, pâncreas e trato biliar). Cinquenta por cento dos pacientes com câncer gástrico apresentam níveis elevados de CA72.4. Este marcador é mais sensível do que o CEA e o CA19.9 para esta patologia.

Níveis elevados são descritos em pacientes com doenças gastrointestinais benignas (adenomas, pólipos, diverticulite, colite ulcerativa, doença cloridropéptica, pancreatite, cirrose hepática), pneumopatias, doenças reumáticas, cistos ovarianos e doenças benignas de mama.

Valores de referência (eletroquimioluminescência): até 6,9 U/mL.

CA27.29 (ANTÍGENO DO CÂNCER 27.29)

O antígeno do câncer 27.29, à semelhança do CA15.3, também não tem sensibilidade e especificidade suficientes para ser utilizado como um teste diagnóstico, mas é usado para detecção de recorrência de câncer de mama.

A indicação do CA27.29 fica limitada ao seguimento de pacientes com diagnóstico dessa neoplasia. Sua maior vantagem é possibilitar a detecção precoce de recorrências, proporcionando tempo suficiente para decisões terapêuticas apropriadas e sendo considerado melhor do que o CA15.3 para esta finalidade. Este marcador apresenta também boa correspondência com o curso da doença, havendo, em geral, uma relação paralela entre sua concentração sérica e a atividade da doença.

Valores de referência (ICMA): até 38 U/mL.

CA50 (ANTÍGENO DO CÂNCER 50)

O antígeno do câncer 50 é uma glicoproteína. Este marcador é expresso pela maioria dos carcinomas epiteliais (câncer gastrointestinal e de pâncreas).

Possui sensibilidade semelhante à do CA19.9, não sendo indicado o uso simultâneo dos dois. Também pode ser expresso por doenças benignas hepáticas e das vias biliares e pancreatite. A maioria dos pacientes com câncer pancreático apresenta níveis elevados de CA50, assim como nos estágios mais avançados do câncer colorretal.

Valores de referência (radioimunoensaio): até 25 U/mL.

MCA (ANTÍGENO MUCOIDE ASSOCIADO AO CARCINOMA)

O MCA é uma glicoproteína utilizada para monitorar o carcinoma mamário. Existem outras situações nas quais este marcador pode encontrar-se elevado, como, por exemplo, em doenças benignas de mama e tumores de ovário, de colo uterino, endométrio e próstata.

Valores de referência: até 11 U/mL.

CROMOGRANINA A

A cromogranina A, também denominada secretogranina I, constitui-se em um grupo de proteínas presentes em vários tecidos neuroendócrinos. É um marcador tumoral com utilidade em neoplasias endócrinas, tipo feocromocitoma, síndrome carcinoide, carcinoma medular da tireoide, adenoma hipofisário, carcinoma de células das ilhotas do pâncreas e na neoplasia endócrina múltipla. Este marcador tem utilidade, também, no carcinoma pulmonar de células pequenas.

Valores de referência: 10 a 50 ng/mL.

NMP 22 (PROTEÍNA DA MATRIZ NUCLEAR)

A NMP 22 é uma proteína envolvida no mecanismo de regulação do ciclo celular. Pacientes com recidiva tumoral e com doença invasiva têm níveis elevados deste marcador. Sua sensibilidade encontra-se entre 60% e 86%.

CYFRA 21.1

O Cyfra 21.1, antígeno formado por um fragmento da citoqueratina 19 encontrado no soro, é uma ferramenta muito útil no seguimento de pacientes com tumores de pulmão. Este marcador tem alta sensibilidade para carcinoma de células escamosas (entre 38% e 79%, de acordo com o estágio) e é um fator de prognóstico ruim no carcinoma de células escamosas do pulmão. Encontra-se elevado, também, em carcinoma pulmonar de pequenas células e câncer de bexiga, de cérvice e de cabeça e pescoço. Aumenta inespecificamente em algumas patologias benignas pulmonares, gastrointestinais, ginecológicas, urológicas e de mama, podendo gerar resultados falso-positivos.

Valores de referência: até 3,3 ng/mL.

CATEPSINA D

A catepsina D, uma endoprotease lisossomal ácida, encontrada em praticamente todas as células dos mamíferos, é um marcador tumoral muito estudado no câncer de mama. Acredita-se que o papel da catepsina D na carcinogênese esteja associado à estimulação da síntese de DNA e da mitose durante a regeneração tecidual e, devido ao seu poder proteolítico, facilite a disseminação tumoral, por digestão de proteoglicanos da matriz intersticial e membrana basal. Estas evidências levaram à elaboração da hipótese de que a secreção de catepsina D pelas células tumorais facilitaria a iniciação e a progressão do processo metastático.

A catepsina D é uma proteína claramente associada à invasividade tumoral e à presença de metástases para linfonodos axilares. Alguns estudos têm demonstrado que altos níveis de catepsina D associam-se com pior prognóstico de câncer de mama, e a maioria dos autores não encontrou associação entre o alto grau histológico e a positividade para catepsina D. A associação entre a expressão aumentada de catepsina D e a sobrevida livre de doença é controversa.

C-erbB-2

O C-erbB-2 é um oncogene encontrado na literatura sob vários nomes e diferentes grafias: c-erbB-2; cerbB-2; C-erbB-2; HER-2; HER-2/neu; ERBB2; erbB2; neu/c-erbB-2; oncogene neu; proteína neu; neu. O oncogene C-erbB-2 pertence a uma família de receptores de membrana cujo domínio extracelular pode ser identificado, dosado em cultura ou liberado na circulação. Este é amplificado e hiperexpresso em 20% a 40% dos carcinomas primários de mama, por isso seu papel nesta neoplasia tem sido amplamente investigado; entretanto, os resultados permanecem controversos.

Vários autores apontam que a expressão aumentada de C-erbB-2 é um indicador de mau prognóstico.

O gene C-erbB-2 também encontra-se superexpressado em outras neoplasias humanas, incluindo cerca de um terço dos carcinomas de pulmão tipo não pequenas células. No adenocarcinoma de pulmão, o produto proteico do C-erbB-2 é observado em 28% a 38% dos casos e associado a mau prognóstico. Pode, porém, ser detectado antes mesmo do diagnóstico clínico, estando elevado precocemente no processo de carcinogênese.

O C-erbB-2 apresenta, também, importância no tratamento de pacientes com câncer de mama; pacientes cujos tumores exibem expressão aumentada desse marcador podem ter maior benefício com altas doses de quimioterapia.

K-ras

Genes mutados da família ras são os oncogenes mais comumente encontrados nas neoplasias malignas humanas.

Os tumores de pulmão contendo mutação em K-ras são mais agressivos, e os pacientes apresentam tempo livre de doença significativamente menor e menor sobrevida, quando comparados com os sem mutação em K-ras. Mutações pontuais em K-ras são importantes fatores de prognóstico para determinar o tempo livre de doença e sobrevida, após terem sido levadas em consideração variáveis como estadiamento da doença, tamanho do tumor e grau de diferenciação.

P53

O gene supressor de tumor p53, localizado no cromossomo 17, codifica uma fosfoproteína denominada proteína p53, que desempenha um importante papel no controle do ciclo celular e previne o aparecimento de câncer. A proteína p53 tem o papel de bloquear a divisão celular em células que sofreram lesões no seu DNA, dando tempo para sua reparação. A perda da função desse gene pode estar relacionada tanto à iniciação quanto à progressão tumoral.

Para demonstrar sua importância, cita-se o fato de que mutações na proteína p53 são encontradas em cerca de 50% de todos os cânceres humanos, ou mais de 50 tipos de tumores.

β-2-MICROGLOBULINA A

A β-2-microglobulina A é uma glicoproteína presente em todas as células nucleadas. O uso deste marcador tumoral está indicado em linfomas não Hodgkin, sendo índice de prognóstico independente; no mieloma múltiplo, relaciona-se diretamente com a massa tumoral total e, isoladamente, é o mais importante fator de prognóstico.

Valores de referência: até 2 μg/mL (até 60 anos) e 2,6 μg/mL (acima de 60 anos).

Bibliografia consultada

ALMEIDA, J.R.C. et al. Marcadores tumorais: revisão de literatura. **Rev. Bras. Cancerol.**, 53:305-16, 2007.

AMBRUSTER, D.A. Prostate-specific antigen: Biochemistry, analytical methods, and clinical application. **Clin. Chem.**, 39:181-95, 1993.

BONE, H.G. Diagnosis of the multiglandular endocrine neoplasias. **Clin. Chem.**, 36:711-8, 1990.

CARROLL, P.; COLEY, C.; MCLEOD D. et al. Prostate-specific antigen best practice policy – part I: early detection and diagnosis of prostate cancer. **Urology**, 57:217-24, 2001.

DI DIO, R.; BARBÉRIO, J.C., PRADAL, M.G.; MENEZES, A.M.S. **Procedimentos hormonais.** 4 ed. São Paulo: CRIESP, 1996.

DUFFY, M.H. New cancer markers. **Ann. Clin. Biochem.**, 26:379-97, 1989.

FRITSCHE, H.A.; BAST, R.C. CA 125 in ovarian cancer: advances and controversy. **Clin. Chem.**, 44:1379-80, 1998.

LEMAN, E.S.; CANNON, G.W.; TROCK, B.J. et al. EPCA-2: A highly specific serum marker for prostate cancer. **Urology, 69:**714-20, 2007.

MELO, E.; MELO, M.; MELO, M. A importância do rastreio diagnóstico. **LAES, 105:**86-8, 1997.

PRADAL, M.; MENEZES, A.M.; DiDIO, R. Marcadores tumorais. **LAES & HAES, 139:**146-82, 2002.

SPIEGEL, H.E. **Advances in clinical chemistry.** New York: Academic Press, 1999. 248p.

WALMSLEY, R.N.; WHITE, G.H. **Guide to diagnostic clinical chemistry.** London: Blackwell, 1994. 672p.

Capítulo 20

Monitoração Farmacológica

Anticonvulsivantes	319	Carbonato de lítio	323
Fenobarbital	320	Antidepressivos tricíclicos	323
Primidona	320	Fármacos cardiotônicos	324
Fenitoína	320	Digoxina	324
Carbamazepina	321	Fármacos antiarrítmicos	325
Etossuximida (Zarontina)	321	Procainamida	325
Ácido valproico	322	Lidocaína	325
Broncodilatadores	322	Quinidina	325
Teofilina	322	Propranolol	325
Antidepressivos	323		

A monitoração de fármacos terapêuticos é um processo contínuo de determinação da quantidade de medicamento necessária para produzir um efeito desejável predeterminado. Para o controle efetivo dos fármacos é primordial o conhecimento dos efeitos biológicos e dos métodos de detecção desses compostos químicos exógenos, que alteram profundamente as funções corpóreas, frequentemente de forma deletéria, mas, também, com benefícios terapêuticos.

O efeito farmacológico (ou seja, a resposta tóxica ou terapêutica de um medicamento) pode ser conseguido por interação direta da droga com o receptor controlador de uma função específica ou por uma alteração do processo fisiológico, regulador da função. Para a maioria dos fármacos, a intensidade e a duração do efeito farmacológico observado são proporcionais à concentração da droga no nível do receptor. Em um determinado tecido, o local onde a droga atua para iniciar os eventos que levam a um efeito biológico especial é denominado *sítio de ação* do medicamento.

O mecanismo de ação de uma droga é o processo físico ou bioquímico que ocorre no sítio para provocar a resposta biológica. A ação da droga é, geralmente, mediada por um receptor. Enzimas celulares, assim como proteínas estruturais ou de transporte, são exemplos importantes de receptores de fármacos. Macromoléculas não proteicas podem também ligar fármacos, resultando em alterações de funções celulares controladas pela permeabilidade ou transcrição do DNA. Alguns fármacos são similares a substâncias naturais endógenas e podem competir pelos sítios de ligação. Além disso, alguns fármacos podem bloquear a formação, a liberação, a captação ou o transporte de compostos essenciais. Outros podem produzir seus efeitos pela interação com moléculas relativamente pequenas para formar complexos que se ligam ativamente aos receptores.

ANTICONVULSIVANTES

Os anticonvulsivantes (antiepilépticos) são fármacos que deprimem seletivamente o SNC. São empregados na supressão de crises, acessos ou ataques epilépticos sem causar dano ao SNC ou depressão da respiração. São usados no grande e pequeno mal e em convulsões psicomotoras e outros distúrbios especializados de convulsão, como o tique doloroso (neuralgia do trigêmeo).

Fenobarbital

Barbitúrico de ação prolongada, da classe IV, o fenobarbital é frequentemente utilizado como antiepiléptico e sedativo-hipnótico. É indicado para crises tônico-clônicas, crises causadas pela abstinência barbitúrica em indivíduos dependentes e hiperbilirrubinemia em recém-nascidos. Distribui-se amplamente por todo o corpo, com metabolização mínima pelo fígado. É excretado, principalmente de modo inalterado, na urina. Apresenta meia-vida de 50 a 120 horas nos adultos e de 40 a 70 horas nas crianças. O estado de equilíbrio é alcançado após 15 a 25 dias em adultos e 7 a 17 dias em crianças. A concentração máxima ocorre após 50 a 120 dias, com risco de acúmulo.

Mecanismo de ação. Estabiliza membranas danificadas e eleva o limiar para despolarização da membrana neuronal.

Fenobarbital

Níveis séricos terapêuticos: 15 a 40 µg/mL.

Nível tóxico geral: >40 µg/mL, embora possa desenvolver tolerância.

Efeitos adversos. Sonolência, depressão, depressão respiratória que pode ser causada por rápida administração endovenosa, ataxia, sedação, hipotensão, podendo progredir para o coma, distúrbio do balanço eletrolítico, imunossupressão, elevação da pressão intraocular, excitabilidade do sistema nervoso central, dermatrofias, alteração do tecido conectivo, atrofia muscular, miastenia e osteoporose. É o principal metabólito da primidona. O fenobarbital afeta o metabolismo da fenitoína e das succinamidas.

Interferências. Álcool, agentes ansiolíticos, neurolépticos, antidepressivos tricíclicos, anti-histamínicos, agentes antiepilépticos, anticoagulantes e anticoncepcionais. A fenitoína aumenta a concentração do fenobarbital em até 40%.

Primidona

Barbitúrico anticonvulsivante utilizado no tratamento da epilepsia do lobo temporal e de outras convulsões do tipo grande mal, resistentes a outros anticonvulsivantes, quando metabolizada no fígado a primidona é degradada em fenobarbital e feniletilmalonamida (PEMA). Estes dois metabólitos têm a capacidade sinérgica de elevar o limiar convulsivo. Os metabólitos da primidona são excretados pelos rins. A meia-vida é de 3 a 24 horas nos adultos e de 4 a 12 horas nas crianças. Os níveis de equilíbrio dinâmico são alcançados depois de 16 a 60 horas nos adultos e após 20 a 30 horas nas crianças.

Primidona

Mecanismo de ação. Não está definitivamente elucidado, mas pode aumentar o limiar de despolarização de membrana do SNC.

Níveis séricos terapêuticos: 5 a 12 µg/mL.

Nível tóxico: >15 µg/mL.

Efeitos adversos. Sedação (comum) ou perturbação (principalmente em idosos), tontura, ataxia, náusea, vômitos, diplopia, irritabilidade e hiperatividade (comum em crianças), além de reações alérgicas. A primidona, assim como o fenobarbital, é contraindicado para pacientes com porfiria intermitente aguda.

Interferências. Clonazepam, fenobarbital e ácido valproico.

Fenitoína

Anticonvulsivante derivado da hidantoína, é também utilizado como antiarrítmico, antinevrálgico, miorrelaxante e inibidor da síntese/secreção da

CAPÍTULO 20 ▪ Monitoração Farmacológica

321

colagenase. Atua primariamente sobre o córtex motor, inibindo a propagação da crise convulsiva. A fenitoína reduz a atividade máxima dos centros do tronco cerebral responsáveis pela fase tônica das crises tônico-clônicas (grande mal). A fenitoína, que se distribui amplamente por todo o corpo, é metabolizada pelo fígado e excretada na bile e na urina. Tem meia-vida de 18 a 30 horas nos adultos e de 12 a 22 horas nas crianças. É necessário um período de 4 a 6 dias de terapia para atingir níveis em estado de equilíbrio dinâmico em adultos; nas crianças, prescreve-se um prazo de 2 a 5 dias.

Fenitoína

A monitoração da fenitoína deve ser realizada após a segunda ou terceira semana. A avaliação hematológica e hepática deverá ser semestral.

Mecanismo de ação. Parece bloquear o influxo de íons sódio e cálcio nos neurônios repetidamente despolarizados do SNC.

Níveis séricos terapêuticos: 10 a 20 μg/mL.

Nível tóxico geral: >20 μg/mL.

Efeitos colaterais. Nistagmo, ataxia, diplopia, sonolência, torpor, coma e reações alérgicas cutâneas. Administração rápida endovenosa pode produzir colapso cardiovascular e/ou depressão do SNC.

Interferências. Isoniazida, valproatos, barbitúricos, cloranfenicol, carbamazepina, álcool, dicumarol e fenobarbital (este pode aumentar ou diminuir os níveis de fenitoína).

Carbamazepina

A carbamazepina é uma dibenzazepina usada como anticonvulsivante, sedativo, antinevrálgico, antidepressivo, antidiurético e relaxante muscular, utilizada isoladamente ou com outros anticonvulsivantes no tratamento das crises convulsivas. A droga é metabolizada no fígado, com

meia-vida de 8 a 30 horas nos adultos e de 8 a 19 horas nas crianças. São obtidos níveis em estado de equilíbrio dinâmico entre 2 e 6 dias. A carbamazepina atravessa a placenta e aparece no leite materno.

Carbamazepina

A carbamazepina deve ser monitorada semanalmente, até serem estabelecidos níveis terapêuticos; depois a cada mês, nos primeiros 3 meses, e daí por diante a cada 3 meses. O acompanhamento hepático e hematológico é realizado a cada 2 semanas nos primeiros 2 meses, e daí por diante a cada 3 meses.

Mecanismo de ação. Diminui o influxo de íons sódio e cálcio em neurônios repetidamente despolarizados do SNC. Reduz a transmissão sináptica excitatória no núcleo espinal do trigêmeo.

Níveis séricos terapêuticos: 8 a 12 μg/mL.

Nível tóxico geral: >15 μg/mL.

Efeitos adversos. Sonolência, ataxia, tontura, náusea, vômitos, nistagmo, movimentos involuntários, reflexos anormais, pulso irregular, alteração na visão, erupção cutânea e anemia megaloblástica (depleção do ácido fólico).

Interferências. Doxiciclina, etossuximida, ácido valproico, clonazepam, teofilina, warfarina, cimetidina, isoniazida, eritromicina, primidona e fenobarbital.

Etossuximida (Zarontina)

Anticonvulsivante empregado no tratamento das convulsões do tipo pequeno mal (*petit mal*), a etossuximida deprime o córtex motor e o limiar do SNC para estímulos e é absorvida pelo sistema digestório. Sua meia-vida é de 40 a 60 horas nos adultos e de 30 a 50 horas nas crianças. É metabolizada no fígado e excretada lentamente na urina. Os níveis em estado de equilíbrio dinâmico são alcançados após 8 a 12 dias nos adultos e depois de 6 a 10 dias nas crianças.

Etossuximida

Mecanismo de ação. Provavelmente, envolve a inibição da Na+K+-ATPase, mas de modo diferente da fenitoína.

Níveis séricos terapêuticos: 40 a 100 μg/mL, mas podem chegar até 190 μg/mL em crianças.

Nível tóxico: >150 μg/mL.

Efeitos adversos. Distúrbios gastrointestinais, tontura, letargia e euforia; no entanto, os pacientes geralmente se tornam tolerantes a esses sintomas.

Ácido valproico

Este anticonvulsivante reduz a frequência de vários tipos de crises epilépticas, porém é mais eficaz em crises generalizadas do que nas parciais. É indicado nas crises de abstinência, fotossensíveis e tônico-clônicas generalizadas, e também na epilepsia mioclônica juvenil. É um ácido graxo de cadeia ramificada com oito átomos de carbono e em grande parte ligado às proteínas. Após administração por via oral ou retal, o ácido valproico é metabolizado pelo fígado e excretado na urina. Sua meia-vida é de 6 a 8 horas, com meia-vida de eliminação de 15 a 20 horas. O uso prolongado pode produzir hepatotoxicidade. A superdosagem pode causar neurotoxicidade.

Ácido valproico

O ácido valproico deve ser monitorado semanalmente. A avaliação hematológica e hepática deve ser semestral.

Mecanismo de ação. Inibe a enzima ácido γ-aminobutírico (GABA) transaminase, resultando em aumento de GABA no cérebro. O GABA é um potente inibidor das descargas pré e pós-sinápticas no SNC.

Níveis séricos terapêuticos: 50 a 100 μg/mL.

Nível tóxico: >100 μg/mL.

Efeitos adversos. Sedação, distúrbios gástricos, reações hematológicas, ataxia, sonolência e coma.

Interferências. O ácido valproico aumenta os níveis de fenobarbital em 35% a 50%. Reduz a fenitoína total do soro, porém aumenta a fenitoína livre por deslocamento da albumina sérica. A primidona, a fenitoína, o fenobarbital e a carbamazepina diminuem a sua meia-vida e a doença hepática a prolonga. O álcool, anestésicos gerais ou depressores do SNC podem potencializar seus efeitos depressores.

BRONCODILATADORES

A asma, uma forma de doença pulmonar obstrutiva crônica que tem uma variedade de causas, algumas das quais de natureza alérgica, é tratada com broncodilatadores.

Teofilina

Esta metilxantina aumenta o monofosfato de adenosina cíclico (cAMP) intracelular que, por sua vez, estimula a dilatação dos músculos lisos das vias aéreas brônquicas e o relaxamento dos vasos sanguíneos pulmonares para aliviar o broncoespasmo e aumentar os índices de fluxo e a capacidade vital. Encontra-se ligada às proteínas plasmáticas em 60%, com meia-vida de 3 a 8 horas em adultos e de 1 a 8 horas em crianças. A meia-vida é reduzida em 40% em tabagistas e é alongada em caso de doença hepática e cardíaca, excesso de peso, uso de anticoncepcionais orais e infecções virais. Em torno de 90% da teofilina são metabolizados no fígado. Níveis de equilíbrio dinâmico são atingidos em 15 a 20 horas em adultos e em 5 a 40 horas em crianças.

Teofilina

É empregada como um broncodilatador para o tratamento de asma moderada ou severa, tanto para prevenção de ataques como para tratamento de exacerbações sintomáticas. Além disso, é utilizada na enfermidade pulmonar obstrutiva crônica e na apneia de recém-nascidos prematuros.

Mecanismo de ação. Aumenta o cAMP intracelular por inibir a fosfodiesterase, o que causa o relaxamento do músculo liso das vias aéreas e dos vasos sanguíneos pulmonares. Exerce efeitos positivos cronotrópicos e inotrópicos no miocárdio e distúrbio fraco.

Níveis séricos terapêuticos: 8 a 20 µg/mL.

Nível tóxico geral: >20 µg/mL.

Efeitos adversos. Hipotensão, síncope, taquicardia, arritmias, tontura, convulsões, hemorragia digestória, náusea, vômitos, diarreia, irritabilidade e insônia.

Interferências. Álcool, agentes ansiolíticos, neurolépticos, antidepressivos tricíclicos, antibióticos, agentes antiepilépticos, anticoagulantes e anticoncepcionais.

ANTIDEPRESSIVOS

Os antidepressivos são empregados para restaurar pacientes mentalmente deprimidos a um estado mental melhorado. Diminuem a intensidade dos sintomas, reduzem a tendência ao suicídio e aceleram a velocidade de normalização.

Carbonato de lítio

Cátion monovalente, membro do grupo de metais alcalinos, está disponível comercialmente como sais de carbonato. O carbonato de lítio é utilizado, principalmente, no tratamento da depressão maníaca, sendo um agente promissor no tratamento da cefaleia histamínica. Esta droga é absorvida no sistema digestório com meia-vida de 17 a 36 horas e início da ação dentro de 5 a 10 dias; é excretada na urina. O lítio altera o transporte de sódio nas células nervosas e musculares, ajudando a estabilizar o humor.

O lítio é excretado paralelamente ao sódio. Ele rapidamente atravessa a membrana glomerular e é reabsorvido nos túbulos proximais. Nas situações em que o paciente está sujeito a desidratações (febre, diarreia, vômito, perda de apetite e tempo quente), o risco de intoxicação pelo lítio está aumentado.

O lítio deve ser monitorado semanalmente até o estabelecimento dos níveis terapêuticos; depois, deve ser monitorado mensalmente nos primeiros 6 meses, e a cada 2 a 3 meses daí em diante.

Mecanismo de ação. A ação do lítio não é totalmente conhecida, porém, como um cátion monovalente, compete com outros cátions (como o sódio, o potássio, o cálcio e o magnésio) pelos canais de íons nas membranas celulares e por locais de ligação proteica, incluindo receptores de membrana; muitos desses processos são fundamentais para síntese, armazenamento e captação de neurotransmissores centrais. O lítio produz um efeito sedante.

Níveis séricos terapêuticos: 0,6 a 1,2 mmol/L. A resposta terapêutica ótima não está relacionada a uma concentração sérica específica. Os teores de lítio são monitorados para assegurar os benefícios ao paciente e evitar a intoxicação.

Nível tóxico geral: >2 mmol/L em uma amostra coletada 12 horas após a dose indicam um risco significativo de intoxicação.

Efeitos adversos:

- *Intoxicação leve ou moderada.* Náusea, indisposição, diarreia, tremor nas mãos, polidipisia, poliúria, sonolência, fraqueza dos músculos, ataxia e pronúncia indistinta.
- *Intoxicação severa.* Reflexos hiperativos dos tendões profundos, movimentos coreoatetóticos, náusea persistente e vômitos, fasciculações, convulsões generalizadas e movimentos clônicos de todos os membros.

Interferências. Tiazídicos podem elevar significativamente os níveis de lítio. O uso de metildopa retarda a excreção.

É possível determinar o *lítio endógeno* em pacientes que não usam o medicamento. Os métodos empregados para esse fim devem ter grande sensibilidade, sendo utilizada a espectrofotometria de emissão por plasma (ICP-MS) ou absorção atômica (EAA), com os resultados expressos em ppm (partes por milhão) e transformados, posteriormente, em mmol/L.

Antidepressivos tricíclicos

A designação antidepressivos tricíclicos descreve um grupo de fármacos com estruturas químicas cíclicas análogas frequentemente utilizadas para tratar a depressão a longo prazo. Os mais frequentes são *imipramina* (Imipramine, Tofranil,

Tabela 20.1 Limites terapêuticos e meia-vida dos antidepressivos tricíclicos e tetracíclicos em adultos

Fármacos	Limite terapêutico (ng/mL)	Meia-vida (horas)
Imipramina	150 a 300	9 a 12
Amineptina	100 a 200	14 a 76
Amitriptilina	70 a 200	17 a 40
Nortriptilina	50 a 150	18 a 93
Clomipramina	150 a 250	11 a 23

Tofranil Pamoato), *amineptina* (Survector), *amitriptilina* (Tryptanol e Tryptil), *nortriptilina* (Pamelor) e *clomipramina* (Anafranil). Esses compostos atuam no bloqueio da captação de noradrenalina e de serotonina pelo SNC. Possuem propriedades anticolinérgicas. São metabolizados no fígado, com meia-vida variável e teores máximos obtidos nas primeiras 4 a 8 horas após a administração de dose oral (Tabela 20.1). Como alguns fármacos desse grupo são metabolizados em outros compostos pertencentes ao mesmo grupo, os níveis de todos eles devem ser determinados e considerados na avaliação dos sintomas clínicos. A monitoração dos valores terapêuticos é importante, visto que esses fármacos possuem estreita faixa de eficiência terapêutica, e é reconhecido que as concentrações exibem pouca correlação com a eficácia clínica. Por conseguinte, a toxicidade constitui risco quando se efetua aumento das doses para melhorar os sintomas clínicos.

São utilizados no tratamento de depressão caracterizada por sentimentos de culpa, supressão do apetite, insônia, alteração no peso, redução na capacidade de concentração, perda de interesse ou prazer nas atividades usuais e redução do apetite sexual. Nos casos mais severos, surgem comportamento paranoico e obsessivo-compulsivo, além de tendências suicidas.

Os tricíclicos devem ser monitorados após 3 semanas de uso.

A maprotilina (Ludiomil) é classificada como depressivo tetracíclico por sua estrutura com quatro anéis.

FÁRMACOS CARDIOTÔNICOS

São fármacos empregados para tratar a insuficiência cardíaca congestiva e as arritmias cardíacas.

Digoxina

Glicosídeo cardiotônico e antiarrítmico de ação imediata e de rápida excreção, apresenta meia-vida de 32 a 48 horas nos adultos e de 11 a 50 horas nas crianças, com concentrações máximas dentro de 1 a 5 horas. Os níveis em estado de equilíbrio dinâmico são alcançados depois de 7 a 11 dias nos adultos e de 2 a 10 dias em crianças.

A digoxina é utilizada no tratamento de insuficiência cardíaca congestiva da fibrilação e palpitações atriais.

Digoxina

Mecanismo de ação. Inibe a Na^+,K^+-ATPase e inativa a "bomba de sódio" da membrana do miocárdio. Este, por seu turno, diminui a concentração de íons K^+ intracelular e aumenta a concentração de íons Na^+ intracelular, que são também acompanhadas pela elevação do influxo do íon Ca^{2+} e sua liberação aumentada no sistema T do miocárdio. Essas alterações nos teores iônicos são responsáveis pelo efeito inotrópico positivo e o efeito eletrofisiológico direto, com melhoria da contratilidade cardíaca.

Níveis séricos terapêuticos: 0,5 a 1 ng/mL.

Nível tóxico geral: >2 ng/mL, mas com variações. Crianças >3 ng/mL.

Efeitos adversos. Distúrbios gástricos (anorexia, náusea, vômitos, dor abdominal, diarreia), arritmias atriais e ventriculares (pulso irregular), distúrbios neurológicos (fadiga, depressão, cefaleia, sonolência, letargia, fraqueza, neuralgia, pesadelos, inquietação, confusão, vertigem, desorientação e mudanças de personalidade), distúrbios oculares e disfunção sexual.

Interferências. *Aumentam:* quinidina, amiodarona, nifedipina e diazepam. *Diminuem:* carvão ativado, antiácidos, colestiramina, caolim-pectina, laxantes, metoclopramida, ácido *p*-aminossalicí-

CAPÍTULO 20 • Monitoração Farmacológica

lico, neomicina, tetraciclina, fenitoína e agentes citostáticos. *Sensibilidade aumentada devido à hipocalcemia:* diuréticos, laxantes, corticosteroides e carbenoxolona. *Sensibilidade diminuída devido à hipercalcemia:* espironolactonas, triantereno e inibidores da ECA.

FÁRMACOS ANTIARRÍTMICOS

São fármacos empregados para modificar ou restabelecer o ritmo cardíaco normal.

Procainamida

Antiarrítmico utilizado no tratamento das disritmias atriais e ventriculares, é comumente administrada por via oral ou endovenosa, sendo metabolizada no fígado. Sessenta por cento da dose são excretados pelos rins, com meia-vida de 3 a 4 horas. O principal metabólito da procainamida é a *N*-acetilprocainamida (NAPA), que possui propriedades antidisrítmicas semelhantes e meia--vida ao redor de 6 horas. Todavia, a NAPA não é metabolizada pelo fígado. Os níveis de procainamida em equilíbrio dinâmico são alcançados depois de 11 a 20 horas. Os níveis de NAPA em caso de equilíbrio dinâmico são alcançados depois de 22 a 40 horas.

A procainamida é indicada no tratamento de extrassístoles ventriculares, taquicardia ventricular, fibrilação atrial e taquicardia atrial paroxística.

Mecanismo de ação. Prolongamento do período refratário atrial e excitabilidade miocárdica diminuída.

Níveis séricos terapêuticos: 4 a 12 μg/mL.

Nível tóxico geral: >12 μg/mL.

Efeitos adversos. Anorexia, náusea, vômitos, diarreia, urticária, prurido, pulso irregular, hipotensão, erupção cutânea, agranulocitose e síndrome nefrótica, além de distúrbios mentais (depressão, alucinações, psicose e ataxia cerebelar).

Lidocaína

Utilizada para suprimir arritmias ventriculares, especialmente após infarto do miocárdio, é usada também como anestésico local. A meia-vida é, normalmente, de 70 a 140 minutos. A lidocaína é metabolizada no fígado e excretada na urina. Os níveis em estado de equilíbrio dinâmico são alcançados após 5 a 10 horas.

É usada como antiarrítmico, como anestésico e no tratamento de estados asmáticos. Como antiarrítmico, controla e previne arritmias ventriculares após infarto agudo do miocárdio.

Níveis séricos terapêuticos: 1,5 a 6 μg/mL.

Nível tóxico geral: >8 μg/mL.

Efeitos adversos. Convulsões, coma e depressão respiratória (efeito no SNC), bem como bradicardia e hipotensão.

Quinidina

A quinidina é um alcaloide extraído de várias espécies de *cinchona*. É um antiarrítmico da classe 1A que exerce afeito depressor sobre a excitabilidade do miocárdio, a velocidade de condução e a contratilidade. Reduz o influxo de sódio, de potássio e de cálcio através da membrana celular, resultando em prolongamento do período refratário do miocárdio. Quando administrada em doses maiores, a velocidade da resposta ventricular aumenta mediante a inibição anticolinérgica da estimulação vagal do nódulo AV. A quinidina é metabolizada pelo fígado e excretada de modo inalterado na urina, com meia-vida de 4 a 12 horas. Os níveis de equilíbrio dinâmico são alcançados depois de 20 a 35 horas.

Seus principais usos são: prevenção de taquicardia ventricular ou contrações ventriculares prematuras frequentes, manutenção do ritmo sinusal após conversão da palpitação atrial ou fibrilação, profilaxia e tratamento de arritmias cardíacas.

Níveis séricos terapêuticos: 2 a 5 μg/mL.

Nível tóxico geral: >6 μg/mL.

Efeitos adversos. Cinchonismo (vertigem, zumbidos, dor de cabeça, distúrbios visuais e desorientação), febre, hepatite e discrasia sanguínea, diarreia, náusea e vômitos. Podem ocorrer arritmias ventriculares, bloqueio AV e fibrilação ventricular, levando à síncope e à morte repentina.

Propranolol

O cloridrato de propanol é um bloqueador β_1 e β_2--adrenérgico, classificado como antiarrítmico cardíaco do tipo II. Compete com a adrenalina e com a noradrenalina pelos adrenorreceptores, resultando em bloqueio dos β cardíacos. Os efeitos cardíacos incluem redução da irritabilidade e da frequência cardíaca, devido ao prolongamento do tempo de condução e da refratariedade e à supressão da automaticidade. O uso de grandes doses deprime a função cardíaca. O propranolol também pode causar hipoglicemia sem sinais de alerta em diabéticos. O propranolol liga-se às proteínas plasmáticas. É metabolizado no fígado e excretado na urina, com meia-vida de 2 a 6 horas. Os níveis em equilíbrio dinâmico são alcançados depois de 10 a 30 horas.

Propranolol

É usado no tratamento de angina de peito, hipertensão, doença arterial coronária sintomática, particularmente após infarto agudo do miocárdio, arritmias, tratamento da acatisia, profilaxia da enxaqueca e adjuvante no tratamento da ansiedade, da menopausa e da anestesia.

Limite terapêutico geral: 50 a 100 ng/mL.

Efeitos adversos. Bradicardia, insuficiência arterial (do tipo Raynaud), hipotensão, bloqueio AV, náusea, vômitos, faringite, broncospasmo e púrpura trombótica trombocitopênica.

Bibliografia consultada

Anom. What therapeutic drugs be monitored? **Lancet, 1:**309-10, 1985.

CALBREATH, D.F.; CIULLA, A.P. **Clinical chemistry.** 2 ed. Philadelphia: Saunders, 1991. 468p.

EWALD, G.; McKENZIE, C.R. **Manual de terapêutica clínica.** Rio de Janeiro: MEDSI, 1996. 699p.

KOROLKOVAS, A. **Dicionário terapêutico Guanabara.** Rio de Janeiro: Guanabara Koogan, 1998.

MARSHALL, W.J. **Clinical chemistry: metabolic and clinical aspects.** London: Churchill Livingstone, 1995. 854p.

SABIN, T.D. Coma and the acute confusional state in the emergency room. **Med. Clin. N. Am., 65:**15-32, 1981.

VALDES JR., R.; JORTANI, S.A. Monitoring of unbound digoxin in patients treated with anti-digoxin antigenbinding fragments: A model for the future? **Clin Chem., 44:**1883-5, 1998.

WALMSLEY, R.N.; WHITE, G.H. **Guide to diagnostic clinical chemistry.** London: Blackwell, 1994. 672p.

Capítulo 21

Toxicologia

Substâncias com potencial de abuso	328
Etanol (álcool etílico)	328
Cocaína	329
Opiáceos	329
Benzodiazepínicos	330
Maconha (canabinoides)	330
Solventes	331
Metanol	331
Isopropanol	331
Etilenoglicol	331
Monóxido de carbono (CO)	332
Salicilatos	332
Cianeto	333
Estimulantes do SNC	333
Aminas simpatomiméticas	333
Sedativo-hipnóticos	333
Barbitúricos	334
Metadona (Dolofina)	334
Metaqualona (Quaalude, Sopor)	334
Propoxifeno (Darvon)	334
Alucinógenos	334
Fenciclidina (PCP)	334
Drogas específicas e agentes tóxicos	335
Paracetamol (acetaminofeno)	335

Metais e oligoelementos	335
Alumínio	335
Arsênico	335
Boro	336
Cádmio	336
Chumbo	336
Cobalto	336
Cobre	336
Cromo	337
Fluoreto	338
Manganês	338
Mercúrio	338
Molibdênio	338
Níquel	339
Selênio	339
Silício	339
Tálio	339
Vanádio	339
Zinco	339
Inalantes	340
Benzeno	340
Tolueno	340
Xileno	341
Hidrocarbonetos alifáticos clorados	341

A toxicologia é uma ciência ampla, multidisciplinar, cujo objetivo é determinar os efeitos dos agentes químicos, naturais ou artificiais, sobre os seres vivos. Além disso, estuda as reações e as consequências adversas da interação do intoxicante com o sistema biológico. É dividida em:

- *Toxicologia do meio ambiente e higiene industrial.* Considera os efeitos nocivos da exposição (muitas vezes crônica) a agentes presentes no meio ambiente, a partir de fontes naturais ou industriais. A elaboração e a implementação em empresas, visando à preservação da saúde dos trabalhadores, estão normatizadas na NR-9

(Programa de Prevenção de Riscos Ambientais – PPRA) publicada no *Diário Oficial da União* em 30/12/1994 e republicada em 15/02/1995.

- *Toxicologia ocupacional.* Visa promover e preservar a saúde dos trabalhadores, monitorando a exposição aos agentes químicos. Envolve o indivíduo, a família, os colegas e os empregadores, dentre outros. Atende às exigências de Normas Trabalhistas (*Diário Oficial da União* de 30/12/1994) e deve seguir a NR-7 (Programa de Controle Médico de Saúde Ocupacional – PCMSO).

- *Toxicologia clínica.* Trata da monitoração da exposição a pesticidas, fármacos, agentes não terapêuticos e outras substâncias químicas de origem conhecida ou desconhecida.

- *Toxicologia forense.* Direciona o estudo para os aspectos legais dos efeitos de substâncias potencialmente tóxicas para o indivíduo ou como causa de morte.

Para operar efetivamente, o laboratório necessita, como pré-requisito, de certas informações clínicas para orientar os testes corretos e assegurar a completa e acurada interpretação dos resultados. O médico deve enviar as seguintes informações junto à requisição de exame:

- O horário e a data da exposição, assim como indicações (obtidas do próprio paciente ou de familiares) que colaborem na identificação da toxina.
- Horário da coleta da amostra.
- Estado vascular (incluindo pressão sanguínea e pulso).
- Temperatura (indicação de hipotermia ou hipertermia).
- Estado neurológico (indicação de que o paciente está alerta, comatoso, hiperativo, com neuropatia, em atividade colinérgica ou com sinal de Babinski).
- Estado cardíaco (batimentos cardíacos, ECG e intervalo QRS).
- Estado digestório (presença de desconforto digestório severo, vômito e/ou diarreia).

As ocorrências de exposição significativa de qualquer substância listada a seguir manifestam vários sinais e sintomas característicos. No entanto, é necessário diferenciar uma possível doença orgânica de uma *overdose* de alguma droga. Em pacientes comatosos nos quais a *overdose* não está claramente estabelecida é conveniente incluir, na bateria de exames específicos, a *gasometria arterial*, para detectar uma possível acidose metabólica ou hipoxia, a *glicose plasmática*, para descartar a cetoacidose diabética, hipoglicemia ou coma hiperosmolar, e *eletrólitos*.

O laboratório clínico tem contribuído consideravelmente na evolução dos conceitos de confiabilidade e precisão dos diagnósticos toxicológicos e das consequências adversas da interação dos compostos químicos com o sistema biológico. Atualmente, é possível contar com sofisticados equipamentos para o desempenho apropriado das análises, como espectrofotômetro de absorção atômica com forno de grafite, cromatógrafos de alta resolução (GLC e HPLC), cromatografia líquida de alto desempenho, espectrofotômetro de massa com fonte geradora de plasma (ICP-MS), fluorescência polarizada em imunoensaios (FPIA), *headspace* automatizado e digestores de amostras por micro-ondas.

Dois conceitos são importantes para interpretação de constituintes na exposição ocupacional:

- *Indicadores biológicos de exposição.* Consistem em uma substância química, elemento químico, atividade enzimática ou constituinte do organismo cuja concentração (ou atividade) em fluido biológico (sangue, urina, ar exalado) ou em tecidos tem relação com a exposição ambiental a determinado agente tóxico. A substância ou elemento químico determinado pode ser produto de uma biotransformação ou alteração bioquímica precoce decorrente da introdução desse agente tóxico no organismo.
- *Índice biológico máximo permitido (IBMP).* É o valor máximo do indicador biológico pelo qual se supõe que a maioria das pessoas ocupacionalmente expostas não corre risco de dano à saúde. A ultrapassagem deste valor significa exposição excessiva. Este valor (IBMP) deve ter correlação com a concentração do agente químico no ambiente de trabalho, definida como limite de tolerância ou limite de exposição ocupacional.

SUBSTÂNCIAS COM POTENCIAL DE ABUSO

As substâncias com potencial de abuso podem desencadear no indivíduo a autoadministração repetida, que geralmente resulta em tolerância, abstinência e comportamento compulsivo de consumo. Tolerância é a necessidade de quantidades crescentes da substância para atingir o efeito desejado. As substâncias com potencial de abuso aqui discutidas são agrupadas em oito classes: álcool, nicotina, cocaína, anfetaminas e êxtase, inalantes, opioides, ansiolíticos benzodiazepínicos e maconha.

ETANOL (ÁLCOOL ETÍLICO)

O etanol é um anestésico, diurético e depressor do SNC. O álcool é absorvido, principalmente, no intestino delgado e, em menores quantidades, no estômago e no cólon.

CAPÍTULO 21 • Toxicologia

Os efeitos sobre o CNS variam, dependendo da concentração do etanol no sangue, desde a euforia e a redução de inibições (≤99 mg/dL) até o prejuízo da memória e da capacidade de concentração, diminuição de resposta a estímulos, vômitos (100 a 300 mg/dL) e insuficiência respiratória, coma e morte (>400 mg/dL).

Amostra. Sangue heparinizado sem hemólise. Não utilizar álcool na assepsia do antebraço para punção venosa; utilizar sabão neutro ou solução de Dakin. O sangue é conservado por até 5 dias refrigerado a 4°C. *Urina:* 20 mL, que podem ser conservados congelados por 5 dias.

Valores de referência. Intoxicação moderada: 50 a 100 mg/dL; intoxicação acentuada: 101 a 400 mg/dL; intoxicação grave: >400 mg/dL.

Método. Cromatografia a gás (GLC).

COCAÍNA

Potente estimulante do CNS e anestésico local, grau II, a cocaína é usada clinicamente por seus efeitos broncodilatador e vasoconstritor, que resultam em hipertensão, febre, taquicardia, anestesia local, dilatação pupilar, vasoconstrição periférica, taquipneia e anorexia. Facilmente absorvida pelas mucosas, é detoxificada no fígado, excretada pelos rins e atua durante 2 horas ou menos. A cocaína também é usada de forma ilícita. A *overdose* pode levar à insuficiência cardiopulmonar. Sua meia-vida é de 1 a 2 horas, e os seus metabólitos são eliminados do corpo em 2 dias.

O *crack* é a forma básica livre que passa rapidamente através das membranas nasais e, por isso, é altamente potente – ou seja, para determinada dose, a maior parte ou toda ela penetra rapidamente a corrente sanguínea. O *crack* é preparado a partir de uma solução de cloridrato de cocaína, tratada por substância alcalina e com consequente extração da base livre na forma de massa sólida, em pequenos pedaços cristalinos.

O uso abusivo de cocaína promove efeitos tóxicos, cuja intensidade varia de acordo com as condições de exposição, sendo muito frequente a ocorrência de intoxicação aguda, cujas manifestações mais comuns incluem estimulação central profunda com psicoses, convulsões e arritmias ventriculares com disfunção respiratória, que podem levar à morte. Ocorrem, também, hiperpirexia severa e, às vezes, infarto do miocárdio.

Os distúrbios decorrentes do uso crônico são de natureza diversa, ressaltando-se os de ordem psiquiátrica, respiratórios e cardiovasculares, dentre outros.

Amostra. Urina sem conservantes. Mantém-se por 10 dias quando refrigerada.

Nível de decisão: 300 ng/mL.

Método. Fluorescência polarizada em imunoensaios (FPIA).

OPIÁCEOS

O termo *opioide* é aplicado a qualquer substância, seja endógena, seja sintética, que apresenta, em graus variados, propriedades similares às da morfina. Os opiáceos são classificados em naturais, semissintéticos e sintéticos.

- *Naturais:* ópio, morfina, codeína e tebaína.
- *Semissintéticos:* heroína, oxicodona, hidroxicodona, oximorfona e hidroximorfona.
- *Sintéticos:* metadona, meperidina, petidina, fentanil, L-α-acetil metadol ou levometadil (LAAM).
- *Agonistas-antagonistas:* buprenorfina, nalbufina e pentazocina.
- *Antagonistas puros:* naltrexona e naloxona.

Os opiáceos atuam no sistema nervoso central e em órgãos periféricos, como o intestino. Há, pelo menos, cinco tipos de receptores específicos para os opiáceos localizados, principalmente, em regiões sensorial, límbica, hipotalâmica, de amígdala e região cinzenta periaquedutal.

A *morfina* é um analgésico narcótico poderoso usado para alívio da dor. Alivia a ansiedade e a tensão e causa sedação por ligar-se aos receptores μ no SNC. Cria dependência e vicia. A *overdose* pode causar depressão respiratória grave. Quase toda a morfina ingerida é excretada na urina 24 horas após a administração.

A *codeína* é usada como analgésico narcótico de grau II para alívio da dor de leve a moderada e como antitussígeno. É metabolizada pelo fígado e excretada como norcodeína e morfina conjugada pelos rins, com uma meia-vida de 2,5 a 4 horas. Os sinais e sintomas de *overdose* incluem sonolência, ataxia, miose, vômitos, exantema e prurido cutâneos, e podem levar à depressão respiratória.

A *heroína* (diacetilmorfina) é formada a partir da morfina. Induz um estado agradável, eufórico, e causa grande dependência tanto física como psicológica. É rapidamente metabolizada de novo à morfina, e até 67% da dose são excretados na urina sob a forma de morfina ou glicuronídeos de morfina. Cinquenta por cento são excretados na urina durante as primeiras 8 horas e 90%, nas primeiras 24 horas. Doses excessivas de heroína são extremamente perigosas e podem causar obnubilação grave, coma, parada respiratória e arritmias cardíacas.

BENZODIAZEPÍNICOS

Fármacos não barbitúricos, hipnóticos sedativos e anticonvulsivantes, usados no tratamento da ansiedade e da insônia, os benzodiazepínicos são altamente lipossolúveis, o que lhes permite uma absorção completa e penetração rápida no SNC após a ingestão oral. Apresentam-se fortemente ligados às proteínas. São metabolizados no fígado e excretados na urina e nas fezes. A *overdose* pode levar ao coma e à morte por parada respiratória. A detecção da presença, mas não dos níveis, apenas daqueles benzodiazepínicos excretados é realizada por meio de exame de urina.

O mecanismo de ação dos benzodiazepínicos parece ser a indução da secreção de GABA, um neurotransmissor que medeia a inibição tanto pré-sináptica como pós-sináptica em todas as regiões do SNC, em consequência da interação desses fármacos com um receptor específico situado na membrana neuronal. Em geral, são usados como agentes terapêuticos em pequenas doses, para produzir efeitos calmantes, e em altas doses, para produzir efeitos de relaxamento muscular. O diazepam é usado em altas doses por viciados em drogas para conter os efeitos excitantes de outras drogas que causam dependência, ou como um meio de induzir estados de tranquilidade. Muitos usuários de drogas tornam-se viciados em diazepam, usando altas doses várias vezes ao dia. Agudamente, o excesso de benzodiazepinas pode produzir: sonolência, ressaca, confusão, convulsões, ataxia, tontura, obnubilação, diplopia, amnésia, hipotensão, tremor, incontinência urinária, constipação intestinal, leucopenia e coma. Cronicamente, ocorre a dependência física e psicológica.

A retirada repentina da droga pode levar a ansiedade, sudorese, irritabilidade, alucinações, diarreia e convulsões. O tratamento é de suporte. A diminuição gradual da benzodiazepina elimina a dependência física.

Elevadas doses de benzodiazepínicos, quando associadas a outras depressões do SNC, como as provocadas por etanol e barbitúricos, podem levar à morte.

Os benzodiazepínicos são classificados, de acordo com sua meia-vida plasmática, como de ação muito curta, curta, intermediária e longa. Apesar dessa divisão, sabe-se hoje que o grau de afinidade da substância pelo receptor benzodiazepínico também interfere na duração da ação:

- *Muito curta.* Midazolam.
- *Curta.* Alprazolam, bromazepam e lorazepam.
- *Intermediária.* Clordiazepóxido, clonazepam, diazepam e nitrazepam.

MACONHA (CANABINOIDES)

A maconha deriva da planta *Cannabis sativa*, que contém numerosas substâncias químicas biologicamente ativas. Os principais efeitos farmacológicos são provocados pelo Δ^9-tetra-hidrocanabinol (THC). O THC caracteriza-se por uma lipossolubilidade acentuadamente alta, permitindo a sua ampla distribuição pelo organismo, com alta afinidade pelo tecido cerebral e tendência a se acumular no tecido adiposo, onde apresenta meia-vida de 7 a 8 dias. O THC afeta o humor, a memória, a coordenação motora, a capacidade cognitiva, o sensório, o sentido do tempo e o autojulgamento. Os efeitos estão relacionados à dose e são três a quatro vezes mais potentes quando a maconha é fumada do que quando é ingerida ou injetada. O THC é metabolizado em numerosos metabólitos ativos e inativos, denominados canabinoides. Setenta por cento da dose de THC fumada são excretados na urina e nas fezes dentro de 72 horas e detectados até 1 semana após a exposição. Em caso de uso intenso, o THC acumula-se no tecido adiposo e é liberado gradualmente na circulação, onde permanece detectável por 21 a 30 dias após a última dose.

Os principais efeitos fisiológicos da maconha incluem congestão da conjuntiva, taquicardia, hipotensão ortostática, rubor, ressecamento da boca e, algumas vezes, vômito. Podem ocorrer, também, fraqueza muscular e deterioração na coordenação motora.

Amostra. Urina sem conservantes.

Nível de decisão: 50 ng/mL.

Método. Fluorescência polarizada em imunoensaios (FPIA).

SOLVENTES

O mecanismo de ação dos solventes é pouco entendido, tendo em vista a variedade de classes químicas envolvidas e a frequente associação entre solventes e poliabuso. Clinicamente, funcionam como depressores centrais. Seus efeitos intensos e efêmeros estimulam o uso continuado (*rush*), principalmente em usuários crônicos, população com propensão significativa ao uso nocivo e continuado. Há controvérsias quanto à existência de tolerância e síndrome de abstinência para essa classe.

Após a inalação, os solventes alcançam os alvéolos e capilares pulmonares e são distribuídos pelas membranas lipídicas do organismo. O pico plasmático é atingido entre 15 e 30 minutos. O metabolismo é variável: nitratos e hidrocarbonetos aromáticos são metabolizados pelo sistema hepático microssomal. Alguns solventes possuem metabólitos ativos mais potentes que a substância inicial. A eliminação pode ser renal ou pulmonar.

Substâncias químicas comumente encontradas nos solventes:

- *Adesivos e colas.* Tolueno, etilacetato (cola de avião); tolueno, acetona, metiletilquetona (cimento de borracha); tricloroetileno (cimento de PVC).
- *Aerossóis. Sprays* de tinta, cabelo, desodorantes (butano, propano, fluorocarbonos, tolueno, hidrocarbonetos).
- *Anestésicos.* Óxido nitroso (gasoso); halotano (líquido); cloridrato de etila (local).
- *Produtos de limpeza.* Tetracloroetileno, tricloroetano, cloridrato de metila (fluidos para limpeza a seco, removedores de manchas, detergentes).
- *Solventes.* Acetona, tolueno, cloridrato de metila, metanol (removedores); butano (gases combustíveis); butano, isopropano (gás de isqueiros).

Metanol

Utilizado como solvente em muitos produtos comerciais – em líquidos para limpeza de vidros e como anticongelante – o metanol pode ser consumido intencionalmente por alcoolistas, como substituto do etanol, ou acidentalmente, quando presente como contaminante de bebidas ilegais. Ingestões acidentais podem ocorrer em crianças.

Em via análoga ao do etanol, o metanol é metabolizado a formaldeído e ácido fórmico. Esses metabólitos provavelmente contribuem para os sintomas tóxicos, que incluem náusea e dor de cabeça, progredindo para convulsões e coma, além de névoa da visão, que pode progredir para cegueira temporária ou permanente. Encontra-se acidose metabólica severa (pH baixo e CO_2 total extremamente baixo, com $PaCO_2$ reduzida por compensação).

O indicador biológico de exposição ao metanol é o metanol urinário.

Amostra. Urina coletada no mínimo por 2 dias seguidos de exposição. Conserva-se por 5 dias em congelador.

Valores de referência. Até 5 mg/L. Índice biológico máximo permitido: 15 mg/L.

Método. Cromatografia a gás (GLC).

Isopropanol

O isopropanol (álcool isopropílico, 2-propanol) é metabolizado a acetona, dióxido de carbono e água, presentes no sangue e na urina. Esse álcool é facilmente absorvido pelo sistema digestório, com meia-vida de 30 a 180 minutos. Sua ação depressora sobre o SNC é duas vezes maior que a do etanol, mas não é tão tóxico como o metanol.

A acetona, produzida na metabolização do isopropanol, leva à cetose, mas sem provocar acidose metabólica severa. Os sinais clínicos associados são hipotermia, hipotensão, complicações cardiovasculares e coma.

O indicador biológico de exposição ao isopropanol é a acetona urinária.

Amostra. Urina coletada no mínimo por 2 dias seguidos de exposição.

Valor de referência. Negativo. Índice biológico máximo permitido: 50 mg/L.

Método. Cromatografia a gás (GLC).

Etilenoglicol

O etilenoglicol é um anticongelante cuja ingestão provoca a excreção de ácido fólico pelos rins, produzindo cristais de oxalato na urina, acidose, tetania e insuficiência renal. Sua meia-vida é de 3 horas sem tratamento, de 2,5 horas com diálise e de 17 horas com ingestão concomitante de etanol. Ocorre intoxicação acidental ou intencional por alcoolistas. Ocasionalmente, o etilenoglicol, devido a seu gosto doce, também é ingerido por crianças.

$$CH_2 — OH$$
$$CH_2 — OH$$

Etilenoglicol

MONÓXIDO DE CARBONO (CO)

Este gás asfixiante, incolor, sem odor e sem gosto, é produzido pela combustão incompleta de compostos carbonados. Fontes exógenas de monóxido de carbono incluem fumaça do cigarro, motores a gasolina e aquecimento doméstico em ambientes mal ventilados. Pequenas quantidades de CO são produzidas endogenamente no catabolismo do heme à biliverdina. A produção endógena de monóxido de carbono é acelerada nas anemias hemolíticas.

Quando inalado, o monóxido de carbono combina-se com a hemoglobina dos eritrócitos, por quem exibe uma afinidade 200 vezes maior que a do oxigênio. Essa combinação produz um derivado da hemoglobina, a *carboxi-hemoglobina*, reduzindo o transporte e a liberação de oxigênio no organismo e resultando em hipoxia e anoxia. Níveis superiores a 10% provocam tontura, cefaleia e comprometimento do raciocínio. Podem ocorrer coma profundo e convulsões, quando os níveis são superiores a 50%. A morte pode ocorrer quando os níveis de carboxi-hemoglobina ultrapassam 70% a 80% da hemoglobina total.

Valores de referência para o monóxido de carbono	
	Hemoglobina total (%)
Ambiente rural, não fumante	0,05 a 2,5
Fumante inveterado	5 a 10
Intoxicação aguda	>25
Recém-nascido	10 a 12

SALICILATOS

Constituem um grupo de drogas não narcóticas, com efeitos analgésicos, antipiréticos, anti-inflamatórios, antitrombóticos, profiláticos do infarto do miocárdio e inibidores da agregação plaquetária. Os salicilatos são absorvidos no sistema digestório, metabolizados no fígado e excretados na urina, apresentando meia-vida de 2 a 3 horas com uso a curto prazo e de 15 a 30 horas com emprego crônico.

Os salicilatos comercializados são: ácido acetilsalicílico, diflunisal, salicilamida e salicilato de sódio.

Ácido acetilsalicílico

Os efeitos adversos da ingestão de salicilatos, mesmo em doses terapêuticas, incluem irritação gástrica e redução da função plaquetária. A intoxicação por salicilatos é comum tanto em crianças como em adultos. Nessas intoxicações ocorre, inicialmente, alcalose respiratória, pois os salicilatos estimulam o centro respiratório do SNC, causando hiperpneia e taquipneia. Os salicilatos também inibem as enzimas do ciclo de Krebs, provocando a conversão do piruvato em lactato. O metabolismo dos lipídios é aumentado, enquanto o dos aminoácidos é diminuído. O acúmulo de ácidos orgânicos eventualmente leva à acidose metabólica.

Os sintomas clínicos da intoxicação pelos salicilatos incluem zumbido nos ouvidos, hiperpneia, taquipneia, letargia, vômito e a possibilidade de coma, convulsões e hipertermia nos casos graves. A severidade da *overdose* é avaliada pela análise dos gases sanguíneos e eletrólitos. A alcalose respiratória é aparente nos estágios iniciais da toxicidade, enquanto a acidose metabólica pode aparecer nos estágios subsequentes.

Níveis terapêuticos para analgesia: <100 µg/mL.

Níveis terapêuticos anti-inflamatórios: 100 a 200 µg/mL.

Níveis em estado de alerta: >50mg/mL.

Nomes comerciais. AAS, Aceticil, Acetin, Ácido acetilsalicílico, Alidor, Aspirina, CAAS, Ecasil, Endosalil, Melhoral, Rectocetil, Ronal. Associado: Buferin, Somalgin, Aspi-C, Aspirina-C, C-Gripe, Alicura, Aspirisan, Doril, Fontol, Alka-Seltzer, Antitermin, Besaprin, Cibalena-A, Doloxene-A, Engov, Sanacol e Sonrisal.

CIANETO

Esta substância altamente tóxica inativa as enzimas da respiração celular (citocromo-oxidases), comprometendo sua atividade funcional e causando morte por asfixia. O ânion cianeto (CN^-) liga-se avidamente ao ferro no estado férrico ou trivalente.

O indicador biológico de exposição ao cianeto é o tiocianato urinário.

Amostra. Urina coletada no mínimo por 2 dias seguidos de exposição. Conserva-se por 5 dias em geladeira a 4°C.

Valor de referência. Até 2,5 mg/g de creatinina (não fumantes). Índice biológico máximo permitido: 6 mg/g de creatinina (não fumantes).

Método. Espectrofotometria visível.

ESTIMULANTES DO SNC

São drogas que exercem sua ação pelo estímulo não seletivo do SNC. O estímulo do SNC ocorre por meio de bloqueio seletivo pós-sináptico ou pré-sináptico da inibição neuronal e estímulo neuronal direto. Os estimulantes do SNC são empregados no tratamento dos estados depressivos, na manutenção da vigília ou vivacidade, na recuperação da consciência, da respiração ou da pressão arterial e na restauração dos reflexos normais.

Sintomas e sinais. Hiperatividade, confusão, impulsividade, estereotipia, paranoia, ataques, coma, hipertensão, hipertermia e taquicardia.

Enfermidades orgânicas a serem consideradas. Depressão bipolar, tireotoxicose, hipoglicemia, meningite, encefalite, feocromocitoma, síndrome carcinoide, traumatismo craniano e hipoxia.

AMINAS SIMPATOMIMÉTICAS

Atuam sobre o córtex e o sistema de ativação reticular do cérebro, estimulando a liberação e bloqueando a reabsorção de noradrenalina e dopamina. Produzem euforia, alerta mental elevado e redução da percepção de fadiga. Esse grupo de drogas também exerce efeitos estimulatórios acentuados nos receptores α-adrenérgicos da musculatura lisa vascular, causando descongestão nasal, vasoconstrição e efeitos pressores. Algumas aminas simpatomiméticas – como efedrina e pseudoefedrina – retêm propriedades β-adrenérgicas.

Causam vasoconstrição intensa quando aplicadas diretamente às membranas mucosas. São empregadas para aliviar a congestão da membrana nasal, como no resfriado comum, na rinite alérgica, na rinite vasomotora, na coriza aguda, na sinusite e na febre do feno.

Os níveis sanguíneos das aminas simpatomiméticas são utilizados para monitorar a suficiência do esquema posológico e para detectar abuso. A seguir, as drogas mais comuns dessa classe são listadas com os respectivos nomes comerciais (algumas são associações):

- **Efedrina:**
  - *Nomes comerciais:* Sulfato de efedrina, Argyrophedrina e Rinisone.
- **Fenilefrina:**
  - *Nomes comerciais:* Afebrin, Bialerge, Coldrin, Coristina D, Dimetapp, Gripcaps, Naldecon, Neo-sinefrina, Resprin e Rinosbon.
- **Fenilpropanolamina:**
  - *Nomes comerciais:* Afebrin, Contilen, Descon, Dimetapp, Gripefin, Naldecon, Ornatrol Spansule, Sinutab e Triaminic.
- **Fenoxazolamina:**
  - *Nome comercial:* Aturgyl.
- **Metoxifenamina:**
  - *Nomes comerciais:* Cheracap e Sedagripe.
- **Nafazolina:**
  - *Nomes comerciais:* Narix, Privina, Adnax, Alergotox, Angino-Rub, Conidrin, Naricin, Naridrin, Rhinodex, Rinisone, Rinox e Sorine.
- **Oximetazolina:**
  - *Nomes comerciais:* Afrin e Nasivin.
- **Pseudoefedrina:**
  - *Nomes comerciais:* Actifedrin, Cdrin, Claritin, Disofrol, Loralerg, Polaramine, Teldafen e Trifedrin.

SEDATIVO-HIPNÓTICOS

São depressores não seletivos ou gerais do SNC. São empregados nas seguintes situações: tensão emocional, ansiedade crônica, hipertensão, potencialização de analgésicos, controle de convulsões, adjuntos à anestesia e à narcoanálise e para superar os distúrbios do sono.

Sintomas e sinais. Constipação, depressão respiratória, pupilas contraídas, hipotensão, edema pulmonar, reflexos reduzidos e choque.

Enfermidades orgânicas a serem consideradas. Sepse, hipotireoidismo, acidente cardiovascular, hemorragia subaracnóidea ou subdural, traumatismo craniano, meningite severa, encefalite e hipoglicemia.

Barbitúricos

Todas as drogas desse grupo são derivadas do ácido barbitúrico. São depressores do SNC utilizados como hipnóticos, anticonvulsivantes e sedativos no período pré-operatório. Também prejudicam o julgamento e, em altas doses, produzem anestesia. Em doses muito elevadas, essas drogas podem causar esturpor, coma e morte por parada respiratória.

As manifestações tóxicas dessas drogas são: depressão, cianose, hipotermia, hipotensão, taquicardia, arreflexia e pupiloconstrição.

Na forma de sais sódicos, os barbitúricos são completamente absorvidos do trato digestório, distribuindo-se de maneira uniforme em todos os tecidos. São metabolizados no fígado e excretados na urina nas seguintes formas: inalterados, parcialmente oxidados na cadeia lateral e parcialmente conjugados.

Os barbitúricos são classificados de acordo com a duração de suas ações farmacológicas:

- *Ação ultracurta (30 minutos):* tiopental (Thionembutal e Thiopental).
- *Ação curta (3 a 4 horas):* pentobarbital (Hypnol).
- *Ação prolongada (10 a 12 horas):* fenobarbital (Fenobarbital, Fenocris, Gardenal).

Metadona (Dolofina)

A metadona produz muitos dos efeitos da morfina. É uma droga não bicíclica que se liga competitivamente aos receptores μ da morfina no cérebro. É bastante usada como droga de abuso por seus efeitos narcóticos. Como a metadona pode ser administrada oralmente a custos razoáveis, e por apresentar sintomas menos intensos do que a heroína, ela é utilizada na desintoxicação de viciados em opiáceos. Os sintomas e o tratamento de *overdose* são iguais aos dos opiáceos.

Metaqualona (Quaalude, Sopor)

A metaqualona é uma quinazolina com propriedades sedativo-hipnóticas, cujo mecanismo de ação permanece desconhecido. É absorvida pelo sistema digestório, metabolizada no fígado e excretada na urina, na bile e nas fezes. Esse composto tem ações anticonvulsivante, antiespasmódica, anestésica local, antitussígena e anti-histamínica fraca. A administração oral leva a uma absorção rápida e completa da droga, com aproximadamente 80% ligados às proteínas plasmáticas. Os picos de concentrações plasmáticas são atingidos em aproximadamente 2 a 3 horas, e quase toda a droga é metabolizada pelo sistema enzimático, com somente uma pequena quantidade excretada intacta na urina. A meia-vida sérica varia de 20 a 60 horas.

Os sinais e sintomas de *overdose* podem incluir espasmos musculares, convulsões e sinais piramidais (hipertonicidade, hiper-reflexia e mioclono), que progridem para o coma e a insuficiência cardiopulmonar. A dose letal mínima de metaqualona é de 5 g. O tratamento para o excesso de dose inclui a terapia de suporte, assim como o atraso da absorção da droga restante com carvão ativado e remoção da droga por lavagem gástrica.

PROPOXIFENO (DARVON)

É um analgésico não narcótico da classe IV, estruturalmente relacionado à metadona. A sua potência corresponde de metade a dois terços da potência da codeína. O propofixeno é metabolizado no fígado e excretado na urina, com meia-vida de 30 a 36 horas. A intoxicação manifesta-se inicialmente por depressão respiratória, seguida de colapso circulatório e constrição da pupila. A superdosagem pode ser fatal dentro de 1 hora após sua ingestão. Tem propriedades semelhantes àquelas dos opiáceos, como a morfina.

ALUCINÓGENOS

Sintomas e sinais. Euforia, paranoia, agitação, sinais físicos incontroláveis, taquicardia moderada, elevação moderada da temperatura, pele seca, boca seca e pupilas grandemente dilatadas.

Enfermidades orgânicas a serem consideradas. Encefalopatias metabólicas, uremia, insuficiência hepática, síndromes de retraimento, meningites, encefalites, hipoglicemia, traumatismo craniano e hipoxia.

Fenciclidina (PCP)

Esta droga alucinógena ilegal produz dependência. Foi desenvolvida para uso como anestésico e

CAPÍTULO 21 • Toxicologia

tranquilizante em veterinária. Produz euforia ao acelerar o metabolismo. Os sinais e sintomas associados ao uso da fenciclidina incluem: taquicardia, ruborização, diaforese, tontura, dormência, convulsões e alucinações, podendo progredir para insuficiências cardíaca e respiratória. A fenciclidina, disponível na forma de pó ou de cápsula, pode ser fumada, aspirada, injetada ou deglutida. É excretada pelos rins, sendo detectável na urina durante 7 dias após o uso.

DROGAS ESPECÍFICAS E AGENTES TÓXICOS

A OMS (Organização Mundial da Saúde) e o NIDA (National Institute on Drug Abuse) dos EUA definem droga de abuso como qualquer substância que, quando usada legal ou ilegalmente, causa danos psicológicos, mentais, emocionais ou sociais.

Paracetamol (acetaminofeno)

Derivado p-aminofenol com ação antipirética (ação direta sobre o hipotálamo) e efeito analgésico moderado, é absorvido pelo sistema digestório e metabolizado pelos microssomos hepáticos. Acredita-se que sua ação decorra da inibição da síntese de prostaglandinas. Sua meia-vida é de 1 a 4 horas, atingindo níveis sanguíneos máximos entre 30 minutos e 1 hora. É o analgésico-antipirético de eleição para os pacientes alérgicos ao ácido acetilsalicílico ou com antecedentes de úlcera péptica.

$$CH_3CONH - \langle \hspace{1cm} \rangle - OH$$

Paracetamol (acetaminofeno)

Esse analgésico pode causar toxicidade hepática ou morte quando consumido em quantidades exageradas. É encontrado em mais de 200 preparações farmacêuticas, sozinho ou combinado com outras drogas.

Clinicamente, a ingestão de paracetamol em doses tóxicas pode ser assintomática ou desenvolver sintomas não específicos como náusea, vômitos ou anorexia nas primeiras 24 a 48 horas. A necrose hepática inicia-se em 24 a 48 horas com aumento das enzimas hepáticas, das bilirrubinas

e do tempo de protrombina. Na avaliação da probabilidade de toxicidade hepática, o nível de paracetamol é determinado, no mínimo, até 4 horas após a ingestão.

O paracetamol tem um antídoto, a N-acetilcisteína (Mucomist), que reduz a extensão da necrose hepática quando usada até 10 horas após a ingestão.

Limite terapêutico geral: 10 a 30 $\mu g/dL$.

Nível tóxico geral: >150 $\mu g/mL$.

METAIS E OLIGOELEMENTOS

A avaliação laboratorial é útil na triagem da intoxicação por metais pesados em consequência de exposição excessiva, ingestão ou exposição ocupacional. Os distúrbios típicos de cada um desses metais são descritos nas dosagens individuais. As drogas passíveis de aumentar ainda mais os níveis de alguns metais pesados incluem anticoncepcionais orais, carbamazepina, estrogênios, fenitoína, fenobarbital, penicilamina e sais de sódio.

Alumínio

Sob condições fisiológicas normais, a ingestão diária de alumínio é de 5 a 10 mg, que são completamente eliminados. O alumínio acumula-se no sangue quando não filtrado pelo rim (insuficiência renal); ele se liga avidamente às proteínas, como a albumina, e rapidamente se distribui pelo organismo. O acúmulo ocorre em dois locais: ossos e cérebro. No osso, o alumínio desloca o cálcio no processo de mineralização, promovendo distúrbios na formação osteoide. Foi descrita uma encefalopatia, observada em pacientes que sofrem prolongada hemodiálise por insuficiência renal.

Amostra. Soro de sangue coletado em tubo desmineralizado.

Valores de referência. Menor que 10 $\mu g/L$ em indivíduos sem história de insuficiência renal crônica.

Método. Espectrofotometria de absorção atômica em forno de grafite.

Arsênico

O arsênico existe sob diferentes formas. Algumas são tóxicas, enquanto outras não o são. As formas tóxicas são as espécies inorgânicas As^{3+}. A forma não tóxica é encontrada naturalmente nos alimentos e no ambiente. Muitos pesticidas utilizam arsênico em sua composição.

A *arsina* (AsH_3) é um gás incolor, mais pesado que o ar, e que se forma quando o arsênico trivalente entra em contato com o hidrogênio nascente. Esta reação ocorre, em geral, acidentalmente, em processos metalúrgicos que envolvem substâncias que contêm arsênico como impureza.

Amostra. Urina coletada no início ou final de jornada de trabalho.

Valores de referência para o arsênico. Até 10 µg/g de creatinina.

Método. Espectrofotometria de absorção atômica em forno de grafite.

Boro

Um elemento essencial, o boro é importantte no metabolismo macromineral em humanos. Alguns estudos indicam que a ingestão necessária é de 0,5 a 3,1 mg/d. Alimentos de origem vegetal, como frutas, legumes e castanhas, são fontes ricas em boro.

Valores de referência: 17 a 27 µg/kg (soro).

Cádmio

O cádmio, um elemento tóxico raro na natureza, é bastante usado nas indústrias – produção de baterias de níquel-cádmio, reformas de baterias, células solares, fungicidas, tubos de TV e plásticos. Acumula-se nos pulmões, no fígado e nos rins após exposição a alimentos, à água, ao ar e à fumaça de cigarros. Exposição prolongada a vapores concentrados pode causar erosão dos dentes e danos ao pulmão. Exposição sistemática ao cádmio, mesmo em concentrações relativamente baixas, pode resultar em danos permanentes aos rins e aos pulmões, danificar o fígado e causar anemia, perda de olfato e risco de aumento de câncer do pulmão e da próstata.

Amostra. Urina coletada no início ou no final da jornada de trabalho. Não coletar no local de trabalho. Retirar o uniforme; lavar as mãos e a genitália antes da coleta.

Valores de referência. Até <2 µg/g de creatinina.

Método. Espectrofotometria de absorção atômica em forno de grafite.

Chumbo

O chumbo é um metal pesado utilizado em tintas, gasolina, inseticidas, cerâmica vitrificada e aguardentes e encontrado na fumaça de madeiras pintadas. Trata-se de metal eletropositivo que possui afinidade pelo grupo sulfidrílico de carga elétrica negativa e que inibe três enzimas no organismo: a desidrase do ácido δ-aminolevulínico, a coproporfirinogênio-oxidase e a ferroquelatase.

O *chumbo tetraetila* penetra o organismo quando ocorre inalação de vapores, e também pela pele e pelo tubo digestório. É armazenado no fígado, sendo distribuído em todo o organismo, principalmente no cérebro, onde exerce a sua ação tóxica. Produz inibição das fosforilações oxidativas e da 5-hidroxitriptofano-descarboxilase. Esta última ação provoca uma redução da concentração de serotonina no cérebro.

Amostra. Sangue total heparinizado coletado após 5 dias da exposição. *Urina:* coletada no início ou no final da jornada de trabalho. Não coletar no local de trabalho. Retirar o uniforme; lavar as mãos e a genitália antes da coleta.

Valores de referência para o chumbo. Sangue total: até 40 µg/dL. Urina: até 50 µg/g de creatinina.

Método. Espectrofotometria de absorção atômica em forno de grafite.

Cobalto

Componente da vitamina B_{12}, o cobalto é encontrado na maioria dos alimentos e também é utilizado no tratamento de algumas anemias resistentes e de algumas neoplasias malignas radiossensíveis.

Valores de referência: 0,11 a 0,45 µg/L.

Cobre

O cobre está presente nos sistemas biológicos com estados de oxidação +1 e +2. Oligoelemento essencial para síntese de hemoglobina, é constituinte da citocromo C-oxidase, da tirosinase, da monoamino-oxidase, da ácido ascórbico-oxidase, da uricase, da galactose-oxidase e da aminolevulinato-desidratase. A presença de teores anormalmente baixos resulta em diminuição na produção e no tempo de sobrevida dos eritrócitos e em catabolismo reduzido pelas enzimas que contêm cobre.

CAPÍTULO 21 • Toxicologia

O cobre é transportado no plasma pela ceruloplasmina (80% a 95% do total). Várias são as correlações clinicopatológicas do metabolismo do cobre:

- *Deficiência de cobre.* Em crianças, é encontrada em prematuridade, má absorção, desnutrição, diarreia crônica, hiperalimentação, alimentação prolongada com cobre reduzido, dieta com leite e derivados. Os sinais de deficiência de cobre incluem: neutropenia e anemia hipocrômica que responde ao cobre oral, mas não ao ferro; osteoporose (deficiência na formação de ligações cruzadas do colágeno); redução da pigmentação da pele; e, nos estágios adiantados, anormalidades neurológicas (hipotonia, apneia e retardo psicomotor).

- *Síndrome de Menkes ("dos pelos retorcidos").* É a forma extrema de deficiência de cobre, um defeito genético recessivo ligado ao sexo. É uma síndrome fatal com degeneração cerebral e cerebelar, anormalidades no tecido conectivo e pelos retorcidos. Tanto o cobre como a ceruloplasmina séricos estão reduzidos, com conteúdo hepático de cobre bastante baixo. A absorção intestinal do cobre é bastante deficiente, assim como o tratamento parenteral.

- *Doença de Wilson (degeneração hepatolenticular).* É uma doença genética caracterizada por defeitos no metabolismo e no armazenamento do cobre por mudanças degenerativas, particularmente no fígado e no gânglio basal do cérebro, como resultado de deposição excessiva de cobre. Os sinais e sintomas mais comuns são os que envolvem o SNC – rigidez, disartria, disfagia, tremor, descoordenação, movimento coreoatetótico e ataxia. Alguns pacientes apresentam: insuficiência hepática, salivação excessiva, fraqueza e anorexia por icterícia, progredindo para ascite e outros aspectos da hipertensão porta, como consequência da cirrose. A doença de Wilson apresenta níveis séricos baixos e níveis urinários elevados de cobre. A doença de Wilson deve ser pesquisada em qualquer paciente entre 10 e 40 anos com suspeita de hepatite C. A doença é progressiva e fatal, se não tratada. Os achados laboratoriais são teores de cobre sérico e urinário elevados, redução da ceruloplasmina, aumento da TGO (AST) e da TGP (ALT), hiperbilirrubinemia, albumina reduzida e deficiência dos fatores de coagulação.

A *toxicidade do cobre* é caracterizada por náusea, vômitos, queimaduras epigástricas, diarreia e icterícia. Pode ocorrer após ingestão de soluções ou fungicidas contendo cobre. Os efeitos tóxicos sistêmicos são: hemólise, necrose hepática, sangramento digestório, oligúria, azotemia, hemoglobinúria, hematúria, proteinúria, hipotensão, taquicardia, convulsões, coma e morte.

Amostra. Soro. Estável por 15 dias em refrigerador.

Valores de referência para o cobre ($\mu g/dL$)	
Homens	70 a 140
Mulheres	80 a 155
Mulheres grávidas	118 a 302
Crianças de 0 a 6 anos	20 a 70
Crianças de 6 a 12 anos	80 a 190

Método. Espectrofotometria de absorção atômica em forno de grafite.

Cromo

Oligoelemento normal no organismo, o cromo colabora no transporte de aminoácidos, especialmente para o fígado e o coração. Participa na ação da insulina sobre superfícies celulares para utilização adequada da glicose. A forma biologicamente ativa do cromo, Cr^{3+}, é absorvida com baixa eficiência a partir da dieta. Apesar de a significância metabólica não estar completamente esclarecida, o cromo está envolvido na homeostase da glicose. Crianças desnutridas desenvolvem severa intolerância à glicose, que melhora com a suplementação alimentar de cromo. Em adultos, a síndrome consiste em perda de peso, neuropatia periférica e intolerância à glicose.

O cromo é excretado, principalmente, pelos rins. A exposição industrial ao cromo ocorre em curtumes, galvanoplastia, indústrias do aço e de outros metais, fotografias, tintas, corantes e explosivos. A intoxicação pode resultar em comprometimento hepático e renal, dermatite, convulsões e coma. Os cânceres das vias respiratórias têm sido associados à exposição ao cromo.

Amostra. Urina coletada no início ou no final da jornada de trabalho. Não coletar no local de trabalho. Retirar o uniforme; lavar as mãos e a genitália antes da coleta. Estável por 10 dias em refrigerador.

Valores de referência. Até 5 µg/g de creatinina.

Método. Espectrofotometria de absorção atômica em forno de grafite.

Fluoreto

O fluoreto inorgânico é rapidamente absorvido no intestino delgado e distribuído quase inteiramente nos ossos e nos dentes. O fluoreto substitui os grupos hidroxila da apatita. O conteúdo do fluoreto no organismo é regularizado pela excreção renal. Estudos clínicos e farmacológicos têm demonstrado a propriedade do fluoreto em prevenir a cárie dentária.

Amostra. Urina coletada em frasco de polietileno no início ou no final da jornada de trabalho. Não coletar no local de trabalho. Retirar o uniforme; lavar as mãos e a genitália antes da coleta. Estável por 10 dias em refrigerador.

Valores de referência: Até 0,5 mg/g de creatinina.

Método. Eletrodo íon-específico.

Manganês

O manganês é componente de várias metaloenzimas, enquanto os íons de manganês ativam um grande número de outras enzimas (p. ex., as enzimas envolvidas na síntese de glicosaminoglicanas, colesterol e protrombina). Apesar dessa extensa variedade de ações, a deficiência de manganês em humanos é muito rara.

Amostra. Urina coletada em frasco de polietileno no início ou no final da jornada de trabalho. Não coletar no local de trabalho. Retirar o uniforme; lavar as mãos e a genitália antes da coleta. Estável por 10 dias em refrigerador.

Valores de referência. Até 10 µg/L.

Método. Espectrofotometria de absorção atômica em forno de grafite.

Mercúrio

O mercúrio é tóxico tanto no estado orgânico como no inorgânico. O vapor de mercúrio elementar (Hg^0) existe no estado monoatômico e é solúvel em lipídio, sendo principalmente distribuído no leito alveolar durante a inalação. O mercúrio inorgânico (Hg^{1+} e Hg^{2+}) é produzido a partir de fontes industriais. A forma 2^+ é a mais reativa das duas espécies e, rapidamente, forma complexos com ligantes orgânicos. Os compostos mercuriais orgânicos formam sais com ácidos orgânicos e inorgânicos e reagem com ligantes importantes biologicamente (grupos sulfidrílicos). O metilmercúrio é o mais prevalente composto orgânico com mercúrio encontrado no ser humano. Quando misturado a alimentos, cerca de 95% do metilmercúrio são absorvidos.

O mercúrio é o único metal líquido em temperatura ambiente. É primariamente absorvido por inalação, mas também pode ser absorvido através da pele e do sistema digestório. A seguir, distribui-se pelo SNC e pelos rins, sendo excretado pela urina.

A intoxicação crônica caracteriza-se pela predominância de sintomatologia digestiva e nervosa: estomatites (com gengivite e faringite), encefalopatia mercurial (hiperexcitabilidade, cefaleia com vertigens, angústia, tremores dos dedos, delírios etc.) e paralisias neurológicas com possível caquexia associada. Poucas vezes a nefrose está associada.

É encontrado em fungicidas, no processamento industrial e em peixes (água poluída). Pode ser também ingerido na forma de sais de mercúrio.

Amostra. Sangue total heparinizado. Estável por 10 dias em refrigerador. *Urina:* coletada no início ou no final da jornada de trabalho. Não coletar no local de trabalho. Retirar o uniforme; lavar as mãos e a genitália antes da coleta.

Valores de referência. Sangue total: <5 µg/L. Urina: até 5 µg/g de creatinina.

Método. Espectrofotometria de absorção atômica em forno de grafite.

Molibdênio

O molibdênio é essencial para os humanos por sua incorporação em três metaloenzimas: xantina-oxidase, aldeído-oxidase e sulfito-oxidase. Entre 25% e 80% do molibdênio ingerido são absorvidos, principalmente no estômago e no intestino delgado. Elevadas quantidades de molibdênio são retidas no fígado e em menor quantidade no esqueleto e nos rins. O molibdênio é relativamente atóxico em humanos.

A deficiência é causada por um possível defeito no metabolismo do molibdênio e é encontrada em crianças que apresentam dificuldades

CAPÍTULO 21 • Toxicologia

para se alimentar, retardamento mental, assimetria no crânio e defeitos bioquímicos nas atividades da sulfito e xantina-oxidases. Foi relatado que a deficiência de molibdênio causa xantinúria, com redução da uricemia e uricosúria.

Valores de referência: 0,8 a 3,3 μg/L.

Níquel

Os sinais de deficiência de níquel em animais incluem anormalidades estruturais no fígado, redução do crescimento, alteração na utilização do ferro e redução do cálcio e do manganês, além de elevação do cobre e do zinco no fêmur. O níquel pode estar envolvido na facilitação da absorção intestinal do íon ferro. Como outros oligoelementos, os sais de níquel são relativamente atóxicos, exercendo unicamente irritação intestinal. No entanto, o uso de níquel por via oral pode levar a efeitos adversos na deficiência de ferro ou cobre e ao desenvolvimento de alergia ao níquel. O mais importante envenenamento pelo níquel ocorre pela exposição ao gás níquel carbonil, usado na indústria e cerca de 100 vezes mais tóxico que o monóxido de carbono, apresentando algumas propriedades carcinogênicas.

Amostra. Urina coletada no início ou no final da jornada de trabalho. Não coletar no local de trabalho. Retirar o uniforme lavar as mãos e a genitália antes da coleta. Estável por 10 dias em refrigerador.

Valores de referência. Até 23 μg/L.

Método. Espectrofotometria de absorção atômica em forno de grafite.

Selênio

Metal necessário ao ser humano para a atividade da glutationa-peroxidase, enzima que protege contra os efeitos danosos do peróxido produzido na oxidação dos ácidos graxos. O papel do selênio como antioxidante está intimamente relacionado com as vitaminas E e C. Também é parte essencial da enzima iodotironina-deiodinase (tipo I), que converte a tiroxina em tri-iodotironina. Para as duas enzimas, existe um triplete no DNA genômico que codifica especificamente a seleniocisteína na sequência primária de aminoácidos.

A absorção ocorre no trato digestório e depende da solubilidade do selênio e da quantidade de enxofre presente. O controle da excreção do selênio em humanos não está completamente esclarecido; entretanto, a principal rota de excreção é a urinária. Ocorre exposição em consequência da fabricação de vidro, tintas, corantes, equipamento eletrônico, fungicidas, borracha e semicondutores.

A deficiência de selênio é investigada pela medida do teor de selênio sérico ou pela atividade da glutationa-peroxidase eritrocitária.

Valores de referência: 46 a 143 μg/L (soro). Podem variar com a idade e a localização geográfica.

Valores reduzidos. Em crianças, predispõem a cardiomiopatia (doença de Keshan), presente em algumas regiões da China; na dieta pobre em selênio; nas doenças inflamatórias intestinais; nas doenças catabólicas; na cirrose, nos cânceres pancreático, gástrico e de cólon; e na gravidez.

Silício

Muitas evidências sugerem que o silício pode influenciar a arteriosclerose, a osteoartrite, a hipertensão e os processos da idade avançada.

Valores de referência: 0,4 a 10 mg/L no plasma ou soro sanguíneo.

Tálio

Encontrado em cosméticos, pesticidas e em algumas medicações, o tálio é absorvido através da pele intacta e das mucosas.

Valores de referência: <10 ng/mL (soro).

Vanádio

Em humanos, a maior parte do vanádio ingerido na dieta não é absorvida (>85%), sendo excretada nas fezes. Até o momento, não foi esclarecida a ação do vanádio nos animais superiores.

Valores de referência: 0,02 a 1,3 μg/L (soro).

Zinco

O zinco é encontrado no soro sanguíneo totalmente ligado às proteínas. Cerca de 60% a 70% do zinco estão ligados à α-2-macroglobulina e à transferrina. O corpo não armazena zinco em quantidades apreciáveis. A absorção intestinal de zinco parece ser controlada pelo sequestro de zinco nos eritrócitos, como metalotioneína, e transferida dessa forma para o plasma; parte é perdida quando o enterócito é destruído. O zinco é um microelemento importante para o crescimento celular e para o metabolismo. Pode ocorrer intoxicação em consequência de exposição industrial e do consumo de alimentos ácidos ou de bebidas conservadas em recipientes galvanizados. As amostras de sangue para a medida de zinco são afetadas pela alimentação e pela estase venosa.

Deficiência nutricional é relativamente comum em associação com a desnutrição proteica e ocorre em crianças, especialmente na ausência de suplementação de zinco e em pacientes com nutrição parenteral única. Gravidez, lactação, idade avançada e alcoolismo também promovem deficiência de zinco. O álcool causa aumento na perda de zinco na urina, e os níveis de zinco em alcoolistas crônicos é menor que em indivíduos normais. A deficiência de zinco também é causada por diuréticos, agentes quelantes e drogas anticâncer. Deficiências severas provocam rubor da pele, diarreia e alterações no humor.

Marcada deficiência de zinco ocorre na *acrodermatite enteropática*, em que existe um defeito inerente de absorção do zinco que provoca tanto a redução sérica como a diminuição do conteúdo total de zinco do corpo. Crianças desenvolvem rubor da pele, diarreia crônica e má absorção intestinal. Essa condição responde rapidamente ao suplemento oral de zinco, que deve ser continuado pelo resto da vida.

Ferimentos, cirurgias, infecções e várias doenças agudas são acompanhados por redução do zinco sérico devido ao estímulo da síntese de metalotioneína hepática; este é um dos vários componentes da resposta da fase aguda. O catabolismo de proteínas do músculo esquelético após ferimentos pode levar a um aumento na perda urinária de zinco.

Valores de referência: 70 a 150 µg/dL.

Método. Espectrofotometria de absorção atômica em forno de grafite.

INALANTES

Os inalantes incluem uma série de produtos voláteis que produzem, inicialmente, excitação e euforia. Solventes aromáticos presentes em colas, graxas e tintas constituem o principal grupo. Os mais comuns são:

Benzeno

O mais perigoso hidrocarboneto aromático, está presente como impureza em vários solventes. Inicialmente, observam-se vertigens, excitação e euforia; a seguir, depressão do SNC, com sonolência, torpor e até inconsciência. Após recuperação, o paciente pode apresentar sequelas (cefaleias, vertigens) a longo prazo.

A monitoração biológica da exposição ao benzeno pode ser realizada por meio de diferentes indicadores, que vão desde aqueles com meia-vida biológica curta, como o benzeno no ar exalado ou seus metabólitos urinários, até os adutores formados a partir de proteínas do sangue e moléculas de DNA, que podem persistir por meses no organismo humano.

A primeira etapa no processo de biotransformação do benzeno ocorre com a formação do epóxido de benzeno, por meio de uma oxidase microssomal de função mista, mediada pela citocromo P-450. A partir daí, duas vias metabólicas se apresentam: a hidroxilação do anel aromático ou a sua abertura com a formação do ácido trans-trans-mucônico.

O *ácido trans-trans-mucônico urinário (Mucon)* é o indicador biológico escolhido para testar a exposição ao benzeno porque apresenta boa correlação com a exposição ao benzeno e não sofre interferência de conservantes para alimentos. Além desse teste, é também recomendada a realização de hemograma com contagem de plaquetas.

Amostra. Uma amostra de urina após a jornada de trabalho (20 mL) coletada após, no mínimo, 2 dias seguidos de exposição. Conservar em geladeira a 4°C, por até 5 dias.

Valores de referência. Até 0,5 mg/g de creatinina. O valor de 1,6 mg/g de creatinina correlaciona-se com uma exposição ocupacional a 1 ppm de benzeno.

Método. Cromatografia líquida de alto desempenho (HPLC).

Tolueno

Obtido do petróleo ou do carvão, é utilizado como combustível, como solvente de tintas e revestimentos, resinas, solvente industrial, presente na gasolina e seus derivados. Mais lipossolúvel e menos volátil que o benzeno, é absorvido por via respiratória e por via cutânea; parte é excretada pelos pulmões e o restante pela urina após 3 horas, com eliminação completa em 18 horas após a exposição. A inalação do tolueno causa depressão do sistema nervoso central, distúrbios psíquicos, incluindo euforia e posteriormente alucinações, além de alterações de comportamento. Apresenta, também, ação tóxica sobre o fígado e os rins. A exposição excessiva ao tolueno produz aumento nos níveis de *ácido hipúrico* urinário, derivado da oxidação do tolueno a ácido benzoico, que, por sua vez, é conjugado com a glicina para formar ácido hipúrico.

Valores de referência: até 1,5 g/g de creatinina no uso do método de HPLC.

Interferentes. *Resultados falsamente elevados:* alimentos e bebidas conservados com benzoato (coca-cola, sucos engarrafados, concentrados, frutas como ameixa e abacaxi, margarinas, mostarda, *catchup*, café, algumas ervas de chimarrão). *Fármacos:* antidepressivos, miorrelaxantes e ansiolíticos que contenham fempobramato, anorexígenos à base de dietilproprina. Cigarro e álcool aumentam a biotransformação do tolueno, com consequente maior excreção do ácido hipúrico urinário. *Resultados falsamente reduzidos:* álcool, paracetamol, exposição concomitante ao benzeno (inibição competitiva) e ao tricloroetileno (inibição não competitiva).

Xileno

Líquido incolor, de cheiro agradável, obtido do alcatrão, o xileno é empregado na indústria de impressão, em tintas e como constituinte de combustíveis de aviões. Exposição aos vapores produz distúrbios neuropsíquicos, euforia transitória, confusão mental e vertigem.

Hidrocarbonetos alifáticos clorados

São: tricloroetileno, tricloroetano, tetracloroetileno e clorofórmio (triclorometano). São mais tóxicos que os demais, provocando depressão do SNC e degeneração hepática.

Bibliografia consultada

BURRELL, R.; FLAHERTY, D.K. **Toxicology of the immune system: a human approach.** John Wiley, 1997. 322p.

CALBREATH, D.F.; CIULLA, A.P. **Clinical chemistry.** 2 ed. Philadelphia: Saunders, 1991. 468p.

CHIA, K.S. Subclinical nephrotoxicity of inorganic lead: a review. **J. Occup. Med. Singapore, 64:**41-9, 1994.

CLAYTON, B.E. Clinical chemistry of trace elements. **Adv. Clin. Chem., 21:**147-76, 1980.

ENDO, G.; TAKETANI, S. Lead poisoning. In: GLEW, R.H.; NINOMIYA, Y. **Clinical studies in medical biochemistry.** 2 ed. New York: Oxford University Press, 1997:237-46.

EWALD, G.; McKENZIE, C.R. **Manual de terapêutica clínica.** Rio de Janeiro: MEDSI, 1996. 699p.

GERHARDS, P. **GS/MS in clinical chemistry.** Wiley, 1999. 240p.

KIMBER, I. **Toxicology of chemical respiratory hypersensitivity.** Taylor & Francis, 1997. 172p.

KOROLKOVAS, A. **Dicionário terapêutico Guanabara.** Rio de Janeiro: Guanabara Koogan, 1998.

MOORE, M.R.; MEREDITH, P.A.; GOLDBERG, A. Lead and heme biosynthesis. In: SINGHAL, R.L.; THOMAS, J.A. **Lead toxicity.** Baltimore: Urban & Schwarzenberg, 1980:79-118.

OSWEILER, G.D. **Toxicology.** Williams & Wilkins, 1996. 491p.

PLAA, G.L.; HEWITT, W.R. **Toxicology of the liver.** Taylor & Francis, 1998. 431p.

SABIN, T.D. Coma and the acute confusional state in the emergency room. **Med. Clin. N. Am., 65:**15-32, 1981.

TAYLOR, A. Trace elements in human disease. **Clin. Endocrinol. Metab., 14:**513-760, 1985.TOXNET – Toxicologia ocupacional. Disponível em: http://www.toxnet.com.br. Acessado em: 06 de abril de 2009.

Capítulo 22

Vitaminas

Vitamina A (retinol)	343	Niacina e niacinamida (vitamina B_3)	348
Vitamina D_3 (calcitriol)	344	Ácido fólico	349
Vitamina E (α-tocoferol)	345	Vitamina B_{12} (cianocobalamina)	349
Vitamina K	346	Biotina (vitamina H)	350
Tiamina (vitamina B_1)	346	Ácido pantotênico (vitamina B_3)	350
Riboflavina (vitamina B_2)	347	Ácido ascórbico (vitamina C)	350
Piridoxina (vitamina B_6)	347		

Vitaminas são micronutrientes essenciais na dieta. Não são sintetizadas pelos seres humanos, ou o são em velocidades menores que a compatibilidade com a saúde, o crescimento e a reprodução. Algumas situações causam o estado de deficiência vitamínica, como: (a) dieta inadequada, (b) absorção deficiente, (c) utilização insuficiente, (d) necessidade aumentada e (e) aumento na velocidade de excreção.

As vitaminas são usualmente divididas em:

- *Lipossolúveis.* Solúveis em solventes orgânicos não polares: vitaminas A (retinol, β-caroteno), D (colecalciferol, ergocalciferol), E (tocoferóis) e K (filoquinonas, menaquinonas).

- *Hidrossolúveis.* Solúveis em água: vitamina B_1 (tiamina), vitamina B_2 (riboflavina), vitamina B_6 (piridoxina), vitamina B_3 (niacina, niacinamida), ácido fólico, vitamina B_{12} (cobalamina), biotina (vitamina H), ácido pantotênico (vitamina B_5) e vitamina C (ácido ascórbico).

VITAMINA A (RETINOL)

A vitamina A é encontrada nos animais como retinol, retinal e ácido retinoico, enquanto sua pro-vitamina, β-caroteno, é encontrada nas plantas. O β-caroteno é convertido em transretinol pela ação da β-caroteno dioxigenase no intestino delgado. No enterócito, transforma-se em retinol e ácido retinoico, que são transportados para o fígado.

O precursor da vitamina A é denominado provitamina A, que é encontrada em gorduras animais, em óleo de fígado de peixe, fígado, leite, queijo, manteiga e ovos. Boas fontes de β-caroteno são o pêssego, o abricó, a batata-doce, a cenoura, os tomates e os vegetais verde-escuros. A provitamina A é absorvida pelo intestino na presença da bile e da lipase, sendo transportada até o fígado na forma de quilomícrons.

A vitamina A é armazenada no fígado como palmitato de retinol. A vitamina é necessária para integridade das células epiteliais, das mucosas, diferenciação celular, reprodução e função do sistema imune, crescimento normal e para a visão noturna.

Após a absorção, a vitamina A é esterificada nas células da mucosa e transportada no sangue pela proteína ligadora de retinol (RBP). Proteínas ligadoras específicas presentes nas membranas celulares estão envolvidas na captação da vitamina A pelos tecidos.

A vitamina A é necessária para o crescimento e o desenvolvimento normais, a reprodução, a secreção mucosa e a lactação. Desempenha um importante papel no funcionamento da retina.

H3C CH3   CH3   CH3

OH

Vitamina A

A forma ativa da vitamina A, 11-*cis*-retinal, é essencial para a visão. O pigmento visual, rodopsina, é encontrado nas células bastonetes da retina e é formado pela ligação de 11-*cis*-retinal à apoproteína opsina. As células bastonetes são responsáveis pela visão em luz fraca; desse modo, a deficiência de vitamina A muitas vezes se apresenta como "cegueira noturna". A vitamina A afeta o crescimento e a diferenciação de células epiteliais e, portanto, sua deficiência altera a córnea, produzindo amolecimento e opacidade. Deficiências de vitamina A resultam em ceratinização progressiva da córnea e, possivelmente, cegueira permanente. A suscetibilidade ao câncer e às infecções também é encontrada em casos de deficiências de vitamina A.

A vitamina A sérica pode estar reduzida nos estados severos de deficiência proteica devido à falta do transportador proteico.

O *excesso* de vitamina A pode ser tóxico, quando ela é tomada em dose única (intoxicação aguda) ou durante período prolongado (intoxicação crônica). As cefaleias intensas, a hipertensão intracraniana e a fraqueza generalizada são manifestações tardias. As excrescências ósseas e as dores articulares são comuns, sobretudo em crianças. O fígado e o baço podem aumentar de tamanho. O diagnóstico de intoxicação pela vitamina A é feito com base nos sintomas e na concentração anormalmente alta de vitamina A no sangue.

Valores de referência para vitamina A	
1 a 6 anos	20 a 40 µg/dL
7 a 12 anos	26 a 49 µg/dL
13 a 19 anos	26 a 72 µg/dL
Adultos	30 a 80 µg/dL

Método. Cromatografia líquida de alto desempenho.

Valores elevados. Ingestão suplementar excessiva. Valores >100 µg/dL indicam toxicidade, com sintomas que incluem dor óssea, dermatite, hepatosplenomegalia, náusea e diarreia.

Valores reduzidos. A deficiência de vitamina A promove alterações degenerativas na pele e cegueira noturna. É encontrada deficiência severa em níveis <10 µg/dL.

VITAMINA D_3 (CALCITRIOL)

Esta vitamina lipossolúvel, derivada de compostos esteróides, é encontrada como suplemento dietético no leite. Existe sob duas formas: o *ergocalciferol* (D_2), derivado de fontes vegetais, e o *colecalciferol* (D_3), encontrado nos óleos de fígado de peixe, laticínios e na gema de ovo. A vitamina D_3 também é produzida na pele, quando esta é exposta à radiação ultravioleta (p. ex., exposição aos raios solares). É essencial para a formação apropriada do esqueleto e na homeostase mineral. No fígado, a vitamina D é convertida em uma forma que pode ser transportada pelo sangue. Nos rins, essa forma é modificada para produzir hormônios derivados da vitamina D, cuja função principal é aumentar a absorção de cálcio no intestino e facilitar a formação normal dos ossos. Na deficiência de vitamina D, as concentrações de cálcio e de fosfato no sangue diminuem, provocando doença óssea, porque não existe quantidade suficiente de cálcio disponível para manter os ossos saudáveis. Esse distúrbio é denominado raquitismo nas crianças e osteomalacia nos adultos. A deficiência de vitamina D pode ser causada pela exposição inadequada à luz solar ou pela falta de vitamina D na dieta.

A vitamina D torna-se biologicamente ativa mediante sua hidroxilação hepática à 25-hidroxivitamina D_3 e, a seguir, por sua hidroxilação, na posição 1 pela α-1-hidroxilase nos túbulos proximais dos rins, ao *calcitriol* – 1,25-di-hidroxivitamina D_3 1,25[OH]$_2D_3$). Atua em associação com a calcitonina e o paratormônio, sendo necessária na absorção dietética adequada do cálcio e do fosfato no trato intestinal, para regulação da reabsorção do cálcio do esqueleto e liberação do paratormônio. A vitamina D é armazenada no fígado e excretada na bile.

CAPÍTULO 22 • Vitaminas

Vitamina D₃

O consumo excessivo de vitamina D durante vários meses pode causar intoxicação, acarretando aumento da concentração de cálcio no sangue. Os sintomas iniciais da intoxicação pela vitamina D são inapetência, náusea e vômitos, os quais são acompanhados por sede excessiva, aumento da micção, fraqueza, nervosismo e hipertensão arterial. O cálcio pode depositar-se por todo o corpo, sobretudo nos rins, onde pode causar uma lesão permanente. A função renal torna-se deficiente, acarretando a passagem de proteínas para a urina.

Valores de referência: 15 a 60 pg/mL.

Método. Cromatografia líquida de alto desempenho.

Valores elevados. Hiperparatireoidismo, toxicidade pela vitamina D, hipercalcemia associada a linfoma e sarcoidose.

Valores reduzidos. Hipoparatireoidismo, insuficiência hepática, insuficiência renal, má absorção, osteodistrofia renal, hipercalcemia de doenças malignas (exceto linfoma), osteomalacia induzida por tumor, pseudo-hipoparatireoidismo, osteodistrofia renal, tuberculose e raquitismo. *Fármacos:* anticonvulsivantes e isoniazida.

VITAMINA E (α-TOCOFEROL)

A vitamina E (α-tocoferol) é um antioxidante que protege as células do organismo contra a lesão causada por compostos químicos reativos, conhecidos como radicais livres. A vitamina E e o selênio (um mineral essencial, componente de uma enzima antioxidante) têm ações similares. Os tocoferóis têm um núcleo cromanona substituto, com uma cadeia lateral poli-isoprenoide de comprimento variável, normalmente com três carbonos. Possuem propriedades antioxidantes de proteção contra a ação oxidante dos radicais livres sobre os ácidos graxos poli-insaturados das membranas celulares e previnem a oxidação das lipoproteínas de densidade baixa (LDL). As LDL oxidadas são mais aterogênicas que as LDL nativas, e existem evidências de que a vitamina E reduz a suscetibilidade para a doença arterial coronária.

Vitamina E

A vitamina E é uma vitamina lipossolúvel encontrada amplamente em alimentos, como vegetais (soja, alface, espinafre e salsa), cereais (arroz, milho), nozes, ovos, manteiga e óleos vegetais (algodão, milho, amendoim e germe de trigo). A vitamina E impede, também, a oxidação da vitamina A, do ácido desoxirribonucleico (DNA) e dos fosfolipídios das membranas celulares por radicais livres. O sistema de defesa é incrementado por dois outros nutrientes essenciais, o selênio e o ácido ascórbico. Ela também é necessária para a função reprodutora, o crescimento e o desenvolvimento muscular, assim como para a resistência das membranas eritrocitárias à hemólise. Deficiências em seres humanos promovem alterações na estabilidade da membrana eritrocitária, associadas à anemia hemolítica em gestantes e recém-nascidos. A vitamina E atua no metabolismo de fármacos, na biossíntese do heme, no transporte mitocondrial de elétrons e na função neuromuscular. A deficiência de vitamina E provoca, também, anormalidades neurológicas. Lesões do músculo esquelético são responsáveis pela elevação na atividade da creatinoquinase, observada em crianças e adultos. É também uma rara complicação da esteatorreia severa e de nutrição parenteral prolongada.

Valores de referência para vitamina E	
Prematuros	0,25 a 0,37 mg/dL
1 a 12 anos	0,30 a 0,90 mg/dL
13 a 19 anos	0,60 a 1,00 mg/dL
Adultos	0,50 a 1,80 mg/dL

Método. Cromatografia líquida de alto desempenho.

Valores elevados. Há evidências crescentes a respeito da toxicidade da vitamina E. Vários estudos em andamento procuram avaliar os efeitos de suplementação com vitamina E nas doenças crônicas, como câncer, mal de Alzheimer e patologias cardiovasculares.

Valores reduzidos. Alcoolismo crônico, certos fármacos, doenças degenerativas neurológicas, má absorção intestinal das gorduras devido à deficiência de sais biliares (atresia biliar e fibrose cística) e à síndrome do intestino marrom. A deficiência está associada com agregação plaquetária, degeneração neurológica e aumento da fragilidade dos eritrócitos, com o aparecimento de anemia hemolítica.

VITAMINA K

Vitamina K é um termo genérico que engloba várias substâncias relacionadas entre si e necessárias para a coagulação normal do sangue. A forma principal é a vitamina K_1 (filoquinona), a qual é encontrada em plantas, sobretudo nos vegetais folhosos verdes. A vitamina K é necessária para a modificação pós-transdução das várias proteínas na cascata de coagulação do sangue. É fundamental na síntese hepática dos fatores de coagulação plasmática: fatores II (protrombina), VII (proconvertina), IX (componente tromboplastina), X (fator de Stuart) e proteínas C e S (cuja baixa atividade aumenta o risco tromboembólico). Todas estas proteínas são sintetizadas como precursores inativos e são ativadas pela carboxilação de resíduos específicos de ácido glutâmico na estrutura da proteína por uma enzima dependente de vitamina K. Esses e outros fatores, incluindo o Ca^{2+}, iniciam um processo por meio do qual um agregado composto de várias proteínas, como protrombina, íon cálcio e íon fosfatídeo, reage para formar trombina, que catalisa a conversão proteolítica do fibrinogênio em fibrina no coágulo.

A vitamina K é encontrada nas folhas verdes das plantas (espinafre, repolho e alfafa), no fígado, nos ovos e nos queijos. Consiste em um grupo de compostos relacionados, com números variáveis de unidades isoprenoides em suas cadeias laterais.

A vitamina K da dieta é absorvida, principalmente, no íleo terminal e, provavelmente, no cólon. As bactérias intestinais sintetizam ao redor de 50% das necessidades de vitamina K. A partir do fígado, onde a vitamina K é concentrada, ocorre a distribuição por todo o organismo.

O sinal de deficiência de vitamina K é um defeito no processo de coagulação do sangue. Hepatopatias com obstrução biliar ou outras causas que diminuem a absorção intestinal dos lipídios resultam em deficiência de vitamina K. A *doença hemorrágica do recém-nascido*, caracterizada pela tendência ao sangramento, é a principal forma de deficiência de vitamina K. Ela pode ocorrer porque a placenta não permite a passagem adequada de gorduras e, consequentemente, da vitamina K (lipossolúvel). Na terapia com anticoagulantes com antagonistas da vitamina K, como a dicoumarina (warfarina), os fatores II, VII e IX são sintetizados, mas não são funcionais.

A vitamina K não é rotineiramente quantificada no laboratório clínico. Em seu lugar é empregado o tempo de protrombina (TAP) como indicador do *status* da vitamina K no organismo.

Vitamina K

As deficiências de vitamina K são raras e ocorrem quando do uso prolongado de um antibiótico de largo espectro associado a uma dieta com ausência ou deficiência de vitamina K.

Valores de referência: 0,13 a 1,19 pg/mL.

TIAMINA (VITAMINA B₁)

Esta vitamina hidrossolúvel é encontrada amplamente nos alimentos, sobretudo em vísceras, gema de ovo, levedura, nozes, leite e cereais integrais. A tiamina é absorvida rapidamente no duodeno, na presença de ácido fólico, e excretada na urina. A pirofosfato de tiamina (TTP) é a coenzima derivada da tiamina que exerce papel fundamental nas reações de descarboxilação oxidativa (conversão de piruvato em acetil-CoA) e de transcetolase (via da pentose-fosfato). Essa vitamina atua como enzima na descarboxilação de α-cetoá-

CAPÍTULO 22 ▪ Vitaminas

cidos, liga o ciclo glicolítico ao ciclo do ácido cítrico (Krebs) e ativa o sistema guanilato-ciclase monofosfato de guanosina cíclica. A deficiência de tiamina provoca três tipos de beribéri: (a) o beribéri "úmido" caracteriza-se por insuficiência cardíaca congestiva; (b) o beribéri "seco" (sem retenção de líquidos) está relacionado com neurite periférica, paralisia muscular e atrofia, degeneração da bainha de mielina, fraqueza e confusão; e (c) o beribéri "cerebral" (psicose de Wernicke-Korsakoff) ocorre em alcoolistas crônicos e está associado com encefalopatia, ataxia, confusão mental (perda de memória de curta duração), perda de coordenação ocular e neuropatia ocular.

Em sua fase inicial, a deficiência de tiamina provoca perda de apetite, constipação intestinal e náusea, mas pode evoluir para prejuízo da função nervosa.

O diagnóstico clínico da deficiência da tiamina é realizado pelas seguintes medidas:

- *Transcetolase eritrocitária.* Fornece um índice específico e sensível da concentração de tiamina tecidual e é a medida de escolha nos estudos de deficiência da tiamina. A atividade da enzima é medida em hemolisados de eritrócitos antes e depois da adição de TTP.

- *Tiamina urinária (100 a 200 μg/d).* É empregada nos estudos nutricionais como um índice de deficiência. No entanto, a avaliação da excreção da tiamina é influenciada por ingestões recentes e pela função renal.

Em condições como queimaduras, alguns quadros infecciosos e em situações pós-traumáticas, elevam-se as exigências calóricas a partir de carboidratos, o que exige teores aumentados da vitamina em consequência do aumento da atividade enzimática.

RIBOFLAVINA (VITAMINA B₂)

Os nucleotídeos da riboflavina são grupos prostéticos de várias enzimas envolvidas no transporte mitocondrial de elétrons. Na forma de coenzimas (FAD e FMN), a riboflavina participa das reações de oxirredução em várias vias metabólicas e na produção de energia via cadeia respiratória.

A riboflavina é um composto fluorescente amarelo grandemente distribuído nos reinos vegetal e animal e é encontrada no fígado, no leite, no milho e em produtos de plantas, juntamente com a tiamina e a niacina. A riboflavina também é produzida pelas bactérias que estão presentes no intestino. O excesso de riboflavina é excretado na urina.

A riboflavina não é considerada fator etiológico primário de doenças humanas, embora pacientes com pelagra, beribéri ou *kwashiorkor* também sejam, geralmente, deficientes em riboflavina. A síndrome de deficiência produz inflamação nos cantos da boca (estomatite angular) e na língua (glossite) e dermatite escamosa.

A atividade da glutationa-redutase em eritrócitos hemolisados, medida antes e depois da adição de FAD, é o teste empregado para o diagnóstico de deficiência de riboflavina.

Valores de referência: 4 a 24 μg/dL (soro) e >100 μg/dL (urina).

Valores reduzidos. Condições como alcoolismo, desnutrição, diarreia crônica e síndrome de má absorção produzem deficiência de riboflavina. Certos medicamentos antagonizam a ação ou o metabolismo da riboflavina, incluindo fármacos psicoativos e antidepressivos tricíclicos.

PIRIDOXINA (VITAMINA B₆)

O termo vitamina B₆ compreende as formas naturais de vitaminas hidrossolúveis: *piridoxina, piridoxal, piridoxamina* e seus derivados 5-fosfato. Após ser absorvida, a piridoxina é convertida no fígado, nos eritrócitos e em outros tecidos nas formas ativas: fosfato de piridoxal e fosfato de piridoxamina, que atuam como coenzimas nas reações de transaminações (TGO e TGP).

Piridoxina

Essas vitaminas são encontradas em inúmeros alimentos, como fígado, levedura, gema de ovo, melado bruto de cana, peixe, galinha, cereais (germe de trigo) e vegetais. As vitaminas B₆ atuam como coenzimas no metabolismo dos aminoácidos e na glicogenólise e são importantes na síntese do heme, na qual sua deficiência está associada com anemia sideroblástica.

A piridoxina é necessária para a síntese de neurotransmissores, como serotonina e noradrenalina, bem como para a síntese da esfingosina.

Como a vitamina B_6 é parcialmente destruída pelo calor, o superaquecimento das mamadeiras torna os lactentes particularmente sujeitos à deficiência desta vitamina. Os sinais e sintomas da deficiência podem incluir cólica, aumento do reflexo de Moro, convulsões, nervosismo, depressão, irritabilidade e, nos casos mais graves, coma.

Piridoxal 5'-fosfato

Valores de referência. 25 a 80 ng/mL.

Valores elevados. Megavitaminose com piridoxina em consequência de suplementação dietética excessiva.

Valores reduzidos. Alcoolismo crônico, anemia sideroblástica, desnutrição, diabetes gestacional, doença inflamatória do intestino delgado, gravidez, ingestão inadequada, lactação e má absorção. Os fármacos incluem ácido pirazinoico, anticoncepcionais orais, ciclosserina, dissulfiram, hidralazina, isoniazida (agente antituberculose), levodopa e penicilamina.

NIACINA E NIACINAMIDA (VITAMINA B_3)

O termo genérico niacina inclui o ácido nicotínico ou nicotinamida. O ácido nicotínico pode ser sintetizado pelos seres humanos a partir do aminoácido triptofano, mas em uma velocidade que é inadequada para a manutenção da boa saúde. Parte da niacina necessária ao organismo é suprida pela dieta. A niacinamida (nicotinamida) atua como constituinte das coenzimas nicotinamida-adenina-dinucleotídeo (NAD) e a nicotinamida-adenina-dinucleotídeo-fosfato (NADP), que desempenham papel fundamental nas reações de oxirredução do organismo.

Vitamina B_3

A niacina é *abundante* nas leveduras. As carnes magras, o fígado, os rins, o coração, as aves domésticas, o leite, algumas verduras verde-escuras e o tomate são boas fontes.

A deficiência severa leva à pelagra, caracterizada por dermatite (erupções ou lesões cutâneas) e inflamação nos cantos da boca (estomatite angular) e na língua (glossite). Esses sintomas são acompanhados por diarreia e distúrbios mentais, incluindo demência.

A niacina não é excretada como ácido nicotínico livre. Uma pequena quantidade pode aparecer na urina como niacinamida ou como ácido nicotinúrico. Os métodos para detecção da deficiência de niacina medem sua excreção ou de seus metabólitos na urina.

Valores de referência: 2,4 a 6,4 mg/d na urina.

Valores reduzidos. A *pelagra* é a enfermidade provocada pela deficiência de niacina, apesar de a doença não ser somente atribuída à falta desta vitamina. Muitas vezes, esses pacientes apresentam sintomas causados pela falta de outros compostos, como distúrbios na ingestão de aminoácidos (excesso de leucina) e a presença de micotoxinas produzidas por infestações de mofo, principalmente pela *Furarium*. Ocasionalmente, a pelagra origina-se dos distúrbios do metabolismo do triptofano, como *síndrome carcinoide*, na qual 60% do triptofano são catabolizados por uma via secundária, e da *doença de Hartnup*, uma desordem autossômica recessiva em que vários aminoácidos, incluindo o triptofano, são pobremente absorvidos. Também é encontrada no alcoolismo e na síndrome carcinoide.

Manifestações clínicas. A pelagra caracteriza-se por dermatite das áreas expostas à luz solar, estomatite, língua atrófica de cor magenta e dolorida, alteração na digestão e diarreia. Com frequência, ocorrem distúrbios do sistema nervoso central, que resultam em demência.

ÁCIDO FÓLICO

O ácido fólico (folato), uma vitamina/*aminoácido* promordial para o funcionamento normal dos eritrócitos e dos leucócitos, é formado por bactérias no intestino, armazenado no fígado e encontrado nos alimentos, como ovos, leite, legumes folhosos, levedura, fígado e frutas. O folato é absorvido no jejuno, e seu excesso é excretado na urina e nas fezes. Atua no metabolismo dos aminoácidos e na síntese de DNA, na utilização do formato e em reações de transferência de monocarbonos, afetando todos os tecidos que exibem acentuada multiplicação celular. O folato e a vitamina B_{12} estão relacionados metabolicamente entre si, e alterações hematológicas resultantes de deficiências de qualquer dessas vitaminas não podem ser distinguidas. No organismo humano, fica estocado no tecido hepático e nas hemácias. A deficiência de folato provoca *anemia megaloblástica* e, por fim, leucopenia e trombocitopenia. Os sinais e sintomas de deficiência, cujo aparecimento pode necessitar cerca de 3 meses, são causados por ingestão inadequada, gestação, prematuridade, eritropoese aumentada, alcoolismo, erros inatos do metabolismo dos folatos, aumento das demandas corporais ou antagonismo do folato por fármacos. O soro contém menos folato do que os eritrócitos, mas a determinação é realizada no soro, por ser mais sensível. Apesar de a avaliação sérica do folato ser mais sensível, ela é influenciada pela dieta, e por este motivo é recomendada também a *determinação do folato eritrocitário*, um marcador de deficiência tecidual que se correlaciona com as reservas hepáticas e com alterações megaloblásticas na medula óssea.

Estudos demonstraram que a suplementação de ácido fólico antes da concepção reduz em 70% a ocorrência (ou recorrência) de defeitos do tubo neural.

Valores de referência. *Folato sérico:* 3 a 17 pg/mL. *Folato eritrocitário:* 50 a 1.000 ng/mL.

Valores elevados. Suplementos de ácido fólico.

Valores reduzidos. Alcoolismo, anemia (deficiência pura de vitamina B_{12}, hemolítica, megaloblástica, perniciosa, falciforme), deficiência de ferro e de folato, desnutrição e disfunção da coenzima do folato.

Ácido fólico

VITAMINA B_{12} (CIANOCOBALAMINA)

Esta vitamina hidrossolúvel, sintetizada por bactérias e formada por um grande grupo de compostos contendo cobalto, é obtida de fontes animais da dieta (fígado) e participa como coenzima nas reações enzimáticas necessárias para a hematopoese, na função neural, no metabolismo do ácido fólico, na síntese adequada de DNA e no metabolismo dos ácidos graxos. É absorvida no íleo terminal em presença de fator intrínseco – uma glicoproteína secretada pelas células parietais do estômago (fator intrínseco de Castle). Na ausência do fator intrínseco, a vitamina B_{12} não pode ser absorvida, e isso conduz à *anemia perniciosa*.

No homem, a vitamina B_{12} provém de carnes, fígado, rins, peixes, ostras, mariscos, ovos, leite e derivados. Apesar das reservas corporais de até 12 meses no fígado, nos rins e no coração, os estados de rápido crescimento ou as condições que provocam rápida renovação das células aumentam a demanda corporal dessa vitamina. O excesso é excretado na urina e nas fezes.

A anemia perniciosa é uma anemia semelhante à anemia megaloblástica, indutora de complicações neurológicas com parestesias nas extremidades. As deficiências de vitamina B_{12} são, geralmente, diagnosticadas por exames hematológicos de amostras de sangue e de medula óssea e confirmadas pela medida do teor de vitamina B_{12} no soro ou pela investigação da absorção da vitamina B_{12} pelo intestino antes e depois de administração de fator intrínseco (teste de Schilling).

Valores de referência: 220 a 960 pg/mL.

Método. Quimioluminescência.

Valores elevados. Diabetes, doença pulmonar obstrutiva crônica, insuficiência cardíaca congestiva, insuficiência renal (crônica), lesão hepatocelular, leucemia (granulocítica crônica), obesidade e policitemia vera.

Valores reduzidos. Deficiência de fator intrínseco determinada pela atrofia da mucosa gástrica, manifestando-se, geralmente, em idades mais avançadas, ou anticorpos contra o fator intrínseco (anemia perniciosa que se manifesta por anemia, leucopenia e plaquetopenia e uma hipersegmentação dos neutrófilos – encontrada também na deficiência de ácido fólico), desnutrição, doença de Crohn, doença intestinal inflamatória, gastrectomia total ou parcial (com remoção das células parietais produtoras de fator intrínseco), gastrite atrófica, hepatite (alcoólica), má absorção (por ressecção do intestino delgado, doença celíaca, espru tropical, doenças inflamatórias de delgado, síndrome de alça cega, em que as bactérias consomem vitamina B_{12}), tênia intestinal e dieta vegetariana prolongada. *Fármacos:* agentes antigotosos, agentes antituberculostáticos, agentes quimioterápicos, antibacterianos, anticoncepcionais orais, anticonvulsivantes, antimaláricos, antiprotozoários, diuréticos, quelantes de cálcio, hipoglicemiantes orais e sedativos.

BIOTINA (VITAMINA H)

A biotina, um derivado imidazólico do ácido pentanoico, ocorre em muitos micro-organismos, principalmente ligada a proteínas. É amplamente distribuída nos alimentos, como gema de ovo, leite, rins, fígado, tomates, amendoim, chocolate e levedura. A biotina da dieta é absorvida no intestino delgado. Além disso, é sintetizada por bactérias intestinais e excretada na urina e nas fezes.

A biotina constitui o grupo prostético de várias enzimas que catalisam a fixação de CO_2 em ligação orgânica, incluindo aquelas catalisadas pela piruvato-carboxilase e acetil-CoA-carboxilase. Exerce papel importante na gliconeogênese, na lipogênese e na síntese dos ácidos graxos.

A deficiência de biotina provoca dermatite, anorexia, dor muscular, perda parcial de memória, náusea, depressão, alucinações, dores musculares e alopecia. Em crianças, produz dermatite seborreica.

Valores de referência: 14 a 55 μg/dL.

Valores reduzidos. Esterilização do sistema digestório, ingestão de clara de ovo crua (a avidina, presente na clara, combina-se com a biotina, impedindo a absorção) e administração de antimetabólitos da biotina em pacientes sob terapia parenteral prolongada, sem suplementação de biotina.

ÁCIDO PANTOTÊNICO (VITAMINA B₃)

O ácido pantotênico é sintetizado por vários micro-organismos e é parte integral da 4'-fosfopanteteína, que serve como grupo prostético da proteína transportadora de acilas e na estrutura da coenzima A. Essa vitamina é amplamente distribuída nos alimentos, em particular naqueles de fontes animais (gema de ovo, rim, leite desnatado, carne magra), leveduras, nos grãos integrais de cereais, brócolis, batata-doce, melaço de cana e geleia real. O ácido pantotênico é empregado na profilaxia e no tratamento de deficiências vitamínicas. É absorvido rapidamente pelo trato digestório, exceto em síndromes de má absorção. Distribui-se, principalmente, na forma de coenzima A, concentrando-se mais no fígado, nas glândulas adrenais, no coração e nos rins.

O ácido pantotênico é excretado, principalmente (70%), pela urina, na forma íntegra; o restante (30%) é eliminado pelas fezes.

Valores de referência: 1,03 a 1,83 μg/mL.

Valores reduzidos. Não foi observada deficiência de ácido pantotênico no ser humano, mas se trata de um nutriente essencial.

ÁCIDO ASCÓRBICO (VITAMINA C)

O ácido ascórbico (vitamina C) atua como coenzima e como agente redutor e antioxidante. É encontrado em plantas superiores, especialmente frutas cítricas, acerola, caqui, goiaba, tomates, pimentões, ameixas, uvas, morango, melões e outras frutas.

O ácido ascórbico participa na biossíntese de colágeno (cofator para a procolágeno-hidroxilase envolvida na hidroxilação da prolina e da lisina), na integridade dos capilares, na cicatrização de feridas, na absorção intestinal de ferro, na degradação da tirosina, na formação dos ácidos biliares, no metabolismo microssomal de fármacos e na síntese de adrenalina e esteroides anti-inflamatórios. Atua na transferência do íon hidrogênio e na regulação dos potenciais de oxirredução intracelular. É, também, o mais abundante agente redutor hidrossolúvel (antioxidante) no homem.

CAPÍTULO 22 ▪ Vitaminas

Vitamina C

A medida da concentração do ascorbato no soro fornece um índice precário dos estoques teciduais, pois o teor cai rapidamente quando a dieta é muito deficiente em vitamina C. Todos os pacientes com escorbuto têm quantidades indetectáveis de ascorbato no soro, mas nem todas as pessoas com teores indetectáveis de ascorbato têm escorbuto.

O ácido ascórbico é absorvido da dieta no intestino delgado e armazenado nas glândulas suprarrenais, nos rins, no baço, no fígado e nos leucócitos. O excesso de vitamina é excretado na urina.

A deficiência do ácido ascórbico provoca escorbuto (síntese defeituosa de colágeno). Esta doença é comum nos idosos ou em doentes crônicos, alcoolistas e usuários de dietas deficientes de vitamina C. O escorbuto está associado com hemorragias subcutâneas, fraqueza muscular, gengivas sensíveis, dificuldades de cicatrização das feridas e anemia. A função imune também pode ser comprometida em casos de deficiência de vitamina C.

Valores de referência: 0,6 a 1,6 mg/dL.

Método. Cromatografia líquida de alto desempenho.

Valores aumentados. Anemia hemolítica em deficientes de G6PD, elevação da absorção do ferro, presença de cálculos renais, anemia falciforme, dano renal, megadoses e arritmias cardíacas.

Valores reduzidos (<0,2 mg/dL). Escorbuto, alcoolismo, hipertireoidismo, gravidez, insuficiência renal e má absorção.

Efeitos adversos. Cálculos de oxalato no trato urinário, tontura, desmaio, diarreia, rubor facial, cefaleia, disúria, náusea, vômitos e cólicas estomacais.

Bibliografia consultada

ABELSON, J.N.; SIMON, M.I.; McCORMICK, D.M., SUTTIE, J.W.; WAGNER, C. **Vitamins and coenzymes.** New York: Academic Press, 1997. 469p.

BAYNES, J.; DOMINICZAK, M.H. **Bioquímica médica.** São Paulo: Manole, 2000.

KALBACKEN, J. **Vitamins and minerals.** New York: Children Press, 1998. 48p.

LITWACK, G. **Vitamins and hormones: steroids.** New York: Academic Press, 1994. 512p.

LITWACK, G. **Vitamins and hormones: advances in research and applications.** Vol. 54. New York: Academic Press, 1998. 234p.

SHENKIN, A.; BAINES, M. Vitamins and trace elements. In: BURTIS, C.A.; ASHWOOD, E.R.; BRUNS, D.E. **Tietz: Fundamentals of clinical chemistry.** 6 ed. Philadelphia: Saunders, 2008:476-508.

Capítulo 23

Porfirias

Biossíntese de porfirinas e heme 354
Porfirias 354
　Porfirias primárias (inerentes) 355
Porfirias secundárias (adquiridas) 356
Determinação do ácido δ-aminolevulínico
e do porfobilinogênio 357

As porfirinas são pigmentos distribuídos na natureza (p. ex., heme, pigmentos biliares, citocromos) derivados das porfinas, que consistem em uma estrutura insaturada composta de quatro anéis pirróis unidos entre si por quatro pontes metênicas (-C=). As porfirinas constituem diversos tipos, diferindo entre si pelas cadeias e pela ordem dos grupos substituintes encontrados nas oito posições periféricas nos anéis pirróis.

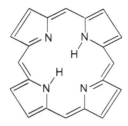

Porfirina

Existem muitas espécies de porfirinas conhecidas, mas somente três delas têm significado clínico: a *uroporfirina*, a *coproporfirina* e a *protoporfirina*. Estas porfirinas sem metal não apresentam funções biológicas em humanos; são metabolicamente ativas somente para formar quelatos com metais. Os quelatos de ferro são denominados *heme*, sendo o *proto-heme* o mais comum. O grupo heme só funciona como grupo prostético de proteínas. Nos mamíferos, as hemoproteínas participam de vários processos bioquímicos relacionados com o metabolismo oxidativo, no transporte do oxigênio (hemoglobina) e na cadeia respiratória (citocromos). As protoporfirinas com zinco são encontradas em pequenas quantidades no metabolismo normal, mas aumentam consideravelmente quando ocorre impedimento do uso de ferro. O quelato de cobalto, cobalamina ou vitamina B_{12}, e o quelato de magnésio, a clorofila, são outras formas de ocorrência natural de tetrapirróis.

Em soluções concentradas, as porfirinas apresentam cor vermelho-escura ou púrpura. Em solução ácida, as porfirinas são reconhecidas por sua intensa flourescência vermelha (620 a 630 nm) em exposição à luz ultravioleta (ao redor de 400 nm). Estas propriedades se devem ao elevado grau de insaturação conjugada ou ressonância no anel tetrapirrólico e são utilizadas para a análise desses compostos. Em geral, as porfirinas livres de metal tendem a ser mais estáveis em solução ácida e no escuro.

A solubilidade das porfirinas é influenciada pelo número de grupos carboxílicos nos anéis pirróis. A *uroporfirina* possui oito grupos carboxílicos e é a porfirina mais solúvel em pH fisiológico. A *protoporfirina* possui somente dois grupos carboxílicos, sendo solúvel em solventes apolares. A *co-*

proporfirina, com seus quatro grupos carboxílicos, apresenta solubilidade intermediária para cada tipo de solvente, sendo influenciada pelo valor do pH. Esta diferença de solubilidade fornece a base para separação e ensaio das porfirinas. Para propósitos práticos, a *uroporfirina* é excretada exclusivamente na urina; a *protoporfirina*, exclusivamente nas fezes; a *coproporfirina*, pelas duas rotas, dependendo da velocidade de formação e do pH da urina. A alcalinidade favorece a excreção da coproporfirina na urina.

Os *porfirinogênios* são formas reduzidas das porfirinas que contêm seis átomos adicionais de hidrogênio, um em cada carbono das quatro pontes metênicas e um em cada nitrogênio dos dois pirróis não hidrogenados. Os porfirinogênios são incolores, não fluorescentes e muito instáveis, especialmente em meio ácido. Por essas razões, somente as porfirinas e seus precursores são significativos no diagnóstico das porfirinopatias.

As porfirinas depositadas na pele, quando expostas à luz ultravioleta, podem causar consideráveis lesões teciduais. As diferentes lesões provocadas por uroporfirina, coproporfirina ou protoporfirina estão, provavelmente, relacionadas com a solubilidade de cada uma delas. A protoporfirina, mais lipofílica, acumula-se predominantemente nas membranas celulares, enquanto as outras porfirinas permanecem confinadas nos líquidos intra e extracelulares. Os sintomas clínicos são caracterizados pela deposição porfirínica na pele e estão relacionados com a fotossensibilidade, a estabilidade e a solubilidade das porfirinas.

Os precursores das porfirinas – o ácido δ-aminolevulínico e o porfobilinogênio – têm limiar renal bastante baixo, o que explica suas reduzidas concentrações no sangue. A presença de sintomas neurológicos é acompanhada de excreção excessiva dos precursores da porfirina. Existem evidências de que o excesso desses precursores é um fator na patogênese de anormalidades neurológicas. Apesar dessas evidências, não há correlação entre o nível de excreção dos precursores e a severidade dos sintomas neurológicos.

BIOSSÍNTESE DE PORFIRINAS E HEME

A atividade biossintética das porfirinas e do heme é quantitativamente mais proeminente na medula óssea e no fígado. As reações de síntese iniciam-se com a condensação da succinil-CoA com a glicina em presença do cofator piridoxal-fosfato. Após a condensação, a glicina é descarboxilada para formar o ácido δ-aminolevulínico (ALA) pela ação da enzima *ácido δ-aminolevulínico-sintetase*. Duas moléculas de ALA são, então, condensadas e ciclizadas mediante a ação da *ácido δ-aminolevulínico-desidratase* (ALA-D), também conhecida como porfobilinogênio-sintetase (a enzima requer zinco) para formar o anel pirrólico do porfobilinogênio (PBG). Quatro moléculas de PBG se condensam para produzir o tetrapirrol pela ação de duas enzimas, *porfobilinogênio-desaminase* (PGB desaminase) e *uroporfirinogênio-cossintetase*. Subsequentemente, as quatro cadeias de acetato de uroporfirinogênio são descarboxiladas pela ação da *uroporfirinogênio-descarboxilase* para formar coproporfirinogênio. A seguir, a *coproporfirinogênio-oxidase* descarboxila e desidrogena as cadeias laterais de ácido propiônico nas posições dois e quatro, convertendo estes grupos vinis e fornecendo protoporfirinogênio. A *protoporfirinogênio-oxidase* então oxida o protoporfirinogênio à protoporfirina IX. Finalmente, a *ferroquelatase* catalisa a quelação de um íon ferroso pela protoporfirina para formar o heme. As reações entre o δ-aminolevulinato e o coproporfirinogênio ocorrem no citosol celular; as outras reações são realizadas na mitocôndria.

As porfirinas livres encontradas nos líquidos biológicos e nos tecidos aumentam pela oxidação não enzimática dos porfirinogênios pela via biossintética do heme. Em condições normais, somente pequenas quantidades de porfirinas são liberadas dos processos biossintéticos, pois os mecanismos de controle mantêm a via em estado de equilíbrio para atingir as necessidades de cada célula. No entanto, em várias condições patológicas, ocorrem estímulos ou inibições da biossíntese do heme, os quais provocam elevações dos níveis teciduais ou aumento da excreção de porfirinas e seus precursores. Para propósitos diagnósticos, somente níveis aumentados de porfirinas e seus precursores são clinicamente significativos.

PORFIRIAS

As porfirias constituem um grupo de, pelo menos, oito doenças genéticas distintas, além de formas adquiridas, decorrentes de deficiências enzimáticas específicas na via de biossíntese do heme, que levam à superprodução e ao acúmulo de precursores metabólicos, cada um dos quais corresponde a um tipo particular de porfiria.

Fatores ambientais, como medicamentos, álcool, hormônios, dieta, estresse, exposição solar, entre outros, desempenham um papel importante no desencadeamento e no curso dessas doenças.

São classificadas em *primárias* (inerentes) e *secundárias* (adquiridas). As porfirias também são classificadas em *porfirias eritropoéticas* ou *porfirias hepáticas*, dependendo da origem do precursor em excesso proveniente da alteração enzimática.

Porfirias primárias (inerentes)

A classificação das porfirias hereditárias é feita, preferencialmente, de acordo com o déficit enzimático específico. São divididas, quanto às manifestações clínicas, em duas categorias:

Forma neurológica/psiquiátrica. O excesso de excreção de precursores da porfirina – o ácido δ-aminolevulínico e o porfobilinogênio – é a característica química na *porfiria aguda intermitente,* na *porfiria variegada* e na *coproporfiria* (ver ambas adiante) durante os episódios sintomáticos. Nesse contexto, o ataque agudo ou as formas neurológicas/psiquiátricas das porfirias são considerados como desordens envolvendo os precursores porfirínicos. Cada doença desse grupo reflete um defeito enzimático específico inerente com caráter dominante autossômico. Durante a fase aguda, o ácido δ-aminolevulínico e o porfobilinogênio são excretados na urina em quantidades excessivas, mas durante os períodos assintomáticos essas anormalidades bioquímicas podem desaparecer. Apesar de a medida desses componentes estabelecer o diagnóstico, resultados normais não excluem a doença.

Um episódio agudo inclui sintomas de dor abdominal, dor nos braços ou no peito, náusea, fraqueza, confusão, depressão, alucinações e franca psicose. Os sinais, muitas vezes, incluem hipertensão e taquicardia, constipação ou diarreia e náusea, às vezes acompanhada de vômitos, enquanto febre, convulsões e paralisia respiratória são manifestações menos frequentes.

Os ataques agudos, muitas vezes, são precipitados por etanol, barbituratos, diazepam, clordiazepóxido, metildopa e anticoncepcionais orais. Os ataques podem ser influenciados pelo *status* hormonal, com a enfermidade tornando-se manifesta após a puberdade. Ataques agudos são mais comuns em mulheres, podendo ocorrer em associação com a menstruação e cessar com a menopausa.

- *Porfiria intermitente aguda (PAI):* doença rara, geralmente herdada de um dos pais, é causada por superprodução hepática de ácido δ-aminolevulínico, com grande aumento na excreção urinária deste e do porfobilinogênio, e com algum aumento de uroporfirina, causado por deficiência de *porfobilinogênio-desaminase* (PBG-D). A doença é caracterizada por crises agudas intermitentes de hipertensão, cólica abdominal, psicose e polineuropatia, mas sem fotossensibilidade. A quantidade de porfobilinogênio (PBG) na urina encontra-se aumentada durante as crises de PAI.

Formas cutâneas (fotossensíveis) de porfirias. As porfirinas depositadas na pele e expostas à luz do sol causam consideráveis lesões na pele. As desordens associadas à fotossensibilidade são:

- *Porfiria cutânea tardia (PCT):* caracteriza-se por disfunção hepática e lesões cutâneas fotossensíveis, com bolhas, hiperpigmentação, alterações cutâneas e aumento na excreção de uroporfirina; é causada por deficiência de *uroporfirinogênio-descarboxilase* induzida, em casos esporádicos, por alcoolismo crônico; herança autossômica dominante, em casos familiares. É a forma mais frequente de porfiria.

- *Porfiria eritropoética congênita:* apresenta aumento da formação de porfirina pelas células eritroides na medula óssea, causando porfirinúria grave, frequentemente com anemia hemolítica e fotossensibilidade cutânea persistente; é causada por deficiência de *uroporfirinogênio III-cossintase*; herança autossômica recessiva. Aumenta a excreção urinária de uroporfirina.

- *Protoporfiria eritropoética (PPE):* é uma doença do metabolismo da porfirina caracterizada por níveis anormalmente elevados de protoporfirina IX nos eritrócitos (células do sangue maduras), nas fezes e no plasma (a porção líquida do sangue circulante) e por sensibilidade à luz visível. Causada por deficiência de ferroquelatase, caracteriza-se por urticária solar aguda ou eczema solar crônico. Aumenta a protoporfirina dos eritrócitos e fecais.

- *Porfiria variegada (VP):* caracteriza-se por dor abdominal e anormalidades neuropsiquiátricas,

Tabela 23.1 Defeitos enzimáticos e achados laboratoriais de algumas porfirinopatias

Defeito enzimático	Porfirinopatia	Testes laboratoriais
Ácido δ-aminolevulínico-desidratase	Deficiência da enzima	Redução da atividade enzimática
Porfobilinogênio-desaminase	Porfiria intermitente aguda	↓ Porfobilinogênio-desaminase (hemácias) ↑ Ácido δ-aminolevulínico urinário ↑ Porfobilinogênio urinário ↑ Uroporfirina urinária
Uroporfirinogênio III-cossintetase	Porfiria congênita eritropoética	↑ Uroporfirina urinária, coproporfirina ↑ Porfirinas sanguíneas ↑ Porfirinas fecais
Uroporfirinogênio-descarboxilase	Porfiria cutânea tardia	↑ Uroporfirina urinária ↑ 7-COOH porfirina urinária
Coproporfirinogênio-oxidase	Coproporfiria	↑ Ácido δ-aminolevulínico urinário ↑ Porfobilinogênio urinário ↑ Coproporfirina urinária ↑ Coproporfirina fecal
Protoporfirinogênio-oxidase	Porfiria variegada	↑ Ácido δ-aminolevulínico urinário ↑ Porfobilinogênio urinário ↑ Coproporfirina urinária ↑ Protoporfirina fecal, coproporfirina
Ferroquelatase	Protoporfiria	↑ Protoporfirina sanguínea ↑ Protoporfirina fecal

por sensibilidade dérmica à luz e ao traumatismo mecânico, aumento de excreção fecal de proto e coproporfirina e por aumento na excreção urinária de ácido δ-aminolevulínico, porfobilinogênio e porfirinas. É causada por carência de *protoporfirinogênio-oxidase*; herança autossômica dominante. Aumenta a excreção urinária de uroporfirina, coproporfirina fecal e protoporfirina.

• *Coproporfiria*: é uma condição heriditária autossômica dominante de deficiência da *coproporfirinogênio-oxidase*, resultando em superprodução de precursores da porfirina e levando a distúrbios neurológicos e fotossensibilidade.

Os diferentes tipos de lesões dependem das respectivas solubilidades da uroporfirina, da coproporfirina ou da protoporfirina. As mais lipofílicas acumulam-se predominantemente nas membranas celulares, enquanto as outras porfirinas ficam muito confinadas aos compartimentos aquosos.

Porfirias secundárias (adquiridas)

Fatores exógenos podem alterar a biossíntese do heme mesmo na ausência da herança genética e, em alguns casos, levar ao desenvolvimento de um tipo de porfiria que se assemelha muito à porfi-

Tabela 23.2 Causas e fatores exógenos relacionados a porfirias

Substâncias químicas, como solventes clorados, hexaclorobenzeno, bifenilas poli-halogenadas, dioxinas, cloreto de vinila, tetracloreto de carbono, benzeno, clorofórmio
Metais pesados, como chumbo, mercúrio e arsênio
Alcoolismo
Doenças hepáticas e infecciosas; cirrose, hepatite crônica ativa, hepatite infecciosa e tóxica, mononucleose etc.
Efeito adverso de drogas, como analgésicos, sedativos, hipnóticos, anestésicos, hormônios sexuais e antibióticos da classe das sulfas
Doenças hematológicas: anemias aplásticas, sideroblásticas e hemolíticas, deficiência na eritropoese, anemia perniciosa, talassemia, leucemia etc.

ria cutânea tardia (PCT). Um grande número de agentes químicos da classe dos hidrocarbonetos halogenados e metais pesados é reconhecidamente porfirinogênico, provocando porfirinúrias (Tabela 23.1). Esses fatores são capazes de provocar alterações enzimáticas na rota do heme e, por consequência, uma alteração do perfil de porfirinas eliminadas pela via renal. Alguns agentes químicos que interferem na biossíntese do heme de interesse ambiental e ocupacional estão descritos na Tabela 23.2.

CAPÍTULO 23 ▪ Porfirias

Algumas doenças dessa categoria são:

- *Intoxicação aguda pelo chumbo (Pb)*. A exposição ao chumbo aumenta a excreção urinária de ácido δ-aminolevulínico e da coproporfirina-III (resposta tardia). O Pb também provoca acúmulo de zinco-protoporfirina (ZPP) nos eritrócitos. O Pb inibe reversivelmente a enzima *ácido δ-aminolevulínico-desidratase* (ALA-D), devido ao deslocamento do zinco pelo chumbo no seu centro catalítico. Interfere tanbém com a atividade da *coproporfirinogênio-oxidase* e da *ferroquelatase*, possivelmente por outros mecanismos diferentes da inibição. A intoxicação pelo Pb é classificada como uma porfirinúria secundária, apresentando similaridade com as porfirias agudas. Aumenta a excreção de ácido δ-aminolevulínico (ALA) urinário.

- *Tirosemia hereditária tipo I*. A succinilacetona, que se acumula nessa doença, tem semelhança estrutural com o ALA e é uma potente inibidora competitiva da ALA-D. A coproporfirina também ocorre nesta desordem.

- *Outras exposições tóxicas*. Coproporfirinúrias secundárias também ocorrem como efeito tóxico de álcool, arsênio, hexaclorobenzeno, hidrato de cloral, morfina, éter, óxido nitroso e outros metais pesados. Esta elevação também pode estar associada com neoplasia, enfermidade hepática, insuficiência renal crônica, infarto do miocárdio e talassemia.

Para uma melhor compreensão do contexto das alterações das enzimas específicas na via biossintética descreve-se a correlação entre intermediários porfirínicos elevados e algumas doenças (Tabela 23.1).

DETERMINAÇÃO DO ÁCIDO δ-AMINOLEVULÍNICO E DO PORFOBILINOGÊNIO

Na identificação de casos suspeitos, o primeiro fator a ser considerado é a presença de sintomas, pois alguns exames só serão informativos durante o período de crise. Inicia-se o rastreamento pela dosagem de porfobilinogênio (PBG) e do ácido δ-aminolevulínico (ALA) urinários, que se encontram aumentados em todas as porfirias agudas. Quando em presença de porfirias cutâneas, a determinação das porfirinas plasmáticas está indicada para o diagnóstico inicial.

A positividade de algum desses testes é altamente sugestiva, partindo-se para a identificação do tipo de porfiria por meio das porfirinas urinárias e fecais e dos eritrócitos. Estes exames não estão indicados como testes de rastreio por suas falhas em termos de sensibilidade e especificidade, o que dificulta a interpretação dos resultados.

Paciente. Não exige cuidados especiais.

Amostras. Estes constituintes são quase exclusivamente medidos na urina. Amostra de urina de 24 horas associada com episódio sintomático oferece a melhor possibilidade de diagnóstico. A primeira amostra da manhã apresenta-se relativamente concentrada. Amostras refrigeradas e no escuro mantêm os constituintes estáveis por 2 semanas. A estabilidade do ácido δ-aminolevulínico aumenta consideravelmente em urinas acidificadas com 1 mL de ácido acético glacial por 100 mL de urina. O porfobilinogênio é estável por vários dias quando adicionado de 0,5 g de carbonato de sódio por 100 mL de urina, acertando o pH entre 8 e 9, usando papel indicador.

Valores de referência: para o ácido δ-aminolevulínico: 1,5 a 7,5 mg/d; para o porfobilinogênio: <2,5 mg/d.

Condições associadas com elevação dos intermediários porfirínicos:

- *Ácido δ-aminolevulínico (ácido δ-aminolevulínico-desidratase)*. Exposição aguda ou crônica ao etanol, exposição ao chumbo, sobrecarga aguda de ferro, algumas malignidades, tirosinemia hereditária e porfiria por deficiência da porfobilinogênio-sintetase.

- *Ácido δ-aminolevulínico e porfobilinogênio (porfobilinogênio-desaminase)*. Porfiria intermitente aguda, porfiria variegada, coproporfiria hereditária e algumas malignidades.

- *Uroporfirina (uroporfirinogênio-descarboxilase)*. Insuficiência renal crônica, porfiria cutânea tardia (esporádica, tóxica, familiar), porfiria intermitente aguda e algumas malignidades.

- *Coproporfirina (coproporfirinogênio-oxidase)*. Variante normal, exposição crônica ao etanol, enfermidade hepática, insuficiência renal crônica, exposição ao chumbo, exposição ao mercúrio e ao arsênio, algumas malignidades, protoporfiria com doença hepática, porfiria variegada, coproporfiria hereditária e síndrome de Alagille.

- *Protoporfirina com zinco e FEP protoporfirina (ferroquelatase)*. Deficiência de ferro, anemia de enfermidade crônica, exposição ao chumbo, alumínio elevado na diálise, porfiria variegada e protoporfiria eritropoética.

Bibliografia consultada

ELDER, G.H.; SMITH, S.G.; SMYTH, S.J. Laboratory investigation of the porphyrias. **Ann. Clin. Biochem., 27**:395-412, 1990.

HINDMARSH, J.T. The porphyrias: recent advances. **Clin. Chem., 32**:1255-63, 1986.

KUSHNER, J.P. Laboratory diagnosis of the porphyrias. **N. Engl. J. Med., 324**:1432-4, 1991.

LOPES, D. V. A. et al. Porfiria aguda intermitente: relato de caso e revisão da literatura. **Rev. Bras. Ter. Intens., 20**:429-34, 2008.

PORPHYRIA DISEASE MANAGEMENT. American Porphyria Foundation. Disponível em: http://www.porphyriafoundation.com/images/porph.pdf. Acessado em: 20 de março de 2009.

Capítulo 24

Líquidos Orgânicos

Liquor	359	Líquido ascítico	363
Exame físico	360	Exame físico	363
Bioquímica	360	Bioquímica	363
Citologia	361	Líquido sinovial	363
Líquido pleural	362	Exame físico	364
Exame físico	362	Bioquímica	364
Bioquímica	362	Citologia	364
Citologia	362		

LIQUOR

O liquor (líquido cefalorraquidiano), que banha todo o cérebro e a medula espinal, pode refletir determinados processos anormais ou doenças que acometem o sistema nervoso central.

O exame do líquido cefalorraquidiano (LCR) ou liquor vem sendo utilizado como arma diagnóstica desde o final do século XIX, contribuindo significativamente para o diagnóstico de patologias neurológicas. Além do diagnóstico, a análise do LCR possibilita o estadiamento e o seguimento de processos vasculares, infecciosos, inflamatórios e neoplásicos que acometem, direta ou indiretamente, o sistema nervoso. Por meio da punção lombar é possível, também, a administração intratecal de quimioterápicos, tanto para tratamento de tumores primários ou metastáticos do SNC como para profilaxia do envolvimento neurológico de tumores sistêmicos.

Cerca de 70% do LCR contido nas cavidades ventriculares do sistema nervoso central, nos espaços subaracnóideos, espinal, perivasculares, perineurais e no canal central da medula originam-se nos plexos coroides ventriculares por um processo combinado de secreção ativa e ultrafiltração do plasma. Cerca de 30% do LCR são formados como líquido intersticial, elaborado dentro dos espaços intercelulares do cérebro e da medula espinal. O volume total desse líquido é de, aproximadamente, 90 a 150 mL no adulto normal, o qual é renovado a cada 3 a 4 horas. Parte desse volume é reabsorvida pelo sistema venoso.

O LCR é um fluido límpido e incolor, de raros elementos figurados e características bioquímicas e imunológicas próprias. Ele ocupa as cavidades ventriculares do sistema nervoso central, os espaços subaracnóideos, espinal, perivasculares, perineurais e o canal central da medula.

Desempenha diversas funções: protege contra traumatismos e movimentos bruscos, exerce uma função imunológica protetora e representa um veículo para excreção e difusão de substâncias.

É formado em sua maior parte pelos plexos coroides, em um volume diário em torno de 450 mL. O volume puncionado não deve exceder 1/7 do volume total: em torno de 20 mL no adulto, 12 mL na infância e 6 mL em recém-nascidos. O material deve ser analisado imediatamente após a coleta, sendo importantes os cuidados na conservação e no transporte para manutenção da integridade da amostra.

Exame físico

Aspecto. O liquor normal tem aspecto límpido, tipo água de rocha, apresentando-se turvo pelo aumento do número de células (leucócitos e hemácias) e pela presença de bactérias, fungos ou de meio de contraste. O aspecto hemorrágico indicará uma hemorragia subaracnóidea ou um acidente de punção. O diagnóstico diferencial entre essas duas situações é feito:

- Pela presença de coágulo, que indica a ocorrência de acidente durante a punção.
- Pelo aspecto do sobrenadante após a centrifugação, que nos acidentes de punção apresenta-se límpido e nas hemorragias, eritrocrômico ou xantocrômico.
- No momento da coleta, pela prova dos três tubos, avalia-se a variação do aspecto do primeiro para o terceiro tubo. Se o aspecto clarear, sugere acidente de punção; se não se modificar, a hemorragia é preexistente.

Cor. Normalmente incolor. O liquor xantocrômico indica a presença de bilirrubina ou hemólise. Em recém-nascidos, a xantocromia é um achado normal que ocorre devido à imaturidade anatômica e funcional da barreira hematoencefálica e é proporcional aos níveis de bilirrubina. A cor acastanhada se dá pela presença de meta-hemoglobina e a avermelhada (liquor eritrocrômico), pela presença de oxi-hemoglobina das hemácias recém-lisadas.

Bioquímica

Proteínas. São originadas (80% do total) por ultrafiltração do plasma através das paredes capilares nas meninges e nos plexos coroides; o restante é proveniente da síntese intratecal.

A análise das proteínas totais no LCR é empregada, principalmente, para detectar o aumento da permeabilidade da barreira hematoencefálica para as proteínas plasmáticas ou para detectar o aumento da produção intratecal de imunoglobulinas.

Elevações das proteínas no LCR são encontradas em caso de:

- *Meningite bacteriana.* Provocada, principalmente, por *Neisseria meningitidis*, *Haemophilus influenzae* e *Streptococcus pneumoniae*.
- *Meningite viral (asséptica).* É a inflamação das meninges (o revestimento do cérebro e da medula espinal) causada por vários tipos de vírus: caxumba, poliomielite, coriomeningite linfocítica, herpes, varicela, mononucleose infecciosa, AIDS e infecções por ecovírus, coxsackievírus ou citomegalovírus.
- *Outras infecções.* Sífilis, tuberculose, leptospirose, micoplasmose, linfogranuloma venéreo, doença da arranhadura do gato, brucelose, doença de Whipple, riquettsiose, toxoplasmose, criptococose, triquinose, coccidioidomicose, cisticercose, malária, amebíase.
- *Causas pós-infecciosas.* Doenças virais que causam meningite por reação imune após a doença principal ter sido curada: caxumba, rubéola, varicela (catapora).
- *Doenças que afetam o cérebro.* Tumores cerebrais, acidente vascular encefálico, esclerose múltipla, sarcoidose, leucemia.
- *Veneno.* Intoxicação por chumbo.
- *Reação às vacinas.* Vacinas antirrábica e da coqueluche.
- *Reações a substâncias injetadas na coluna vertebral.* Medicamentos anticâncer (quimioterapia), antibióticos, contrastes (para radiografias).
- *Medicamentos.* Trimetoprima-sulfametoxazol, azatioprina, carbamazepina, anti-inflamatórios não esteroides (ibuprofeno, naproxeno).
- *Após mielografia.* Reação inflamatória.
- *Esclerose múltipla.* Além de proteínas, apresentam aumento no número de leucócitos no LCR.

O *hipertireoidismo* promove redução na concentração de proteínas no LCR.

Valores de referência para as proteínas totais no LCR (mg/dL)	
Líquido ventricular	5 a 15
Líquido suboccipital	15 a 25
Líquido lombar	15 a 45

Glicose. Os valores de glicose no LCR correspondem a cerca de 60% a 70% da glicemia em jejum. A diminuição dos níveis da glicose no LCR é um dado importante no diagnóstico das meningites bacteriana, tuberculosa e fúngica, nas quais são encontrados, geralmente, valores baixos a muito baixos. Já nas meningites virais, os níveis variam de normais a discretamente baixos. Outras patologias que cursam com níveis diminuídos são neoplasias com comprometimento meníngeo, sarcoidose, hemorragia subaracnóidea e hipoglicemia sistêmica, entre outras. Níveis elevados de glicose no LCR não têm significado clínico, refletindo aumento dos níveis da glicemia sistêmica. Acidentes de punção podem, ocasionalmente, causar aumento da glicose no LCR. *Valores diminuídos:* podem ser encontrados na meningite piogênica aguda, na meningite tuberculosa, na meningite criptococócica, na hipoglicemia sistêmica, na hemorragia subaracnóidea, na sarcoidose e no tumor primário ou metastático das meninges. *Valores aumentados:* são vistos na hiperglicemia diabética e na encefalite epidêmica.

Outras dosagens. *Cloro:* qualquer condição que altere os níveis séricos de cloreto também irão afetar o nível de cloreto no LCR. Os cloretos no LCR são, normalmente, uma a duas vezes maiores do que os séricos. Níveis diminuídos são encontrados nas meningites tuberculosa e bacteriana e na criptococose. *Lactato-desidrogenase (DHL):* é considerada elevada quando a relação liquor/soro é >0,1. São causas de elevação: necrose, isquemia, meningite, leucemia, linfoma e carcinoma metastático. Utilizada também como diagnóstico diferencial entre acidente de punção e hemorragia, em que se eleva proporcionalmente ao grau de hemorragia. *Creatinoquinase (CK):* a elevação da fração CK-BB ocorre em caso de hemorragia subaracnóidea, trombose cerebral, lesões desmielinizantes, síndrome de Guillain-Barré, tumores primários e metastáticos, meningoencefalite viral, meningite bacteriana, hidrocefalia e traumatismo craniano. *Ácido lático:* a determinação do ácido lático pode ser útil na diferenciação entre meningites por bactérias, fungos ou micobactérias e as meningites virais. Nas meningites virais, o nível de ácido lático raramente excede 25 a 30 mg/dL; por outro lado, nas outras formas de meningite, está usualmente presente em níveis >35 mg/dL. O aumento do lactato está intimamente associado a baixos níveis de glicose (meningite bacteriana).

Citologia

As contagens encontradas para a citometria global, em mm^3, são:

	Hemácias	Leucócitos
Adultos	0	0 a 100
Recém-nascidos	0 a 5	0 a 30

Valores de referência utilizados para avaliação de lâminas preparadas para citologia (em porcentagem):

Células	Adultos	Recém-nascidos
Neutrófilos	2 a 7	3 a 8
Linfócitos	28 a 96	2 a 38
Monócitos	16 a 56	50 a 94
Eosinófilos	Raros	Raros
Outras células	Raros	1 a 5

A presença de hipercitose neutrofílica sugere um processo inflamatório agudo. Apesar de presente de forma fugaz nos processos virais e assépticos, o aumento de células, com predomínio de polimorfonucleares, é mais característico dos processos bacterianos agudos (p. ex., meningite bacteriana).

A presença de hipercitose linfocitária sugere um processo crônico (meningite crônica que atinge indivíduos cujo sistema imune está comprometido devido à AIDS, a um câncer, a outras doenças graves, a medicamentos anticâncer ou ao uso prolongado de prednisona). O predomínio de células mononucleares é observado nas patologias neurológicas crônicas, nas meningites virais, nos processos tuberculosos e luéticos, na cisticercose, na toxocaríase, na triquinose e na esquistossomose.

Nas primeiras horas após hemorragia subaracnóidea, ocorre uma reação celular com predomínio de neutrófilos, algumas células plasmocitárias e, raramente, eosinófilos. Após 24 a 48 horas, surgem os macrófagos.

Durante a análise microscópica pode ser observada, também, a presença de células oriundas de tumores primários ou metastáticos do sistema nervoso central. Cabe lembrar a importância do exame citológico nas meningopatias leucêmicas (mais frequentes na leucemia linfoblástica aguda), tanto no diagnóstico como no acompanhamento do tratamento.

LÍQUIDO PLEURAL

O líquido pleural é um filtrado plasmático produzido continuamente pela pleura parietal. Quando ocorre acúmulo de líquido, é denominado derrame pleural, que é o resultado do desequilíbrio entre a produção e a reabsorção do líquido.

O derrame pleural não é uma doença, mas sim a manifestação de outras doenças. Se não tratado adequadamente, pode levar o paciente a dispneia (falta grave de ar) ou até mesmo à morte.

Exame físico

O líquido pleural normal tem aspecto límpido e cor amarelo-pálida. Apresenta-se hemorrágico, em processos traumáticos e no hemotórax; turvo, nos processos inflamatórios; ou leitoso, nos derrames quilosos (obstrução do canal torácico) ou pseudoquilosos (derrames crônicos).

Bioquímica

Glicose. São considerados normais níveis semelhantes aos plasmáticos. Valores considerados diminuídos, <60 mg/dL, ou quando a relação da glicose líquido/glicemia for <0,5, são encontrados em caso de empiemas, neoplasias, tuberculose, lúpus, doenças reumáticas e na ruptura de esôfago.

Proteínas. A concentração das proteínas séricas é um dos fatores que norteiam a classificação dos líquidos orgânicos em exsudatos e transudatos. Os *transudatos* são derrames causados por fatores mecânicos que influenciam a formação e/ou a reabsorção, como, por exemplo, a diminuição da pressão oncótica ou o aumento da pressão venosa, como na cirrose hepática, na síndrome nefrótica e na insuficiência cardíaca congestiva. Cursam com níveis de proteína 50% menores que os plasmáticos. Os *exsudatos* são derrames causados por lesão do revestimento mesotelial, com aumento da permeabilidade capilar ou diminuição da reabsorção linfática, como nas infecções bacterianas, neoplasias e doenças do colágeno. Cursam com níveis de proteínas 50% maiores que os plasmáticos.

Outras dosagens. *Amilase:* elevada na pancreatite, no pseudocisto de pâncreas, na ruptura de esôfago e em alguns casos de neoplasias e derrames malignos. *Lactato-desidrogenase:* é um dos parâmetros para diagnóstico diferencial entre exsudatos e transudatos. Os níveis de LDH são sempre analisados em relação aos valores séricos (líquido pleural/soro), obtendo-se um índice que é >0,6 nos exsudatos e <0,6 nos transudatos. A presença de níveis diminuídos de LDH durante a evolução dos processos inflamatórios indica uma boa evolução e um bom prognóstico. Em contrapartida, níveis aumentados indicam uma evolução inadequada e sugerem a mudança para uma conduta terapêutica mais agressiva. Está elevada em algumas neoplasias, na pleurite reumatoide e nos derrames parapneumônicos complicados com empiema. *Adenosina-deaminase:* elevada nos derrames pleurais tuberculosos.

Citologia

O líquido pleural é límpido, inodoro, amarelo-pálido e não coagula. Apresenta-se hemorrágico nos processos traumáticos e malignos e no infarto pulmonar. Entretanto, pode também acontecer em um acidente durante a punção, sendo o diagnóstico diferencial feito pela presença de pequenos coágulos e pela característica de ir clareando com a drenagem continuada. Pode aparecer também em outras situações, como traumatismos, distúrbios da coagulação e escape de aneurisma aórtico. Na realização do hematócrito, apresentará um valor próximo a 50% do sangue periférico no caso de hemotórax. Já nos processos metabólicos, o líquido pleural é claro e tem cor amarelo-pálida.

Grandes volumes (>350 mL) sugerem processos malignos, uremia e processos inflamatórios ligados à AIDS. A contagem global de células tem valor limitado no auxílio do diagnóstico diferencial dos derrames pleurais. Valores >1.000 células podem ser encontrados nos *exsudatos*.

O predomínio de neutrófilos acontece em 90% dos casos de pneumonia, infarto do miocárdio e pancreatite. Apenas 10% dos *transudatos* apresentam predomínio de polimorfonucleares. O predomínio de linfócitos ocorre nas inflamações crônicas, na tuberculose, no lúpus eritematoso sistêmico, no linfoma, na uremia e na artrite reumatoide. A eosinofilia acontece em processos inespecíficos, como pneumotórax, traumatismos, derrames pós-operatórios, infarto pulmonar e insuficiência cardíaca congestiva. Aparece, também, em doenças parasitárias, infecções por fungos e síndromes de hipersensibilidade.

LÍQUIDO ASCÍTICO

A presença de mais de 50 mL de líquido ascítico na cavidade abdominal já é patológica, podendo ocorrer por doenças que envolvam, primariamente ou não, o peritônio. Sua coleta é feita por punção abdominal no quadrante inferior esquerdo, onde as alças intestinais têm mais mobilidade, o que diminui os riscos de acidentes.

É um filtrado do plasma que se forma por aumento da pressão hidrostática capilar ou diminuição da pressão oncótica do plasma (transudatos) e por aumento da permeabilidade capilar ou diminuição da reabsorção (exsudatos). A presença de transudatos e exsudatos ocorre nas seguintes situações:

Transudatos	Exsudatos
Insuficiência cardíaca congestiva	Tuberculose
Cirrose hepática	Neoplasias primárias
Pericardites	Neoplasias metastáticas
Hipoalbuminemia	Pancreatites
Síndrome nefrótica	Carcinoma de pâncreas e ovário
Obstrução de veia hepática	Esquistossomose

Exame físico

Aspecto. *Exsudatos:* turvos e purulentos. *Transudatos:* límpidos, serosos, hemorrágicos (processos malignos, tuberculose e pancreatite aguda), serofibronosos (tuberculose), brilhantes (processos crônicos) e lactescentes (obstruções linfáticas).

Cor. O líquido ascítico normal tem cor amarelo-palha. Encontra-se amarelo turvo ou alaranjado quando hemorrágico, amarelo-ouro nas icterícias e esverdeado em perfuração da vesícula biliar, colecistite e perfuração intestinal.

Densidade. *Transudatos:* <1,016. *Exsudatos:* >1,016.

Bioquímica

Proteínas. A concentração de proteína é um dos fatores que norteiam a classificação dos líquidos orgânicos em exsudatos e transudatos. O teor de proteínas é influenciado de modo importante por alterações do líquido extracelular e dos mecanismos de formação e reabsorção, o que prejudica sua utilização como único parâmetro para classificação em transudatos e exsudatos.

Glicose. Em níveis semelhantes aos do plasma, estando <60 mg/dL na tuberculose e na carcinomatose peritoneal. Níveis elevados podem ser encontrados no diabetes descompensado.

Amilase. Níveis aumentados podem ser encontrados nas úlceras pépticas perfuradas, na obstrução intestinal, nas pancreatites, na trombose mesentérica e na necrose de alças intestinais. A relação da amilase do líquido ascítico com a amilase no soro >2 é característica de lesões pancreáticas, pancreatite, pseudocisto de pâncreas e lesões traumáticas. A presença de úlcera péptica perfurada, perfuração intestinal, trombose mesentérica e necrose de alças intestinais também pode produzir níveis elevados.

Lactato-desidrogenase (DHL). Seus níveis são sempre analisados em relação aos níveis séricos. Os exsudatos têm uma relação líquido ascítico/soro >0,6 e os transudatos <0,6. Níveis muito elevados são encontrados em neoplasias.

Outras dosagens. *Mucoproteínas:* níveis elevados na tuberculose e na carcinomatose peritoneal e diminuídos na cirrose hepática. *Triglicerídeos:* níveis superiores aos plasmáticos são encontrados nas ascites quilosas. *Leucinoaminopeptidase:* muito elevada em neoplasias.

LÍQUIDO SINOVIAL

O líquido sinovial é um ultrafiltrado do plasma acrescido de substâncias sintetizadas pela própria sinóvia. Mantém a integridade e age como um lubrificante e nutriente para a cartilagem articular.

O líquido sinovial normal, de cor transparente ou amarelo-pálida, é encontrado em pequenas quantidades nas articulações, nas bursas e nas bainhas dos tendões. Para obtenção do líquido a ser analisado, uma agulha esterilizada será inserida no espaço articular. No laboratório, são analisados fatores como cor, transparência e quantidade do líquido, entre outros. O exame é realizado com uso de microscópio, em busca de elementos formados (como as células) e de bactérias, além de análise química.

A artrocentese deve ser realizada com anestesia local, tomando-se a precaução de não injetar o anestésico intra-articular e de realizar uma rigorosa assepsia antes da punção. O material coletado deve ser distribuído em frascos: com heparina, para exames físico, bioquímico e imunológico, e com EDTA, para citologia global. As lâminas para citologia específica devem ser preparadas no momento da coleta e secas à temperatura ambiente, e um frasco estéril deve ser empregado na coleta para análise microbiológica. O exame deve ser realizado logo após a coleta, para não prejudicar a qualidade da análise, especialmente da dosagem da glicose.

Exame físico

Aspecto. O aspecto normal é cristalino. A turvação é referida em cruzes (1 a 4+) e acontece na hipercelularidade ou por presença de cristais ou de fibrina. O líquido leitoso ou pseudoquiloso pode aparecer na artrite por bacilo de Koch (tuberculose), na artrite reumática crônica ou gotosa aguda, ou ainda, mais raramente, no lúpus eritematoso sistêmico. O líquido sinovial purulento aparece na artrite séptica aguda.

Cor. A cor normal é transparente, incolor ou amarelo-pálida. O líquido sinovial esverdeado pode ser encontrado em associação com a artrite séptica por *Haemophilus influenzae*, na artrite reumática crônica e na gota aguda. Cor avermelhada ocorre por hemartrose verdadeira em fraturas, tumores, traumatismos externos ou punção, na hemofilia e, às vezes, na artrite séptica e na artrite reumatoide.

Viscosidade. A viscosidade é um dos parâmetros mais importantes do estado físico. O líquido normal possui alta viscosidade, a qual depende diretamente da concentração do ácido hialurônico. Diminuições da viscosidade são encontradas em processos inflamatórios (sendo a alteração proporcional à intensidade do processo), como nas artrites reumatoide, gotosa e séptica.

Bioquímica

Glicose. Níveis semelhantes aos do plasma. Nos processos inflamatórios, a diferença pode chegar a 40 mg/dL. Quanto maior a diferença, maior o processo inflamatório.

Proteínas. Níveis inferiores aos do sangue, variando de 1,2 a 2,5 g/dL. Encontram-se elevadas nas artropatias inflamatórias e nas artrites séptica e reumática.

Mucina. O teste consiste na adição de ácido acético e na observação da formação ou não do coágulo de mucina. A formação de um coágulo de mucina firme e compacto revela um grau de viscosidade normal. Já a formação de um coágulo entre regular e fraco, em fragmentos dispersos e em uma solução turva, reflete diluição e despolimerização do ácido hialurônico, ou seja, uma alteração da viscosidade, que é uma característica inespecífica de várias artrites inflamatórias.

Citologia

O líquido sinovial normal não apresenta hemácias e encontram-se, no máximo, 200 leucócitos por mm³. O diferencial de leucócitos apresenta 20% de polimorfonucleares e os outros 80% de mononucleares: monócitos, linfócitos e histiócitos. Valores aumentados de polimorfonucleares (>50%) podem ser encontrados nas artrites sépticas, na gota e na artrite reumatoide. O predomínio de linfócitos pode ser observado na artrite reumatoide.

Pesquisa de cristais. Os cristais de urato monossódico (gota), pirofosfato de cálcio (condrocalcinose), hidroxiapatita (sinovite cristal-induzida) e colesterol (artrite reumatoide) podem ser encontrados pela pesquisa à microscopia de luz polarizada.

Bibliografia consultada

CABRAL, D.B.C.; BEZERRA, P.C.; MIRANDA FILHO, D.B.; MENDIZABAL, M.F.M.A. Importância do exame do liquor de controle em meningite bacteriana como critério de alta. **Rev. Soc. Bras. Med. Trop., 41(2)**:189-92, 2008.

CALBREATH, D.F.; CIULLA, A.P. **Clinical chemistry**. 2 ed. Philadelphia: Saunders, 1991. 468p.

Manual Merck de informação médica. Disponível em: http://www.msd-brazil.com/msdbrazil/patients/manual_Merck/. Acessado em: 31 de março de 2009.

MARSHALL, W.J. **Clinical chemistry: metabolic and clinical aspects.** London: Churchill Livingstone, 1995. 854p.

Anexos

Anexo 1 Massas atômicas
Anexo 2 Quantidades e fatores de conversão de alguns analitos recomendados pela IFCC e IUPAC e aprovados pela OMS

Anexo 1 Massas atômicas

Nome	Número atômico	Símbolo	Massa atômica	Número de oxidação
Alumínio	13	Al	26,98	+3
Antimônio	51	Sb	121,8	+3, +5, −3
Argônio	18	Ar	39,95	0
Arsênio	33	As	74,92	+3, +5, −3
Bário	56	Ba	137,3	+2
Berílio	4	Be	9,012	+2
Bismuto	83	Bi	209,0	+3, +5
Boro	5	B	10,81	+3
Bromo	35	Br	79,91	+1, +5, −1
Cádmio	48	Cd	112,4	+2
Cálcio	20	Ca	40,08	+2
Carbono	6	C	12,01	+2, +4, −4
Césio	55	Cs	132,9	+1
Chumbo	82	Pb	207,2	+2, +4
Cloro	17	Cl	35,45	+1, +5, +7, −1
Cobalto	27	Co	58,93	+2, +3
Cobre	29	Cu	63,54	+1, +2
Cromo	24	Cr	52,00	+2, +3, +6
Enxofre	16	S	32,06	+4, +6, −2
Estrôncio	38	Sr	87,62	+2

Nome	Número atômico	Símbolo	Massa atômica	Número de oxidação
Ferro	26	Fe	55,85	+2, +3
Flúor	9	F	19,00	−1
Fósforo	15	P	30,97	+3, +5, −3
Hélio	2	He	4,003	0
Hidrogênio	1	H	1,008	+1, −1
Iodo	53	I	126,9	+1, +5, +7, −1
Lítio	3	Li	6,939	+1
Magnésio	12	Mg	24,31	+2
Manganês	25	Mn	54,94	+2, +3, +4, +7
Mercúrio	80	Hg	200,6	+1, +2
Neônio	10	Ne	20,18	0
Níquel	28	Ni	58,71	+2, +3
Nitrogênio	7	N	14,01	+1, +2, +3, +4
Ouro	79	Au	197,0	+1, +3
Oxigênio	8	O	16,0	−2
Paládio	46	Pd	106,4	+2, +4
Platina	78	Pt	195,1	+2, +4
Potássio	19	K	39,10	+1
Prata	47	Ag	107,9	+1
Selênio	34	Se	78,96	+4, +6, −2
Silício	14	Si	28,09	+2, +4, −4
Sódio	1	Na	22,99	+1
Telúrio	52	Te	127,6	+4, +6, −2
Titânio	22	Ti	47,90	+2, +3, +4
Tungstênio	74	W	183,8	+6
Urânio	92	U	238,0	+3, +4, +5, +6
Vanádio	23	V	50,94	+2, +3, +4, +5
Xenônio	54	Xe	131,3	0
Zinco	30	Zn	63,31	+2

Anexos

Anexo 2 Quantidades e fatores de conversão de alguns analitos recomendados pela IFCC e IUPAC e aprovados pela OMS

Abreviações para a descrição do sistema:
- a = arterial
- P = plasma
- B = sangue total
- S = soro
- d = 24 horas
- U = urina

Abreviações para os nomes das quantidades:
- ams = quantidade de substância
- massc. = concentração de massa
- substc. = concentração de substância
- Ar = massa atômica relativa
- Mr = massa molecular relativa

Sistema	Componente e quantidade	Unidades convencionais	Fator: "antiga" → "nova"	Unidades recomendadas	Mr ou Ar
dU	Acetona, **ams**	mg/dL	17,22	µmol/d	58,0798
dU	Adrenalina, **ams**	µg/dL	5,458	nmol/d	183,207
P, S	Albumina, **massc.**	g/dL	10	g/L	69.000
	substc.	g/dL	144,9	µmol/L	69.000
dU	Aldosterona, **ams**	µg/d	2,774	nmol/d	360,449
P, S	Amônio,[1] **substc.**	µg/dL	0,587	µmol/L	NH3 = 17,03
dU	Amônio,[1] **ams**	mg/d	0,0587	mmol/d	NH3 = 17,03
P, S	Bilirrubinas,[2] **[Total], substc.**	mg/dL	17,1	µmol/L	584,671
P, S	**Ca:** Cálcio (II), **substc.**	mEq/L	0,5	µmol/L	40,08
		mg/dL	0,2495	µmol/L	40,08
dU	**Ca:** Cálcio (II), **substc.**	mEq/d	0,5	mmol/L	40,08
P, S	Carbonato[3] + dióxido de carbono, **substc. ["CO$_2$ Total"]**	mEq/L	1	mmol/L	
		Vol%	0,4492	mmol/L	
dU	17 – cetosteroides & esteroides cetogênicos, **ams**	mg/d	3,467	µmol/d	
P, S	Cl: Cloretos, **substc.**	mEq/L	1	mmol/L	35,453
		mg/dL	0,2821	mmol/L	35,453
dU	Cl: Cloretos, **ams**	mEq/d	1	mmol/d	35,453
		g/d	0,2821	mmol/d	35,453
P, S	Colesteróis,[4] **substc.**	mg/dL	0,02586	mmol/L	386,66
P, S	Corticosteroides, **substc.**	µg/dL	0,02759	µmol/L	
P	Corticotrofina, **substc. ["ACTH"]**	ng/L	0,2202	pmol/L	4541,14
S	Cortisona, **substc.**	µg/dL	0,02774	µmol/L	360,449
P	Creatina, **substc.**	mg/dL	76,26	µmol/L	131,134
dU	Creatina, **ams**	mg/d	7,626	µmol/d	131,34
P, S	Creatinina,[5] **substc.**	mg/dL	88,4	µmol/L	113,119
dU	Creatinina,[5] **ams**	mg/d	0,00884	mmol/d	113,119
Gás (aB equil)	Dióxido de carbono, **pressão parcial (37°C)["PCO$_2$"]**	mmHg	0,1333	KPa	
S	11-Desoxicorticosteroides, **substc.**	µg/dL	0,03026	µmol/L	
dU	Estradiol, **ams**	µg	3,671	nmol/d	372,386

Sistema	Componente e quantidade	Unidades convencionais	Fator: "antiga" → "nova"	Unidades recomendadas	Mr ou Ar
dU	Estriol, ams	µg	3,468	nmol/d	288,386
dU	Estrona, ams	µg	3,699	nmol/d	270,371
P, S	Fe: Ferro (III), substc.	µg/dL	0,1791	µmol/L	55,847
P	Fibrinogênio (340.000) massc. substc.	mg/dL mg/dL	0,01 0,02941	g/L µmol/L	≅ 340.000 ≅ 340.000
P, S	Fosfato (P inorgânico), substc.	mg/dL	0,3229	mmol/L	P = 30,9738
dU	Fosfato (P inorgânico), ams	mg/d	0,03229	mmol/d	P = 30,9738
P, S	Fosfolipídios,[6] substc.	g/L	1,292	mmol/L	774
P, S	Glicose, substc.	mg/dL	0,05551	mmol/L	180,157
dU	Glicose, ams	g/d	5,551	mmol/d	180,157
dU	17-Hidroxicorticosteroides, ams	mg/d	2,759	µmol/d	
dU	4-Hidróxi-3-metoximan-delato, mas ["VMA"]	mg	5,046	µmol/d	198,157
P, S	I: Iodeto "PBI"	µg/dL	78,8	nmol/L	126,904
S	Imunoglobulinas, massc.	mg/mL mg/dL	1 0,01	g/L g/L	
P, S	K: Íon potássio, substc.	mEq/L mg/dL	1 0,2558	nmol/L nmol/L	39,098 39,098
dU	K: Íon potássio, ams	mEq/L	1	nmol/d	39,098
P, S	Li: Íon lítio, substc.	mEq/L mg/dL	1 1,441	nmol/L nmol/L	6,941 6,941
P, S	Lipídio (total), massc.	mg/dL	0,01	g/L	
S	Lipoproteínas, massc.	mg/dL	0,01	g/L	
P, S	Mg: Magnésio (II), substc.	mEq/L	0,5	mmol/L	24,305
dU	Mg: Magnésio (II), ams	mEq/d mg/d	0,5 0,04114	mmol/d mmol/d	24,305 24,305
P, S	Na: Íon sódio, substc.	mEq/L mg/dL	1 0,435	mmol/L mmol/L	22,9898 22,9898
dU	Na: Íon sódio, ams	mEq/d g/d	1 43,5	mmol/d mmol/d	22,9898 22,9898
Gás (aB equil)	O_2: Oxigênio. Pressão parcial (37°C) ["pO_2"]	mmHg	0,1333	KPa	
dU	Pregnandiol, ams	mg/d	3,120	µmol/d	320,514
dU	Pregnandiol, ams	mg/d	2,912	µmol/d	336,519
S	Progesterona, substc.	µg/dL µg/L	31,80 3,18	nmol/L nmol/L	314,467 314,467
P, S	Proteína, massc.	g/dL	10	g/L	
dU	Testosterona, ams	µg/d	3,467	nmol/d	288,429
P, S	Tiroxina, subst. ["T4"]	µg/dL	12,87	nmol/L	776,874
P, S	Triglicerídeos, substc.	mg/dL	0,01129	nmol/L	885,445

Sistema	Componente e quantidade	Unidades convencionais	Fator: "antiga" → "nova"	Unidades recomendadas	Mr ou Ar
P	Tri-iodotironina, **substc.**	ng/dL	0,01536	nmol/L	650,976
P, S	Urato, **substc. ["Ácido úrico"]**	mg/dL	59,48	µmol/d	168,112
dU	Urato, **ams**[3] ["Ácido úrico"]	mg/d	0,005948	mmol/d	168,112
P, S	Ureia, **substc.**	mg/dL	0,1665	nmol/L	60,0554
dU	Ureia, **ams**	g/d	16,65	mmol/d	60,0554
dU	Urobilinogênio, **ams**	mg/d	1,687	µmol/d	592,7338

[1] Inclui amônia + íon amônio.
[2] A forma no plural indica bilirrubina + derivados (ésteres, conjugados).
[3] "Carbonato" inclui carbonatos, hidrogenocarbonatos e ácido carbônico, mas não o dióxido de carbono.
[4] A forma no plural indica colesterol + ésteres do colesterol.
[5] Inclui creatinina + íon creatinínio.
[6] O valor para Mr = 774 é a "média".

Bibliografia consultada

The SI for the health professions. Genebra, WHO, 1977: 52-70.

Índice Remissivo

A

Abetalipoproteinemia, 135
Absorvância, 16
- medida, 17
Acetaminofeno, 335
Acetil-hidrolase plaqueta-
    ativadora, 136
Ácido
- 5-hidróxi-indolacético (5-HIAA),
    309
- ascórbico, 350
- fólico, 349
- fólico, deficiência, 196
- homovanílico, 286, 287
- pantotênico, 350
- úrico, 234
- - determinação, 239
- valproico, 322
- vanilmandélico (VMA), 285, 287
Acidose, 171
- lática, 185
- metabólica, 173, 184
- - acúmulo de íons orgânicos, 173
- - compensação, 185
- - consequências, 186
- respiratória, 189
- - compensação, 189
- - consequências, 190
- - diagnóstico laboratorial, 190
- tubular renal, 262
Acidúria homogentísica, 85
Acilcolesterol-aciltransferase
    (ACAT), 127

Acreditação de laboratórios no
    controle de qualidade, 27
Acromegalia, 269
Adenoma tóxico, 281
Adrenalina, 285
Água, 176-180
- deficiência, 178, 179
- distribuição interna, 176
- distribuição intracelular-
    extracelular, 178
- excesso, 180
- excreção, 177
- ingestão, 177
- osmolalidade, 176
- pressão osmótica coloidal, 177
- reagente, 9
- - contaminação bacteriana, 12
- - controle de qualidade, 11
- - determinação do pH, 11
- - especificações, 9
- - pH, determinação, 11
- - processos de purificação, 10
- - recipientes para depósito, 11
- - resistividade, determinação, 11
- - sílica solúvel, como SiO_2,
    determinação, 12
- - substâncias orgânicas,
    determinação, 12
- - tipos, 9
Albinismo, 86
Albumina, 69-72
- degradação, 69
- hiperalbuminemia, 69

- hipoalbuminemia, 70
- hipocalcemia, 148
- regulação osmótica, 69
- sérica, determinação, 71
- síntese, 69
- transporte e armazenamento, 69
Albuminúria, 72
Álcalis, ingestão excessiva, 188
Alcalose, 169
- metabólica, 173, 186
- - compensação, 188
- - consequências, 189
- respiratória, 190
- - compensação, 191
- - consequências, 191
- - diagnóstico laboratorial, 191
Alcaptonúria, 85
Aldolase, 110
Aldosterona, 168, 291
- determinação, 292
Alfa-1-antitripsina (AAT), 73
Alfa-1-fetoproteína (AFP), 74
Alfa-1-glicoproteína ácida (AGPA),
    74
Alfa-1-lipoproteína, 75
Alfa-2-macroglobulina (AMG), 75
Alfa-amilase, 44
Alfa-fetoproteína (AFP), 313
Alfa-naftolmonofosfato, 97
$Alfa_2$-macroglobulina, 68
Alucinógenos, 334
Alumínio, 335
Amido, 43

Amilase, 91
- determinação, 93
- hiperamilasemia, 91
- urinária, 92
Amiloidose, 260
Amilopectina, 43
Amilose, 43
Aminas simpatomiméticas, 333
Amineptina, 324
Aminoacidopatias, 83
- albinismo, 86
- alcaptonúria, 85
- cistinose, 84
- cistinúria, 84
- doença urinária em xarope de bordo, 85
- hiperfenilalaninemias, 83
- homocistinúria, 85
- síndrome de Hartnup, 85
- tirosinemia, 84
Aminoácidos, 63
- má absorção, 309
Aminoacidúrias, 85
Aminotransferases, 100
- aumentos, 100
Amitriptiliam, 324
Amônia, 218
- determinação, 219
Amostras
- sangue, 29
AMP-cíclico (AMPc), 303
Analbuminemia, 71
Androgênios, 294
Androstenediona, 297
Anemias, 195
- aguda pós-hemorrágica, 197
- aplástica, 196
- carência de ferro, 196
- crônica pós-hemorrágica, 197
- doenças crônicas, 197
- ferropênica, 196, 200
- hemolíticas, 197, 201, 204
- - adquiridas, 197
- - hereditárias, 197
- induzida por fármacos antineoplásicos, 197
- insuficiência renal crônica, 196
- megaloblástica, 196
- - lactato-desidrogenase, 104
- sideroblástica, 196
Ânions indeterminados, 175, 182
Anorexina V, 113
Anticonvulsivantes, 319
- deficiência de vitamina D, 147
Anticorpos antitireoidianos, 284

Antidepressivos, 323
- tricíclicos, 323
Antidiuréticos, 180
Antiepilépticos, 319
Antígenos
- CA 15.3, 315
- CA 19.9, 316
- CA 27.29, 316
- CA 72.4, 316
- CA-125, 316
- CA50, 316
- carcinoembrionário (CEA), 315
- MCA, 317
- prostático específico (PSA), 312
- tumoral da bexiga (BTA), 315
Apolipoproteínas (Apo), 127
- (a), 127
- A, 127
- AI, 134
- avaliação, 134
- B, 127
- B, 134
- C, 127
- E, 127
Apolipoproteínas, 115
Apoproteínas, 64
Arsênico, 335
Ascite, albumina, 70
Aterogênese, 130
Aterosclerose, 118
Atividade física, 39
Átomo-grama (atg), 6

B
Balanço do magnésio, 155
Barbitúricos, 334
Benzeno, 340
Benzodiazepínicos, 330
Beta-2-adrenérgicos, 169
Beta-2-microglobulina (BMG), 77, 318
Beta-glicerofosfato, 97
Beta-lipoproteína, 76
Bicarbonato, perda gastrointestinal, 173
Bilirrubina, 212
- determinação, 216
- exame de urina, 249
Biotina, 350
Bisalbuminemia, 71
Biureto, 66
Bócio, 279
- difuso tóxico, 280
- hipertireóideos, 279
- hipotireóideos, 279

- multinodular tóxico, (BMNT), 281
- nodular tóxico, 280
Boro, 336
Broncodilatadores, 322

C
C-erbB-2, 317
CA 15.3, 315
CA 19.9, 316
CA 72.4 (TAG 72), 316
CA-125, 316
CA27.29, 316
CA50, 316
Cádmio, 336
Cálcio, 140-150
- complexado, 141
- esqueleto, 141
- extracelular, 141
- hipercalcemia, 143
- hipocalcemia, 145
- intracelular, 140
- ligado a proteínas plasmáticas, 141
- livre (ionizado), 141
- metabolismo, controle, 141
- receptor sensor, 143
- total, determinação, 149
- urinário, 149
Calcitonina, 141, 142, 284, 314
Calcitriol (vitamina D3), 143, 344
Cálculos urinários, 257
Câncer prostático, 103
- antígeno prostático específico, 312
- novos marcadores, 312
- terapia por radiação, 312
Capacidade de ligação de ferro à transferrina (TIBC), 200, 201
Carbamazepina, 321
Carboidratos, 43
Carbonato de lítio, 323
Carbóxi-hemoglobina (HbCO), 206
Carcinoides, 308
Catecolaminas, 285, 286
Catepsina D, 317
Células sanguíneas, 195
- exame de urina, 253
Ceruloplasmina (CER), 75
Cetoacidose diabética (CAD), 52
- acidose metabólica, 184
- hipermagnesemia, 156
- hiperpotassemia, 171
Cetonas, 249
Choque, lactato-desidrogenase, 104

Índice Remissivo

Chumbo, 336
- envenenamento, 201
Cianeto, 333
Cianocobalamina, 349
Ciclo menstrual, redução do ferro sérico, 200
Cilindrúria, 254
- cilindros
- - células epiteliais, 255
- - céreos, 255
- - granulosos, 255
- - graxos, 256
- - hemáticos, 255
- - hialinos, 255
- - leucocitários, 255
Cirrose, 100, 225
Cistina, 258
Cistinose, 84
Cistinúria, 84, 85
Cistite, 264
CK-MB, 111
Clomipramina, 324
Cloretos, 172
- ânions indeterminados, 175
- determinação, 174
- hipercloremia, 173
- hipocloremia, 173
- suor, 174
- urinário, 174
Cobalto, 336
Cobre, 336
- deficiência, 337
- doença hepática, 225
Cocaína, 329
Codeína, 329
Colecalciferol, 344
Colestases intra-hepáticas, 215
Colesterol
- HDL, 124
- LDL, 124
- ligado à LDL (LDL-C), 124
- não HDL, 124
- total, 116
- - HDL-C, relação, 125
- - LDL-C/HDL-C, relação, 125
Colinesterase, 110
Coloide, 5
Complemento
- fração C3, 77
- fração C4, 76
Comprimento, unidades, 2, 3
Concentração
- das soluções, 5
- - molalidade, 8
- - molaridade, 6

- - normalidade, 7
- - partes por milhão (ppm), 8
- - percentuais, 5
- dos gases, 3
Contaminação bacteriana da água reagente, 12
Controle de qualidade, ver Qualidade, controle (gestão)
Coproporfiria, 353, 356
Cor da urina, 244
Córtex suprarrenal, 288
Cortisol, 288
- livre urinário (CLU), 290
Crack, 329
Creatinina, 231
- determinação, 232
- endógena, depuração, 233
- hipercreatinemia, 231
Creatinoquinase, 106
- correlação clínica, 107
- determinação, 108
- isoenzimas, 107
Crianças, coleta
- sangue, 32
- urina, 34
Crioglobulinemia mista essencial, 260
Cristalúria, 256
Cromatografia líquida de alta resolução (HPLC), 205
Cromo, 337
Cromogranina A, 317
CTRF, 174
CYFRA 21.1, 317

D
Darvon, 334
Decilitro, 3
Deficiência
- 11-beta-hidroxisteroide-desidrogenase, 187
- ácido fólico, 196
- água, 178, 179
- alfa-1-antitripsina (AAT), 226
- cobre, 337
- enzimáticas da suprarrenal, 292
- insulínica, 171
- mineralocorticoides, 171
- vitamina
- - B12, 196
- - D, 146
Degeneração hepatolenticular, 76, 225, 337
Degradação da albumina, 69
Deidroepiandrosterona (DHEA), 294

Depleção
- água, 178, 179
- - predominantemente pura, 179
- secreta de potássio, 187
Depressão, hipotireoidismo, 281
Depuração da creatinina endógena (DCE), 233
Dermatomiosite, 101
Desidratação, 65, 178
- hipertônica, 179
- hipotônica, 179
- isotônica, 179
Desordem
- mieloproliferativas, 238
- tubular renal, 147
Desóxi-hemoglobina (HHb), 206
Dexametasona, teste de supressão, 291
Diabetes melito, 45
- complicações, 52
- - cetoacidose diabética, 52
- - doença renal, 57
- - erros inatos do metabolismo, 60
- - estado hiperglicêmico hiperosmolar, 54
- - frutosamina, 60
- - hemoglobina glicada, 58
- - hipoglicemia, 54
- - lactato, 56
- - microalbuminúria, 58
- consequências metabólicas, 51
- defeitos genéticos, 47
- determinação da glicose, 49
- diagnóstico, 47
- doenças do pâncreas exócrino, 47
- endocrinopatias e a produção excessiva de antagonistas da insulina, 47
- gestacional, 47
- - diagnóstico, 48
- glicosúria, 50
- hipotireoidismo, 281
- induzido por fármacos ou agentes químicos, 47
- infecções, 47
- lipoproteínas, 132
- síndromes genéticas, 47
- tipo 1, 46
- tipo 2, 46
- triglicerídeos, 121
Dietas, 38
Digoxina, 324
1,25-di-hidroxicolecalciferol (DHCC), 143
Diluições, 8

374   Índice Remissivo

Disfunção
- hepatocelular, 215
- plaquetária, 198
Dissacarídeos, 43
- má absorção, 309
Distrofia muscular progressiva, 105
- creatinoquinase, 107
- transaminases, 101
Distúrbios
- ácido-bases, 52
- - compensação, 184
- equilíbrio ácido-base, 181-194
- - acidose
- - - metabólica 184
- - - respiratória, 189
- - alcalose
- - - metabólica, 186
- - - respiratória, 190
- - ânios indeterminados (AI), 182
- - anormalidades da PaO_2, 193
- - avaliação, 192, 194
- - detrminação do pH e dos gases no sangue, 194
- - diagnóstico laboratorial, 188
- - equação de Henderson-Hasselbalch, 181
- - homeostase dos íons hidrogênio, 181
- - interpretação dos resultados da análise dos gases e do pH, 192
- - tamponamento dos íons hidrogênio, 182
- - transtornos do equilíbrio ácido-base, 183
- - transtornos mistos, 191
- intra-abdominais agudos, 94
- metabolismo
- - lipídico, 51
- - proteico, 51
Doenças
- Addison, 289
- armazenamento de glicogênio, 60
- arterial coronária, 131
- celíaca, 309
- endócrinas, hipercalcemia, 144
- Franklin (cadeia pesada), 81
- glomerulares, 66, 259
- Graves, 280
- hepáticas, 220
- - relacioadas ao álcool, 102
- hepatobiliar, 96, 100
- hepatocelular, 147
- Paget, 96, 159
- pancreática, 147

- renais, 57, 258
- - cistite, 264
- - crônica, 263
- - glomerulonefrites, 259
- - insuficiência renal, 261, 262
- - síndrome
- - - nefrítica, 261
- - - nefrótica, 260
- - - urêmica, 264
- - tubulointersticiais, 262
- - vasculopatia renal, 258
- Tangier, 135
- tubo digestório, 307
- urinária em xarope de bordo, 85
- Wilson, 225, 337
Dolofina, 334
Dopamina, 163, 285, 286

E
Eclâmpsia, 238
Eletroforese de hemoglobinas, 204
Eletrólitos, 161
Embolia pulmonar
- lactato-desidrogenase, 105
- transaminases, 101
Emulsão, 5
Encefalopatia hepática (ou portossistêmica), 218
Endocrinologia, 268
Energia, 3
Enfermidades
- monoclonais, 65
- policlonais, 65
Enolase neurônio-específica (NSE), 313
Envenenamento pelo chumbo, 201
Enzimas, 63, 89-113
- aumento na liberação para o plasma, 90
- celulares, 89
- do plasma, redução da remoção na insuficiência, 90
- envolvidas no transporte lipídico, 127
- fenilalanina-hidroxilase, 83
- plasma-específicas, 89
- secretadas, 89
Epinefrina, 285
Equação de Henderson-Hasselbalch, 13, 181
Equivalente-grama, 7
- ácidos, 7
- bases, 7
- de um elemento, 7
Ergocalciferol, 344
Eritrócitos, 195

Eritrocitoses, 197
Eritropoetina, 203
Erros inatos do metabolismo, 60, 83
Escala de pH, 12
Espaço de Bowman, 242
Estado hiperglicêmico hiperosmolar, 54
Esteatose hepática, 103
Estenose da artéria renal, 187
Esteroides
- adrenais, 141, 143
- na gravidez, 301
Estimulantes do SNC, 333
Estradiol, 297
Estresse, hipoalbuminemia, 70
Estriol, 298
Estrogênios, 294, 297
Etanol, 328
Etilenoglicol, 331
Etossuximida, 321
Exame de urina, 243
- aspecto, 245
- bilirrubina, 249
- cálculos urinários, 258
- cetonas, 249
- coleta da urina, 244
- controle interno de qualidade, 256
- cor, 244
- critérios para as quantidades arbitradas, 253
- - células epiteliais, 253
- - cilindrúria, 254
- - cristalúria, 256
- - hematúria, 254
- - leucocitúria, 253
- - muco, 256
- densidade, 245
- glicose, 248
- hematúria, 250
- hemoglobinúria, 250
- leucócito-esterase, 251
- mioglobinúria, 250
- nitrito, 251
- proteínas, 247
- sedimentoscopia, 252
- tiras reagentes, 244
- urobilinogênio, 249
Excesso de água, 180
Excreção de água, 177

F
Fármacos, monitoração, 319-326
- antiarrítmicos, 325
- anticonvulsivantes, 319
- antidepressivos, 323

Índice Remissivo

- broncodilatadores, 322
- cardiotônicos, 324
Fatores
- ativador dos osteoclastos, 141
- conversão, 367
Fenciclidina (PCP), 334
Fenilcetonúria (PKU), 83
Fenitoína, 320
Fenobarbital, 320
Feocromocitoma, 286
Ferritina, 199, 202
Ferro, 199
- absorção, 199
- aumento, 200
- capacidade de ligação à
  transferrina (TIBC), 201
- determinação, 201
- eritropoetina, 203
- estado químico, 199
- estoques no organismo, 199
- ferritina sérica, 202
- ingestão, 199
- receptor solúvel de transferrina,
  203
- redução, 200
- transporte no organismo, 199
Fibrinogênio, 77
- risco cardiovascular, 136
Fibrose cística (mucoviscidose), 103
Fígado, 209
- atividade sintética, 209
- desintoxicação e metabolismo de
  fármacos, 210
- função excretora, 210
- ver Sistema hepatobiliar
Fluoreto, 338
Força, 3
Fórmula-grama, 6
Fosfatase
- ácida, 98
- - prostática (FAP), 314
- alcalina, 96, 144
- - determinação, 97
- - hipocalcemia, 149
- - isoenzimas, 97
Fosfato, 150
- amônio-magnésio (estruvita), 258
- cálcio, 258
- esqueleto, 151
- extracelular, 151
- intracelular, 151
- urinário, 153
Fosfolipídios oxidados, 136
Fósforo
- determinação, 153

- homeostase, 151
- sérico, hipocalcemia, 148
Fosforribosil-pirofosfato-sintetase,
  hiperatividade, 238
Fotometria, 15
- absorvância, 16
- lei
- - Beer-Lambert, 16
- - Bouguer-Lambert, 16
- medida da transmitância e da
  absorvância, 17
- transmitância, 16
Fração C3, 77
Fração C4, 76
Frutosamina, 60
Frutose, 43
Frutosúria, 61

G
Galactose, 43
Galactosemia, 60
GALE, 61
GALK, 61
GALT, 61
Gama-glutamiltranspeptidase,
  102
- aumentos na atividade, 102
- determinação, 103
Gamopatias
- monoclonais, 80
- policlonais, 80
Gasometria arterial, 33
Gastrina, 307
Gigantismo, 269
Ginecomastia, 295
Glândula tireoide, 278
- anticorpos antitireoidianos, 284
- calcitonina, 284
- córtex suprarrenal, 288
- disfunções, 279
- hormônios
- - gravidez, 299
- - pancreáticos, 304
- - sexuais, 294
- medula suprarrenal, 285
- paratireoide e metabolismo ósseo,
  301
- regulação da função, 279
- tiroxina (T4), 282
- transporte plasmático, 278
- tri-iodotironina (T3), 283
Glicogênese, 44
Glicogênio, 43
Glicogenólise, 44
Glicólise, 44

Glicose, 43, 45
- 6-fosfatase, deficiência, 238
- desidrogenase, 50
- determinação, 49
- exame de urina, 248
- oxidase, 50
Glicosúria, 50
Glicotoxicidade, 51
Globulina de ligação
- cortisol, 189
- hormônios sexuais, 294
Glomerulonefrites, 229, 259
- pós-infecciosa aguda, 261
- rapidamente progressiva, 261
Glomerulopatia
- membranoproliferativa tipos I, II
  e III, 260
- membranosa, 260
- mesangioproliferativa, 260
Glomérulos, 242
Glomerulosclerose focal
  secundária, 67, 260
Gonadotrofina coriônica humana,
  300
Gota, 132, 236
Gradiente transtubular de potássio,
  170
Gráficos de controle de qualidade
  de Levey-Jennings, 22
- desvantagens, 22
- elaboração, 22
- interpretação, 24
- vantagens, 22
Grama, 2
Gravidez
- esteroides, 301
- fosfatase alcalina, 96
- hipotireoidismo, 281
- triglicerídeos, 122

H
Haptoglobina (HAP), 75
Hematúria, 250, 254
Hemocromatose, 200, 226
Hemoglobina, 204
- A2, 205
- determinação, 198
- fetal (HBF), 205
- glicada, 58
- - determinação, 59
- instáveis, 206
- S (HbS), 207
Hemoglobinopatias, 204
Hemoglobinúria, 250
Hemopexina (Hx, Hpx), 76

Hemorragia subaracnóidea, creatinoquinase, 108
Hemossiderose, 201
Hepatites, 220
- aguda, 220
- crônica, 221, 224
- infecciosa, 103
- tóxica, 218, 223
- viral
- - A (HAV), 221
- - aguda, 100
- - B (HBV), 221
- - C (HCV), 223
- - delta (HDV), 222
- - E (HEV), 223
Heroína, 329
Hexoquinase, 50
Hidrocarbonetos alifáticos clorados, 341
Hidrocortisona, 288
Hiperalbumineamia, 69
Hiperaldosteronismo, 291
- primário, 187, 291
- secundário, 292
Hiperamonemia, 218
Hiperbilirrubinemia, 213
- predominantemente conjugada (direta), 215
- predominantemente não conjugada (indireta), 213
Hipercalcemia, 143, 144, 302
- alcalose metabólica, 188
- avaliação laboratorial, 145
- hipocalciúrica familiar, 156
- humoral de câncer, 302
- manifestações clínicas, 145
- tumoral, 144
Hipercalciúria, 149
Hipercloremia, 173
Hipercolesterolemia, 117, 134
- familiar, 117
- poligênica, 117
- tipo IIa, 133
Hipercortisolismo, 290
Hipercreatinemia, 231
Hiperfenilalaninemias, 83
Hiperfosfatemia, 52, 96, 147, 151
Hiperfosfatesemia, 52
Hiperglicemia, 45
Hipergonadismo hipogonadotrófico, 295
Hiperinsulinemia
- endógena, 55
- exógena, 55
Hiperlipasemia, 94

Hiperlipidemias, 132
- combinada (tipo IIb), 133
- endógena (tipo IV), 133
- exógena (tipo I), 132
- mista (tipo V), 133
- remanescente (tipo III), 134
Hiperlipoproteinemia, 120
- classificação, 129
Hipermagnesemia, 155
- avaliação laboratorial, 156
- sintomas, 156
Hipernatremia, 165
- avaliação laboratorial, 166
- sódio total
- - elevado, 166
- - normal, 166
- - orgânico reduzido, 165
Hipernatriúria, 166
Hiperparatireoidismos, 96
- primário, 143, 302
- secundário, 302
Hiperplasia prostática benigna, 312
Hiperpotassemia, 51, 170
- avaliação laboratorial, 171
Hiperpotassiúria, 172
Hiperproteinemia, 65
Hipertensão, 238
Hipertermia maligna, creatinoquinase, 107
Hipertireoidismo, 279
- creatinoquinase, 108
- subclínico, 281
Hipertrigliceridemia, 120
- avaliação laboratorial, 122
Hipertrofia prostática benigna (HPB), 98
Hiperuremia, 228
Hiperuricemia, 132, 236
Hiperviscosidade, 198
Hipervitaminose D, 144
Hipoalbuminemia, 70
- avaliação laboratorial, 71
- consequências, 71
- estresse, 70
- hemodiluição, 70
- hipocalcemia, 145
- ingestão inadequada de proteínas, 70
- perda proteica extravascular, 70
- queimaduras extensas, 70
- síntese, redução, 70
Hipoaldosteronismo, 292
Hipobetalipoproteinemia, 135
Hipocalcemia, 145
- avaliação laboratorial, 148
- neonatal, 148

Hipocalciúria, 149
Hipocalciúria-hipercalcemia familiar, 145
Hipocloremia, 173
Hipocolesterolemia, 118
Hipocortisolismo, 289
Hipófise
- anterior, 268
- posterior, 276
Hipofosfatemia, 144, 152
- crônica, 158
Hipogamaglobulinemia, 79
Hipoglicemia, 45, 54
- causas, 56
- doenças hepáticas, 211
- manifestações clínicas, 56
- não relacionada à alimentação, 55
Hipogonadismo hipogonadotrófico, 294
Hipolipidemias secundárias, 135
Hipomagnesemia, 148, 155
Hiponatremia, 52, 163
- avaliação laboratorial, 165
- diurético-relacionada, 180
- hiperosmótica, 164
- hipo-osmótica, 163
- iso-osmótica, 164
Hiponatriúria, 166
Hipoparatireoidismo, 145
Hipopituitarismo, 275
Hipopotassemia, 168
- avaliação laboratorial, 169
Hipoproteinemia, 65
- alcalose metabólica, 188
- idiopática, 309
- primárias, 135
Hipotireoidismo, 281
- creatinoquinase, 108
- depressão, 281
- diabetes melito, 281
- gravidez, 281
- infertilidade, 281
- primário, 281
- síndrome do eutireóideo doente, 281
- triglicerídeos, 121
Hipouremia, 229
Hipouricemia, 238
Hipovolemia, 198
Homeostase
- fósforo, 151
- íons hidrogênio, 181
Homocisteína (HCY), 136
Homocistinúria, 85

Índice Remissivo

Hormônios, 267-305
- adrenocorticotrófico (ACTH), 274
- - determinação, 275
- adrenocorticotrófico (ACTH), 289
- antidiurético, 276
- autócrinos, 268
- coriônico gonadotrófico (hCG), 314
- crescimento (GH), 151, 269
- - basal, 269
- - deficiência, 269
- - testes para avaliação da reserva, 270
- endócrinos, 268
- estimulante da tireoide (TSH), 274
- exócrinos, 268
- folículo-estimulante, 272
- - determinação, 273
- gravidez, 299
- lactogênico placentário (HPL), 271
- liberador de tireotrofina (TRH), 271
- liberador do hormônio de crescimento (GH-RH), 269
- luteinizante (LH), 273
- neurócrinos, 268
- neuroendócrinos, 268
- neurotransmissores, 268
- pancreáticos, 304
- parácrinos, 268
- sexuais, 294
- - androgênios, 294
- - androstenediona, 297
- - estradiol, 297
- - estriol, 298
- - estrogênios, 297
- - progesterona, 298
- - sulfato de deidroepiandrosterona, 296
- - testosterona livre, 296
- tireoide, 141, 143, 278
- tubos digestório, 307
Hospitalização, variáveis pré-analíticas, 40

I
Icterícia, 213
- fisiológica do recém-nascido, 213
- hemolítica, 214
- laboratório, 215
Imipramina, 323
Imobilização
- hipercalcemia, 144
- variáveis pré-analíticas, 40

Impotência, 295
Imunodeficiências
- adquiridas, 80
- hereditárias, 79
Imunoglobulinas (anticorpos humorais), 77
- IgA, 78
- IgD, 79
- IgE, 79
- IgG, 78
- IgM, 78
Inalantes, 340
Indicadores biológicos de exposição, 328
Índice biológico máximo permitido (IBMP), 328
Infarto do miocárdio
- creatinoquinase, 108
- lactato-desidrogenase, 104
- transaminases, 101
Infertilidade, hipotireoidismo, 281
Infiltrações hepáticas, 225
Ingestão de água, 177
Inibina, 294
Insuficiência
- adrenal, 173
- cardíaca congestiva
- - albumina, 70
- - aminotransferases, 101
- - lactato-desidrogenase, 104
- hepática fulminante, 220
- pós-renal, 262
- pré-renal, 261
- renal
- - acidose metabólica, 185
- - aguda, 261
- - anemia, 196
- - crônica, 237
- - hipermagnesemia, 156
- - hipocalcemia, 146
- - intrínseca, 261
Insulina, 304
Intestino delgado, 309
Isocitrato-desidrogenase, 110
Isoenzimas
- creatinoquinase, 107
- - determinação, 109
- fosfatase alcalina, 97
Isomaltase, 44
Isopropanol, 331

K
K-ras, 318

L
Lactase, 44
Lactato-desidrogenase, 56, 104, 314
- aumentos na atividade, 104
- correlação clínica das isoenzimas, 105
- determinação, 57, 106
- isoenzimas, 104
- líquido cefalorraquidiano, 105
- tipo, 57
- urina, 105
Lactogênio placentário humano, 300
Lactose, 43
Lecitina-colesterol-aciltransferase (LCAT), 127
Lei
- Beer-Lambert, 16
- Bouguer-Lambert, 16
Leucócito-esterase, 251
Leucócitos, 195
Leucocitúria, 253
Lidocaína, 325
Linfangiectasia intestinal, 309
Lipase, 94
- determinação, 94
- hormônio-sensível, 127
- lipoproteica, 127
Lipídios, 115
- má absorção, 309
Lipoato-oxidorredutase dos alfa-cetoácidos de cadeia ramificada, 85
Lipodistrofia, triglicerídeos, 122
Lipoproteínas, 115, 116
- (A) - LP(A), 135
- (a) - LP(a), 136
- densidade alta (HDL), 116, 124, 127
- - metabolismo, 128
- densidade baixa (LDL), 116, 126
- - metabolismo, 128
- densidade muito baixa (VLDL), 116, 126
- - metabolismo, 128
- plasmáticas, 126-137
- - metabolismo, 127
- subfrações, 128
Lipotoxicidade, 51
Líquidos
- hipotônicos, perda, 178, 179
- isotônicos, perda, 179
- orgânicos, 359-364
- - ascítico, 363
- - - bioquímica, 363
- - - exame físico, 363

- - cefalorraquidiano (LCR), 105, 359
- - - bioquímica, 360
- - - citologia, 361
- - - exame físico, 360
- - pleural, 362
- - - bioquímica, 362
- - - citologia, 362
- - - exame físico, 362
- - sinovial, 363
- - - bioquímica, 364
- - - citologia, 364
- - - exame físico, 364
Lítio
- hipercalcemia, 145
- hipermagnesemia, 156
Litro, 3

M
Má absorção
- de vitamina D, 146
- investigação, 309
Maconha, 330
Macroglobulinemia de
    Waldenström, 81
Magnésio, 154
- balanço, 155
- determinação, 156
- função
- - esqueleto, 154
- - extracelular, 154
- - intracelular, 154
- - hipermagnesemia, 155
- - hipocalcemia, 149
- - hipomagnesemia, 155
Maltase, 44
Maltose, 43
Manganês, 338
Manipulações prostáticas, 312
Marcadores
- bioquímicos da lesão miocárdica,
    111
- - anorexina V, 113
- - CK-MB, 111
- - mioglobina, 112
- - proteína ligadora de ácidos
    graxos (FABP), 113
- - troponinas, 113
- formação óssea, 160
- tumorais bioquímicos, 311-318
- - alfa-fetoproteína (AFP), 313
- - antígeno
- - - câncer 125, 316
- - - câncer 15.3, 315
- - - câncer 19.9, 316
- - - câncer 27.29, 316

- - - câncer 50, 316
- - - carcinoembrionário (CEA), 315
- - - mucoide associado ao
    carcinoma, 317
- - - prostático específico (PSA), 312
- - - TAG 72, 316
- - - tumoral da bexiga, 315
- - beta-2-microglobulina A, 318
- - C-erb-2, 317
- - calcitonina, 314
- - catepsina D, 317
- - cromogranina A, 317
- - CYFRA 21.1, 317
- - enolase neurônio-específica
    (NSE), 313
- - fosfatase ácida prostática (FAP),
    314
- - hormônio coriônico
    gonadotrófico (hCG), 314
- - K-ras, 318
- - lactato-desidrogenase (LHD), 314
- - NMP 22, 317
- - p53, 318
Massa, 2
- atômica, 365
- molecula, 6
Matriz orgânica, 139
MCA (antígeno associado ao
    carcinoma), 317
Medida, unidades, 1
Medula suprarrenal, 285
Meningite, 360
Mercúrio, 338
Metabolismo
- lipoproteínas, 127, 128
- - distúrbios, 51
- mineral e ósseo, 139-160
- - cálcio, 140-150
- - enfermidades, 157
- - fosfato, 150-154
- - magnésio, 154-157
- proteínas
- - distúrbios, 51
- - plasmáticas, 65
- urato, 236
Metadona, 334
Metanefrina, 286
Metanol, 331
- intoxicação, 185
Metaqualona, 334
Metemoglobina (MetHb), 206
Metro, 2
Microalbuminemia, 71
Microalbuminúria, 58
Micrograma, 2

Microlitro, 3
Micrômetro, 2
Micromol, 3
Mieloma múltiplo
- doença renal, 263
- hipercalcemia, 144
- paraproteinemia, 81
Miliequivalentes, 8
Miligrama, 2
Mililitro, 3
Milímetro, 2
Milimol, 3
Mineralocorticoides exógenos, 292
Miocardite, lactato-desidrogenase,
    104
Mioglobina, 112
Mioglobinúria, 250
Miosite viral, creatinoquinase, 107
Mol, 2, 3, 6
Molalidade, 8
Molaridade, 6
Molécula-grama, ver Mol
Molibdênio, 338
Monitoração de fármacos, 319-326
Mononucleoase infecciosa, 104
Monossacarídeos, 43
Monóxido de carbono, 332
Morfina, 329
Muco, exame de urina, 256
Mucoproteínas, 86
- determinação, 87
- significação clínica, 87

N
Nanograma, 2
Nanolitro, 3
Nanômetro, 2
Nanomol, 3
Natriúria, 166
Necrose tubular aguda, 229
Nefrite intersticial
- aguda, 229
- alérgica, 263
Néfrons, funções, 242
Nefropatias, 237
- alteração mínima, 260
- diabética, 260
- perdedora de sal, 173
Nefrosclerose, 259
Neuroblastoma, 286
Niacina, 348
Niacinamida, 348
Níquel, 339
Nitrito, 251
4-nitrofenilfosfato, 97

Índice Remissivo

Nitrogenio não proteico, 227-239
- ácido úrio, 234
- creatinina, 231
- ureia, 228
NMP (proteína da matriz nuclear), 317
Noradrenalina, 285
Norepinefrina, 285
Normalidade de uma solução, 7
Normetanefrina, 286
Nortriptilina, 324
5'-nucleotidase, 110
Números exponenciais, 4

O
Obesidade
- lipoproteínas, 132
- triglicerídeos, 121
Obstrução
- ducto pancreático, 94
- extra-hepática, 102, 215
- intra-hepática, 102
- ureteral, 229
Oclusão da artéria renal, 259
Opiáceos, 329
Opioide, 329
Orosomucoide, 74
Osmolalidade, 176
Osmometria, 246
Ossos, 139
Osteíte deformante, 96
Osteoblastos, 140
Osteocalcina (BGP), 303
Osteócitos, 140
Osteoclastos, 140
Osteodistrofia renal, 159
Osteomalacia, 96, 158
Osteoporose, 157
- causas, 158
Oxalato de cálcio com ou sem fosfato, 257
Oxi-hemoglobina (HbO_2), 205
Oxigenação tissular, avaliação, 194
Oxitocina, 277

P
P53, 318
Paciente, preparação para os testes, 38
Palpação retal, 98
Pancreatite
- aguda, 94, 101, 148
- crônica, 94
PaO_2, anormalidades, 193

Paracetamol, 335
Paraoxonase, 136
Paraproteinemia, 80
- benigna, 82
- doença de Franklin, 81
- macroglobulinemia de Waldenström, 81
- mieloma múltiplo, 81
Paratireoide, 301
Paratormônio (PTH), 141, 151, 301
- hipocalcemia, 148
- ossos, 142
- relacionado à proteína (PTH-rP), 302
Partes por milhão (ppm), soluções, 8
Penicilina endovenosa, alcalose metabólica, 188
Peptídeo
- C, 305
- natriurético atrial (NAP), 163
Persistência de hB fetal, 204
Peso
- em peso (p/p), 6
- em volume (p/v), 6
PH
- água reagente, determinação, 11
- escala, 12
- urinário, 246
Picograma, 2
Picolitro, 3
Picômetro, 2
Pielonefrite, 263
Piridoxina, 347
Piúria, 254
Placa aterosclerótica, 130
Placenta, 299
Plasma, 31, 32
- concentração do H+, 145
Pneumocistose, lactato-desidrogenase, 105
POCT (point-of-care testing), 50
Policitemia vera, 198
Polimiopatia necrosante, creatinoquinase, 107
Polimiosite, creatinoquinase, 107
Polissacrídeos, 43
- má absorção, 309
Porfirias, 353
- cutânea tardia, 355
- eritropoética congênita, 355
- intermitente aguda, 355
- primárias, 355
- secundárias, 356
- variegada, 355

Porfirinas, bissíntese, 354
Porfirinogênios, 354
Postura corporal, 39
Potássio, 168-172
- controle, 168
- determinação, 172
- função renal, 168
- hiperpotassemia, 170
- hiperpotassiúria, 172
- hipopotassemia, 168
- urinário, 169
Pré-eclâmpsia, 238
Prefixos do sistema internacional de unidades, 1
Preparação dos pacientes para análises, 38
- atividade física, 39
- cronobiológica, 38
- dieta, 38
- fármacos e drogas de abuso, 39
- postura corporal, 39
- variações interindividuais, 39
Pressão, 3
- osmótica coloidal, 177
Primidona, 320
Procainamida, 325
Progesterona, 298
Programa
- Creditação de Laboratórios Clínicos (PALC), 27
- inspeção e de Credenciamento da Qualidade (DICQ), 27
Proinsulina, 304
Prolactina (PRL), 271
- determinação, 272
Propoxifeno, 334
Propranolol, 325
Prostaglandinas, 141
Prostatectomia radical, 312
Prostatites, 312
Proteínas, 63-87
- armazenamento, 64
- C reativa (PCR), 77
- C reativa de alta sensibilidade (PCR-as), 136
- contráteis ou de motilidade, 64
- de defesa, 64
- estruturais, 64
- exame de urina, 247
- fase aguda, 82
- ingestão inadequada, 70
- ligadora de ácidos graxos (FABP), 113
- ligadora de retinol, 73

- ligadoras dos fatores de crescimento insulino-símiles (IGFBP-3), 271
- má absorção, 309
- marcadoras da disfunção renal, 68
- plasmáticas
- - aumento, 145
- - específicas, 73-82
- - metabolismo, 65
- PTH-relacionada, 141
- reguladoras, 64
- Tamm-Horsfall, 254
- totais, 64
- - hiperproteinemia, 65
- - hipoproteinemia, 65
- - sérica, determinação, 65
- - urina, determinação, 67
- transportadoras, 64
Proteinúria, 66
- Bence Jones, 248
- benigna ou funcional, 66
- excesso de proteínas circulantes, 67
- glomerular, 66
- ortostática (postural), 66
- persistente devida a doença extrarrenal, 66
- pré-renal, pós-renal e não renal, 68
- tubular, 67
Protoporfirina, 353
- eritropoética, 355
Pseudo-hiperpotassemia, 171
Pseudo-hipoparatireoidismo, 146, 302
Psoríase, 238
Purificação da água reagente, 10
- adsorção e absorção pelo carvão, 10
- deionização, 10
- destilação, 10
- esterilização por ultravioleta, 10
- filtração, 10
- manofiltração, 10
- osmose reversa (OR), 10
- oxidação química, 10
- ultrafiltração, 10
Purinas, 234
- síntese, 234
P_nitrofenilfosfato, 97

Q
Quaalude, 334
Qualidade
- água reagente, controle, 11
- controle (gestão), 19-27
- - acreditação de laboratórios, 27
- - delta cheque, 26

- - exame de urina, 256
- - externo, 20, 26
- - gráficos de Levey-Jennings, 22
- - interno, 20
- - regras múltiplas de Westgard, 25
- - resultados "fora de controle", 24
- - variáveis analíticas, 20
Quantidade de substância, medida, 2
Queimaduras, hipoalbuminemia, 70
Quilograma, 2
Quilomícrons, 126
- metabolismo, 128
Quinidina, 325

R
Raquitismo, 96, 158
- dependente de vitamina D, 146, 158
Razão cintura-estatura (RCEst), 132
Reações
- de oxidorredução, 7
- sem oxidação, 7
Receptor solúvel de transferrina (sTfR), 203
Recipientes para depositar água reagente, 11
Refractometria, 65
Refractômetro, 246
Regras múltiplas de Westgard, controle de qualidade, 25
Renina, 292
- determinação, 293
Resistividade da água reagente, determinação, 11
Resposta de fase aguda, 82
Retinol (vitamina A), 343
Riboflavina, 347
Rins e função renal, 241-265
- cálculos urinários, 257
- doenças renais, 258
- exame de urina, 243
- néfrons, 242
- urina, 242

S
Sacarose, 43, 44
Sais minerais inorgânicos cristalinos, 139
Salicilatos, 237, 332
- intoxicação, 185
Sangue, coleta, 29
- arterial, 30
- capilar e venoso para neonatos e bebês, microcoleta, 32

- com vácuo, 30
- - tampas, 31
- - tubos, 31
- crianças, dificuldades, 32
- material, 30
- punção de pele, 30
- total e plasma, 32
- venoso, 29
Sarcoidose
- gamopatias policlonais, 80
- hipercalcemia, 144
Secretina, 307
Sedativo-hipnóticos, 333
Sedimentoscopia, 252
Selênio, 339
Seromucoides, 86
Serotonina, 308
Silício, 339
Síndrome
- Bartter, 169, 187
- carcinoide, 308
- colestáticas hereditárias, 215
- Crigler-Najjar, 214
- Cushing, 187, 290
- eutireóideo doente, 281
- Fanconi, 85
- Gilbert, 214
- Gitelman, 169
- Hartnup, 85
- Kelley-Seegmiller, 238
- leite-álcalis, 144
- Lesh-Nyahan, 238
- Liddle, 169
- Menkes, 337
- mielodisplásicas, 196
- nefrítica, 261
- nefrótica, 260
- - deficiência de vitamina D, 147
- - triglicerídeos, 121
- osso faminto, 147
- plurimetabólica, 238
- Reye, 218
- - creatinoquinase, 108
- secreção inadequada do hormônio antidiurético (SSIHAD), 180
- talassêmicas, 196
- urêmica, 264
- Zollinger-Ellison, 308
Síntese da albumina, 69
Sistema(s)
- hepatobiliar, 209-226
- - amônia, 218
- - bilirrubina, 2120218
- - cirrose hepática, 225
- - cobre e doença hepática, 225

Índice Remissivo

- - deficiência de alfa-1-antitripsina (AAT), 226
- - desordens metabólicas das doenças, 211
- - doenças hepáticas, 220
- - fisiologia hepática, 209
- - hemocromatose, 226
- - infiltrações hepáticas, 225
- - testes de função hepática, 210
- Internacional de Unidades (SI), 1
- - prefixos, 1
- renina-angiotensina-aldosterona, 163
- tampão
- - bicarbonato/ácido carbônico, 182
- - fosfato, 182
- - hemoglobina, 182
- - proteínas plasmáticas, 182
Sódio, 162
- determinação, 166
- hipernatremia, 165
- hiponatremia, 163
- urina (natriúria), 166
Soluções, 5-14
- água reagente, 9
- concentração, 5
- diluições, 8
- equação de Henderson-Hasselbalch, 13
- escala de pH, 12
- tampões e tamponamento, 13
Soluto, 5
Solvente, 5, 331
Somatomedinas, 269, 270
Somatostatina, 269
Somatotropina, 65
Sopor, 334
Soro sanguíneo, coleta, 31
Substâncias com potencila de abuso, 328
Sulfato de deidroepiandrosterona, 296
Sulfemoglobina (SulHb), 206
Suor, cloreto, 174
Suspensão, 5

T
Talassemias, 204
Tálio, 339
Tamponamento, 13
- íons hidrogênio, 182
Taxa de filtração glomerular (TFG), 242
Tecido ósseo, 139
Tempo, 3

Teofilina, 322
Testes de função hepática, 210, 211
Testosterona, 294
- livre, 296
- total, determinação, 295
Tetania, 148
Tiamina, 346
Tiazida, 187
Tiras reagentes, exame de urina, 244, 246
Tireoglobulina, 278
Tireoide, ver Glândula tireoide
Tireotoxicose, 279
Tirosinemia, 84
Tiroxina (T4), 278, 282
- livre (T4L), 282
Tolueno, 340
Toxicologia, 327-341
- alucinógenos, 334
- alumínio, 335
- aminas simpatomiméticas, 333
- arsênico, 335
- benzodiazepínicos, 330
- boro, 336
- cádmio, 336
- chumbo, 336
- cianeto, 333
- clínica, 327
- cobalto, 336
- cobre, 336
- cocaína, 329
- cromo, 337
- estimulantes do SNC, 333
- etanol, 328
- fluoreto, 338
- forense, 328
- inalantes, 340
- maconha, 330
- manganês, 338
- meio ambiente e higiene industrial, 327
- mercúrio, 338
- molibdênio, 338
- monóxido de carbono, 332
- níquel, 339
- ocupacional, 327
- opiáceos, 329
- paracetamol, 335
- propoxifeno (Darvon), 334
- salicilatos, 332
- sedativo-hipnóticos, 333
- selênio, 339
- silício, 339
- solventes, 331

- substâncias com potencial de abuso, 328
- tálio, 339
- vanádio, 339
- zinco, 339
Transaminases, 100
- determinação, 101
Transcortina, 289
Transferrina, 76
- receptor solúvel, 203
Transmitância, 16
- medida, 17
Transtirretina (pré-albumina), 73
Transtornos do equilíbrio ácido-base, 183
Tri-iodotironina (T3), 278, 283
- livre (T3L), 283
- reverso (rT3), 283
Triglicerídeos, 120
- determinação, 122
Tripsina, 94, 95
Trombose da veia renal, 259
Troponinas, 113
Tubulopatias inerentes, 262

U
Unidades de medida, 1
- base, 1
- comprimento, 2
- fora do SI, 3
- massa, 2
- volume, 3
Urato, 258
- defeitos na eliminação, 237
- metabolismo, 236
Ureia, 228
- determinação, 229
- hiperuremia, 228
- hipouremia, 229
Uremia
- pós-renal, 229
- pré-renal, 228
- renal, 229
Uricosúria, 239
Uridina-disfosfato-glicuroniltransferase (UDPGT), 212
Urina, 242
- coleta, 33
- - 24 horas, 35
- - amostra, armazenamento, conservação e transporte, 35
- - aspiração suprapúbica, 34
- - cateter, 34
- - crianças/lactentes, 34

- - feminina, 34
- - masculina, 34
- exame, 243
- - aspecto, 245
- - bilirrubina, 249
- - cetonas, 249
- - coleta, 244
- - controle interno da qualidade, 256
- - cor, 244
- - critérios para as quantidades arbitradas, 253
- - densidade, 245
- - glicose, 248
- - hematúria, 250
- - hemoglobinúria, 250
- - leucócito-esterase, 251
- - mioglobinúria, 250
- - nitrito, 251
- - proteínas, 247
- - sedimentoscopia, 252
- - tiras reagentes, 244
- - urobilinogênio, 249
- lactato-desidragenase na, 105
Urobilinogênio
- fezes, 217
- urina, 217, 249
Urodensímetro, 246

Urolitíase, 237
Uroporfirina, 353

V

Válvula cardíaca artificial, 104
Vanádio, 339
Variáveis pré-analíticas, 37
- coleta da amostra, 40
- fontes de variações nos resultados, 38
- hospitalização, 40
- imobilização, 40
- interpretação dos resultados, 41
- padronização dos processos pré-analíticos, 37
- preparação do paciente, 38
Vasculopatia renal, 258
Vasopressina, 276
Veia renal, trombose, 259
Via pentose-fosfato, 44
Vitamina(s), 343-351
- A (retinol), 343
- ácido fólico, 349
- B1(tiamina), 346
- B2 (riboflavina), 347
- B12 (cianocobalamina), 196, 349
- B3 (niacina), 348, 350

- B6 (piridoxina), 347
- C (ácido ascórbico), 350
- D, 141, 143
- - deficiência
- - - hipocalcemia, 146
- - - osteomalacia, 158
- - - raquitismo, 158
- - homeostase do fósforo, 151
- D3 (calcitriol), 344
- E (alfa-tocoferol), 345
- H (biotina), 350
- hidrossolúvel, 343
- K, 346
- lipossolúvel, 343
Volume plasmático, aumento, 65
Volume, unidades, 3
- em peso (v/p), 6
- em volume (v/v), 6

X

Xenobióticos, depuração, 212
Xileno, 341

Z

Zarontina, 321
Zinco, 339